传感器技术

（第4版）

宋爱国　赵　辉　贾伯年　编著

东南大学出版社
SOUTHEAST UNIVERSITY PRESS
·南京·

内 容 简 介

本书综述传感器技术的基本理论，详细介绍各类传感器的工作原理、测量电路和应用场合，择要阐述主要传感器类型的设计和选用原则与方法。全书共14章，可分为四部分：第一部分（绪论与第1章）为共性基础部分，以新颖的构思和笔法介绍了传感器的基本概念与构成法、传感器的数学模型与特性、提高性能的措施与标定技术等；第二部分（第2～8章）为常用传感器的分析与综合；第三部分（第9～13章）分别介绍了光纤、数字式、化学、生物等新型传感器及传感检测技术；第四部分（第14章）概要介绍了当代传感器技术前沿的、具有广阔发展和应用前景的主要新技术。

该书结构严密，内容丰富，与现有教材相比以有限的篇幅实现更大的覆盖面；既突出教科书那种严谨的理论性与系统性，又兼有工具书那种启示解决问题的实用性。取材传统与新型俱备，广度与深度兼顾，以求适应不同层次对象的需要；可作为测量与控制技术、仪器仪表、自动化及相关机电类专业的本科生、大专生和研究生教材，也可供其他专业师生或有关工程技术人员参考。

扫描封底二维码，免费下载本教材的教学课件。

图书在版编目(CIP)数据

传感器技术/ 宋爱国，赵辉，贾伯年编著. —4版.
—南京：东南大学出版社，2021.8(2023.2重印)
ISBN 978-7-5641-9629-5

Ⅰ.①传… Ⅱ.①宋… ②赵… ③贾 Ⅲ.传感器-高等学校-教材 Ⅳ.①TP212

中国版本图书馆CIP数据核字(2021)第163762号

责任编辑 张 煦 **责任校对** 子雪莲 **封面设计** 王 玥 **责任印制** 周荣虎

传感器技术(第4版)
Chuanganqi Jishu(DI Si Ban)

编 著 者 宋爱国 赵辉 贾伯年
出 版 人 江建中
出版发行 东南大学出版社
社 址 南京市四牌楼2号
邮 编 210096

经 销 全国各地新华书店
印 刷 常州市武进第三印刷有限公司
开 本 787mm×1096mm 1/16
印 张 23
字 数 574千字
版 印 次 2021年8月第4版 2023年2月第2次印刷
书 号 ISBN 978-7-5641-9629-5
定 价 72.00元

2008年获

全国高等学校出版社优秀畅销书一等奖

2009年获

江苏省精品教材奖

2012年入选

教育部普通高等教育"十二五"国家级规划教材

本书为东南大学

"传感器技术"国家精品课程支撑教材

"传感器技术"国家精品资源共享课程支撑教材

"传感器技术"国家级一流本科课程支撑教材

第4版　前　言

传感器技术作为信息获取的手段在现代科学技术中具有十分重要的地位，被称为现代信息技术的三大支柱(传感技术、计算机技术、通信技术)之一。传感技术作为战略竞争制高点，被认为是衡量一个国家科技水平的重要标志，已成为各国高度重视和竞相发展的基础核心技术之一。传感器产业被国际公认为是发展前景广阔的高技术产业，传感器技术也因此在近十年来得到了蓬勃发展。在新的高技术革命和新工科建设的背景下，作为高等学校相关学科和专业的重要课程和教材，《传感器技术》教材的建设面临着以下挑战：如何适应当前我国高质量发展战略的需求？如何适应当前高技术革命和新工科建设的需求？

本着"与时俱进、与时俱新"的指导思想，本书第4版较之前的版本在内容上又做了较多更新，通过删去部分陈旧的技术内容、增加新的技术内容，确保教材内容系统性与先进性的统一；通过简化复杂的公式推导过程、增加典型案例，确保理论与实践的统一。本教材在结构上仍然由四部分构成，即(1) 传感器技术基础；(2) 常用传感器；(3) 新型传感器；(4) 传感器新技术。此次教材的修订与再版，旨在对学生的创新思维培养有所启迪，也为广大读者对当前传感器技术的现状和未来展示一片较广阔的视野。

本书第4版的修订也是本教材从1990发行第1版以来的一次重要继承与发展。《传感器技术》教材第1版到第3版由东南大学贾伯年教授联合上海交通大学俞朴教授等组织编写与修订，教材的第4版由东南大学宋爱国教授联合上海交通大学赵辉教授等组织编写与修订。宋爱国教授负责第2章、第9章、第12章、第14章主要章节的修订；赵辉教授负责第1章、第3章、第8章的修订；贾伯年教授负责绪论的修订；东南大学莫凌飞副教授负责第4章、第5章的修订；东南大学梁金星副教授负责第6章、第7章、第14章第7节的修订；东南大学成贤学院陆清茹老师负责第10章、第14章第10节的修订；东南大学崔建伟副教授负责第11章的修订；上海交通大学陶卫副教授负责第13章的修订。此外阳雨妍、赵玉等研究生参加了本教材的编辑与校对工作。

传感器技术涉及的学科知识深广，而编者的学识、水平有限，疏误与不当之处诚请广大读者指正。

深切感谢所有为本书付出辛勤劳动和关心、支持本书的人们。

编　者

2021年6月

第1版　前　言

传感器作为测控系统中对象信息的入口，它在现代化事业中的重要性已日益为人们所认识。随着“信息时代”的到来，国内外已将传感器技术列为优先发展的科技领域之一。国内高校许多专业都开设了相应课程。传感器方面的教材和专著陆续问世。这些著作，在原理性与实用性，传统性与新型性，以及广度与深度上各有侧重。随着高、新技术的发展，专业面的拓宽和适应传感器开发、应用的需要，更希望有两者兼顾的教材。为此，作者在东南大学和上海交通大学两校讲义的基础上，广取兄弟院校教材之所长，博采国内外文献之精髓，结合多年教学与科研实践的体会，撰写了本书。

针对近年来传感器新技术飞速发展的现状，本书通过精选内容，以有限的篇幅取得比现有教材更大的覆盖面。在不削弱传统的较为成熟的传感器基本内容的前提下，以三分之一的篇幅充实了新型传感器的内容，这就有利于读者对传感器的现状和发展有一个完整的概念。鉴于传感器种类繁多，涉及的学科广泛，不可能也没有必要对各种具体传感器逐一剖析。本书在编写中力求突出共性基础及误差分析；对各类传感器则注重机理分析与应用介绍；并择要编入设计内容。对有限篇幅难于展开的内容则注明来源处或参考文献，便于钻研深究者查找。愿读者通过本书的学习能收到举一反三、触类旁通的效果。

全书共15章，可作为高等学校检测技术、仪器仪表及自动控制等专业的教材。除绪论与第1章外，传感器各章均具有一定的独立性。可供有关专业本科生、大专生和研究生选用；同时，也可作为有关工程技术人员的参考书。

本书由东南大学贾伯年与上海交通大学俞朴主编。参加编写的有东南大学贾伯年(绪论、第2、6章)、上海交通大学俞朴(第1、3章)、东南大学王玉生(第4、5章)、上海工程技术大学汪廷杜(第7、15章)、上海交通大学金萃芬(第8、13章)、东南大学陈建元(第9、14章)、刘璟(第10章)、张家慰(第11章)、江潼君(第12章)。全书由贾伯年负责统稿，并由东南大学黄惟一教授主审。

本书特请全国高校《传感技术学报》常务副主编莫纯昌教授审校；在编写过程中曾得到上海交通大学童钧芳教授的鼓励与帮助，也得到许多院、校、厂、所文献资料之启迪，在此一并致谢。

传感器技术涉及的学科众多，而作者学识有限，书中错误与缺点在所难免，恳请广大读者批评指正。

编　者

1990年10月

目　录

绪　论

0.1　传感器基本概念与物理定律

0.1.1　传感器的概念

何谓传感器(Transducer,Sensor)?生物体的感官就是天然的传感器。如人的“五官”[①]——眼、耳、鼻、舌、皮肤分别具有视、听、嗅、味、触觉。人们的大脑神经中枢通过五官的神经末梢(感受器)就能感知外界的信息。

在工程科学与技术领域里,可以认为:传感器是人体“五官”的工程模拟物。国家标准(GB/T 7765—1987)把它定义为:能感受规定的被测量(包括物理量、化学量、生物量等)并按照一定的规律转换成可用信号的器件或装置,通常由敏感元件(Sensing Element)和转换元件(Transduction Element)组成。

应当指出,这里所谓的“可用信号”是指便于处理、传输的信号。当今电信号最易于处理和便于传输,因此,可把传感器狭义地定义为:能把外界非电信息转换成电信号输出的器件或装置。可以预料,当人类跨入光子时代,光信息成为更便于快速、高效地处理与传输的可用信号时,传感器的概念将随之发展成为:能把外界信息或能量转换成光信号或能量输出的器件或装置。

在此,我们引入传感器的广义定义:“凡是利用一定的物质(物理、化学、生物)法则、定理、定律、效应等进行能量转换与信息转换,并且输出与输入严格一一对应的器件或装置均可称为传感器。”因此,在不同的技术领域,传感器又被称作检测器、换能器、变换器等等。

随着信息科学与微电子技术,特别是微型计算机与通信技术的迅猛发展,近期传感器的发展走上了与微处理器、微型计算机和通信技术相结合的必由之路,传感器的概念因此而进一步扩充,如智能(化)传感器、传感器网络化等新概念应运而生。

传感器技术,则是以传感器为核心论述其内涵、外延的学科;也是一门涉及测量技术、功能材料、微电子技术、精密与微细加工技术、信息处理技术和计算机技术等相互结合形成的密集型综合技术。

0.1.2　传感器的物理定律

传感器之所以具有能量信息转换的机能,在于它的工作机理是基于各种物理的、化学的和生物的效应,并受相应的定律和法则所支配。了解这些定律和法则,有助于我们对传感器本质的理解和对新效应传感器的开发。在本书论述的范围内,作为传感器工作物理基础的

① 现代生物医学证明,人类体内尚具有第六感觉——平衡觉,通过它,人们能够感知自身的姿势。

基本定律和法则有以下四种类型:

(1)守恒定律　包括能量、动量、电荷量等守恒定律。这些定律,是我们探索、研制新型传感器时,或在分析、综合现有传感器时,都必须严格遵守的基本法则。

(2)场的定律　包括运动场的运动定律,电磁场的感应定律等,其相互作用与物体在空间的位置及分布状态有关。一般可由物理方程给出,这些方程可作为许多传感器工作的数学模型。例如:利用静电场定律研制的电容式传感器;利用电磁感应定律研制的自感、互感、电涡流式传感器;利用运动定律与电磁感应定律研制的磁电式传感器等。利用场的定律构成的传感器,其形状、尺寸(结构)决定了传感器的量程、灵敏度等主要性能,故此类传感器可统称为“结构型传感器”。

(3)物质定律　它是表示各种物质本身内在性质的定律(如虎克定律、欧姆定律等),通常以这种物质所固有的物理常数加以描述。因此,这些常数的大小决定着传感器的主要性能。如:利用半导体物质法则——压阻、热阻、磁阻、光阻、湿阻等效应,可分别做成压敏、热敏、磁敏、光敏、湿敏等传感器件;利用压电晶体物质法则——压电效应,可制成压电、声表面波、超声传感器等等。这种基于物质定律的传感器,可统称为“物性型传感器”。这是当代传感器技术领域中具有广阔发展前景的传感器。

(4)统计法则　它是把微观系统与宏观系统联系起来的物理法则。这些法则,常常与传感器的工作状态有关,它是分析某些传感器的理论基础。这方面的研究尚待进一步深入。

0.2　传感器的构成法

由上已知,当今的传感器是一种能把非电输入信息转换成电信号输出的器件或装置,通常由敏感元件和转换元件组成。其典型的组成及功能框图如图0-1所示。其中敏感元件是构成传感器的核心。传感器主要敏感元件见表0-1。

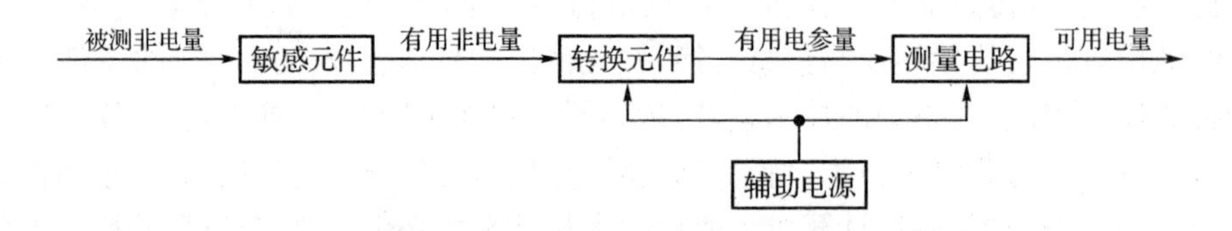

图0-1　传感器典型组成及功能框图

图0-1的功能原理具体体现在结构型传感器中。

对物性型传感器而言,其敏感元件集敏感、转换功能于一身,即可实现“被测非电量→有用电量”的直接转换。

实际上,传感器的具体构成方法,视被测对象、转换原理、使用环境及性能要求等具体情况的不同而有很大差异。图0-2所示为典型的传感器构成方法:

(a)自源型　为仅含有敏感元件的最简单、最基本的传感器构成型式。此型式的特点是无须外能源,故又称无源型;其敏感元件具有从被测对象直接吸取能量,并转换成电量的效应;但输出能量较弱,如热电偶、压电器件等。

(b)辅助能源型　它是敏感元件外加辅助激励能源的构成型式。辅助能源可以是电源,也可以是磁源。传感器输出的能量由被测对象提供,因此是“能量转换型”结构。如光电管、光敏二极管、磁电式和霍尔等电磁感应式传感器即属此型。特点是，不需要变换（测量）电路即可有较大的电量输出。

表 0－1　传感器的主要敏感元件

功　能	主　要　敏　感　元　件
力(压)—位移转换	弹性元件(环式、梁式、圆柱式、膜片式、波纹膜片式、膜盒、波纹管、弹簧管)
位移敏	电位器、电感、电容、差动变压器、电涡流线圈、容栅、磁栅、感应同步器、霍尔元件、光栅、码盘、应变片、光纤、陀螺
力　敏	半导体压阻元件、压电陶瓷、石英晶体、压电半导体、高分子聚合物压电体、压磁元件
热　敏	金属热电阻、半导体热敏电阻、热电偶、PN 结、热释电器件、热线探针、强磁性体、强电介质
光　敏	光电管、光电倍增管、光电池、光敏二极管、光敏三极管、色敏元件、光导纤维、CCD、热释电器件
磁　敏	霍尔元件、半导体磁阻元件、磁敏二极管、铁磁体金属薄膜磁阻元件(超导量子干涉器件 SQUID)
声　敏	压电振子
射线敏	闪烁计数管、电离室、盖格计数管、中子计数管、PN 二极管、表面障壁二极管、PIN 二极管，MIS 二极管、通道型光电倍增管
气　敏	MOS 气敏元件、热传导元件、半导体气敏电阻元件、浓差电池、红外吸收式气敏元件
湿　敏	MOS 湿敏元件、电解质(如 LiCl)湿敏元件、高分子电容式湿敏元件、高分子电阻式湿敏元件、热敏电阻式、CFT 湿敏元件
物质敏	固相化酶膜、固相化微生物膜、动植物组织膜、离子敏场效应晶体管(ISFET)

(c)外源型　它由能对被测量实现阻抗变换的敏感元件和带有外电源的变换（测量）电路构成。其输出能量由外电源提供，是属于“能量控制（调制）型”结构，如电阻应变式、电感、电容式位移传感器及气敏、湿敏、光敏、热敏等传感器均属于此。所谓“变换（测量）电路”，是指能把转换元件输出的电信号，调理成便于显示、记录、处理和控制的可用信号的电路，故又称“信号调理与转换电路”。常用的变换（测量）电路有电桥、放大器、振荡器、阻抗变换器和脉冲调宽电路等。

实用中，这种构成形式的传感器特性要受到使用环境变化的影响，图 0－2 中(d)、(e)、(f)是目前消除环境变化的干扰而广泛采用的线路补偿法构成型式。

(d)相同敏感元件的补偿型　采用两个原理和特性完全相同的敏感元件，并置于同一环境中，其中一个接受输入信号和环境影响，另一个只接受环境影响，通过线路，使后者消除前者的环境干扰影响。这种构成法在应变式、固态压阻式等传感器中常被采用。

(e)差动结构补偿型　它也采用了两个原理和特性完全相同的敏感元件，同时接收被测输入量，并置于同一环境中。巧妙的是，两个敏感元件对被测输入量做反向转换，对环境干扰量作同向转换，通过变换（测量）电路，使有用输出量相加，干扰量相消。如差动电阻式、差动电容式、差动电感式传感器等即属此型。

(f)不同敏感元件的补偿型　采用两个原理和性质不相同的敏感元件，两者同样置于同一环境中。其中一个接受输入信号，并已知其受环境影响的特性；另一个接受环境影响量，并通过电路向前者提供等效的抵消环境影响的补偿信号。如采用热敏元件的温度补偿，采用压电补偿片的温度和加速度干扰补偿等，即为此例。

(g)反馈型　这种构成法引入了反馈控制技术，用正向、反向两个敏感元件分别作测量和反馈元件，构成闭环系统，使传感器输入处于平衡状态。因此，亦称为闭环式传感器或平衡式传感器,如图0-2(g)所示。这种传感器系统具有高精度、高灵敏度、高稳定、高可靠性等特点,例如力平衡式压力、称重、加速度传感器等。

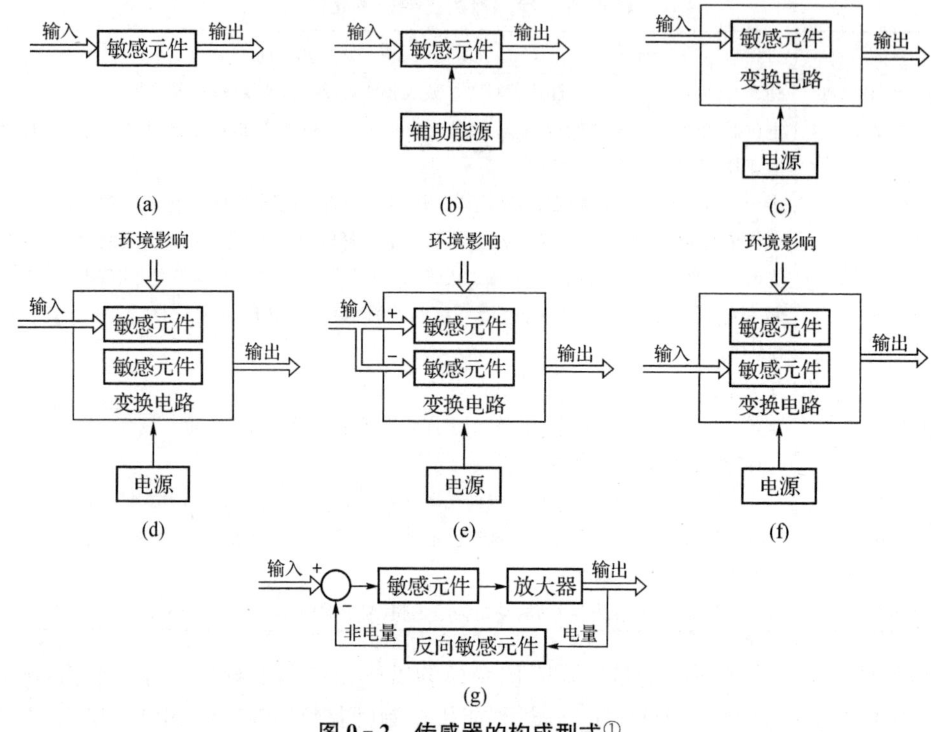

图0-2　传感器的构成型式[①]

在此,我们再引入“传感器系统”的构成概念。

目前,人们已日益重视借助于各种先进技术和技术手段来实现传感器的系统化。例如利用自适应控制技术、微型计算机软硬件技术来实现传统传感器的多功能与高性能。这种由传感器技术和其他先进技术相结合,从结构与功能的扩展上构成了一个传感器系统。或者,可根据复杂对象监控的需要,将上述各种基本型式的传感器做选择组合,构成一个复杂的多传感器系统。由此,近年来也相应出现了多传感器信息融合技术(见14.5)。很显然,智能式传感器(见14.3)是十分先进的传感器系统。

0.3　传感器的分类及要求

用于不同科技领域或行业的传感器种类繁多:一种被测量,可以用不同的传感器来测量;而同一原理的传感器,通常又可分别测量多种被测量。因此,分类的方法可谓五花八门。了解传感器的分类,旨在从总体上加深理解,便于应用。表0-2列出了目前一些流行的分类方法。

① 在工程系统的电气简图中,传感器的图形符号可用正三角形(表示敏感元件)和正方形(表示转换元件)的组合图形来表示:(1) x * x—写入被测量符号;*—写入转换原理。(2) x A B 对角线表示能量转换;A、B分别表示输入、输出信号。

表 0-2　传感器的分类

分类法	型　式	说　明
按基本效应分	物理型、化学型、生物型等	分别以转换中的物理效应、化学效应等命名
按传感机理分	结构型(机械式、感应式、电参量式等) 物性型(压电、热电、光电、生物、化学等)	以敏感元件结构参数变化实现信号转换 以敏感元件物性效应实现信号转换
按能量关系分	能量转换型(自源型) 能量控制型(外源型)	传感器输出量直接由被测量能量转换而得 传感器输出量能量由外源供给,但受被测输入量控制
按作用原理分	应变式、电容式、压电式、热电式等	以传感器对信号转换的作用原理命名
按功能性质分	力敏、热敏、磁敏、光敏、气敏等	以对被测量的敏感性质命名
按功能材料分	固态(半导体、半导瓷、电介质)、光纤、膜、超导等	以敏感功能材料的名称或类别命名
按输入量分	位移、压力、温度、流量、气体等	以被测量命名(即按用途分类法)
按输出量分	模拟式、数字式	输出量为模拟信号或数字信号

除表列分类法外,还有按与某种高技术、新技术相结合而得名的,如集成传感器、智能传感器、机器人传感器、仿生传感器等等,不胜枚举。

无论何种传感器,作为测量与控制系统的首要环节,通常都必须满足快速、准确、可靠而又经济地实现信息转换的基本要求,即:

(1)足够的容量——传感器的工作范围或量程足够大;具有一定过载能力。

(2)灵敏度高,精度适当——即要求其输出信号与被测输入信号成确定关系(通常为线性),且比值要大;传感器的静态响应与动态响应的准确度能满足要求。

(3)响应速度快,工作稳定、可靠性好。

(4)适用性和适应性强——体积小,重量轻,动作能量小,对被测对象的状态影响小;内部噪声小而又不易受外界干扰的影响;其输出力求采用通用或标准形式,以便与系统对接。

(5)使用经济——成本低,寿命长,且便于使用、维修和校准。

当然,能完全满足上述性能要求的传感器是很少有的。我们应根据应用的目的、使用环境、被测对象状况、精度要求和信息处理等具体条件做全面综合考虑。综合考虑的具体原则、方法、性能及指标要求,将在第 1 章中详细讨论。

0.4　传感器的地位和作用

从科学技术发展的角度看,人类社会已经或正在经历着手工化→机械化→自动化→信息化→智能化→……的发展历程。当今的社会信息化靠的是现代信息技术——传感器技术、通信技术和计算机技术三大支柱的支撑,由此可见:传感器技术在国家工业化和社会信息化的进程中有着突出的地位和作用。

众所周知,科技进步是社会发展的强大推动力。科技进步的重要作用在于不断用机(仪)器来代替和扩展人的体力劳动和脑力劳动,以大大提高社会生产力。为此目的,人们在不懈地探索着机器与人之间的功能模拟——人工智能,并不断地创制出拟人的装置——自动化机械,乃至智能机器人。

由图 0-3 所示的人与机器的功能对应关系可见,作为模拟人体感官的“电五官”(传感器),是系统对外界猎取信息的“窗口”。如果对象亦视为系统,从广义上讲传感器是系统之间实现信息交流的"接口",它为系统提供着赖以进行处理和决策所必需的对象信息,它是高度自动化系统乃至现代尖端技术必不可少的关键组成部分。略举数例:

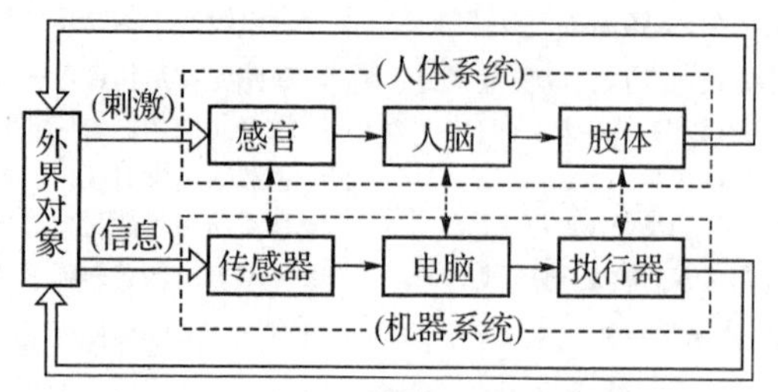

图0-3 人与机器的功能对应关系

仪器仪表是科学研究和工业技术的"耳目"。在基础学科和尖端技术的研究中,大到上千光年的茫茫宇宙,小到 10^{-13} cm 的粒子世界;长到数十亿年的天体演化,短到 10^{-24} s 的瞬间反应;高达 $5\times10^{4}\sim5\times10^{8}$℃的超高温,或 3×10^{8} Pa 的超高压,低到 10^{-6} K 的超低温[7],或 10^{-13} Pa 的超真空;强到 25 T 以上的超强磁场,弱到 10^{-15} T 的超弱磁场……,要测量如此极端巨微的信息,单靠人的感官或一般电子设备远已无能为力,必须借助于配备有相应传感器的高精度测试仪器或大型测试系统才能奏效。因此,某些传感器的发展,是一些边缘科学研究和高、新技术开发的先驱。

在工业与国防领域,传感器更有它用武之地。在以高技术对抗和信息战为主要特征的现代战争中,在高度自动化的工厂、设备、装置或系统中,可以说是传感器的大集合地。例如:工厂自动化中的柔性制造系统(FMS),或计算机集成制造系统(CIMS),几十万千瓦的大型发电机组,连续生产的轧钢生产线,无人驾驶的自动化汽车,大型基础设施工程(如大桥、隧道、水库、大坝等),多功能武备攻击指挥系统,直到航天飞机、宇宙飞船或星际、海洋探测器等等,均需要配置大量的、数以千计的传感器,用以检测各种各样的工况参数或对象信息,以达到识别目标和运行监控的目的。

当传感器技术在工业自动化、军事国防和以空间探索、海洋开发为代表的尖端科学与工程等重要领域广泛应用的同时,它正以自己的巨大潜力,向着与人们生活密切相关的方面渗透;生物工程、医疗卫生、环境保护、安全防范、家用电器、网络家居等方面的传感器已层出不穷,并在日新月异地发展。据新近国外有一家技术市场调查公司预测:未来五年,用嵌入大量微传感器的电脑芯片做成的服装、饰物将风行世界市场。

可见,从茫茫太空,到浩瀚海洋;从各种复杂的工程系统,到日常生活的衣食住行,几乎每一项现代化内容,都离不开各种各样的传感器。有专家感言:"没有传感器……,支撑现代文明的科学技术就不可能发展。"日本业界更声称:"支配了传感器技术就能够支配新时代!"为此,日本把传感器技术列为国家重点发展的十大技术之首。美国早在20世纪80年代就宣称:世界已进入传感器时代!在涉及国家经济繁荣和国家安全至关重要的22项重大技术中,传感器技术就有6项;而涉及保护美国武器系统质量优势至关重要的关键技术中,有8项为无源传感器。可以毫不夸张地说,21世纪的社会,必将是传感器的世界!

0.5 传感器的发展趋势

(1)发现新效应,开发新材料、新功能

传感器的工作原理是基于各种物理的、化学的、生物的效应和现象;具有这种功能的材料谓之“功能材料”或“敏感材料”。显而易见,新的效应和现象的发现,是新的敏感材料开发的重要途径;而新的敏感材料的开发,是新型传感器问世的重要基础。

例如,约瑟夫逊(Josephson)效应——一种超导体超导电流的量子干涉效应的发现,导致多种超性能敏感器件的开发:利用直流约瑟夫逊效应研制成超导量子干涉器(SQUID),可用于测量诸如人体心脏和脑活动所产生的微磁场变化,分辨力高于 10^{-15}T;利用交流约瑟夫逊效应研制的电压-频率(V-F)变换器,其精确度可达 10^{-8},且稳定性极高,不受环境温度、振动干扰,无漂移和老化;利用约瑟夫逊效应的热噪声研制的温度传感器,可测量 10^{-6}K 的超低温。

又如电流变(Electrorheologic,ER)效应——一种电流变材料(常态为液体,ERF)在外电场控制下能瞬间(μs、ms 级)产生可逆性“液态-固态”突变,致使其黏度、阻尼、剪切强度等力学性能快速响应的现象。之后,利用这种 ER 效应开发的“电-机特性”转换元件,因其具有低能耗、快速响应、可逆性、无级柔性变换、无磨损、低噪声、长寿命等特点,并能将高速计算机的电指令直接转换成机械动作的操作过程,被誉为“有潜力成为电气-机械转换中能效最高的一种产品”。美国科学家称:“ER 将会产生一场较当年半导体材料影响更大的技术革命”和“一系列的工业技术革命”。可见,电流变效应的研究和电流变材料的应用,具有十分巨大的发展潜力和十分诱人、令人鼓舞的前景。

还需指出,探索已知材料的新功能与开发新功能材料,对研制新型传感器来说同样重要。有些已知材料,在特定的配料组方和制备工艺条件下,会呈现出全新的敏感功能特性。例如,用以研制湿敏传感器的 Al_2O_3 基湿敏陶瓷早已为人们所知;近年来,我国学者又成功地研制出以 Al_2O_3 为基材的氢气敏、酒精敏、甲烷敏三种类型的气敏元件。与同类型的 SnO_2、Fe_2O_3、ZnO 基气敏器件相比,具有更好的选择性、低工作温度和较强的抗温、抗湿能力。这种开发已知材料新功能或多功能的成果绝非仅有,值得关注。

(2)传感器的多功能集成化和微型化

所谓集成化,就是在同一芯片上,或将众多同类型的单个传感器件集成为一维、二维或三维阵列型传感器;或将传感器件与调理、补偿等处理电路集成一体化。前一种集成化使传感器的检测参数实现“点→线→面→体”多维图像化,甚至能加上时序控制等软件,变单参数检测为多参数检测,例如将多种气敏元件,用厚膜制造工艺集成制作在同一基片上,制成能检测氧、氨、乙醇、乙烯四种气体浓度的多功能气体传感器;后一种集成化使传感器由单一的信号转换功能,扩展为兼有放大、运算、补偿等多功能。高度集成化的传感器,将是两者有机地融合,以实现多信息与多功能集成一体化的传感器系统(详见第 14 章)。

微米/纳米技术的问世,微机械加工技术的出现,使三维工艺日趋完善,这为微型传感器的研制铺平了道路。微型传感器的显著特征是体积微小、重量很轻(体积、重量仅为传统传感器的几十分之一甚至几百分之一)。其敏感元件的尺寸一般为微米级。它是由微加工技术(光刻、蚀刻、淀积、键合等工艺)制作而成。如今,传感器的发展有一股强劲的势头,这就是正在摆脱传统的结构设计与生产,而转向优先选用硅材料,以微机械加工技术为基础,以仿真程序为工具的微结构设计,来研制各种敏感机理的集成化、阵列化、智能化硅微传感器。这一现代传感器技术国外称之为“专用集成微型传感器技术”ASIM(Application Specific Integrated Microtransducer)。这种硅微传感器一旦付诸实用,将对众多高科技领域——特别是航空航天、遥感遥测、环境保护、生物医学和工业自动化领域有着重大的影响。美国著名未来学家尼古拉斯·尼葛洛庞帝预言:微型化电脑将在10年后变得无所不在,人们的日常生活环境中可能嵌满这种电脑芯片。届时,人们甚至可以将一种含有微电脑的微型传感器,像服药丸一样“吞”下,从而在体内进行各种检测,以帮助医生诊断。目前日本已研制出尺寸为2.5 mm×0.5 mm的微型传感器,可用导管直接送入心脏,可同时检测Na^{+}、K^{+}和H^{+}离子浓度。微传感器的实现和应用,最引起关注的还是在航空航天领域。如国外某金星探测器共使用了8000余个传感器。若采用微传感器及其阵列集成,不仅对减轻重量、节省空间和能耗有重要意义,而且可大大提高飞行监控系统的可靠性。正因为如此,最近美国在《新世纪展望——21世纪的空军和太空力量》的研究报告中,特别强调了微传感器对各种飞行器的重要性,并把它列入突出发展的计划付诸实施。我国在这方面正在迎头赶上。

(3)传感器的数字化、智能化和网络化

数字技术是信息技术的基础。传感器的数字化,不仅是提高传感器本身多种性能的需要,而且是传感器向智能化、网络化更高层次发展的前提。

近年来,传感器的智能化和智能传感器的研究、开发正在世界众多国家蓬勃开展。智能传感器的定义也在逐步形成和完善之中。目前较为一致的看法是:凡是具有一种或多种敏感功能,不仅能实现信息的探测、处理、逻辑判断和双向通信,而且具有自检测、自校正、自补偿、自诊断等多功能的器件或装置,可称为“智能传感器”(Intelligent Sensor)。按构成模式,智能式传感器有分立模块式和集成一体式之分。

目前国内外已经出现一种组合一体化结构传感器。它把传统的传感器与其配套的调理电路、微处理器、输出接口与显示电路等模块组装在同一壳体内。因而,体积缩小,线路简化,结构更紧凑,可靠性和抗干扰性能大大提高。在今后一段时间内,它将是实现传统传感器小型化和智能化的发展途径。

有人预计未来的10年,传感器智能化将首先发展成由硅微传感器、微处理器、微执行器和接口电路等多片模块组成的闭环传感器系统。如果通过集成技术进一步将上述多片相关模块全部制作在一个芯片上形成单片集成,就可形成更高级的智能式传感器(详见14.3)。

传感器网络化技术是随着传感器、计算机和通信技术相结合而发展起来的新技术,进入21世纪以来已崭露头角。传感器网络是一种由众多随机分布的一组同类或异类传感器节点与网关节点构成的无线网络。每个微型化和智能化的传感器节点,都集成了传感、处理、通信、电源等功能模块,可实现目标数据与环境信息的采集和处理,并可在节点与节点之间、节点与外界之间进行通信。这种具有强大集散功能的传感器网络,可以根据需要密布于目标对象的监测部位,进行分散式巡视、测量和集中监视。下一代传感器网络产品,将是传感器技术、高速无线通信技术、云计算与大数据技术的深度融合,此外还会将小型执行器集成到传感器网络中。

在此,还将引入由敏感材料智能化引出的智能材料与结构的概念。

智能材料的概念首先由美国学者C. A. Rogers提出。1989年,日本学者高木俊宜提出了“将信息科学融入材料的物性和功能”的智能材料构想。此后,日、美、西欧和世界各国争先恐后地开展了这方面的研究工作。关于智能材料定义,国外最为流行的说法是Petroki提出的:“将生命功能注入非生命或人工材料(或制品)构成的集成化体系称为智能材料,其中包括感知(Sensing)、驱动(Actuating)和控制(Controlling)材料或部件”。我国材料科学家师昌绪院士则提出了如下表达式：Sensing＋Actuating＝Smart(灵巧)，Smart＋Controlling＝Intelligent；其中包括三种功能：①感知功能——能自身探测和监控外界环境或条件变化；②处理功能——能评估已测信息，并利用已存储资料做出判断和协调反应；③执行功能——能依据上述结果提交驱动或调节器实施。

目前，初步具有这种自监测、自诊断、自适应功能的智能材料与结构，已被应用于桥梁、隧道、大坝等土建结构的智能化"神经"系统中；也有被埋设于飞机及航天装置的机身、机翼和发动机等要害部位，使之具有如人体"神经与肌肉组织"般的智能结构，监视自身的"健康状态"。如美国，在F-15战斗机机翼设置的自诊断光纤干涉传感器网络，就是成功一例。可以预料未来的智能工程结构将广泛采用智能材料与结构，其应用前景十分广阔(详见14.6)。

(4)研究生物感官，开发仿生传感器

大自然是生物传感器的优秀设计师。生物界进化到今天，我们人类凭借发达的智力，无须依靠强大的感官能力就能生存；而物竞天择的动物界，能拥有特殊的感应能力，即功能奇特、性能高超的生物传感器才是生存的本领。许多动物，因为具有非凡的感应次声波信号的能力，而使它们能够逃避诸如火山爆发、地震、海啸之类的灭顶之灾。其他如狗的嗅觉(灵敏阈为人的10^6倍)；鸟的视觉(视力为人的8～50倍)；蝙蝠、飞蛾、海豚的听觉(主动型生物雷达——超声波传感器)；蛇的接近觉(分辨力达0.001 ℃的红外测温传感器)等等。这些动物的感官性能，是当今传感器技术所企及的目标。利用仿生学、生物遗传工程和生物电子学技术来研究它们的机理，研发仿生传感器，也是十分引人注目的方向。

(5)传感器技术与无线通信技术的结合

随着无线通信技术的发展，5G时代下的通信具有高速率、低时延、高密度等特点，5G技术能支持更高效的信息传输、更快速地信号响应。5G技术将所有的机器设备连接在一起，例如控制器、传感器、执行器，形成无线传感网。然后通过云服务器分析传感器上传的大量数据，实现智能综合感知。在5G时代，传感器每分每秒都在收集大量数据。可以说，随着5G的到来，云端融合的传感器可能会遍布在我们身边的每个角落。

(6)柔性可穿戴传感技术

随着3D打印与印刷电子工艺的发展，可穿戴式的柔性传感器应运而生。柔性可穿戴传感器顺应了传感器的小型化 、集成化 、智能化等发展趋势，同时还具有可穿戴、便于携带、使用舒适等特点。这些新型柔性传感器在电子皮肤 、生物医药、可穿戴电子产品和航空航天等领域都有重要应用。未来，随着传感器技术的发展以及柔性基质材料的发展，将会有更多种类的柔性传感器被开发出来，应用于不同领域。

综上所述不难看出，当代科学技术发展的一个显著特征是，各学科之间在其前沿边缘上相互渗透，互相融合，从而催生出新兴的学科或新的技术。传感器技术也不例外；它正不断融入其他相关学科的高科技，逐步形成自己的发展方向，孕育自己的新技术。

习题与思考题

0－1　综述你所理解的传感器概念。

0－2　何谓结构型传感器？何谓物性型传感器？试述两者的应用特点。

0－3　一个可供实用的传感器由哪几部分构成？各部分的功用是什么？试用框图示出你所理解的传感器系统。

0－4　就传感器技术在未来社会中的地位、作用及其发展方向，综述你的见解。

第 1 章　传感器技术基础

1.1　传感器的一般数学模型

传感器作为感受被测量信息的器件，希望它能按照一定的规律输出有用信号。因此，需要研究其输出-输入关系及特性，以便用理论指导其设计、制造、校准与使用。为此，有必要建立传感器的数学模型。由于传感器可能用来检测静态量（即输入量是不随时间变化的常量）、准静态量或动态量（即输入量是随时间而变的变量），应该以带随机变量的非线性微分方程作为数学模型，但这将在数学上造成困难。实际上，传感器在检测静态量时的静态特性与检测动态量时的动态特性通常可以分开来考虑，因此传感器的数学模型常有静态与动态之分。

1.1.1　传感器的静态模型

传感器的静态模型，是指在静态条件下（即输入量对时间的各阶导数为零）得到的传感器数学模型。若不考虑滞后及蠕变，传感器的静态模型可用代数方程表示，即

$$y=a_0+a_1x+a_2x^2+\cdots+a_nx^n \tag{1-1}$$

式中，a_0 是传感器的零位输出；a_1 就是传感器的灵敏度系数（即 K）；$a_2,a_3,\cdots,a_n$ 是传感器非线性项系数，也是高阶谐波分量的系数。

这种多项式代数方程可能有四种情况（如图 1－1 所示）。这种表示输出量与输入量之间的关系曲线称为特性曲线。

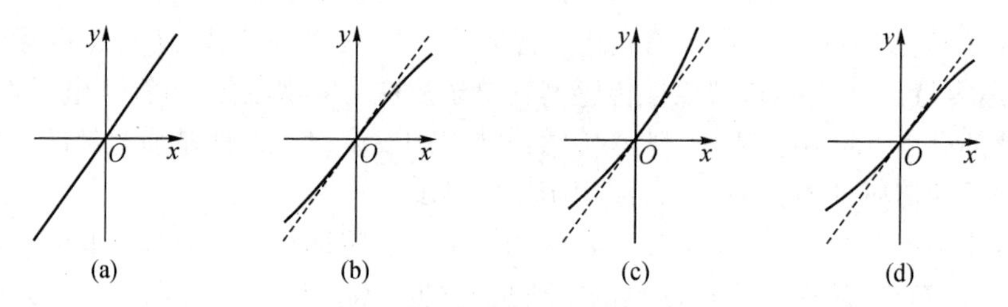

图 1－1　传感器的静态特性曲线

通常，希望传感器的输出-输入关系呈线性，并能正确无误地反映被测量的真值，即图 1－1(a)所示。这时，传感器的数学模型可以简化为：

$$y=a_0+a_1x \tag{1-2}$$

当传感器的特性出现如图 1－1(b)和图 1－1(c)中所示的非线性情况时，就必须采取线性化补偿措施。

1.1.2　传感器的动态模型

传感器的动态模型，就是指传感器在动态（被测量随时间快速变化）条件下建立的数学模型。有的传感器即使静态特性非常好，但由于不能很好反映输入量随时间快速变化的状况，而导致严重的动态误差。这就要求认真研究传感器的动态响应特性。

传感器动态模型一般有两种形式：微分方程和传递函数。

（1）微分方程

在研究传感器的动态响应特性时，一般都忽略传感器的非线性和随机变化等复杂的因素，将传感器作为线性定常系统考虑。因而，其动态模型可以用线性常系数微分方程来表示：

$$a_n \frac{d^n y}{dt^n} + a_{n-1} \frac{d^{n-1} y}{dt^{n-1}} + \cdots + a_1 \frac{dy}{dt} + a_0 y = b_m \frac{d^m x}{dt^m} + b_{m-1} \frac{d^{m-1} x}{dt^{m-1}} + \cdots + b_1 \frac{dx}{dt} + b_0 x \tag{1-3}$$

式中，$a_0, a_1, \cdots, a_n$ 和 $b_0, b_1, \cdots, b_m$ 为微分方程系数，其大小取决于传感器的参数。一般而言，常取 $b_1 = b_2 = \cdots = b_m = 0$，此时微分方程简化为：

$$a_n \frac{d^n y}{dt^n} + a_{n-1} \frac{d^{n-1} y}{dt^{n-1}} + \cdots + a_1 \frac{dy}{dt} + a_0 y = b_0 x \tag{1-4}$$

采用微分方程作为传感器数学模型的好处是：通过求解微分方程容易分清暂态响应与稳态响应。因为其通解仅与传感器本身的特性及起始条件有关，而特解则不仅与传感器的特性有关，而且与输入量 x 有关。缺点是求解微分方程很麻烦，尤其当需要通过增减环节来改变传感器的性能时显得很不方便。

（2）传递函数

如果运用拉氏变换将时域的数学模型（微分方程）转换成复数域的数学模型（传递函数），则微分方程的缺点就得以克服。由控制理论知，对于用式(1-3)表示的传感器，其传递函数为

$$H(s) = \frac{Y(s)}{X(s)} = \frac{b_m s^m + b_{m-1} s^{m-1} + \cdots + b_1 s + b_0}{a_n s^n + a_{n-1} s^{n-1} + \cdots + a_1 s + a_0} \tag{1-5}$$

式中，$s = \sigma + j\omega$ 是复数，称为拉氏变换的自变量。

传递函数是又一种以传感器参数来表示输出量与输入量之间关系的数学表达式，它表示了传感器本身的特性，而与输入量无关。采用传递函数法的另一个好处是，当传感器比较复杂或传感器的基本参数未知时，可以通过实验求得传递函数。

1.2　传感器的特性与指标

1.2.1　传感器的静态特性与指标

静态特性表示传感器在被测输入量各个值处于稳定状态时的输出-输入关系，其评价指标主要有重复性、非线性、灵敏度、分辨力（率）、阈值、回程误差、漂移等。

1. 重复性

重复性(Repeatability)是指传感器在同一工作条件下、输入量按同一方向、连续多次测

量同一被测量时,所得测量结果的差异程度。如果被测量固定在同一数值不变,则重复性表现为一组离散的随机变化的数组;如果被测量在全量程内从小到大变化,则重复性表现为一组离散的随机变化曲线。

显然,重复性表征了传感器在多次重复测量条件下输出信号的一致性,重复性误差反映的是测量数据的离散程度。重复性误差越小,传感器输出信号的一致性越好。反之,如果重复性不好,各次测量结果明显不一致,则根本无法评价传感器的静态特性。因此,重复性是传感器最基本的技术指标,良好的重复性是传感器其他各项指标的前提和保证。

重复性误差属随机误差,因此应根据标准差计算其分散程度。标准差越大,说明测量结果的分散性越大,重复性越差。反之,标准差越小,说明测量结果的分散性越小,重复性越好。

标准差的计算应采用多次测量结果来计算,即

$$\sigma=\sqrt{\frac{\sum_{i=1}^{n}(y_i-\bar{y})^2}{n-1}} \tag{1-6}$$

式中,σ 是标准差;y_i 是传感器测量结果($i=1,2,\cdots,n$);$\bar{y}=\frac{1}{n}\sum_{i=1}^{n}y_i$ 是传感器所有测量结果的算术平均值;n 是重复测量次数。

实际上常采用极限误差来表征重复性,即

$$e_R=\pm a\sigma \tag{1-7}$$

式中,e_R 是重复性的极限误差;a 是置信系数,通常取 2 或 3。取 2 时,置信概率为 95.4%;取 3 时,置信概率为 99.73%。

2. 分辨力

分辨力(Resolution)是传感器在规定测量范围内所能检测出的被测输入量的最小变化量,它表征了传感器对被测量的分辨能力。

分辨力是一个绝对量的概念,具有与被测量相同的量纲。例如,某测量位移的电感传感器分辨力是 0.1 μm,某称重传感器的分辨力是 0.1 mg 等。

需要说明的是:人们有时采用分辨力与满量程输入值之百分数表示传感器的分辨能力,则称之为分辨率。分辨率是一个相对量的概念,常以百分数表示,并无单位和量纲。例如,某测量位移的电感传感器分辨率是 0.005%,某称重传感器的分辨力是 0.000 1%(或 1 ppm)等。

3. 灵敏度

灵敏度是传感器输出量增量与被测输入量增量之比,它表征了传感器对被测量的敏感程度。

对于线性特性的传感器,其输出与输入呈线性关系,灵敏度就是传感器特性直线的斜率,即

$$K=\Delta y/\Delta x \tag{1-8}$$

对于非线性特性的传感器,灵敏度不是常数,应该是传感器特性曲线上各点处的斜率,即以传感器特性方程的一阶导数表示:

$$K=\mathrm{d}y/\mathrm{d}x \tag{1-9}$$

需要说明的是,对于自源型和辅源型传感器,其输出信号能量来自被测对象,因此其灵

敏度一般恒定不变。而对于外源型传感器，其输出信号能量来自外部电源，因此传感器的灵敏度与电源电压有关，其灵敏度的表达往往需要包含电源电压的因素。例如某位移传感器，当电源电压为 1 V 时，每 1 mm 位移变化引起输出电压变化为 100 mV，则其灵敏度可表示为 100 mV/(mm・V)。

4. 非线性

线性度(Linearity)是表征传感器输出-输入曲线与理想直线之间的吻合程度的指标，通常用非线性误差表示，即

$$e_L = \pm \frac{\Delta Y_{\max}}{y_{F.S.}} \times 100\% \qquad (1-10)$$

式中，$\Delta Y_{\max}$ 是传感器输出与理想直线间的最大偏差；$y_{F.S.}$ 是理论满量程输出值。

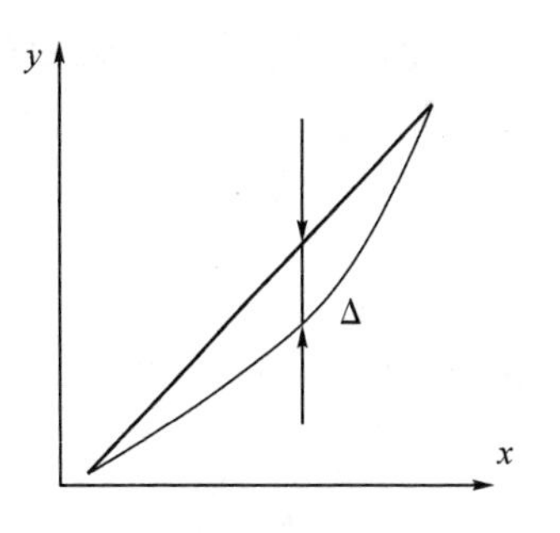

图 1-2 传感器的非线性误差

显然，确定理想直线是计算非线性误差的前提条件。实际上，理想直线很难获得准确结果。虽然有时可以根据传感器的原理进行理论推导，但是其结果往往与实际存在较大偏差，因而失去实际意义。

在实际应用过程中，常常采用传感器的实际测量数据进行合理的计算，得到一条近似理想的直线，我们称之为拟合直线，可以表示为一般形式的直线方程：

$$y = a + Kx \qquad (1-11)$$

式中，a 是传感器零位输出(即传感器特性直线的截距)，K 是灵敏度(即特性直线的斜率)。

目前常用的拟合方法有：端点连线法、最佳直线法和最小二乘法(如图 1-3 所示)。

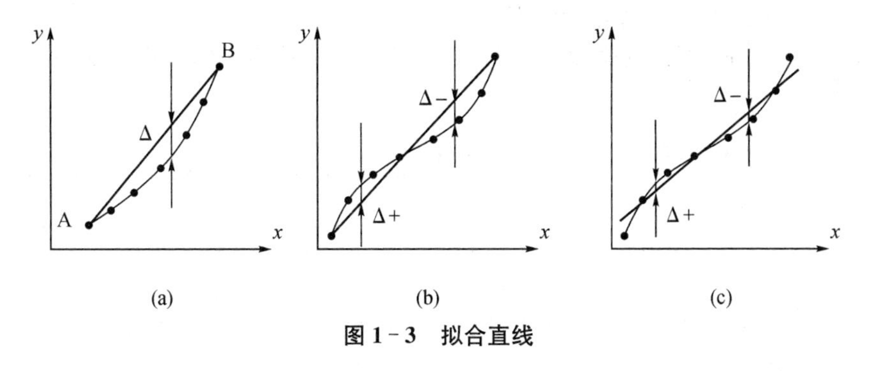

图 1-3 拟合直线

(1)端点连线法

这种方法直接采用传感器输出-输入曲线的两个端点连线座位拟合直线，如图 1-3(a)所示。按照拟合直线方程(1-11)，其零位输出 a 和灵敏度 K 分别为：

$$a = \frac{x_2 y_1 - x_1 y_2}{x_2 - x_1} \qquad K = \frac{y_2 - y_1}{x_2 - x_1} \qquad (1-12)$$

端点连线法的特点是简单、方便，实用性强。但是由于仅使用了两个端点的数据，因而计算偏差较大，且与其余测量值无关。

(2)最佳直线法

该最佳直线能保证传感器输出-输入曲线相对于该直线的最大正偏差与最大负偏差的绝对值相等并且最小，如图 1-3(b)所示。显然，在理论上这种拟合方法的精度最高。通常

情况下,这种最佳直线的计算过程较为烦琐,一般只能用通过计算机解算来获得。

当传感器的输出-输入曲线比较简单的条件下,也可以采用图解法获得较为近似的结果。例如,或当传感器输出-输入曲线为单调曲线,可采用端点连线并进行平移来获得,此时该法也可称之为端点平行线法。

(3)最小二乘法

这种方法按最小二乘原理求取拟合直线,该直线能保证传感器全部测量数据的残差平方和为最小。

假设实际测试点有 n 个,则第 i 个数据与拟合直线上相应值之间的残差为

$$\Delta i = y_i - (a + Kx_i) \tag{1-13}$$

按最小二乘法原理,应使 $\sum_{i=1}^{n} \Delta_i^2 = \min$。因此,通过求一阶偏导数并令其等于零,即可求得 a 和 K:

$$a = \frac{\sum x_i^2 \sum y_i - \sum x_i \sum x_i y_i}{n\sum x_i^2 - \left(\sum x_i\right)^2} \qquad K = \frac{n\sum x_i y_i - \sum x_i \sum y_i}{n\sum x_i^2 - \left(\sum x_i\right)^2} \tag{1-14}$$

可以看出,最小二乘法的拟合精度很高。但是,传感器特性曲线相对拟合直线的最大偏差绝对值并不一定最小,最大正偏差与最大负偏差的绝对值也不一定相等。

需要说明的是:不同的拟合方法,可以得到不同的拟合直线,也就可以计算出不同的非线性误差。因此,非线性误差不是独立和唯一的,不同拟合方法获得的非线性误差结果也没有可比性,不可直接对比大小。另一方面,当需要对不同拟合结果进行评估和比对时,只能以最小二乘法的拟合结果作为仲裁依据。

例 1.1 某电感位移传感器测量数据如下(单位略),请用不同拟合方法计算其非线性误差。

表 1-1

序号	1	2	3	4	5	6	7	8	9	10	11
x	0.0	0.2	0.4	0.6	0.8	1.0	1.2	1.4	1.6	1.8	2.0
y	0.001	0.199	0.397	0.595	0.792	0.996	1.199	1.401	1.604	1.806	2.002

解:(1)端点连线法:

将两个端点(0.0,0.001)和(2.0,2.002)代入公式(1-14)可得 a=0.001,K=1.0005。则拟合直线为 y=0.001+1.0005x。由此可以计算各点的非线性误差,如右图所示。显然,最大非线性偏差位于第5点,即 $\Delta\max$=0.792-(0.001+1.0005×0.8)=-0.0094。

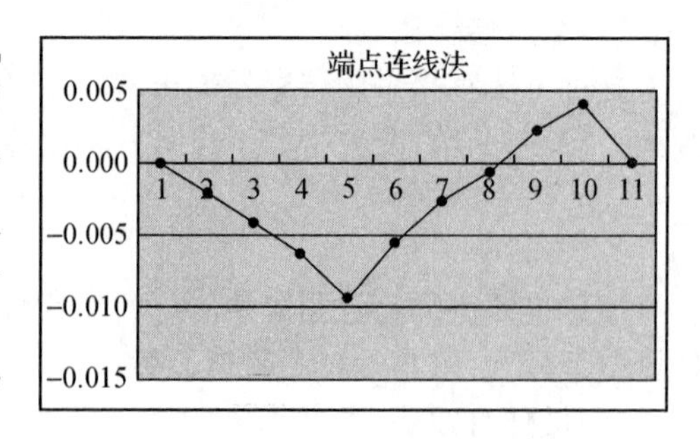

此时,传感器的非线性误差为:e_L=0.0094/2.002=0.47%。

(2)最佳直线法：

利用计算机进行逐次逼近，可以获得其最佳直线为 $y=-0.0046+1.00278x$。由此可以计算各点的非线性误差，如右图所示。显然，最大非线性偏差 $\Delta max=0.792-(-0.0046+1.00278\times0.8)=-0.0056$。此时，传感器的非线性误差为：$e_L=0.0056/2.002=0.28\%$。

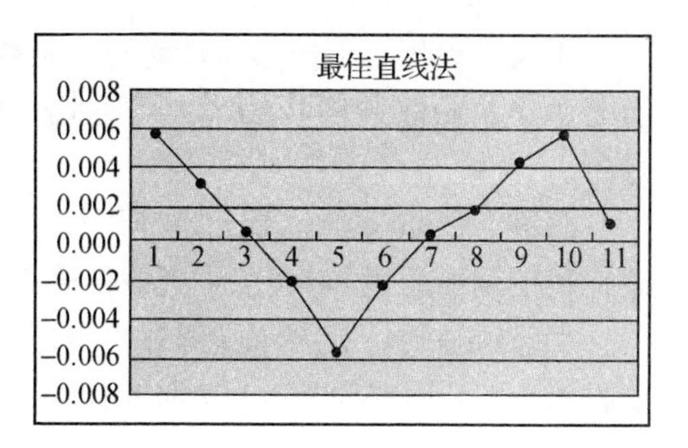

(3)最小二乘法：

利用公式(1-14)可以直接计算得到 $a=-0.004$，$K=1.0033$。则拟合直线为 $y=-0.004+1.0033x$。由此可以计算各点的非线性误差，如右图所示。显然，最大非线性偏差 $\Delta max=0.792-(-0.004+1.0033\times0.8)=-0.0066$。

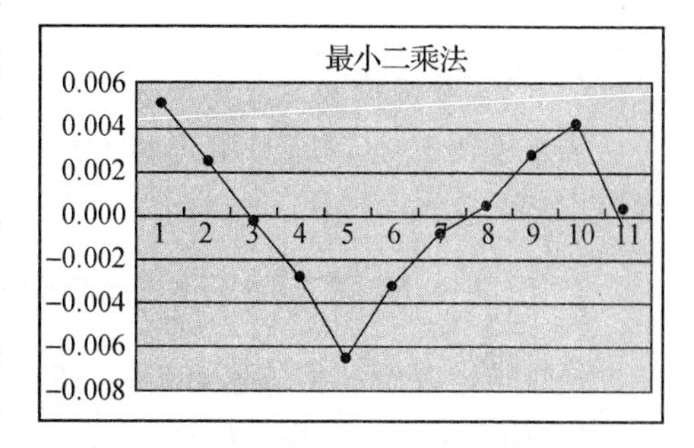

此时，传感器的非线性误差为：$e_L=0.0066/2.002=0.33\%$。

显然，端点连线法结果为0.47%，最佳直线法结果为0.28%，最小二乘法结果为0.33%。三种方法，结果不同，以最佳直线法为最小。

5. 阈值

阈值(Threshold)是指能使传感器输出端产生变化的最小被测输入量值。

阈值可以理解为传感器零位附近的分辨力。有的传感器在零位附近有严重的非线性，形成所谓“死区”，则常常将死区的大小作为阈值。更多情况下，阈值主要取决于传感器的噪声大小。

6. 回程误差

回程误差(Hysteresis)是一种反映传感器在正行程(输入量增大)和反行程(输入量减小)输出-输入曲线的不重合程度的指标(如图1-4所示)，通常用正反行程输出量的最大差值 ΔY_{max} 来计算，并以相对值表示：

$$e_H=\frac{\Delta Y_{max}}{y_{F.S.}}\times100\% \tag{1-15}$$

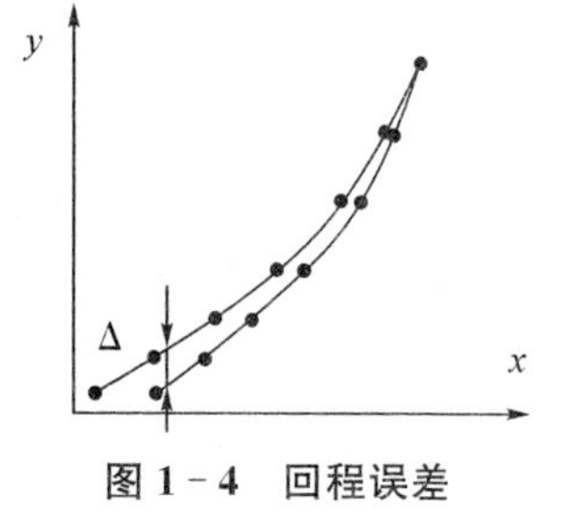

图1-4 回程误差

7. 漂移

漂移(Drift)是指在一定时间间隔内传感器输出量存在着与被测输入量无关的变化，是表征传感器稳定性的指标。

漂移可以表现在传感器零位的变化(称之为零点漂移)与传感器灵敏度的变化(称之为灵敏度漂移)两个方面。漂移的形式又可分为时间漂移和温度漂移两种。时间漂移(简称时漂)是指在规定条件下传感器零点或灵敏度随时间的缓慢变化，温度漂移(简称温漂)是指环境温度变化引起的传感器零点或灵敏度缓慢变化。

8. 总静态误差

上述各项传感器静态特性参数都是相对独立的单项参数,实际上传感器的综合特性是有多个单项参数共同作用、综合形成的。因此,有必要对传感器的静态特性进行综合的评价。

总静态误差(Static Error)是指传感器在静态条件下在满量程内任一点输出值相对其理论值的偏离程度,它表示采用该传感器进行静态测量时所得数值的不确定度。

静态误差的计算方法国内外尚不统一,目前常用的方法是合成法,即重复性误差 e_R、非线性误差 e_L、回差误差 e_H 按照几何法或代数法进行综合:

$$e_S = \sqrt{e_R^2 + e_L^2 + e_H^2} \tag{1-16}$$

$$e_S = |e_R| + |e_L| + |e_H| \tag{1-17}$$

公式(1-16)常被称之为方和根法,公式(1-17)常被称为代数和法。

需要说明的是,在合成之前需要将各分项误差的形式协调一致,即统一为相对误差或者极限误差。

1.2.2 传感器的动态特性与指标

动态特性是反映传感器对于随时间变化的输入量的响应特性。当使用传感器测试动态量时,希望它的输出量随时间变化的关系与输入量随时间变化的关系尽可能一致。但实际并不尽然,因此需要研究它的动态特性,分析其动态误差。

传感器动态特性包括两部分:一是输出量达到稳定状态以后与理想输出量之间的差别;二是当输入量发生跃变时输出量由一个稳态到另一个稳态之间的过渡状态中的误差。

由于实际测试时输入量是千变万化的,且往往事先并不知道,故工程上通常采用输入"标准信号"的方法进行分析,并据此确立若干评定动态特性的指标。常用的"标准信号"是正弦函数与阶跃函数(如图1-5所示),因为它们既便于求解又易于实现。

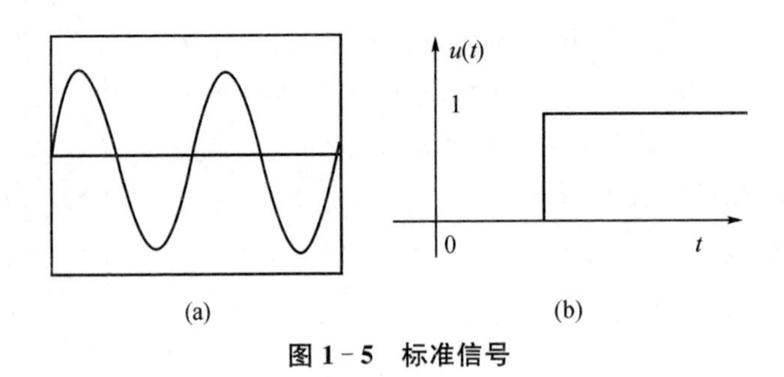

图1-5 标准信号

1. 频率响应特性

所谓频率响应特性,就是传感器输出信号的幅值和相位与输入量频率之间的关系。为此,常常采用各种频率不同而幅值相等的正弦信号作为标准信号输入传感器,并考察其输出信号的幅值与相位变化情况。

设输入幅值为 X、角频率为 ω 的正弦量:

$$x = X\sin\omega t$$

则传感器的输出量亦为角频率同为 ω 的正弦量:

$$y = Y\sin(\omega t + \varphi)$$

式中，Y 为输出量的幅值，φ 为输出量的相位。

将 x 和 y 的各阶导数代入动态模型表达式(1-5)，可得传感器的传递函数为

$$H(\mathrm{j}\omega) = \frac{Y(\mathrm{j}\omega)}{X(\mathrm{j}\omega)} = \frac{b_m(\mathrm{j}\omega)^m + b_{m-1}(\mathrm{j}\omega)^{m-1} + \cdots + b_1(\mathrm{j}\omega) + b_0}{a_n(\mathrm{j}\omega)^n + a_{n-1}(\mathrm{j}\omega)^{n-1} + \cdots + a_1(\mathrm{j}\omega) + a_0} \quad (1-18)$$

公式(1-18)将传感器的动态响应从时域转换到频域，表示输出信号与输入信号之间的关系随着信号频率而变化的特性，故称之为传感器的频率响应特性，简称频率特性、频响特性或频响，又称为频率传递函数。其物理意义是，当正弦信号作用于传感器时，在稳定状态下的输出量与输入量之复数比。

将公式(1-18)转换为指数形式：

$$\frac{Y(\mathrm{j}\omega)}{X(\mathrm{j}\omega)} = \frac{Y\mathrm{e}^{\mathrm{j}(\omega t+\varphi)}}{X\mathrm{e}^{\mathrm{j}\omega t}} = \frac{Y}{X}\mathrm{e}^{\mathrm{j}}$$

由此可得频率特性的模：

$$A(\omega) = \left|\frac{Y(\mathrm{j}\omega)}{X(\mathrm{j}\omega)}\right| = \frac{Y}{X} \quad (1-19)$$

式中，$A(\omega)$称为传感器的动态灵敏度，或称增益。它表示了传感器输出与输入的幅值比随角频率 ω 的变化，故又称为传感器的幅频特性。

图1-6是典型的对数幅频特性曲线(纵坐标为对数形式)。图中，0 dB 水平线表示理想的幅频特性。工程上通常将±3 dB所对应的频率范围作为频响范围，又称通频带(简称频带)。对于传感器而言，则常根据所需测量精度来确定正负分贝数范围，所对应的频率范围即为频响范围，即工作频带。

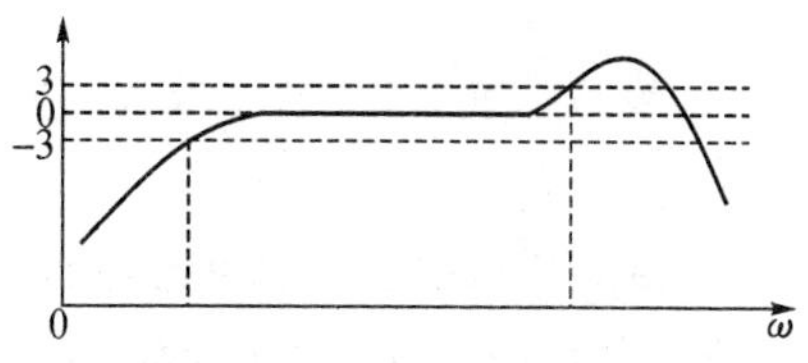

图1-6　典型的对数幅频特性曲线

以 $\mathrm{Re}\left[\frac{Y(\mathrm{j}\omega)}{X(\mathrm{j}\omega)}\right]$和 $\mathrm{Im}\left[\frac{Y(\mathrm{j}\omega)}{X(\mathrm{j}\omega)}\right]$分别表示 $A(\omega)$的实部和虚部，则频率特性的相位角为

$$\varphi(\omega) = \arctan\left\{\frac{\mathrm{Im}\left[\frac{Y(\mathrm{j}\omega)}{X(\mathrm{j}\omega)}\right]}{\mathrm{Re}\left[\frac{Y(\mathrm{j}\omega)}{X(\mathrm{j}\omega)}\right]}\right\} \quad (1-20)$$

$\varphi(\omega)$代表了传感器输出量相对于输入量的相位角度随角频率 ω 的变化，故又称为传感器的相频特性。对传感器而言，$\varphi(\omega)$通常为负值，即传感器的输出滞后于输入。

由于相频特性与幅频特性之间有一定的内在关系，因此表示传感器的频响特性及频域性能指标时，主要用幅频特性。

2. 阶跃响应特性

所谓阶跃响应特性，就是当给静止的传感器输入一个单位阶跃信号时输出信号的幅值和相位变化特性，简称阶跃响应。

典型的阶跃响应特性曲线如图1-7所示。

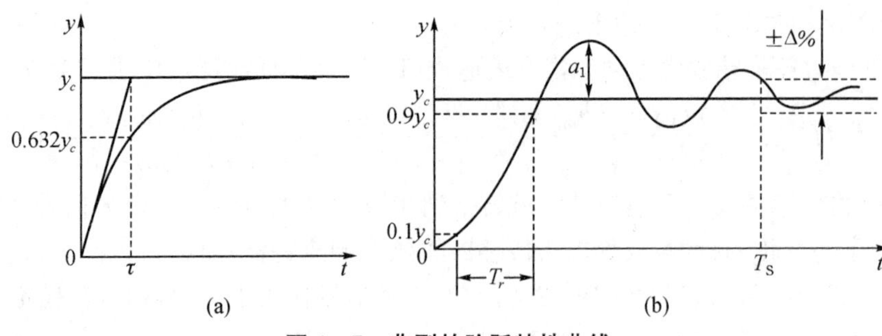

图1-7 典型的阶跃特性曲线

衡量阶跃响应的指标主要有:

(1)时间常数 τ 传感器输出值上升到稳态值 y_c 的63.2%所需的时间。

(2)上升时间 T_r 一般规定传感器输出值由稳态值的10%上升到90%所需的时间。

(3)响应时间 T_s 输出值达到允许误差范围±Δ%所经历的时间。

(4)超调量 a_1 响应曲线第一次超过稳态值之峰高,即 $a_1=y_{\max}-y_c$,或用相对值表示,即 $a_1=[(y_{\max}-y_c)/y_c]\times100\%$。

(5)衰减率 ψ 指相邻两个波峰(或波谷)的高度下降的百分数,即 $\psi=[(a_n-a_{n+2})/a_n]\times100\%$。

(6)稳态误差 e_{ss} 系无限长时间后传感器的稳态输出值与目标值之间偏差 δ_{ss} 的相对值,即 $e_{ss}=(\delta_{ss}/y_c)\times100\%$。

3. 传感器典型环节的动态特性

常见的传感器通常可以看成是零阶、一阶或二阶环节,或者是由上述环节组合而成的系统。因此,下面着重介绍最基本的零阶环节、一阶环节和二阶环节的动态响应特性。

(1)零阶环节

零阶环节的微分方程和传递函数分别为:

$$y=\frac{b_0}{a_0}x=Kx \tag{1-21}$$

$$\frac{Y(s)}{X(s)}=\frac{b_0}{a_0}=K \tag{1-22}$$

式中,K 为静态灵敏度。

可见,零阶环节的输入量无论随时间怎么变化,输出量的幅值总与输入量成确定的比例关系,在时间上也无滞后。因此,它是一种与频率无关的理想环节,故又称比例环节或无惯性环节。

例如,电位计式角度传感器就是一种零阶环节。其工作原理如图1-8所示,它由半圆形电位计和滑动触针构成分压器。当电位计供电 U_E 之后,随着触针逆时针转动,其分压 U_0 也随之改变,且与旋转角度 θ 成正比。其微分方程为 $U_0=U_E\theta/180°=K\theta$,其中 K 为静态灵敏度。

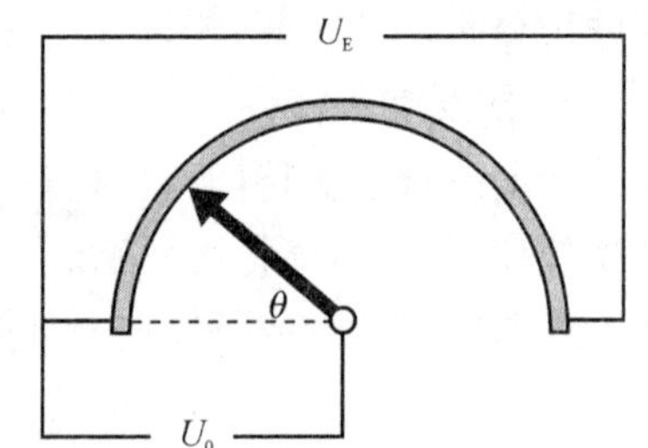

图1-8 电位计式角度传感器

实际应用中,许多高阶系统在变化缓慢(频率不高)的情况下，都可以近似看作零阶环节。

(2)一阶环节

一阶环节的微分方程为

$$a_1\frac{\mathrm{d}y}{\mathrm{d}t}+a_0y=b_0x \tag{1-23}$$

令 $\tau=a_1/a_0$(即时间常数)、$K=b_0/a_0$(即静态灵敏度)，则上式的微分方程可以变为

$$(\tau s+1)y=Kx \tag{1-24}$$

其传递函数为

$$H(s)=\frac{Y(s)}{X(s)}=\frac{K}{\tau s+1} \tag{1-25}$$

则幅频特性和相频特性分别为

$$A(\omega)=K/\sqrt{(\omega\tau)^2+1} \tag{1-26}$$

$$\varphi(\omega)=\arctan(-\omega\tau) \tag{1-27}$$

一阶环节的 $A(\omega)$ 与 $\varphi(\omega)$ 如图1-9所示。图中坐标为对数坐标，称为伯德图。可以看出，当角频率 $\omega<1/10\tau$ 时，$A(\omega)\approx0$，$\varphi(\omega)\approx0$，即输出量相对于输入量几乎无失真、无滞后，属于零阶环节。随着角频率 ω 的不断增大，$A(\omega)$ 与 $\varphi(\omega)$ 均出现逐渐下降的趋势，即传感器的输出信号产生明显的失真和滞后。

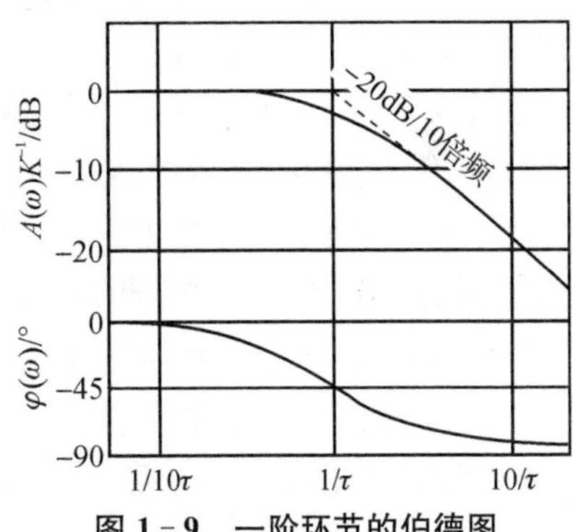

图1-9　一阶环节的伯德图

当一阶环节输入阶跃信号 $x(t)=\begin{cases}0\\A\end{cases}$ 时，其微分方程(1-24)的解为：

$$y=KA(1-\mathrm{e}^{-t/\tau}) \tag{1-28}$$

一阶环节的阶跃响应如图1-7(a)所示，呈现逐渐上升并接近稳态值的规律。可以推算，当响应时间 $T_s=5\tau$ 时，其动态误差约为0.7%。可见，一阶环节输入阶跃信号后在 5τ 之后采样，可认为输出已接近稳态，其动态误差可以忽略。

综合上述可知，一阶环节的动态响应特性主要取决于时间常数 τ。时间常数 τ 越小，阶跃响应越迅速，截止频率就越高。例如，带有阻尼的弹簧测力传感器就属于一阶环节，其原理如图1-10所示。其运动方程为 $c\frac{\mathrm{d}y}{\mathrm{d}t}+ky=bx$，其中 c 为阻尼系数，k 为弹性系数，b 为位移比例系数。可以推算，时间常数为 $\tau=c/k$，静态灵敏度为 $K=b/k$。因此，阻尼系数 c 越大，时间常数 τ 也越大，传感器动态特性越缓慢且平稳。

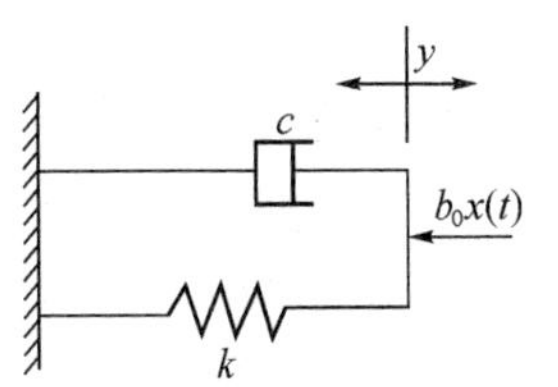

图1-10　弹簧测力传感器

(3)二阶环节

二阶环节的微分方程为

$$a_2\frac{\mathrm{d}^2y}{\mathrm{d}t^2}+a_1\frac{\mathrm{d}y}{\mathrm{d}t}+a_0y=b_0x \tag{1-29}$$

令 $\omega_n=\sqrt{a_0/a_2}$(称为固有频率),$\xi=a_1/2\sqrt{a_0a_2}$(称为阻尼比),则其传递函数为

$$H(s)=\frac{Y(s)}{X(s)}=\frac{K}{\frac{1}{\omega_n^2}s^2+\frac{2\xi}{\omega_n}s+1} \tag{1-30}$$

则幅频特性和相频特性分别为

$$A(\omega)=\frac{K}{\sqrt{[1-(\omega/\omega_n)^2]^2+[2\xi\omega/\omega_n]^2}} \tag{1-31}$$

$$\varphi(\omega)=-\arctan\left[\frac{2\xi\omega/\omega_n}{1-(\omega/\omega_n)^2}\right] \tag{1-32}$$

二阶环节的阶跃响应如图1-11所示。可以看出,当角频率 $\omega/\omega_n\ll1$ 时,$A(\omega)\approx0$,$\varphi(\omega)\approx0$,即输出量相对于输入量几乎无失真、无滞后,属于零阶环节。角频率 ω 增大后,随着阻尼比 ξ 的不同,$A(\omega)$ 与 $\varphi(\omega)$ 出现不同的变化趋势:随着阻尼比 ξ 的减小,$A(\omega)$ 与 $\varphi(\omega)$ 出现均出现明显的波动,且在固有频率附近幅度最大。特别是当阻尼比 $\xi=0$ 时,$A(\omega)$ 在固有频率附近发生谐振,即传感器的输出信号产生明显的失真和滞后。为了避免这种情况的发生,可适度增大阻尼比。当 $\xi\geqslant0.7$ 时,谐振就不会发生。当 $\xi\approx0.7$ 时,$A(\omega)$ 平坦段最宽,$\varphi(\omega)$ 接近斜直线,因为称为最佳阻尼。

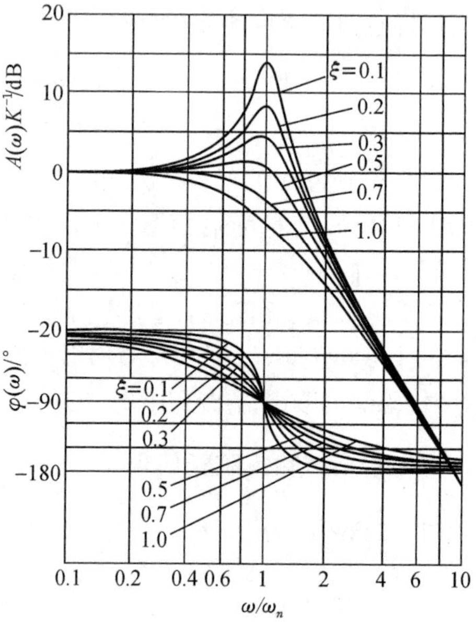

图1-11 二阶环节伯德图

当二阶环节输入阶跃信号 $x(t)=\begin{cases}0\\A\end{cases}$ 时,其微分方程(1-29)变为

$$\left(\frac{1}{\omega_n^2}s^2+\frac{2\xi}{\omega_n}s+1\right)y=KA \tag{1-33}$$

显然,随着阻尼比 ξ 的不同,二阶环节的阶跃特性呈现不同的规律(如图1-12所示)。当 $\xi>1$ 时,完全没有过冲,无震荡,曲线上升慢,响应速度低,称为过阻尼;当 $\xi<1$ 时,产生衰减震荡,曲线上升快,响应速度高,称为欠阻尼;当 $\xi=1$ 时,发生等幅震荡,其频率就是固有频率 ω_n,称为临界阻尼。

压电式加速度传感器就属于二阶环节,其等效原理如图1-13所示。其中 c 为阻尼系数,k 为弹性系数,m 为质量块的质量。在外力 F 作用下,其运动方程为 $m\frac{\mathrm{d}^2y}{\mathrm{d}t^2}+c\frac{\mathrm{d}y}{\mathrm{d}t}+ky=F$,固有频率为 $\omega_n=\sqrt{a_0/a_2}=\sqrt{k/m}$,阻尼比为 $\xi=a_1/2\sqrt{a_0a_2}=c/2\sqrt{km}$,静态灵敏度为 $K=k$。

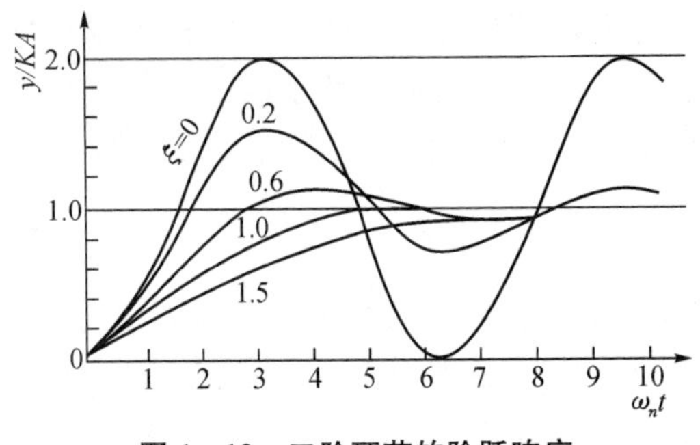

图1-12　二阶环节的阶跃响应

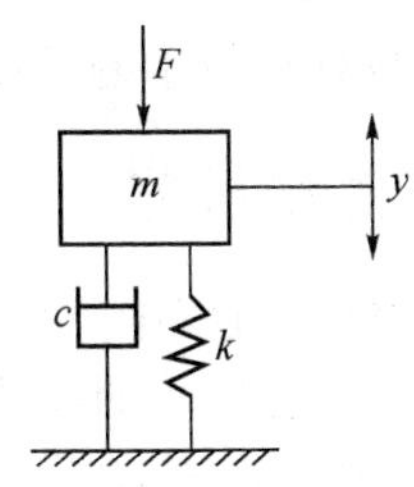

图1-13　压电式加速度传感器

例1.2　已知某二阶环节传感器，其固有频率$f_n=20$ kHz，阻尼比$\xi=0.7$。若要求传感器的输出信号幅值误差小于±5%，试确定该传感器的工作频率范围。

解：根据精度要求，传感器的动态灵敏度与静态灵敏度之差不超过±5%，即

$$|A(\omega)-K|/K\leqslant 5\% \quad 即\ 0.95\leqslant A(\omega)/K\leqslant 1.05$$

考虑到$\xi=0.7$，应无谐振出现。故此只有一种情形：

$$A(\omega)/K\geqslant 0.95$$

将二阶环节幅频特性公式(1-28)代入上式，可得

$$(\omega/\omega_n)^4-(2-4\xi^2)(\omega/\omega_n)^2\geqslant 0.108$$

经过计算可以求得：$\omega\leqslant 0.6\omega_n$。

由此可以计算出工作频率范围为：$f\leqslant 0.6f_n=12$ kHz。

需要说明的是：对于数字传感器而言，其动态特性主要体现为是否丢数。因此，传感器输入量的最高临界速度成为衡量其动态特性的主要指标。应该从敏感元件、转换元件甚至包括处理软件等不同环节来分析其动态特性。

1.3　传感器性能的改善方法

1.3.1　信号耦合与传输

传感器种类繁多，各类传感器的结构、材料和参数选择的要求各不相同。但是，有两个常被忽视的问题：被测信号的耦合和输出信号的传输。

对于被测信号的耦合，设计者和制造者应该考虑并提供合适的耦合方式，或对它做出规定，以保证传感器在耦合被测信号时不会产生误差或误差可以忽略。例如，接触式位移传感器测量结果代表的是敏感轴(即测杆)的位置，而不是我们所需要的被测物体上某一点的位置。为了二者一致，需要合适的耦合形式和器件(包括回弹式测头)，来保证耦合没有间隙、连接后不会产生错动或在容许范围之内。

对于输出信号的传输，应该按照信号的形式和大小选择电缆，以减少外界干扰的窜入或避免电缆噪声的产生，同时还必须重视电缆连接和固定的可靠性，以及选择优良的连接插头。

由于传感器的性能指标包含的方面很广，力图使某一传感器各个指标都优良的想法不

仅设计制造困难,而且在实用上也没有必要。应该根据实际的需要和可能,确保主要指标,放宽对次要指标的要求,以得到高性价比。对从事传感器研究和生产的部门来说,应该逐步形成满足不同使用要求的系列产品,供用户选择。同时,随着使用要求的千变万化和新材料、新技术和信息处理技术的发展,不断开发出新产品来顺应市场的需求。

1.3.2 差动技术

在传感器的使用过程中,通常要求传感器输出-输入关系呈线性关系,但实际难于做到。通过分析可知,传感器特性曲线的非线性项只存在高次项,且阶次越高、占比越小。为此,采用差动技术可以消除或减小高此项,改善非线性。其原理如下:

设有一传感器,其输入输出特性为

$$y_1=a_0+a_1x+a_2x^2+a_3x^3+a_4x^4$$

另一相同的传感器,但使其输入量符号相反,则它的输入输出特性为

$$y_2=a_0-a_1x+a_2x^2-a_3x^3+a_4x^4$$

通过差动处理,使二者的输出相减,则最终的特性为

$$y=y_1-y_2=2(a_1x+a_3x^3)$$

显然,原有的零位输出以及偶次项谐波消失,仅剩齐次项,非线性项显著减小,得到了对称于原点的更宽的近似线性范围。

需要指出的是,差动技术在显著减小非线性的同时,还使灵敏度提高了一倍。此外,对于两个传感器直接存在的所有共模误差也将予以消除,例如电源波动、环境干扰等。因此,差动技术上提升传感器性能的重要方法,在各种传感器中广泛采用(例如电阻应变式、电感式、电容式等传感器)。

1.3.3 平均技术

常用的平均技术有误差平均效应和数据平均处理。

误差平均效应的原理是:利用 n 个相同的传感器同时感受同一个被测量,因而其输出将是这些传感器输出的算数平均值。假如将每一个传感器可能带来的误差为 δ,根据误差理论,最终的测量结果的误差将减小为

$$\Delta=\delta/\sqrt{n} \tag{1-34}$$

例如,当传感器数量为10个时,最终的测量误差可以减小为单个传感器误差的31.6%,效果非常明显。因此,误差平均效应是提升传感器性能的另一重要手段,已经广泛应用(包括容栅传感器、光栅、感应同步器、编码器等栅式传感器)。

例如,有一种圆光栅测角系统,采用圆周均布的3个光栅读数头读数,消除了3次和3次倍频的谐波以外的所有误差,测角精度达到0.2″。有人进一步采用“全平均接收技术”,将整个圆周的光栅信号全部接收进来,使误差进一步减小,测角精度进一步提高。

数据平均效应的原理是:利用同一个传感器,对同一个被测量,在相同条件下的重复多次采样,然后进行数据平均处理,同理其测量误差也将显著减小。凡是被测对象允许进行多次重复测量或采样的场合,都可采用该方法减小测量误差。

需要指出的是,平均技术仅对测量误差中的随机误差分量有效,对于系统误差特别是恒定不变系统误差并无效果。

1.3.4　稳定性处理

传感器作为长期测量或反复使用的元器件，其稳定性显得特别重要，其重要性甚至胜过精度指标。因为造成传感器性能不稳定的原因是多方面的，随着时间的推移或环境条件的变化，构成传感器的各种材料与元器件性能将发生变化。

为了提高传感器性能的稳定性，应该对材料、元器件或传感器整体进行必要的稳定性处理。如结构材料的时效处理、冰冷处理、永磁材料的时间老化、温度老化、机械老化及交流稳磁处理、电气元件的老化与筛选等。

在使用传感器时，如果测量的稳定性要求较高，必要时也应对附加的调整元件、后接电路的关键元器件进行老化处理。

1.3.5　屏蔽、隔离与干扰抑制

传感器可以看成是一个复杂得多输入系统。如图1-14所示，x 为被测量，y 为输出量，$u_1,u_2,\cdots,u_n$ 是内部干扰变量，$v_1,v_2,\cdots,v_m$ 是外部干扰变量。

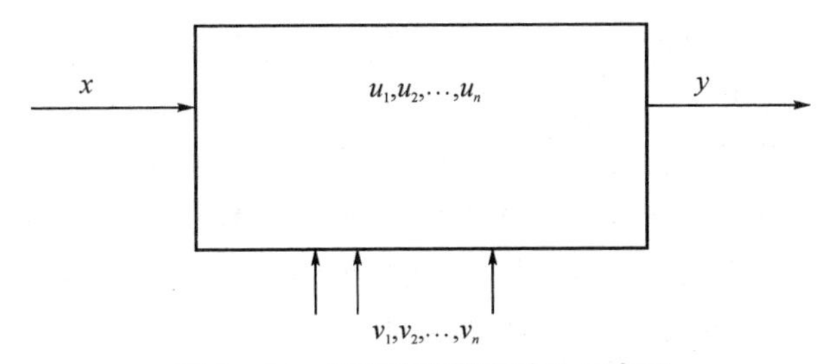

图1-14　实际传感器多输入示意图

从上图可见，为了减小测量误差的影响，就应设法削弱或消除内部变量和环境变量的影响。其方法归纳起来有三：一是设计传感器时采用合理的结构、材料和参数，来避免或减小内部变量的变化；二是减小传感器对环境变量的灵敏度或降低环境变量对传感器实际作用的功率；三是在后续信号处理环节中加以消除或抑制。

对于电磁干扰，可以采取屏蔽、隔离措施，也可以用滤波等方法抑制。但由于传感器常常是感受非电量的器件，故还应考虑与被测量有关的其他影响因素（如温度、湿度、机械振动、气压、声压、辐射、甚至气流等）。为此，常需采取相应的隔离措施（如隔热、密封、隔振、隔声、辐射等），也可以采用积极的措施——控制环境变量来减小其影响。例如，集成传感器在芯片上加设加热电路来减小温漂，力平衡式液浮加速度计利用电阻丝加热来维持液浮油的黏度为常值，都是积极控制环境变量的实例。当然，在被测量变换为电量后对干扰信号进行分离或抑制也是可供采用的方法。

1.3.6　零示法、微差法与闭环技术

这些方法可供设计或应用传感器时，用以消除或削弱系统误差。

零示法可消除指示仪表不准而造成的误差。采用这种方法时，被测量对指示仪表的作用与已知的标准量对它的作用相互平衡，使指示仪表示零，这时被测量就等于已知的标准

量。典型的零示法案例为机械天平和平衡电桥。

微差法是在零示法的基础上发展起来的。由于零示法要求标准量与被测量完全相等,因而要求标准量连续可变,这往往不易做到。人们发现如果标准量与被测量的差别减小到一定程度,那么由于它们相互抵消的作用就能使指示仪表的误差影响大大削弱,这就是微差法的原理。这种方法由于不需要标准量连续可调,同时有可能在指示仪表上直接读出被测量的数值,因此得到广泛应用。几何量测量中广泛采用的用电感测微仪检测工件尺寸的方法,就是利用电感式位移传感器进行微差法测量的实例。用该法测量时,标准量可由量块或标准工件提供,测量精度大大提高。

随着科学技术和生产的发展,要求测试系统具有宽的频率响应,更大的动态范围,更高的灵敏度、分辨力与精度,以及优良的稳定性、重复性和可靠性。开环测试系统往往不能满足要求,于是出现了在零示法基础上发展而成的闭环测试系统。这种系统采用了电子技术和控制理论中的反馈技术,大大提高了性能。这种技术应用于传感器,即构成了带有"反向传感器"的闭环式传感器(参见绪论)。

1.3.7 补偿与校正

有时传感器或测试系统的系统误差的变化规律过于复杂,采取了一定的技术措施后仍难满足要求,或虽可满足要求,但因价格昂贵或技术过分复杂而无现实意义。这时,可以找出误差的方向和数值,采用修正的方法(包括修正曲线或公式)加以补偿或校正。例如,传感器存在非线性,可以先测出其非线性特性曲线,然后加以校正。又如,若传感器存在温度误差,可在不同温度进行多次测量,找出温度对测量值影响的规律,然后在实际测量时进行补偿。还有一些传感器,由于材料或制造工艺的原因,常常需要对某些参数进行补偿或调整,应变式传感器和压阻式传感器是这类传感器的典型代表。

1.3.8 集成化与智能化

随着电子元器件的微小型化,出现了一种将部分甚至全部的信号调理电路移植到传感器测头之内从而构成的"集成传感器"。这种集成传感器的效果,既可以增强信号、提高信噪比、改善信号长线传输特性,又可以提升传感器的智能化水平,还可以改善传感器与处理环境的分离现象。例如,一体化压电加速度计就是集成有压电敏感元件和处理电路芯片的集成式传感器,其中以压阻式传感器为代表的利用半导体工艺制造的传感器,更由于工艺的兼容性而发展到将电路制作在敏感元件的片基上,构成全集成传感器甚至是芯片级传感器。

进一步地,如果将微处理器也移植到传感器测头内部,安装相应的处理软件,则传感器本身就可以实现校准与补偿等功能,这进一步拓展了传感器校正的含义。目前,利用微处理器和软件技术对传感器的输出特性进行修正已不鲜见,采用较复杂的数学模型实现自动或半自动修正也已成功地应用在传感器的生产中。可以预见,更加智能化的补偿调整技术将伴随着新器件、新技术的产生而不断更新。集成化、智能化与信息融合的结果,将大大加强传感器的功能、改善传感器的性能、提高性价比。

1.4　传感器的合理选用

当今传感器在原理与结构上千差万别，在品种与型号上名目繁多。如何根据具体的测量目的、测量对象以及测量环境合理地选用传感器，这是自动测量与控制领域从事研究和开发的人们必然要碰到，也首先要解决的问题。传感器一旦确定，与之相配套的测量方法和测试系统及设备也就可以确定了。测量结果的成败，在很大程度上取决于传感器的选用是否合理。

1.4.1　传感器选择的基本原则与方法

合理选择传感器，就是要根据实际的需要与可能，做到有的放矢、物尽其用，达到实用、经济、安全、方便的效果。为此，必须对测量的目的、测量对象、使用条件等诸方面有较全面的了解，这是考虑问题的前提。

(1)依据测量对象和使用条件确定传感器的类型

众所周知，同一传感器可用来分别测量多种被测量，而同一被测量又常有多种原理的传感器可供选用。在进行一项具体的测量工作之前，首先要分析并确定采用何种原理或类型的传感器更合适，这就需要对与传感器工作有关联的方方面面作番调查研究。

一是要了解被测量的特点，如被测量的状态、性质，测量的范围、幅值和频带，测量的速度、时间，测量的精度要求，允许过载的幅度和出现频率等。

二是要了解传感器的使用的条件，这包含两个方面：一方面是现场环境条件，如温度、湿度、气压、能源、光照、尘污、振动、噪声、电磁场及辐射干扰等；另一方面是现有基础条件，如财力(经济可承受能力)、物力(可配套设施)、人力(人员技术水平)等。

选择传感器所需考虑的方面和事项很多，实际中不可能也没有必要面面俱到满足所有要求。设计者应从系统总体对传感器使用的目的、要求出发，综合分析主次、权衡利弊，抓住主要方面，突出重要事项加以优先考虑。在此基础上，就可以明确选择传感器类型的具体问题，例如量程的大小和过载量，被测对象或位置对传感器重量和体积的要求，测量的方式是接触式还是非接触式，信号引出的方法是有线还是无线，传感器的来源是国产、进口还是自行研制，费用是高还是低；等等。

经过上述分析和综合考虑后，就可确定所选用传感器的类型，然后进一步考虑所选传感器的主要性能指标。

(2)线性范围与量程的选择

传感器的线性范围即输出与输入成正比的范围，它与量程和灵敏度密切相关。线性范围愈宽，其量程愈大，在此范围内传感器的灵敏度能保持定值，规定的测量精度能得到保证。所以，传感器种类确定之后，首先要看其量程是否满足要求。

此外，还要考虑在使用过程中的几个问题：一是对非通用的测量系统或设备，应使传感器尽可能处在最佳工作段，一般为满量程的2/3以上处；二是应估计到输入量可能发生突变时所需的过载量。

应当指出的是，线性度是个相对的概念。具体使用中可以将非线性误差及其他误差满足测量要求的一定范围视作线性，这会给传感器的应用带来极大的方便。

(3)灵敏度与信噪比选择

通常,在线性范围内希望传感器的灵敏度愈高愈好,因为灵敏度高意味着被测量的微小变化对应着较大的输出,这有利于后续的信号处理。

但是需要注意的是,灵敏度愈高,外界混入噪声也愈容易、愈大,并会被放大系统放大,容易使测量系统进入非线性区,影响测量精度。因此,还应要求传感器应具有较高的信噪比,即不仅要求其本身噪声小,而且不易从外界引入噪声干扰。

此外还应注意:有些传感器的灵敏度是有方向性的。在这种情况下,如果被测量是单向量,则应选择在其他方向上灵敏度小的传感器;如果被测量是多维向量,则要求传感器的交叉灵敏度愈小愈好。这个原则也适合其他能感受二种以上被测量的传感器。

(4)精度与价格选择

由于传感器是测量系统的首要环节,要求它能真实地反映被测量。因此,传感器的精度指标十分重要,它往往也是决定传感器价格的关键因素。精度愈高,意味着传感器的价格愈昂贵。所以,在考虑传感器的精度时,不必追求高精度,只要能满足测量要求就行。这样就可在多种可选传感器当中,选择性价比较高的传感器。

倘若从事的测量任务旨在定性分析,则所选择的传感器应侧重于重复性精度要高,不必苛求绝对精度高;如果面临的测量任务是为了定量分析或控制,则所选择的传感器必须有良好的绝对精度。

(5)频率响应特性

在进行动态测量时,总希望传感器能即时而不失真地响应被测量。传感器的频率响应特性决定了被测量的频率范围。理论上,传感器的频率响应范围有多宽,就允许被测量的频率变化"在此范围内"可保持不失真。实际上,传感器的动态响应总有一定的失真和延迟,因此希望传感器失真与延迟越小越好。

对于开关量传感器,应使其响应时间短到满足被测量变化的要求,不能因响应慢而丢失被测信号而带来误差。

对于线性传感器,应根据被测量的特点(稳态、瞬态、随机等)选择具有适合响应特性的传感器。一般讲,通过机械系统耦合被测量的传感器,由于惯性较大,其固有频率较低,响应较慢;而直接通过电磁、光电系统耦合的传感器,其频响范围较宽,响应较快。但从成本、噪声等因素考虑,传感器的响应范围也不是愈宽和速度愈快就愈好,而应因地制宜地确定。

(6)稳定性

稳定性是指传感器能保持性能长时间稳定不变的能力。影响传感器稳定性的主要因素,除传感器本身的材料、结构等因素外,主要是传感器的使用环境条件。因此,要提高传感器的稳定性,一方面要求选择的传感器必须有较强的环境适应能力,另一方面可采取适当的措施(例如提供恒定的环境条件或采用补偿技术),以减小环境对传感器的影响。

当传感器工作已超过其稳定性指标所规定的使用期限后,必须重新对传感器进行校准,以确定传感器的性能是否变化和可否继续使用。对那些不能轻易更换或重新校准的特殊使用场合,所选用传感器的稳定性要求更应严格。当无法选到合适的传感器时,就必须自行研制性能满足使用要求的传感器。

1.4.2 传感器的正确使用

如何在应用中确保发挥传感器的工作性能，并增强其适应性，这很大程度上取决于对传感器的使用方法。即使是高性能的传感器，如使用不当，也难以发挥其已有的性能，甚至会损坏；性能适中的传感器，在善用者手中能真正做到“物尽其用”，也会收到意想不到的功效。

传感器种类繁多，使用场合各异，不可能将各种传感器的使用方法一一列出。传感器作为一种精密仪器或器件，它除了要遵循通常精密仪器或器件所需的常规使用守则外，还要特别注意以下使用事项：

(1)特别强调，在使用前需要认真阅读所选用传感器的使用说明书，对其所要求的环境条件、事前准备、操作程序、安全事项、应急处理等内容一定要熟悉掌握，做到心中有数。

(2)正确选择测试点并正确安装传感器，这十分重要。传感器安装的失误，轻则影响测量精度，重则影响传感器的使用寿命，甚至造成传感器的永久性损坏。

(3)保证被测信号的有效、高效传输，是传感器使用的关键之一。传感器与电源和测量仪器之间的传输电缆要符合规定，连接必须正确、可靠，一定要细致检查、确认无误。

(4)传感器测量系统必须有良好的接地，并对电、磁场有效屏蔽，对声、光、机械等的干扰具有抗干扰措施。

(5)对非接触式传感器，必须于用前在现场进行标定，否则将造成较大的测量误差。对一些定量测试系统用的传感器，为保证精度的稳定性和可靠性，需要按规定作定期检验。对某些重要的测量系统用的、精度较高的传感器，必须定期进行校准。一般每半年或一年校准一次，必要时可按需要规定校准周期。

1.5 传感器的标定与校准

对于新研制或生产的传感器，在出厂之前需要对其技术性能进行全面的检定。对于经过一段时间储存或使用的传感器，也需对其性能进行复测。通常，在明确输入-输出变换对应关系的前提下，利用某种标准量或标准器具对传感器的量值进行标度称之为标定，将传感器在使用中或储存后进行的性能复测称之为校准。由于标定与校准的本质相同，本节以标定进行叙述。

标定的基本方法是：利用标准设备产生已知且准确的标准被测量(如标准力、标准压力、标准位移等)作为待标定传感器的输入量，然后将待标定传感器的输出量与输入的标准量做比较，获得一系列校准数据或曲线。有时，输入的标准量是利用一标准传感器检测而得，这时的标定实质上是待标定传感器与标准传感器之间的比较。

传感器的标定系统一般由以下几部分组成：

(1)被测非电量的标准发生器：例如活塞式压力计、测力机、恒温源等。

(2)被测非电量的标准测试系统：例如标准压力传感器、标准力传感器、标准温度计等。

(3)待标定传感器：所配接的信号调节器和显示、记录器等。所配接的仪器亦作为标准测试设备使用，其精度是已知的。

为了保证各种量值的准确一致，标定应该由具有资质的计量部门按照规定的检定规程和管理办法进行传感器的检定，而且只能用上一级标准装置检定下一级传感器，这一过程称之为量值传递(见图 1 - 15 所示)。而对于传感器标定与校准,也应该遵从这个系统,采用更易等级精度的传感器或者标准器对待标定传感器进行校准,而且这个过程由传感器的所有者自发进行并形成内部测试报告,也可以由有资质的计量部门进行校准并出具校准报告。

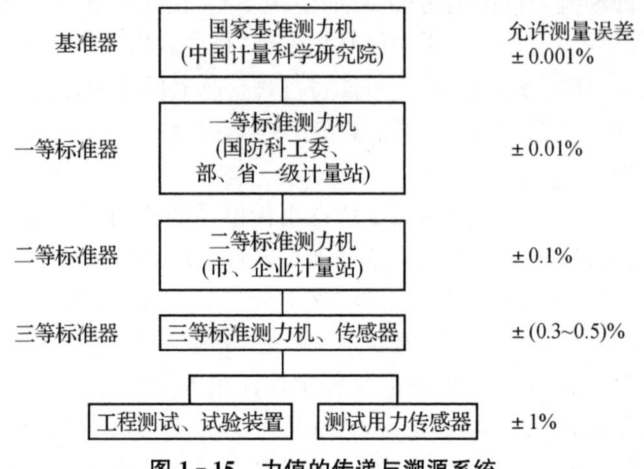

图 1 - 15　力值的传递与溯源系统

如果待标定传感器精度较高,可以跨级使用更高级的标准装置。另一方面,工程测试所用传感器的标定应在与其使用条件相似的环境下进行。有时为获得较高的标定精度,可将传感器与配用的电缆、滤波器、放大器等测试系统一起标定。有些传感器在标定时还应十分注意规定的安装技术条件。

1.5.1　传感器的静态标定

传感器静态标定主要用于检测、测试传感器或传感器系统静态特性指标,如静态灵敏度、非线性、回差、重复性等。进行静态标定首先要建立静态标定系统,图 1 - 16 为应变式测力传感器静态标定系统,图中测力机产生标准力,高精度稳压电源经精密电阻箱衰减后向传感器提供稳定的供桥电压,其值由数字电压表读取,传感器的输出电压由另一数字电压表指示。

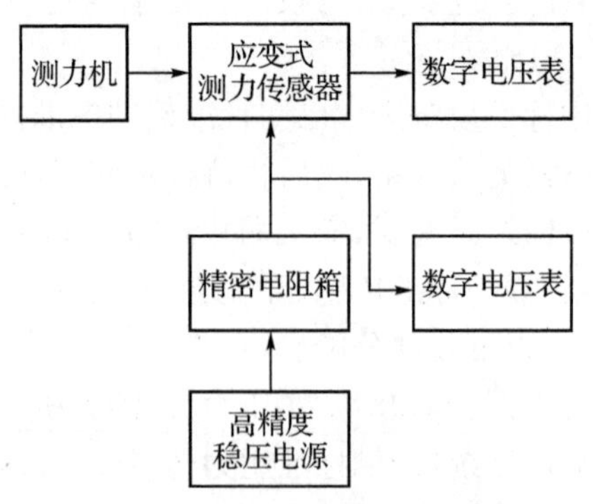

图 1 - 16　应变式测力传感器静态标定系统

由上述系统可知,静态标定系统的关键在于被测非电量的标准发生器(即上图中的测力机)及标准测试系统。测力机可以是由砝码产生标准力的基准测力机、杠杆式测力机或液压式测力机。图 1－17 是由液压缸产生测力并由测力计或标准力传感器读取力值的标定装置,测力计读取力值的方式可用百分表读数、光学显微镜读数与激光干涉仪读数等。

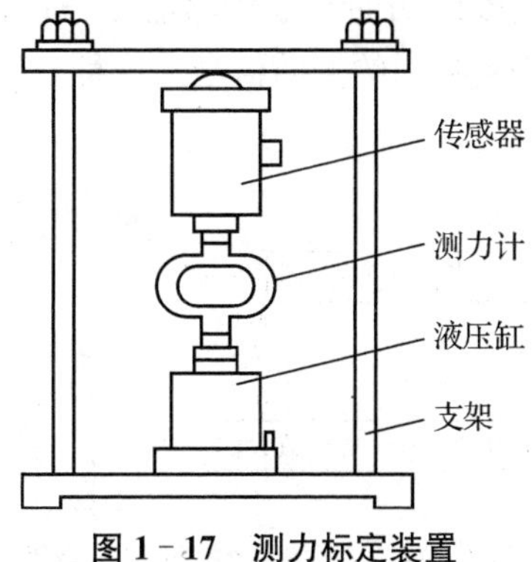

图 1－17　测力标定装置

以位移传感器为例,其标准位移的发生器视位移大小与精度要求的不同,可以是量块、微动台架、测长仪等。对于微小位移的标定,国内已研制成利用压电致动器,通过激光干涉原理读数的微小位移标定系统,位移分辨力可达 nm 级。

1.5.2　传感器的动态标定

动态标定主要用于检验、测试传感器或传感器系统的动态特性,如动态灵敏度、频率响应和固有频率等。

对传感器进行动态标定,需要对它输入一标准激励信号。常用的标准激励信号分为两类:一是周期函数,如正弦波、三角波等,以正弦波为常用;二是瞬变函数,如阶跃波、半正弦波等,以阶跃波最为常用。

图 1－18 为测振传感器的动态标定系统框图,常采用振幅测量法。振动台通常为电磁振动台,产生简谐振动作传感器的输入量,振动的振幅由读数显微镜读得,振动频率由频率计指示。若测得传感器的输出量,即可通过计算得到位移传感器、速度传感器、加速度传感器的动态灵敏度。若改变振动频率,设法保持振幅、速度或加速度幅值不变,可相应获得上述各种传感器的频率响应。

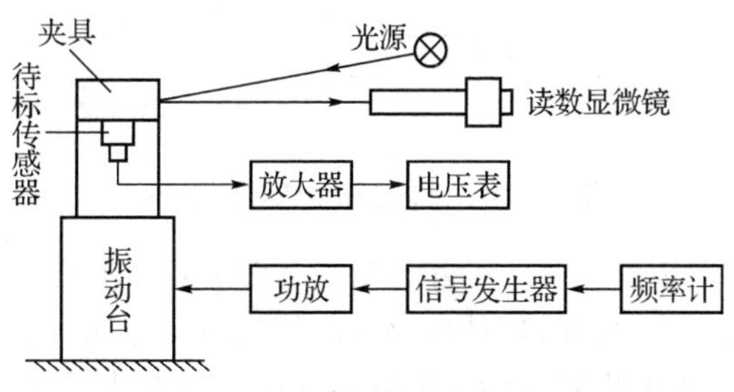

图 1－18　测振传感器的动态标定系统框图

为了进一步提高动态标定精度,可以采用量块棱边作为标记线,并利用与振动频率接近的闪光产生视觉差频来提高读数精度,用读数显微镜可读得峰值为微米量级的振幅。也可以利用激光干涉法测量振幅,将获得更高的标定精度。

上述标定法称为绝对标定法,精度较高,但所需设备复杂,标定不方便,故常用于高精度传感器与标准传感器的标定。工程上通常采用比较法进行标定,俗称背靠背法。图1-19所示为比较法的原理框图,灵敏度已知的标准传感器1与待标传感器2"背靠背"安装在振动台台面的中心位置上,同时感受相同的振动信号。这种方法可以用来标定加速度、速度或位移传感器。

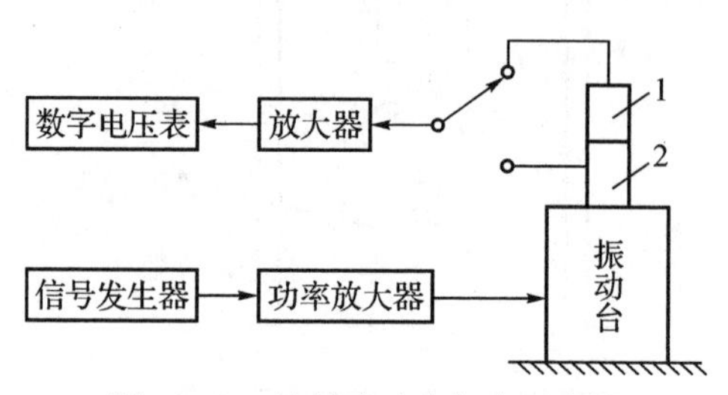

图1-19　比较法动态标定示意图

利用上述标定系统采用逐点比较法还可以标定待标测振传感器的频率响应。其方法是用手动调整使振动台输出的被测参量(如标定加速度传感器即为加速度)保持恒定,在整个频率范围内按对数等间隔或倍频程原则选取多个频率点,逐点进行灵敏度标定,然后画出频响曲线。

随着技术的进步,在上述方法的基础上,已发展成连续扫描法,如图1-20所示。其原理是:将标准振动台与内装或外加的标准传感器组成闭环扫描系统,使待标传感器在连续扫描过程中承受一恒定被测量,并记下待标传感器的输出随频率变化的曲线。通常频响偏差以参考灵敏度为准,各点灵敏度相对于该灵敏度的偏差用分贝数给出。显然,这种方法操作简便,效率很高。图1-20中给出一种加速度传感器的连续扫描频响标定系统,它由被标定传感器回路和标准传感器-振动台回路组成,保证电磁振动台产生恒定加速度,拍频振荡器可自动扫频,扫描速度与记录仪走纸速度相对应,于是记录仪即绘出被标传感器的频响曲线。

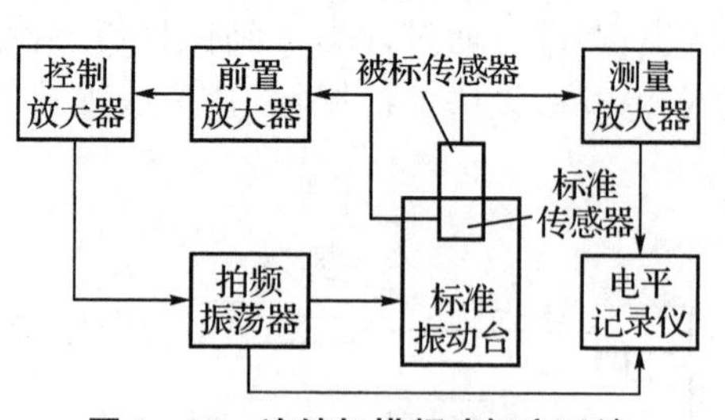

图1-20　连续扫描频响标定系统

上述仅通过几种典型传感器介绍了静态与动态标定的基本概念和方法。由于传感器种类繁多,标定设备与方法各不相同,各种传感器的标定项目也远不止上述几项。此外,随着技术的不断进步,不仅标准发生器与标准测试系统在不断改进,利用微型计算机进行数据处理、自动绘制特性曲线以及自动控制标定过程的系统也已在各种传感器的标定中出现。

习题与思考题

1—1　请举出一个传感器应用的实例，并说明传感器所发挥的作用。

1—2　如何理解 sensor 和 transducer 的区别？

1—3　如何理解敏感元件在传感器中的作用？

1—4　如何理解外源型传感器的信号来自被测对象而能量来自外部电源？

1—5　为什么说重复性是传感器的首要静态指标？

1—6　传感器 A 采用最小二乘法拟合算得线性度为±0.6%，传感器 B 采用端点连线法算得线性度为±0.8%，则是否可以肯定传感器 A 的线性度优于传感器 B？为什么？

1—7　对于幅频特性优良的传感器，是否可用于高速动态测量？为什么？

第 2 章　电阻式传感器

在众多的传感器中，有一大类是通过电阻参数的变化来实现被测量的测量。它们被统称为电阻式传感器(Resistive Transducer)。各种电阻材料受被测量(如位移、应变、压力、光和热等)作用转换成电阻参数变化的机理是各不相同的，因而电阻式传感器中相应有电位计式、应变片式、压阻式、磁电阻式、热电阻式和光电阻式等等。本章主要讨论电阻应变式和压阻式传感器；其他电阻式传感器将在后续章节分别讨论。

2.1　导电材料的应变电阻效应

设有一段长为 l，截面积为 S，电阻率为 ρ 的固态导体，它具有的电阻为

$$R=\rho\frac{l}{S} \tag{2-1}$$

当它受到轴向力 F 而被拉伸(或压缩)时，其 l、S 和 ρ 均发生变化，如图 2-1 所示，因而导体的电阻随之发生变化。通过对式(2-1)两边取对数后再作微分，即可求得其电阻相对变化

$$\frac{\mathrm{d}R}{R}=\frac{\mathrm{d}l}{l}-\frac{\mathrm{d}A}{A}+\frac{\mathrm{d}\rho}{\rho} \tag{2-2}$$

式中，$\mathrm{d}l/l=\varepsilon$——材料的轴向线应变，常用单位 $\mu\varepsilon(1\mu\varepsilon=1\times10^{-6}\ \mathrm{mm/mm})$；

而 $\mathrm{d}S/S=2(\mathrm{d}r/r)=-2\mu\varepsilon$。

其中　r——导体的半径，受拉时 r 缩小；

　　μ——导体材料的泊松比。

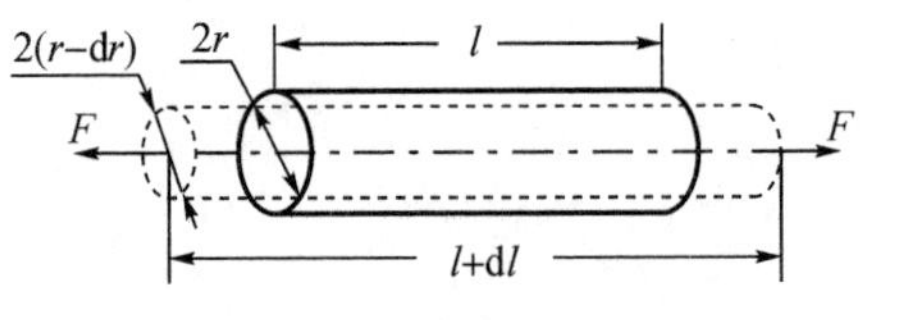

图 2-1　导体受拉伸后的参数变化

代入式(2-2)可得

$$\frac{\mathrm{d}R}{R}=(1+2\mu)\varepsilon+\frac{\mathrm{d}\rho}{\rho} \tag{2-3}$$

对于金属导体或半导体，上式中右末项电阻率相对变化的受力效应是不一样的，分别讨论如下：

1. 金属材料的应变电阻效应

勃底特兹明(Бриджмен)通过实验研究发现，金属材料的电阻率相对变化与其体积相对变化之间有如下关系：

$$\frac{\mathrm{d}\rho}{\rho}=C\frac{\mathrm{d}V}{V} \tag{2-4}$$

式中，C——材料和加工方式决定的常数；

$$(\mathrm{d}V/V)=(\mathrm{d}l/l)+\mathrm{d}S/S=(1-2\mu)\varepsilon$$

代入式(2-3)，并考虑到实际上 $\Delta R\ll R$，故可得

$$\frac{\Delta R}{R}=[(1+2\mu)+C(1-2\mu)]\varepsilon=K_{m}\varepsilon \tag{2-5}$$

式中，$K_{m}=(1+2\mu)+C(1-2\mu)$——金属丝材的应变灵敏系数(简称灵敏系数)。

上式表明:金属材料的电阻相对变化与其线应变成正比,此为是金属材料的应变电阻效应。

2. 半导体材料的应变电阻效应

史密兹(C. S. Smith)等学者很早发现,锗、硅等单晶半导体材料具有压阻效应:

$$\frac{d\rho}{\rho}=\pi\sigma=\pi E\varepsilon \tag{2-6}$$

式中，σ——作用于材料的轴向应力;

π——半导体材料在受力方向的压阻系数;

E——半导体材料的弹性模量。

同样,将式(2-6)代入式(2-3),并写成增量形式可得

$$\frac{\Delta R}{R}=[(1+2\mu)+\pi E]\varepsilon=K_{s}\varepsilon \tag{2-7}$$

式中，$K_{s}=1+2\mu+\pi E$——半导体材料的应变灵敏系数(简称灵敏系数)。

综合式(2-5)和式(2-7)可得导电丝材的应变电阻效应为

$$\frac{\Delta R}{R}=K_{0}\varepsilon \tag{2-8}$$

式中，K_{0}——导电丝材的灵敏系数。

对于金属材料,$K_{0}=K_{m}=(1+2\mu)+C(1-2\mu)$。可见它由两部分组成:前部分为受力后金属丝几何尺寸变化所致,一般金属$\mu\approx0.3$,因此$(1+2\mu)\approx1.6$;后部分为电阻率随应变而变的部分。以康铜为例,$C\approx1$,$C(1-2\mu)\approx0.4$,所以此时$K_{0}=K_{m}\approx2.0$。显然,金属丝材的应变电阻效应以结构尺寸变化为主。对其他金属或合金,$K_{m}=1.8\sim4.8$。

对于半导体材料,$K_{0}=K_{s}=(1+2\mu)+\pi E$。它也由两部分组成:前部分同样为尺寸变化所致;后部分为半导体材料的压阻效应所致,而$\pi=(40\sim80)\times10^{-11}\ \mathrm{m^2/N}$,$E=1.67\times10^{11}\ \mathrm{N/m^2}$,$\pi E\approx(65\sim130)\gg(1+2\mu)$,因此半导体丝材的$K_{0}=K_{s}\approx\pi E$。可见,半导体材料的应变电阻效应主要基于压阻效应。通常$K_{s}\approx100K_{m}$。下面将对两种类型电阻式传感器作分别介绍。

2.2　电阻应变片

2.2.1　电阻应变片的结构与类型

1. 应变片的结构

利用导电丝材的应变电阻效应,可以制成测量试件表面应变的传感元件。为在较小的尺寸范围内敏感有较大的应变输出,通常把应变丝制成栅状的应变传感元件,即电阻应变片(计),简称应变片(计)。

应变片的结构型式很多,但其主要组成部分基本相同。图2-2示出了丝式、箔式和半

导体等三种典型应变片的结构型式及其组成。

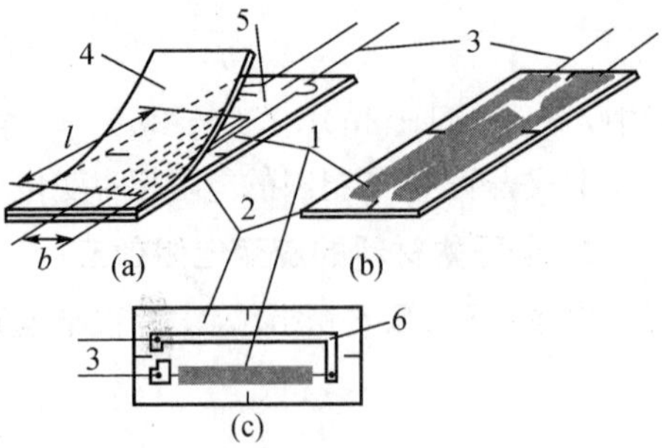

(1)敏感栅——应变片中实现应变一电阻转换的传感元件。它通常由直径为 0.015～0.05 mm 的金属丝绕成栅状,或用金属箔腐蚀成栅状。图中 l 表示栅长,b 表示栅宽。其电阻值一般在 100 Ω 以上。

(2)基底——为保持敏感栅固定的形状、尺寸和位置,通常用黏结剂将它固结在纸质或胶质的基底上。应变片工作时,基底起着把试件应变准确地传递给敏感栅的作用。为此,基底必须很薄,一般为 0.02～0.04 mm。

(3)引线——它起着敏感栅与测量电路之间的过渡连接和引导作用。通常取直径约 0.1～0.15 mm 的低阻镀锡铜线,并用钎焊与敏感栅端连接。

图 2-2　典型应变片的结构及组成

(a)丝式;(b)箔式;(c)半导体

1—敏感栅;2—基底;3—引线;4—盖层;5—黏结剂;6—电极

(4)盖层——用纸、胶作成覆盖在敏感栅上的保护层;起着防潮、防蚀、防损等作用。

(5)黏结剂——在制造应变片时,用它分别把盖层和敏感栅固结于基底;在使用应变片时,用它把应变片基底再粘贴在试件表面的被测部位。因此它也起着传递应变的作用。

常用制造应变片的合金和半导体材料见表 2-1 和表 2-2,常用黏结剂见表 2-6 所示。

2. 应变片的类型

应变片按敏感栅取材,基本上可分别金属应变片和半导体应变片两大类,如表 2-3,几种典型的结构型式示于图 2-3。

表 2-1　应变片常用的合金材料

材料名称	化学成分/%	电阻率/($\Omega\cdot mm^2\cdot m^{-1}$)	电阻温度系数/($10^{-6}\cdot ℃^{-1}$)	灵敏系数	线膨胀系数/($10^{-6}\frac{mm}{mm}\cdot ℃^{-1}$)	最高使用温度/℃	特点
康铜	Cu 55 Ni 45	0.45～0.52	±20	2.0	15	静态 250 动态 400	最常用、尤适用长时间、大应变测量
镍铬合金	Ni 80 Cr 20	1.0～1.1	110～130	2.1～2.3	14	静态 450 动态 800	多用于动态测量
卡玛合金(6J22)	Ni 75,Cr 20 Al 3,Fe 2	1.24～1.42	±20	2.4～2.6	13.3	静态 300～400	作中高温应变片
伊文合金(6J23)	Ni 75,Cr 20 Al 3,Cu 2	1.24～1.42	±20	2.4～2.6	13.3	静态 300～400	
铁铬铝合金	Fe 余量Cr 26 Al 5.4	1.3～1.5	±30～40	2.6	11	静态 550～800 动态 800～1000	用作高温应变片
铂钨合金	Pt 90.5～91.5 W 8.5～9.5	0.74～0.76	139～192	3.0～3.2	9	静态 800 动态 1000	
铂	Pt	0.09～0.11	3900	4.6	9	静态 800 动态 1000	
铂铱合金	Pt 80 Ir 20	0.35	590	4.0	13	静态 800 动态 1000	

表2-2 应变片常用的半导体材料

材料名称	电阻率 /(Ω·mm^2·m^{-1})	弹性模量 /(10^{14}N·m^{-2})	灵敏系数	晶 向
p型 硅	0.078	1.87	175	<111>
n型 硅	0.117	1.23	−133	<100>
p型 锗	0.150	1.55	102	<111>
n型 锗	0.166	1.55	−157	<111>
p型锑化铟	5.4×10^{-3}		−45	<100>
p型锑化铟	1×10^{-4}	0.745	30	<111>
n型锑化铟	1.3×10^{-4}		−74.5	<100>

表2-3 电阻应变片的分类

大类	分类方法	应 变 片 名 称
金属应变片	敏感栅结构	单轴应变片；多轴应变片(应变花)
	基底材料	纸质应变片；胶基应变片；金属基应变片；浸胶基应变片
	制栅工艺	丝绕式应变片；短接式应变片；箔式应变片；薄膜式应变片
	使用温度	低温应变片(−30 ℃以下)；常温应变片(−30～+60 ℃)； 中温应变片(+60～+350 ℃)；高温应变片(+350 ℃以上)
	安装方式	粘贴式应变片；焊接式应变片；喷涂式应变片；埋入式应变片
	用 途	一般用途应变片，特殊用途应变片(水下，疲劳寿命，抗磁感应，裂缝扩展等)
半导体应变片	制造工艺	体型半导体应变片；扩散(含外延)型半导体应变片； 薄膜型半导体应变片；N-P元件半导体型应变片

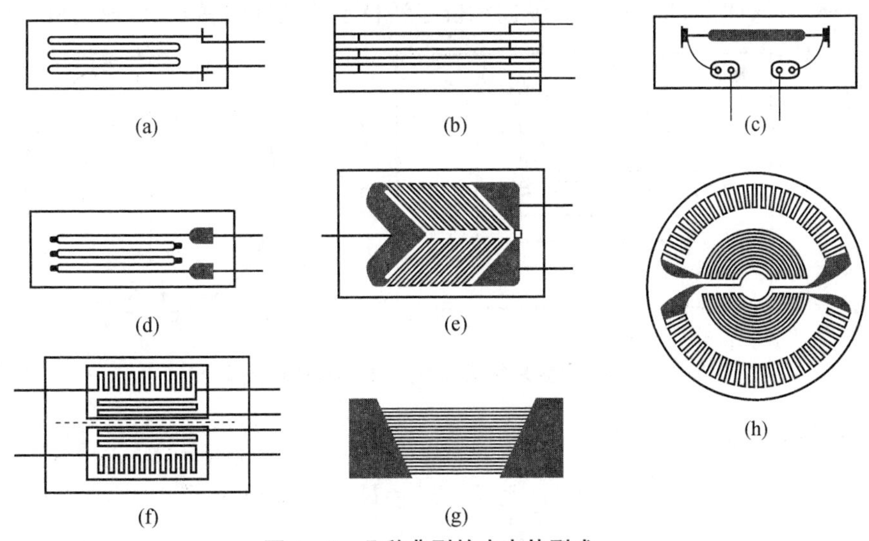

图2-3 几种典型的应变片型式

2.2.2 电阻应变片的静态特性

静态特性是指应变片感受试件不随时间变化或变化缓慢的应变时的输出特性。表征应变片静态特性的主要指标有灵敏系数(灵敏度指标)、机械滞后(滞后指标)、蠕变(稳定性指标)、应变极限(测量范围)等。

1. 灵敏系数(K)

当具有初始电阻值 R 的应变片粘贴于试件表面时,试件受力引起的表面应变,将传递给应变计的敏感栅,使其产生电阻相对变化 $\Delta R/R$。在弹性应变范围内,有下列关系:

$$\frac{\Delta R}{R}=K\varepsilon_x \tag{2-9}$$

式中,ε_x——应变片轴向应变;

$K=\frac{\Delta R}{R}/\varepsilon_x$——应变片的灵敏系数。它表示:安装在被测试件上的应变片,在其轴向受到单向应力时引起的电阻相对变化($\Delta R/R$),与此单向应力引起的试件表面轴向应变(ε_x)之比。

必须指出,应变片的灵敏系数 K 并不等于其敏感栅整长应变丝的灵敏系数 K_0,一般情况下,$K<K_0$。这是因为,在单向应力产生双向应变的情况下,K 除受到敏感栅结构形状、成型工艺、黏结剂和基底性能的影响外,尤其受到栅端圆弧部分横向效应的影响。应变片的灵敏系数直接关系到应变测量的精度。因此,K 值通常采用从批量生产中每批抽样,在规定条件下通过实测确定——即应变片的标定;故 K 又称标定灵敏系数。上述规定条件是:①试件材料取泊松比 $\mu_0=0.285$ 的钢;②试件单向受力;③应变片轴向与主应力方向一致。

2. 横向效应及横向效应系数(H)

金属应变片的敏感栅通常呈栅状。它由轴向纵栅和圆弧横栅两部分组成,如图 2-4(a)所示。由于试件承受单向应力 σ 时,其表面处于平面应变状态中,即轴向拉伸 ε_x 和横向收缩 ε_y。粘贴在试件表面上的应变片,其纵栅和横栅各自主要分别敏感 ε_x 和 ε_y[如图 2-4(b)],

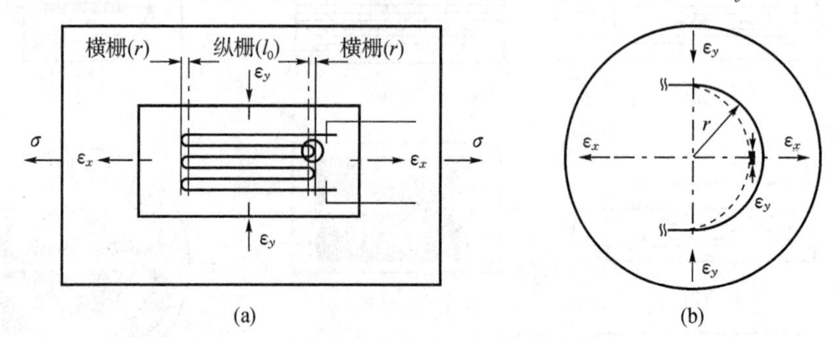

图 2-4　应变片敏感栅的组成(a)和横向效应(b)

从而引起总的电阻相对变化为

$$\frac{\Delta R}{R}=K_x\varepsilon_x+K_y\varepsilon_y=K_x(1+aH)\varepsilon_x \tag{2-10}$$

式中,K_x——纵向灵敏系数,它表示当 $\varepsilon_y=0$ 时,单位轴向应变 ε_x 引起的电阻相对变化;

K_y——横向灵敏系数,它表示当 $\varepsilon_x=0$ 时,单位横向应变 ε_y 引起的电阻相对变化;

$a=\varepsilon_y/\varepsilon_x$——双向应变比;

$H=K_y/K_x$——双向应变灵敏系数比。

式(2-10)为一般情况下应变一电阻转换公式。它表明:

(1)在标定条件下，有 $a=\varepsilon_y/\varepsilon_x=-\mu_0$，则

$$\frac{\Delta R}{R}=K_x(1-\mu_0 H)\varepsilon_x=K\varepsilon_x \tag{2-11}$$

式中，$K=K_x(1-\mu_0 H)$

由式(2-11)可见，在单向应力、双向应变情况下，横向应变总是起着抵消纵向应变的作用。应变片这种既敏感纵向应变，又同时受横向应变影响而使灵敏系数及相对电阻比都减小的现象，称为横向效应。其大小用横向效应系数 H(百分数)来表示，即

$$H=\frac{K_y}{K_x}\times 100\% \tag{2-12}$$

(2)由于横向效应的存在，在非标定条件下(即①试件取泊松比 $\mu\neq 0.285$ 的一般材料；②主应力与应变片轴向不一致，由此引起的应变场为任意的 ε_x 和 ε_y)，倘若仍用标定灵敏系数 K 的应变片进行测试，将会产生较大误差；其相对误差为

$$e=\frac{H}{1-\mu_0 H}(\mu_0+a) \tag{2-13}$$

若单向应力与应变片轴向一致，则有 $a=-\mu$，则式(2-13)变成

$$e=\frac{H}{1-\mu_0 H}(\mu_0-\mu) \tag{2-14}$$

由此可见，要消减横向效应产生的误差，有效的办法是减小 H。理论分析和实验表明：对丝绕式应变片，纵栅 l_0 愈长，横栅 r 愈小，则 H 愈小。因此，采用短接式或直角式横栅[见图 2-3(b)、(d)]，可有效地克服横向效应的影响。箔式应变片(花)[见图 2-3(e)、(g)、(h)]就是据此设计的。

3. 机械滞后(Z_j)

实用中，由于敏感栅基底和黏结剂材料性能，或使用中的过载，过热，都会使应变片产生残余变形，导致应变片输出的不重合。这种不重合性用机械滞后(Z_j)来衡量。它是指粘贴在试件上的应变片，在恒温条件下增(加载)、减(卸载)试件应变的过程中，对应同一机械应变所指示应变量(输出)之差值，见图 2-5 所示。通常在室温条件下，要求机械滞后 $Z_j<3\sim10\ \mu\varepsilon$。实测中，可在测试前通过多次重复预加、卸载，来减小机械滞后产生的误差。

4. 蠕变(θ)和零漂(P_0)

粘贴在试件上的应变片，在恒温恒载条件下，指示应变量随时间单向变化的特性称为蠕变。如图 2-6 中 θ 所示。

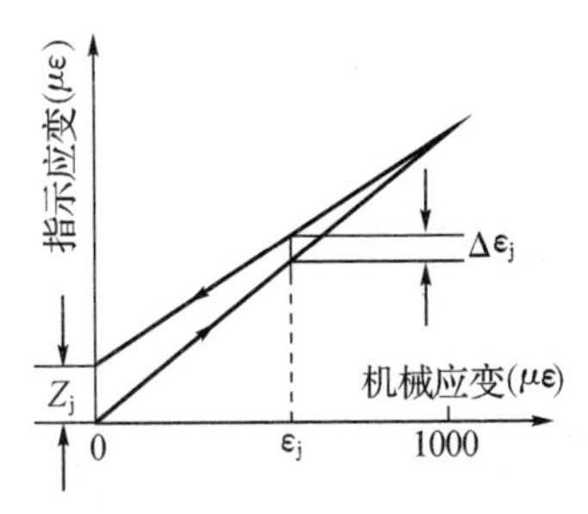

图 2-5　应变片的机械滞后特性

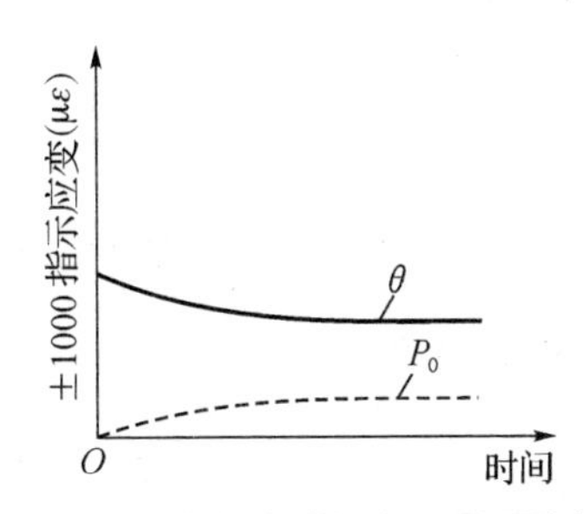

图 2-6　应变片的蠕变和零漂特性

当试件初始空载时,应变片示值仍会随时间变化的现象称为零漂。如图 2-6 中的 P_0 所示。

蠕变反映了应变片在长时间工作中对时间的稳定性,通常要求 $\theta<3\sim15\ \mu\varepsilon$。引起蠕变的主要原因是,制作应变片时内部产生的内应力和工作中出现的剪应力使丝栅、基底,尤其是胶层之间产生的"滑移"所致。选用弹性模量较大的黏结剂和基底材料,适当减薄胶层和基底,并使之充分固化,有利于蠕变性能的改善。零漂和蠕变产生的机理是类同的,只是两者所处的状态不同。

5. 应变极限(ε_{lim})

应当知道,应变片的线性(灵敏系数为常数)特性,只有在一定的应变限度范围内才能保持。当试件输入的真实应变超过某一限值时,应变片的输出特性将出现非线性。在恒温条件下,使非线性误差达到10%时的真实应变值,称为应变极限 ε_{lim}。如图 2-7 所示。

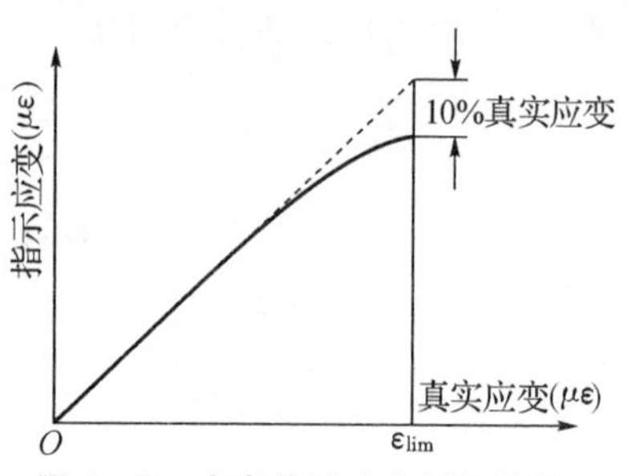

图 2-7 应变片的应变极限特性

应变极限是衡量应变片测量范围和过载能力的指标,通常要求 $\varepsilon_{\text{lim}}\geqslant8000\ \mu\varepsilon$。影响 ε_{lim} 的主要因素及改善措施,与蠕变基本相同。

2.2.3 电阻应变片的动态特性

实验表明,机械应变波是以相同于声波的形式和速度在材料中传播的。当它依次通过一定厚度的基底、胶层(两者都很薄,可忽略不计)和栅长 l 而为应变片所响应时,就会有时间的滞后。应变片的这种响应滞后对动态(高频)应变测量,尤会产生误差。应变片的动态特性就是指其感受随时间变化的应变时之响应特性。

1. 对正弦应变波的响应

应变片对正弦应变波的响应是在其栅长 l 范围内所感受应变量的平均值。因此,响应波的幅值将低于真实应变波,从而产生误差。

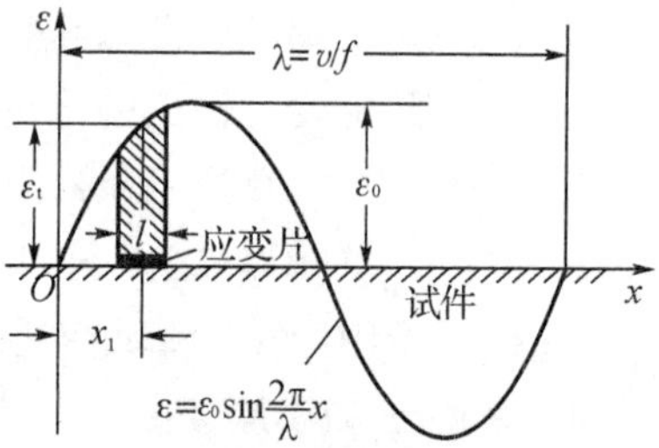

图 2-8 表示一频率为 f,幅值为 ε_0 的正弦波,以速度 v 沿着应变片纵向 x 方向传播时,在某一瞬时 t 的分布图。应变片中点 x_t 的瞬时应变为

图 2-8 应变片对正弦应变波的响应

$$\varepsilon_t=\varepsilon_0\sin(2\pi/\lambda)x_t$$

而栅长 l 范围$[x_t-(l/2),x_t+(l/2)]$内的平均应变为

$$\varepsilon_p=\frac{1}{l}\int_{x_t-l/2}^{x_t+l/2}\varepsilon_0\sin\frac{2\pi x}{\lambda}\mathrm{d}x$$

$$=\left(\sin\frac{\pi l}{\lambda}\bigg/\frac{\pi l}{\lambda}\right)\varepsilon_0\sin\frac{2\pi l}{\lambda}x_t=\left(\sin\frac{\pi l}{\lambda}\bigg/\frac{\pi l}{\lambda}\right)\varepsilon_t \qquad (2-15)$$

由此产生的相对误差为

$$e=\frac{\varepsilon_p-\varepsilon_t}{\varepsilon_t}=\frac{\varepsilon_p}{\varepsilon_t}-1=\frac{\lambda}{\pi l}\sin\frac{\pi l}{\lambda}-1 \qquad (2-16)$$

考虑到$(\pi l/\lambda)\ll 1$，将 $\sin\frac{\pi l}{\lambda}\Big/\frac{\pi l}{\lambda}$展成级数，并略去高阶小量后可解得

$$|e|=\frac{1}{6}\left(\frac{\pi l}{\lambda}\right)^2=\frac{1}{6}\left(\frac{\pi lf}{v}\right)^2 \tag{2-17}$$

由上式可见，粘贴在一定试件(v 为常数)上的应变片对正弦应变的响应误差随栅长 l 和应变频率 f 的增加而增大。在设计和应用应变片时，就可按上式给定的 e、l、f 三者关系，根据给定的精度$|e|$，来确定合理的 l 或工作频限 $f_{\max}$，即

$$l<l_{\max}=\frac{\lambda}{\pi}\sqrt{6|e|}\ \text{或}\ f_{\max}<\frac{v}{\pi l}\sqrt{6|e|} \tag{2-18}$$

2. 对阶跃应变波的响应

如图 2-9 所示：

a——试件产生的阶跃机械应变波；

b——传播速度为 v 的应变波，通过栅长 l 而滞后一段时间 $t_h=l/v$ 的理论响应特性；

c——应变片对应变波的实际响应特性。它的：

上升工作时间：$t_r=0.8\,l/v$；

工作频限：$f\approx 0.44\,v/l$。

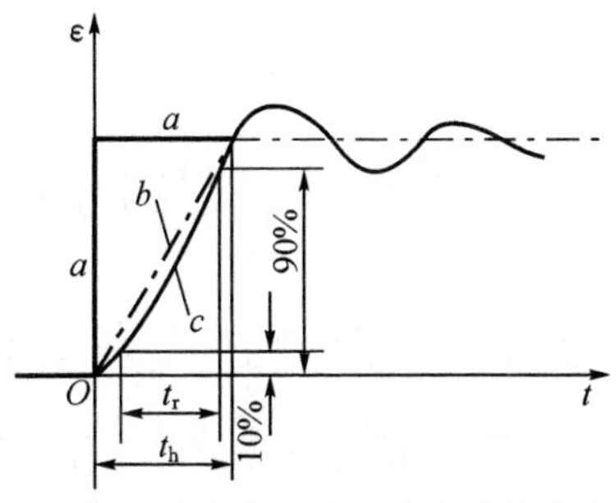

图 2-9　应变片对阶跃应变波的响应

3. 疲劳寿命(N)

以上讨论的应变片对动态应变的频响特性，当在$(l/\lambda)\ll 1$(通常为 $l/\lambda=1/10\sim 1/20$)的前提下，是能满足一般工程测试要求的。实际衡量应变片动态工作性能的另一个重要指标是疲劳寿命。它是指粘贴在试件上的应变片，在恒幅交变应力作用下，连续工作直至疲劳损坏时的循环次数。它与应变片的取材、工艺和引线焊接、粘贴质量等因素有关，一般要求 $N=10^5\sim 10^7$ 次。

2.2.4　评定应变片主要特性的精度指标

国家有关专业标准，对低温、常温、中温和高温应变片的静态、动态等各种工作特性，给出了评定精度等级的指标。现摘录常温应变片的主要特性指标列于表 2-4。

表 2-4　常温应变片主要工作特性的精度指标

序号	工作特性			说　明 (以下未注温度均为室温)		级　别			
	指标项目		内　容			A	B	C	D
1	规格参数		标称电阻	对标称值的偏差	±%	1	2	5	10
				对平均值的公差	±%	0.1	0.2	0.4	0.8
2	静态特性	灵敏度	纵向灵敏系数	对平均值的分散	%	1	2	3	6
3			横向效应系数	横向与纵向灵敏系数比%		0.5	1	2	4
4		滞　后	机械滞后	正反测量过程的不重合性	με	3	5	10	20

续表

序号	工作特性			说　　明 (以下未注温度均为室温)	级　　别			
	指标项目		内　容		A	B	C	D
5	静态特性	稳定性	绝缘电阻	栅极引线与试件间电阻　kΩ	5	2	1	0.5
6			蠕　变	恒温恒载下输出随时间变化　με	3	5	15	25
7		过载能力	零　漂	极限工作温度下一小时　με	20	25	50	150
8			应变极限	相对误差≤10%时的真实应变　με	20000	10000	8000	6000
9			最大工作电流	不影响工作特性的最大值　mA	愈大愈好			
10	动态特性	工作寿命	疲劳寿命	恒温交变应力下连续循环次数	10^7	10^6	10^5	10^4

2.3　电阻应变片的温度效应及其补偿

2.3.1　温度效应及其热输出

上节讨论的应变片主要工作特性及其性能检定，通常都是以室温恒定为前提的。实际应用应变片时，工作温度可能偏离室温，甚至超出常温范围，致使工作特性改变，影响输出。这种单纯由温度变化引起应变片电阻变化的现象，称为应变片的温度效应。在常温下这种温度效应主要是温度变化对敏感栅影响的结果。

设工作温度变化为 Δt ℃，则由此引起粘贴在试件上的应变片电阻的相对变化为

$$\left(\frac{\Delta R}{R}\right)=\alpha_t\Delta t+K(\beta_s-\beta_t)\Delta t \tag{2-19}$$

式中，α_t——敏感栅材料的电阻温度系数；

K——应变片的灵敏系数；

β_s、β_t——分别为试件和敏感栅材料的线膨胀系数。

上式即应变片的温度效应；相对的热输出为

$$\varepsilon_t=\frac{(\Delta R/R)_t}{K}=\frac{1}{K}\alpha_t\Delta t+(\beta_s-\beta_t)\Delta t \tag{2-20}$$

由上式(2-19)和式(2-20)不难看出，应变片的温度效应及其热输出由两部分组成：前部分为热阻效应所造成；后部分为敏感栅与试件热膨胀失配所引起。在工作温度变化较大时，这种热输出干扰必须加以补偿。

2.3.2　热输出补偿方法

热输出补偿就是消除 ε_t 对测量应变的干扰。常采用温度自补偿法和桥路补偿法。

1. 温度自补偿法

这种方法是通过精心选配敏感栅材料与结构参数来实现热输出补偿的。

(1)单丝自补偿应变片　由式(2-20)可知，欲使热输出 $\varepsilon_t=0$，只要满足条件

$$\alpha_t=-K(\beta_s-\beta_t) \tag{2-21}$$

在研制和选用应变片时，若选择敏感栅的合金材料，其 α_t、β_t 能与试件材料的 β_s 相匹

配，即满足式(2-21)，就能达到温度自补偿的目的。为使这种自补偿应变片能适用于不同β_s材料的试件，实际常选用康铜、卡玛、伊文、铁铬铝等合金作栅材，并通过改变合金成分及热处理规范来调整α_t，以满足对不同材料试件的热输出补偿。这种自补偿应变片的最大优点是结构简单，制造、使用方便。

(2)双丝自补偿应变片　这种应变片的敏感栅是由电阻温度系数为一正一负的两种合金丝串接而成，如图2-10所示。应变片电阻R由两部分电阻R_a和R_b组成，即$R=R_a+R_b$。当工作温度变化时，若R_a栅产生正的热输出ε_{at}与R_b栅产生负的热输出ε_{bt}，能大小相等或相近，就可达到自补偿的目的，即

$$\frac{-\varepsilon_{bt}}{\varepsilon_{at}} \approx \frac{R_a}{R} \Big/ \frac{R_b}{R} = \frac{R_a}{R_b} \qquad (2-22)$$

满足上式的参数，可在同种试件上通过试验确定。这种应变片的特点与单丝自补偿应变片相似，但只能在选定的试件上使用。

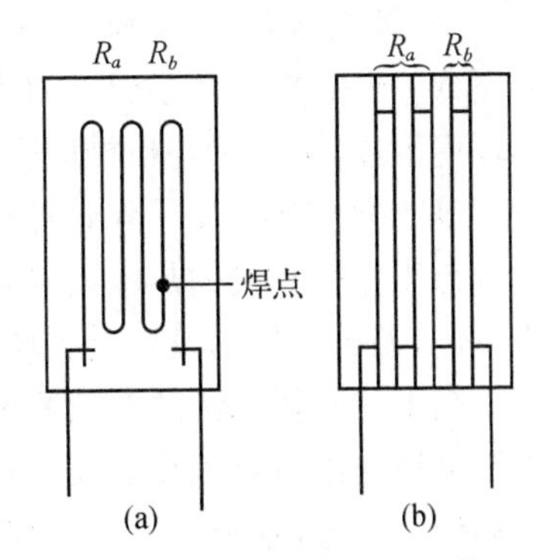

图2-10　双丝自补偿应变片
(a)丝绕式；(b)短接式

2. 桥路补偿法

桥路补偿法是利用电桥的和、差原理来达到补偿的目的。

(1)双丝半桥式　这种应变片的结构与双丝自补偿应变片雷同。不同的是，敏感栅是由同符号电阻温度系数的两种合金丝串接而成，而且栅的两部分电阻R_1和R_2分别接入电桥的相邻两臂上：工作栅R_1接入电桥工作臂，补偿栅R_2外接串接电阻R_B(不敏感温度影响)后接入电桥补偿臂；另两臂照例接入平衡电阻R_3和R_4，如图2-11所示。当温度变化时，

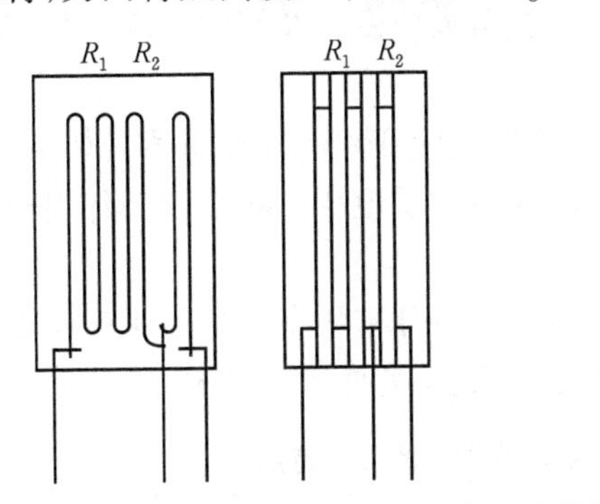

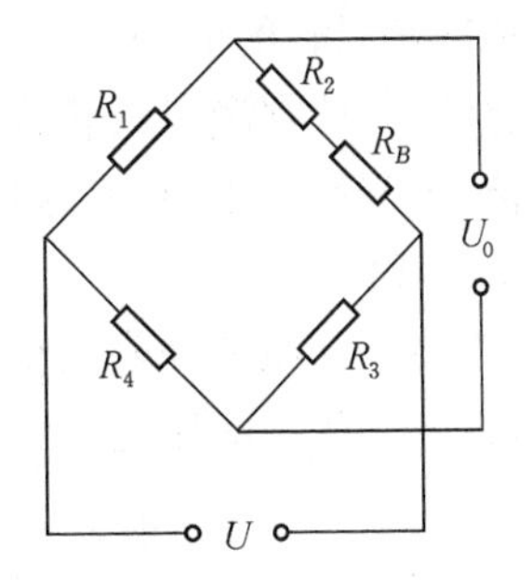

图2-11　双丝半桥式热补偿应变片

只要电桥工作臂和补偿臂的热输出相等或相近，就能达到热补偿目的，即

$$\varepsilon_{1t} = \frac{\Delta R_{1t}}{KR_1} \approx \frac{\Delta R_{2t}}{K(R_2+R_B)} = \varepsilon_{2t} \cdot \frac{R_2}{R_2+R_B} \qquad (2-23)$$

而外接补偿电阻为

$$R_B \approx R_2\left(\frac{\varepsilon_{2t}}{\varepsilon_{1t}} - 1\right) \qquad (2-24)$$

式中，ε_{1t}、ε_{2t}——分别为工作栅和补偿栅的热输出。

这种热补偿法的最大优点是通过调整R_B值，不仅可使热补偿达到最佳状态，而且还

适用于不同线膨胀系数的试件。缺点是对 R_B 的精度要求高，而且当有应变时，补偿栅同样起着抵消工作栅有效应变的作用，使应变片输出灵敏度降低。为此应变片必须使用 ρ 大、α_t 小的材料作工作栅，选 ρ 小、α_t 大的材料作补偿栅。

(2)补偿块法　这种方法是用两个参数相同的应变片 R_1、R_2。R_1 贴在试件上，接入电桥作工作臂，R_2 贴在与试件同材料、同环境温度，但不参与机械应变的补偿块上，接入电桥相邻臂作补偿臂(R_3、R_4 同样为平衡电阻)，如图 2-12 所示。这样，补偿臂产生与工作臂相同的热输出，通过差接桥，起了补偿作用。这种方法简便，但补偿块的设置受到现场环境条件的限制。

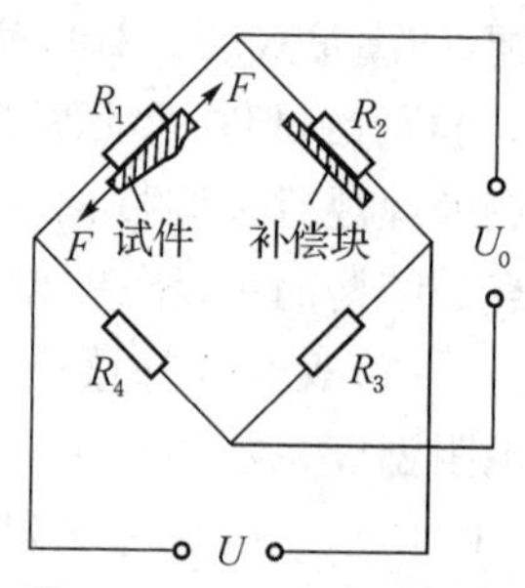

图 2-12　补偿块半桥热补偿应变片

在上述常用方法的补偿原理基础上做进一步扩展，还可引出其他一些补偿方法。如在测量电桥输出端接入热敏元件补偿法；采用共基底双栅(或四栅)应变片，接成半桥(或全桥)的补偿法等等，这里不再一一列举。

2.4　电阻应变片的应用

2.4.1　应变片的选用

首先要确切了解各种应变片的应用特点(表 2-5)，然后按下列方法选用。

(1)选择类型——按使用的目的、要求、对象及环境条件等，参照表 2-5 选择应变片的类别和结构形式。例如用作常温测力传感器传感元件的应变片，常选用箔式或半导体应变片。

(2)材料考虑——根据使用温度和时间、最大应变量及精度要求等(参见表 2-1)，选用合适的敏感栅和基底材料的应变片。

(3)阻值选择——依据测量线路或仪器选定应变片的标称阻值。如配用电阻应变仪，常选用 120 Ω 阻值；为提高灵敏度，常采用较高的供桥电压和较小的工作电流，则选用 350 Ω、500 Ω 或 1000 Ω 阻值。

(4)尺寸选择——按照试件表面粗糙度、应力分布状态和粘贴面积大小等选择尺寸。

(5)其他考虑——指特殊用途、恶劣环境、高精度要求等情况，请参见表 2-5。

表 2-5　电阻应变片的应用特点

名　称	说　　明	图　示	应　用　特　点
单轴应变片	一栅或多栅同方向共基应变片	图 2-3 (a～d)	适用于试件表面主应力方向已知
多轴应变片(应变花)	一基底上具有几个方向敏感栅的应变片	图 2-3 (e、f、h)	适用于平面应变场中，需准确地检测试件表面某点的主应力大小和方向
丝绕式应变片	用耐热性不同合金丝材绕制而成	图 2-3 (a)	可适应不同温度，尤适于高温，寿命较长，但横向效应大，散热性差
短接式应变片	敏感栅轴向部分用高 ρ 丝材，横向部分用低 ρ 丝材组合而成	图 2-3 (b)	横向效应小，可作成双丝温度自补偿，适于中、高温，但 N、$\varepsilon_{\lim}$ 低

续表

名　称	说　　明	图　示	应　用　特　点
箔式应变片	敏感栅用厚 3～10 μm 的铜镍合金箔光刻而成的应变片	图 2-3 (c、e、g、h)	尺寸小，品种多，静态、动态特性及热散性均好；工艺复杂，广泛用于常温
半导体应变片	由单晶半导体经切型、切条、光刻腐蚀成形，然后粘贴而成	图 2-3(c)	灵敏系数比金属材料大 100 倍，Z、θ、H 小，动态特性好；但重复性及温度、时间稳定性较差
高温应变片	工作温度大于 350 ℃，用耐高温基底，黏结剂经高温固化而成		常用金属基底，使用时用点焊将应变片焊接在试件上
特殊用途应变片	大应变应变片		用于测量 $\varepsilon=(2\sim5)\times10^5$ με
	防水应变片		用于水下应变测量
	防磁应变片		用于强磁场环境中测应变
	裂缝扩展应变片	图 2-3(g)	用于测量裂缝扩展速度

2.4.2　应变片的使用

应变片的使用性能，不仅取决于应变片本身的质量，而且取决于应变片的正确使用。对常用的粘贴式应变片，粘贴质量是关键。

1. 黏结剂的选择

黏结剂的主要功能是要在切向准确传递试件的应变。因此，它应具备：

(1)与试件表面有很高的黏结强度，一般抗剪强度应大于 9.8×10^6 Pa；

(2)弹性模量大，蠕变、滞后小，温度和力学性能参数要尽量与试件相匹配；

(3)抗腐蚀，涂刷性好，固化工艺简单，变形小，使用简便，可长期贮存；

(4)电绝缘性能、耐老化与耐温耐湿性能均良好。

一般情况下，粘贴与制作应变片的黏结剂是可以通用的(见表 2-6)。但是，粘贴应变片时受到现场加温、加压条件的限制。通常在室温工作的应变片多采用常温、指压固化条件的黏结剂(见表 2-6 上部)；非金属基应变片若用在高温工作时，可将其先粘贴在金属基底上，然后再焊接在试件上。

2. 应变片的粘贴

(1)准备：①试件——在粘贴部位的表面，用砂布在与轴向成 45°的方向交叉打磨至 Ra 为 6.3 μm→清洗净打磨面→划线，确定贴片坐标线→均匀涂一薄层黏结剂作底；②应变片——外表和阻值检查→刻划轴向标记→清洗。

表 2-6　常用黏结剂及其性能

类型	主要成分	牌号	适于黏合的基底材料	最低固化条件	固化压力/(10^4 Pa)	使用温度/℃	特　　点
快干胶	氰基丙烯酸酯	501 502	纸、胶膜、玻璃纤维布	室温 1 h	粘贴时指压	−100～+80	常温下几分钟内固化。固化时收缩小，应变片蠕变零漂小，耐油性好，耐潮和耐温差，应在密封和 10 ℃以下保存，在室温下贮存期约半年

续表

类型	主要成分	牌号	适于黏合的基底材料	最低固化条件	固化压力/(10^4 Pa)	使用温度/℃	特点
聚酯树脂	不饱和聚酯树脂,过氧化环己酮,萘酸钴干料		胶膜、玻璃纤维布	室温 24 h	0.3～0.5	−50～+150	常温下固化,粘合力好,耐水、耐油、耐稀酸,抗冲击性能优良,须在使用前调和配制
环氧树脂类	环氧树脂、聚硫酮酚胺固化剂	914	胶膜、玻璃纤维布	室温 2.5 h	粘贴时指压	−60～+80	粘接强度高,能黏合各种金属与非金属材料,固化时收缩率小,蠕变滞后小,耐水、耐油、耐化学药品,绝缘性好,914需在使用前调和配制
	环氧树脂、酚醛树脂、甲苯二酚、石棉粉等	J06-2	胶膜、玻璃纤维布	150 ℃ 3 h	2	−196～+250	
酚醛树脂类	酚醛树脂、聚乙烯醇缩丁醛	JSF-2	胶膜、玻璃纤维布	150 ℃1 h	1～2	−60～+150	需要较高的固化温度和压力,必须进行事后固化处理消除残余应力,否则要产生大的蠕变、零漂。固化后,黏合强度、耐热性、耐水、耐化学药品和耐疲劳性能均好
	酚醛树脂、有机硅	J-12	胶膜、玻璃纤维布	200 ℃3 h	—	−60～+350	
锌酚醛树脂	锌酚醛树脂、环氧树脂	PE-2	聚酰亚胺	160 ℃ 2～4 h	5	−30～+150	用于高精度传感器时,使用温度−30～+80 ℃
氯仿胶	三氯甲烷、3%有机玻璃粉末		有机玻璃	室温 3 h	粘贴时指压	＜60	固化条件简便,不耐高温
聚酰亚胺	聚酰亚胺	30-14	胶膜、玻璃纤维布	280 ℃2 h	1～3	−150～+250	耐热、耐水、耐酸、耐溶剂、抗辐射、绝缘性能好,应变极限高。缺点是固化温度较高
磷酸盐	磷酸二氢铝无机填料	GJ-14 LN-3	金属薄片	400 ℃1 h	—	+550	用于高温应变测量,黏合强度高,绝缘性能好,可用于动、静态应变测量。缺点是对敏感栅有腐蚀性
		P10-6	临时基底	400 ℃3 h		+700	
氧化物喷涂	三氧化二铝		金属薄片 临时基底			+800	高温喷涂后,不需固化处理,可用于800 ℃高温动、静态测量

(2)涂胶:在准备好的试件表面和应变片基底上均匀涂一薄层黏结剂。

(3)贴片:将涂好胶的应变片与试件,按坐标线对准贴上→用手指顺轴向滚压,去除气泡和多余胶液→按固化条件固化处理。

(4)复查:①贴片偏差应在许可范围内;②阻值变化应在测量仪器预调平范围内;③引线和试件间的绝缘电阻应大于200 MΩ。

(5)接线:根据工作条件选择好导线,然后通过中介接线片(柱)把应变片引线和导线焊接,并加以固定。

(6)防护:在安装好的应变片和引线上涂以中性凡士林油、石蜡(短期防潮);或石蜡—松香—黄油的混合剂(长期防潮);或环氧树脂、氯丁橡胶、清漆等(防止机械划伤)作防护用,以保证应变片工作性能稳定可靠。

2.5　测量电路

2.5.1　应变电桥概述

电阻应变片把机械应变信号转换成 $\Delta R/R$ 后，由于应变量及其应变电阻变化一般都很微小，既难以直接精确测量，又不便直接处理。因此，必须采用测量电路把应变片的 $\Delta R/R$ 变化转换成可用的电压或电流输出。目前，最广泛应用于电阻应变片的测量电路为应变电桥，因其灵敏度高、精度高、测量范围宽、电路结构简单、易于实现温度补偿等的特点而能很好地满足应变测量的要求。

典型的阻抗应变电桥如图 2－13 所示：四个臂 Z_1、Z_2、Z_3、Z_4 按顺时针向为序，AC 为电源端，BD 为输出端。当桥臂接入的是应变片时，即谓应变电桥。当一个臂、二个臂乃至四个臂接入应变片时，就相应谓之单臂工作、双臂工作和全臂工作电桥。测量电桥按如下方法分类。

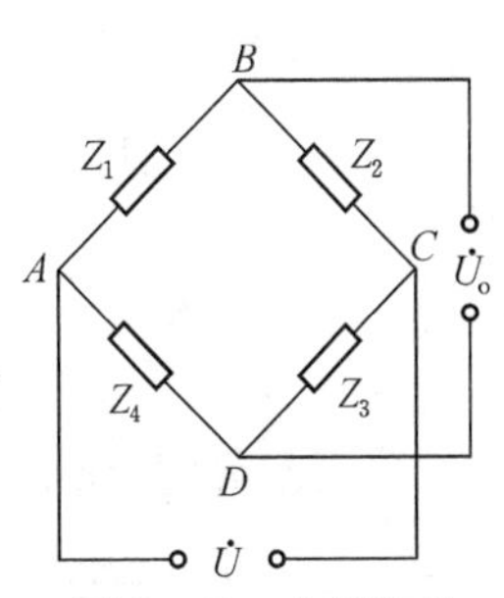

图 2－13　电桥结构

(1)按电源分，有直流电桥和交流电桥。

直流电桥桥臂只能接入电阻。它主要用于应变电桥输出可直接显示（如接磁电式指示器或光线示波器振子）而无须中间放大的场合，如半导体应变片。

交流电桥桥臂可以是 R、L、C。主要用于输出需放大的场合，如金属应变片等。

(2)按工作方式分，有平衡桥式电路（零位测量法）和不平衡桥式电路（偏差测量法）。

平衡桥式电路带有手调或自调整桥臂平衡的伺服反馈机构。仪表指示测量值时，电桥处于平衡状态。常用于高精度、长时间静态应变测量，如双桥式静态应变仪。

不平衡桥式电路的输出，是与桥臂应变量成一定函数关系的不平衡电量，然后放大、显示。仪表指示测量值时，电桥处于不平衡状态，它响应快，便于处理；常用于动态应变测量。

(3)按桥臂关系分，有：①对输出端对称（第一种对称）电桥（$Z_1=Z_2$，$Z_3=Z_4$）；②对电源端对称（第二种对称）电桥（$Z_1=Z_4$，$Z_2=Z_3$）；③半等臂（$Z_1=Z_2$，$Z_3=Z_4$）和全等臂电桥（$Z_1=Z_2=Z_3=Z_4$）。

2.5.2　直流电桥及其输出特性

近年来，由于低漂移集成运算放大器的发展，直流电桥得到了广泛应用。在此，先分析直流电桥，其结果可推广到交流电桥。

直流电桥的桥臂为纯电阻。如图 2－14 所示。图中 U 为供桥电源电压，R_L 为负载内阻。当初始有 $R_1R_3=R_2R_4$，则电桥输出电压或电流为零，这时电桥处于平衡状态。因此，电桥的平衡条件为

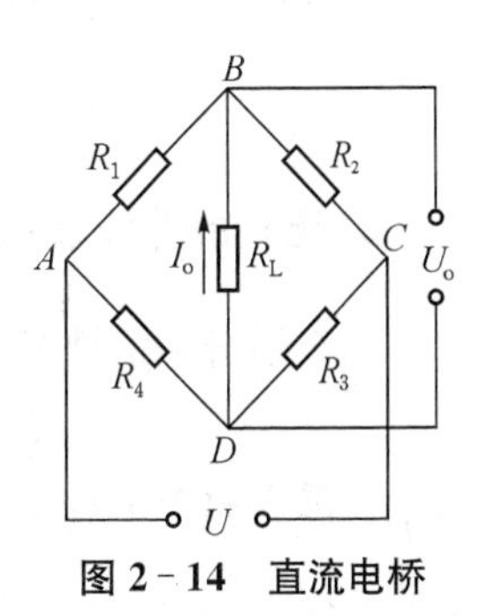

图 2－14　直流电桥

$$R_1R_3=R_2R_4 \quad 或 \quad \frac{R_1}{R_2}=\frac{R_4}{R_3} \qquad (2-25)$$

1. 电压输出桥的输出特性

若电桥输出端后接高输入阻抗的放大器(负载电阻 $R_L \approx \infty$),电桥输出端可视为开路。此时,电桥输出主要为电压形式(输出电流为零),输出电压为

$$U_o = \frac{R_1R_3 - R_2R_4}{(R_1+R_2)(R_3+R_4)} \cdot U \tag{2-26}$$

下面讨论桥臂接入应变片后的电压输出特性。

设电桥初始平衡,四臂工作,各臂应变片电阻变化分别为 ΔR_1、ΔR_2、ΔR_3、ΔR_4,代入式(2-26)得输出电压变化

$$\Delta U_o = \frac{(R_1+\Delta R_1)(R_3+\Delta R_3)-(R_2+\Delta R_2)(R_4+\Delta R_4)}{(R_1+\Delta R_1+R_2+\Delta R_2)(R_3+\Delta R_3+R_4+\Delta R_4)}U \tag{2-27}$$

令桥臂比 $(R_2/R_1)=n$,则有

$$\Delta U_o = \frac{nU}{(1+n)^2}\left(\frac{\Delta R_1}{R_1}-\frac{\Delta R_2}{R_2}+\frac{\Delta R_3}{R_3}-\frac{\Delta R_4}{R_4}\right)\times \left[1+\frac{n}{1+n}\left(\frac{\Delta R_2}{R_2}+\frac{\Delta R_3}{R_3}\right)+\frac{1}{1+n}\left(\frac{\Delta R_1}{R_1}+\frac{\Delta R_4}{R_4}\right)\right]^{-1} \tag{2-28}$$

通常采用全等臂(或半等臂)电桥;这时 $R_1=R_2=R_3=R_4=R$,$n=1$。则式(2-28)变成

$$\Delta U_o = \frac{U}{4}\left(\frac{\Delta R_1}{R_1}-\frac{\Delta R_2}{R_2}+\frac{\Delta R_3}{R_3}-\frac{\Delta R_4}{R_4}\right)\Bigg/\left[1+\frac{1}{2}\left(\frac{\Delta R_1}{R_1}+\frac{\Delta R_2}{R_2}+\frac{\Delta R_3}{R_3}+\frac{\Delta R_4}{R_4}\right)\right] \tag{2-29}$$

上式分母中含 $\Delta R_i/R_i$,是造成输出量的非线性因素。当考虑 $\Delta R_i \ll R_i$ 条件,可忽略分母中 $\Delta R_i/R_i$ 各项时,上式即可表示为线性输出

$$\Delta U_o = \frac{U}{4}\left(\frac{\Delta R_1}{R_1}-\frac{\Delta R_2}{R_2}+\frac{\Delta R_3}{R_3}-\frac{\Delta R_4}{R_4}\right)=\frac{U}{4}K(\varepsilon_1-\varepsilon_2+\varepsilon_3-\varepsilon_4) \tag{2-30}$$

作为应变式传感器常用工作方式之一——单臂工作情况:R_1 为工作应变片,R_2 为补偿应变片(不承受应变),R_3、R_4 为平衡固定电阻,则式(2-29)和式(2-30)可分别简化为

$$\Delta U_o = \frac{U}{4}\frac{\Delta R_1}{R_1}\Bigg/\left[1+\frac{1}{2}\left(\frac{\Delta R_1}{R_1}\right)\right] \tag{2-31}$$

和

$$\Delta U_o = \frac{U}{4}\frac{\Delta R_1}{R_1} \tag{2-32}$$

由此得单臂工作输出的电压灵敏度

$$S_u = \left(\Delta U_o \Big/ \frac{\Delta R_1}{R_1}\right)=\frac{U}{4} \tag{2-33}$$

2. 电桥的非线性误差及其补偿

从上述分析的电桥输出特性可以看出,输出电压实际上都与$\frac{\Delta R_i}{R_i}$呈非线性关系。只有当$\frac{\Delta R_i}{R_i}$很小而作了近似处理后,才简化得线性关系式(2-30)、式(2-32)。下面讨论由此造成的非线性误差。

仍以上述全等臂电压输出桥单臂工作情况为例：式(2-31)为实际输出(在此设定为$\Delta U_o'$)；式(2-32)为理想(线性化后)输出。因此，非线性误差为

$$e_\varphi=\frac{\Delta U_o'-\Delta U_o}{\Delta U_o}=\frac{\left\{\frac{U}{4}\frac{\Delta R_1}{R_1}\Big/\left[1+\frac{1}{2}\left(\frac{\Delta R_1}{R_1}\right)\right]\right\}-\frac{U}{4}\frac{\Delta R_1}{R_1}}{\frac{U}{4}\frac{\Delta R_1}{R_1}}=\frac{-\frac{\Delta R_1}{R_1}}{2+\frac{\Delta R_1}{R_1}}=\frac{-K\varepsilon_1}{2+K\varepsilon_1} \tag{2-34}$$

【例】 已知金属应变片$K=2.5$，允许测试的最大应变$\varepsilon=5000\ \mu\varepsilon$，接成全等臂单臂工作电桥($\Delta R_1\neq0$；$\Delta R_2=\Delta R_3=\Delta R_4=0$)。代入式(2-34)得最大非线性误差

$$e_\varphi=\left|\frac{K\varepsilon_1}{2+K\varepsilon_1}\right|=\frac{2.5\times0.005}{2+2.5\times0.005}\approx0.6\%$$

一般金属应变片的$K=1.8\sim4.8$，因此$e_\varphi=(0.45\sim1.2)\%$。

若采用半导体应变片，设$K=120$，其他条件同上，则

$$e_\varphi=\left|\frac{K\varepsilon_1}{2+K\varepsilon_1}\right|=\frac{120\times0.005}{2+120\times0.005}\approx23\%$$

由此可见：

①采用金属应变片，在一般应变范围内，非线性误差$e_\varphi<1\%$。故在此允许的非线性范围内，金属应变片电桥的电压输出特性可由式(2-30)表示呈线性关系。

②采用半导体应变片时，由于非线性误差随K而大增，必须采取补偿措施。

(1)差动电桥补偿法

差动电桥法就是利用上述电桥输出特性中呈现的相对臂与相邻臂之“和”、“差”特征，通过应变片的合理布片与接桥来达到补偿目的的。

如图2-15所示，使接入电桥的相对臂应变片受拉$\left(\frac{\Delta R_1}{R_1},\frac{\Delta R_3}{R_3}\right)$，相邻臂应变片受压$\left(-\frac{\Delta R_2}{R_2},-\frac{\Delta R_4}{R_4}\right)$，在全等臂条件下($R_1=R_2=R_3=R_4$)，代入上式(2-29)得

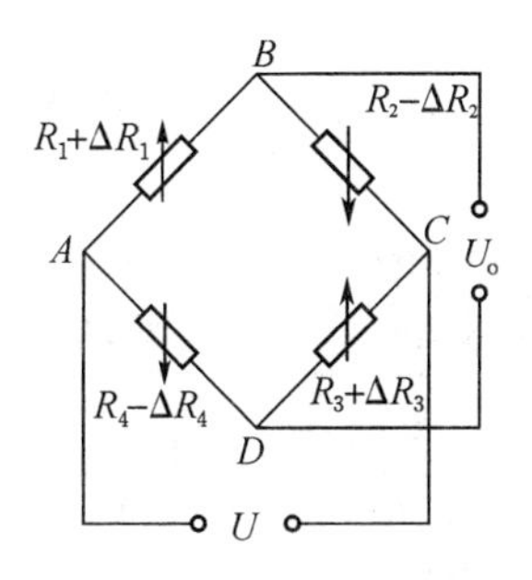

图2-15 四臂差动电桥

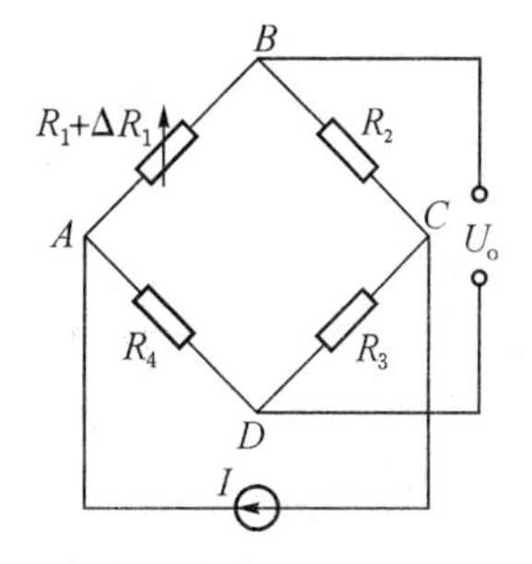

图2-16 恒流源电桥

$$\Delta U_o=\frac{U}{4}\left(\frac{\Delta R_1}{R_1}+\frac{\Delta R_2}{R_2}+\frac{\Delta R_3}{R_3}+\frac{\Delta R_4}{R_4}\right)\Big/\left[1+\frac{1}{2}\left(\frac{\Delta R_1}{R_1}-\frac{\Delta R_2}{R_2}+\frac{\Delta R_3}{R_3}-\frac{\Delta R_4}{R_4}\right)\right]=U\frac{\Delta R_1}{R_1}$$

可见，四臂差动工作，不仅消除了非线性误差，而且输出比单臂工作提高了4倍。

(2)恒流源补偿法

由进一步分析表明,应变电桥非线性误差的成因,主要由于应变电阻 ΔR_i 的变化引起工作臂电流的变化所致。采用恒流源,可望减小非线性误差。

如图 2-16,设全等臂、恒流源供桥,单臂工作,则有

$$\Delta U_o{}' = I\frac{R_3\Delta R_1}{R_1+R_2+R_3+R_4+\Delta R_1} \tag{2-35}$$

上式分母中 ΔR_1 是引起非线性的因素;如略去,则可得线性输出:

$$\Delta U_o = I\frac{R_3\Delta R_1}{R_1+R_2+R_3+R_4} \tag{2-36}$$

由上两式可得恒流源电桥非线性误差为

$$e_\varphi = \frac{\Delta U_o{}' - \Delta U_o}{\Delta U_o} = \frac{-\Delta R_1}{R_1+R_2+R_3+R_4+\Delta R_1} = -\frac{\Delta R}{R_1}\Bigg/\left(4+\frac{\Delta R_1}{R_1}\right) = \frac{-K\varepsilon_1}{4+K\varepsilon_1} \tag{2-37}$$

由上式与式(2-34)比较可见:同样条件下,恒流源的非线性误差明显减小了。

2.5.3 交流电桥及其平衡

1. 交流电桥的平衡条件

交流电桥的结构与工作原理与直流电桥基本相同,如图 2-13 所示。不同的是输入输出为交流。在一般情况下,其输出电压或电流与桥臂阻抗相对变化 $\Delta Z_i/Z_i$ 成正比。因而交流电桥的平衡条件应为

$$Z_1Z_3 = Z_2Z_4 \tag{2-38}$$

由于 $$Z_i = R_i + jX_i = z_i e^{j\varphi_i} \quad (i=1,2,3,4)$$

式中,R_i、X_i——各桥臂电阻和电抗;

z_i,φ_i——各桥臂复阻抗的模和幅角。

因此,式(2-38)的平衡条件必须同时满足:

$$z_1z_3 = z_2z_4 \quad 和 \quad \varphi_1+\varphi_3 = \varphi_2+\varphi_4 \tag{2-39}$$

或

$$R_1R_3 - R_2R_4 = X_1X_3 - X_2X_4 \ 和\ R_1X_3 + R_3X_1 = R_2X_4 + R_4X_2 \tag{2-40}$$

2. 电桥的调平

电桥的调平就是确保试件在未受载、无应变的初始条件下,应变电桥满足平衡条件(初始输出为零)。在实际的应变测量中,由于各桥臂应变片的性能参数不可能完全对称,加之应变片引出导线的分布电容(如图 2-17)其容抗与供桥电源频率有关,严重影响着交流电桥的初始平衡和输出特性。因此必须进行预调平衡。由图 2-17 和式(2-40)可见:

$$R_1R_3 = R_2R_4 \quad 和 \quad R_3C_2 = R_4C_1 \tag{2-41}$$

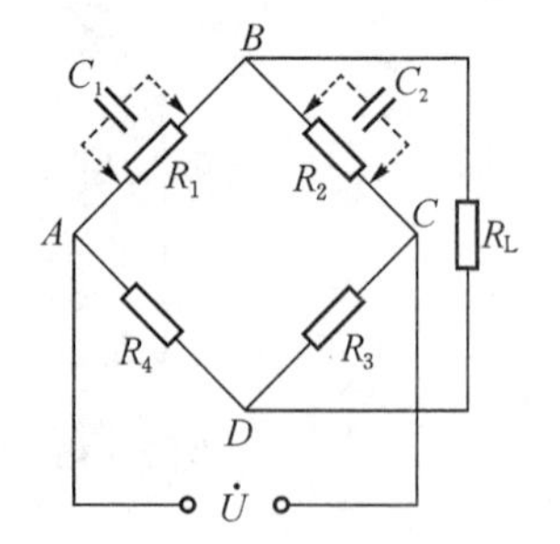

图 2-17 交流电桥分布电容影响

对全等臂电桥,上式即为

$$R_1=R_2=R_3=R_4 \quad 和 \quad C_1=C_2 \tag{2-42}$$

上式表明:交流电桥平衡时,必须同时满足电阻和电容平衡两个条件。下面分别简介。

(1)电阻调平法

①串联电阻法　如图 2-18(a)所示,图中 R_5 由下式确定:

$$R_5=\left[|\Delta r_3|+\left|\Delta r_1\frac{R_3}{R_1}\right|\right]_{\max} \tag{2-43}$$

式中,Δr_1 和 Δr_3——分别为桥臂 R_1 与 R_2 和 R_3 与 R_4 的偏差。

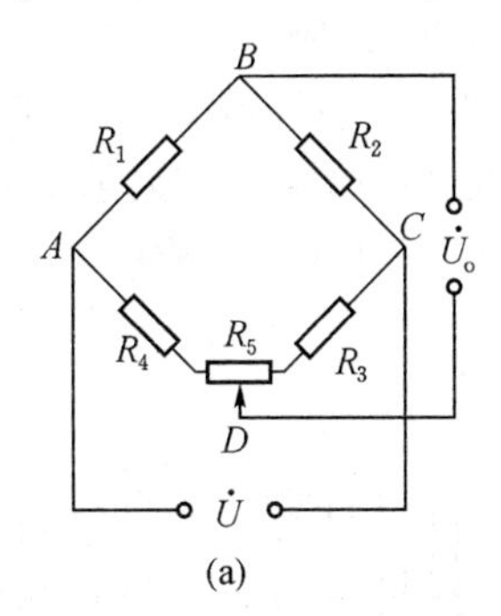

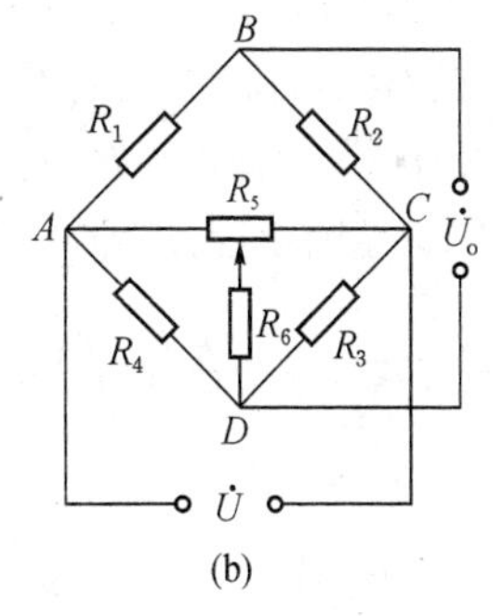

图 2-18　电阻调平桥路

(a)串联法;(b)并联法

②并联电阻法　如图 2-18(b)所示。多圈电位器 R_5 对应于电阻应变仪面板上的"电阻平衡"旋扭。调节 R_5 即可改变桥臂 AD 和 CD 的阻值比,使电桥满足平衡条件。其可调平衡范围取决于 R_6 的值:R_6 愈小,可调范围愈大,但测量误差也愈大。因此,要在保证精度的前提下选得小些。R_5 可采用 R_6 相同的阻值。R_6 可按下式确定:

$$R_6=\frac{R_3}{\left(\left|\frac{\Delta r_1}{R_1}\right|+\left|\frac{\Delta r_3}{R_3}\right|\right)_{\max}} \tag{2-44}$$

(2)电容调平法

①差动电容法　如图 2-19(a)所示。C_3 和 C_4 为同轴差动电容;调节时,两电容变化大小相等,极性相反,以此调整电容平衡。

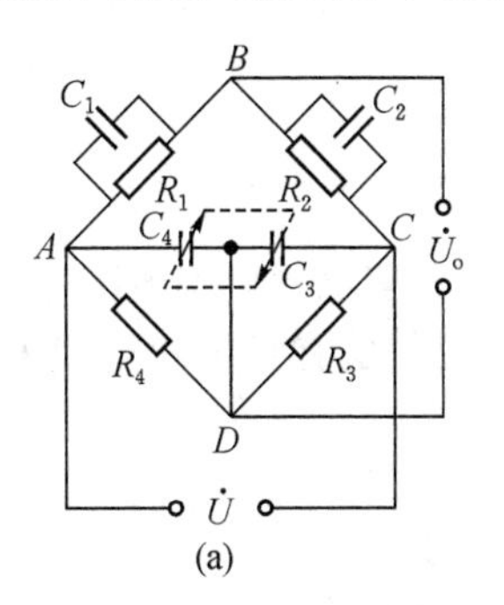

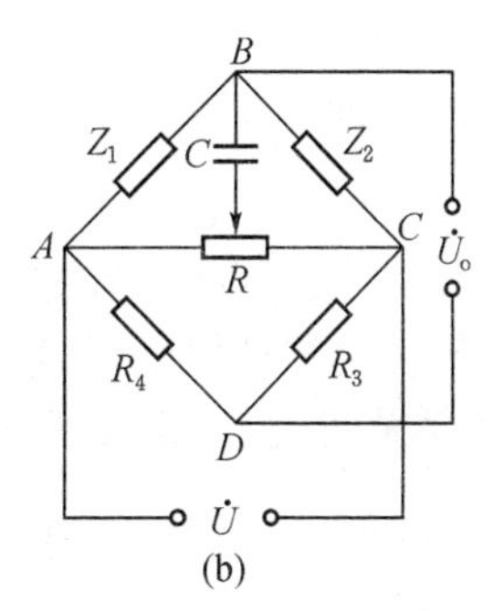

图 2-19　电容调平桥路

(a)差动法;(b)阻容法

②阻容调平法　如图 2-19(b)。它靠接入 T 形 RC 阻容电路起到电容预调平的作用。

必须注意:在同时具有电阻、电容调平装置进行阻抗调平的过程中,两者应不断交替调整,才能取得理想的平衡结果。

2.5.4　电阻式传感器的综合补偿与调整技术

电阻应变式传感器为了提高灵敏度、改善非线性和温度特性,通常接成全桥,但性能仍不能满足高精度的要求。原因在于:组成电桥的应变片初始电阻和胶的固化收缩不一、应变片箔材的氧化和弹性体初始应力释放等原因,会造成零点不平衡;应变片电阻率和线膨胀系数差异等原因将造成零点温漂;各种参数的差异会造成灵敏度不一致和输出、输入电阻的差异。尤其是弹性体材料的弹性模量温度系数和应变片 K_m 的温度系数会造成灵敏度温度漂移。为此,高精度传感器常在电路中加入各种补偿电阻,如图 2-20(a)所示。图中:

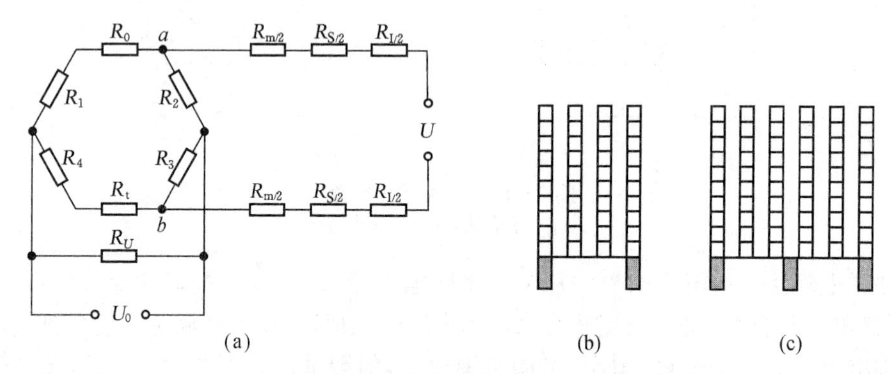

图 2-20　电阻应变式传感器的典型电路和栅格型电阻

①R_0 为零点不平衡补偿电阻。设未接 R_0 前单位供桥电压引起的电桥零位输出为 x_0(mV/V),桥阻名义值 $R_1=R_2=R_3=R_4=R$,电桥总桥阻为 R。按零点平衡补偿原理,应有

$$R_0=\frac{4x_0}{1000}R \tag{2-45}$$

R_0 通常用与应变栅相同的材料制成,接入所需补偿的桥臂。

②R_t 为零点温漂补偿电阻,通常用电阻温度系数大的铜、镍或镍钴合金制成,同样接入相应需要的桥臂。设 R_t 的电阻温度系数为 α_t(1/℃);温度变化 ΔT 时产生的零点温漂为 x_t(mV/V),同样可得

$$R_t=\frac{4x_t}{1000\alpha_t\Delta T}R \tag{2-46}$$

由于 R_t 和 R_0 都接入桥臂,调整时会相互影响,因此要反复调整多次才能同时满足要求。

③R_m 为灵敏度温漂补偿电阻,它主要由弹性件材料的弹性模量随温度变化所引起。

设补偿电阻单独接入 R_m 时,则有

$$R_{m_1}=-R\bigg/\left(\frac{\alpha_m}{\alpha_E}+1\right) \tag{2-47}$$

式中,α_m 为 R_m 之电阻温度系数(1/℃),α_E 为弹性模量 E 的温度系数(1/℃)。由上式可得温度 T_1 时之 R_m 值,这只是一个近似值,需要经过试验最终确定。由于 R_m 用来补偿温度漂移,故应由电阻温度系数大的材料(如镍)制成;R_m 应放在应变片附近,以获得相同的温度。

④R_s 为灵敏度标准化补偿电阻，目的是使批量生产传感器的灵敏度一致。通常调整到一个整数，如1.0、1.5、2.0或2.5 mV/V。设规定的标准灵敏度为 K_0(mV/V)、未加补偿电阻时测得的灵敏度为 K_1(mV/V)，$K_1>K_0$，则

$$R_s=\frac{K_1-K_0}{K_0}R-R_m$$

可见，为了实现灵敏度标准化，设计时应使灵敏度提高一些。

⑤R_U 和 R_I 分别为输出和输入阻抗补偿电阻，一般经过补偿使输出阻抗一致性达到±0.1%，输入阻抗达到±1%。

从 R_s、R_U 和 R_I 的补偿功能看，它们应采用性能稳定的材料，常用锰铜或康铜制成。

此外，由于弹性元件本身的非线性、电桥的非线性、应变片非线性及材料结构与内耗等因素，以及接入补偿电阻的影响，都会造成传感器的非线性。故要求高的传感器还需进行非线性补偿。鉴于镍的灵敏系数 K 大，在1200 $\mu\varepsilon$ 时 K 为−20，超过1200 $\mu\varepsilon$ 后 K 快速变为0，随后又变为+20。因此，常用镍制成非线性补偿电阻 R_L，串接在电桥电源端(如同 R_m、R_s 一样)，粘贴在弹性元件的合适方向：主应力方向或经过试验确定的某一方向。因镍的电阻温度系数的非线性较大，为改善线性，还可在 R_m 和 R_L 上并联电阻温度系数小的电阻。

综上可见，补偿调整要经过测试和试验进行，十分耗时。由于各补偿电阻会相互影响，往往要反复调整，提高了补偿成本。尤其灵敏度温漂补偿更为不易，需要能同时进行加载和加温的设备，大量程传感器补偿的难度更大。

为了降低成本，有人舍弃对传感器逐个进行试验的过程，改用理论计算各补偿电阻的方法进行补偿，然后通过抽检来检验补偿效果。这种方法取得了一定成效，但传感器参数的离散性较大。

也可利用图2-20(b)、(c)所示栅格型电阻作为补偿电阻，用割断栅格的办法改变阻值，节省了调整时间。图(b)适合于 R_s 和 R_m；(c)适合于 R_0 和 R_t，中间抽头是为了便于选择补偿的桥臂。

前已述及，镍电阻具有电阻温度系数的非线性，为减小其影响应在 R_m 上并联性能稳定的电阻，但这使电阻的取值更加复杂。随着计算机技术的发展，有人在实测不同温度(一般为三种)情况下的各电阻阻值和输出电压的基础上，通过建立数学模型，计算出灵敏度温漂补偿电阻 R_m 及并联电阻的值，进行补偿，取得了灵敏度温漂减小约二个数量级的效果。

如果对图1-13进行分析，可以发现，将 r_1 换成具有合适温度系数的电阻，就能方便地进行灵敏度温漂补偿。这时，$U'_o=[r_1/(r_1+r_2)]U_o=U_o/(1+\mu)$，式中 $\mu=r_2/r_1$。当 r_1 随温度变化时，U'_o 随之变化，只要 μ 的变化合适，就能补偿 U_o 随温度的变化。r_1 可以用具有恰当温度系数的电阻(按实测温漂方向选择正或负温度系数)和温度系数小的电阻并联来构成。若 r_1、r_2 的阻值和温度系数选择合适，可以获得相当小的灵敏度温漂(10^{-5} 量级)。这种方法的好处是，一次试验调整即可完成补偿工作；缺点是灵敏度有所损失。应当指出：上述应变式传感器的综合补偿和调整技术可推广应用于压阻式传感器中，而且可以在压阻传感器件基片上同时集成需要的电阻及有源电路，采用可修正的厚膜电阻作补偿电阻，使补偿与调整更为方便。

2.6 电阻应变片式传感器

2.6.1 原理和特点

综上所述,电阻应变片有两方面的应用:一是作为敏感元件,直接用于被测试件的应变测量;另一是作为转换元件,通过弹性敏感元件构成传感器,用以对任何能转变成弹性元件应变的其他物理量作间接测量。用作传感器的应变片,对照表2-4的性能指标,应有更高的要求,尤其非线性误差要小($<0.05\%\sim0.1\%$F.S),力学性能参数受环境温度影响小,并与弹性元件匹配。

应变片式传感器有如下应用特点:

(1)应用和测量范围广。用应变片可制成各种机械量传感器,如测力传感器可测$10^{-2}\sim10^{7}$ N,压力传感器可测$10^{3}\sim10^{8}$ Pa,加速度传感器可测到10^{3}级m/s^{2}。

(2)分辨力($1\ \mu\varepsilon$)和灵敏度高,尤其是用半导体应变片,灵敏度可达几十毫伏每伏;精度较高(一般达$1\%\sim3\%$F.S,高精度达$0.1\%\sim0.01\%$F.S)。

(3)结构轻小,对试件影响小;对复杂环境的适应性强,易于实施对环境干扰的隔离或补偿,从而可以在高低温、高压、高速、强磁场、核辐射等特殊环境中使用;频率响应好。

(4)商品化,选用和使用都方便,也便于实现远距离、自动化测量。

因此,目前传感器的种类虽已繁多,但较高精度的传感器仍以应变片式应用最普遍。它广泛用于机械、冶金、石油、建筑、交通、水利和宇航等部门的自动测量与控制或科学实验中;近年来在生物、医学、体育和商业等部门亦已得到开发应用。

2.6.2 应变片式传感器

1. 测力传感器

应变片式传感器的最大用武之地还是称重和测力领域。这种测力传感器的结构由应变片、弹性元件和一些附件所组成。视弹性元件结构型式(如柱形、筒形、环形、梁式、轮辐式等)和受载性质(如拉、压、弯曲和剪切等)的不同,它们有许多种类,其基本的结构类型如表2-7所示。

表 2-7 测力传感器的基本类型及特性

图序	a		b		c		d		e	
型式	柱(筒)式		柱环式		悬梁式		轮辐式		双孔平行梁式	
弹性元件型式及贴片方法	F		h, R_0, F		F, l, h, b		45°, F, h, b		(1), (2), (3), (4), A, F, M, L, L_1, L_2	
ε_i、F 关系	$\varepsilon_i=\frac{F}{EA}$ E—弹性模量 A—横截面积		$\varepsilon_i=\pm\frac{1.08R_0}{bh^2E}F$ $(R_0/h)>5$，b—环宽		$\varepsilon_i=\frac{6l}{bh^2E}F$		$\varepsilon_i=\frac{3F}{8bhG}$ G—剪切模量		$\varepsilon_1=-\varepsilon_3=\frac{FL_2}{EW}$ $\varepsilon_2=-\varepsilon_4=\frac{FL_1}{EW}$ E—弹性模量 W—抗弯截面模量	
桥式接法	（半桥） ε_m　（图例） 受拉应力 受压应力 平衡电阻　（全桥） ε_m									
ε_m、ε_i 关系	半桥	全桥	半桥	全桥	半桥	全桥	半桥	全桥	半桥	全桥
	$\varepsilon_m=(1+\mu)\varepsilon_i$	$\varepsilon_m=2(1+\mu)\varepsilon_i$	$\varepsilon_m=\varepsilon_内+\varepsilon_外$	$\varepsilon_m=2(\varepsilon_内+\varepsilon_外)$	$\varepsilon_m=2\varepsilon_i$	$\varepsilon_m=4\varepsilon_i$	$\varepsilon_m=2\varepsilon_i$	$\varepsilon_m=4\varepsilon_i$	$\varepsilon_m=2\varepsilon_i$	$\varepsilon_m=4\varepsilon_i$
特点	结构简单，承载能力大，筒形抗偏心和侧向力的能力强		刚度大，固有频率高，沿环周应力分布变化大，内外拉压差动，提高灵敏度		结构简单，贴片方便，灵敏度高，适用于小载荷，高精度，贴片在最大应变处		结构较复杂，线性好，精度高，抗偏心和侧向力强，适用于高精度传感器		精度高，结构简单，输出与荷载施加的位置无关	

图2-21为一种典型的称重传感器的结构示意图。其弹性元件设计成如表2-7图(a)所示的筒形结构。4片(或8片)应变片采用差动布片和全桥接线,如图2-22所示。这种布片和接桥的最大优点是可排除载荷偏心或侧向力引起的干扰。当弹性元件受偏心力F作用时,产生的应力可分解为压应力和弯应力,如图2-22(b)。因此,各应变片感受的应变ε_i为相应的压(拉)应变ε_{F_i}与弯应变ε_{M_i}之代数和,即

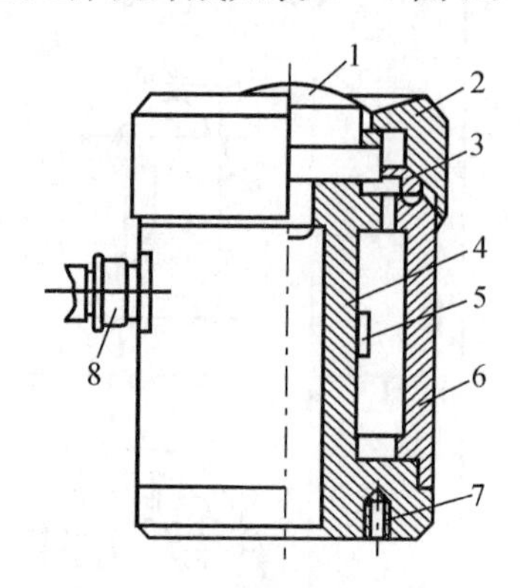

图2-21 称重传感器结构示意图

1—承载头;2—上盖;3—压环
4—弹性体;5—应变片;6—外壳
7—螺孔;8—导线插头

$$\varepsilon_i = \varepsilon_{Fi} + \varepsilon_{Mi}$$

代入式(2-30)可得传感器的输出为

$$\begin{aligned}\Delta U_o &= \frac{U}{4}K(\varepsilon_1 - \varepsilon_2 + \varepsilon_3 - \varepsilon_4) \\ &= \frac{U}{4}K[(\varepsilon_{F_1} - \varepsilon_{M_1}) + \mu(\varepsilon_{F_2} - \varepsilon_{M_2}) + \\ &\quad (\varepsilon_{F_3} + \varepsilon_{M_3}) + \mu(\varepsilon_{F_4} + \varepsilon_{M_4})] \qquad (2-48)\end{aligned}$$

由于 $\varepsilon_{F_1} = \varepsilon_{F_2} = \varepsilon_{F_3} = \varepsilon_{F_4}$,$\varepsilon_{M_1} = \varepsilon_{M_2} = \varepsilon_{M_3} = \varepsilon_{M_4}$,代入上式得

$$\Delta U_o = \frac{U}{4}K[2(1+\mu)\varepsilon_F] = \frac{U}{2}K(1+\mu)\frac{F}{EA} \qquad (2-49)$$

可见,偏心力的干扰被排除了。

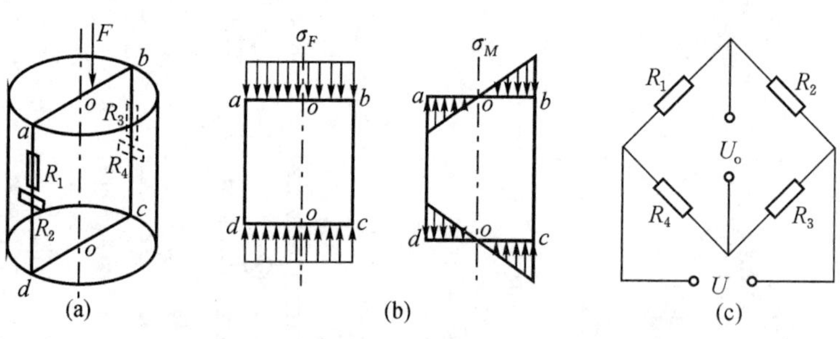

图2-22 克服偏心力影响的布片和接桥

(a)布片;(b)应力分布;(c)接桥

双孔平行梁式力传感器是当前电子秤最常用的一种应变式测力传感器,它的结构如图2-23(a)和(b)所示,实物图如图2-23(c)。当重力载荷F安放在秤盘的任意位置,都可以将载荷F简化为作用在双孔平行梁弹性元件端部的一个集中力F和一个纯力偶M,力偶M与F安放在秤盘的位置相关,如图2-23(b)所示,各应变片处的应变为

$$\varepsilon_1 = \frac{FL_2 + M}{EW} \qquad (2-50)$$

$$\varepsilon_2 = \frac{FL_1 + M}{EW} \qquad (2-51)$$

$$\varepsilon_3 = -\frac{FL_2 + M}{EW} \qquad (2-52)$$

$$\varepsilon_4 = -\frac{FL_1 + M}{EW} \qquad (2-53)$$

4 个应变片组成全桥，电桥的输出电压为：

$$U_0=\frac{1}{4}UK(\varepsilon_1-\varepsilon_2-\varepsilon_3+\varepsilon_4)=\frac{UKL}{2EW}F \tag{2-54}$$

式(2-54)中，W 为应变片粘贴处横截面的抗弯截面模量，上式可见电桥的输出与力偶 M 无关，也就是重力载荷 F 安放在秤盘的任意位置都不会影响输出。

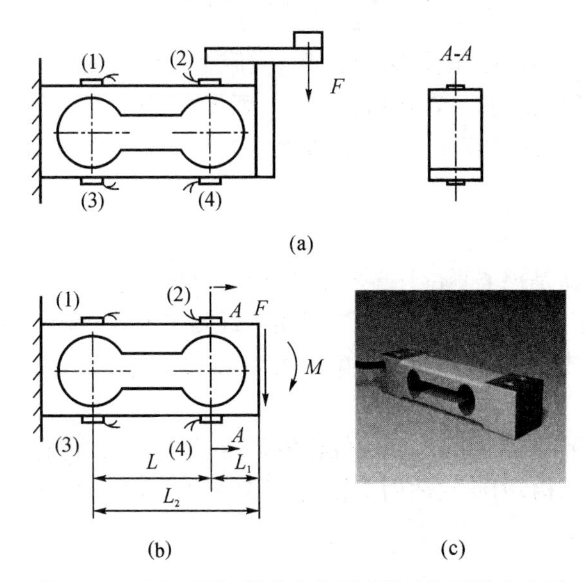

图 2-23　双孔平行梁式力传感器的结构图及实物图

2. 压力传感器

压力传感器主要用来测量流体的压力。视其弹性体的结构形式有单一式和组合式之分。

单一式是指应变片直接粘贴在受压弹性膜片或筒上。膜片式应变压力传感器的结构、应力分布及布片，与下节固态压阻式传感器雷同。图 2-24 为筒式应变压力传感器。图中(a)为结构示意；(b)为材料取 E 和 μ 的厚底应变筒；(c)为 4 片应变片布片，工作应变片 R_1、R_3 沿筒外壁周向粘贴，温度补偿应变片 R_2、R_4 贴在筒底外壁，并接成全桥。当应变筒内壁感受压力 P 时，筒外壁的周向应变为：

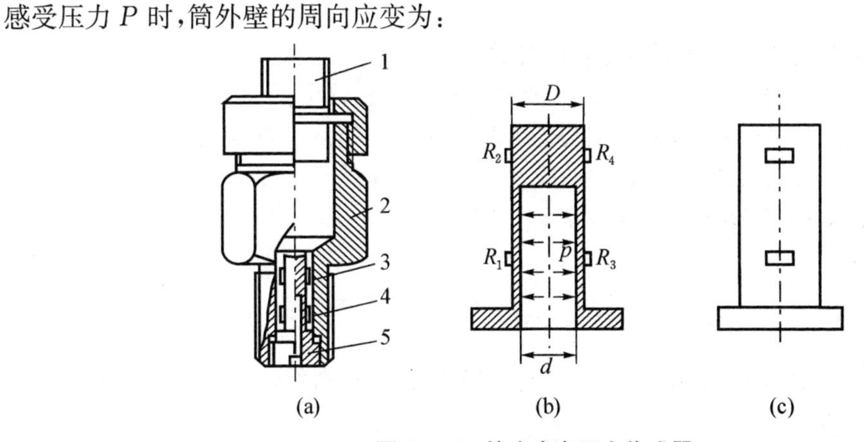

图 2-24　筒式应变压力传感器

(a)结构示意；(b)应变筒；(c)应变片布片

1—插座；2—基体；3—温度补偿应变片；4—工作应变片；5—应变筒

对厚壁筒

$$\varepsilon_t=\frac{(2-\mu)d^2}{(D^2-d^2)E}\cdot P \qquad (2-55)$$

对薄壁筒$\left(\frac{D-d}{D+d}<\frac{1}{40}\right)$

$$\varepsilon_t=\frac{(2-\mu)d}{2(D-d)E}\cdot P \qquad (2-56)$$

组合式压力传感器则由受压弹性元件(膜片、膜盒或波纹管)和应变弹性元件(如各种梁)组合而成。前者承受压力,后者粘贴应变片。两者之间通过传力件传递压力作用。这种结构的优点是受压弹性元件能对流体高温、腐蚀等影响起到隔离作用,使应变片具有良好的工作环境。

3. 位移传感器

应变式位移传感器是把被测位移量转变成弹性元件的变形和应变,然后通过应变片和应变电桥,输出正比于被测位移的电量。它可用来近测或远测静态与动态的位移量。因此,既要求弹性元件刚度小,对被测对象的影响反力小,又要求系统的固有频率高,动态频响特性好。

图 2-25(a)为国产 YW 系列应变式位移传感器结构。这种传感器由于采用了悬臂梁-螺旋弹簧串联的组合结构,因此它适用于较大位移(量程>10~100 mm)的测量。其工作原理如图 2-25(b)所示。

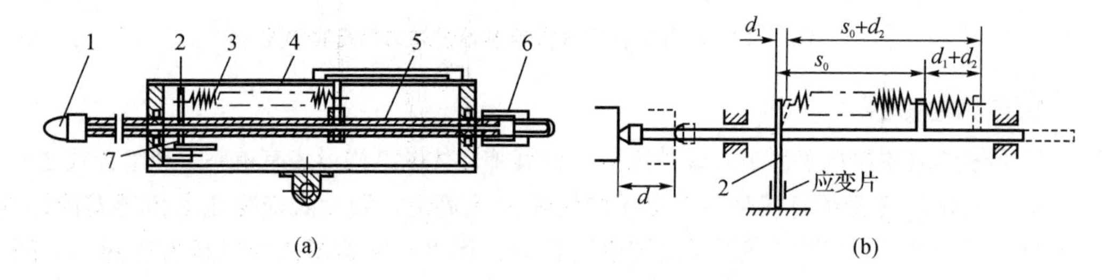

图 2-25 YW 型应变式位移传感器

(a)传感器结构;(b)工作原理

1—测量头;2—悬臂梁;3—弹簧;4—外壳;5—测量杆;6—调整螺母;7—应变片

设拉伸螺旋弹簧的直径为 D,圈数为 n,弹簧丝径为 d_0,切变模量为 G;悬臂梁长度为 l,宽度为 b,厚度为 h,弹性模量为 E;4 片应变片布贴在距悬臂梁根部距离为 a 处的正、反面。拉伸弹簧一端与测量杆相连,另一端与悬臂梁端相连。当测量杆随被测件产生位移 d 时,它带动弹簧,使悬臂梁弯曲变形,其弯曲应变与位移 d 呈线性关系。由于测量杆位移 d 为悬臂梁端部位移量 d_1 和螺旋弹簧伸长量 d_2 之和。由材料力学可知,位移量与贴片处应变 ε 之间的关系为

$$d=d_1+d_2=\left[\frac{2l^3}{3(l-a)h}+\frac{8nbh^2D^3E}{3(l-a)d_0^4G}\right]\cdot\varepsilon=K\varepsilon \qquad (2-57)$$

上式表明:d 和 ε 呈线性关系,其比例系数 K 与悬臂梁尺寸、材料特性参数有关;ε 通过 4 片应变片和应变仪测得。

4. 其他应变式传感器

利用应变片除可构成上述主要应用传感器外,还可构成其他应变式传感器,如通过质量

块与弹性元件的作用，可将被测加速度转换成弹性应变，从而构成应变式加速度传感器。如通过弹性元件和扭矩应变片，可构成应变式扭矩传感器，等等。应变式传感器结构与设计的关键是弹性体型式的选择与计算、应变片的合理布片与接桥。通过上述应变片工作原理及典型传感器应用介绍，读者可以举一反三，进一步扩大其应用和开发新的结构形式。

2.7　压阻式传感器

2.7.1　压阻式传感器基本原理

1. 压阻效应与压阻系数

随着材料科学的发展，固态材料（如金属、半导体、精密陶瓷、电介质、超导体等）的各种功能效应逐渐被人们所发现。其中，半导体单晶硅、锗等材料在外力作用下电阻率将发生变化，这种现象称为压阻效应。利用压阻效应开发的传感器谓之压阻式传感器（Piezo-resistance Sensor）。它有两种类型：一是利用半导体材料的体电阻，制作成如前所述的半导体应变片；其灵敏度要比金属应变片高 2 个数量级。另一是在半导体单晶硅（锗）的基底上利用半导体集成工艺中的扩散技术，将弹性敏感元件与应变（转换）元件合二为一，制成扩散硅压阻式传感器。

由前述可知，压阻效应的数学描述可用式（2 - 6）表示，即：

$$\frac{\Delta R}{R}\approx\frac{\Delta\rho}{\rho}=\pi\sigma$$

上式中压阻系数 π 是表征固态材料压阻效应的特性参数。它不仅随不同材料而异，而且各向异性的同一材料在不同方向其压阻系数也各不相同。各向同性的材料，其压阻系数 π 无方向性，这时式（2 - 6）成立。对各向异性的立方晶体单晶硅，其压阻系数与晶向有关。实用中，对于在硅膜片上用扩散工艺在任意方向（晶向）上制作的应变电阻条，由于各向异性，当其随硅膜片承受外应力时，会同时产生纵向（电流方向，即电阻条长度方向）压阻效应和横向（电阻条宽度方向）压阻效应，而深度方向的压阻效应因电阻条厚度极薄（几微米），且该方向上应力远比纵向、横向小而可忽略，因此，扩散电阻在纵向、横向应力作用下产生的全压阻效应可用下式表示：

$$\frac{\Delta R}{R}=\pi_{l}\sigma_{l}+\pi_{t}\sigma_{t} \tag{2-58}$$

式中，σ_{l}、σ_{t} 分别为纵向应力和横向应力；π_{l} 为纵向压阻系数，反映由纵向应力引起的纵向电阻的变化率；π_{t} 为横向压阻系数，反映由横向应力引起的纵向电阻的变化率。

根据晶体力学分析可知，在晶轴坐标系内，单晶硅的压阻系数有 36 个独立分量，但结合实用条件，有效的独立分量只有 3 个：π_{11}、π_{12} 和 π_{44}[①]。π_{11} 为纵向压阻系数，π_{12} 为横向压阻系数，π_{44} 为剪切压阻系数。它们的具体数值已由实验测定，列于表 2 - 8。

① 这里的 π_{11}、π_{12}、π_{44} 纵向、横向、剪切压阻系数是相对立方晶体 3 个晶轴坐标而得；上述的 π_{l}、π_{t} 纵向、横向压阻系数是以晶轴坐标系中某任意方向（电阻条方向）为纵向确立的晶向坐标系而导出的。

表2-8 硅的压阻系数值(室温)

材料	ρ_0 /(Ω·cm)	压阻系数/($\times10^{-11}\cdot Pa^{-1}$)					
		π_{11}	π_{12}	π_{44}	$\frac{1}{3}(\pi_{11}+2\pi_{12}+2\pi_{44})$	$\frac{1}{2}(\pi_{11}+\pi_{12}+\pi_{44})$	$-(\pi_{11}+2\pi_{12})$
N-Si	11.7	−102.2	+53.7	−13.6	−7.0	−31.1	−5.2
P-Si	7.8	+6.6	−1.1	+138.1	+93.5	+71.8	−4.4(77K)

由表可见:对N型硅,$\pi_{12}\approx-\frac{1}{2}\pi_{11}\gg\pi_{44}$,故计算时可忽略$\pi_{44}$;对P型硅,$\pi_{44}\gg\pi_{11}$或$\pi_{12}$,实际计算时可忽略$\pi_{11}$和$\pi_{12}$。

如欲求晶轴坐标系中任意晶向上的压阻系数,则需通过计算。表2-9列出了单晶硅(或其他立方晶体)主要晶向上的π_l和π_t计算式。

表2-9 主要晶向上纵向压阻系数π_l和横向压阻系数π_t

纵向晶向	纵向压阻系数π_l	横向晶向	横向压阻系数π_t
001	π_{11}	010	π_{12}
001	π_{11}	110	π_{12}
111	$\frac{1}{3}(\pi_{11}+2\pi_{12}+2\pi_{44})$	$1\bar{1}0$	$\frac{1}{3}(\pi_{11}+2\pi_{12}-\pi_{44})$
111	$\frac{1}{3}(\pi_{11}+2\pi_{12}+2\pi_{44})$	$11\bar{2}$	$\frac{1}{3}(\pi_{11}+2\pi_{12}-\pi_{44})$
$1\bar{1}0$	$\frac{1}{2}(\pi_{11}+\pi_{12}+\pi_{44})$	111	$\frac{1}{3}(\pi_{11}+2\pi_{12}-\pi_{44})$
$1\bar{1}0$	$\frac{1}{2}(\pi_{11}+\pi_{12}+\pi_{44})$	001	π_{12}
$1\bar{1}0$	$\frac{1}{2}(\pi_{11}+\pi_{12}+\pi_{44})$	110	$\frac{1}{2}(\pi_{11}+\pi_{12}-\pi_{44})$
$1\bar{1}0$	$\frac{1}{2}(\pi_{11}+\pi_{12}+\pi_{44})$	$11\bar{2}$	$\frac{1}{6}(\pi_{11}+5\pi_{12}-\pi_{44})$
$11\bar{2}$	$\frac{1}{2}(\pi_{11}+\pi_{12}+\pi_{44})$	$1\bar{1}0$	$\frac{1}{6}(\pi_{11}+5\pi_{12}-\pi_{44})$
$1\bar{1}0$	$\frac{1}{2}(\pi_{11}+\pi_{12}+\pi_{44})$	$22\bar{1}$	$\frac{1}{9}(4\pi_{11}+5\pi_{12}-4\pi_{44})$
$21\bar{1}$	$\pi_{11}-\frac{16}{27}(\pi_{11}-\pi_{12}-\pi_{44})$	$1\bar{1}0$	$\frac{1}{9}(4\pi_{11}+5\pi_{12}-4\pi_{44})$

2. 压阻式传感器工作原理

硅压阻式传感器是典型的物性型传感器,它的结构特点是,敏感元件由弹性体和应变片(转换元件)合为一体;这种传感器的灵敏度、分辨力高,因无须胶接而滞迟、蠕变、老化现象小,稳定性好,且功耗低、热散好,易于微型化、集成一体化和智能化。

压阻式传感器的基本组成及工作原理如图2-26所示。这种传感器的设计计算以式2-58为基础,关键在于求出π_l、π_t和σ_l、σ_t。其中π_l与π_t可通过计算或查表2-9获得;而σ_l与σ_t则应根据不同功用的传感器所采用不同压阻器件的结构,借助材料力学做具体分析和计算。压阻式传感器主要用于测量压力和加速度,其输出可以是模拟电压信号,也可以是频率信号。

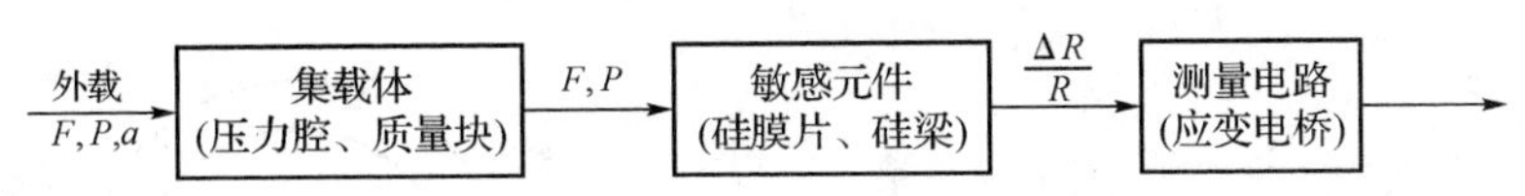

图 2-26　压阻式传感器组成及原理框图

2.7.2　压阻式传感器应用

1. 压阻式压力传感器

压阻式压力传感器主要用于流体压力的测量。图 2-27 是一种典型产品，其主要性能指标：

(1)量程：6×10^5 Pa；

(2)精度：0.1%～0.5% F.S；

(3)满量程输出：30 mV；

(4)稳定性：零漂<5×10^{-4} F.S/℃；时漂<0.3% F.S/4 h；

(5)阻抗：从几十欧至几千欧，自选；

(6)工作电压：5～10 V；

(7)工作温度：一般型小于等于 80 ℃；高温型达 400 ℃。

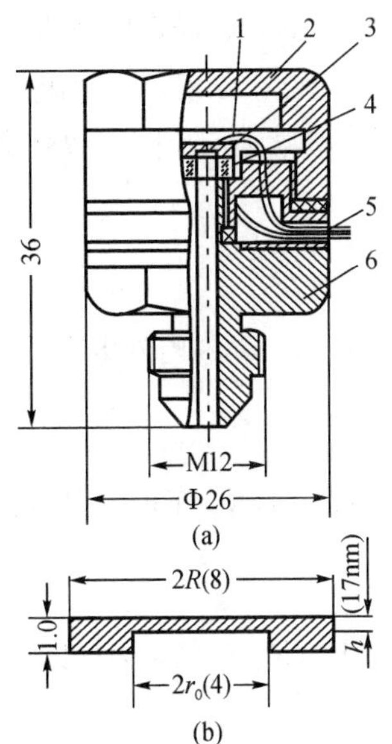

图 2-27　一种压阻式压力传感器

1—金引线；2—外罩；3—硅杯；4—玻璃杯；5—导线；6—基座

该传感器的结构组成如图 2-27(a)所示；但核心部分是做成杯状的硅膜片 3，如图 2-27(b)。中间硅膜片有效直径为 4 mm，膜厚视量程通常在 5～50 nm 之间。在硅膜上用扩散掺杂工艺设置 4 个阻值相等的电阻，如图 2-29 所示，经蒸镀铝电极及连线，接成惠斯登电桥，再用压焊法与引线相连。膜片一侧是与被测对象相接的高压腔，另一侧是与大气相通或抽真空的低压腔。工作时，膜片受两侧压差作用而变形，产生应力使扩散电阻变化，导致电桥失衡，输出对应于压差变化的电压。

根据弹性力学中小挠度圆薄板问题的分析，图 2-27(b)硅膜片受到均布压力(差)P 作用时，膜片上各点的径向应力 σ_r 和切向应力 σ_t 与力点半径 r 有如下关系：

$$\sigma_r=\frac{3P}{8h^2}\left[r_0^2(1+\mu)-r^2(3+\mu)\right] \tag{2-59}$$

$$\sigma_t=\frac{3P}{8h^2}\left[r_0^2(1+\mu)-r^2(1+3\mu)\right] \tag{2-60}$$

式中：r_0、h 分别为膜片的工作面半径、厚度；μ 为泊松比(硅取 $\mu=0.35$)。

硅膜片上的应力分布如图 2-28 所示。由图可见，均布压力 P 产生的应力是不均匀的，且有正应力区和负应力区。利用这一特性，选择适当的位置布置电阻，使其受力时一增一减的两两电阻接入电桥的四臂构成差动对接，这样既提高了输出灵敏度，又起到热补偿作用。下面以某一晶面为例进行讨论。

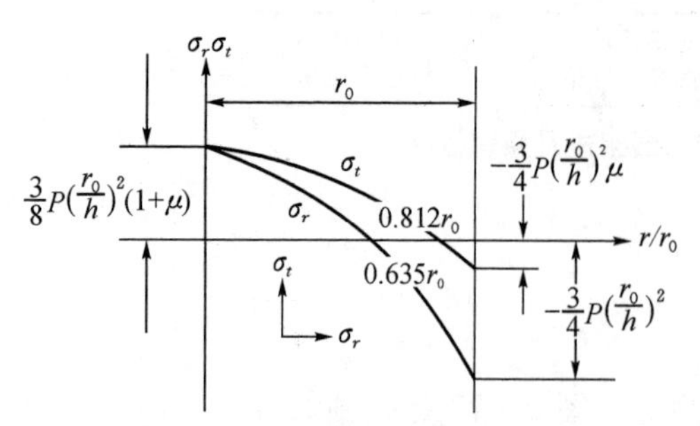

图2-28　硅膜片上的应力分布

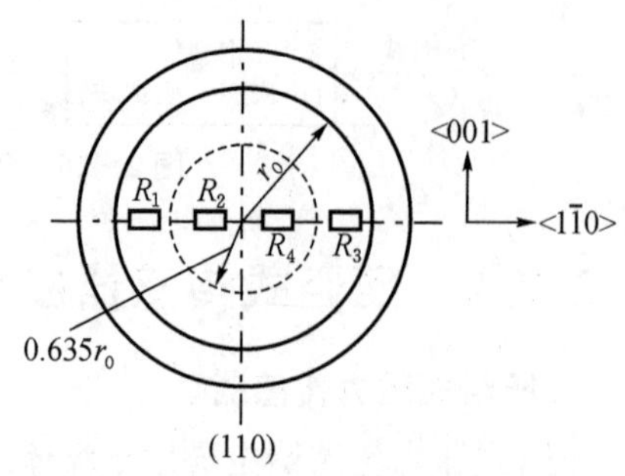

图2-29　(110)晶面电阻条布片

设选用(110)晶面的N型硅膜片,沿〈1$\bar{1}$0〉晶向,在$0.635r_0$半径之内、外各扩散两个电阻条,如图2-29所示。电阻的长度方向即〈1$\bar{1}$0〉晶向为纵向。〈1$\bar{1}$0〉晶向的横向为〈001〉。由表2-8,其纵向压阻系数和横向压阻系数分别为

$$\pi_1=\frac{1}{2}(\pi_{11}+\pi_{12}+\pi_{44})\approx\frac{1}{2}\pi_{44}\tag{2-61}$$

$$\pi_t=\pi_{12}\approx 0\tag{2-62}$$

按式(2-58),内外电阻的相对变化均为

$$\frac{\Delta R}{R}=\pi_1\sigma_r=\frac{1}{2}\pi_{44}\sigma_r\tag{2-63}$$

不过,R_2、R_4在正应力(内)区,其电阻的相对变化为

$$\left(\frac{\Delta R}{R}\right)_i=\frac{1}{2}\pi_{44}\bar{\sigma}_{r_i}\tag{2-64}$$

而R_1、R_3在负应力(外)区,电阻的相对变化为

$$\left(\frac{\Delta R}{R}\right)_o=-\frac{1}{2}\pi_{44}\bar{\sigma}_{r_o}\tag{2-65}$$

式中$\bar{\sigma}_{r_i}$、$\bar{\sigma}_{r_o}$为内、外电阻上所受径向应力的平均值。只要四个电阻相同,并且适当安排位置,使$\bar{\sigma}_{r_i}=\bar{\sigma}_{r_o}$,就可得$\left(\frac{\Delta R}{R}\right)_o=-\left(\frac{\Delta R}{R}\right)_i$,即可构成差动电桥输出。

2. 压阻式加速度传感器

压阻式加速度传感器的原理结构如图2-30所示。它的悬臂梁采用P型单晶硅;在其

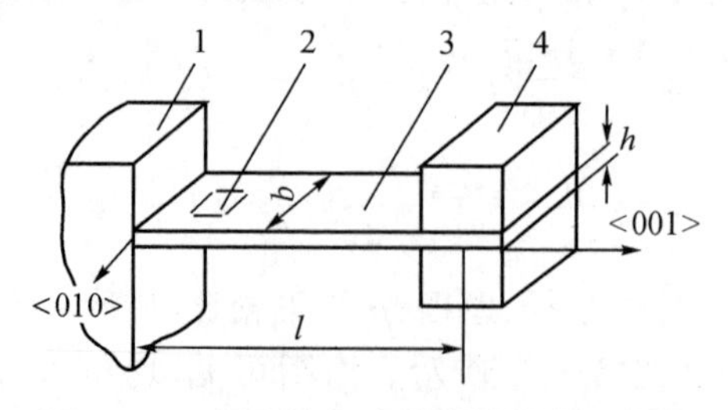

图2-30　压阻式加速度传感器原理结构

1—基座; 2—扩散电阻; 3—硅梁; 4—质量块

根部沿〈001〉晶向(纵向)和〈010〉晶向(横向)各扩散两组N型电阻,并接成桥路。当自由端质量为m的质量块受加速度a作用时,悬臂梁根部受弯矩作用产生应力:

$$\sigma_1=\frac{6ml}{bh^2}a \tag{2-66}$$

从而使纵向和横向两组电阻产生电阻变化，由表2-9和表2-8可得：

$$\left(\frac{\Delta R}{R}\right)_{\langle 001\rangle}=\pi_l\sigma_1=\pi_{11}\frac{6\,ml}{b\,h^2}a \tag{2-67}$$

$$\left(\frac{\Delta R}{R}\right)_{\langle 010\rangle}=\pi_l\sigma_1=\pi_{12}\sigma_1=-\frac{\pi_{11}}{2}\frac{6\,ml}{b\,h^2}a=-\pi_{11}\frac{3ml}{bh^2}a \tag{2-68}$$

应当指出的是：

(1)为了保证传感器输出有良好的线性度，悬臂梁根部受应力所产生的应变应小于400～500 $\mu\varepsilon$。设硅的弹性模量为E，由式(2-66)可得应变片算式为：

$$\varepsilon=\frac{6ml}{Eb\,h^2}a \quad (\mu\varepsilon) \tag{2-69}$$

(2)该传感器用来测量振动加速度时，其固有频率可按下式计算：

$$f_0=\frac{1}{2\pi}\sqrt{\frac{E\,bh^3}{4ml^3}} \tag{2-70}$$

只要正确选择结构尺寸和阻尼系数，这种加速度传感器可用来测量低频加速度与直线加速度。

压阻式加速度传感器结构简单，外形小巧，性能优越，尤可测量低频加速度。它除了航空部门用于飞行器风洞试验和飞行试验等多种过载与振动参数的测试外，在工业部门可用于发动机试车台各段振动参数的测试。特别是对于从0Hz开始的低频振动，是第6章压电式加速度传感器难以测得的。在高速自动绘图仪的笔架上装有消振器，其核心元件就是两只小型压阻式加速度传感器。它在感受抖动信号后可以进行前置控制，从而有效地消除了抖动。在建筑行业，可用它来监测高层建筑在风力作用下顶端的晃动，以及大跨度桥梁的摆动。在体育运动和生物医学等部门，也需要大量的小型加速度传感器。此外，压阻式微小型加速度传感器也广泛地应用于我们的手机中。

习题与思考题

2—1 金属应变片与半导体应变片在工作机理上有何异同？试比较应变片各种灵敏系数概念的不同物理意义。

2—2 从丝绕式应变片的横向效应考虑，应该如何正确选择和使用应变片？在测量应力梯度较大或应力集中的静态应力和动态应力时，还需考虑什么因素？

2—3 简述电阻应变片产生热输出(温度误差)的原因及其补偿方法。

2—4 试述应变电桥产生非线性的原因及消减非线性误差的措施。

2—5 如何用电阻应变片构成应变式传感器？对其各组成部分有何要求？

2—6 现有栅长为3 mm和5 mm两种丝式应变片，其横向效应系数分别为5%和3%，欲用来测量泊松比$\mu=0.33$的铝合金构件在单向应力状态下的应力分布(其应力分布梯度较大)。试问：应选用哪一种应变片？为什么？

2—7 现选用丝栅长10 mm的应变片检测弹性模量$E=2\times10^{11}\ \mathrm{N/m^2}$、密度$\rho=7.8\ \mathrm{g/cm^3}$的钢构件承受谐振力作用下的应变，要求测量精度不低于0.5%。试确定构件的最大应变频率限。

2—8 一试件受力后的应变为2×10^{-3}；丝绕应变片的灵敏系数为2，初始阻值120 Ω，温度系数为

-50×10^{-6}/℃,线膨胀系数为 14×10^{-6}/℃;试件的线膨胀系数为 12×10^{-6}/℃。试求:温度升高 20℃时,应变片输出的相对误差。

2—9　试推导图 2-15 所示四等臂平衡差动电桥的输出特性:$U_0=f(\Delta R/R)$。从导出的结果说明:用电阻应变片进行非电量测量时为什么常采用差动电桥?

2—10　为什么常用等强度悬臂梁作为应变式传感器的力敏元件?现用一等强度梁:有效长 $l=150$ mm,固支处宽 $b=18$ mm,厚 $h=5$ mm,弹性模量 $E=2\times10^5$ N/mm²,贴上 4 片等阻值、$K=2$ 的电阻应变片,并接入四等臂差动电桥构成称重传感器。试问:(1)悬臂梁上如何布片?又如何接桥?为什么?(2)当输入电压为 3 V,有输出电压为 2 mV 时的称重量为多少?

2—11　一圆筒型力传感器的钢质弹性筒截面为 19.6 cm²,弹性模量 $E=2\times10^{11}$ N/m²;4 片阻值为 $R_1=R_2=R_3=R_4=120\ \Omega$,$K=2$ 的应变片如表 2-7(a)所示布片,并接入差动全桥电路。试问:(1)当加载后测得输出电压为 $U_o=2.6$ mV 时,求载荷大小?(2)此时,弹性件贴片处的纵向应变和横向应变各多少?

2—12　何谓压阻效应?扩散硅压阻式传感器与贴片型电阻应变式传感器相比有什么优点,有什么缺点?如何克服?

2—13　设计压阻式传感器时选择硅片(或硅杯)晶面及布置扩散电阻条的位置和方向有什么讲究?举例说明之。

2—14　有一扩散硅压阻式加速度传感器如图 2-30 所示,4 个扩散电阻接入图 2-15 所示测量电桥。已知硅梁的刚度系数 $k=2500$ N/m,质量块质量 $m=0.001$ kg,由空气构成阻尼,阻尼比 $\xi=0.6$。(1)指出该传感器的敏感元件与转换元件;(2)求幅值相对误差不超过 5%的频率范围。

2—15　某扩散硅压力传感器采用(110)晶面 N 型硅膜片,4 个扩散电阻条均径向(即纵向)布置如图 2-29 所示。试说明扩散电阻布置的原则。若电桥供桥电压为 U,画出电桥原理图,推导电桥输出特性 $\left[U_0=f\left(\frac{\Delta R}{R}\right)\right]$ 和电压灵敏度 $\left(K_u=U_0/\frac{\Delta R}{R}\right)$。

第 3 章　电感式传感器

电感式传感器(Inductive Sensor)是利用磁路磁阻变化引起传感器线圈的电感(自感或互感)变化来检测非电量的机电转换装置，常用来检测位移、动力、应变、流量、密度等物理量。电感式传感器结构简单、工作可靠、寿命长，并具有良好的性能与宽广的适用范围，适合在较恶劣的环境中工作，因而在计量技术、工业生产和科学研究领域得到了广泛应用。

电感式传感器种类很多，本章主要介绍自感式、互感式、电涡流式及压磁式传感器。

3.1　自感式电感传感器

自感式传感器是通过线圈自感量的变化来实现测量的传感器，按磁路几何参数变化形式的不同，目前常用的自感式传感器有变气隙式、变面积式与螺管式三种；按组成方式分，有单一式与差动式两种。

3.1.1　变气隙式自感传感器

变气隙式自感传感器的结构原理见图 3 - 1，由线圈、铁芯和衔铁等组成。在铁芯和衔铁之间有气隙，气隙厚度为 $l_\delta/2$，传感器的运动部分与衔铁相连，当衔铁随被测量变化而上下移动时，铁芯气隙、磁路磁阻随之变化，引起线圈电感量的变化，然后通过测量电路转换为与位移成比例的电量，实现从非电量到电量的变换。因此，这种传感器又称为变磁阻式传感器，其实质是一个带气隙的铁芯线圈。变磁阻式传感器通常都具有铁芯线圈或空心线圈(后者可视作前者的特例)。

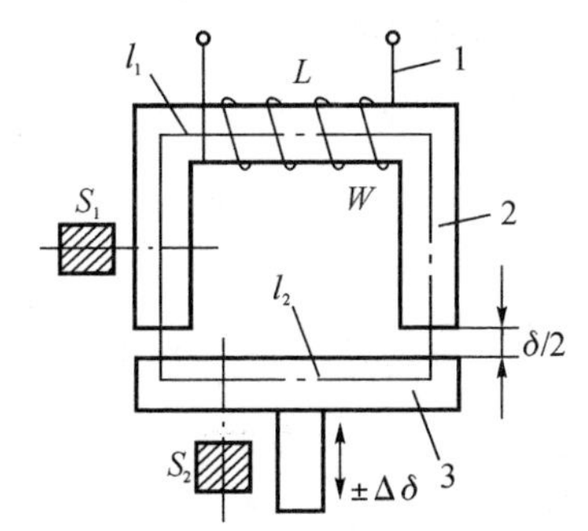

图 3 - 1　变气隙式自感传感器的结构原理

1—线圈；2—铁芯；3—衔铁

由磁路基本知识可知，对于匝数为 W 的线圈，磁路的总磁阻为 R_m，其电感值为：

$$L = W^2/R_m \tag{3-1}$$

由于变气隙式传感器的气隙通常较小，可以认为气隙磁场是均匀的，若忽略磁路铁损，则图 3 - 1 传感器的磁路总磁阻为：

$$R_m = \frac{l_1}{\mu_1 S_1} + \frac{l_2}{\mu_2 S_2} + \frac{l_\delta}{\mu_0 S} \tag{3-2}$$

式中:l_1、l_2 为铁芯和衔铁的磁路长度(m),S_1、S_2 为铁芯和衔铁的截面积(m^2),μ_1、μ_2 为铁芯和衔铁的磁导率(H/m),S、l_δ 为气隙磁通截面积(m^2)和气隙总长(m)。

若铁芯和衔铁的相对磁导率为 μ_r,铁芯和衔铁的截面积 S_1 和 S_2 与气隙磁通截面积 S 相等,此路总长度为 l,则磁路总磁阻为:

$$R_m = \frac{1}{\mu_0 S}\left(\frac{l - l_\delta}{\mu_r} + l_\delta\right) = \frac{1}{\mu_0 S}\,\frac{l + l_\delta(\mu_r - 1)}{\mu_r} \tag{3-3}$$

通常 $\mu_r \gg 1$,所以磁路总磁阻近似为:

$$R_m = \frac{1}{\mu_0 S}(l/\mu_r + l_\delta) \tag{3-4}$$

将式(3-4)代入式(3-1),可得带气隙铁心线圈的电感值为

$$L = \frac{\mu_0 S W^2}{l_\delta + l/\mu_r} = K\,\frac{1}{l_\delta + l/\mu_r} \tag{3-5}$$

式中,$K = \mu_0 S W^2$ 为一个常数。

由上式可知,当铁芯、衔铁的材料和结构与线圈匝数 W 确定后,若保持气隙磁通截面积 S 不变,则线圈的电感值 L 为气隙总长 l_δ 的单值函数。当衔铁上下移动时,气隙总长 l_δ 发生改变,线圈的电感值 L 随之发生变化,这就是变气隙式自感传感器的工作原理。

对式(3-5)进行微分,可得变气隙式自感传感器的灵敏度为

$$K_\delta = \frac{\mathrm{d}L}{\mathrm{d}l_\delta} = -L\,\frac{1}{l_\delta + l/\mu_r} \tag{3-6}$$

由上式可知,变气隙式传感器的输出特性是非线性的,式中负号表示灵敏度随气隙增加而减小。欲增大灵敏度,可减小 l_δ,但是会受到工艺和结构的限制。为保证一定的测量范围与线性度,对变气隙式传感器常取 $\delta = l_\delta/2 = 0.1 \sim 0.5$ mm,$\Delta\delta = (1/5 \sim 1/10)\delta$。

3.1.2 变面积式自感传感器

对于图3-1所示的自感传感器,若保持气隙长度 l_δ 不变,使铁芯与衔铁之间的相对覆盖面积 S 随被测非电量(如位移)变化,则构成变截面式传感器。此时,由式(3-5)得此时的线圈电感为

$$L = \frac{\mu_0 S W^2}{l_\delta + l/\mu_r} = K' S \tag{3-7}$$

式中,$K' = \dfrac{\mu_0 W^2}{l_\delta + l/\mu_r}$,为一个常数。

当衔铁左右横向移动时,铁芯与衔铁之间的相对覆盖面积 S 发生改变,线圈的电感值 L 随之发生变化,这就是变面积式自感传感器的工作原理。

对式(3-7)微分得灵敏度为

$$K_s = \frac{\mathrm{d}L}{\mathrm{d}S} = K' \tag{3-8}$$

可见,变面积式自感传感器在忽略气隙磁通边缘效应的条件下,输出特性呈线性,因此可

望得到较大的线性范围。与变气隙式相比较，其灵敏度较低。想要提高灵敏度，可减小 l_δ，但同样受到工艺和结构的限制。变面积式自感传感器 l_δ 值的选取与变气隙式自感传感器相同。

3.1.3　螺管式自感传感器

图 3－2 为螺管式自感传感器结构原理图。它由螺管线圈、衔铁和磁性套筒等组成。随着衔铁插入深度的不同而引起线圈泄漏路径中磁阻变化，从而使线圈的电感发生变化。根据磁路结构，磁通主要由两部分组成：沿轴向贯穿整个线圈后闭合的主磁通 Φ_m 和经衔铁侧面气隙闭合的侧磁通 Φ_s（漏磁通）。因气隙较大，故磁性材料的磁阻可忽略不计。

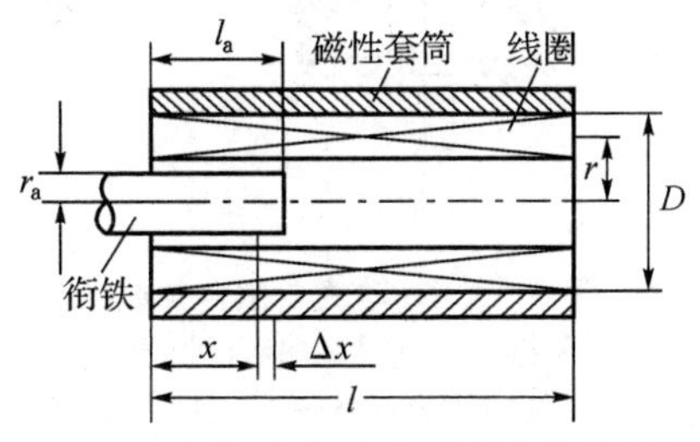

图 3－2　螺管式自感传感器结构原理图

由于传感器轴向气隙 l_a 较大，存在磁通边缘效应，故可认为在衔铁移动的一定范围内主磁通近似不变，主要为侧磁链发生变化。

整个线圈的侧磁链为：

$$\Psi_s = \frac{IW^2 g l_a^3}{3l^2} \tag{3-9}$$

式中，g 为磁性套筒间的比磁导（即单位长度的磁导），l、l_a 分别为线圈长度和衔铁插入深度，I 为流过线圈的电流，W 为线圈匝数。

则线圈的电感量为

$$L = \frac{\Psi_S}{I} = W^2 g l_a^3 / 3l^2 \tag{3-10}$$

显然，衔铁的位移将引起电感 L 的变化，这就是螺管型自感传感器的工作原理。

螺管型传感器的灵敏度为

$$K_H = \frac{\mathrm{d}L}{\mathrm{d}l_a} = W^2 g l_a^2 / l^2 = 3L / l_a \tag{3-11}$$

螺管式自感传感器与前两种传感器相比，有以下特点：

(1)由于空气隙大，磁路磁阻大，故灵敏度较前两种低，欲提高灵敏度可提高 r_a/r 与 l_a/l，增加匝数，但前者受结构与非线性限制，后者受稳定性限制。

(2)从磁通分布看，只要满足主磁通不变与线圈绕组排列均匀的条件，可望得到较大的线性范围。

3.1.4　差动式自感传感器

上述三种单一式的传感器，由于线圈电流的存在，它们的衔铁会受到单向电磁力作用，而且易受电源电压和频率的波动与温度变化等外界干扰的影响，从而不适合精密测量。在不少场合,非线性(即使是变面积式传感器,由于磁通边缘效应,实际上也存在非线性)限制了它们的使用。因此,绝大多数自感式传感器都运用差动技术来改善性能:即由两个单一式结构对称组合,构成差动式自感传感器(图3-3)。

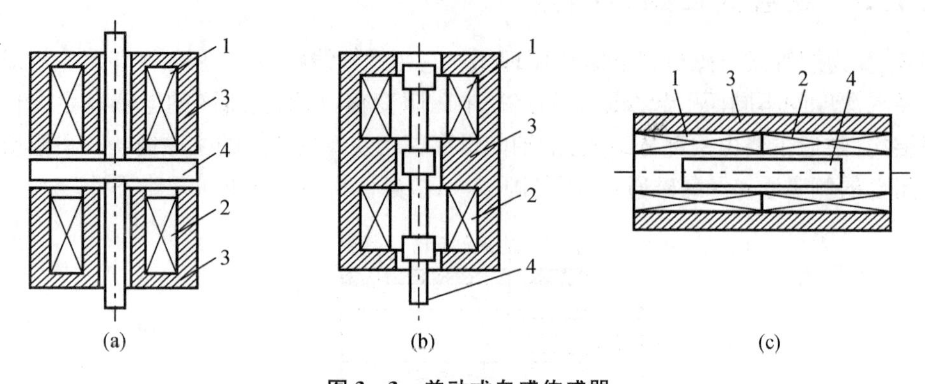

图3-3 差动式自感传感器

(a)变气隙式;(b)变截面式;(c)螺管式

1,2—线圈;3—铁芯或磁性套筒;4—衔铁

差动式自感传感器的非线性得到明显改善,其原理见第一章。图3-4表示传感器非线性改善的情况。图中图线1为线圈1的电感特性,图线2为线圈2的电感特性,图线3为线圈1和线圈2差动连接时的电感特性,图线4为两个线圈差动连接后电桥输出电压与位移间的特性曲线。

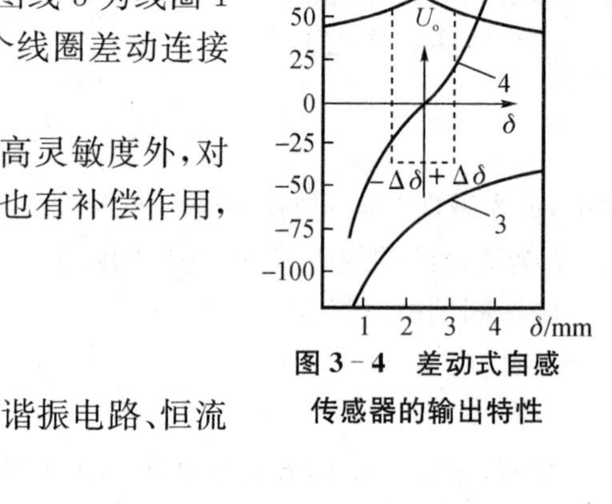

图3-4 差动式自感传感器的输出特性

采用差动式结构,除了可以改善非线性、提高灵敏度外,对电源电压与频率的波动及温度变化等外界影响也有补偿作用,从而提高了传感器的稳定性。

3.1.5 自感传感器的测量电路

自感式传感器的测量电路有交流电桥电路、谐振电路、恒流源电路和相敏检波电路等。

(1)交流电桥电路

自感式传感器的交流电桥电路有以下几种。

输出端对称电桥:图3-5(a)为输出端对称电桥的一般形式,图中Z_1、Z_2为传感器两线圈阻抗,R_1、R_2为外接电阻。

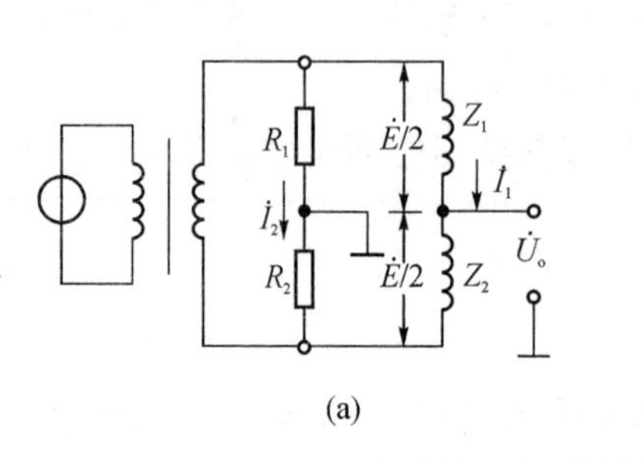

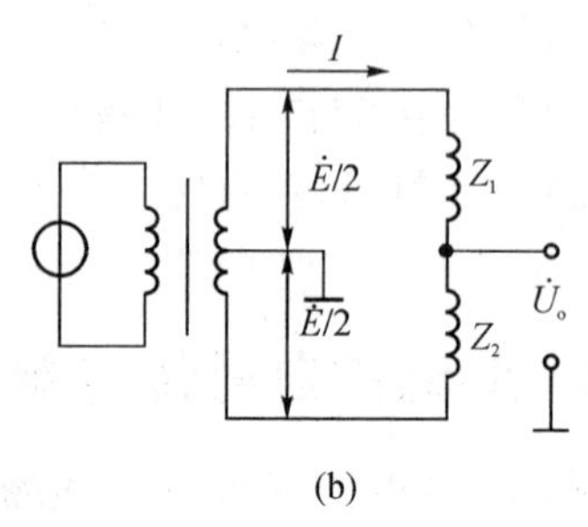

图3-5 输出端对称电桥

(a)一般形式;(b)变压器电桥

假设角频率为 ω，则 $Z_1=r_1+j\omega L_1$，$Z_2=r_2+j\omega L_2$，$r_{10}=r_{20}=r_0$，$L_{10}=L_{20}=L_0$，通常 $R_1=R_2=R$。设工作时 $Z_1=Z+\Delta Z$，$Z_2=Z-\Delta Z$，电源电势为 E，于是可得电桥的输出电压为

$$\dot{U}_0=\frac{\dot{E}}{2}\cdot\frac{\Delta Z}{Z}=\frac{\dot{E}}{2}\cdot\frac{\Delta r+j\omega\Delta L}{r_0+j\omega L_0}\approx\frac{\dot{E}}{2}\cdot\frac{j\omega\Delta L}{r_0+j\omega L_0}\tag{3-12}$$

输出电压幅值和阻抗分别为

$$U_0=\frac{\sqrt{\omega^2\Delta L^2+\Delta r^2}}{2\sqrt{r_0^2+(\omega L_0)^2}}\cdot E\approx\frac{\omega\Delta L}{2\sqrt{r_0^2+(\omega L_0)^2}}\cdot E\tag{3-13}$$

$$Z=\sqrt{(R+r_0)^2+(\omega L_0)^2}/2\tag{3-14}$$

式(3-12)经变换和整理后可写成

$$\dot{U}_0=\frac{\dot{E}}{2}\left[\frac{1}{1+Q^2}\cdot\frac{\Delta r}{r_0}+\frac{Q^2}{1+Q^2}\cdot\frac{\Delta L}{L}+j\frac{Q}{1+Q^2}\left(\frac{\Delta L}{L_0}-\frac{\Delta r}{r_0}\right)\right]\tag{3-15}$$

式中 $Q=\omega L_0/r_0$，为电感线圈的品质因数。

由式(3-15)可见，电桥输出电压 $\dot{U}_0$ 包含着与电源 $\dot{E}$ 同相和正交的两个分量；而在实际使用中，希望只存在同相分量。通常由于$\frac{\Delta L}{L_0}\neq\frac{\Delta r}{r_0}$，因此要求线圈有较高的 Q 值，这时

$$\dot{U}_0=\frac{\dot{E}}{2}\cdot\frac{\Delta L}{L_0}\tag{3-16}$$

图3-5(b)是图3-5(a)的变形，称为变压器电桥。它以变压器两个次级作为电桥平衡臂。显然，其输出特性同(a)。出于变压器次级的阻抗通常远小于电感线圈的阻抗，常可忽略，于是输出阻抗式变为

$$Z=\sqrt{r_0^2+(\omega L_0)^2}/2\tag{3-17}$$

图3-5(b)与图3-5(a)相比，使用元件少，输出阻抗小，电桥开路时电路呈线性。因此应用较广。

电源端对称电桥：其组成如图3-6所示。

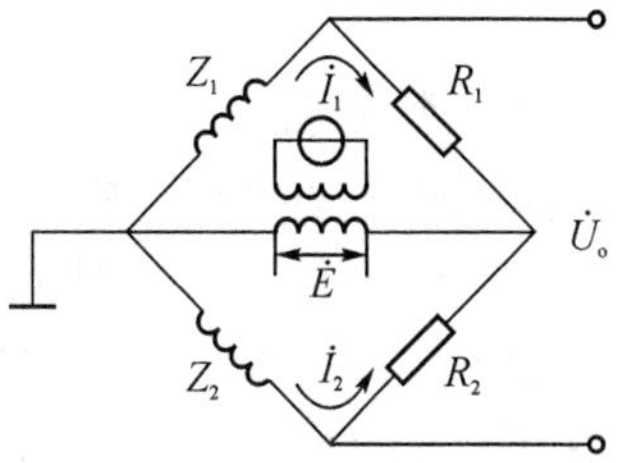

图3-6　电源端对称电桥

电桥输出电压为：

$$\dot{U}_0=\dot{E}R\left(\frac{1}{Z_1+R}-\frac{1}{Z_2+R}\right)=\dot{E}R\frac{Z_2-Z_1}{(Z_1+R)(Z_2+R)}\tag{3-18}$$

设工作时 $Z_1=Z-\Delta Z$，$Z_2=Z+\Delta Z$ 则有

$$\dot{U}_0=\dot{E}R\frac{2\Delta Z}{(Z+R)^2-\Delta Z^2}\approx\dot{E}R\frac{2(\Delta r+j\omega\Delta L)}{(R+r_0+j\omega L_0)^2}\tag{3-19}$$

输出电压幅值和阻抗分别为

$$U_0=2ER\frac{\sqrt{\Delta r^2+(\omega\Delta L)^2}}{(R+r_0+j\omega L_0)^2}\approx\frac{2R\omega\Delta L}{(R+r_0)^2+(\omega L_0)^2}\cdot E\tag{3-20}$$

$$Z=\frac{2R\sqrt{r_0^2+(\omega L_0)^2}}{\sqrt{(R+r_0)^2+(\omega L_0)^2}}\tag{3-21}$$

这种电桥由于变压器次级接地,可避免静电感应干扰,但由于开路时电桥本身存在非线性,故只适用于示值范围较小的测量。

除上述电桥外,自感式传感器还可采用紧耦合电感臂电桥作测量电路。这种电桥零点十分稳定,并可工作于高频状态。

当采用交流电桥作测量电路时.输出电压的极性反映了传感器衔铁运动的方向。但是交流信号要判别其极性,尚需专门的判别电路(参见"相敏检波电路")。

(2)谐振电路

谐振电路如图3-7(a)所示。图中Z为传感器线圈,E为激励电源。图3-7(b)中曲线1为图(a)回路的谐振曲线,若激励源的频率为f,则可确定其工作在A点。当传感器线圈电感量变化时,谐振曲线将左右移动,工作点就在同一频率的纵坐标直线上移动(例如移至B点),于是输出电压的幅值就发生相应变化。这种电路灵敏度很高,但非线性严重,常与单线圈自感式传感器配合,用于测量范围小或线性度要求不高的场合。

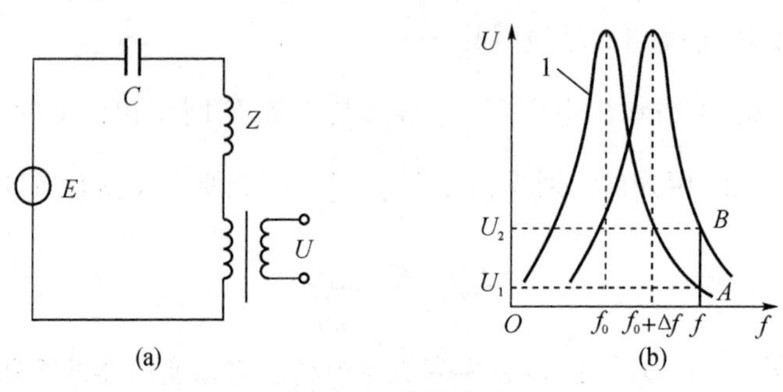

图3-7　谐振电路

(a)谐振电路;(b)谐振曲线

(3)恒流源电路

这种电路与大位移(螺管式)自感传感器配合使用,见图3-8。传感器线圈用恒流源激励,u_1是衔铁在螺管线圈内移动时线圈两端的电压,u_2是与u_1反相、幅值恒定的电压,u_0为电路输出电压。于是$u_0=u_1-u_2$。u_2的作用是抵消电压的非线性部分,使输出电压呈线性。

由图可见,当衔铁刚进入传感器线圈时,其电压灵敏度dU_0/dl_a较低,线性也较差。当$l_a>l'$后,灵敏度提高,线性改善,进入工作区域。

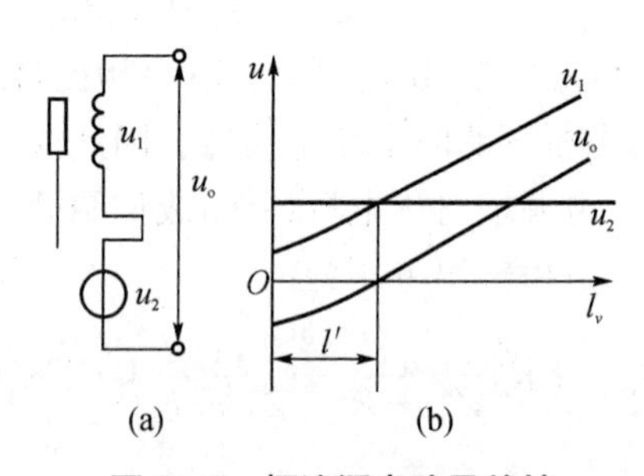

图3-8　恒流源电路及特性

(a)电路原理图;(b)输出特性

(4)调频电路

图3-9为电感调频电路原理图。当传感器线圈电感L发生变化时,调频振荡器的输出频率相应变化。利用阶梯形无骨架线圈,可使衔铁的位移变化与输出频差变化呈线性关系。由于输出为频率信号,这种电路的抗干扰能力很强,电缆长度可达1 km,特别适合野外现场使用。

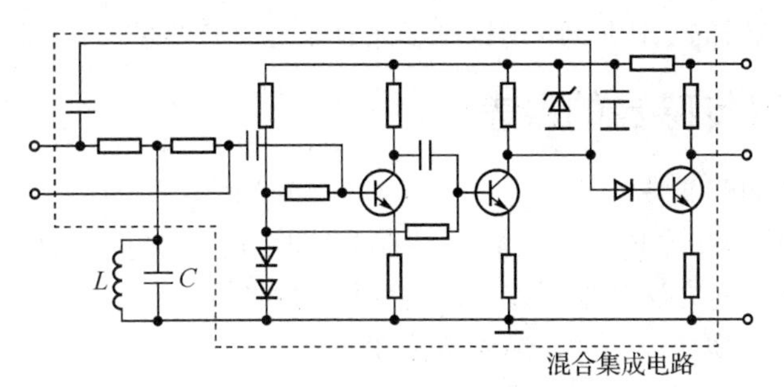

图3-9 电感调频电路原理图

(5)相敏检波电路

相敏检波电路是常用的判别电路。下面以带二极管式环形相敏检波的交流电桥为例介绍该电路的作用。

如图3-10(a)所示,Z_1、Z_2为传感器两线圈的阻抗,$Z_3=Z_4$构成另两个桥臂。U为供桥电压,U_0为输出。当衔铁处于中间位置时,$Z_1=Z_2=Z$,电桥平衡,$U_0=0$。若衔铁上移,Z_1增大,Z_2减小。如供桥电压为正半周,即A点电位高于B点,二极管D_1、D_4导通,D_2、D_3截止。在$A-E-C-B$支路中,C点电位由于Z_1增大而降低;在$A-F-D-B$支路中,D点电位由于Z_2减小而增高。因此D点电位高于C点,输出信号为正。如供桥电压为负半周,B点电位高于A点,二极管D_2、D_3导通,D_1、D_4截止。在$B-C-F-A$支路中,C点电位由于Z_2减小而比平衡时降低;在$B-D-E-A$支路中,D点电位则因Z_1增大而比平衡时增高。因此D点电位仍高于C点,输出信号仍为正。同理可以证明,衔铁下移时输出信号总为负。于是,输出信号的正负代表了衔铁位移的方向。

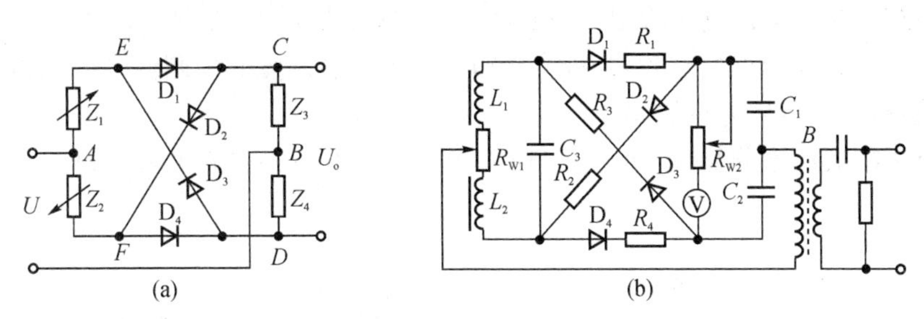

图3-10 相敏检波电路

(a)带相敏检波的交流电桥;(b)实用电路

实际采用的电路如图3-10(b)所示,L_1、L_2为传感器的两个线圈,C_1、C_2为另两个桥臂。电桥供桥电压由变压器B的次级提供。R_1、R_2、R_3、R_4为四个线绕电阻,用于减小温度误差。C_3为滤波电容,R_{w1}为调零电位器,R_{w2}为调倍率电位器,输出信号由电压表V指示。

如果传感器的输出信号太小,可以先经过交流放大,电路框图如图3-11所示。

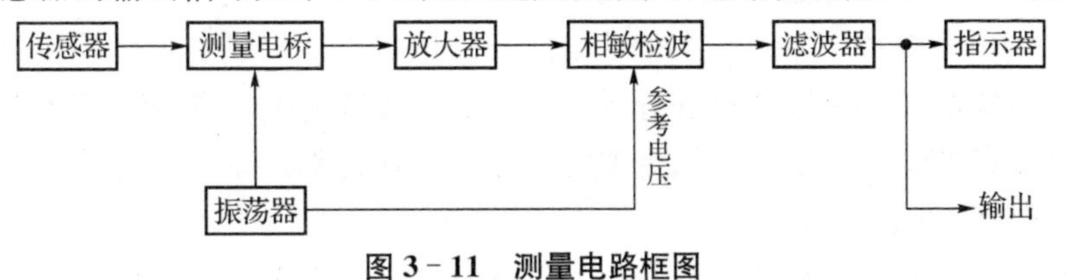

图3-11 测量电路框图

其他相敏检波电路的工作原理,读者可参阅有关电子技术的书籍,此处从略。

3.1.6 自感传感器的误差

(1)自感传感器的非线性

各种自感传感器都在原理上或实际上存在非线性误差,测量电路也往往存在非线性。为了减小非线性,常用的方法是采用差动结构和限制测量范围。例如变气隙式常取(1/5~1/10)气隙长度,螺管式取(1/3~1/10)线圈长度。

对于螺管式自感传感器,增加线圈的长度有利于扩大线性范围或提高线性度,在工艺上应注意导磁体和线圈骨架的加工精度、导磁体材料与线圈绕制的均匀性。对于差动式自感传感器,则应保证其对称性。合理选择衔铁长度和线圈匝数,可望在确定的线圈长度下获得最佳线性(见图3-12)。另一种有效的方法是采用阶梯形线圈(如图3-13)。

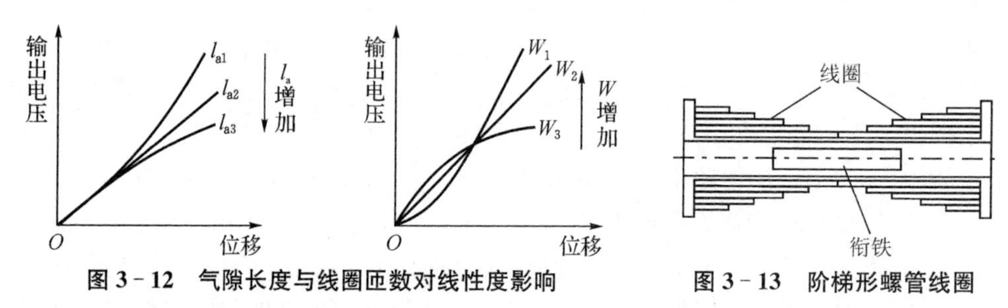

图3-12 气隙长度与线圈匝数对线性度影响 **图3-13 阶梯形螺管线圈**

(2)自感传感器的零位误差

需要指出的是:差动自感式传感器当衔铁位于中间位置时,电桥输出理论上应为零,但实际上总存在零位不平衡电压输出(零位电压),造成零位误差,如图3-12(a)所示。过大的零位电压会使放大器提前饱和,若传感器输出作为伺服系统的控制信号,零位电压还会使伺服电机发热,甚至导致零位误动作。

零位电压的组成十分复杂,如图3-14(b)所示,它包含有基波和高次谐波。

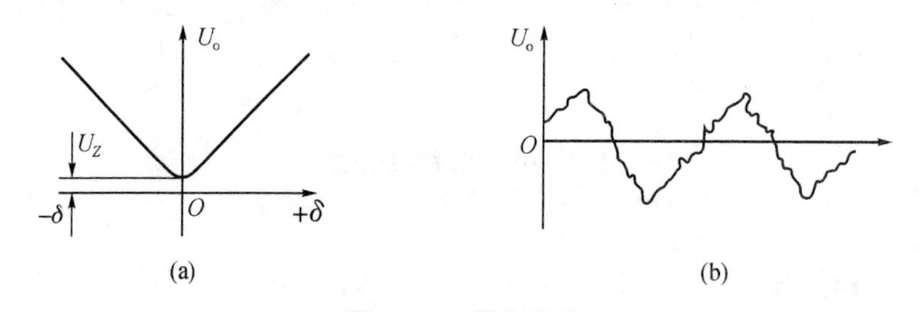

图3-14 零位误差

(a)零位电压;(b)相应波形

产生基波分量的主要原因是传感器两线圈的电气参数和几何尺寸的不对称,以及构成电桥另外两臂的电气参数不一致。由于基波同相分量可以通过调整衔铁的位置(偏离机械零位)来消除,通常注重的是基波正交分量。该分量在测量过程中将使传感器输出出现大小随输出信号而变的相移。为此,衔铁、骨架等零件应保证足够的加工精度,两线圈绕制要一致,必要时可选配线圈。

造成高次谐波分量的主要原因是磁性材料磁化曲线的非线性。当磁路工作在磁化曲线的非线性段时，激励电流与磁通的波形不一致，导致了波形失真；同时由于磁滞损耗和两线圈磁路的不对称，造成两线圈中某些高次谐波成分不一样，不能对消，于是产生了零位电压的高次谐波。此外，激励信号中包含的高次谐波及外界电磁场的干扰，也会产生高次谐波。为此，应合理选择磁性材料与激励电流，使传感器工作在磁化曲线的线性区，尤其对小气隙传感器与铁芯截面特别小处应防止出现磁饱和。磁性材料除要求选用磁滞小的纯铁、硅钢片、铁镍软磁合金与铁淦氧材料外（视激励电流频率而定），还应保证其均匀性与零件的加工精度，并通过适当的处理以消除应力，使性能均匀、稳定。减少激励电流的谐波成分与利用外壳进行电磁屏蔽也能有效地减小高次谐波。除此以外，还可采用下列措施来减小零位电压。

一种常用的方法是采用补偿电路，其原理为：① 串联电阻消除基波零位电压；② 并联电阻消除高次谐波零位电压；③ 加并联电容消除基波正交分量或高次谐波分量。图 3-15(a)示出了上述原理的典型接法。图中 R_a 用来减小基波正交分量，作用是使线圈的有效电阻值趋于相等，大小约为 0.1～0.5 Ω，可用康铜丝绕制；R_b 用来减小二三次谐波，其作用是对某一线圈（接于 A、B 间或 B、C 间）进行分流，以改变磁化曲线的工作点，阻值通常为几百至几十千欧。电容 C 用来补偿变压器次级线圈的不对称，其值通常为 100～500 pF。有时为了制造与调节方便，可在 C、D 间加接一个电位器 R_w，利用 R_w 与 R_a 的差值对基波正交分量进行补偿。图(b)示出了一种传感器的实际补偿电路。

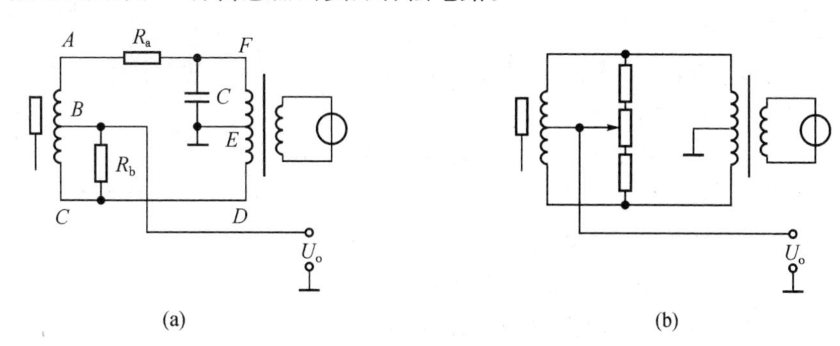

图 3-15 零位电压补偿电路

(a)典型接法；(b)实际电路

另一种有效的方法是采用外接测量电路来减小零位电压。如前述的相敏检波电路，它能有效地消除基波正交分量与偶次谐波分量，减小奇次谐波分量，使传感器零位电压减至极小。

此外还可采用磁路调节机构（如可调端盖）保证磁路的对称性，来减小零位电压。

(3) 自感传感器的温度误差

环境温度的变化会引起自感传感器的零点温度漂移、灵敏度温度漂移以及线性度和相位的变化，造成温度误差。

环境温度对自感传感器的影响主要通过以下途径：一是材料的线膨胀引起零件尺寸的变化，二是材料的电阻率温度系数引起线圈铜阻的变化，三是磁性材料磁导率温度系数、绕组绝缘材料的介质温度系数和线圈几何尺寸变化，进而引起线圈电感量及寄生电容的改变。上述因素对单电感传感器影响较大，特别对小气隙式与螺管式影响更大。

对于高精度传感器，特别是小量程传感器，如果结构设计不合理，即使是差动式，温度影响也不容忽视。其材料除满足磁性能要求外，还应注意线膨胀系数的大小与匹配。为此，有些传感器采用了陶瓷、聚砜、夹布胶木、弱磁不锈钢等材料作线圈骨架，或采用脱胎线圈。

(4)自感传感器的电源误差

大多数自感式传感器采用交流电桥作测量电路，此时电源电压的波动将直接导致输出信号的波动。因此，应按传感器的精度要求选择电源电压的稳定度，电压的幅值大小应保证不因线圈发热而导致性能不稳定。此外，电源电压的波动还会引起铁心磁感应强度和磁导率的改变，从而使铁心磁阻发生变化而造成误差。因此，铁心磁感应强度的工作点要选在磁化曲线的线性段，以免磁导率发生较大变化。

电源频率的波动会引起线圈感抗的变化，从而对单一式自感传感器造成误差。对于差动工作方式，其影响将能得到补偿。但需注意频率的高低应与铁心材料相匹配。对于谐振式与恒流源式测量电路，电源频率与电流的稳定度将直接引起测量误差。对于调频式测量电路，则应保证直流电源的稳定度。

3.1.7 自感式传感器的典型应用

自感式传感器主要应用于测量位移与尺寸，也可测量能转换成位移变化的其他参数，如力、张力、压力、压差、振动、应变、转矩、流量、密度等。下面主要介绍自感式传感器的一些典型应用。

(1)位移与尺寸测量

自感式电感传感器常用来测量几毫米以内的微小位移，线性度通常为0.5%F.S或更高，高精度的可达到0.1～0.01 μm，采用摆动支承结构的电感式表面轮廓传感器分辨力可达1 nm。

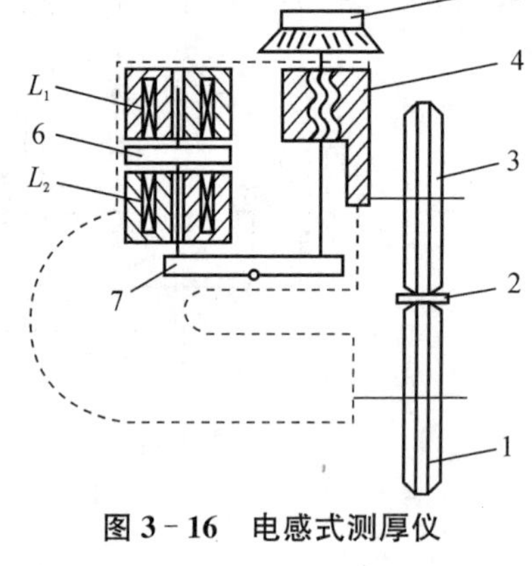

图3-16　电感式测厚仪

图3-16是利用电感式传感器构成的测厚仪原理图。被测带材2在上、下测量滚轮1与3之间通过。开始工作前，先调节测微螺杆4至给定厚度值(由度盘5读出)。当钢带厚度偏离给定厚度时，上测量滚轮3将带动测微螺杆上下移动，通过杠杆7将位移传递给衔铁6，使L_1、L_2变化。这样，厚度的偏差值由指示仪表显示。被测带材的厚度是度盘5的读数(给定值)与指示仪表值(偏差)之和。

(2)压力测量

图3-17为变气隙式差动电感压力传感器，它由C形弹簧管、衔铁、铁芯和线圈等组成。

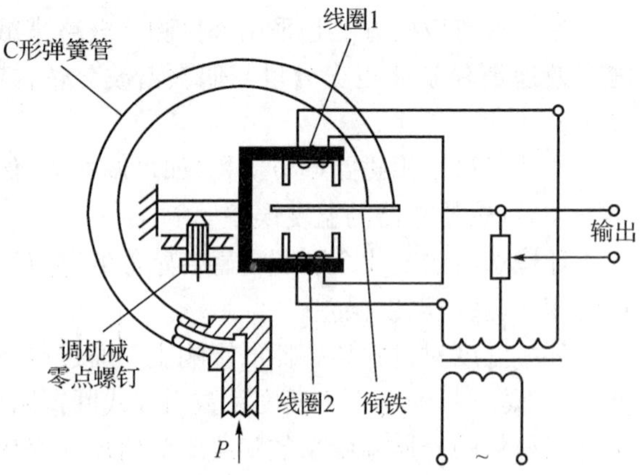

图3-17　变气隙式差动电感压力传感器

当被测压力进入C形弹簧管时，C形弹簧管产生变形，其自由端发生位移，带动与自由端连接成一体的衔铁运动，使线圈1和线圈2中的电感发生大小相等、符号相反的变化，即一个电感量增大，一个电感量减小。电感的这种变化通过电桥电路转换成电压输出，所以只要用检测仪表测量出输出电压，即可得知被测压力的大小。

除上述应用外，电感式传感器与其他结构相结合，还可测量液位、流量等参数，此处不再赘述。

3.2　互感式电感传感器

互感式传感器是一种线圈互感随衔铁位移变化的变磁阻式传感器。其原理类似于变压器，不同的是：后者为闭合磁路，前者为开磁路；后者初、次级间的互感为常数，前者初、次级间的互感随衔铁移动而变，且两个次级绕组按差动方式工作.因此又称为差动变压器。它与自感式传感器是一对孪生姐妹，因此两者统称为电感式传感器。本节在叙述差动变压器工作原理的基础上，将着重介绍它与自感式传感器的不同。

3.2.1　互感式电感传感器的原理与特性

在忽略线圈寄生电容与铁芯损耗的情况下，差动变压器的等效电路如图3-18所示。

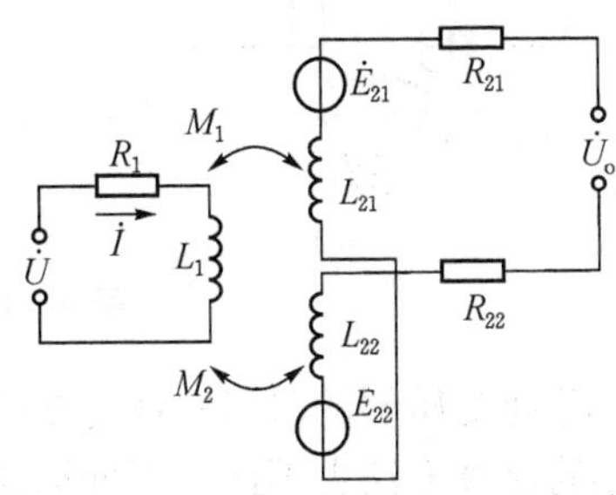

图3-18　差动变压器的等效电路

图中：$\dot{U}$、$\dot{I}$——初级线圈激励电压与电流(频率为ω)；L_1、R_1——初级线圈电感与电阻；M_1、M_2——分别为初级与次级线圈1，2间的互感；L_{21}、L_{22}和R_{21}、R_{22}——分别为两个次级线圈的电感和电阻。

根据变压器原理.传感器开路输出电压为两次级线圈感应电势之差：

$$\dot{U}_0 = \dot{E}_{21} - \dot{E}_{22} = -j\omega(M_1 - M_2)\dot{I} \tag{3-22}$$

当衔铁偏离中间位置时，$M_1 \neq M_2$，由于差动工作，有$M_1 = M + \Delta M_1$，$M_2 = M - \Delta M_2$。在一定范围内，$\Delta M_1 = \Delta M_2 = \Delta M$，差值($M_1 - M_2 = 2\Delta M$)与衔铁位移成比例。因此，利用两对线圈的互感差值可以实现衔铁位移的测量，这就是差动式互感传感器的工作原理。由于该原理与封闭式的变压器有一定的相似性，因此也被称之为线性可变差动变压器(Linear Variable Differential Transformer，简称LVDT)。

在负载开路情况下，差动式互感传感器的输出电压及其有效值分别为

$$\dot{U}_0 = -j\omega(M_1 - M_2)\dot{I} = -j\omega\frac{2U}{R_1 + j\omega L_1}\Delta M \tag{3-23}$$

$$U_0 = \frac{2\omega \Delta M U}{\sqrt{R_1^2 + (\omega L_1)^2}} = 2E_{so}\frac{\Delta M}{M} \tag{3-24}$$

式中，E_{so}——衔铁在中间位置时的感应电势，单个次级线圈的感应电势为：

$$E_{so} = \omega M U / \sqrt{R_1^2 + (\omega L_1)^2} \tag{3-25}$$

输出阻抗为

$$Z = R_{21} + R_{22} + j\omega L_{21} + j\omega L_{22} \tag{3-26}$$

差动变压器也有变气隙式、变面积式与螺管式三种类型。如图3-19所示。其中:图(a)、(b)、(c)为变气隙式,灵敏度较高。仍测量范围小,一般用于测量几微米到几百微米的位移;图(d)、(e)为变面积式、除图示E型与四极型外,还常做成八极、十六极型,一般可分辨零点几角秒以下的微小角位移(线性范围达±10℃);图(f)为螺管式,可测量几纳米到一米的位移,但灵敏度稍低。

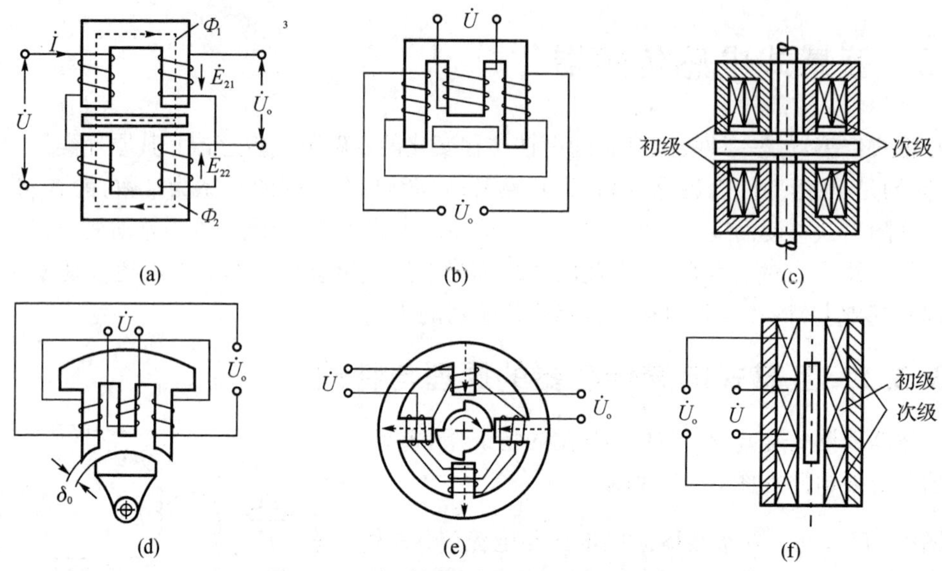

图3-19 各种差动变压器的结构示意图

差动变压器的输出特性与初级线圈对两个次级线图的互感之差有关。结构型式不同,互感的计算方法也不同。下面以图3-19(a)所示Ⅱ型差动变压器为例来推导输出特性。

设Ⅱ型铁芯的截面S是均匀的,初始气隙为δ_0;两初级线圈顺向串接,匝数均为W_1;两次级线圈反问串接,匝数各为W_2;电源电压为U,并忽略铁损、漏感;负载阻抗为无穷大。

当衔铁上移$\Delta\delta$时,上气隙为$\delta_1=\delta_0-\Delta\delta$,下气隙为$\delta_2=\delta_0+\Delta\delta$,因而上磁路磁阻减小,下磁路磁组增加。此时,$\Phi_1>\Phi_2$,$E_{21}>E_{22}$,输出电压$\dot{U}_0=\dot{E}_{21}-\dot{E}_{22}=-j\omega(M_1-M_2)\dot{I}$。两初次级间的互感为:

$$\begin{cases} M_1=\dfrac{\Psi_1}{\dot{I}}=\dfrac{W_2\dot{\Phi}_{1m}}{\dot{I}\sqrt{2}} \\ M_2=\dfrac{\Psi_2}{\dot{I}}=\dfrac{W_2\dot{\Phi}_{2m}}{\dot{I}\sqrt{2}} \end{cases} \tag{3-27}$$

式中,Ψ_1、Ψ_2——上下铁芯次级线圈的磁链;$\dot{\Phi}_{1m}$、$\dot{\Phi}_{2m}$——上下铁芯中由激励电流$\dot{I}$产生的幅值磁通。

因此可得

$$\dot{U}_0=\frac{-j\omega W_2}{\sqrt{2}}(\dot{\Phi}_{1m}-\dot{\Phi}_{2m}) \tag{3-28}$$

在忽略铁心磁阻与漏磁通的情况下,有

$$\begin{cases} \dot{\Phi}_{1m}=\sqrt{2}\dot{I}W_1G_{\delta1} \\ \dot{\Phi}_{2m}=\sqrt{2}\dot{I}W_2G_{\delta2} \end{cases} \tag{3-29}$$

式中，$G_{\delta1}$——上铁心磁路中总的气隙磁导，$G_{\delta1}=\mu_0S/(2\delta_1)$；

$G_{\delta2}$——上铁心磁路中总的气隙磁导，$G_{\delta2}=\mu_0S/(2\delta_2)$。

而感应电流为

$$\dot{I}=\frac{\dot{U}}{Z_{11}+Z_{12}}=\frac{\dot{U}}{R_{11}+j\omega L_{11}+R_{12}+j\omega L_{12}} \tag{3-30}$$

式中，R_{11}、L_{11}、Z_{11}——上初级线圈的电阻、电感和复阻抗，$L_{11}=W_1^2\mu_0S/(2\delta_1)$；

R_{12}、L_{12}、Z_{12}——上初级线圈的电阻、电感和复阻抗，$L_{12}=W_1^2\mu_0S/(2\delta_2)$。

所以感应电流为

$$\dot{I}=\frac{\dot{U}}{R_{11}+R_{12}+j\omega W_1^2\dfrac{\mu_0S}{2}\left(\dfrac{2\delta_0}{\delta_0^2-\Delta\delta^2}\right)} \tag{3-31}$$

将上列各式代入式(3-28)得感应电势为

$$\dot{U}_0=-j\omega W_1W_2\frac{\mu_0S}{2}\cdot\left(\frac{2\delta_0}{\delta_0^2-\Delta\delta^2}\right)\cdot\frac{\dot{U}}{R_{11}+R_{12}+j\omega W_1^2\dfrac{\mu_0S}{2}\left(\dfrac{2\delta_0}{\delta_0^2-\Delta\delta^2}\right)} \tag{3-32}$$

该式分母中存在 $\Delta\delta^2$ 项，这是造成非线性的因素。如果忽略 $\Delta\delta^2$ 项，并设 $R_{11}=R_{12}=R_1$，$L_0=W_1^2/\dfrac{2\delta_0}{\mu_0S}$，上式可改写并整理为

$$\dot{U}_0=-\dot{U}\frac{W_2}{W_1}\cdot\frac{j\dfrac{1}{Q}+1}{\dfrac{1}{Q^2}+1}\cdot\frac{\Delta\delta}{\delta_0} \tag{3-33}$$

式中，Q——品质因数，$Q=\omega L_0/R_1$。

由上式可知，输出电压包含两个分量：与电源电压 $\dot{U}$ 同相的基波分量与正交分量。两分量均与气隙的相对变化$\dfrac{\Delta\delta}{\delta_0}$有关。$Q$ 值提高，正交分量减小。因此希望差动变压器具有高 Q 值。当 $Q\gg1$ 时，则有

$$\dot{U}_0=-\dot{U}\frac{W_2}{W_1}\cdot\frac{\Delta\delta}{\delta_0} \tag{3-34}$$

上式表明，差动式互感传感器的输出电压 $\dot{U}_0$ 与衔铁位移 $\Delta\delta$ 成比例，输出特性曲线如图 3-20 所示。图中负号表明 $\Delta\delta$ 向上为正时，输出电压 $\dot{U}_0$ 与电源电压 $\dot{U}$ 反相；$\Delta\delta$ 向下为负时，两者同相。

由式(3-34)可得Ⅱ型差动变压器的灵敏度表达式：

$$K=\frac{U_0}{\Delta\delta}=\frac{U}{\delta_0}\cdot\frac{W_2}{W_1} \tag{3-35}$$

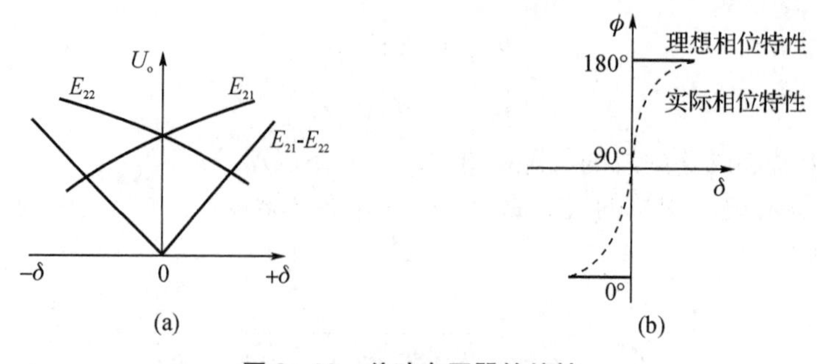

图3-20 差动变压器的特性

(a)输出特性;(b)相位特性

可见差动变压器的灵敏度随电源电压U和变压比$\frac{W_2}{W_1}$的增大而提高,随初始气隙增大而降低。增加次级匝数W_2与增大激励电压U将提高灵敏度。但W_2过大,会使传感器体积变大、且使零位电压增大;U过大,易造成发热而影响稳定性,还可能出现磁饱和,因此常取0.5~8V,并使功率限制在1 VA以下。

由式(3-23)可知,当激励频率过低时,$\omega L_1 \ll R_1$,输出电势变成

$$\dot{U}_0 = -\mathrm{j}\omega \frac{2\Delta M}{R_1} \cdot \dot{U} \tag{3-36}$$

这时.差动变压器的灵敏度随频率ω而增加。当ω增加使$\omega L_1 \gg R_1$时.输出电势变为

$$\dot{U}_0 = -\frac{2\Delta M}{L_1} \cdot \dot{U} \tag{3-37}$$

此时,差动变压器的输出电势的灵敏度与频率无关,成为一常数。当频率ω继续增加并超过某一数值时(该值视铁芯材料而异),由于导线趋肤效应和铁损等影响而使灵敏度下降(见图3-21)。通常应按所用铁芯材料,选取合适的较高激励频率。以保持灵敏度不变。这样,既可放宽对激励源频率的稳定度要求,又可在一定激励电压条件下减小磁通或匝数,从而减小尺寸。

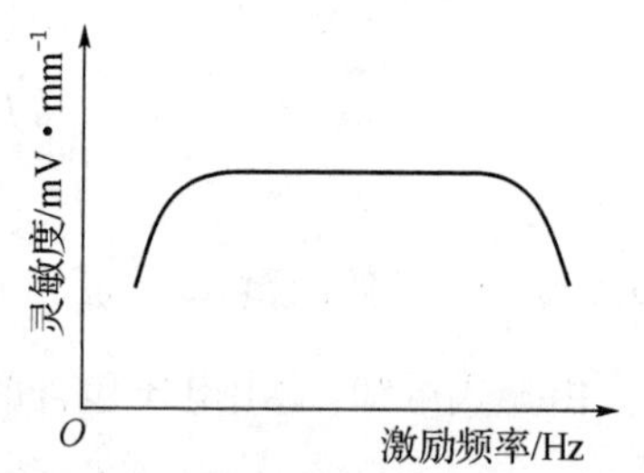

图3-21 激励频率与灵敏度的关系

变面积式(如微动向步器)与螺管式差动变压器的输比特性分析,读者可参阅相关文献。

3.2.2 互感传感器的测量电路

差动式互感传感器(即差动变压器)虽然也可采用交流电桥作测量电路,但由于它比反串电路(如图3-18所示)输出灵敏度低一倍而不被采用。差动变压器的输出电压是调幅波,为了辨别衔铁的移动方向,需要进行解调。常用的解调电路有:差动相敏检波电路与差动整流电路。采用解调电路还可消减零位电压,减小测量误差。

（1）差动相敏检波电路

差动相敏检波的形式较多，图 3－22 是两个实例，相敏检波电路要求参考电压与差动变压器次级输出电压频率相同，相位相向或相反，因此常接入移相电路。为了提高检波效率，参考电压的幅值常取为信号电压的 3～5 倍。图中 R_w 是调零电位器。对于测量小位移的差动变压器，若输出信号过小，电路中可按入放大器。

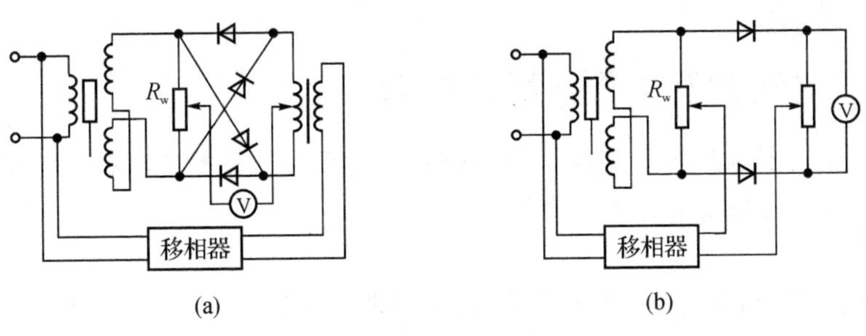

图 3－22　差动相敏检波电路

（a）全波检波；（b）半波检波

（2）差动整流电路

差动整流电路如图 3－23 所示。这种电路简单，不需要参考电压，不需考虑相位调整和零位电压的影响、对感应和分布电容影响不敏感。此外，由于经差动整流后变成直流输出，便于远距离输送。因此应用广泛。

必须指出，经相敏检波和差动整流输出的信号还必须经低通滤波消除高频分量，才能获得与衔铁运动一致的有用信号。

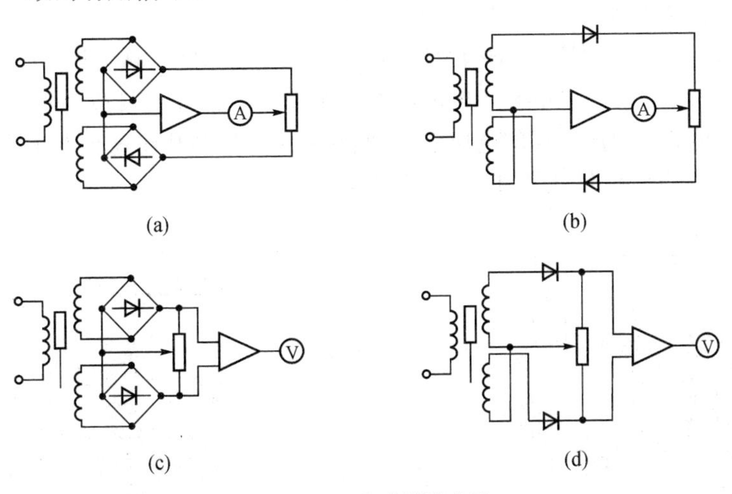

图 3－23　差动整流电路

（a）全波电流输出；（b）半波电流输出；（c）全波电压输出；（d）半波电压输出

（3）直流差动变压器电路

在需要远距离测量、便携、防爆及同时使用若干个差动变压器，且须避免相互间或对其他仪器设备产生干扰的场合，常采用直流差动变压器电路如图 3－24。这种电路是在差动变压器初级的一端增加了直流电源

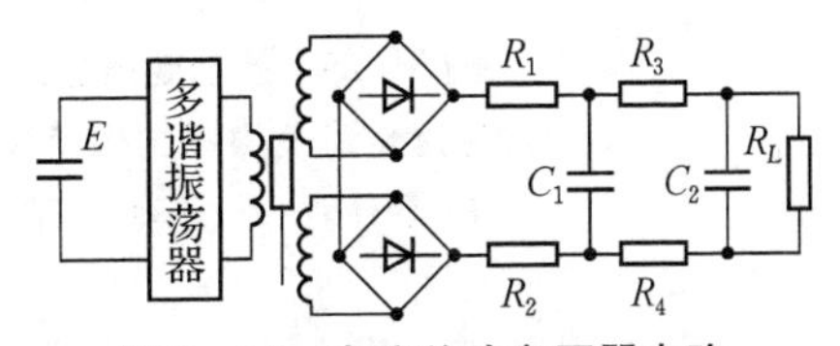

图 3－24　直流差动变压器电路

与多谐振荡器,形成"直进—直出",从而抑制了干扰。

近年来,由于计算机日益普及,常常希望将传感器输出信号直接输送给计算机,仪表放大器专用芯片或模块应运而生。不少差动变压器利用"直进—直出"原理将专用芯片或模块安装在传感器壳体内,输出标准信号(相当于变送器),用户使用更为方便。这种利用专用芯片或模块输出标准信的方式,代表了结构型传感器发展的一个方向,在应变式、自感式等传感器中也已得到应用。

3.2.3 差动式互感传感器的应用

差动变压器式传感器可以直接用于位移测量,也可以测量与位移有关的任何机械量,如振动、加速度、应变、比重、张力和厚度等。

(1)振动测量

电感式传感器与机械二阶系统相结合,还可用来测量振动。由二阶系统分析可知,当弹簧刚度很小,质量很大时,可用来测量振动幅度;当弹簧刚度很大、质量很小时,可用来测量振动加速度。用于测定振动物体的频率和振幅时其激磁频率必须是振动频率的十倍以上,才能得到精确的测量结果。这种传感器的频响范围一般为0~150 Hz。

图3-25为差动变压器式加速度传感器的原理结构示意图。它由悬臂梁和差动变压器构成。测量时,将悬臂梁底座及差动变压器的线圈骨架固定,将衔铁的A端与被测振动体相连,此时传感器作为加速度测量中的惯性元件,它的位移与被测加速度成正比,使加速度测量转变为位移的测量。当被测体带动衔铁以$\Delta x(t)$振动时,导致差动变压器的输出电压也按相同规律变化。

(2)差动压力变送器

图3-26为差动压力变送器结构原理图,当压力直接作用在测量膜片的表面时,使膜片产生微小的形变,测量膜片上的高精度电路将这个微小的形变变换成为与压力成正比的高度线性的、与激励电压也成正比的电压信号,然后采用专用芯片将这个电压信号转换为工业标准的4~20 mA电流信号或者1~5 V电压信号。

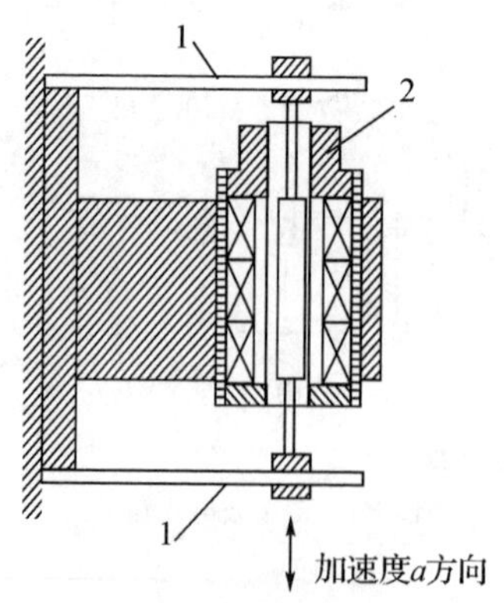

图3-25 差动变压器式加速度传感器原理结构示意图

1—悬臂梁；2—差动变压器

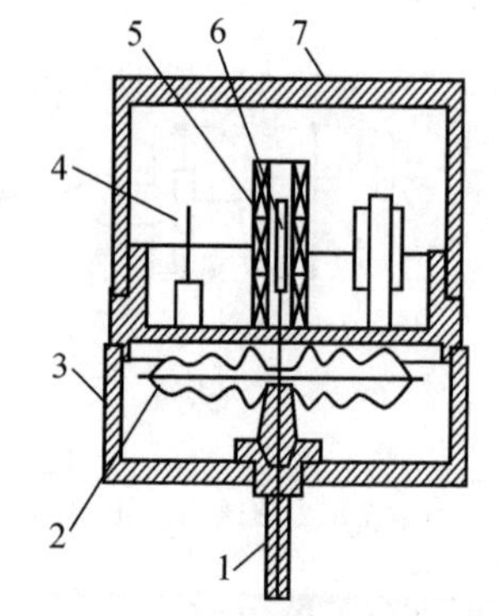

图3-26 差动压力变送器结构原理图

1—接头；2—膜盒；3—底座；4—线路板；5—差动变压器；6—衔铁；7—罩壳

由于测量膜片采用标准化集成电路,内部包含线性及温度补偿电路,所以可以做到高精度和高稳定性，变送电路采用专用的两线制芯片，可以保证输出两线制 4～20 mA 电流信号，方便现场接线。

3.3　电涡流传感器

电涡流传感器起源于 20 世纪 70 年代，此后得到迅速发展。它是基于电涡流效应工作的。电涡流传感器是利用金属导体中的涡流与激励磁场之间的相互作用进行电磁能量传递的，因此必须有一个交变磁场的激励源（传感器线圈）。被测对象以某种方式调制磁场，从而改变激励线圈的电感。从这个意义上来讲，电涡流传感器也是一种特别的电感式传感器，不过是一种特别的电感传感器。

本章着重介绍电涡流传感器的工作原理，并简要介绍其应用。

3.3.1　电涡流传感器的工作原理和特性

电感线圈产生的磁力线经过金属导体时，金属导体就会产生感应电流，该电流的流向呈闭合回线，类似水涡形状，故称为电涡流。电涡流式传感器是以电涡流效应为基础，由一个线圈和线圈附近的金属导体组成的。图 3－27 给出了电涡流式传感器的工作原理图和等效电路示意图。

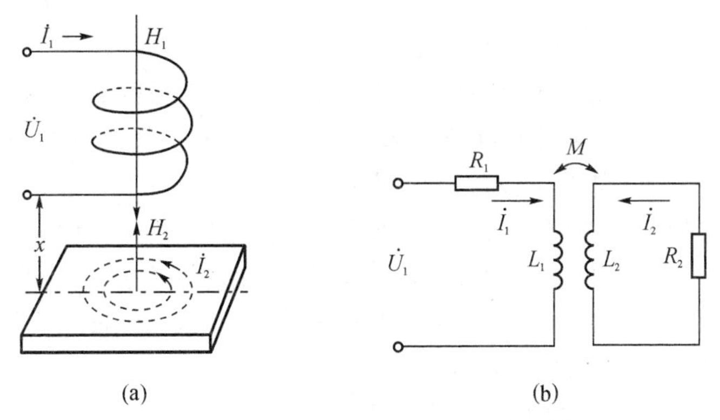

图 3－27　电涡流传感器的工作原理图和等效电路示意图

(a)工作原理图；(b)等效电路

如图 3－27 中(a)所示。有一通以交变电流 I_1 的传感器线圈。由于电流 I_1 的存在，线圈周围就产生一个交变磁场 H_1。若被测导体置于该磁场范围内，导体内便产生电涡流 I_2，I_2 也将产生一个新磁场 H_2，H_2 与 H_l 方向相反，力图削弱原磁场 H_1，从而导致线圈的电感量、阻抗和品质因数发生变化。这些参数变化与导体的几何形状、电导率、磁导率、线圈的几何参数、电流的频率以及线圈到被测导体间的距离有关。如果控制一个参数改变，其余皆不变，就能构成测量该参数的传感器。

为方便分析，建立电涡流传感器的简化模型以得到其等效电路，如图 3－27(b)所示。将被测导体上形成的电涡流等效为一个短路环中的电流，R_2 和 L_2 为短路环的等效电阻和电感。设线圈的电阻为 R_1，电感为 L_1，阻抗为 $Z_1=R_1—\mathrm{j}\omega L_1$，加在线圈两端的激励电压为 U_1。线圈与被测导体等效为相互耦合的两个线圈，它们之间的互感系数 $M(x)$是距离 x

的函数,随 x 的增大而减小。根据基尔霍夫定律,可列出电压平衡方程组

$$\begin{cases} R_1\dot{I}_1+\mathrm{j}\omega L_1\dot{I}_1-\mathrm{j}\omega M\dot{I}_2=\dot{U}_1 \\ R_2\dot{I}_2+\mathrm{j}\omega L_2\dot{I}_2-\mathrm{j}\omega M\dot{I}_1=0 \end{cases} \tag{3-38}$$

解方程可得到回路内的电流 I_1 和 I_2,可进一步求得线圈受金属导体影响后的等效阻抗为:

$$Z=\frac{\dot{U}_1}{\dot{I}_1}=R_1+R_2\frac{\omega^2M^2}{R_2^2+\omega^2L_2^2}+\mathrm{j}\omega\left[L_1-L_2\frac{\omega^2M^2}{R_2^2+\omega^2L_2^2}\right] \tag{3-39}$$

等效电感为:

$$L=L_1-L_2\frac{\omega^2M^2}{R_2^2+\omega^2L_2^2} \tag{3-40}$$

品质因数为:

$$Q=\frac{\mathrm{Im}(Z)}{\mathrm{Re}(Z)}=\frac{Q_0\left[1-\frac{L_2}{L_1}\cdot\frac{\omega^2M^2}{Z_2^2}\right]}{1+\frac{R_2}{R_1}\cdot\frac{\omega^2M^2}{Z_2^2}} \tag{3-41}$$

式中,$Q_0=\frac{\omega L_1}{R_1}$为无涡流影响时的 Q 值;Z_2 为短路环阻抗,且 $Z_2=\sqrt{R_2^2+\omega^2L_2^2}$。

由此可知:

(1)由于涡流的影响,线圈等效阻抗的实数部分增大,虚数部分减小,因此品质因数 Q 值下降。Q 值的下降是由于涡流损耗所引起,并与金属材料的导电性和两耦合线圈间的距离 x 直接相关。当金属导体是磁性材料时,影响 Q 值的还有磁滞损耗与磁性材料对等效电感的作用。在这种情况下,线圈与磁性材料所构成磁路的等效磁导率 u_e 的变化将影响等效电感 L。当距离 x 减小时,由于等效磁导率 u_e 增大而使等效电感 L_1 变大。

(2)影响线圈 Z、L、Q 变化的因素有导体的性质(R_2、L_2)、线圈的参数(R_1、L_1)、电流的频率 ω 以及线圈与导体间的互感系数 $M(x)$。由于线圈 Z、L、Q 的变化与 L_1、L_2 及 M 有关,因此将电涡流式传感器归为电感式传感器。

(3)线圈—金属导体系统的阻抗 Z、电感 L 和品质因数 Q 都是该系统互感系数 $M(x)$ 平方的函数。而互感系数又是距离 x 的非线性函数,因此当构成电涡流式位移传感器时,$Z=f_1(x)$、$L=f_2(x)$、$Q=f_3(x)$都是非线性函数。但在一定范围内,可以将这些函数近似地用一线性函数来表示,于是在该范围内通过测量 Z、L 或 Q 的变化就可以线性地获得位移的变化。

3.3.2 电涡流传感器的结构形式及特点

电涡流传感器结构形式主要分为高频反射式和低频透射式,其中反射式又包含变间隙式、变面积式和螺线管式。

(1)高频反射式

高频反射式电涡流传感器包含三种形式:变间隙式、变面积式和螺线管式。

变间隙式电涡流传感器最常用的结构形式采用扁平线圈,金属导体与线圈平面平行放

置，如图 3－28。线圈用高强度漆包铜线或银线绕制(高温使用时可采用镍铬合金线)，用黏结剂粘在框梁端部或绕制在框架槽内。线圈框架应采用损耗小、电性能好、热膨胀系数小的材料，常用高频陶瓷、聚酰亚胺、环氧玻璃纤维、氮化硼和聚四氟乙烯等。

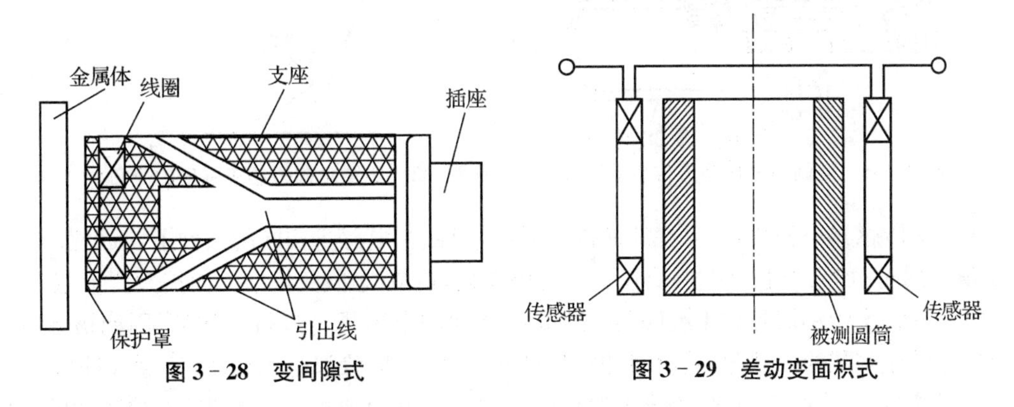

图 3－28　变间隙式　　图 3－29　差动变面积式

变面积式电涡流传感器的基本组成与变间隙式传感器相同，但是它利用金属导体与传感器线圈之间相对覆盖面积的变化而引起涡流效应变化的原理而工作的，其灵敏度和线性范围都比变间隙式好。为了减小轴向间隙的影响，常采用如图 3－29 所示的差动变面积式，将两线圈串联，以补偿轴向间隙变化的影响。

图 3－30 所示为差动螺线管式电涡流传感器结构示意图。它由绕在同一骨架上的两个线圈 1、2 和套在线圈外的金属短路套筒所组成，筒长约为线圈的 60%。它的线性特性较好，但灵敏度不太高。

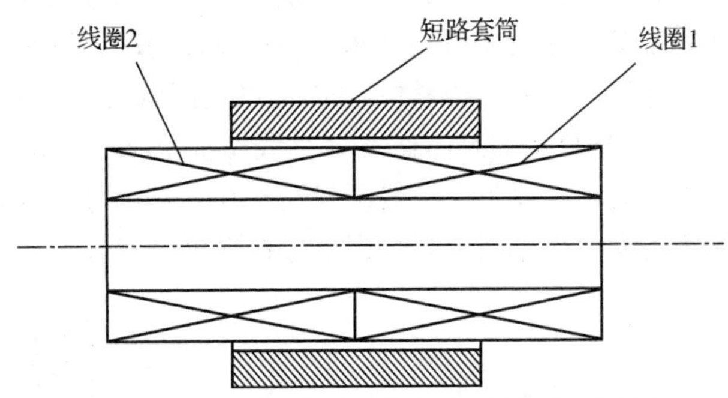

图 3－30　差动螺管式电涡流传感器结构示意图

在反射式电涡流传感器中，变间隙式是最常用的一种结构型式。它的结构很简单，由一个扁平线圈固定在框架上构成。线圈用高强度漆包铜线或银线绕制(高温使用时可采用镍铬合金线)，用黏结剂粘在框梁端部或绕制在框架槽内，如图 3－31 所示。由于激励频率较高，对所用电缆与插头也要充分重视。

分析表明，反射式电涡流传感器线圈外径大时，线圈的磁场轴向分布范围大，但磁感应强度的变化梯度小；线圈外径小时则相反。图 3－32 示出内径与厚度相同，但外径不同的两个线圈轴向磁感应强度 B_p 与轴向距离 x 之间的关系。可见，线圈外径大，线性范围就大，但灵敏度低；反之，线圈外径小，灵敏度高，但线性范围小。分析还表明：线圈内径和厚度的变化影响较小，仅在线圈与导体接近时灵敏度稍有变化。

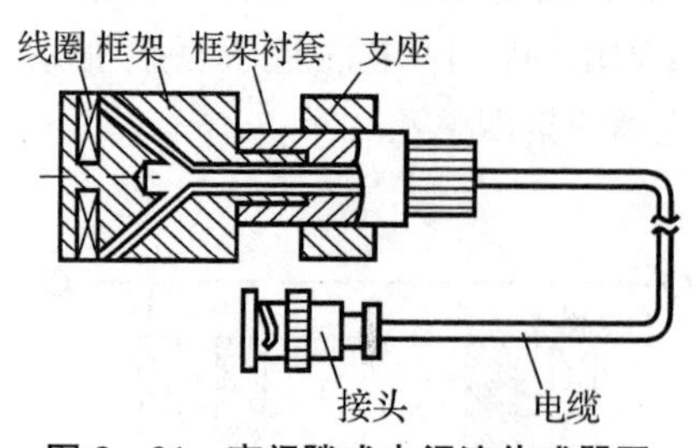

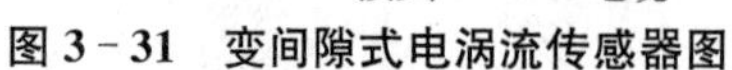
图3-31　变间隙式电涡流传感器图

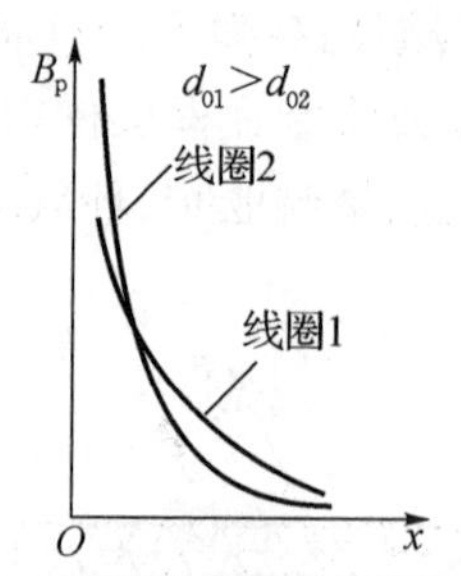

图3-32　线圈轴向磁感应强度的分布

为了使传感器小型化,也可在线圈内加磁芯,以便在电感量相同的条件下,减少匝数,提高Q值。同时,加入磁芯可以感受较弱的磁场变化,造成Q值变化增大而扩大测量范围。

由于电涡流传感器是利用线圈与被测导体之间的电磁耦合进行工作的,因而被测导体作为“实际传感器”的一部分,其材料的物理性质、尺寸与形状都与传感器特性密切相关。

首先,被测导体的电导率、磁导率对传感器的灵敏度有影响。一般来说,被测体的电导率高,灵敏度也越高。磁导率则相反,当被测物为磁性体时,灵敏度较非磁性体低。而且被测体若有剩磁,将影响测量结果,因此应予以消磁。若被测体表面有镀层,镀层的性质和厚度不均匀也将影响测量精度。当测量转动或移动的被测体时,这种不均匀将形成干扰信号。尤其当激励频率较高,电涡流的贯穿深度减小时,这种不均匀干扰影响更加突出。

其次,被测导体的大小和形状也与灵敏度密切相关。从分析知,若被测体为平面,在涡流环的直径为线圈直径约1.8倍处,电涡流密度已衰减为最大值的5%。为充分利用电涡流效应,被测体环的直径不应小于线圈直径的1.8倍。当被测体环的直径为线圈直径的一半时,灵敏度将减小一半;若更小时,则灵敏度下降更严重。当被测体为圆柱体时,只有其直径为线圈直径的3.5倍以上,才不影响测量结果;两者相等时,灵敏度降低为70%左右。被测体直径对灵敏度的影响见图3-33,图中D为被测体直径,d为线圈直径,K_r为相对灵敏度。

同样,对被测体厚度也有一定要求。一般深度大于0.2 mm则不影响测量结果(视激励频率而定,具体参见透射电涡流传感器内容),铜铝等材料更可减薄为70 μm。

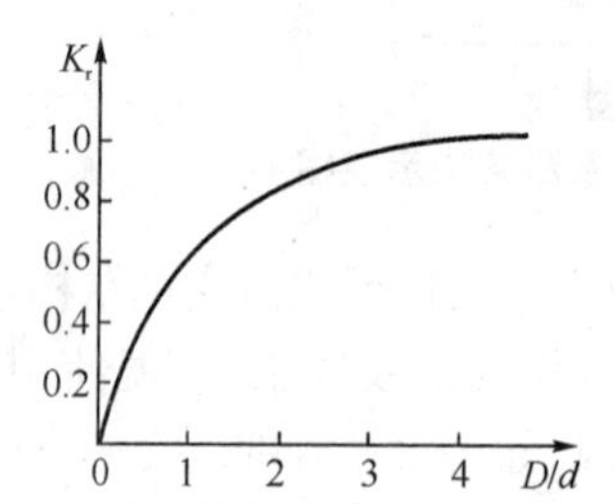

图3-33　被测体相对直径对灵敏度的影响

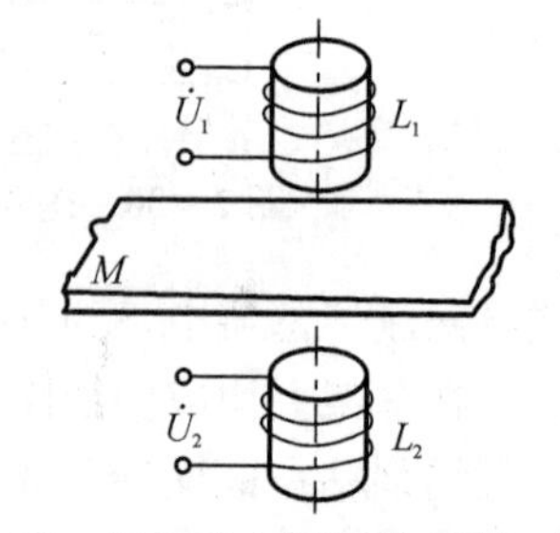

图3-34　透射式电涡流传感器工作原理

(2)低频透射式

低频投射式电涡流传感器与前述的反射式主要不同点在于,它采用低频激励、贯穿深度大,适用于测量金属材料的厚度。

图3-34为其工作原理示意图。传感器由发射线圈L_1和接收线圈L_2组成,它们分别位于被测金属板材M的两侧。当低频激励电压U_1加到L_1的两端时,将在L_2的两瑞产生

感应电压 U_2。若两线圈之间无金属导体，L_1 的磁场就能直接贯穿 L_2，这时 U_2 最大。当有金属板后，其产生的涡流削弱了 L_1 的磁场，造成 U_2 下降。金属板越厚，涡流损耗越大，U_2 就越小。因此可利用 U_2 的大小来反映金属板的厚度。

理论分析与实验证明：U_2 与 $e^{(-h/t)}$ 成正比，其中 e 为自然对数的底，h 为被测金属板厚度，t 为电涡流的贯穿深度。因此，U_2 与 h 的关系如图 3-35 所示。

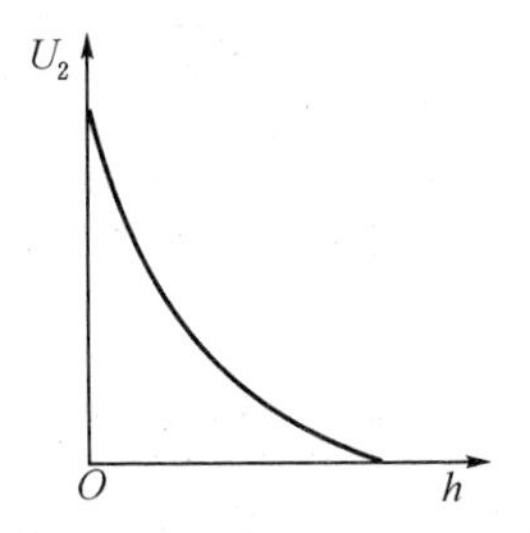

图 3-35　感应电压与被测金属板厚度的关系图

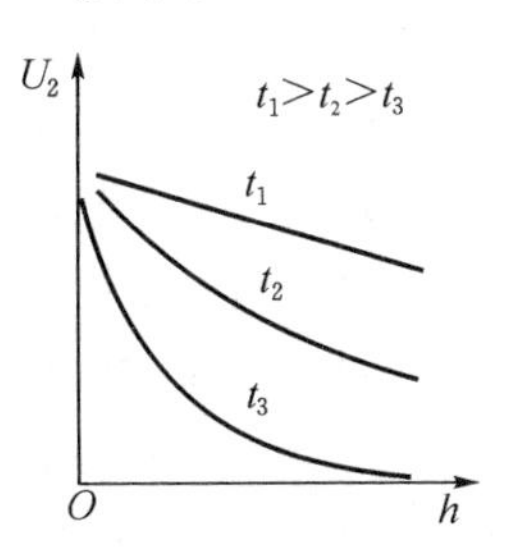

图 3-36　贯穿深度 t 对 $U_2=f(h)$ 曲线的影响

由于贯穿深度 t 与 $\sqrt{\rho/f}$ 成正比（其中 ρ 为被测材料的电阻率，f 为激励频率），当被测材料已定，ρ 为定值，此时若采用不同的激励频率 f，贯穿深度 t 就不同，导致 U_2-h 曲线发生变化，如图 3-36 所示。由图可见，激励频率 f 较低时（贯穿深度 t 较大），其线性较好。因此应选择较低的激励频率（通常为 1 kHz 左右）。同时，厚度 h 较小时，t_3 曲线（f 较高）的斜率较大。因此，测薄板时应选较高的频率，测厚板时则选较低的频率。

对不同的被测材料，由于电阻率 ρ 不同，当激励频率 f 一定时，贯穿深度 t 也不同。因此将造成 $U_2=f(h)$ 曲线形状的变化。为保证测量不同材料时的线性度和灵敏度一致，可采用改变激励频率 f 的方法。例如测量紫铜时频率采用 500 Hz，测量黄铜和铝时采用 2 kHz。

此外，因温度的变化会引起材料电阻率 ρ 的变化，故应使材料温度恒定。

3.3.3　电涡流传感器的测量电路

根据电涡流式传感器的工作原理，针对被测参量可以转换为线圈电感、阻抗或 Q 值的三种参数的变化，测量电路也有三种：谐振电路、电桥电路与 Q 值测试电路。Q 值测试电路较少采用，电桥电路在前述章节中已做比较详细的阐述，故本节主要介绍谐振电路。谐振电路的基本原理是将传感器线圈与电容组成 LC 并联谐振回路，谐振频率 $f=1/(2\pi\sqrt{LC})$；谐振时回路阻抗最大，为 $Z_0=L/(R'C)$，其中 R' 为回路等效损耗电阻。当电感 L 变化时，f 和 Z_0 都随之变化，因此通过测量阻抗或谐振频率即可获得被测值。

目前电涡流式传感器所用的谐振电路有三种类型：定频调幅式、变频调幅式与调频式。

（1）定频调幅电路

图 3-37 为这种电路的原理图。图中 L 为传感器线圈电感，与电容 C 组成并联谐振回路，晶体振荡器提供高频激励信号。

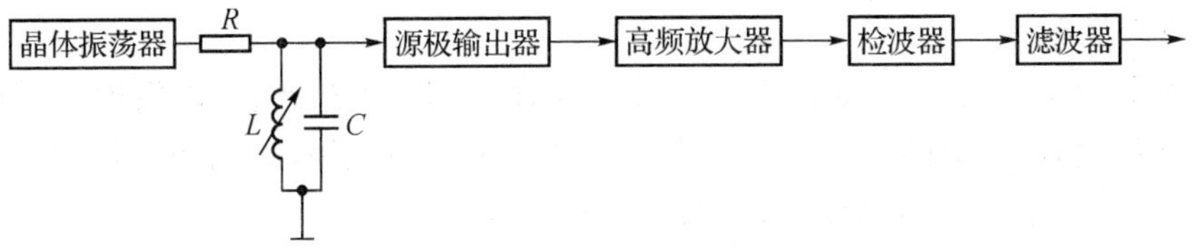

图 3-37　定频调幅电路框图

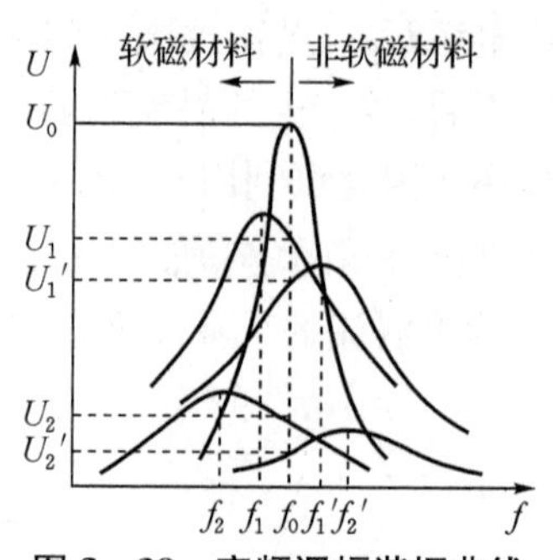

图 3-38 定频调幅谐振曲线

在无被测导体时,LC 并联谐振回路调谐在与晶体振荡器频率一致的谐振状态,这时回路阻抗最大,回路压降最大(图 3-38 中之 U_0)。当传感器接近被测导体时,损耗功率增大,回路失谐,输出电压相应变小。这样,在一定范围内,输出电压幅值与间隙(位移)成近似线性关系。由于输出电压的频率 f_0 始终恒定,因此称定频调幅式。LC 回路谐振频率的偏移如图 3-38 所示。当被测导体为软磁材料时,由于 L 增大而使谐振频率下降(向左偏移);当被测导体为非软磁材料时则反之(向右偏移)。

这种电路采用石英晶体振荡器,旨在获得高稳定度频率激励信号,以保证稳定的输出。因为振荡频率若变化 1%,一般将引起输出电压 10%的漂移。图 3-37 中 R 为耦合电阻,用来减小传感器对振荡器的影响,并作为恒流源的内阻。R 的大小直接影响灵敏度:R 大则灵敏度低,R 小则灵敏度高;但 R 过小时,由于对振荡器起旁路作用.也会使灵敏度降低。

谐振回路的输出电压为高频载波信号,信号较小,因此设有高频放大、检波和滤波等环节,使输出信号便于传输与测量。图中源极输出器是为减小振荡器的负载而加。

(2)变频调幅电路

定频调幅电路虽然有很多优点,并获得广泛应用,但线路较复杂,装调较困难,线性范围不够宽。因此,人们又研究了一种变频调幅电路,原理图如图 3-39 所示。这种电路的基本原理是将传感器线圈直接接入电容三点式振荡回路。当导体接近传感器线圈时,由于涡流效应的作用,振荡器输出电压的幅度和频率都发生变化,利用振荡幅度的变化来检测线圈与导体的位移变化,而对频率变化不予理会。

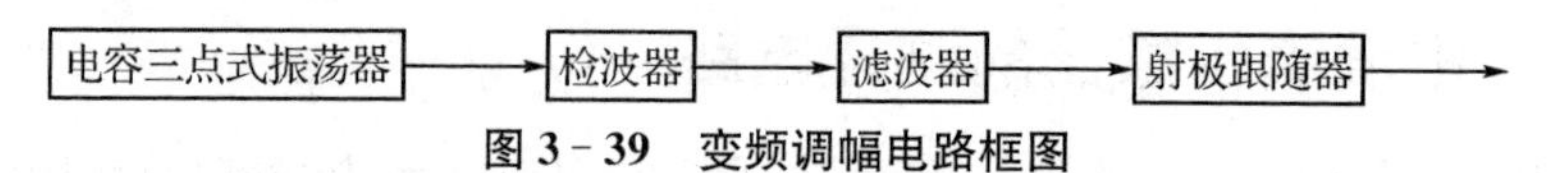

图 3-39 变频调幅电路框图

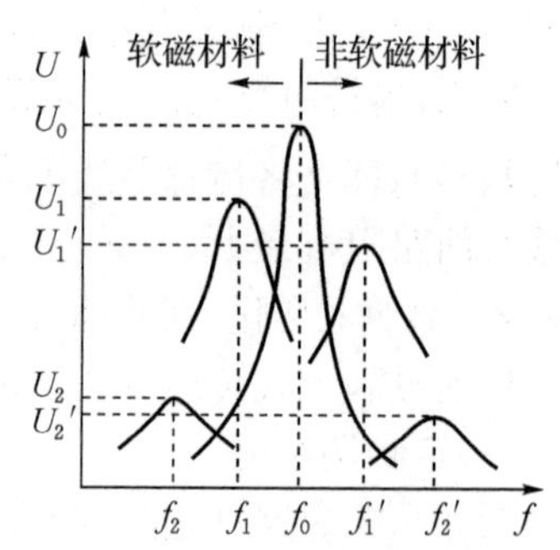

图 3-40 变频调幅谐振曲线

变频调幅电路的谐振曲线如图 3-40 所示。无被测导体时,振荡回路的 Q 值最高,振荡电压幅值最大,振荡频率为 f_0。当有金属导体接近线圈时,涡流效应使回路 Q 值降低,谐振曲线变钝,振荡幅度降低,振荡频率也发生变化。当被测导体为软磁材料时,由于磁效应的作用,谐振频率降低,曲线左移;被测导体为非软磁材料时,谐振频率升高,曲线右移。所不同的是,振荡器输出电压不是各谐振曲线与 f_0 的交点,而是各谐振曲线峰点的连线。

这种电路除结构简单、成本较低外,还具有灵敏度高、线性范围宽等优点,因此监控等场合常采用它。

必须指出,该电路用于被测导体为软磁材料时,虽由于磁效应的作用使灵敏度有所下降,但磁效应对涡流效应的作用相当于在振荡器中加入负反馈,因而能获得很宽的线性范围。所以如果配用涡流板进行测量,应选用软磁材料。

(3)调频电路

调频电路与变频调幅电路一样，将传感器线圈接入电容三点式振荡回路，所不同的是，以振荡频率的变化作为输出信号。如欲以电压作为输出信号，则应后接鉴频器。图3-41为调频式测量仪的原理框图。图中"静态"与"动态"分别用于测量静态位移与振动幅度。

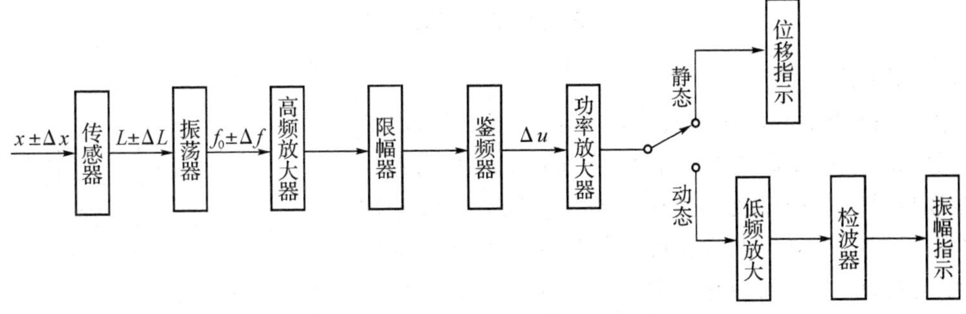

图3-41　调频式测量仪原理框图

这种电路的关键是提高振荡器的频率稳定度。通常可以从环境温度变化、电缆电容变化及负载影响三方面考虑。

图3-42所示的振荡器电路，由于采用了有较大电容量的C_1、C_2，使与之并联的晶体管极间电容受温度而变的影响大为减小。同时为了减小电缆电容变动的影响，将谐振回路元件LC一起做在探头里。这样，电缆的分布电容就并联到大电容C_1、C_2上，从而大大减小了分布电容变化对频率的影响。为了与负载隔离，振荡器可通过射极跟随器输出。

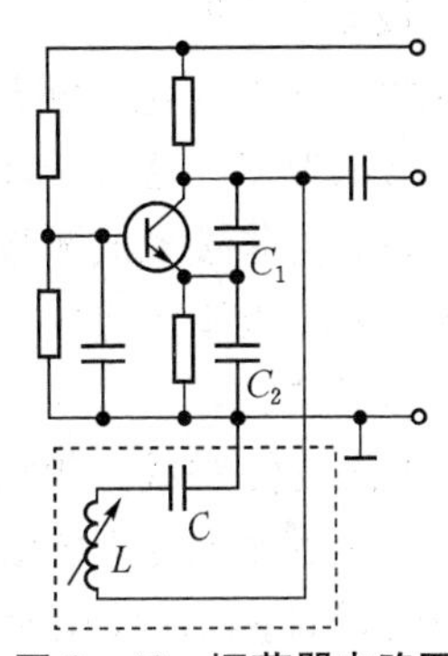

图3-42　振荡器电路图

提高谐振回路元件本身的稳定性也是提高频率稳定度的一个措施。为此，传感器线圈L可采用热绕工艺绕制在低膨胀系数材料的骨梁上，并配以高稳定的云母电容或有适当负温度系数的电容(进行温度补偿)作为谐振电容C。

此外，提高传感器探头的灵敏度也能提高仪器的相对稳定性。例如，振荡频率2 MHz，振荡器的频率稳定度为5×10^{-5}；如果测量范围频带为10 kHz，则仪器稳定性仅为1%；若测量范围频带扩大为100 kHz，则仪器稳定性提高为0.1%。

3.3.4　电涡流传感器的应用

电涡流传感器的应用非常广泛，下面就几种典型应用作简单介绍。

(1)测位移

电涡流传感器的主要用途之一是用来测量金属件的静态或动态位移、最大量程达数百毫米，分辨率为0.1%。目前电涡流位移传感器的分辨力最高已做到0.05 μm(量程0～15 μm)。凡是可转换为位移量的参数，都可用电涡流式传感器测量，如机器转轴的轴向窜动、金属材料的热膨胀系数、钢水液位、纱线张力、流体压力等。

图3-43为用电涡流传感器构成的液位监控系统。如图所示，通过浮子3与杠杆带动涡流板1上下位移，由电涡流传感器2发出信号控制电动泵的开启从而使液位保持一定。

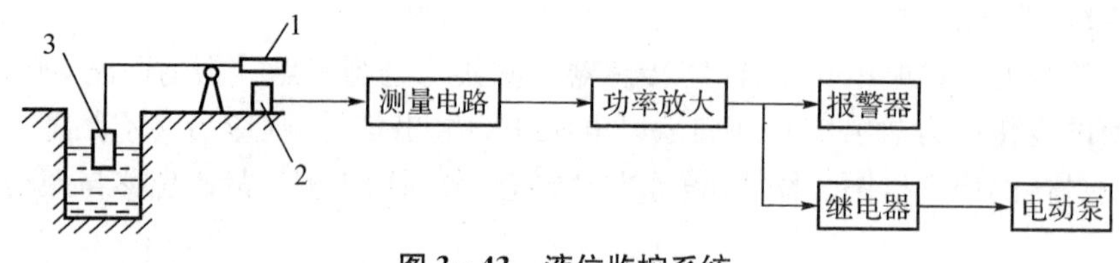

图3-43 液位监控系统

(2)测厚度

除前面已介绍的低频透射式电涡流传感器外,高频反射式电涡流传感器也可用于厚度测量。后者测板厚时,金属板材厚度的变化相当于线圈与金属表面间距离的改变,根据输出电压的变化即可知线圈与金属表面间距离的变化,即板厚的变化。图3-44所示为此应用一例。为克服金属板移动过程中上下波动及带材不够平整的影响,常在板材上下两侧对称放置两个特性相同的传感器 L_1 与 L_2。由图可知,板厚 $d=D-(x_1+x_2)$。工作时,两个传感器分别测得 x_1 和 x_2。板厚不变时。(x_1+x_2)为常值;板厚改变时,代表板厚偏差的 (x_1+x_2)所反映的输出电压就会发生变化。测量不同厚度的板材时,可通过调节距离 D 来改变板厚设定值,并使偏差指示为零。这时,被测板厚即板厚设定值与偏差指示值的代数和。

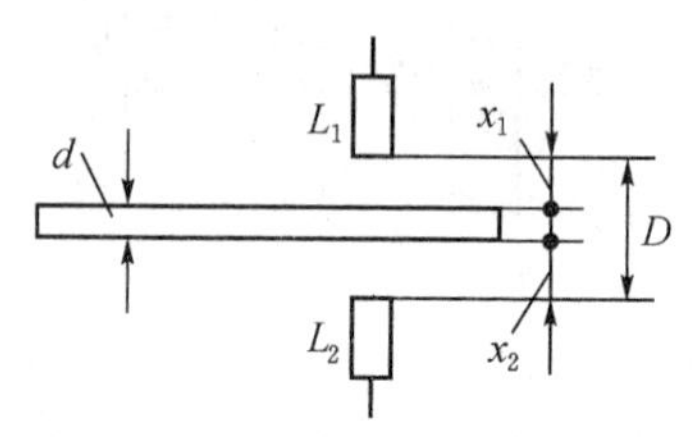

图3-44 测金属板厚度示意图

除上述非接触式测板厚外,利用电涡流传感器还可制成金属镀层厚度测量仪、接触式金属或非金属板厚测量仪。

(3)测振幅

电涡流传感器可测量各种振动幅值,均为非接触式测量。利用多个传感器沿转轴轴向排布,可测得各测点转轴的瞬时振幅值,从而得出转轴振型图;或是利用两个传感器沿转轴径向垂直安装,可测得转轴轴心轨迹。例如,测量主轴的径向振动,如图3-45。由于振动,使平面线圈与被测体的相对距离发生周期性的变化,引起被测体上的涡流量发生周期性的变化,导致线圈的阻抗发生周期性的变化,经过涡流变换器使之转换成周期性的电压变化。

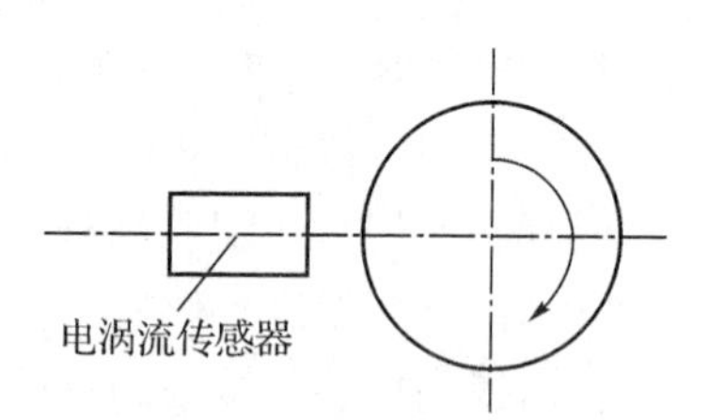

图3-45 测振幅示意图

(4)测转速

由于电机做周期性的转动,使平面线圈与电机转盘的相对位置发生周期性的变化,引起电机转盘上产生的涡流量发生周期性的变化,导致线圈的阻抗发生周期性的变化,经过涡流变换器使之转化为周期性的电压变化。我们只要测出周期性电压变化信号的频率,就可以知道电机的转速,其转速大小等于输出信号的频率除以电机转盘的个数(单位是转/秒)。如图3-46所示在一个旋转金属体上加一个有 N 个齿的齿轮,旁边安装电涡流传感器,当旋转体转动时,电涡流式传感器将周期性地改变输出信号,该输出信号频率可由频率计测出,由此可算出转速。

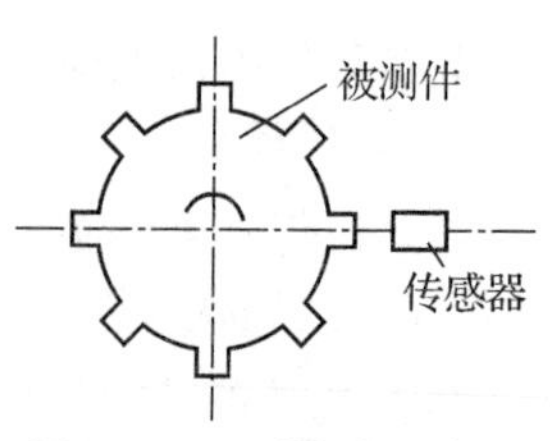

图3-46 测转速示意图

$$n=\frac{f}{N}\times 60$$

(5)测温度

在较小的涡度范围内,导体的电阻率与温度的关系为:

$$\rho_1=\rho_0[1+a(t_1-t_0)] \tag{3-42}$$

式中:ρ_1、ρ_0—分别为温度 t_1 与 t_0 时的电阻率;a—在给定温度范围内的电阻温度系数。

若保持电涡流传感器的机、电、磁各参数不变,使传感器的输出只随被测导体电阻率而变,就可测得温度的变化。上述原理可用来测量液体、气体介质温度或金属材料的表面温度,适合于低温到常温的测量。

图 3-47 为一种测量液体或气体介质温度的电涡流传感器。它的优点是:(1)不受金属表面涂料、油、水等介质的影响;(2)可实现非接触测量;(3)反应快。目前已制成热惯性时间常数仅 1 ms 的电涡流温度计。

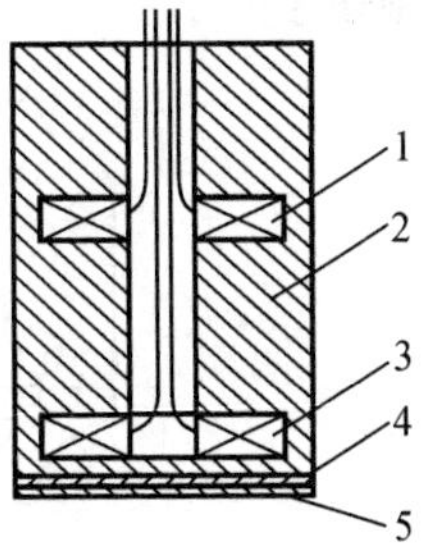

图 3-47　测温度涡流式传感器

1—补偿线圈; 2—管架; 3—测量线圈; 4—隔热衬垫; 5—温度敏感元件

(6)电涡流探伤

在非破坏检测领域里,电涡流传感器已被用作探伤,例如,用来测量金属材料的表面裂纹、热处理裂痕等。探伤时,传感器与被测物体的距离保持不变。当有裂纹出现时,金属导电率、导磁率将发生变化,即涡流损耗改变,从而使传感器阻抗发生变化,导致测量电路的输出电压改变,达到探伤目的。

3.4　压磁式传感器

压磁式传感器是电感式传感器的一种,也称为磁弹性传感器,是一种新型传感器。它的工作原理是建立在磁弹性效应基础之上,即利用这种传感器将作用力(如弹性应力、残余应力等)的变化转化成传感器导磁体的导磁率变化并输出电信号。压磁式传感器的优点很多,如输出功率大、信号强、结构简单、牢固可靠、抗干扰性能好、过载能力强、便于制造、经济实用,可用在给定参数的自动控制电路中,但测量精度一般,频响较低。近年来,压磁式传感器不仅在自动控制上得到越来越多的应用,而且在对机械力(弹性应力、残余应力)的无损测量方面也为人们所重视,并得到相当成功的应用。在生物医学领域对骨科及运动医学测试也正在应用该类传感器。压磁式传感器是一种很有发展前途的传感器。

3.4.1　压磁式传感器的工作原理

压磁式传感器是一种有源传感器,它的工作原理是基于材料的压磁效应。所谓压磁效应就是在外力作用下,铁磁材料内部发生应变,产生应力,使各磁畴之间的界限发生移动,从而使磁畴磁化强度矢量转动,从而铁磁材料的磁化强度也发生相应的变化,这种由于应力使铁磁材料磁化强度变化的现象,称为压磁效应。下面以压磁式测力传感器为例来说明压磁式传感器的工作原理。

压磁式测力传感器的压磁元件由具有正磁致伸缩特性的硅钢片粘叠而成。如图 3-48

所示,硅钢片上冲有四个对称的孔,孔1、2的连线与孔3、4相互垂直[图(a)]。孔1、2间绕有激磁绕组 W_{12},孔3、4间绕有测量绕组 W_{34},外力 F 与绕组 W_{12}、W_{34} 所在平面成45°角。当激磁绕组 W_{12} 通过一定的交变电流时,铁芯中就产生磁场 H,方向如图(b)所示。设将孔间区域分成A、B、C、D四部分。在无外力作用时,A、B、C、D四部分的磁导率相同,磁力线呈轴对称分布,合成磁场强度 H 平行于测量绕组 W_{34} 的平面。在磁场作用下,导磁体沿 H 方向磁化,磁通密度 B 与 H 取向相同。由于测量绕组无磁通通过,故不产生感应电势。

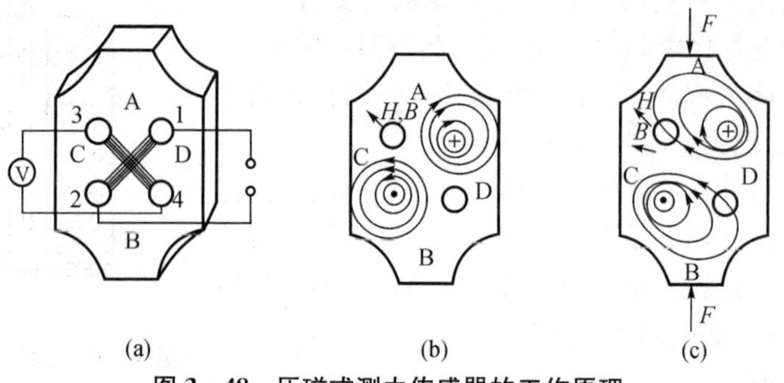

图3-48 压磁式测力传感器的工作原理

若对压磁元件施加压力 F,如图(c)所示,A、B区域将产生很大的压应力,而C、D区域基本上仍处于自由状态。对于正磁致伸缩材料,压应力使其磁化方向转向垂直于压力的方向。因此,A、B区的磁导率下降,磁阻增大,而与应力垂直方向的 μ 上升,磁阻减小。磁通密度 B 偏向水平方向,与测量绕组 W_{34} 交链,W_{34} 中将产生感应电势 e。F 值越大,W_{34} 交链的磁通越多,e 值就越大。经变换处理后,即能用电流或电压来表示被测力 F 的大小。

3.4.2 压磁式传感器的结构

如图3-49所示,压磁式测力传感器由压磁元件1、弹性支架2、传力钢球3组成。

压磁式测力传感器的核心部件是压磁元件。组成压磁元件的铁芯有四孔圆弧形、六孔圆弧形、"中"字型和"田"字型等多种,可按测力大小、输出特性的要求和灵敏度等选用。为扩大测力范围,可以将几个冲片联成多联冲片。

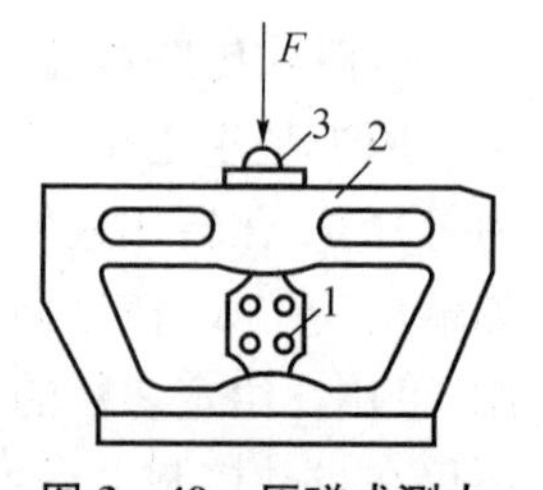

图3-49 压磁式测力传感器基本结构

此外,还有"Ⅱ"字型与横"日"字型冲片。常用于测定或控制拉力或压力,以及无损检测残余应力。所有铁芯都由冲片叠合而成,以减小涡流损耗。

为了保证良好的重复性和长期稳定性,传感器必须有合理的机械结构。图3-49所示即是一种典型的压磁式测力传感器的结构。弹性体一般由弹簧钢制成,它基本不吸收力,从而保证在长期使用过程中压磁元件受力作用点位置不变。为此,弹性体与压磁元件的接合面应有一定的预压力(常取额定载荷的10%~20%)。传力件3能保证被测力垂直集中地作用于传感器。

大吨位的压磁式测力传感器,因体积过大,制成整体的弹性体有困难,一般采用有一定硬度、强度、平面度与表面粗糙度的上、下盖板结构。作用力通过盖板作用于压磁元件,从而使传感器受力均匀且保持力作用点的位置不变。

3.4.3 压磁式传感器的测量电路

压磁式传感器的输出信号较大、一般不需要放大。所以测量电路主要由激磁电源、滤波电路、相敏整流和显示器等组成，基本电路如图 3-50 所示。

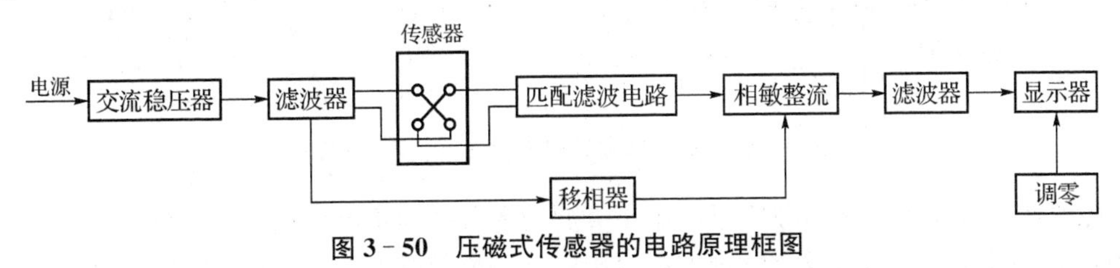

图 3-50 压磁式传感器的电路原理框图

交流电流的频率按传感器响应速度的要求选择。提高激磁频率对改善传感器的性能有利，但受铁芯损耗的限制。一般测量可用工频电源，并采用铁磁谐振稳压；响应速度较高时，可选用变频电源，以选择最佳频率。为了保证测量精度、应采取交流稳压措施；要求高时可选择稳频恒流电源，以减小激磁电流波动对传感路线性度和灵敏度的影响。

加入滤波电路也可以提高测量精度。传感器前面的滤波器用于保证激磁电源频率的单一性；传感器后面的匹配滤波电路由匹配变压器与滤波器组成，其中滤波器用来消除传感器输出的次谐波(主要是三次谐波)。加入匹配变压器的作用是使传感器的输出阻抗与后级电路的输入阻抗相匹配，保证输出功率最大，同时也可将信号电压升高，以满足整流、滤波所需。

滤除谐波的信号再经相敏整流、滤波后送人模拟或数字仪表显示或记录。如果需要，也可在电路中增加放大电路和运算电路(例如和差运算)；或输出控制信号、报警信号以满足监控的需要。

由于铁磁材料的磁化特性随温度而变，压磁式传感器通常要进行温度补偿。最常用的方法是将工作传感器与不受载荷作用的补偿传感器构成差动回路。

3.4.4 压磁式传感器的应用

(1)磁致伸缩式扭矩传感器

磁致伸缩式扭矩传感器是利用磁致伸缩效应制作的，其基本构造如图 3-51 所示。采用铁磁材料制作的扭转轴在受到扭矩作用时，扭矩轴中产生方向性应力，扭矩轴表面在这种方向性应力的作用下，其表面的磁场分布会变得不对称，磁导率 μ 发生变化，相对应地磁阻也发生变化，从而出现磁的各向异性。为了检测扭转轴由于扭转产生的磁场，在离扭转轴表面 1～2 mm 处，设置有两个交叉 90°的铁芯，在铁芯 1 上绕有励磁线圈，在铁芯 2 上绕有感应线圈。若用 R_{m1}、R_{m2}、R_{m3}、R_{m4} 分别表示铁芯和扭矩之间的气隙磁阻；R_1、R_2、R_3、R_4 分别为扭转轴表面的磁阻，两个线圈与检测电路组成一个磁桥。如图 3-51(b)所示。

当励磁线圈用交变电流励磁时，如果扭转轴不受扭矩作用，则 $R_1=R_2=R_3=R_4$，桥路平衡，在感应线圈中没有感应电势输出。当扭矩轴受扭矩作用时，则在正应力$+\sigma$ 作用下，磁阻 R_1、R_4 减小，而在负应力$-\sigma$ 作用下，磁阻 R_2、R_3 增大。这样在整个磁路中产生大小与扭矩 M 成正比例的电势，该电势可由检测仪表测出。

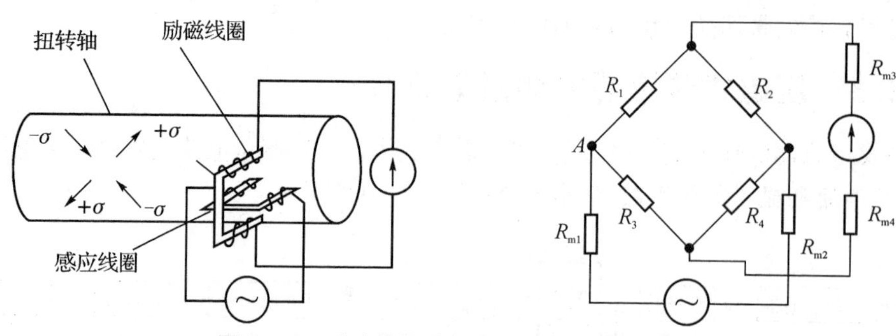

图3-51　磁致伸缩式扭矩传感器及测量电路

磁致伸缩式扭矩传感器被广泛应用于大型动力机械的扭矩测量。主要优点是可实现非接触测量,无须经常检修,没有电刷和集流环产生的干扰信号,工作可靠,坚固耐用;对扭转轴的材质要求不高,一般采用低碳钢即可。当扭转轴切应力在300 N/cm^2 以下时,输出电势与扭矩呈线性关系,测量误差较小。

(2)压磁式测力传感器

压磁式测力传感器具有输出功率大、抗干扰能力强、过载性能好、结构和电路简单、能在恶劣环境下工作、寿命长等一系列优点。目前,这种传感器已成功地用在冶金、矿山、造纸、印刷、运输等各个工业部门。例如用来测量轧钢的轧制力、钢带的张力、纸张的张力,吊车提物的自动测量、配料的称量、金属切削过程的切削力以及电梯安全保护等。

习题与思考题

3—1　比较差动式自感传感器和差动变压器在结构上及工作原理上的异同之处。

3—2　为什么设计电感式传感器时应尽量减小铁损?试述减小铁损的方法。

3—3　用变磁阻式传感器进行测量时,在什么情况下应采用与校正时相同的电缆?为什么?

3—4　变间隙式、变截面式和螺管式三种电感式传感器各适用于什么场合?它们各有什么优缺点?

3—5　螺管式电感传感器做成细长形有什么好处?欲扩大螺管式电感传感器的线性范围,可以采取哪些措施?

3—6　差动式电感传感器测量电路为什么经常采用相敏检波(或差动整流)电路?试分析其原理。

3—7　试述电感传感器产生零位电压的原因和减小零位电压的措施。

3—8　试分析影响电感传感器精度的因素。

3—9　试述造成自感式传感器和差动变压器温度误差的原因及其减小措施。

3—10　差动变压器式传感器采用恒流激磁有什么好处?

3—11　电源频率波动对电感式传感器的灵敏度有何影响?如何确定传感器的电源频率?

3—12　试从电涡流式传感器的基本原理简要说明它的各种应用。

3—13　用反射式电涡流传感器测量位移(或振幅)时对被测体要考虑哪些因素?为什么?

3—14　比较恒频调幅式、变频调幅式和调频式三种测量电路的优缺点,并指出它们的应用场合。

3—15　反射式电涡流传感器探头线圈为什么通常做成扁平型?

3—16　试从压磁式传感器的工作原理和结构特点出发分析其应用场合。

3—17　若差动式自感传感器的两个线圈的有效电阻不等($R_1 \neq R_2$),则在机械零位时存在零位电压($U_0 \neq 0$)。试用矢量图分析能否用调整衔铁位置的方式使$U_0=0$?(设传感器接入图P3-1电桥)。

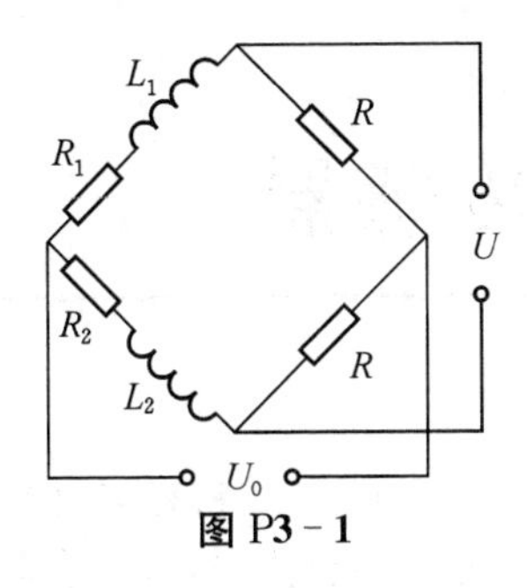

图 P3-1

3—18　试计算图 P3-2 所示差动变压器式传感器接入桥式电路(顺接法)时的空载输出电压 U_o；已知初级线圈激磁电流为 I_1，电源角频率为 ω，初、次级线圈间的互感为 M_a、M_b，两个次级线圈完全相同。又若同一差动变压器式传感器接成图(b)所示反串电路(对接法)，问两种方法中哪一种灵敏度高？高几倍？[提示：1)将图(a)次级简化为图(c)等效电路(根据已知条件 $Z_a=Z_b$)；2)求出图(b)空载输出电压，与图(c)计算结果比较。]

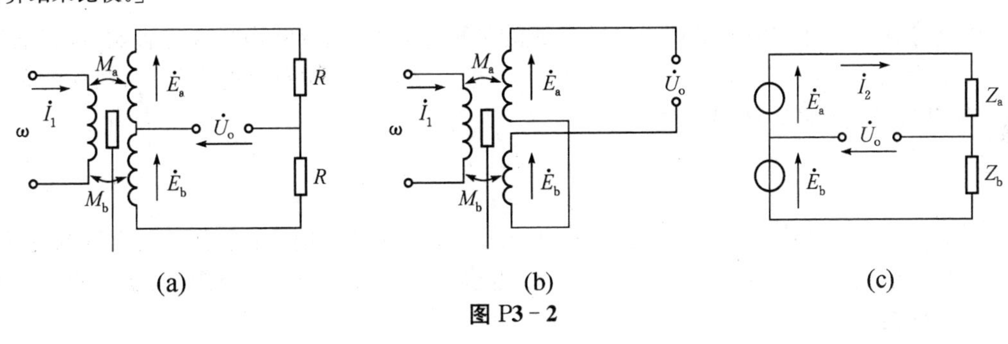

图 P3-2

3—19　试推导图 P3-3 所示差动型电感传感器电桥的输出特性 $U_o=f(\Delta L)$，已知电源角频率为 ω，Z_1，Z_2 为传感器两线圈的阻抗，零位时 $Z_1=Z_2=Z=r+j\omega L$。又若以变间隙式传感器接入该电桥，求灵敏度表达式($K=\dfrac{U_o}{\Delta\delta}=?$)。(本题均用有效值表示)

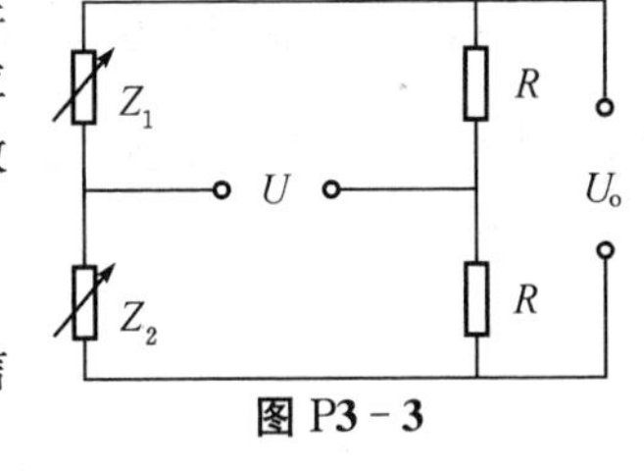

图 P3-3

3—20　自感式传感器接入图 3-16 电路。试绘出各环节输出电信号的波形，并说明各环节的功能。

3—21　有一差动式自感传感器，零位时 $Z_{10}=Z_{20}=R_0+j\omega L_0$，$R_0=20\ \Omega$，$L_0=3\ \text{mH}$。将它接入图 3-9(a)所示电桥：若 $E=4\ \text{V}$、$f=3\ \text{kHz}$，求四臂交流电桥匹配电阻 R_1、R_2 的最佳值，并说明理由；又若 $\Delta Z=6\ \Omega$ 时，电桥输出电压为多大？

第 4 章　电容式传感器

电容式传感器(Capacitance Transducer)是将被测非电量的变化转换为电容量变化的一种传感器。结构简单、高分辨力、可非接触测量,并能在高温、辐射和强烈振动等恶劣条件下工作,这是它的独特优点。随着集成电路技术和计算机技术的发展,各种用途的微机械结构集成化电容传感器将成为一种很有发展前途的传感器。

4.1　工作原理、结构及特性

由绝缘介质分开的两个平行金属板组成的平板电容器,当忽略边缘效应影响时,其电容量与真空介电常数 ε_0 (8.854×10^{-12} F·m^{-1})、极板间介质的相对介电常数 ε_r、极板的有效面积 A 以及两极板间的距离 δ 有关:

$$C=\frac{\varepsilon_0\varepsilon_r A}{\delta} \tag{4-1}$$

若被测量的变化使式中 δ、A、ε_r 三个参量中任意一个发生变化时,都会引起电容量的变化,再通过测量电路就可转换为电量输出。因此,电容式传感器可分为变极距型、变面积型和变介质型三种类型。

4.1.1　变极距型电容传感器

图 4-1 为这种传感器的原理图。当传感器的 ε_r 和 A 为常数,初始极距为 δ_0,由式(4-1)可知其初始电容量 C_0 为

$$C_0=\frac{\varepsilon_0\varepsilon_r A}{\delta_0} \tag{4-2}$$

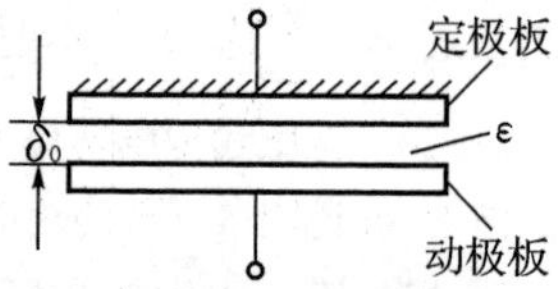

图 4-1　变极距型电容传感器原理图

当动极板因被测量变化而向上移动使 δ_0 减小 $\Delta\delta$ 时,电容量增大 ΔC,则有

$$C_0+\Delta C=\frac{\varepsilon_0\varepsilon_r A}{\delta_0-\Delta\delta}=C_0\,\frac{1}{(1-\Delta\delta/\delta_0)} \tag{4-3}$$

可见,传感器输出特性 $C=f(\delta)$ 是非线性的,如图 4-2 所示。电容相对变化量为

$$\frac{\Delta C}{C_0}=\frac{\Delta\delta}{\delta_0}\left(1-\frac{\Delta\delta}{\delta_0}\right)^{-1} \tag{4-4}$$

如果满足条件 $(\Delta\delta/\delta_0)\ll1$,式(4-4)可按级数展开成

$$\frac{\Delta C}{C_0}=\frac{\Delta\delta}{\delta_0}\left[1+\frac{\Delta\delta}{\delta_0}+\left(\frac{\Delta\delta}{\delta_0}\right)^2+\left(\frac{\Delta\delta}{\delta_0}\right)^3+\cdots\right] \tag{4-5}$$

略去高次(非线性)项,可得近似的线性关系和灵敏度 S 分别为

$$\frac{\Delta C}{C_0}\approx\frac{\Delta\delta}{\delta_0} \tag{4-6}$$

和
$$S=\frac{\Delta C}{\Delta\delta}=\frac{C_0}{\delta_0}=\frac{\varepsilon_0\varepsilon_r A}{\delta_0^2} \tag{4-7}$$

如果考虑式(4-5)中的线性项及二次项,则
$$\frac{\Delta C}{C_0}=\frac{\Delta\delta}{\delta_0}\left(1+\frac{\Delta\delta}{\delta_0}\right) \tag{4-8}$$

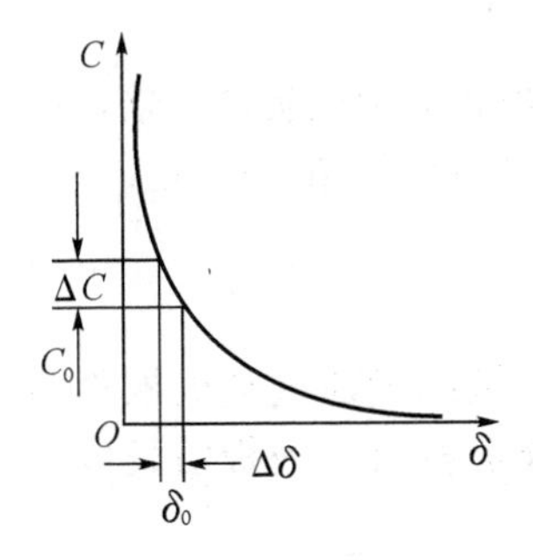

图4-2 $C=f(\delta)$特性曲线

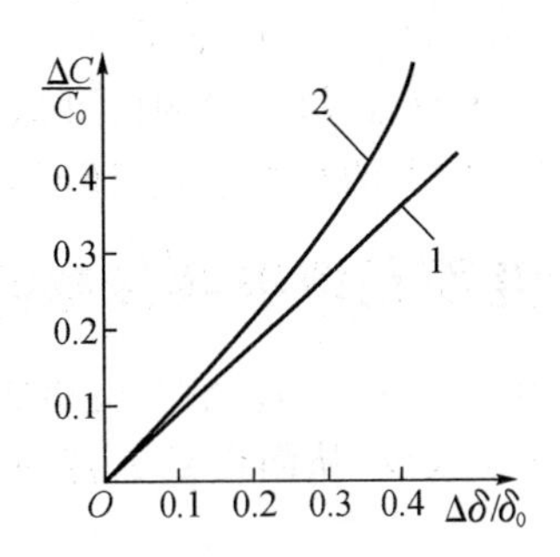

图4-3 变极距型电容传感器的非线性特性

式(4-6)的特性如图4-3中的直线1,而式(4-8)的特性如曲线2。因此,以式(4-6)作为传感器的特性使用时,其相对非线性误差e_f为
$$e_f=\frac{|(\Delta\delta/\delta_0)^2|}{|\Delta\delta/\delta_0|}\times 100\%=|(\Delta\delta/\delta_0)|\times 100\% \tag{4-9}$$

由上讨论可知:(1)变极距型电容传感器只有在$|\Delta\delta/\delta_0|$很小(小测量范围)时,才有近似的线性输出;(2)灵敏度S与初始极距δ_0的平方成反比,故可用减少δ_0的办法来提高灵敏度。例如在电容式压力传感器中,常取$\delta_0=0.1\sim0.2$ mm,C_0在20~100 pF之间。由于变极距型的分辨力极高,可测小至0.01 μm的线位移,故在微位移检测中应用最广。

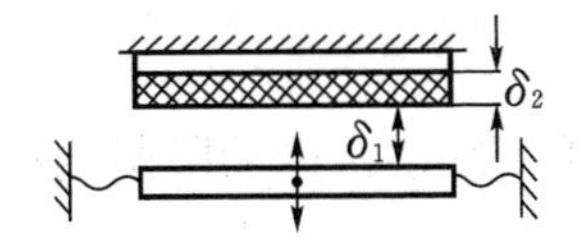

图4-4 固体介质变极距型电容传感器

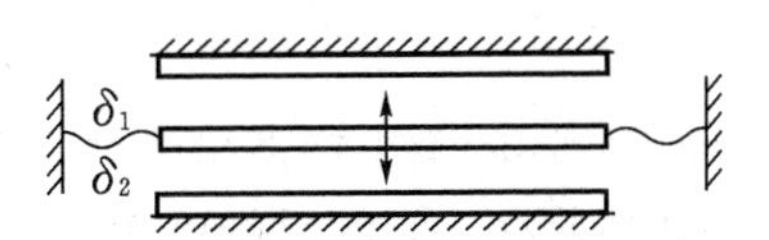

图4-5 变极距型差动式结构

由式(4-9)可见,δ_0的减小会导致非线性误差增大;δ_0过小还可能引起电容器击穿或短路。为此,极板间可采用高介电常数的材料(云母、塑料膜等)作介质,如图4-4所示。设两种介质的相对介电常数为ε_{r_1}(空气:$\varepsilon_{r_1}=1$)、ε_{r_2},相应的介质厚度为δ_1、δ_2,则有
$$C=\frac{\varepsilon_0 A}{\delta_1+\delta_2/\varepsilon_{r_2}} \tag{4-10}$$

图4-5所示为差动结构,动极板置于两定极板之间。初始位置时,$\delta_1=\delta_2=\delta_0$,两边初始电容相等。当动极板向上有位移$\Delta\delta$时,两边极距为$\delta_1=\delta_0-\Delta\delta$,$\delta_2=\delta_0+\Delta\delta$;两组电容一增一减。同差动式自感传感器同样分析方法,由式(4-4)和式(4-5)可得电容总的相对变化量为
$$\frac{\Delta C}{C_0}=\frac{\Delta C_1-\Delta C_2}{C_0}=2\frac{\Delta\delta}{\delta_0}\left[1+\left(\frac{\Delta\delta}{\delta_0}\right)^2+\left(\frac{\Delta\delta}{\delta_0}\right)^4+\cdots\right] \tag{4-11}$$

略去高次项,可得近似的线性关系:

$$\frac{\Delta C}{C_0}=\frac{2\Delta\delta}{\delta_0} \tag{4-12}$$

相对非线性误差 e_f' 为

$$e_f'=\frac{|2(\Delta\delta/\delta_0)^3|}{|2(\Delta\delta/\delta_0)|}\times 100\%=(\Delta\delta/\delta_0)^2\times 100\% \tag{4-13}$$

上式与式(4-6)及式(4-9)相比可知,差动式比单极式灵敏度提高一倍,且非线性误差大为减小。由于结构上的对称性,它还能有效地补偿温度变化所造成的误差。

4.1.2 变面积型电容传感器

原理结构如图4-6所示。它与变极距型不同的是,被测量通过动极板移动,引起两极板有效覆盖面积 A 改变,从而得到电容的变化。设动极板相对定极板沿长度 l_0 方向平移 Δl 时,则电容为

$$C=C_0-\Delta C=\frac{\varepsilon_0\varepsilon_r(l_0-\Delta l)b_0}{\delta_0} \tag{4-14}$$

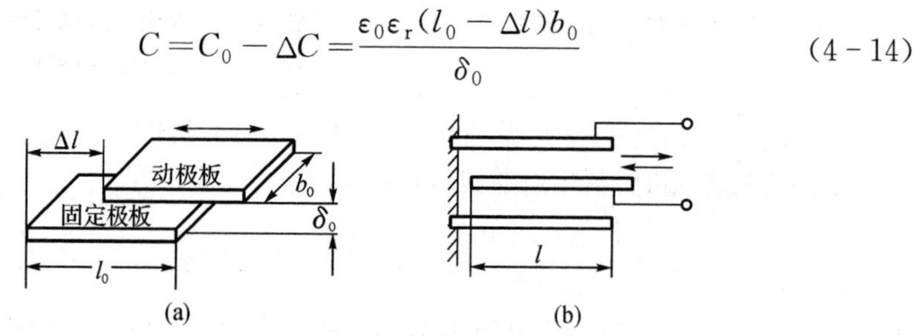

图4-6 变面积型电容传感器原理图

(a)单片式;(b)中间极移动式

式中 $C_0=\varepsilon_0\varepsilon_r l_0 b_0/\delta_0$ 为初始电容。电容的相对变化量为

$$\frac{\Delta C}{C_0}=\frac{\Delta l}{l_0} \tag{4-15}$$

很明显,这种传感器的输出特性呈线性。因而其量程不受线性范围的限制,适合于测量较大的直线位移和角位移。它的灵敏度为

$$S=\frac{\Delta C}{\Delta l}=\frac{\varepsilon_0\varepsilon_r b_0}{\delta_0} \tag{4-16}$$

必须指出,上述讨论只在初始极距 δ_0 精确保持不变时成立,否则将导致测量误差。为减小这种影响,可以使用图4-6(b)所示中间极移动的结构。

变面积型电容传感器与变极距型相比,其灵敏度较低。因此,在实际应用中,也采用差动式结构,以提高灵敏度。角位移测量用的差动式典型结构如图4-7所示。图中:A、B 为同一平(柱)面而形状和尺寸均相同且互相绝缘的定极板。动极板 C 平行于 A、B,并在自身平(柱)面内绕 O 点摆动。从而改变极板间覆盖的有效面积,传感器电容随之改变。C 的初始位置必须保证与 A、B 的初始电容值相同。对图(a)有

$$C_{AC_0}=C_{BC_0}=\frac{\varepsilon_0\varepsilon_r(R^2-r^2)\alpha}{\delta_0} \tag{4-17}$$

对图(b)有

$$C_{AC_0}=C_{BC_0}=\frac{\varepsilon_0\varepsilon_r l r\alpha}{R-r} \tag{4-18}$$

上述两式中 α 为初始位置时一组极板相互覆盖有效面积所包的角度(或所对的圆心角)；δ_0、ε_r 同前。

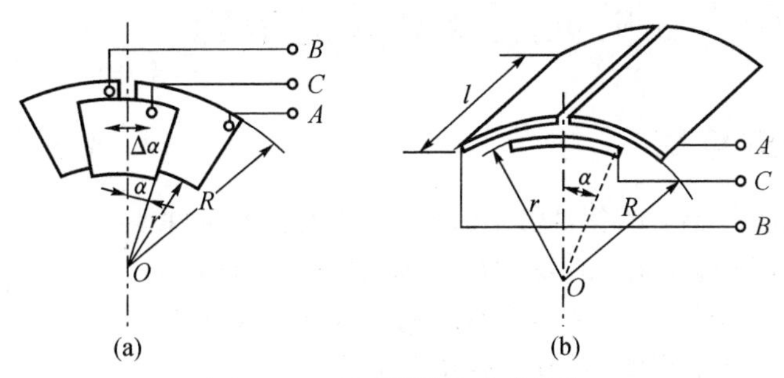

图 4－7　变面积型差动式结构

(a)扇形平板结构；(b)柱面结构

当动极板 C 随角位移($\Delta\alpha$)输入而摆动时两组电容值一增一减，差动输出。

4.1.3　变介质型电容传感器

这种电容传感器有较多的结构型式，可以用来测量纸张、绝缘薄膜等的厚度，也可用来测量粮食、纺织品、木材或煤等非导电固体物质的湿度。

图 4－8 为原理结构。图(a)中两平行极板固定不动，极距为 δ_0，相对介电常数为 ε_{r_2} 的电介质以不同深度插入电容器中，从而改变两种介质的极板覆盖面积。传感器的总电容量 C 为两个电容 C_1 和 C_2 的并联结果。由式(4－1)，有

$$C=C_1+C_2=\frac{\varepsilon_0 b_0}{\delta_0}\left[\varepsilon_{r_1}(l_0-l)+\varepsilon_{r_2} l\right] \tag{4-19}$$

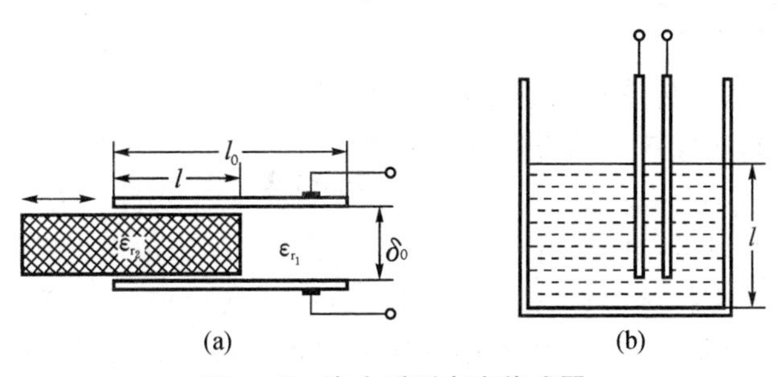

图 4－8　变介质型电容传感器

(a)电介质插入式；(b)非导电流散材料物位的电容测量

式中，l_0、b_0——极板长度和宽度；

　　l——第二种电介质进入极间的长度。

若电介质 1 为空气($\varepsilon_{r_1}=1$)，当 $l=0$ 时传感器的初始电容 $C_0=\varepsilon_0\varepsilon_{r_1} l_0 b_0/\delta_0$；当介质 2 进入极间 l 后引起电容的相对变化为

$$\frac{\Delta C}{C_0}=\frac{C-C_0}{C_0}=\frac{\varepsilon_{r_2}-1}{l_0} l \tag{4-20}$$

可见，电容的变化与电介质 2 的移动量 l 呈线性关系。

上述原理可用于非导电散材物料的物位测量。如图(b)所示，将电容器极板插入被监测的介质中，随着灌装量的增加，极板覆盖面增大。由式(4－20)可知，测出的电容量即反

映灌装高度 l。

4.2 应用中存在的问题及其改进措施

4.2.1 等效电路

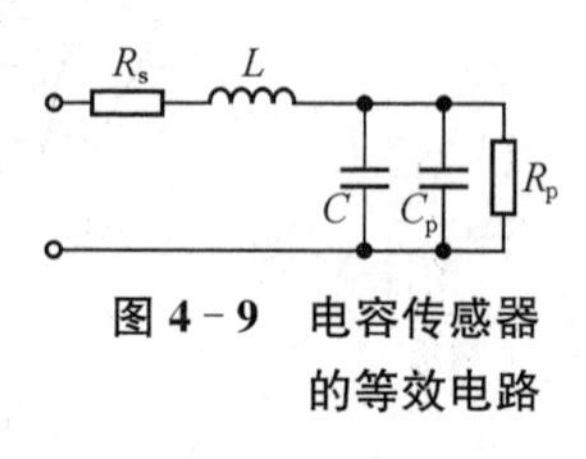

图 4-9 电容传感器的等效电路

上节对各种电容传感器的特性分析，都是在纯电容的条件下进行的。这在可忽略传感器附加损耗的一般情况下也是可行的。若考虑电容传感器在高温、高湿及高频激励的条件下工作而不可忽视其附加损耗和电效应影响时，其等效电路如图 4-9 所示。

图中 C 为传感器电容，R_p 为低频损耗并联电阻，它包含极板间漏电和介质损耗；R_s 为高湿、高温、高频激励工作时的串联损耗电阻，它包含导线、极板间和金属支座等损耗电阻；L 为电容器及引线电感；C_p 为寄生电容，克服其影响，是提高电容传感器实用性能的关键之一，下面专门讨论。可见，在实际应用中，特别在高频激励时，尤需考虑 L 的存在，会使传感器有效电容

$$C_e = \frac{C}{1-\omega^2 LC} \tag{4-21}$$

变化，从而引起传感器有效灵敏度的改变：

$$S_e = \frac{C}{(1-\omega^2 LC)^2} \tag{4-22}$$

在这种情况下，每当改变激励频率或者更换传输电缆时都必须对测量系统重新进行标定。

4.2.2 边缘效应

以上分析各种电容式传感器时还忽略了边缘效应的影响。实际上当极板厚度 h 与极距 δ 之比相对较大时，边缘效应的影响就不能忽略。

边缘效应不仅使电容传感器的灵敏度降低，而且产生非线性。为了消除边缘效应的影响，可以采用带有保护环的结构，如图 4-10 所示。保护环与定极板同心、电气上绝缘且间隙越小越好，同时始终保持等电位，以保证中间工作区得到均匀的场强分布，从而克服边缘效应的影响。为减小极板厚度，往往不用整块金属板做极板，而用石英或陶瓷等非金属材料，蒸涂一薄层金属作为极板。

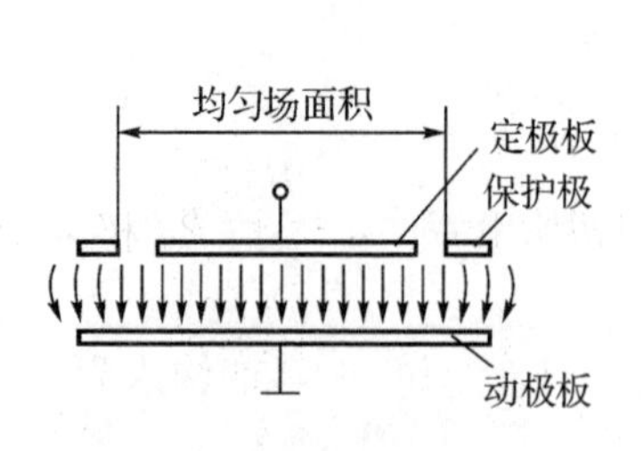

图 4-10 带有保护环的电容传感器原理结构

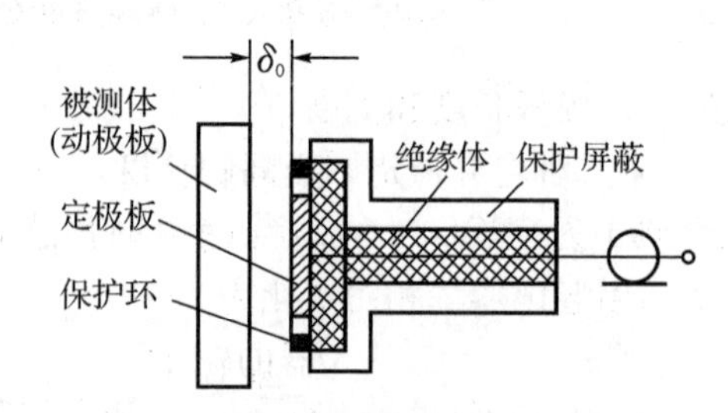

图 4-11 带保护环的电容传感器

图 4-11 所示为一带保护环的微位移电容传感器，可用来测量偏心、不平行度、振动振幅

等。只要被测对象在所用频率下是导电的,气隙中介质的介电常数不随时间、温度和机械应力而变化,均可获得较高的测量精度。设计上如做些改变,还能作介电材料的测厚传感器。

4.2.3　静电引力

电容式传感器两极板间因存在静电场,而作用有静电引力或力矩。静电引力的大小与极板间的工作电压、介电常数、极间距离有关。通常这种静电引力很小,但在采用推动力很小的弹性敏感元件情况下,须考虑因静电引力造成的测量误差。有关静电引力的计算请参阅文献[3]。

4.2.4　寄生电容

电容式传感器由于受结构与尺寸的限制,其电容量都很小(几皮法到几十皮法),属于小功率、高阻抗器件,因此极易受外界干扰,尤其是受大于它几倍、几十倍的、且具有随机性的电缆寄生电容的干扰,它与传感器电容相并联(见图4-9),严重影响传感器的输出特性,甚至会淹没有用信号而不能使用。消灭寄生电容影响,是电容式传感器实用的关键。下面介绍几种常用方法。

1. 驱动电缆法

它实际上是一种等电位屏蔽法。如图4-12所示,在电容传感器与测量电路的前置级之间采用双层屏蔽电缆,并接入增益为1的驱动放大器,(接线如图示)。这种接线法使内屏蔽与芯线等电位,消除了芯线对内屏蔽的容性漏电,克服了寄生电容的影响;而内外层屏蔽之间的电容变成了驱动放大器的负载。因此驱动放大器是一个输入阻抗很高、具有容性负载、放大倍数为1的同相放大器。该方法的难处是,要在很宽的频带上严格实现放大倍数等于1,且输出与输入的相移为零。为此有人提出,用运算放大器驱动法取代上述方法。

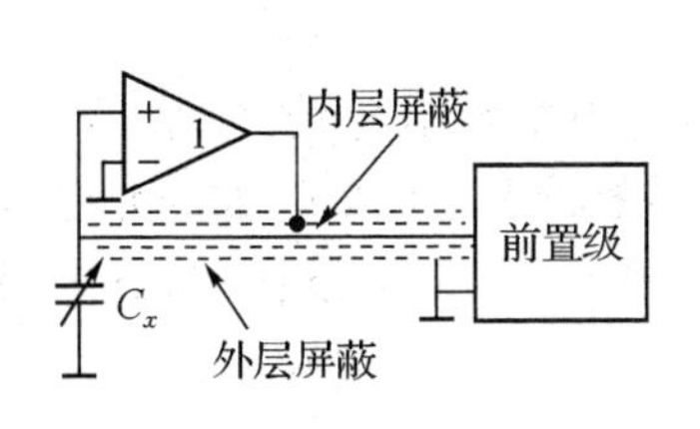

图4-12　驱动电缆法原理图

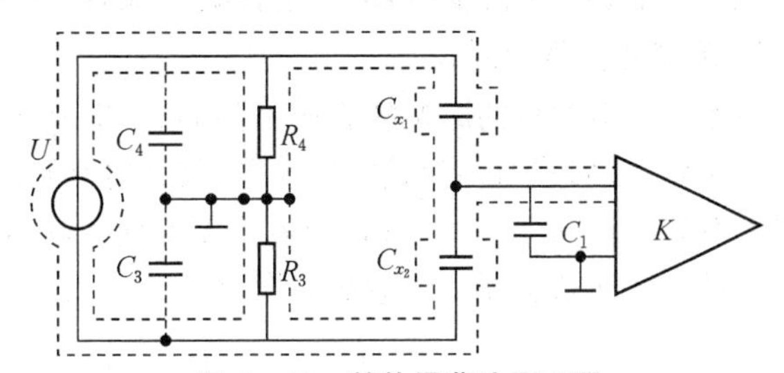

图4-13　整体屏蔽法原理图

2. 整体屏蔽法

以差动电容传感器C_{x_1}、C_{x_2}配用电桥测量电路为例,如图4-13所示;U为电源电压,K为不平衡电桥的指示放大器。所谓整体屏蔽是将整个电桥(包括电源、电缆等)统一屏蔽起来;其关键在于正确选取接地点。本例中接地点选在两平衡电阻R_3、R_4桥臂中间,与整体屏蔽共地。这样传感器公用极板与屏蔽之间的寄生电容C_1同测量放大器的输入阻抗相并联,从而可将C_1归算到放大器的输入电容中去。由于测量放大器的输入阻抗应具有极大的值,C_1的并联也是不希望的,但它只是影响灵敏度而已。另两个寄生电容C_3及C_4是并在桥臂R_3及R_4上,这会影响电桥的初始平衡及总体灵敏度,但并不妨碍电桥的正确工作。因此寄生参数对传感器电容的影响基本上被消除。整体屏蔽法是一种较好的方法;但将使总体结构复杂化。

3. 采用组合式与集成技术

一种方法是将测量电路的前置级或全部装在紧靠传感器处,缩短电缆;另一种方法是采用超小型大规模集成电路,将全部测量电路组合在传感器壳体内;更进一步就是利用集成工艺,将传感器与调理电路等集成于同一芯片,构成集成电容式传感器。

4.2.5 温度影响

环境温度的变化将改变电容传感器的输出相对被测输入量的单值函数关系,从而引入温度干扰误差。这种影响主要有以下两个方面:

1. 温度对结构尺寸的影响

电容传感器由于极间隙很小而对结构尺寸的变化特别敏感。在传感器各零件材料线胀系数不匹配的情况下,温度变化将导致极间隙较大的相对变化,从而产生很大的温度误差。

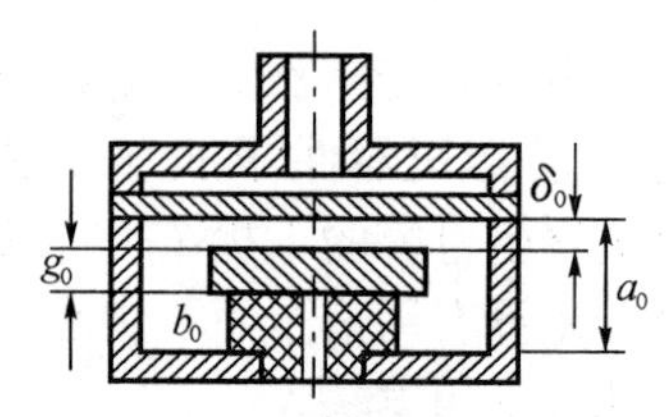

图4-14 电容式传感器的温度误差

现以图4-14所示变极距型为例,设定极板厚度为g_0,绝缘件厚度b_0,动极板至绝缘底部的壳体长为a_0,各零件材料的线胀系数分别为α_a、α_b、α_g。当温度由t_0变化Δt后,极间隙将由$\delta_0=a_0-b_0-g_0$变为δ_t;由此引起的温度误差

$$e_t=\frac{\delta_0-\delta_t}{\delta_t}=-\frac{(a_0\alpha_a-b_0\alpha_b-g_0\alpha_g)\Delta t}{\delta_0+(a_0\alpha_a-b_0\alpha_b-g_0\alpha_g)\Delta t} \tag{4-23}$$

由此可见,消除温度误差的条件为:$a_0\alpha_a-b_0\alpha_b-g_0\alpha_g=0$;或满足条件

$$b_0(\alpha_a-\alpha_b)+g_0(\alpha_a-\alpha_g)+\delta_0\alpha_a=0 \tag{4-24}$$

在设计电容式传感器时,适当选择材料及有关结构参数,可以满足温度误差补偿要求。

2. 温度对介质的影响

温度对介电常数的影响随介质不同而异,空气及云母的介电常数温度系数近似为零;而某些液体介质,如硅油、蓖麻油、煤油等,其介电常数的温度系数较大。例如煤油的介电常数的温度系数可达0.07%/℃;若环境温度变化±50℃,则将带来7%的温度误差,故采用此类介质时必须注意温度变化造成的误差。

4.3 测量电路

电容式传感器将被测非电量变换为电容变化后,必须采用测量电路将其转换为电压、电流或频率信号。本节简要讨论电容式传感器常用的几种测量电路。

4.3.1 耦合式电感电桥

1. 紧耦合电感电桥(*Blumlein* 电桥)

图4-15所示为用于电容传感器测量的紧耦合电感臂电桥。其结构特点是两个电感桥臂互为紧耦合。耦合系数为-1,电桥灵敏度为

$$S=4\omega^2LC/(2\omega^2LC-1) \tag{4-25}$$

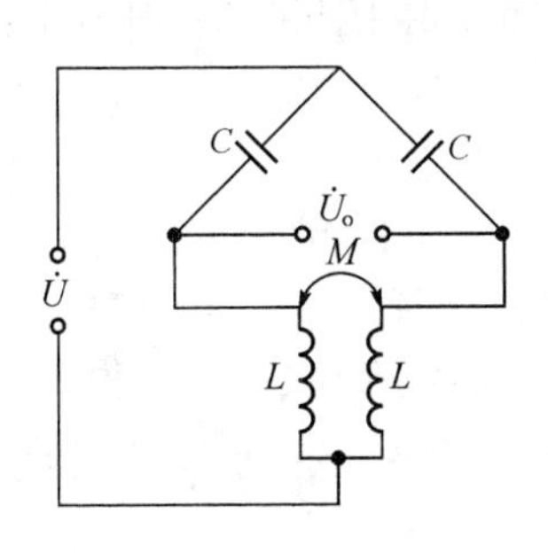

图4-15　紧耦合电感臂电桥

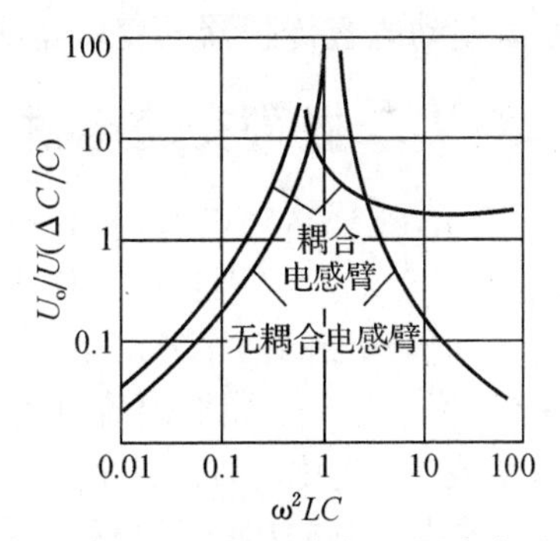

图4-16　用紧耦合与不耦合电感作桥臂时的灵敏度

特性曲线如图4-16所示。谐振点在$\omega^2LC=\frac{1}{2}$即$\omega L=1/2\omega C$处。在谐振点左侧$\omega^2LC\ll1$时，灵敏度与ω^2LC成正比；在谐振点右侧$\omega^2LC\gg1$时，灵敏度趋向于2，呈水平特性。为了有高的稳定性，应使ω^2LC增大；当ω^2LC的值大于2时，电源频率或电感的变化将不会引起灵敏度变化。电感L为一桥臂无耦合时的“有效电感”，如果考虑电缆电容C'的旁路影响，此时的电感L'应为

$$L'=\frac{L}{1-\omega^2LC'} \tag{4-26}$$

在传感器的电容值较小和电源频率较低时，不能满足$\omega^2LC\gg1$的条件。由上式可见，电缆电容C'大，稳定性高。因而可以用一大的固定电容与电感桥臂相并联，以牺牲灵敏度来换取高稳定性。

为便于比较，给出无耦合时(即$K=0$，桥臂电感为固定值)的桥路输出电压为

$$\dot{U}_o=\frac{\Delta C}{C}\dot{U}\cdot\frac{-2\omega^2LC}{(\omega^2LC-1)^2} \tag{4-27}$$

其特性曲线见图4-16。对于小的ω^2LC值，紧耦合的灵敏度是无耦合的二倍；对于高的ω^2LC值，无耦合时不存在灵敏度与频率(或电感)变化无关的区域，因而稳定性很差。

紧耦合电感电桥抗干扰性好、稳定性高，目前已广泛用于电容式传感器中，同时它也很适合较高载波频率的电感式和电阻式传感器使用。

2. 变压器电桥

如图4-17所示，C_1、C_2为传感器的两个差动电容。电桥的空载输出电压为

$$\dot{U}_o=\frac{\dot{U}}{2}\cdot\frac{C_1-C_2}{C_1+C_2}$$

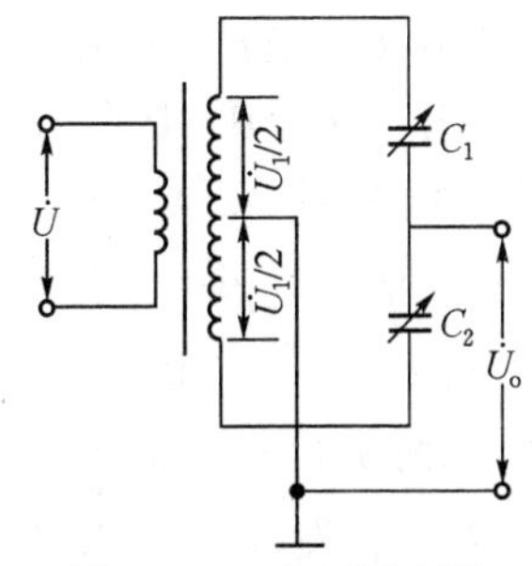

图4-17　变压器电桥

对变极距型电容传感器　$C_1=\varepsilon_0A/(\delta_0-\Delta\delta)$；$C_2=\varepsilon_0A/(\delta_0+\Delta\delta)$，代入上式得

$$\dot{U}_o=\frac{\dot{U}}{2}\cdot\frac{\Delta\delta}{\delta_0} \tag{4-28}$$

可见,对变极距型差动电容传感器的变压器电桥,在负载阻抗极大时,其输出特性呈线性。

4.3.2 双T二极管交流电桥

如图4-18所示,U是高频电源,提供幅值为U的对称方波(正弦波也适用);D_1、D_2为特性完全相同的两个二极管,$R_1=R_2=R$;C_1、C_2为传感器的两个差动电容。当传感器没有位移输入时,$C_1=C_2$,R_L在一个周期内流过的平均电流为零,无电压输出。当C_1或C_2变化时,R_L上产生的平均电流将不再为零,因而有信号输出。其输出电压的平均值为

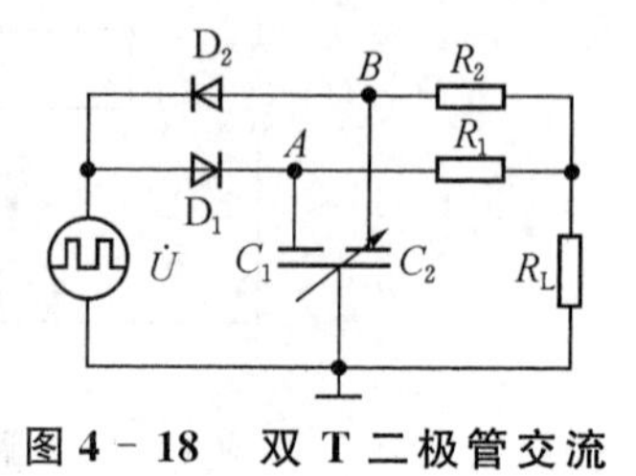

图4-18 双T二极管交流电桥

$$\overline{U}_L=\frac{R(R+2R_L)R_L}{(R+R_L)^2}Uf(C_1-C_2) \quad (4-29)$$

式中:f为电源频率。当R_L已知时,上式中$K=R(R+2R_L)R_L/(R+R_L)^2$为常数,则

$$\overline{U}_L\approx KUf(C_1-C_2) \quad (4-30)$$

该电路适用于各种电容式传感器。它的应用特点和要求:(1)电源、传感器电容、负载均可同时在一点接地;(2)二极管D_1、D_2工作于高电平下,因而非线性失真小;(3)其灵敏度与电源频率有关,因此电源频率需要稳定;(4)将D_1、D_2、R_1、R_2安装在C_1、C_2附近能消除电缆寄生电容影响;线路简单;(5)输出电压较高。当使用频率为1.3 MHz、有效电压为46 V的高频电源,传感器电容从−7~+7 pF变化时,在1 MΩ的负载上可产生−5~+5 V的直流输出;(6)输出阻抗与R_1或R_2同数量级,可从1~100 kΩ,与电容C_1和C_2无关;(7)输出信号的上升前沿时间由R_L决定,如$R_L=1$ kΩ,则上升时间为20 μs,因此可用于动态测量;(8)传感器的频率响应取决于振荡器的频率;$f=1.3$ MHz时,频响可达50 kHz。

4.3.3 脉冲调宽电路

图4-19为一种差动脉冲宽度调制电路。图中C_1和C_2为传感器的两个差动电容。线路由两个电压比较器IC_1和IC_2,一个双稳态触发器FF和两个充放电回路R_1C_1和R_2C_2($R_1=R_2$)所组成;U_r为参考直流电压;双稳态触发器的两输出端电平由两比较器控制。

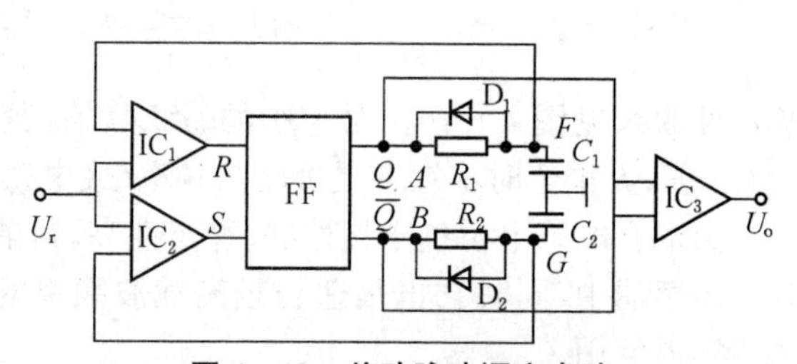

图4-19 差动脉冲调宽电路

当接通电源后,若触发器Q端为高电平(U_1),$\overline{Q}$端为低电平(0),则触发器通过R_1对C_1充电;当F点电位U_F升到与参考电压U_r相等时,比较器IC_1产生一脉冲使触发器翻转,从而使Q端为低电平,$\overline{Q}$端为高电平(U_1)。此时,由电容C_1通过二极管D_1迅速放电至零,而触发器由$\overline{Q}$端经R_2向C_2充电;当G点电位U_G与参考电压U_r相等时,比较器IC_2输出一脉冲使触发器翻转,从而循环上述过程。

可以看出,电路充放电的时间,即触发器输出方波脉冲的宽度受电容C_1、C_2调制。

当 $C_1=C_2$ 时，各点的电压波形如图 4-20(a)所示，Q 和 $\overline{Q}$ 两端电平的脉冲宽度相等，两端间的平均电压为零。当 $C_1>C_2$ 时，各点的电压波形如图 4-20(b)所示，Q、$\overline{Q}$ 两端间的平均电压(经一低通滤波器)为

$$U_o=\frac{T_1-T_2}{T_1+T_2}U_1=\frac{C_1-C_2}{C_1+C_2}U_1 \tag{4-31}$$

式中：T_1 和 T_2 分别为 Q 端和 $\overline{Q}$ 端输出方波脉冲的宽度，亦即 C_1 和 C_2 的充电时间。

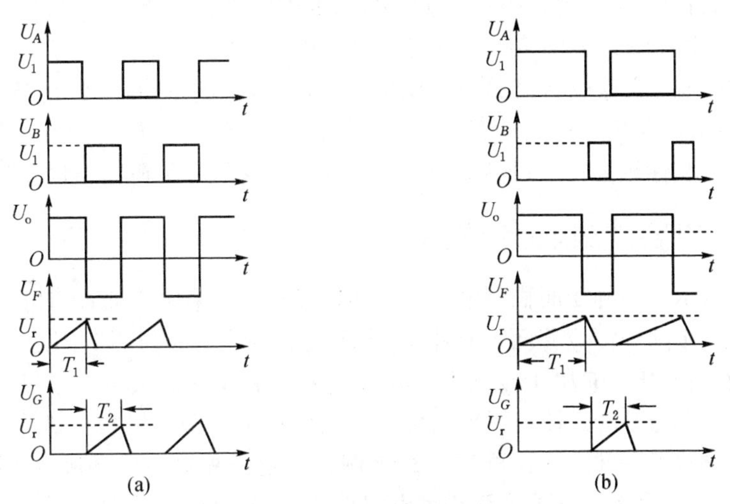

图 4-20　各点电压波形图

当该电路用于差动式变极距型电容传感器时，式(4-31)有

$$U_o=\frac{\Delta\delta}{\delta_0}U_1 \tag{4-32}$$

用于差动式变面积型电容传感器时有

$$U_o=\frac{\Delta A}{A}U_1 \tag{4-33}$$

这种电路不需要载频和附加解调电路，无波形和相移失真；输出信号只需要通过低通滤波器引出；直流信号的极性取决于 C_1 和 C_2；对变极距和变面积的电容传感器均可获得线性输出。这种脉宽调制电路也便于与传感器做在一起，从而使传输误差和干扰大大减小。

4.3.4　运算放大器电路

图 4-21 为其电原理图。C_1 为传感器电容，它跨接在高增益运算放大器的输入端和输出端之间。放大器的输入阻抗很高($Z_i\to\infty$)，因此可视作理想运算放大器。其输出端输出一与 C_1 成反比的电压 U_o，即

$$U_o=-U_i\frac{C_0}{C_1} \tag{4-34}$$

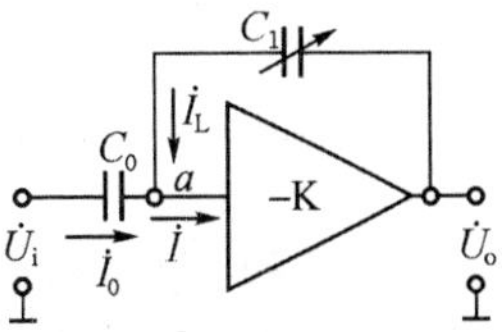

图 4-21　运算放大器电路

式中，U_i 为信号源电压，C_0 为固定电容，要求它们都很稳定。对变极距型电容传感器($C_1=\varepsilon_0\varepsilon_r A/\delta$)，式(4-34)可写为

$$U_o = -U_i \frac{C_0}{\varepsilon_0 \varepsilon_r A} \delta \tag{4-35}$$

可见配用运算放大器测量电路的最大特点是克服了变极距型电容传感器的非线性。

4.4 电容式传感器及其应用

随着电容式传感器应用问题的完善解决,它的应用优点十分明显:(1)分辨力极高,能测量低达 10^{-7} 的电容值或 0.01 μm 的绝对变化量和高达($\Delta C/C$)=100%~200%的相对变化量,因此尤适合微信息检测;(2)动极质量小,可无接触测量;自身的功耗、发热和迟滞极小,可获得高的静态精度和好的动态特性;(3)结构简单,不含有机材料或磁性材料,对环境(除高湿外)的适应性较强;(4)过载能力强。下面介绍它的几种典型结构及其应用。

4.4.1 电容式位移传感器

图4-22所示为一种变面积型电容式位移传感器。它采用差动式结构、圆柱形电极,与测杆相连的动电极随被测位移而轴向移动,从而改变活动电极与两个固定电极之间的覆盖面积,使电容发生变化。它用于接触式测量,电容与位移呈线性关系。

图4-23所示为差动式梳齿形容栅传感器的极板示意图。极板上制有多个栅状电极。定极板(又称长栅)上等间隔交叉配置两组极栅;动、定极板以一定间隙(δ)上下配置,构成差动结构,它实际是多个差动式变面积型电容传感器的并联;为测量大位移,长栅制成更多的栅状电极。设计这种传感器时,一般使动、定极板有相同的极距 p 和栅宽($a=b$),且 $a=b=(0.3\sim0.6)p$ 时,传感器有较好的线性度和灵敏度;还要注意选择动、定极板基体绝缘材料,它对线性度和灵敏度有影响;电极表面应覆盖保护性涂层,电极厚度应做得尽量薄。

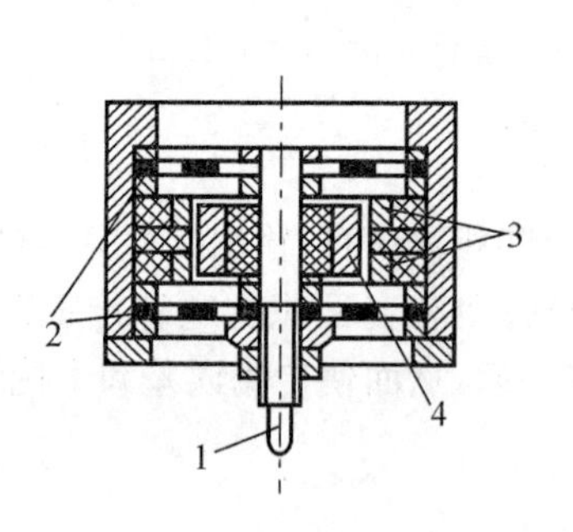

图4-22 电容式位移传感器

1—测杆;2—开槽簧片;
3—固定电极;4—活动电极

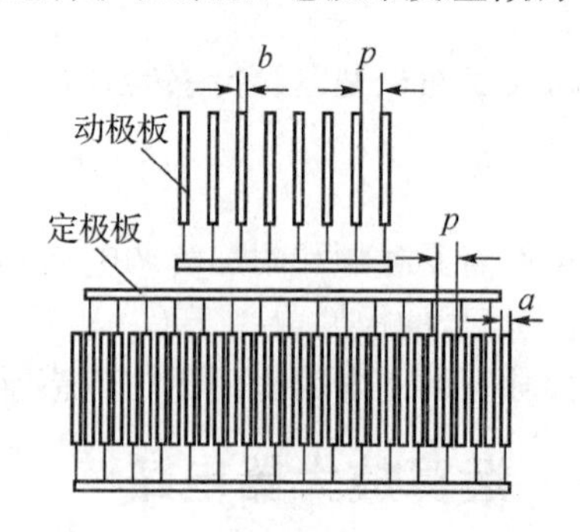

图4-23 容栅传感器的极板结构

图4-24所示为多极片型容栅传感器极板示意图。两极板(动尺和定尺)相对、平行安装,动尺上有一列多组尺寸相同、宽度为 l_0 的小发射电极片1,2,3…8,定尺上设有一列尺寸相同、宽度和间隔均为 $4l_0$ 的接收电极片。电极片间互相电绝缘。当动尺沿设定方向移动时,发射极片与接收极片间电容变化。当在发射极片1,2,3…8加激励电压时,通过电容耦合,在接收电极上产生与相对位置有关的电荷输出。采用不同的激励电压及相应的测量电路,则可得到幅值或相位与被测位移成比例关系的调幅信号或调相信号。

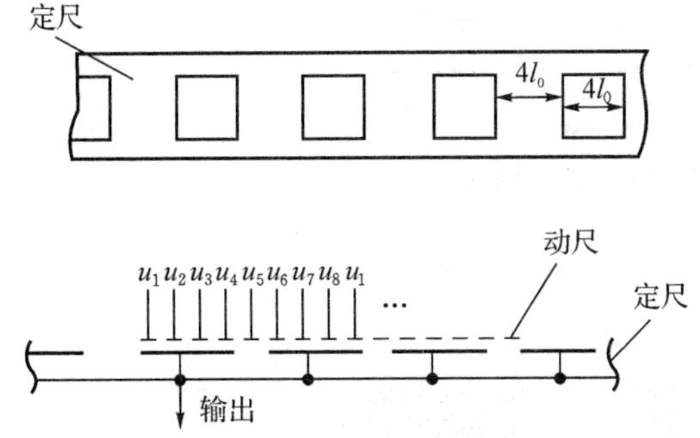

图 4-24 多极片型容栅传感器结构示意图

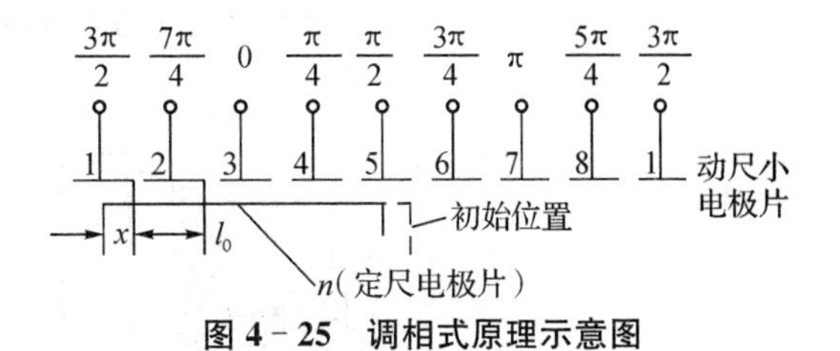

图 4-25 调相式原理示意图

调相式测量电路如图 4-24 和图 4-25 所示。容栅传感器动尺上发射电极片每八片一组,分别加上 $u_1 \sim u_8$ 八个等幅、同频、相位依次相差 $\pi/4$ 的方波激励电压。根据谐波分析理论可知方波由其基波与奇次谐波之和组成,因此仍可用正弦波进行分析。设动尺相对定尺的初始位置及各小发射电极片施加不同相位的激励电压如图 4-25 所示,且各发射电极片与接收电极片全遮盖时的电容均为 C_0,当位移 $x \leqslant l_0$(小发射电极片宽度)时,在接收电极片 n 上的感生电荷为

$$u_R = K_0 \sin(\omega t + \theta) \tag{4-36}$$

式中,$\theta = \arctan \dfrac{1-2x/l_0}{2.4142}$;$K_0 = U_m \sqrt{(1-2x/l_0)^2 + 2.4142^2}$ 为感生电压幅值,近似为一常数,ω 为激励电压角频率。通常采用相位跟踪测量法测出相位角 θ,便可测出位移 x 值。该法具有很强的抗干扰能力,但存在理论非线性误差(约为 $0.01l_0$)和高次谐波,影响测量精确度。

容栅与光栅一样具有误差平均效应,因此测量精度很高。目前已制成的电子数字显示卡尺,就是一例,它配用细分电路后,可检测 10 μm 的微位移,测量范围为 0~150 mm。

4.4.2 电容式力触觉传感器

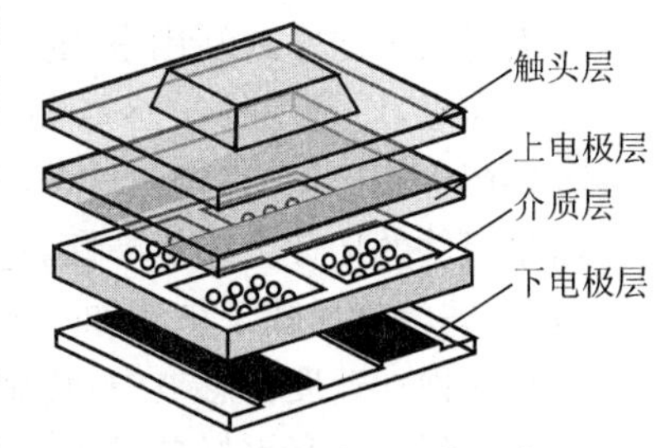

图 4-26 传感单元结构示意图

基于海绵介质层的电容式三维力触觉传感器,上下电极层采用聚酰亚胺基材,表面分别铺设 2 条带状平行铜电极,且在空间上垂直交叉,上下电极交叉区域与介质层构成 4 个平面电容 C_1、C_2、C_3 和 C_4,这种电极结构可以缓解传感器在测量时上下极板相对面积发生变化的情况,一定程度上可以减小干扰。

为测试方便,将制作的传感器固定在测试架的载物台上,调整测力计到合适位置。用铜导线连接传感器和阻抗分析仪,通过步进电机精密控制测力计的移动,分别给传感器施加法向力和切向力,阻抗分析仪测量受力下每个电容器的输出电容的变化,测得力的变化。

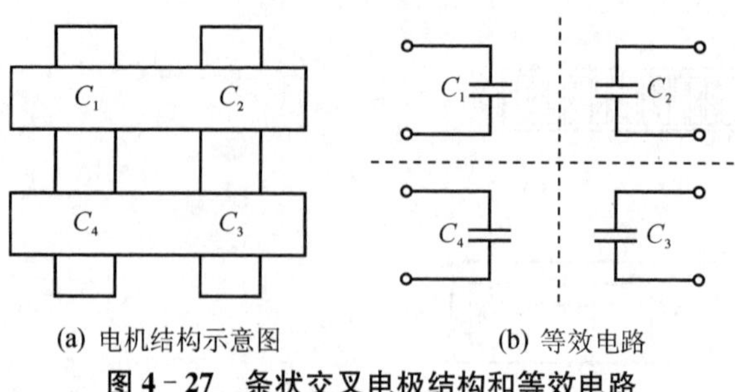

图4-27　条状交叉电极结构和等效电路

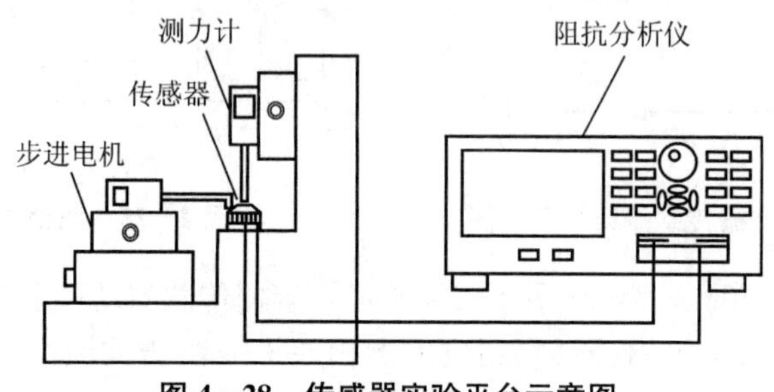

图4-28　传感器实验平台示意图

4.4.3　电容式加速度传感器

图4-29所示为由电容式传感器构成的力平衡式挠性加速度计。敏感加速度的质量组件由石英动极板及力发生器线圈组成;并由石英挠性梁弹性支承,其稳定性极高。固定于壳体的两个石英定极板与动极板构成差动结构;两极面均镀金属膜形成电极。由两组对称E形磁路与线圈构成的永磁动圈式力发生器,互为推挽结构,这大大提高了磁路的利用率和抗干扰性。

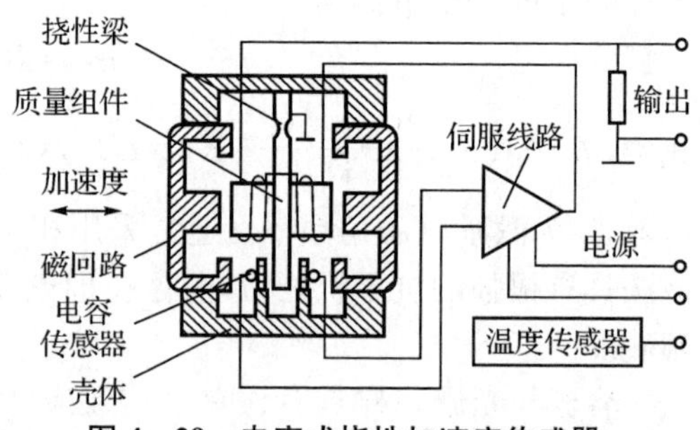

图4-29　电容式挠性加速度传感器

工作时,质量组件敏感被测加速度,使电容传感器产生相应输出,经测量(伺服)电路转换成比例电流输入力发生器,使其产生一电磁力与质量组件的惯性力精确平衡,迫使质量组件随被加速的载体而运动;此时,流过力发生器的电流,即精确反映了被测加速度值。

在这种加速度传感器中,传感器和力发生器的工作面均采用微气隙"压膜阻尼",使它比通常的油阻尼具有更好的动态特性。典型的石英电容式挠性加速度传感器的量程为0～150 m/s^2,分辨力 1×10^{-5} m/s^2,非线性误差和不重复性误差均不大于0.03% F.S。

4.4.4　电容式力和压力传感器

图4-30所示为大吨位电子吊秤用电容式称重传感器。扁环形弹性元件内腔上下平面上分别固连电容传感器的定极板和动极板。称重时,弹性元件受力变形,使动极板位移,导致传感器电容量变化,从而引起由该电容组成的振荡频率变化。频率信号经计数、编码,传输到显示部分。

图 4-31 为一种典型的小型差动电容式压差传感器结构。加有预张力的不锈钢膜片作为感压敏感元件，同时作为可变电容的活动极板。电容的两个固定极板是在玻璃基片上镀有金属层的球面极片。在压差作用下，膜片凹向压力小的一面，导致电容量发生变化。球面极片（图中被夸大）可以在压力过载时保护膜片，并改善性能。其灵敏度取决于初始间隙 δ_0，δ_0 越小，灵敏度越高。其动态响应主要取决于膜片的固有频率。这种传感器可与图 4-19 所示差动脉冲调宽电路相联构成测量系统。

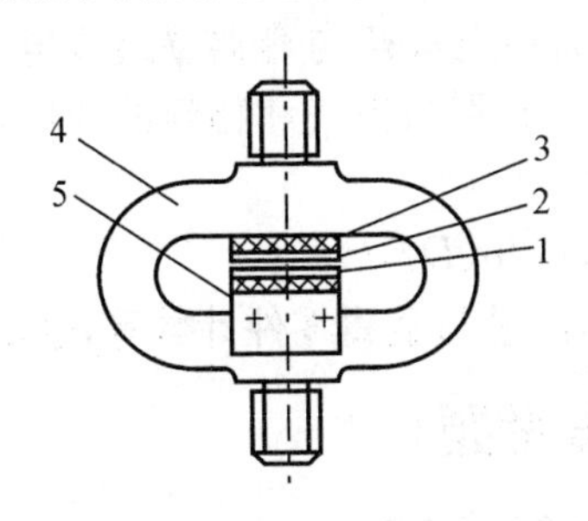

图 4-30　电容式称重传感器

1—动极板；2—定极板；3—绝缘材料；4—弹性体；5—极板支架

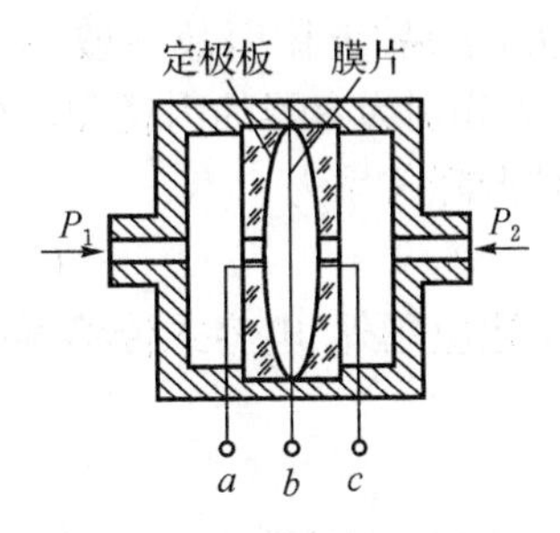

图 4-31　电容式压差传感器

4.4.5　电容式物位传感器

电容式物位传感器是利用被测介质面的变化引起电容变化的一种变介质型电容传感器。图 4-32(a)所示为用于检测非导电液体介质的电容传感器。当被测液面高度发生变化时，两同轴电极间的介电常数将随之发生变化，从而引起电容量的变化。假设被测介质的介电常数为 ε_1，而液面以上部分介质的介电常数为 ε_2，则其电容量为

$$C=\frac{2\pi\varepsilon_1 H}{\ln(D/d)}+\frac{2\pi\varepsilon_2(L-H)}{\ln(D/d)} \tag{4-37}$$

式中，H——传感器插入液面的深度；

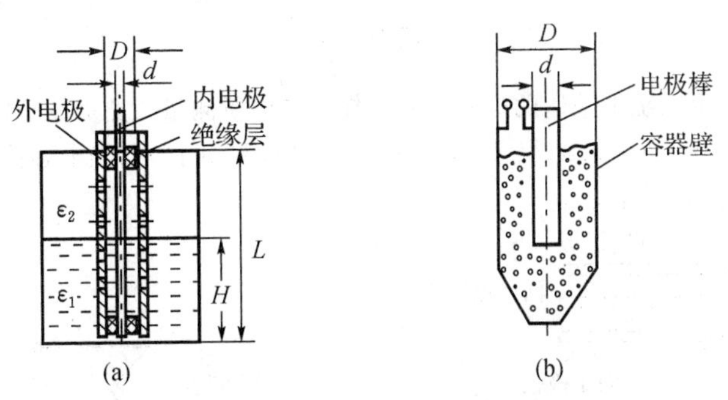

图 4-32　电容式物位传感器

(a)液位传感器；(b)料位传感器

L——两电极板相互覆盖部分的长度；

D，d——分别为外电极的内径和内电极的外径。

电容的变化为

$$C_x = C - C_0 = \frac{2\pi(\varepsilon_1 - \varepsilon_2)}{\ln(D/d)} H \tag{4-38}$$

由上式可见,两种介质介电常数差别$(\varepsilon_1 - \varepsilon_2)$愈大、极径$D$与$d$相差(即极距)愈小,传感器灵敏度就愈高。

上述原理也可用于导电介质液位的测量。这时,传感器极板必须与被测介质绝缘。

图4-32(b)所示为电容式料位传感器,用来测量非导电固体散料的料位。由于固体摩擦力较大,容易"滞留",故一般不用双层电极,而用电极棒与容器壁组成电容传感器两极。设D与d分别为容器的内径和电极棒外径;ε_0、ε分别为空气和物料的介电常数,则电容变化与物位升降关系为

$$C = 2\pi(\varepsilon - \varepsilon_0)H/\ln(D/d) \tag{4-39}$$

除上述应用外,电容式传感器还可用于转速测量与金属零件计数等,这里不再赘述。

习题与思考题

4—1 电容式传感器可分为哪几类?各自的主要用途是什么?

4—2 试述变极距型电容传感器产生非线性误差的原因及在设计中如何减小这一误差。

4—3 为什么电容式传感器的绝缘、屏蔽和电缆问题特别重要?设计和应用中如何解决这些问题?

4—4 电容式传感器的测量电路主要有哪几种?各自的目的及特点是什么?使用这些测量电路时应注意哪些问题?

4—5 为什么高频工作的电容式传感器连接电缆的长度不能任意变动?

4—6 简述电容测厚仪的工作原理及测试步骤。

4—7 试计算图P4-1所示各电容传感元件的总电容表达式。

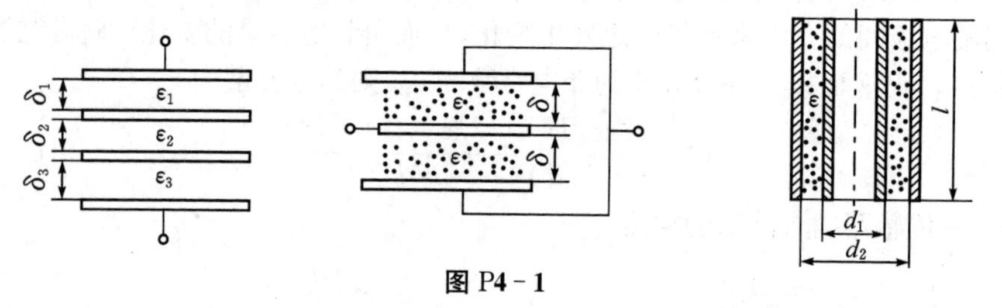

图 P4-1

4—8 在压力比指示系统中采用的电容传感元件及其电桥测量线路如图P4-2所示。已知:$\delta_0 = 0.25$ mm,$D = 38.2$ mm,$R = 5.1$ kΩ,$U = 60$ V(AC),$f = 400$ Hz。试求:当电容传感元件活动极板位移$\Delta\delta = 10$ μm时,输出电压U_o的值。

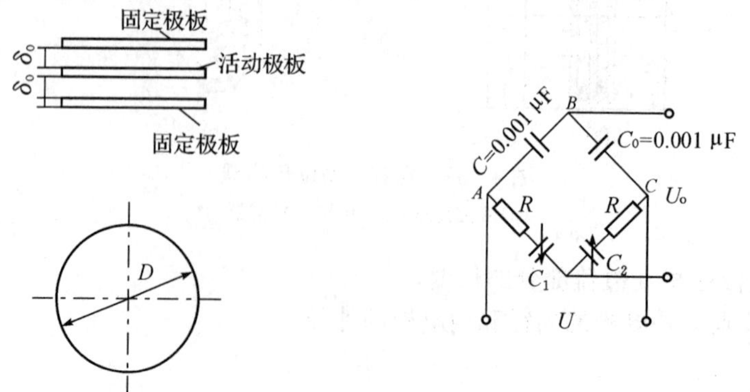

图 P4-2

4—9　变间隙(极距)式电容传感元件如图 P4-3 所示。若初始极板距离 $\delta_0=1$ mm,当电容 C 的线性度规定分别为 0.1%、1.0%、2.0%时,求允许的间隙最大变化量 $\Delta\delta_{max}=$?

4—10　有一台变极距非接触式电容测微仪,其极板间的极限半径 $r=4$ mm,假设与被测工件的初始间隙 $\delta_0=0.3$ mm,试求:

1)若极板与工件的间隙变化量 $\Delta\delta=\pm10\ \mu$m 时,电容变化量为多少?

2)若测量电路的灵敏度 $K_u=100$ mV/pF,则在 $\Delta\delta=\pm1\ \mu$m 时的输出电压为多少?

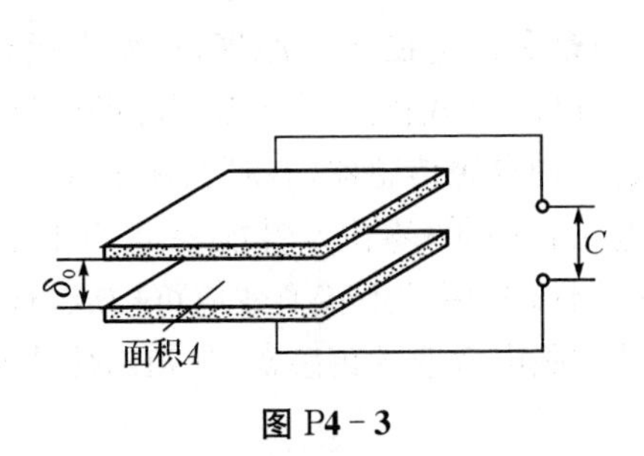

图 P4-3

图 P4-4

4—11　差动非接触式电容位移传感器如图 P4-4 所示,由四块置于空气中的平行平板组成。其中极板 A、C 和 D 是固定的,极板 B 可如图示移动,其厚度为 t,并距两边固定极板的距离为 δ。极板 B、C 和 D 的长度为 l,极板 A 的长度为 $2l$。所有极板的宽度均为 b,极板 C 与 D 之间的间隙以及边缘效应可以忽略。试导出极板 B 从中点移动 $x=\pm l/2$ 时电容 C_{AC} 和 C_{AD} 的表达式,$x=0$ 为对称位置。

4—12　图 P4-5 所示为油量表中的电容传感器简图,其中 1、2 为电容传感元件的同心圆筒(电极),3 为箱体。已知:$R_1=12$ mm,$R_2=15$ mm;油箱高度 $H=2$ m,汽油的介电常数 $\varepsilon_r=2.1$。求:同心圆套筒电容传感器在空箱和注满汽油时的电容量。

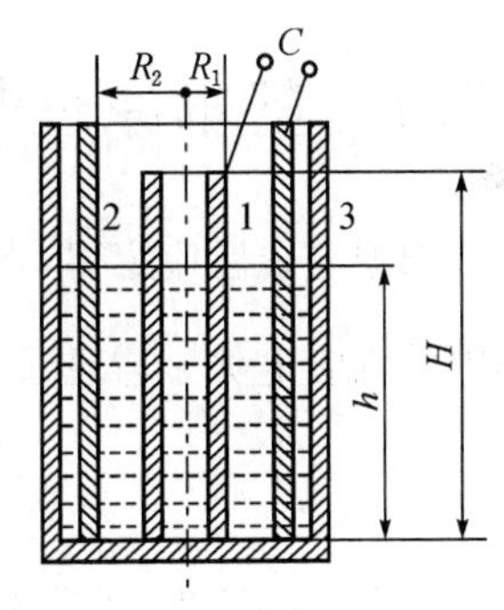

图 P4-5

4—13　图 P4-6 所示为某差动电容传感器的实用电路原理图。已知 C_1、C_2 为变间隙式差动电容,C_{L_1}、C_{L_2}、C_{L_3} 为滤波电容,其电容值远大于 C_1、C_2;U 为恒流电源,在工作中保证 $I_oR=$常数,测量电路的输出电压为 U_o。试推导出输入位移 $\Delta\delta$ 与输出电压 U_o 间的关系式,并分析之。

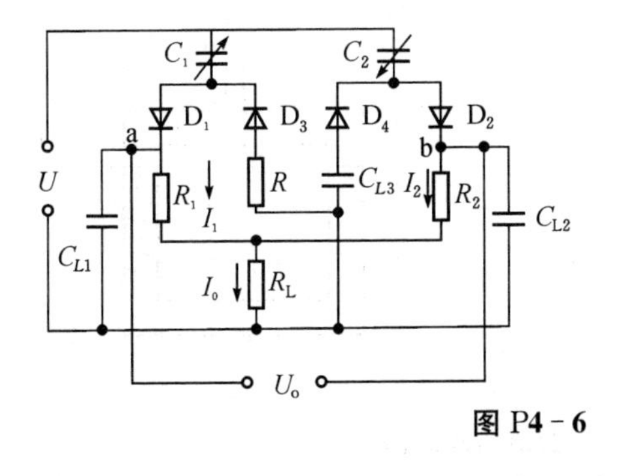

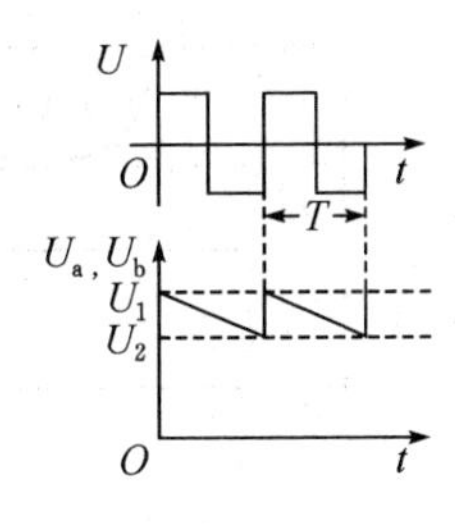

图 P4-6

第 5 章　磁电式传感器

磁电式传感器(Magnetoelectric Transducer)是利用电磁感应原理,将输入运动速度或磁量的变化变换成感应电势输出的传感器。通常的磁电式传感器不需要辅助电源,就能把被测对象的机械能转换成易于测量的电信号,是一种自源传感器,有时也称作电动式或感应式传感器。由于它有较大的输出功率,故配用电路较简单;零位及性能稳定;工作频带一般为 10～1000 Hz。磁电式传感器具有双向转换特性,利用其逆转换效应可构成力(矩)发生器和电磁激振器等。此外,本章还将介绍另类基于磁电效应的传感器,如霍尔传感器及其他磁敏传感器件。

5.1　基本原理与结构型式

根据电磁感应定律,当 W 匝线圈在均恒磁场内运动时,设穿过线圈的磁通量为 Φ,则线圈内的感应电势 e 与磁通变化率 $\frac{\mathrm{d}\Phi}{\mathrm{d}t}$ 有如下关系:

$$e=-W\frac{\mathrm{d}\Phi}{\mathrm{d}t} \tag{5-1}$$

根据这一原理,可以设计成变磁通式和恒磁通式两种结构型式,构成测量线速度或角速度的磁电式传感器。图 5-1 所示为分别用于旋转角速度及振动速度测量的变磁通式结构。其中永久磁铁 1(俗称"磁钢")与线圈 4 均固定,动铁芯 3(衔铁)的运动使气隙 5 和磁路磁阻变化,引起磁通变化而在线圈中产生感应电势,因此又可称变磁阻式结构。

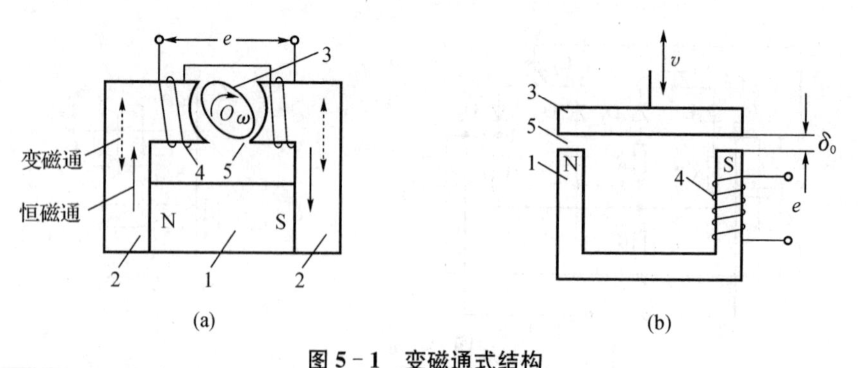

图 5-1　变磁通式结构

(a)旋转型;(b)平移型

对图 5-1(a)结构,设动铁芯的恒定角速度为 ω,线圈截面积为 A,磁路中最大与最小磁感应强度之差为 $B=B_{max}-B_{min}$,则由式(5-1)可得两磁轭 2 上互相串联的两个线圈中的感应电势 e 为

$$e = -\omega AWB\cos 2\omega t \quad (\text{V}) \tag{5-2}$$

由此可见，采用测频或测幅的方法都可以测得铁芯的平均转速。

图 5-1(b)的结构及工作原理与变气隙式电感传感器相似。通过适当的设计可使感应电势 e 与振动速度呈线性关系，从而成为振动速度的度量。

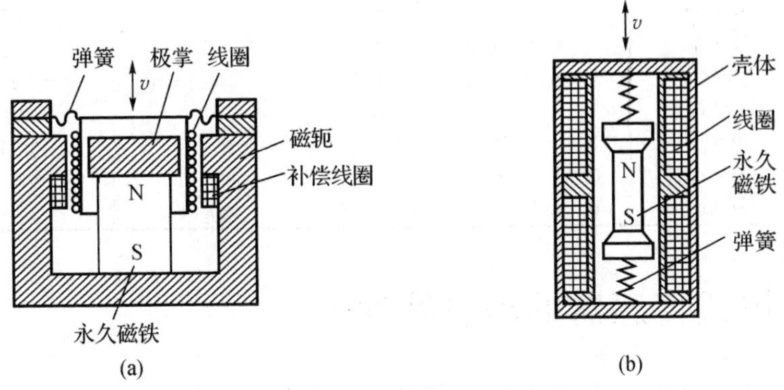

图 5-2　恒磁通式结构

(a)动圈式；(b)动铁式

在恒磁通式结构中，工作气隙中的磁通恒定，感应电势是由于永久磁铁与线圈之间有相对运动——线圈切割磁力线而产生。这类结构有两种，如图 5-2 所示。图 5-2(a)为动圈式，图中的磁路系统由圆柱形永久磁铁和极掌、圆筒形磁轭及空气隙组成。气隙中的磁场均匀分布，测量线圈绕在筒形骨架上，经膜片弹簧悬挂于气隙磁场中。当线圈与磁铁间有相对运动时，线圈中产生的感应电势 e 为

$$e = Blv \quad (\text{V}) \tag{5-3}$$

式中，B——气隙磁感应强度(T)；

l——气隙磁场中有效匝数为 W 的线圈总长度(m)为 $l = l_a W$(l_a 为每匝线圈的平均长度)；

v——线圈与磁铁沿轴线方向的相对运动速度($\text{m} \cdot \text{s}^{-1}$)。

当传感器的结构确定后，式(5-3)中 B、l_a、W 都为常数，感应电势 e 仅与相对速度 v 有关。传感器的灵敏度为

$$S = \frac{e}{v} = Bl \tag{5-4}$$

为提高灵敏度，应选用具有磁能积较大的永久磁铁和尽量小的气隙长度，以提高气隙磁感应强度 B；增加 l_a 和 W 也能提高灵敏度，但它们受到体积和重量、内电阻及工作频率等因素的限制。为了保证传感器输出的线性度，要保证线圈始终在均匀磁场内运动。设计者的任务是选择合理的结构形式、材料和结构尺寸，以满足传感器基本性能要求。

图 5-2(b)为动铁式，近似于图 5-10 振动速度传感器的简化结构，详细介绍见后。

永久磁铁材料种类很多，目前在磁电式传感器中常用的永磁合金性能列于表 5-1。

表 5-1 几种永磁合金的磁性能表

名　称	代　号	剩　磁 B_r /T	矫顽力 H_c /(A·m^{-1})	最大磁能积 $(BH)_{max}$ /(kJ·m^{-3})	备　注
铝镍 8	LN8	0.45	57	8.0	
铝镍钴 40	LNG40	1.25	48	40.0	定　向
铝镍钴 52	LNG52	1.30	56	52.0	定　向
铝镍钴钛 56	LNGT56	0.95	104	56.0	定　向
铝镍钴钛 72	LNGT72	1.05	107	72.0	定　向
铂钴合金	PtCo	0.60～0.64	370～410	56～76	工艺性较好,但稀贵
钐　钴 5	SmCo5	0.70～1.00	480～720	96～160	
钐　钴 7	SmCo7	0.75～0.90	400～480	120～145	

5.2 磁电式传感器的动态特性

我们可以把图 5-2 所示的传感器,等效为一个集中参数“m-k-c”的二阶系统,如图 5-3 所示。其中:质量块 m 为对应于图 5-2(a)中的线圈组件和(b)中的永久磁铁,k 为弹簧弹性系数,阻尼 c 大多是由金属线圈骨架相对磁场运动产生的电磁阻尼提供的,有的传感器专设有空气阻尼器。测量物体振动时,传感器壳体与振动体刚性固连,随被测体一起振动。当质量块 m 较大,弹簧弹性系数 k 较小,被测体振动频率足够高时,可以认为质量块的惯性很大,来不及跟随壳体一起振动,以至接近于静止不动,这时振动能量几乎全被弹簧吸收,弹簧的变形量接近等于被测体的振幅。符合这种情况的称之为惯性式传感器。

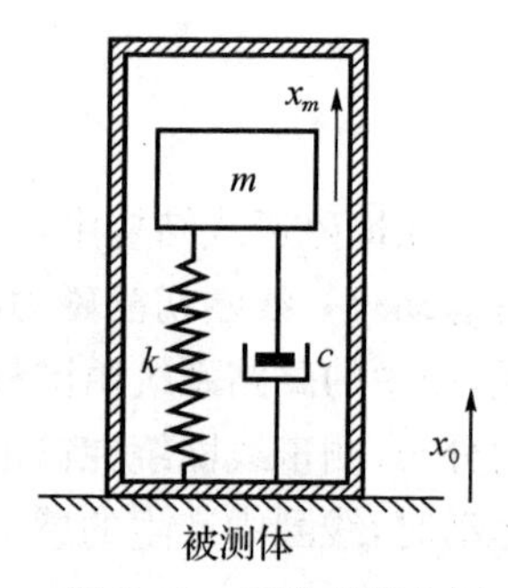

图 5-3 二阶系统力学模型图

现在我们通过图 5-3 所示的二阶系统,来分析磁电式传感器的动态特性。

x_0 和 x_m 分别为振动物体和质量块的绝对位移,则质量块与振动体之间的相对位移 x_t 为

$$x_t = x_m - x_0 \tag{5-5}$$

由牛顿第二定律可得到质量块的运动方程为

$$m\frac{d^2x_m}{dt^2} + c\frac{dx_m}{dt} + kx_m = c\frac{dx_0}{dt} + kx_0 \tag{5-6}$$

由上式可求出相对于输入 x_0 的输出 x_m。通过式(5-5),即可转换成振动体相对于质量块之输出 x_t 的传递函数

$$\frac{x_t}{x_0}(s) = \frac{-s^2}{s^2 + 2\xi\omega_0 s + \omega_0^2} \tag{5-7}$$

当振动体作简谐振动时,即当输入信号 x_0 为正弦波时,其频率传递函数为

$$\frac{x_t}{x_0}(j\omega) = \frac{\left(\frac{\omega}{\omega_0}\right)^2}{1 - \left(\frac{\omega}{\omega_0}\right)^2 + 2\xi\left(\frac{\omega}{\omega_0}\right)j} \tag{5-8}$$

所以，幅频特性为

$$A(\omega)_x=\left|\frac{x_t}{x_0}\right|=\frac{\left(\frac{\omega}{\omega_0}\right)^2}{\sqrt{\left[1-\left(\frac{\omega}{\omega_0}\right)^2\right]^2+\left[2\xi\left(\frac{\omega}{\omega_0}\right)\right]^2}} \tag{5-9}$$

相频特性为

$$\varphi(\omega)_x=-\arctan^{-1}\frac{2\xi\left(\frac{\omega}{\omega_0}\right)}{1-\left(\frac{\omega}{\omega_0}\right)^2} \tag{5-10}$$

上式中：$\omega_0=\sqrt{k/m}$ 为固有频率；$\xi=c/2\sqrt{mk}$ 为阻尼比。

由式(5－9)可绘成如图 5－4 所示的频响特性。

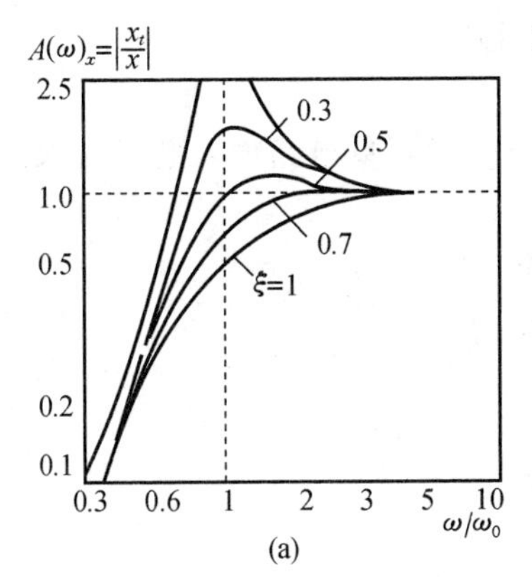

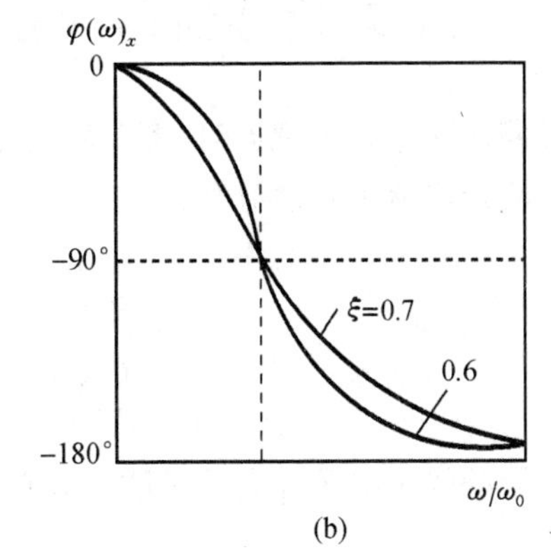

图 5－4　磁电式传感器的频响特性

(a)幅频特性；(b)相频特性

由图 5－4 可见，当 $\omega \gg \omega_0$ 即振动体的频率比传感器的固有频率高得多时，则振幅比接近于 1；表明质量块与振动体之间的相对位移 x_t 就接近等于振动体的绝对位移 x_0，此时，传感器的质量块即相当于一个静止的基准。磁电式传感器就是基于上述原理测量振动的。

由图 5－4 可见：

(1)当被测体的振动频率 ω 低于传感器的固有频率 ω_0，即$(\omega/\omega_0)<1$ 时，传感器的灵敏度随频率而明显地变化。在图 5－5 中，对应为起始段 $v_A \sim v_B$。

(2)当被测体振动频率远高于传感器的固有频率时，一般取$(\omega/\omega_0)>3$，灵敏度接近为一常数，它基本上不随频率变化。在这一频率范围内(图 5－5 中的 $v_B \sim v_C$ 段)，传感器的输出电压与振动速度成正比。这一频段即传感器的工作频段，或称作频响范围。这时传感器可看作一个理想的速度传感器。

(3)当频率更高时，由于线圈阻抗的增加，灵敏度也随着频率的增加而下降。

必须指出，以上结论是对惯性式磁电传感器而言的。一般固有频率 $\omega_0=10$ Hz，较好的低频传感器可做到 $\omega_0=4.5$ Hz，上限频率为 200 Hz～1 kHz。对于动圈与测杆相固连的直接式磁电传感器，其上限工作频率取决于传感器的弹簧弹性系数 k。一般说来，直接式传感器的频响范围可从零到几百赫兹，高至 10 kHz。

对于图5-2(a)所示传感器,永久磁铁与传感器壳体固定在一起,而线圈组件通过弹性系数k很小的弹簧与外壳相连,因而,当振动的频率远远高于传感器的固有频率时,线圈组件就接近静止不动,而永久磁铁跟随振动体振动。这样线圈组件与永久磁铁之间的相对位移或速度就十分接近振动体的绝对位移或振动速度。

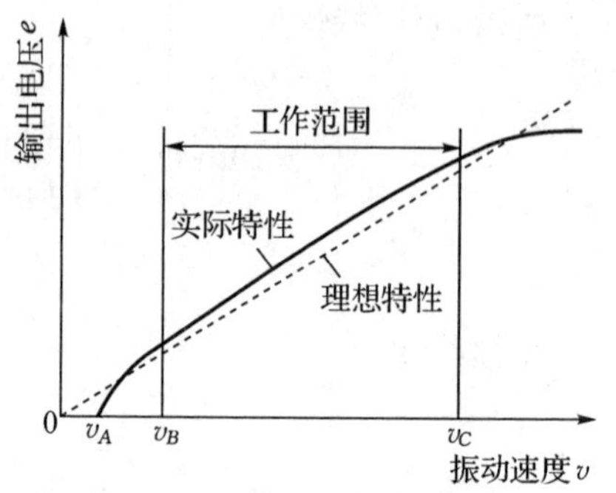

图5-5 磁电式传感器的输出特性

对于结构已经确定的传感器,相关结构参数都可看作常数,可以做出传感器的输出特性如图5-5所示。图中虚线为理想直线,实际输出特性存在局部的非线性。

5.3 磁电式传感器的误差及补偿

实际使用磁电式传感器时,都要后接测量电路。设测量电路输入电阻为R_L,则传感器的输出电流及电流灵敏度分别为

$$i_o=\frac{e}{R+R_L}=\frac{Bl_aW}{R+R_L}\cdot v \quad (\mathrm{A}) \tag{5-11}$$

$$S_i=\frac{i_o}{v}=\frac{Bl_aW}{R+R_L} \quad \times10^{-8}(\mathrm{A/(cm\cdot s^{-1})}) \tag{5-12}$$

传感器的输出电压和电压灵敏度分别为

$$e_o=i_oR_L=Bl_aW\cdot\frac{R_L}{R+R_L}\cdot v\times10^{-8}(\mathrm{V}) \tag{5-13}$$

$$S_u=\frac{e_o}{v}=Bl_aW\cdot\frac{R_L}{R+R_L}\times10^{-8}(\mathrm{V/(cm\cdot s^{-1})}) \tag{5-14}$$

当传感器的工作温度发生变化、或受到外界磁场的干扰、或受到机械振动和冲击时,其灵敏度将发生变化,从而产生测量误差。相对误差公式可由式(5-12)导出

$$\gamma=\frac{\mathrm{d}S_i}{S_i}=\frac{\mathrm{d}B}{B}+\frac{\mathrm{d}l_a}{l_a}-\frac{\mathrm{d}R}{R} \tag{5-15}$$

5.3.1 非线性误差

磁电式传感器产生非线性的主要原因是,由于传感器线圈输出电流i变化产生的附加磁通Φ_i叠加于永久磁铁产生的气隙磁通Φ上,使恒定的气隙磁通变化,如图5-6所示。当传感器线圈相对于永久磁铁向上的运动速度增大时,将产生较大的感应电势E和较大的电流I,而产生的附加磁场方向与原工作磁场方向相反,减弱了工作磁场的作用,从而使传感器的灵敏度随着被测速度的增大而降低。当线圈向相反方向运动时,感应电势E、感应电流I都反向,产生的附加磁场方向与工作磁场同向,因而传感器的灵敏度增大了。传感器灵敏度随被测速度的大小和方向的改变而变化,结果使得传感器输出的基波能量降低,谐波能量增加,即这种非线性同时伴随着传感器输出的谐波失真,而且传感器灵敏度越高,线圈中电

流越大，这种非线性将越严重。

为补偿上述附加磁场干扰，可在传感器中加入补偿线圈，如图5－2(a)所示。补偿线圈通以被放大K倍的电流i_k。适当选择补偿线圈的参数，可使其产生的交变磁通与传感器线圈本身所产生的交变磁通互相抵消。

气隙磁场不均匀也是造成传感器非线性误差的原因之一。图5－7所示的结构中，对轴向充磁磁钢，在软磁材料导磁帽上用机械方法强行固定一个与主磁钢充磁方向相反的铂钴磁片，把主磁钢的磁力线大部分压到工作气隙中，减少了轴向漏磁，提高了磁钢的利用系数，提高了磁场的均匀性，大大减小非线性误差。

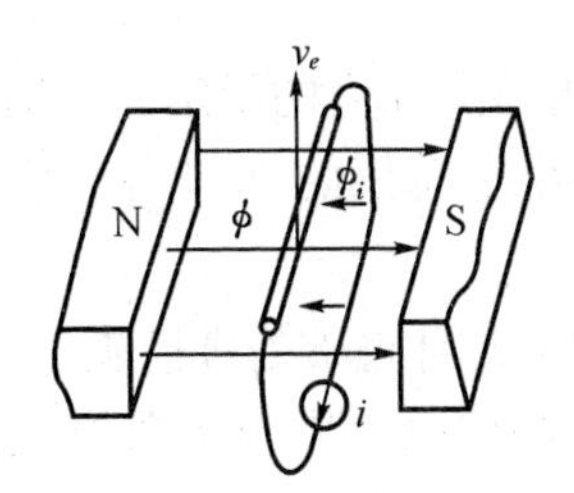

图5－6　传感器电流i的磁场效应

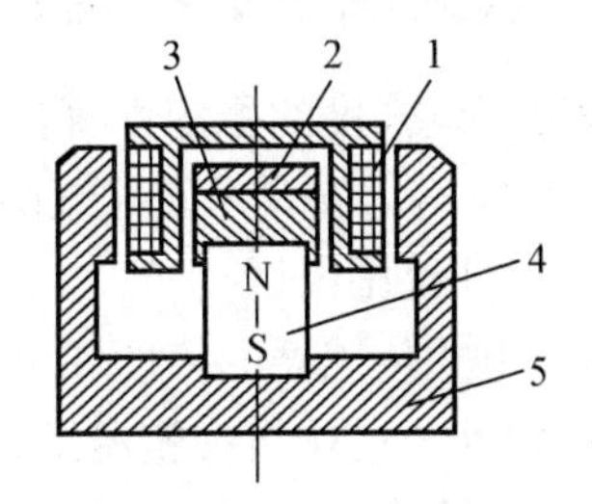

图5－7　采用反向磁片的轴向充磁磁路

1—动圈；2—铂钴磁片；3—磁帽；4—磁钢；5—轭铁

5.3.2　温度误差

温度的变化，将导致线圈匝长及导线电阻率的变化、磁阻的变化及磁导率的变化等。式(5－15)中的B、l_a、R都随温度而变化。对铜导线，每摄氏度的变化量为：$(\mathrm{d}l_a/l_a)\approx0.167\times10^{-4}$；$(\mathrm{d}R/R)\approx0.43\times10^{-2}$；对第一类永磁材料，$(\mathrm{d}B/B)\approx-0.02\times10^{-2}$。这样由式(5－15)可得

$$\gamma\approx(-4.5\%)/10\ ℃$$

这个数值是很可观的。所以需要进行温度补偿。通常采用热磁补偿合金来实现。图5－8所示是前述磁电式传感器的逆转换器，它用作挠性陀螺仪的力矩器。径向充磁的永久磁铁与高导磁材料的陀螺转子构成磁路系统；置于气隙中的固定线圈通以直流电后产生作用于陀螺转子的力矩。采用热磁补偿合金1J32做成薄片(厚度0.05～0.10 mm)胶接在磁钢两端面作磁分流环。补偿合金是具有很大负温度系数的铁镍合金，其磁导率随温度的改变接近线性关系。由于磁分流环很薄，在正常工作温度下处于磁饱和状态，将永久磁铁形成的气隙磁通分流一部分。当温度上升时，永久磁铁中的磁感应强度B_m因负温度系数而下降，使气隙磁感应强度B有所下降。但由于热磁补偿合金构成的分磁路磁阻随温度升高而线性增大，使原来经它分流的磁通有一部分通不过去，只得通过工作气隙，这就使气隙磁通量密度B略有回升。

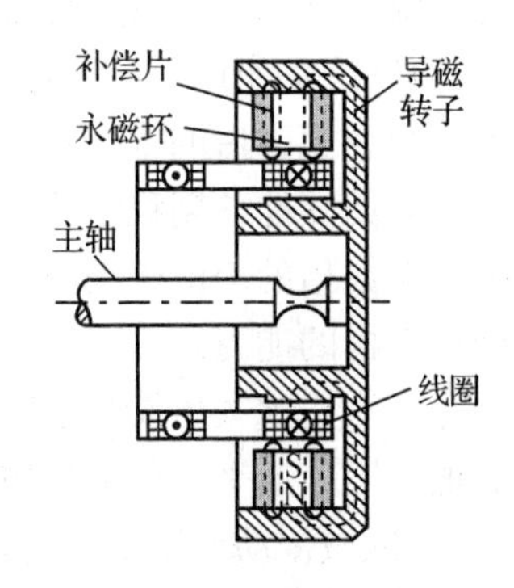

图5－8　挠性陀螺力矩器中采用的热磁温度补偿

设永久磁铁的磁通为Φ_m；磁分流环磁通和磁感应强度分别为Φ_n和B_n；A_m、A_n、A分

别为永久磁铁、磁分流环、工作气隙的磁路截面积,则气隙磁通和磁感应强度为

$$\Phi=\Phi_m-\Phi_n \tag{5-16}$$

$$B=\frac{1}{A}(B_mA_m-B_nA_n) \tag{5-17}$$

由式(5-16)和式(5-17),如果正确调整垂直于磁通方向的分磁路截面积,使之在温度变化时满足 $\Delta\Phi_n=\Delta\Phi_m$,就能保证气隙磁感应强度 B 不随温度而变化,实现温度补偿。目前最好的方法是磁分流补偿,补偿精度可达(2.5～3.0)$\times10^{-5}$/℃。

5.3.3 永久磁铁的稳定性

永久磁铁磁感应强度的稳定性直接影响工作气隙中磁感应强度的稳定性。欲使磁电式传感器精度达到0.2%,就要求磁路气隙磁通值的变化率小于总值的0.05%。更高的稳定性在 1×10^{-4}/30 d 范围内。

为了保证磁电式传感器的精度和可靠性,一般采取如下几种稳磁处理措施。

(1)时间稳定性　这是指在室温下长时间放置所引起的时效。它与永久磁铁材料本身的矫顽力 H_c 和磁铁的尺寸比(对圆柱形磁铁即长径比 l/d)有关。矫顽力越高、尺寸比越大,则越稳定。

为了使永久磁铁在使用过程中保持稳定,用交流强制退磁的办法可以获得良好的效果。交流强制退磁的程度由永久磁铁的使用状态和材料决定,对于 AlNiCo8 等材料,一般在3%～5%左右。这种把永久磁铁充磁饱和以后,再进行少量交流退磁的方法,叫作“小电流老化”,或叫作去“虚磁”。

(2)温度稳定性　为使传感器能在非室温条件下使用,必须进行高低温时效稳磁处理。如要求永久磁铁在 T_1～T_2 的温度范围内使用,则把充磁后的永久磁铁反复多次地置于高于 T_2 及低于 T_1 下保温4～5 h,进行3～5个循环。实际上就是对永磁材料及磁路内各材料进行温度冲击。经过这种处理后,虽然 B_m 的数值减小了,但随温度的变化也减小了。

(3)外磁场作用下的稳定性　传感器工作环境中,会有一些外磁场源,如变压器、通电线圈等。而且充磁后的永久磁铁在存放、运输和装配过程中,总是处在永久磁铁相互产生的磁场中。为使其能长期稳定地工作,应进行“人工老化”,即选一个比工作过程中遇到最大的干扰磁场大数倍的交流磁场作用到永久磁场上,强迫其工作点稳定下来,从而增强永久磁铁抗外磁场干扰的能力。

为了防止永久磁铁与铁磁性物质接触而引起磁性能减小,应该用非磁性材料制成的防护屏把它屏蔽起来。屏蔽材料通常用塑料或黄铜。

(4)机械振动作用下的稳定性　冲击和振动都能引起永久磁铁的退磁。这种作用除了由于反复的机械应变而使磁畴排列变乱外,还促使组织的变化。由冲击、振动而引起的退磁程度和永磁体内部的结构有密切关系。一般将充磁后的永久磁铁按一定技术要求,先经受约千次的振动和冲击试验;振动、冲击值取今后工作中可能遇到的最大值。如在航空、航天技术中,永久磁铁承受的振动为:频率20～2000 Hz,过载50～100 m/s^2,时间4 min;承受冲击为100～500 m/s^2,时间为6 ms。经振动、冲击试验后的永磁体,一般退磁率为1%～2%,但提高了抗振动和冲击的能力。

为防止导线及线圈骨架材料中含铁磁物质而影响性能,可采用无磁性漆包线绕制线圈

及用陶瓷等作为线圈骨架。

5.4　两种磁电式传感器

5.4.1　动铁式振动传感器

图 5－9 所示为动铁式振动速度传感器的结构图。它是一种惯性式传感器。主要由线圈组件(线圈及其骨架)与磁钢组成,其活动质量是一个由上下两个圆柱形弹簧支承的活动磁钢,磁钢在一内壁经镀铬研磨的不锈钢导向套筒中活动,磁钢套筒的两端用两个堵头焊封,使磁钢)弹簧和堵头成为不可拆的整体。两个线圈绕在非导磁性金属(无磁不锈钢)骨架上,并与壳体固连,两个线圈的连接应保证其产生的电动势为相加。骨架内壁固定着导向套筒与线圈骨架都起电磁阻尼作用。

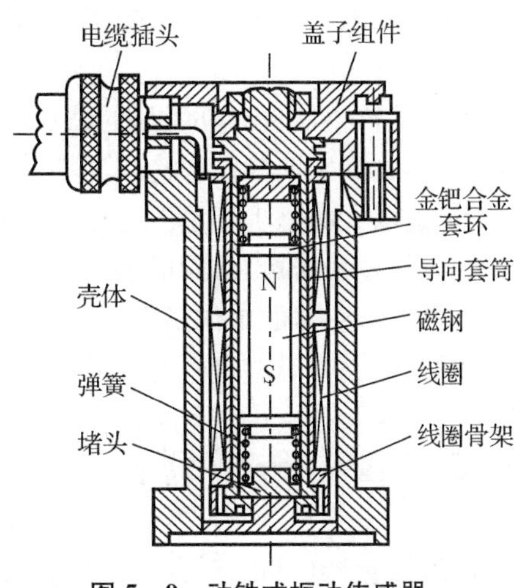

图 5－9　动铁式振动传感器

传感器壳体用磁性材料做成,它既作为导磁体,又可以起到磁屏蔽作用。在测量过程中,磁力线穿过导向套筒、骨架和线圈后,经壳体构成闭合磁路。当被测物体振动时,磁钢随着物体振动而震动,从而与线圈发生相对运动,传感器输出正比于振动速度的电压信号,从而可以通过测量磁钢与线圈之间的相对运动速度,测量出振动体的振动速度。

动铁式传感器有着明显的优点,传感器壳盖可以起着良好的密封和绝热作用,工作频率范围较大,一般 45～1500 Hz,固有频率 15 Hz 左右,灵敏度高,可达到 400 mV/(cm·s^{-1})。

5.4.2　动圈式振动传感器

图 5－10 所示为接触型动圈式振动速度传感器结构。磁钢的磁力线通过导磁的壳体支架、工作气隙构成磁回路。磁钢中孔内的芯轴与其一端固定的线圈构成质量系统。这种传感器的弹簧片弹性系数 k 不能太小。使用时,传感器固定在被测物上,顶杆顶在固定不动的参考面上;或传感器固定不动,顶杆顶在振动体上。但都必须给弹簧片一定的预压力,以保证顶杆在弹簧恢复力的作用下跟随振动体一起振动。因此,线圈和磁钢之间的相对运动速度等于振动体的振动速度,传感器输出正比于振动速度的电压信号。

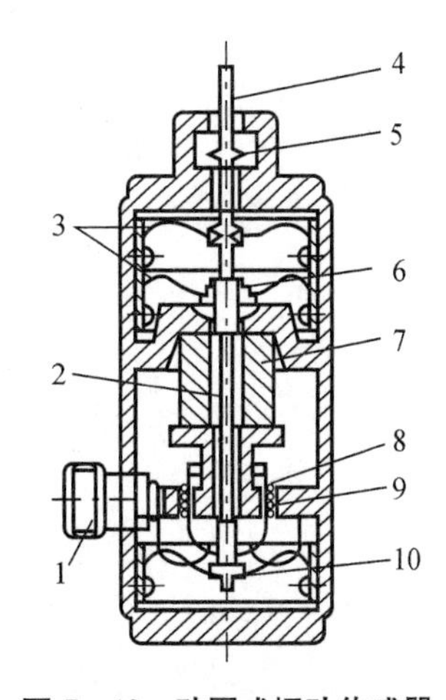

图 5－10　动圈式振动传感器

1—插座；2—芯轴；3、10—弹簧片；4—顶杆；5—限幅块；6—球铰链；7—永久磁铁；8—线圈；9—气隙

该传感器的使用频率上限取决于弹簧片弹性系数 k 的大小;k 值大,可测频率范围就高;反之,可测频率范围

就低。而其频率下限可从零频开始,故它适用于低频振动速度的测量。

此种传感器如取消顶杆,合理选择 m、k、c 参数,也可设计成惯性式传感器。

5.4.3 磁电式传感器的优缺点

磁电式传感器输出阻抗低(几十欧至几千欧),可降低对绝缘和后接测量仪器的要求,电缆的噪声干扰也大为减小,这是它突出的优点。其次,传感器的输出电压信号便于直接放大指示,如果要求指示出振动振幅或加速度,只要在放大器中附加适当的积分或微分电路就能方便地得到。

磁电式传感器也有其明显的缺点。例如,传感器中有容易磨损的活动部件,磨损导致性能变化,为此需定期检修。检修周期一般几百小时,长的3000～5000 h。在强冲击振动、高温、干扰磁场大等恶劣环境下工作的传感器可能要随时检修,检修后需重新标定灵敏度、线性度等主要技术指标,从而增加了使用成本。

磁电式传感器的工作温度也不能太高,一般在120 ℃以下,特殊的可达425 ℃。这是由于其线圈、磁钢等耐温有限。此外,传感器的频响范围也有限,一般低于2000 Hz。

5.5 霍尔传感器

霍尔传感器(Hall Sensor)同下述其他磁敏传感器件一样,都是能敏感磁场的变化,并将其转换成电信号输出的传感器,目前应用日趋广泛。

5.5.1 霍尔元件及霍尔效应

霍尔元件是利用霍尔效应制作的一种磁电转换元件。如图5-11,一块长为 l,宽为 w,厚为 d 的N型半导体薄片。在 l 的两端制有面接触型输入电流极(控制电极),在 w 的两端制有点接触型输出电压极(霍尔电极),即构成了霍尔元件。将它置于磁感应强度为 B 的磁场中,B 垂直于 l-w 平面。当沿 l 向通以电流 I 时,N型半导体中的载流子(电子)将受到磁场 B 产生的洛仑兹(Lorentz)力 F_L 的作用而向一侧面偏转,使该侧面上形成电子积累,而相对的另一侧面上则因缺少电子而出现等量的正电荷,从而在这两个侧面间形成霍尔电场 E_H(P型半导体的电场方向与此相反)和电位差 U_H,即霍尔电势:

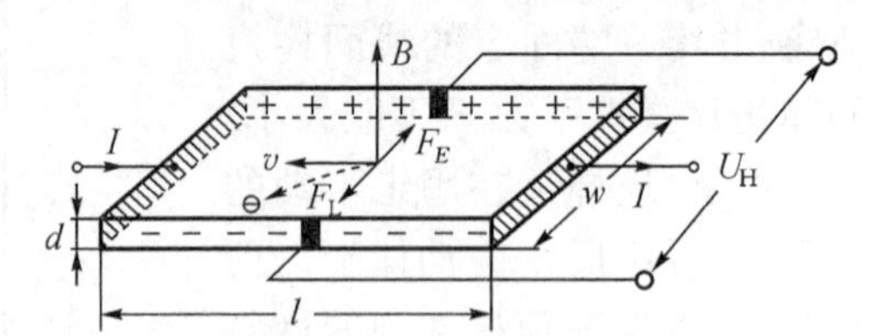

图5-11 霍尔元件及霍尔效应原理图

$$U_H = \frac{1}{en} \cdot \frac{IB}{d} = R_H \frac{IB}{d} \tag{5-18}$$

式中:$R_H = 1/en$ 称为霍尔系数(符号:P型半导体取"+",N型半导体取"-"),与材料本身的载流子浓度 n 有关;e 为电子电量。因为 U_H 随 I 而变,I 称为元件的控制电流。

这种由导电材料(金属导体或半导体)中电流与外磁场相互作用而产生电动势的物理现

象称为霍尔效应。通常,把式(5-18)改写成

$$U_H=\frac{R_H}{d}IB=K_H IB \tag{5-19}$$

式中

$$K_H=\frac{R_H}{d}=\frac{U_H}{IB} \quad (\mathrm{V/A\cdot T}) \tag{5-20}$$

称为霍尔元件的灵敏度。

由式(5-19)可见,厚度 d 愈小,则 U_H 越大,元件越灵敏。利用砷化镓外延层或硅外延层为工作层的霍尔元件,d 可以薄到几微米(l 和 w 可小到几十微米)。利用外延层还有利于霍尔元件与配套电路集成在一块芯片上。因 $K_H=R_H/d=(end)^{-1}$,外延层的电阻率越高(n 越小),则元件越灵敏。深入的分析还表明,载流子电子的迁移率(μ)越高,则器件越灵敏。半导体的电子迁移率远大于空穴,所以霍尔元件大多采用N型半导体。砷化镓霍尔元件的灵敏度高于硅霍尔元件。霍尔电极位于 $l/2$ 处,是因为这里的 U_H 最大。

5.5.2　霍尔元件主要特性参数

(1)乘积灵敏度 K_H　即单位磁感应强度和单位控制电流下所得到的开路($R_L=\infty$)霍尔电势。

(2)额定控制电流 I_{cm}　指空气中的霍尔元件产生允许温升 $\Delta T=10$ ℃时的控制电流:

$$I_{cm}=w\sqrt{2\alpha_s d\Delta T/\rho} \tag{5-21}$$

式中:α_s 为元件的散热系数,ρ 为元件工作区的电阻率。一般 I_{cm} 为几毫安到几百毫安,与元件所用材料及其尺寸有关。

(3)输入电阻 R_i、输出电阻 R_o　R_i 为霍尔元件两电流电极之间的电阻,R_o 为两个霍尔电极之间的电阻。

(4)不等位电势 U_o 和不等位电阻 r_o　无外磁场时,霍尔元件在额定控制电流下,两霍尔电极之间的开路电势称为不等位电势 U_o。它是由于工艺制备限制,使两个霍尔电极位置不能精确同在一等位面上造成的输出误差,要求 U_o 愈小愈好,一般要求 $U_o<1$ mV。

不等位电阻定义为 $r_o=U_o/I_{cm}$,即两个霍尔电极之间沿控制电流方向的电阻。r_o 愈小愈好。

(5)寄生直流电势 U_{oD}　当不加外磁场,元件通以交流控制电流时,霍尔元件输出端除出现交流不等位电势以外,如还有直流电势,则称之为寄生直流电势。产生 U_{oD} 的原因主要是元件本身的四个电极没有形成欧姆接触,有整流效应。

(6)霍尔电势温度系数 α　即:在一定的磁感应强度和控制电流下,温度每变化1℃时的霍尔电势的相对变化率。α 有正负之分,α 为负表示元件的 U_H 随温度升高而下降;α 愈小愈好。砷化镓霍尔元件为 10^{-5}/℃数量级,锗、硅元件为 10^{-4}/℃数量级。

(7)工作温度范围　由于在式(5-18)中含有电子浓度 n,当元件温度过高或过低时,n 将随之大幅度变大或变小,使元件不能正常工作。锑化铟的正常工作温度范围是0～+40℃,锗为-40～+75℃,硅为-60～+150℃,砷化镓为-60～+200℃。

5.5.3 不等位电势和温度误差的补偿

1. 不等位电势的补偿

霍尔元件在制造过程中要完全消除不等位电势是很困难的，因此有必要利用外电路来进行补偿。

在直流控制电流的情况下，不等位电势的大小和极性与控制电流的大小和方向有关。在交流控制电流的情况下，不等位电势的大小和相位随交流控制电流而变。另外，不等位电势与控制电流之间并非线性关系，而且 U_o 还随温度而变。

为分析不等位电势，可将霍尔元件等效为一电阻电桥，不等位电势 U_o 就相当于电桥的不平衡输出。因此，所有能使电桥平衡的外电路都可以用来补偿不等位电势。但应指出，因 U_o 随温度变化，在一定温度下进行补偿以后，当温度变化时，原来的补偿效果会变差。

图 5 - 12(a)是不对称补偿电路，在未加磁场前，用调节 R_w 可使 U_o 为零。由于 R_w 与霍尔元件的等效桥臂电阻之电阻温度系数不相同，当温度变化时，初始的补偿关系将被破坏。但这种方法简单、方便，在 U_o 不大时，对元件的输入、输出信号影响不大。图 5 - 12(b)为五端电极的对称补偿电路，对温度变化的补偿稳定性要好，缺点是使输出电阻增大。

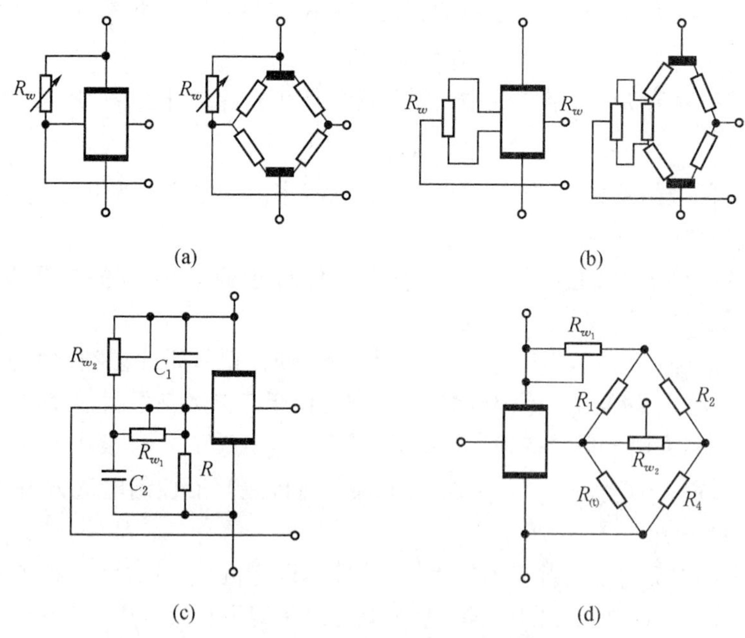

图 5 - 12　几种不等位电势的补偿电路

当控制电流为交流时，可用图 5 - 12(c)的补偿电路，这时不仅要进行幅值补偿，还要进行相位补偿。

图 5 - 12(d)把不等位电势 U_o 分成恒定部分 U_{OL} 和随温度变化部分 ΔU_o，分别进行补偿。U_{OL} 相应于允许工作温度下限 t_L 时的不等位电势。电桥的一个臂接入热敏电阻 $R(t)$。设温度 t_L 时电桥已调平衡，不平衡电势 U_{OL} 用调节 R_{w_1} 进行补偿。设工作温度上限 t_H 时，不等位电势增加了 ΔU_o，则用调节 R_{w_2} 进行补偿。适当选择热敏电阻 $R(t)$，可使从 t_L 到 t_H 之间各温度点都能得到较好的补偿。当 $R(t)$ 与霍尔元件用相同材料，则可以达到相当

高的补偿精度。

2. 温度误差及其补偿

霍尔元件的霍尔系数 R_H、电阻率 ρ 和载流子迁移率 μ 都是温度的函数，因此 U_H、输入电阻 R_i 和输出电阻 R_o 也都是温度的函数，从而在使用中会产生温度误差。所以，一方面要采用温度系数小的元件，另一方面应根据精度要求进行温度误差补偿。

图5-13为一种桥路补偿法原理图。霍尔元件 H 的不等位电势用调节 R_w 的方法进行补偿。在霍尔输出电极上串入一个温度补偿电桥，电桥的四个臂均为等值锰铜电阻，其中一臂并联热敏电阻 R_t。当温度改变时，由于 R_t 的灵敏变化，使补偿电桥的输出电压相应改变。只要仔细调整补偿电桥的温度系数，可以达到在±40℃温度范围内，由 C、D 所得的霍尔电势与温度基本无关。

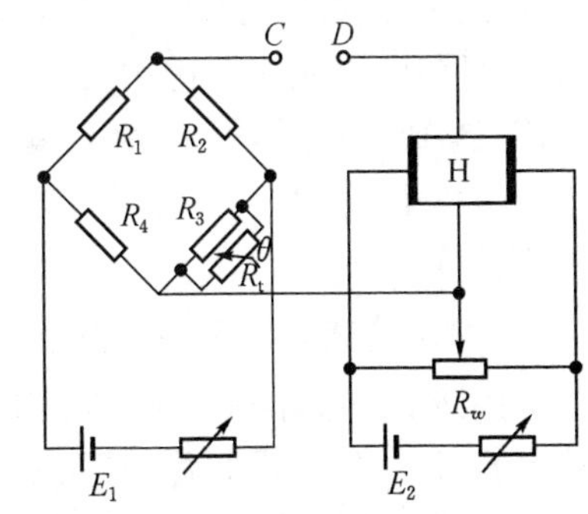

图5-13　一种温度补偿原理图

5.5.4　霍尔传感器应用

1. 霍尔传感器测量电流

霍尔电流传感器产品因具有良好的精度及线性度、检测电压与输出信号高度隔离、高可靠性、低功耗以及维修更换方便等优点，广泛应用于航空航天、通信、仪表以及铁路等军品和民品领域。

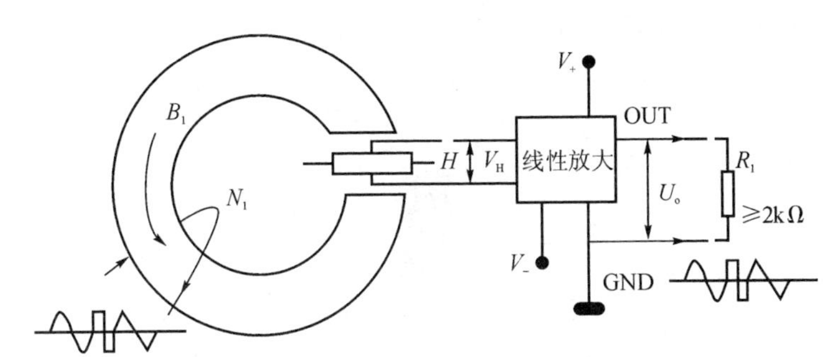

图5-14　开环式霍尔电流传感器原理框图

开环式霍尔电流传感器的原理如图5-14所示。根据安培定律，原边被测电流 $I_1 \times N_1$ 将产生与电流成正比的磁场 B_1，开口磁环气隙内的磁敏芯片直接测量 B_1 的强弱，输出霍尔电压 V_H，V_H 经线性放大后输出电压 U_o。当被检测电流为零时，开口磁环内零磁通，磁敏芯片的零点输出电压为供电电压的一半，即 $V_+/2$，当有被检测电流穿过开口磁环时，开口磁环气隙内的霍尔芯片会检测到磁环的磁通变化，将在零点电压的基础上输出一个与磁通变化量成正比的电压值，即

$$OUT = V_+/2 + K\Delta V \tag{5-22}$$

当磁力线从磁敏芯片的正面垂直穿过时，芯片将输出一个正向的变化量电压，即 $\Delta V>0$，反之则输出负电压变化量，即 $\Delta V<0$。K 为磁敏检测电路放大倍数，可由外部电阻等调

节，ΔV 为磁敏检测电路的灵敏度，即单位检测电流变化引起的磁敏芯片 输出电压变化量，该变化量由磁敏芯片内部的霍尔器件决定。

图 5-15 是正常工作时，4.5 V～5.5 V 范围内的直流经升压电路到增加一定值，再经基准稳压电路换位精准的 +5 V，给磁敏检测电路供电，传感器的输出一个 2.5 V 偏置电压且与电流成线性比例的电压信号。该霍尔传感器结构简单、成本低、体积小，零点偏差约 9 mV，额定电流范围内最大偏压为 10 mV，并且可以检测高达数百安培的直流电流信号。

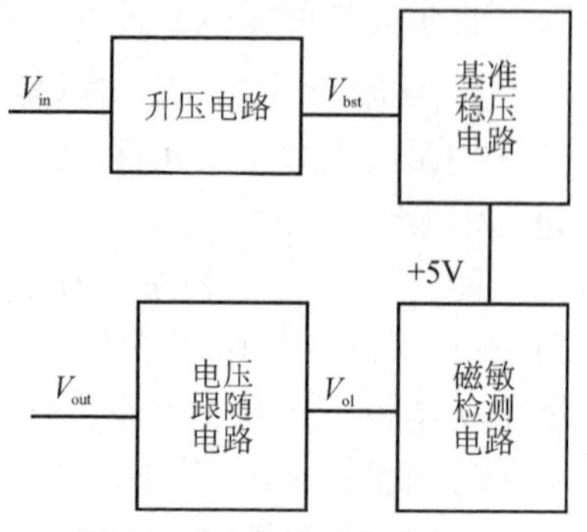

图 5-15 有精准直流偏置输出的霍尔传感器

2. 霍尔传感器测量相对位置

利用霍尔传感器测量物体相对位置的工作原理如图 5-16 所示。在与磁性物质距离为 x_1、x_2，磁场强度为 H、H_2 的两点按相同的方向放置两个线性霍尔传感器，霍尔传感器的偏移电压分别为 V_1、V_2，则存在：$\frac{V_1}{V_2}=\frac{H}{H_2}=\left(\frac{x_1}{x_2}\right)^3$ 的关系，因此在一定的方向上的两点放置两个霍尔传感器，可根据传感器输出的偏移电压而得到距离之比，线性型霍尔传感器具有输出偏移电压与外加磁场强度呈线性关系的特性。

当磁性轨道处于传感器正中央时，与磁轨道中心位置距离相等的传感器偏移电压相同，当磁性轨道处于其他不同位置时，各路霍尔传感器的偏移电压与磁性轨道中心位置的距离成正相关，可以根据霍尔传感器的信号变化确定各个霍尔传感器与磁性物质之间的位置关系，最后得到磁性物质在检测平面上的位置。

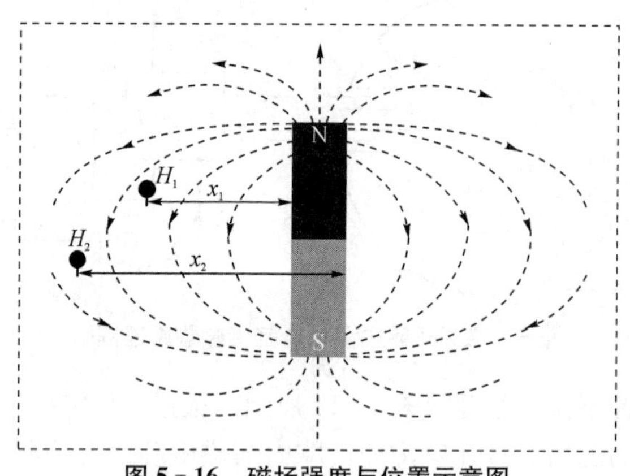

图 5-16 磁场强度与位置示意图

基于霍尔传感器测量物体相对位置可以实现循迹系统，比如在工业中传输车和服务机器人中，通过在预先设定好的运动轨迹上铺设磁性物质，使用多路霍尔传感器可以检测其相对位置，确保传输车或者机器人始终按照预定路径行走。由于导航轨道是采用磁性物质，对物质材料表面的光滑度，材质的颜色等都没有太高的要求，即使轨道被少数非磁性物质所遮盖也不会有影响，有着轨迹易于保养、敷设容易，不受光线影响等优势。

5.6 其他磁敏传感器

其他磁敏传感器是由磁敏电阻器和磁敏二极管、三极管和磁敏 MOS 器件等磁电转换元件构成的传感器。限于篇幅，下面简要介绍磁敏电阻器和磁敏二极管。

5.6.1 磁敏电阻器

5.6.1.1 工作原理

1. 磁电阻效应

将载流导体(金属或半导体)置于外磁场中，不但产生霍尔效应(电势或电场)，同时其电阻也会随磁场而变化。这种现象称为磁敏电阻效应，简称磁电阻效应。磁电阻效应的大小，与元件的迁移率和几何形状有关；前者谓之物理磁电阻效应，后者谓之几何磁电阻效应。

对于物理磁电阻效应，通常用磁场引起磁敏电阻率的相对变化表示：

$$\frac{\Delta\rho}{\rho}=\frac{\rho_B-\rho_0}{\rho_0}=\frac{9\pi}{16}\left(1-\frac{\pi}{4}\right)\mu^2B^2 \tag{5-23}$$

式中：ρ_B 和 ρ_0 分别为有磁场 B 和无磁场时的电阻率，μ 为载流子迁移率。

对于几何磁电阻效应，则要考虑元件形状尺寸的影响，通常用电阻相对变化来表示：

$$\frac{R_B}{R_o}=\frac{\rho_B}{\rho_o}G_r\left(\frac{l}{w}\tan\theta\right) \tag{5-24}$$

式中：R_B、R_o 分别为有无磁场 B 时的元件电阻，l 和 w 为元件的长和宽，θ 为磁场作用下载流子运动偏角(霍尔角)，G_r 为与磁场和元件样品形状有关的几何因子。

2. 作用机理

产生磁电阻效应的基本机理是磁场改变了导体载流子迁移的路径，致使与外界电场同方向的电流分量减小，等价于电阻增大。因此，为获得显著的磁电阻效应，应选用电阻率和迁移率均大的半导体薄片。具体简析如下：

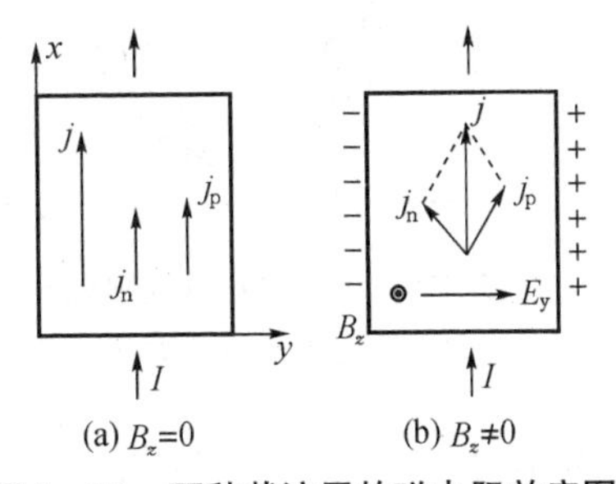

图 5-17 两种载流子的磁电阻效应图

物理磁电阻效应如图 5-17 所示，具有两种载流子的 P 型半导体薄片通电后，当无磁场时，总电流密度 j 为电子和空穴电流密度 j_n 和 j_p 之和，即 $j=j_n+j_p$；当外加磁场 B_z 时，j_n 和 j_p 在洛仑兹力作用下背向偏转，稳定后合成的电流密度矢量在 y 向出现了分量，而外电场方向的总电流降低了，相当于电阻率增大，表现出物理磁电阻效应。

受形状影响的磁电阻效应见图 5-18 所示的三种不同形状的 P 型半导体样品。图中上面的图为未加磁场时，电流密度矢量与外电场一致；下面图示为外加磁场后产生了横向霍尔电场，使电流密度矢量相对合成电场方向 E 有一霍尔角 θ[见图 5-18(d)]。由于在上下金属电极处的合成电场 E 与金属极面垂直，所以上下极面附近的电流密度出现偏转 θ 角，由此电流路径增长，电阻增大。由于电阻 $R(R=\rho l/wd)$ 增大与 ρ、l、w、d 有关，所以,图5-18(a)薄长条形样品的几何磁电阻效应明显,而图5-18(c)被称为科比诺圆盘(Corbino Disk)的样品,因内外圆电极间电阻呈环状,不存在横向霍尔电场和电势,所以磁敏电阻变化更加明显。

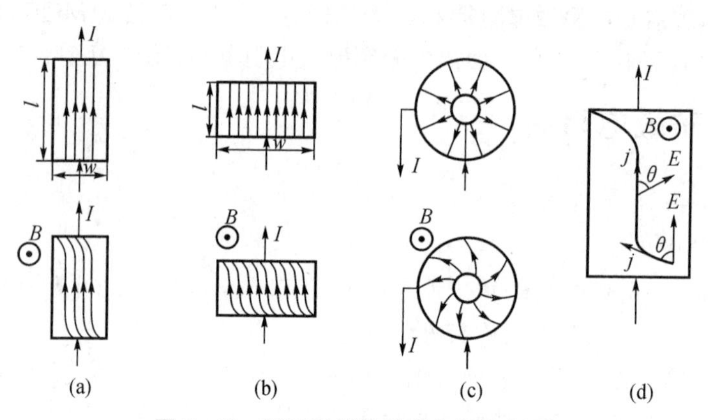

图5-18 不同形状样品磁电阻效应图

(a)长方形($l \gg w$);(b)长方形($l \leqslant w$);(c)科比诺圆盘

上述两种不同效应的磁敏电阻相对变化与磁场强度关系曲线分别示于图5-19和图5-20。图5-19中符号所代表的材料为D:本征InSb-NiSb;L、M:掺杂InSb-NiSb;P、T:掺杂InSb栅格。

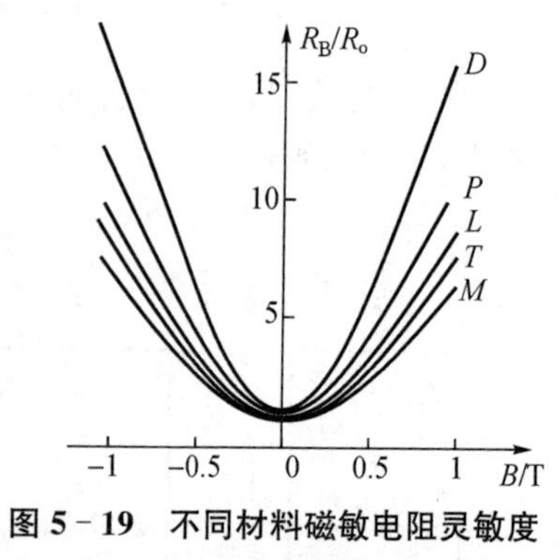

图5-19 不同材料磁敏电阻灵敏度与磁场强度关系曲线

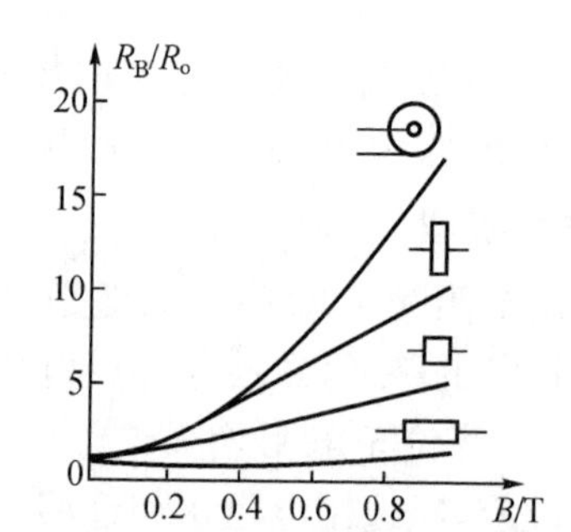

图5-20 不同形状磁敏电阻灵敏度与磁场强度关系曲线

5.6.1.2 结构与应用

由上述可知,应选用ρ和μ均高的半导体制作磁电阻元件;其中以锑化铟(InSb)为最佳。图5-21为栅格结构高灵敏度磁电阻元件示意。它在长方形锑化铟样品上用集成工艺规则地铺设与电流方向垂直的金属条,将样品分成许多小区,相当于许多长宽比很小的电阻串联,大大提高阻值和灵敏度。

磁敏电阻器主要应用于检测磁场强度及其分布,制作无接触电位器、磁卡识别、位移、转速等传感器。下面介绍一种测位移实例。

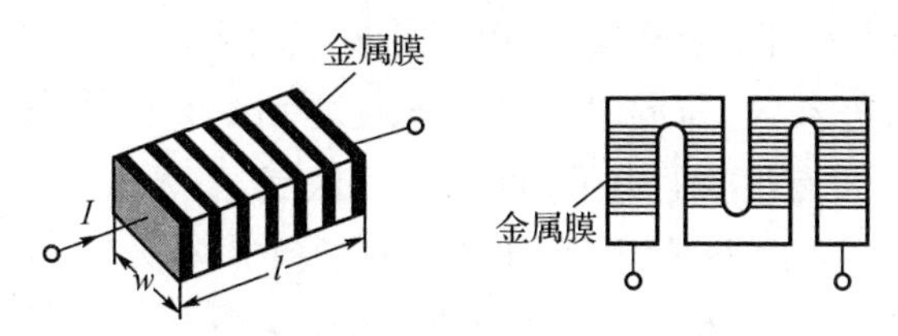

图 5－21　栅状结构磁电阻器件示意图

磁电阻传感器测量位移是利用磁电阻元件与磁场之间相对位移变化导致磁电阻受磁场作用的面积变化这一原理工作的，见图 5－22(a)。设未外加磁场 B 时，$R_{M_1}=R_{M_2}$，磁电阻元件 A 的输出为

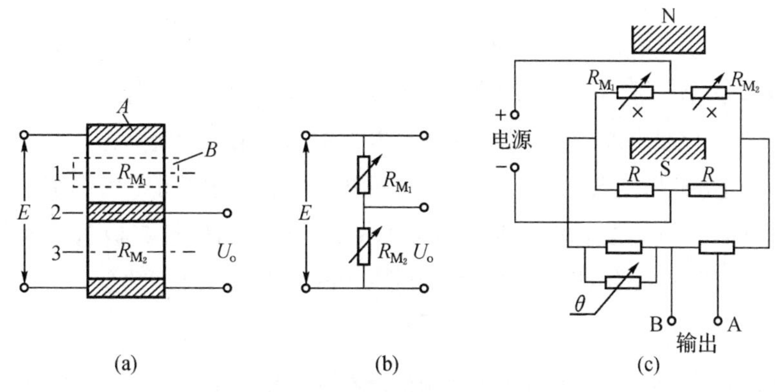

图 5－22　一种测量位移的磁电阻传感器

$$U_o=\frac{R_{M_2}}{R_{M_1}+R_{M_2}}E=\frac{1}{2}E \tag{5-25}$$

当磁铁 B 由位置 1→2→3 移动时：

在位置(1)，$R_{M_1}>R_{M_2}$，$U_{o_1}=[ER_{M_2}/(R_{M_1}+R_{M_2})]<E/2$

在位置(2)，$R_{M_1}=R_{M_2}$，$U_{o_2}=E/2$

在位置(3)，$R_{M_1}<R_{M_2}$，$U_{o_3}=[ER_{M_2}/(R_{M_1}+R_{M_2})]>E/2$

由上可见，①磁电阻元件输出随磁场位置由上至下而由小变大；②这时的磁电阻 R_{M_1} 和 R_{M_2} 的作用相当于图 5－22(b)中无触点电位器。

根据上述原理制成的位移测量传感器如图 5－22(c)。两磁电阻接入电桥电路两臂；当磁场相对元件左右移动时，传感器不仅能测量位移的大小，而且能反映位移的方向。

5.6.2　磁敏二极管

1. 工作原理

如图 5－23 所示，磁敏二极管的结构是 P^+－I－N^+ 型，在高纯度本征半导体的两端，用合金法制成 P、N 两极区，并在本征 I 区的一个侧面上打毛，设置高复合 r 区，使电子和空穴易于复合消失；而 r 区相对的另一侧面保持光滑，无复合面。这就构成了磁敏二极管的管芯。

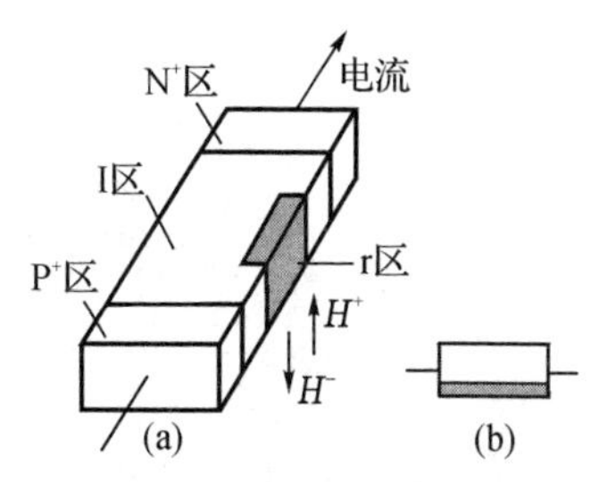

图 5－23　磁敏二极管的结构(a)和符号(b)

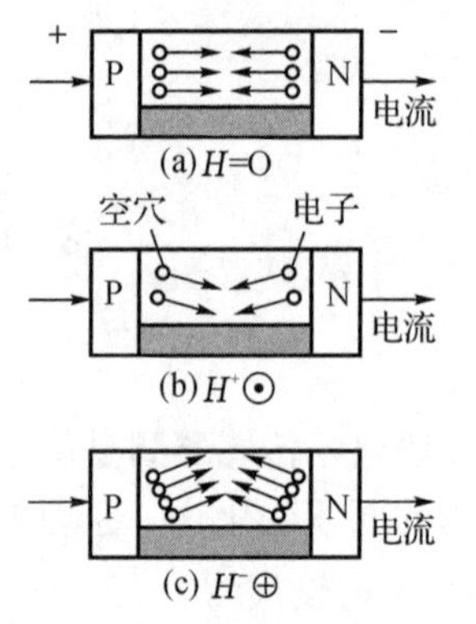

图 5-24 磁敏二极管工作原理图

如图 5-24(a),当没有外磁场作用时,由于外加正偏压,将有大量空穴通过I区进入N区,同时大量电子通过I区进入P区,从而形成电流,仅有很少的电子和空穴在I区复合。

图 5-24(b),当受到正向外磁场 H^+ 作用,电子和空穴受洛仑兹力作用向r区偏移,并在r区快速复合消失,使I区的载流子密度减小。电流减小相当于电阻增大,电压增加;由此,加在PI结、NI结上的电压相应减少,这又进而使载流子注入量减少,I区电阻进一步增大,直到某一稳定状态为止。

图 5-24(c),当受到反向外磁场 H^- 作用时,电子和空穴背向r区移动,载流子在I区因行程较长,停留时间变长而复合减少,密度增加,即出现与上面相反的情况,直至达到某一稳定状态。

由上可知,输出电压随着磁场大小和方向而变化,特别是在弱磁场作用下,可获得较大输出电压的变化,r区内外复合率差别越大,灵敏度越高。当磁敏二极管反向偏置时,只有很少电流通过,二极管两端电压也不会因受到磁场的作用而有任何改变。

2. 工作特性

(1)伏安特性　在给定磁场情况下,磁敏二极管的伏安特性如图 5-25 所示,开始在较大偏压范围内,电流变化比较平坦,随外加偏压的增加逐渐增加。而后,伏安特性曲线上升很快,表现出动态电阻比较小。

(2)磁电特性　在给定条件下,输出电压变化与外加磁场的关系称为磁电特性。

图 5-26 给出了磁敏二极管单个使用(曲线 a)和互补使用(曲线 b)的磁电特性。由图可见,单个使用时正向磁灵敏度大于反向磁灵敏度;互补使用时,正向特性曲线和反向特性曲线基本对称。磁感应强度增加时,曲线有饱和趋势,但在弱磁场情况下,曲线具有较好的线性。

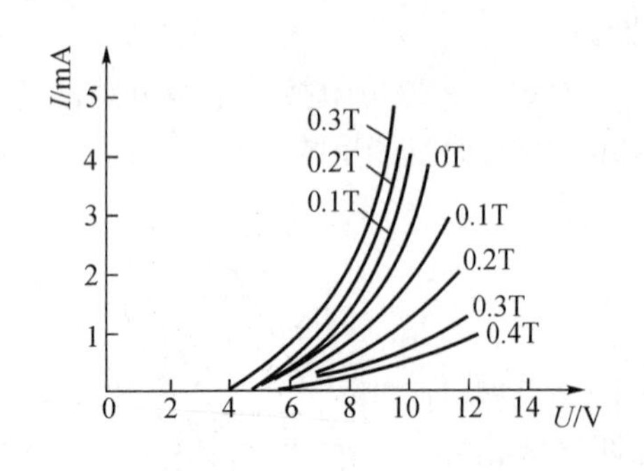

图 5-25 磁敏二极管伏安特性曲线

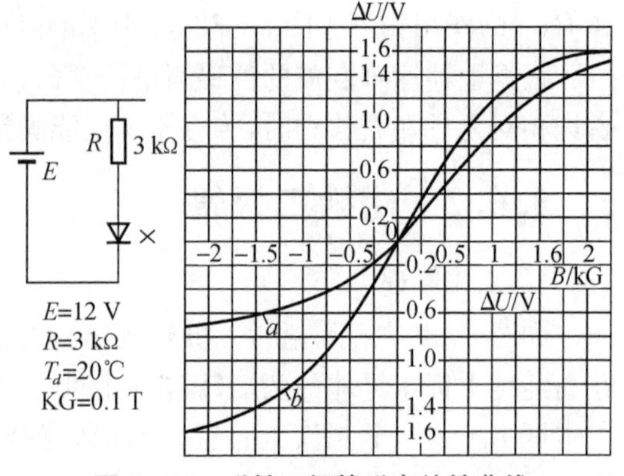

图 5-26 磁敏二极管磁电特性曲线

(3)温度特性　是指在标准测试条件下,输出电压变化 ΔU 或无磁场作用时中点电压

U_m 随温度变化的规律。如图 5－27 所示，可见磁敏二极管的输出特性受温度的影响较大。

硅磁敏二极管零场($B=0$)电压 U_o 的温度系数小于 ＋20 mV/℃，ΔU 的温度系数小于 0.6%/℃。锗的 U_o 温度系数为负，小于 －60 mV/℃的绝对值，ΔU 的温度系数小于 1.5%/℃。硅、锗管的使用温度范围分别为－40～＋85 ℃和－40～＋65 ℃。

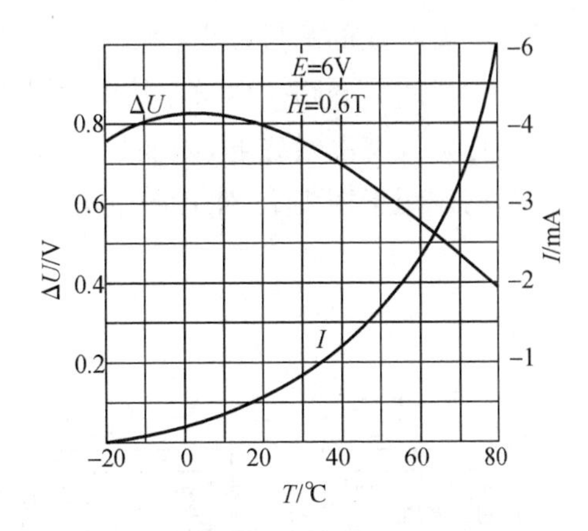

图 5－27　磁敏二极管温度特性曲线

(4)频率特性　指载流子漂移过程中被复合并达到动态平衡的时间，所以频率响应的时间与载流子的有效寿命相当。硅管的响应时间小于 1 μs，响应频率可达 1 MHz。锗管的响应频率小于 10 kHz。

(5)磁灵敏度　在一定的恒压源、负载电阻和正负向磁场 B 之下，对输出电压的相对磁灵敏度和绝对磁灵敏度分别表示为：

$$S_{Ru}=\left|\frac{U_{\pm}-U_o}{U_oB}\right|\times 100\% \quad 和 \quad S_B=\Delta U/B \quad (\mathrm{V/T})$$

3. 磁敏二极管的应用

磁敏二极管比较适合应用在精度要求不高，而能获得较大电压输出的场合；可用于电键、转速计、无刷电机、无触点开关和简易高斯计、磁探伤等。

(1)无刷直流电机

如图 5－28，转子为永久磁铁。当接通磁敏管 2 的电源以后，在转子磁场作用下将输出一个信号给控制电路 3。控制电路先接通定子上靠近转子磁极的电磁铁线圈 1，使其产生的磁场推—拉转子的磁极，使转子旋转。当转子磁场按顺序作用于各磁敏管，磁敏管信号就顺序接通各定子线圈产生旋转磁场，使转子不停地旋转。无刷电机无噪声、寿命长、可靠性高、抗干扰、转速高。

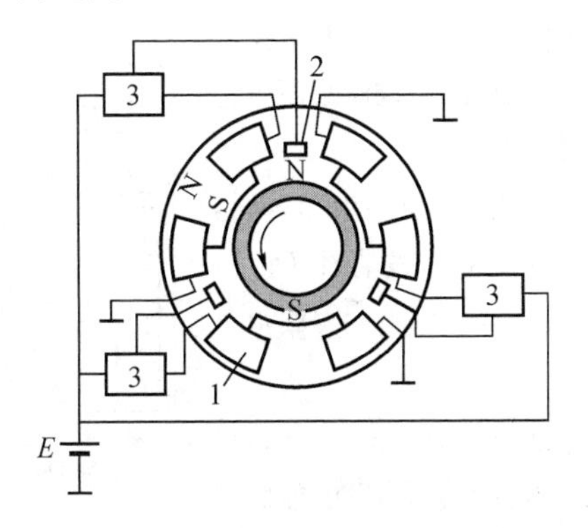

图 5－28　无触点直流电机原理图

1—线圈；2—磁敏管；3—控制电路

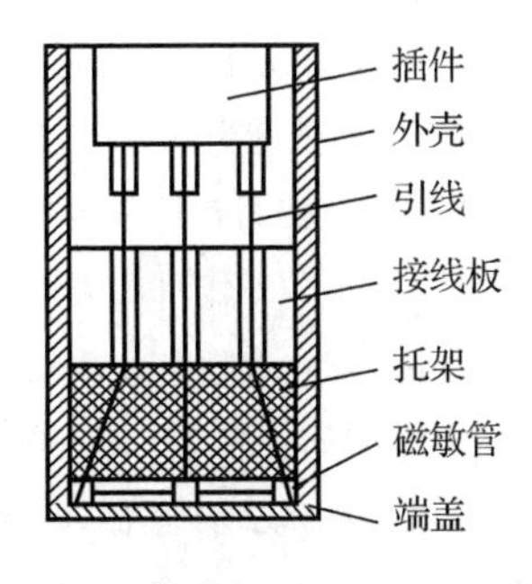

图 5－29　磁敏二极管探头结构示意图

(2)磁敏二极管漏磁探伤

利用磁敏二极管可以检测弱磁场变化这一特性可以制成漏磁探伤仪。图5-29为由磁敏二极管构成的测量探头。图5-30为漏磁探伤原理图;被测圆钢棒1磁化部分与导磁铁3构成闭合磁路。由激磁线圈2感应的磁通Φ通过钢棒局部表面,若无缺陷存在,探头附近则没有泄漏磁通,因而探头没有信号输出。如果钢棒存在局部缺陷,则缺陷处将有泄漏作用于探头上,使其产生信号输出。所以,根据信号的有无,即可判别钢棒有无缺陷。

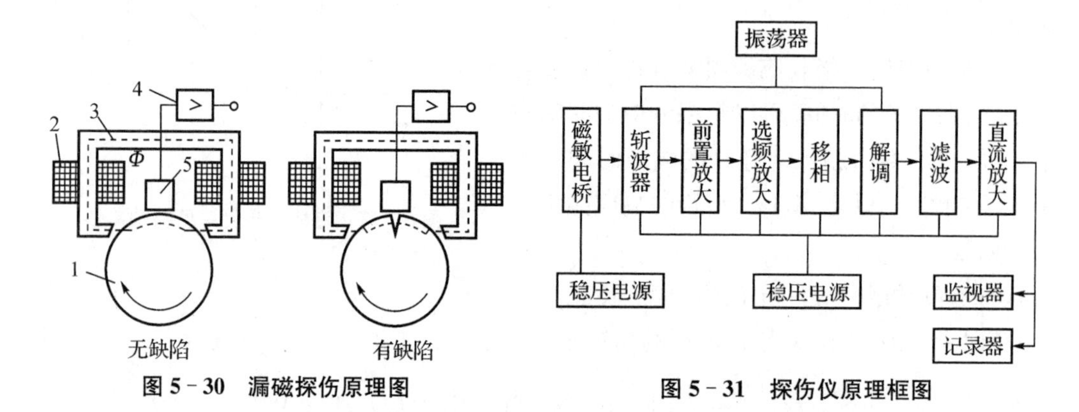

图5-30　漏磁探伤原理图

图5-31　探伤仪原理框图

在探伤过程中,应使钢棒不断转动,而探头和磁系统沿钢棒轴向运动,这样就可快速地对钢棒全部表面进行扫描探测。探伤仪的原理框图示于图5-31中。

习题与思考题

5—1　阐明磁电式振动速度传感器的工作原理,并说明引起其输出特性非线性的原因。

5—2　试述相对式磁电测振传感器的工作原理和工作频率范围。

5—3　试分析绝对式磁电测振传感器的工作频率范围。如果要扩展其测量频率范围的下限应采取什么措施;若要提高其上限又可采取什么措施?

5—4　对永久磁铁为什么要进行交流稳磁处理?说明其原理。

5—5　为什么磁电式传感器要考虑温度误差?用什么方法可减小温度误差?

5—6　已知某磁电式振动速度传感器线圈组件(动圈)的尺寸如图P5-1所示:$D_1=18$ mm,$D_2=22$ mm,$L=39$ mm,工作气隙宽$L_g=10$ mm,线圈总匝数为15000匝。若气隙磁感应强度为0.5515 T,求传感器的灵敏度。

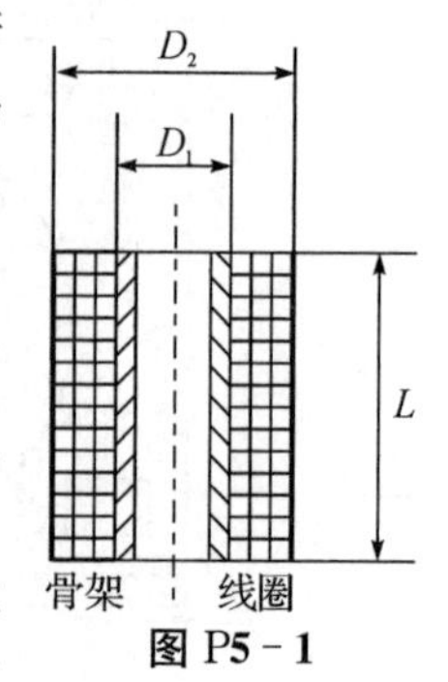

图P5-1

5—7　某磁电式传感器固有频率为10 Hz,运动部件(质量块)重力为2.08 N,气隙磁感应强度$B_\delta=1$ T,工作气隙宽度为$t_g=4$ mm,阻尼杯平均直径$D_{CP}=20$ mm,厚度$t=1$ mm,材料电阻率$\rho=1.74\times10^{-8}\Omega\cdot\text{mm}^2/\text{m}$。试求相对阻尼系数$\xi=$?若欲使$\xi=0.6$,问阻尼杯壁厚$t$应取多大?

5—8　某厂试制一磁电式传感器,测得弹簧总刚度为18000 N/m,固有频率60 Hz,阻尼杯厚度为1.2 mm时,相对阻尼系数$\xi=0.4$。今欲改善其性能,使固有频率降低为20 Hz,相对阻尼系数$\xi=0.6$,问弹簧总刚度和阻尼杯厚度应取多大?

5－9　已知惯性式磁电速度传感器的相对阻尼系数 $\xi=1/\sqrt{2}$，传感器 －3 dB 的下限频率为 16 Hz，试求传感器的自振频率值。

5－10　已知磁电式速度传感器的相对阻尼系数 $\xi=0.6$，求振幅误差小于 2%测试时的 ω/ω_n 范围。

5－11　已知磁电式振动速度传感器的固有频率 $f_n=15$ Hz，阻尼系数 $\xi=0.7$。若输入频率为 $f=45$ Hz 的简谐振动，求传感器输出的振幅误差为多少？

5－12　何谓霍尔效应？利用霍尔效应可进行哪些参数测量？

5－13　霍尔元件的不等位电势和温度影响是如何产生的？可采取哪些方法来减小之。

5－14　磁敏传感器有哪几种？它们各有什么特点？可用来测量哪些参数？

5－15　磁电式传感器与电感式传感器有什么区别？磁电式传感器主要用于测量哪些物理参数？

5－16　磁敏电阻与磁敏晶体管有哪些不同？与霍尔元件本质上有什么区别？

5－17　简述霍尔效应及磁阻效应？霍尔元件的主要应用场合？

5－18　为什么磁电式传感器是一种有源传感器？

第6章　压电式传感器

压电式传感器(Piezoelectric Sensor)是以具有压电效应的压电器件为核心组成的传感器。由于压电效应具有自发电和可逆性,因此压电器件是一种典型的双向无源传感器件。基于这一特性,压电器件已被广泛应用于超声、通信、宇航、雷达和引爆等领域,并与激光、红外、微声等技术相结合,将成为发展新技术和高科技的重要器件。

6.1　压电效应及材料

6.1.1　压电效应

由物理学知,一些离子型晶体的电介质(如石英、酒石酸钾钠、钛酸钡等)不仅在电场力作用下,而且在机械力作用下,都会产生极化现象。即:

(1)在这些电介质的一定方向上施加机械力而产生变形时,就会引起它内部正负电荷中心相对转移而产生电的极化,从而导致其两个相对表面(极化面)上出现符号相反的束缚电荷 Q[如图 6-1(a)所示],且其电位移 $\boldsymbol{D}$(在 MKS 单位制中即电荷密度 $\boldsymbol{\sigma}$)与外应力张量 $\boldsymbol{T}$ 成正比:

$$\boldsymbol{D}=\boldsymbol{d}\,\boldsymbol{T} \qquad \text{或} \qquad \boldsymbol{\sigma}=\boldsymbol{d}\,\boldsymbol{T} \tag{6-1}$$

式中,$\boldsymbol{d}$——压电常数矩阵。

当外力消失,又恢复不带电原状;当外力变向,电荷极性随之而变。这种现象称为正压电效应,或简称压电效应。

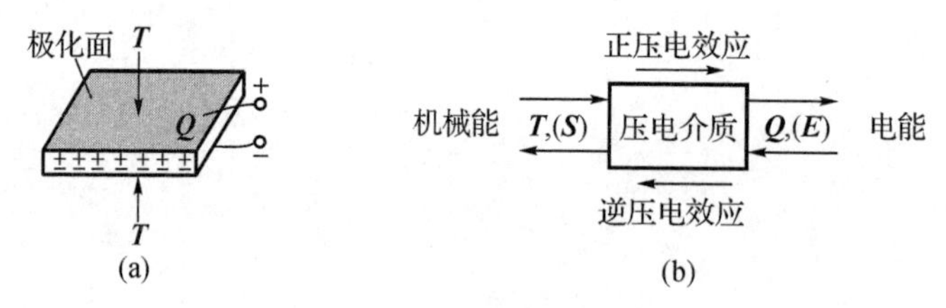

图 6-1　压电效应

(a)正压电效应;(b)压电效应的可逆性

(2)若对上述电介质施加电场作用时,同样会引起电介质内部正负电荷中心的相对位移而导致电介质产生变形,且其应变 $\boldsymbol{S}$ 与外电场强度 $\boldsymbol{E}$ 成正比:

$$\boldsymbol{S}=\boldsymbol{d}_{\mathrm{t}}\boldsymbol{E} \tag{6-2}$$

式中,$\boldsymbol{d}_{\mathrm{t}}$——逆压电常数矩阵(下标 t 表示 $\boldsymbol{d}_{\mathrm{t}}$ 是 $\boldsymbol{d}$ 的转置矩阵)。

这种现象称为逆压电效应,或称电致伸缩。

可见,具有压电性的电介质(称压电材料),能实现机—电能量的相互转换,如图 6-1(b)所示。

6.1.2 压电材料

压电材料的主要特性参数有：

(1)压电常数 是衡量材料压电效应强弱的参数，它直接关系到压电输出灵敏度。

(2)弹性常数 压电材料的弹性常数决定着压电器件的固有频率和动态特性。

(3)介电常数 对于一定形状、尺寸的压电元件，其固有电容与介电常数有关，而固有电容又影响着压电传感器的频率下限。

(4)机电耦合系数 它定义为：在压电效应中，转换输出的能量(如电能)与输入的能量(如机械能)之比的平方根。它是衡量压电材料机电能量转换效率的一个重要参数。

(5)电阻 压电材料的绝缘电阻将减少电荷泄漏，从而改善压电传感器的低频特性。

(6)居里点 即压电材料开始丧失压电性的温度。

迄今已出现的压电材料可分为三大类：一是压电晶体(单晶)，它包括压电石英晶体和其他压电单晶；二是压电陶瓷(多晶半导瓷)；三是新型压电材料，其中有压电半导体和有机高分子压电材料两种。

在传感器技术中，目前国内外普遍应用的是压电单晶中的石英晶体和压电多晶中的钛酸钡与锆钛酸铅系列压电陶瓷。择要介绍如下：

6.1.2.1 压电晶体

由晶体学可知，无对称中心的晶体，通常具有压电性。具有压电性的单晶体统称为压电晶体。石英晶体是最典型而常用的压电晶体。

1. 石英晶体(SiO_2)

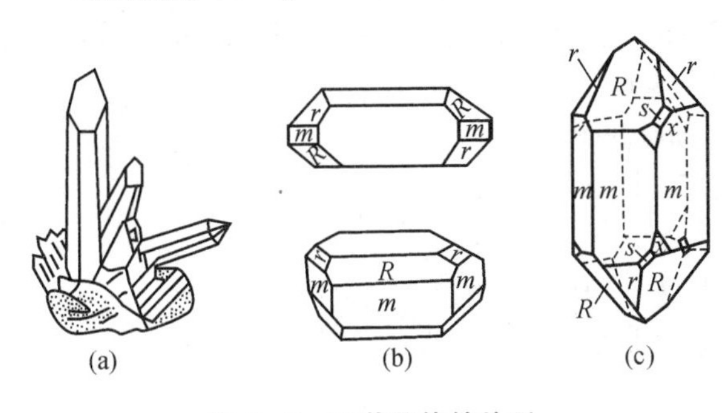

图6-2 石英晶体的外形

(a)天然石英晶体；(b)人工石英晶体；(c)右旋石英晶体理想外形

m—柱面； R—大棱面； r—小棱面； s—棱界面； x—棱角面

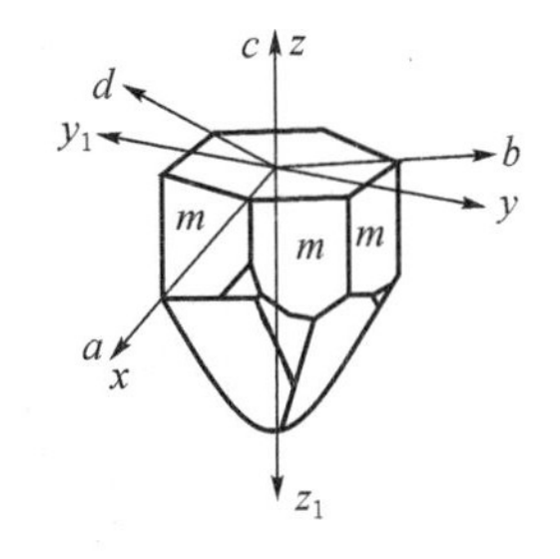

图6-3 理想石英晶体坐标系

石英晶体有天然和人工之分。目前传感器中使用的均是以居里点为573 ℃，晶体的结构为三方晶系的α-石英。其外形如图6-2所示，呈六角棱柱体。它由m、R、r、s、x共5组30个晶面组成。在讨论晶体结构时，常采用对称晶轴坐标$abcd$，其中c轴与晶体上下晶锥顶点连线重合，如图6-3所示(此图为左旋石英晶体，它与右旋石英晶体的结构成镜像对称，压电效应极性相反)。在讨论晶体机电特性时，采用xyz右手直角坐标较方便，并统一规定：x轴与a(或b、d)轴重合，谓之电轴，它穿过六棱柱的棱线，在垂直于此轴的面上压电效应最强；y轴垂直m面，谓之机轴，在电场的作用下，沿该轴方向的机械变形最明显；z轴与c轴重合，谓之光轴，也叫中性轴，光线沿该轴通过石英晶体时，无折射，沿z轴方向上没有压电效应。

压电石英的主要性能特点是:(1)压电常数小,其时间和温度稳定性极好,常温下几乎不变,在20~200℃范围内其温度变化率仅为$-0.016\%/℃$;(2)机械强度和品质因数高,许用应力高达$(6.8\sim9.8)\times10^7$ Pa,且刚度大,固有频率高,动态特性好;(3)居里点573℃,无热释电性,且绝缘性、重复性均好。天然石英的上述性能尤佳。因此,它们常用于精度和稳定性要求高的场合和制作标准传感器。

2. 其他压电单晶

在压电单晶中除天然和人工石英晶体外,锂盐类压电和铁电单晶材料,近年来已在传感器技术中日益得到广泛应用,其中以铌酸锂为典型代表。从结构看,它是一种多畴单晶。它必须通过极化处理后才能成为单畴单晶,从而呈现出类似单晶体的特点。它的时间稳定性好,居里点高达1200℃,在高温、强辐射条件下,仍具有良好的压电性,且机械性能,如机电耦合系数、介电常数、频率常数等均保持不变。此外,它还具有良好的光电、声光效应,因此在光电、微声和激光等器件方面都有重要应用。不足之处是质地脆、抗机械和热冲击性差。

6.1.2.2 压电陶瓷

1. 压电陶瓷的极化处理

压电陶瓷是一种经极化处理后的人工多晶铁电体。所谓"多晶",它是由无数细微的单晶组成;所谓"铁电体",它具有类似铁磁材料磁畴的"电畴"结构。每个单晶形成一单个电畴,无数单晶电畴的无规则排列,致使原始的压电陶瓷呈现各向同性而不具有压电性[如图6-4(a)]。要使之具有压电性,必须作极化处理,即在一定温度下对其施加强直流电场,迫使"电畴"趋向外电场方向做规则排列[如图6-4(b)];极化电场去除后,趋向电畴基本保持不变,形成很强的剩余极化,从而呈现出压电性[如图6-4(c)]。

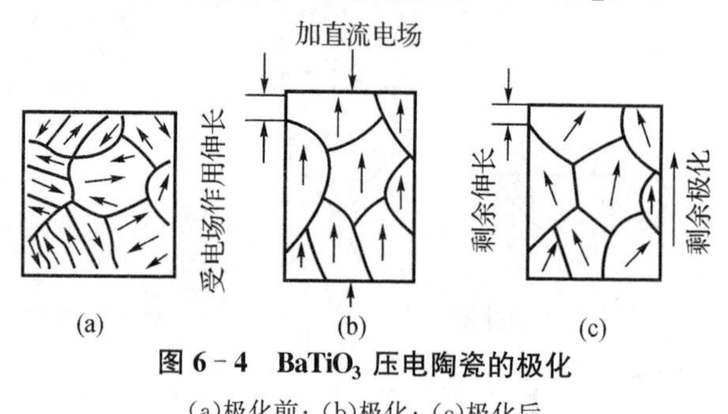

图6-4 $BaTiO_3$ 压电陶瓷的极化

(a)极化前;(b)极化;(c)极化后

压电陶瓷的特点是:压电常数大,灵敏度高;制造工艺成熟,可通过合理配方和掺杂等人工控制来达到所要求的性能;成形工艺性也好,成本低廉,利于广泛应用。压电陶瓷除有压电性外,还具有热释电性。因此它可制作热电传感器件而用于红外探测器中。但作压电器件应用时,这会给压电传感器造成热干扰,降低稳定性。所以,对高稳定性的传感器,压电陶瓷的应用受到限制。

2. 常用的压电陶瓷

压电陶瓷,按其组成基本元素多少可分为:一元系、二元系、三元系和四元系等。

传感器中应用较多的有:二元系中的钛酸钡 $BaTiO_3$ 和锆钛酸铅系列 $PbTiO_3-PbZrO_3$

(PZT);三元系中的铌镁酸铅 $Pb(Mg_{1/3}Nb_{2/3})O_3$ -钛酸铅 $PbTiO_3$ -锆钛酸铅 $PbZrO_3$ (PZT)。另外还有专门制造耐高温、高压和电击穿性能的铌锰酸铅系、镁碲酸铅、锑铌酸铅等。常用压电晶体和陶瓷材料及性能列于表6-1。

表6-1 常用压电晶体和陶瓷材料性能

压电材料			压电陶瓷					压电晶体	
			钛酸钡 $BaTiO_3$	锆钛酸铅系列			铌镁酸铅 PMN	铌酸锂 $LiNbO_3$	石英 SiO_2
				PZT—4	PZT—5	PZT—8			
性能参数	压电常数 /($pC\cdot N^{-1}$)	d_{15}	260	410	670	410	—	2220	$d_{11}=2.31$
		d_{31}	−78	−100	−185	−90	−230	−25.9	$d_{14}=0.73$
		d_{33}	190	200	415	200	700	487	
	相对介电常数 ε_r		1200	1050	2100	1000	2500	3.9	4.5
	居里点温度 /℃		115	310	260	300	260	1210	573
	密度 /($10^3\ kg\cdot m^{-3}$)		5.5	7.45	7.5	7.45	7.6	4.64	2.65
	弹性模量/($10^9\ N\cdot m^{-2}$)		110	83.3	117	123		24.5	80
	机械品质因素		300	≥500	80	≥800		105	$10^5\sim10^6$
	最大安全应力 /($10^6\ N\cdot m^{-2}$)		81	76	76	83			95~100
	体积电阻率 /$\Omega\cdot m$		10^{10}	$>10^{10}$	10^{11}				$>10^{12}$
	最高允许温度 /℃		80	250	250				550

6.1.2.3 新型压电材料

1. 压电半导体

1968年以来出现了多种压电半导体如硫化锌(ZnS)、碲化镉(CdTe)、氧化锌(ZnO)、硫化镉(CdS)、碲化锌(ZnTe)和砷化镓(GaAs)等。这些材料的显著特点是:既具有压电特性,又具有半导体特性。因此既可用其压电性研制传感器,又可用其半导体特性制作电子器件;也可以两者结合,集元件与电路于一体,研制成新型集成压电传感器系统。

2. 有机高分子压电材料

其一,是某些合成高分子聚合物,经延展拉伸和电极化后具有压电性的高分子压电薄膜,如聚氟乙烯(PVF)、聚偏氟乙烯(PVF_2)、聚氯乙烯(PVC)、聚r甲基-L谷氨酸脂(PMG)和尼龙11等。这些材料的独特优点是质轻柔软,抗拉强度较高、蠕变小、耐冲击,体电阻达 $10^{12}\ \Omega\cdot m$,击穿强度为150~200 kV/mm,声阻抗近于水和生物体含水组织,热释电性和热稳定性好,且便于批生产和大面积使用,可制成大面积阵列传感器乃至人工皮肤。

其二,是高分子化合物如 PVF_2 中掺杂压电陶瓷PZT或 $BaTiO_3$ 粉末制成的高分子压电薄膜。这种复合压电材料同样既保持了高分子压电薄膜的柔软性,又具有较高的压电性和机电耦合系数。

几种新型压电材料的主要性能参数列于表6-2。

表 6-2 几种新型压电材料的主要性能

压电材料		压电半导体				高分子压电薄膜		
		ZnO	CdS	ZnS	CdTe	PVF_2	PVF_2 +PZT	PMG
性能参数	压电常数/$(pC\cdot N^{-1})$	$d_{33}=12.4$ $d_{31}=-5.0$	$d_{33}=10.3$ $d_{31}=-5.2$	$d_{14}=3.18$	$d_{14}=1.68$	6.7	23	3.3
	相对介电常数 ε_r	10.9	10.3	8.37	9.65	5.0	55	4.0
	密度 /$(10^3\ kg\cdot m^{-3})$	5.68	4.80	4.09	5.84	1.8	3.5	1.3
	机电耦合系数 /%	48	26.2	8.00	2.60	3.9	8.3	2.5
	弹性系数 /$(N\cdot m^{-2})$	21.1	9.30	10.5	6.20	1.5	4.0	2.0
	声阻抗 /$(10^6\ kg\cdot m^{-2}\cdot s)$					1.3	2.6	1.6
	电子迁移率 /$(cm^2\cdot V^{-1}\cdot s)$	180	150	140	600			
	禁带宽度 /(eV)	3.3	240	3.60	1.40			

6.2 压电方程及压电常数

压电方程是对压电元件压电效应的数学描述。它是压电传感器原理、设计和应用技术的理论基础。具有压电性的压电材料,通常都是各向异性的。由压电材料取不同方向的切片(切型)做成的压电元件,其机电特性(弹性性质、介电性质、压电性质和热电性质等)也各不相同。因此,下面以石英晶体为例,首先讨论压电元件的切型及符号。

6.2.1 石英晶片的切型及符号

所谓切型,就是在晶体坐标中取某种方位的切割。如图 6-5 所示,图(b)为在左旋石英晶体坐标图(a)中,对应 x 方向切割成长、宽、厚分别为 l、w、t 的六面体晶片——x 切片。由于不同方向的切片(切型)其物理性质各不相同,因此必须用一定的符号来表明不同的切型。

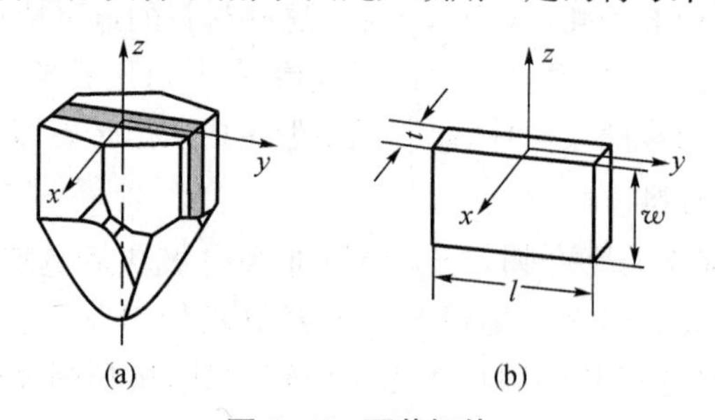

图 6-5 石英切片

(a)左旋石英晶体坐标; (b)x 切片

切型的表示,目前有互相对应的两种方法:习惯符号表示法和 IRE[①] 标准规定的符号表示法如表 6-3 所示。IRE 法是一种以厚度取向为切型的表示法:它是由晶体坐标 x、y、z,切片尺寸 t、l、w 和旋转度角 φ、θ、ψ(逆时针为正、顺时针为负)组合而成(有时还附注晶片尺寸值)。

① IRE——国际无线电工程师协会。

表 6-3　石英晶体两类切型符号对应关系

习惯符号	IRE 符号	习惯符号	IRE 符号
AT	$(yxl)35°15'$	SC	$(yxwl)22°30'/34°18'$
BT	$(yxl)-49°$	TS	$(yxwl)21°55'/33°55'$
FT	$(yxl)-57°$	$x-18.5°$	$(xyt)-18°30'$
$x+5$	$(xyt)5°$	MT	$(xytl)0\sim8°30'/\pm34°\sim\pm50°$
CT	$(yxl)37°$	NT	$(xytl)0\sim8°30'/\pm38°\sim\pm70°$
DT	$(yxl)-52°$	FC	$(yxwl)15°/34°30'$
ET	$(yxl)66°30'$	GT	$(xylt)51°31'/\pm45°$
AC	$(yxl)30°$	RT	$(yxwl)15°/-34°30'$
BC	$(yxl)-60°$	LC	$(yxwl)11°40'/9°21'$
ST	$(yxl)42°46'$		

举例说明：如切型$(xyltw)40°/30°/15°$；$t=(0.80\pm0.01)$mm；$l=(40.0\pm0.1)$mm；$w=(9.03\pm0.03)$mm，表示：

(1)首两位字母 xy 表示晶片的原始方位；且首位 x 表示厚度 t 方向，y 表示长度 l 方向。如不做旋转切型，xy(即 $X0°$)就构成了 X 切族[如图 6-6(a)]。

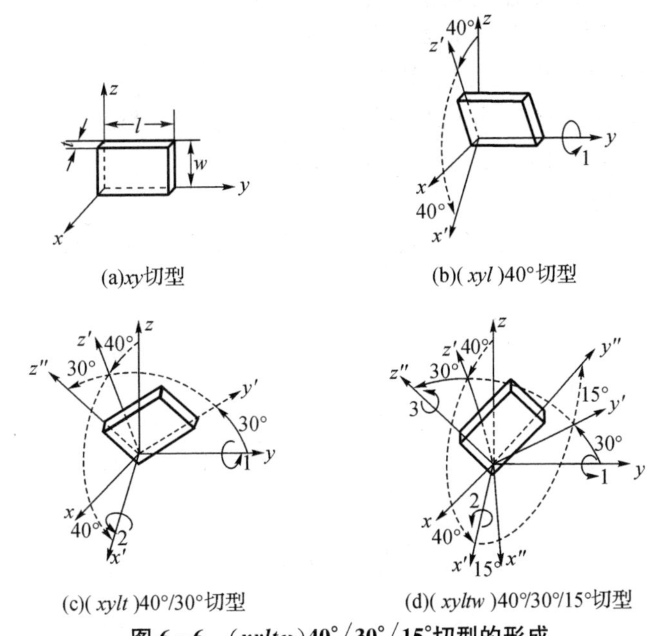

图 6-6　$(xylt\omega)40°/30°/15°$切型的形成

(2)以原始方位为基准，依次分别绕 l、t、w 棱边逆时针方向相应旋转 40°、30°、15°[如图 6-6(b)～(d)]。

实际应用中，时常用两种符号结合表示切型，如 AC$(yxl)30°$，DT$(yxl)-52°$，NT$(xytl)5°/-50°$等。

6.2.2　压电方程及压电常数矩阵

前已提及，压电方程是压电效应的数学描述。它反映了压电介质的力学行为与电学行为之间的相互作用(即机-电转换)的规律。为简明起见,我们的分析基于如下的前提:在讨论正压电效应时,暂不考虑外界附加电场的作用;在讨论逆压电效应时,暂不考虑外界附加力场的作用;并忽略磁和温度场的影响。

6.2.2.1 石英晶体的压电方程

首先必须指出,压电效应式(6-1)只适用于各向同性的电介质材料。对于各向异性的压电材料,方程必须能反映出材料机电特性的方向性。因此,式(6-1)应表示为矢量矩阵形式。

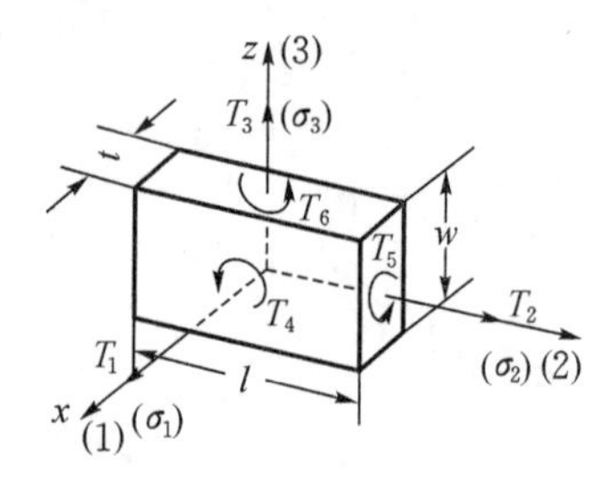

图6-7 X0°切型石英晶片的力电分布

设有一如图6-5(b)中 $X0°$ 切型的正六面体左旋石英晶片,在直角坐标系内的力-电作用状况如图6-7所示。图中:T_1、T_2、T_3 分别为沿 x、y、z 向的正应力分量(压应力为负)T_4、T_5、T_6 分别为绕 x、y、z 轴的切应力分量(顺时针方向为负);σ_1、σ_2、σ_3 分别为在 x、y、z 面上的电荷密度(或电位移 D)。

因此,各向异性的石英晶片,其单一压电效应可用下式表示:

$$\sigma_{ij} = d_{ij} T_j \tag{6-3}$$

式中,i——电效应(场强、极化)方向的下标,$i=1,2,3$;

j——力效应(应力、应变)方向的下标,$j=1,2,3$;

T_j——j 方向的外施应力分量(Pa);

σ_{ij}——j 方向的应力在 i 方向的极化强度(或 i 面上的电荷密度)(C/m^2);

d_{ij}——j 方向应力引起 i 面产生电荷时的压电常数(C/N)。当 $i=j$ 时,为纵向压电效应;当 $i\neq j$ 时,为横向压电效应。

推广到一般情况,即石英晶片在任意方向的力同时作用下的压电效应,可由下列压电方程表示:

$$\sigma_i = \sum_{j=1}^{6} d_{ij} T_j \qquad (i=1,2,3) \tag{6-4}$$

写成矩阵形式:

$$\begin{bmatrix} \sigma_1 \\ \sigma_2 \\ \sigma_3 \end{bmatrix} = \begin{bmatrix} d_{11} & d_{12} & d_{13} & d_{14} & d_{15} & d_{16} \\ d_{21} & d_{22} & d_{23} & d_{24} & d_{25} & d_{26} \\ d_{31} & d_{32} & d_{33} & d_{34} & d_{35} & d_{36} \end{bmatrix} \begin{bmatrix} T_1 \\ T_2 \\ T_3 \\ T_4 \\ T_5 \\ T_6 \end{bmatrix} \tag{6-5}$$

或简写成

$$\boldsymbol{\sigma} = \boldsymbol{d}\,\boldsymbol{T} \tag{6-6}$$

式中,σ_1、σ_2、σ_3——分别为在 x、y、z 轴面上产生的总电荷密度。

因此,完全各向异性压电晶体的压电特性——即机械弹性与电的介电性之间的耦合特性,可用压电常数矩阵表示如下:

$$[d_{ij}] = \begin{bmatrix} d_{11} & d_{12} & d_{13} & d_{14} & d_{15} & d_{16} \\ d_{21} & d_{22} & d_{23} & d_{24} & d_{25} & d_{26} \\ d_{31} & d_{32} & d_{33} & d_{34} & d_{35} & d_{36} \end{bmatrix} \tag{6-7}$$

对于不同的压电材料，由于各向异性的程度不同，上述压电矩阵的 18 个压电常数中，实际独立存在的个数也各不相同，这可通过测试获得。如 $X0°$切型石英晶体的压电常数矩阵，具体为

$$[d_{ij}]=\begin{bmatrix} d_{11} & d_{12} & 0 & d_{14} & 0 & 0 \\ 0 & 0 & 0 & 0 & d_{25} & d_{26} \\ 0 & 0 & 0 & 0 & 0 & 0 \end{bmatrix}=\begin{bmatrix} d_{11} & -d_{11} & 0 & d_{14} & 0 & 0 \\ 0 & 0 & 0 & 0 & -d_{14} & -2d_{11} \\ 0 & 0 & 0 & 0 & 0 & 0 \end{bmatrix} \tag{6-8}$$

可见，由于石英晶体结构的较好对称性，它是介于各向同性和完全各向异性之间的晶体，因此它独立的压电常数只有两个：

$$d_{11}=\pm 2.31\times 10^{-12}(\mathrm{C/N})$$

$$d_{14}=\pm 0.73\times 10^{-12}(\mathrm{C/N})$$

其中，按 IRE 规定，左旋石英晶体的 d_{11} 和 d_{14} 在受拉时取“＋”，受压时取“－”；右旋石英晶体的 d_{11} 和 d_{14} 在受拉时取“－”，受压时取“＋”。

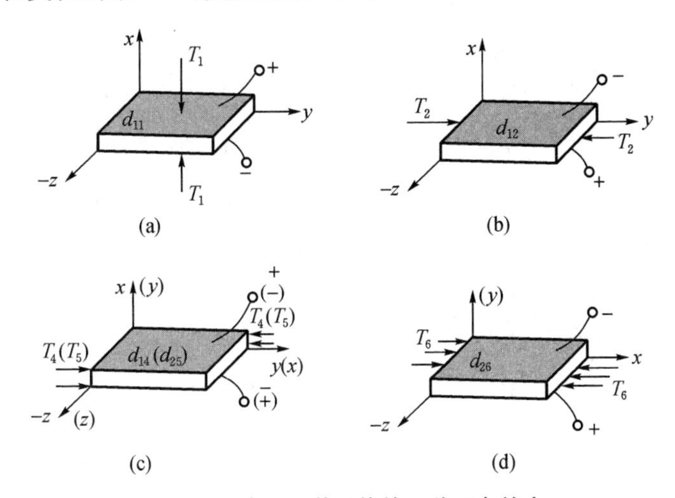

图 6－8　右旋石英晶体的几种压电效应

(a)纵向压电效应；(b)横向压电效应；(c)(d)剪切压电效应

＊图(c)中()内的符号表示 y 切型剪切压电效应

综上所述可见：

(1)压电晶体的正压电效应和逆压电效应是对应存在的，哪个方向上有正压电效应，则在此方向上必定存在逆压电效应，而且力一电之间呈线性关系。

(2)由式(6－8)可见，石英晶体不是在任何方向上都存在压电效应。图 6－8 清楚地表明了这一点：

①在 x 方向：只有 d_{11} 的纵向压电效应[图(a)]、d_{12} 的横向压电效应[图(b)]和 d_{14} 的剪切压电效应[图(c)]。

②在 y 方向：只有 d_{25} 和 d_{26} 的剪切压电效应[图(c)(d)]。

③在 z 方向:无任何压电效应。

还应当指出,(1)式(6-8)是对 $X0°$ 切型而论,若经旋转后的 x 切型,或对其他压电晶体的 $[d_{ij}]$ 表达式,请参阅文献[26][27]。(2)既然压电常数是反映压电材料弹性性质与介电性质相互耦合的参数,而材料的弹性性质联系着应力 T 和应变 S,介电性质联系着电场强度 E 和电荷密度 σ,因此,我们可以从这些不同的参量关联来反映这种机-电耦合关系。详析请阅文献[27]。

6.2.2.2 压电陶瓷的压电方程

由前述知,压电陶瓷经人工极化处理后,保持着很强的剩余极化。当这种极化铁电陶瓷受到外力(或电场)的作用时,原来趋向极化方向的电畴发生偏转,致使剩余极化强度随之变化,从而呈现出压电性。对于压电陶瓷,通常将极化方向定义为 z 轴(见图6-9),垂直于 z 轴的平面内则各向同性。因此与 z 轴正交的任何方向都可取作 x 轴和 y 轴,且压电特性相同。

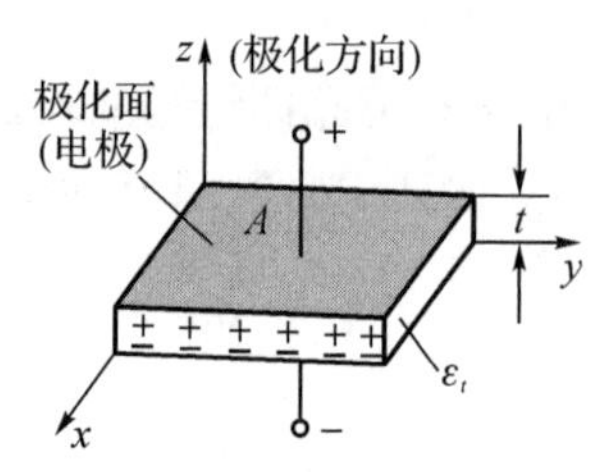

图6-9 极化压电陶瓷

以钛酸钡($BaTiO_3$)压电陶瓷为例,由实验测试所得的压电方程为

$$\begin{bmatrix}\sigma_1\\ \sigma_2\\ \sigma_3\end{bmatrix}=\begin{bmatrix}0 & 0 & 0 & 0 & d_{15} & 0\\ 0 & 0 & 0 & d_{24} & 0 & 0\\ d_{31} & d_{32} & d_{33} & 0 & 0 & 0\end{bmatrix}\begin{bmatrix}T_1\\ T_2\\ T_3\\ T_4\\ T_5\\ T_6\end{bmatrix} \tag{6-9}$$

式中,压电常数矩阵

$$[d_{ij}]=\begin{bmatrix}0 & 0 & 0 & 0 & d_{15} & 0\\ 0 & 0 & 0 & d_{24} & 0 & 0\\ d_{31} & d_{32} & d_{33} & 0 & 0 & 0\end{bmatrix}=\begin{bmatrix}0 & 0 & 0 & 0 & d_{15} & 0\\ 0 & 0 & 0 & d_{15} & 0 & 0\\ d_{31} & d_{31} & d_{33} & 0 & 0 & 0\end{bmatrix} \tag{6-10}$$

其中:$d_{33}=190\times10^{-12}(\mathrm{C/N})$

$d_{31}=d_{32}=-0.41d_{33}=-78\times10^{-12}(\mathrm{C/N})$

$d_{15}=d_{24}=250\times10^{-12}(\mathrm{C/N})$

由式(6-10)可见,$BaTiO_3$ 压电陶瓷也不是在任何方向上都有压电效应。如图6-10所示:

①在 x 和 y 方向上分别只有 d_{15} 和 d_{24} 的厚度剪切压电效应[图(c)];

②在 z 方向存在有 d_{33} 的纵向压电效应[图(a)],d_{31} 和 d_{32} 的横向压电效应[图(b)];

③在 z 方向还可得到三向应力 T_1、T_2、T_3 同时作用下,产生体积变形压电效应[图(d)];当外加三向应力相等(如液体压力)时,由压电方程式(6-9)可得

$$\begin{aligned}\sigma_3&=(d_{31}+d_{32}+d_{33})T\\ &=(2d_{31}+d_{33})T=d_3T\end{aligned}$$

式中 $d_3=2d_{31}+d_{33}$ 称为体积压缩压电常数。

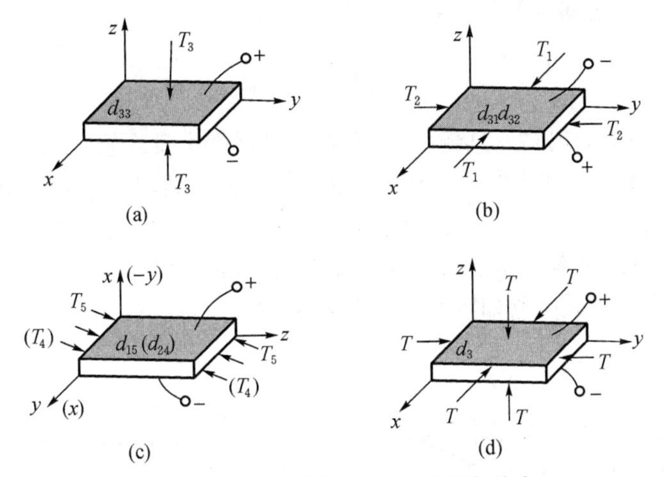

图 6 - 10　z 向极化 $BaTiO_3$ 的压电效应

(a)纵向压电效应；(b)横向压电效应；(c)剪切压电效应；(d)体积压电效应

6.3　等效电路及测量电路

6.3.1　等效电路

综上所述可知，从功能上讲，压电器件实际上是一个电荷发生器。

设压电材料的相对介电常数为 ε_r，极化面积为 A，两极面间距离(压电片厚度)为 t，如图 6 - 9 所示。这样又可将压电器件视为具有电容 C_a 的电容器，且有

$$C_a = \varepsilon_0 \varepsilon_r A / t \qquad (6-11)$$

因此，从性质上讲，压电器件实质上又是一个自源电容器，通常其绝缘电阻 $R_a \geqslant 10^{10}\,\Omega$。

当需要压电器件输出电压时，可把它等效成一个与电容串联的电压源，如图 6 - 11(a)所示。在开路状态，其输出端电压和电压灵敏度分别为

$$U_a = Q / C_a \qquad (6-12)$$

$$K_u = U_a / F = Q / C_a F \qquad (6-13)$$

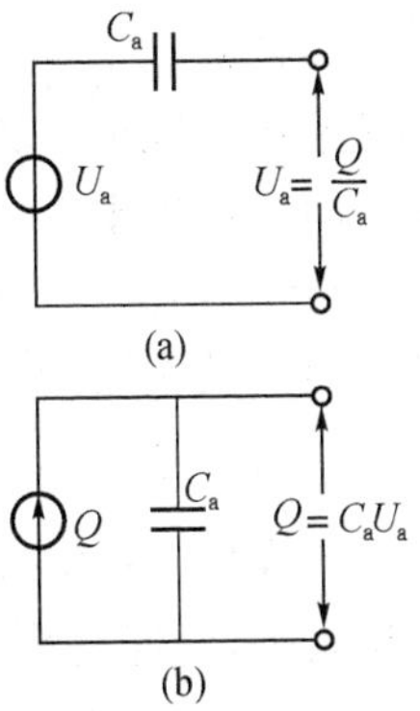

图 6 - 11　压电器件的理想等效电路

(a)电压源；(b)电荷源

式中，F——作用在压电器件上的外力。

当需要压电器件输出电荷时，则可把它等效成一个与电容相并联的电荷源，如图 6 - 11(b)所示。同样，在开路状态，输出端电荷为

$$Q = C_a U_a \qquad (6-14)$$

式中 U_a 即极板电荷形成的电压。这时的输出电荷灵敏度为

$$K_q = Q / F = C_a U_a / F \qquad (6-15)$$

显然，K_u 与 K_q 之间有如下关系：

$$K_u = K_q / C_a \tag{6-16}$$

必须指出，上述等效电路及其输出，只有在压电器件本身理想绝缘、无泄漏、输出端开路(即 $R_a = R_L = \infty$)条件下才成立。在构成传感器时，总要利用电缆将压电器件接入测量电路或仪器。这样，就引入了电缆的分布电容 C_c，测量放大器的输入电阻 R_i 和电容 C_i 等形成的负载阻抗影响；加之考虑压电器件并非理想元件，它内部存在泄漏电阻 R_a，则由压电器件构成传感器的实际等效电路如图 6-12 中 mm' 左部所示。

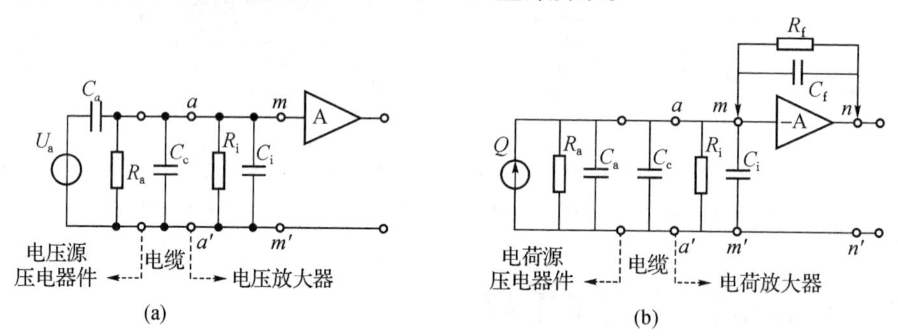

图 6-12　压电传感器等效电路和测量电路

(a)电压源；(b)电荷源

6.3.2　测量电路

压电器件既然是一个自源电容器，就存在着与电容传感器一样的高内阻、小功率问题。压电器件输出的能量微弱，电缆的分布电容及噪声等干扰将严重影响输出特性，必须进行前置放大；而且，高内阻使得压电器件难以直接使用一般的放大器，必须进行前置阻抗变换。因此，压电传感器的测量电路——前置放大器，对应于电压源与电荷源，也有两种形式：电压放大器和电荷放大器，并必须具备两种功能：信号放大和阻抗匹配。

6.3.2.1　电压放大器

电压放大器又称阻抗变换器。它的主要作用是把压电器件的高输出阻抗变换为传感器的低输出阻抗，并保持输出电压与输入电压成正比。

1. 压电输出特性(即放大器输入特性)

将图 6-12(a) mm' 左部等效化简成如图 6-13，可得回路输出

$$\dot{U}_t = \dot{I}Z = \frac{U_a C_a j\omega R}{1 + j\omega RC} \tag{6-17}$$

式中，$Z = R/(1 + j\omega RC')$

$R = R_a R_i / (R_a + R_i)$——测量回路等效电阻；

$C = C_a + C' = C_a + C_i + C_c$——测量回路等效电容；

ω——压电转换角频率。

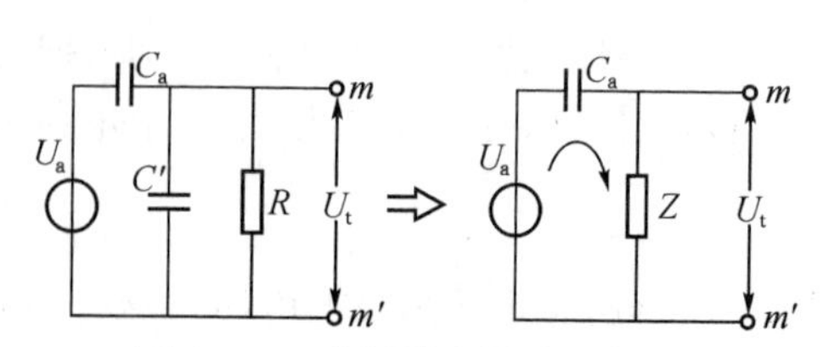

图 6-13　电压放大器简化电路

假设压电器件取压电常数为 d_{33} 的压电陶瓷，并在其极化方向上受有角频率为 ω 的交变力 $F=F_m\sin\omega t$，由式(6-12)则压电器件的输出

$$U_a=\frac{Q}{C_a}=\frac{d_{33}}{C_a}F=\frac{d_{33}}{C_a}F_m\sin\omega t \tag{6-18}$$

代入式(6-17)可得压电回路输出电压和电压灵敏度复数形式分别为

$$\dot{U}_t=d_{33}\dot{F}\,\frac{j\omega R}{1+j\omega RC} \tag{6-19}$$

$$K_u(j\omega)=\frac{\dot{U}_t}{\dot{F}}=d_{33}\,\frac{j\omega R}{1+j\omega RC} \tag{6-20}$$

其幅值和相位分别为

$$K_{um}=\left|\frac{U_t}{F_m}\right|=\frac{d_{33}\omega R}{\sqrt{1+(\omega RC)^2}} \tag{6-21}$$

$$\varphi=\frac{\pi}{2}-\arctan(\omega RC) \tag{6-22}$$

2. 动态特性(动态误差)

这里着重讨论动态条件下压电回路实际输出电压灵敏度相对理想情况下的偏离程度，即幅频特性。所谓理想情况是指回路等效电阻 $R=\infty$(即 $R_a=R_i=\infty$)，电荷无泄漏。这样由式(6-21)可得理想情况的电压灵敏度

$$K_{um}^*=\frac{d_{33}}{C}=\frac{d_{33}}{C_a+C_c+C_i} \tag{6-23}$$

可见，它只与回路等效电容 C 有关，而与被测量的变化频率无关。因此，由式(6-21)与式(6-23)比较得相对电压灵敏度

$$k=\frac{K_{um}}{K_{um}^*}=\frac{\omega RC}{\sqrt{1+(\omega RC)^2}}=\frac{\omega/\omega_1}{\sqrt{1+(\omega/\omega_1)^2}}=\frac{\omega\tau}{\sqrt{1+(\omega\tau)^2}} \tag{6-24}$$

式中，ω_1——测量回路角频率；

$\tau=1/\omega_1=RC$，即测量回路时间常数。

由式(6-22)和式(6-24)做出的特性曲线示于图 6-14。由图不难分析：

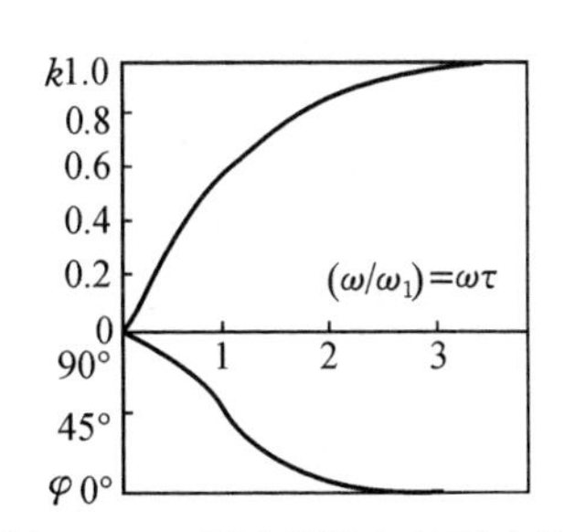

图 6-14　压电器件与测量电路相联的动态特性曲线

(1)高频特性　当 $\omega\tau\gg1$ 时，即测量回路时间常数一定，而被测量频率愈高(实际只要 $\omega\tau\geqslant3$)，则回路的输出电压灵敏度就愈接近理想情况。这表明，压电器件的高频响应特性好。

(2)低频特性　当 $\omega\tau\ll1$ 时，即 τ 一定，而被测量的频率愈低时，电压灵敏度愈偏离理想情况，动态误差 $\delta=(k-1)\times100\%$ 也愈大，同时相位角的误差也愈大。因此，若要保证低频工作时满足一定的精度，必须大大增加时间常数 $\tau=RC$。途径有二：一是

增大回路等效电容 C,但由式(6-23)知,C 增大将使 K_{um}^* 减小,不可取;二是增大回路等效电阻 $R=R_aR_i/(R_a+R_i)$,即要求放大器的输入电阻 R_i 足够大。

综上分析可见:

①图 6-14 的特性曲线显示了被测量角频率 $\omega(=2\pi f)$、放大器输入电阻 R_i 和动态误差 $\delta(\delta=k-1)$ 或相位角误差三者之间的关系。据此,在设计或应用压电传感器时,可根据给定的精度 δ,合理地选择电压放大器 R_i 或被测量频率限 f。

②由于采用电压放大器的压电传感器,其输出电压灵敏度受电缆分布电容 C_c 的影响[式(6-23)],因此电缆的增长或变动,将使已标定的灵敏度改变。

电压放大器(阻抗变换器)因其电路简单、成本低、工作稳定可靠而被采用。目前解决电缆干扰的有效措施是采用与传感器一体化的超小型阻抗变换器,如图 6-15(a)所示,它用于图 6-22 所示的组合一体化压电加速度传感器。这种传感器的信号输出,可采用普通的同轴电缆,电缆长达几百米而无明显干扰影响。图 6-15(b)为国产 ZK-2 型阻抗变换器。电路第一级为 MOS 场效应源输出器;第二级用 3AX 构成对输入的负反馈,以进一步提高输入阻抗,降低输出阻抗。两只二极管 2CP 作过载保护,并有一定的温度补偿作用。其主要性能指标:输入阻抗大于 2000 MΩ,输出阻抗小于 100 Ω,频率范围 2 Hz~100 kHz,电压增益±0.05 dB,动态范围 200 μV~5 V。

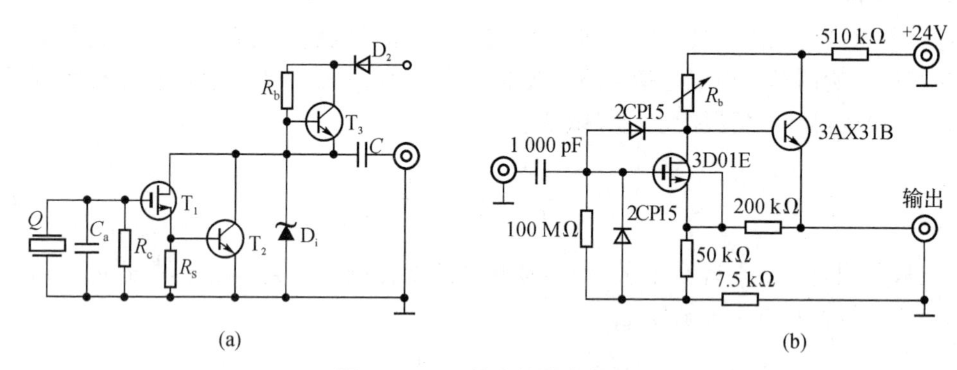

图 6-15 阻抗变换器电路图

(a)超小型;(b)ZK 型

6.3.2.2 电荷放大器

1. 工作原理和输出特性

电荷放大器的原理框图如图 6-16 所示。它的特点是,能把压电器件高内阻的电荷源变换为传感器低内阻的电压源,以实现阻抗匹配,并使其输出电压与输入电荷成正比;而且,传感器的灵敏度不受电缆变化的影响。

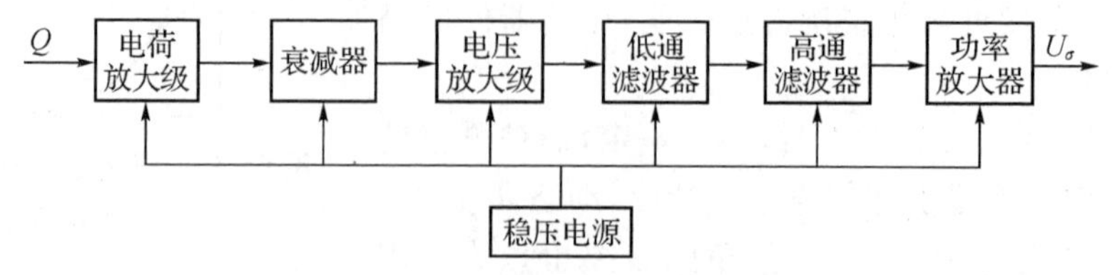

图 6-16 电荷放大器电路原理框图

图中电荷放大级又称电荷变换级。它实际上是有积分负反馈的运算放大器，如图6-12(b)$aa'-nn'$所示。只要放大器的开环增益A、输入电阻R_i和反馈电阻R_f足够大，通过运算反馈，使放大器输入端电位$U_{mm'}$趋于零，传感器电荷Q全部充入回路电容$C(=C_a+C_c+C_i)$和反馈电容C_f，因此放大器的输出

$$U_o=\frac{-AQ}{(1+A)C_f+C} \tag{6-25}$$

通常$A=10^4\sim10^6$，因此$(1+A)C_f\gg C$(一般取$AC_f>10C$即可)，则有

$$U_o=-Q/C_f \tag{6-26}$$

上式表明，电荷放大器输出电压与输入电荷及反馈电容有关。只要C_f恒定，就可实现回路输出电压与输入电荷成正比，相位差180°。输出灵敏度

$$K_u=-1/C_f \tag{6-27}$$

只与反馈电容有关，而与电缆电容无关。此外，由于放大器的非线性误差不进入传递环节，整个电路的线性也较好。因此，采用电荷放大器的压电传感器，在实用中无接长和变动电缆的后顾之忧。

电荷放大器的具体线路请参阅有关文献资料[3]。

根据式(6-27)，电荷放大器的灵敏度调节可采用切换C_f的办法，通常$C_f=100\sim10000$ pF。在C_f的两端并联$R_f=10^{10}\sim10^{14}$ Ω，可制成直流负反馈，以减小零漂，提高工作稳定性。

2. 高低频限

电荷放大器的高频上限主要取决于压电器件的C_a和电缆的C_c与R_c：

$$f_H=\frac{1}{2\pi R_c(C_a+C_c)} \tag{6-28}$$

由于C_a、C_c、R_c通常都很小，因此高频上限f_H可高达180 kHz。

电荷放大器的低频下限，由于A相当大，通常$(1+A)C_f\gg C$，$R_f/(1+A)\ll R_a$，因此只取决于反馈回路参数R_f、C_f：

$$f_L=\frac{1}{2\pi R_f C_f} \tag{6-29}$$

它与电缆电容无关。由于运算放大器的时间常数R_fC_f可做得很大，因此电荷放大器的低频下限F_L可低达$10^{-1}\sim10^{-4}$ Hz(准静态)。电荷放大器较之电压放大器的优点是突出的。

6.4　压电式传感器及其应用

6.4.1　应用类型、形式和特点

广义地讲，凡是利用压电材料各种物理效应构成的种类繁多的传感器，都可称为压电式传感器。表6-4列出了它们的主要应用类型。但目前应用最多的还是力敏类型。因此本章主要介绍基于正压电效应的力—电转换型压电式传感器。

1. 力—电转换的变形方式

从优化设计和择优选用压电传感器考虑，首先必须了解其力—电转换的变形方式。

由式(6－7)和式(6－10)压电常数矩阵可以看出,石英晶体和压电陶瓷的压电效应基本变形方式有五种,见表6－5所列。

表6－4　压电传感器的主要应用类型

传感器类型	转换方式	用　　途	压　电　材　料
热　敏	热→电	温　度　计	$BaTiO_3$,PZO,$LiTiO_3$,$PbTiO_3$
力　敏	力→电	微音器,拾音器,声纳,应变仪,气体点火器,血压计,压电陀螺,压力和加速度传感器	石英,罗思盐,ZnO,$BaTiO_3$,PZT,PMS,电致伸缩材料
光　敏	光→电	热电红外探测器	$LiTaO_3$,$PbTiO_3$
声　敏	电 [illegible]压	振动器,微音器,超声探测器,助听器	石英,压电陶瓷
	声→光	声光效应器件	$PbMoO_4$,$PbTiO_3$,$LiNbO_3$

表6－5　压电效应的基本变形方式

序号	变形方式	压电效应	压电常数 $d_{ij}/(10^{-12}C\cdot N^{-1})$值		图　　例	
			SiO_2	$BaTiO_3$	SiO_2	$BaTiO_3$
1	厚度伸缩	纵　向	d_{11}(2.31)	d_{33}(190)	图6－8(a)	图6－10(a)
2	长度伸缩	横　向	d_{12}(2.31)	d_{31},d_{32}(78)	图6－8(b)	图6－10(b)
3	厚度切变	剪　切	d_{26}(2×2.31)	d_{15},d_{24}(250)	图6－8(c)	图6－10(c)
4	长宽切变	面　切	d_{14},d_{25}(0.73)		图6－8(d)	
5	体积压缩	纵横向		$2d_{31}+d_{33}$(346)		图6－10(d)

压电常数值反映了压电效应的强弱。由表可知,压电陶瓷的压电效应比石英晶体的强数十倍。对石英晶体,长宽切变压电效应最差,故很少取用;对压电陶瓷,厚度切变压电效应最好,应尽量取用;对三维空间力场的测量,压电陶瓷的体积压缩压电效应显示了独特的优越性。

2. 压电元件的结构与组合形式

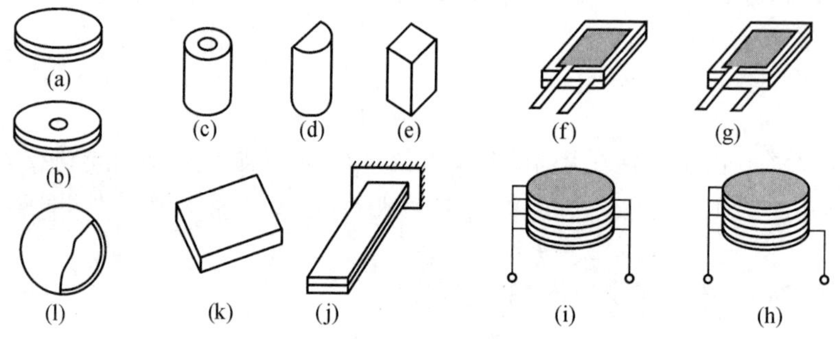

图6－17　压电元件的结构与组合形式

根据压电传感器的应用需要和设计要求,以某种切型从压电材料切得的晶片(压电元件),其极化面经过镀覆金属(银)层或加金属薄片后形成电极,这样就构成了可供选用的压电器件。压电元件的结构型式很多,如图6－17所示。按结构形状分,有圆形、长方形、环形、柱状和球壳状等等。按元件数目分,有单晶片、双晶片和多晶片。按极性连接方式分,有串联[图(g)、(h)]或并联[图(f)、(i)]。为提高压电输出灵敏度,通常多采用双晶片(有时也采用多晶片)串、并联组合方式。n片串、并联两种组合形式的特点列于表6－6。

3. 应用特点

凡是能转换成力的机械量如位移、压力、冲击、振动加速度等，都可用相应的压电传感器测量。

表 6-6　压电片串并联组合的特点

连接方式	特　　点	说　　明	备　　注
并联	电压相等 $U_{\Sigma}=U_i$ 电容相加 $C_{\Sigma}=nC_i$ 电荷相加 $Q_{\Sigma}=nQ_i$	传感器时间常数增大，电荷灵敏度增大，适用于电荷输出、低频信号测量的场合	如图 6-17(i)；每两片晶层中间夹垫金属片作电极，引出导线
串联	电荷相等 $Q_{\Sigma}=Q_i$ 电压相加 $U_{\Sigma}=nU_i$ 电容减小 $C_{\Sigma}=C/n$	传感器时间常数减小，电压灵敏度增大，适用于高频信号测量、回路高输入阻抗及电压输出场合	如图 6-17(h)；晶片之间用导电胶黏结，端面用金属垫片引出导线

压电式传感器的应用特点是：

(1)灵敏度和分辨力高，线性范围大，结构简单、牢固，可靠性好，寿命长；

(2)体积小，重量轻，刚度、强度、承载能力和测量范围大，动态响应频带宽，动态误差小；

(3)易于大量生产，便于选用，使用和校准方便，并适用于近测、遥测。

目前压电式传感器应用最多的仍是测力，尤其是对冲击、振动加速度的测量。迄今在众多型式的测振传感器中，压电加速度传感器占 80%以上。因此下面主要介绍压电式加速度和力传感器。

6.4.2　压电式加速度传感器

6.4.2.1　结构类型

目前压电加速度传感器的结构型式主要有压缩型、剪切型和复合型三种。

1. 压缩型

图 6-18 所示为常用的压缩型压电加速度传感器结构；压电元件取用 d_{11} 和 d_{33} 形式。

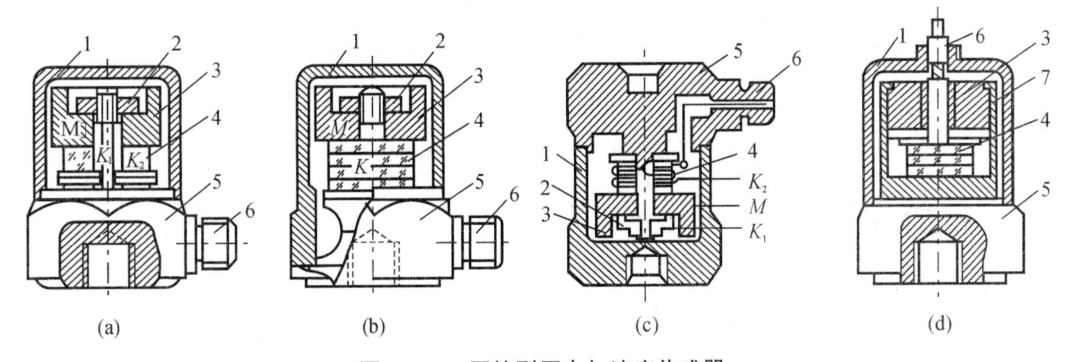

图 6-18　压缩型压电加速度传感器

(a)正装中心压缩式；(b)隔离基座压缩式；(c)倒装中心压缩式；(d)隔离预载筒压缩式

1—壳体；　2—预紧螺母；　3—质量块；　4—压电元件；　5—基座；　6—引线接头；　7—预紧筒

图(a)正装中心压缩式的结构特点是，质量块和弹性元件通过中心螺栓固紧在基座上形成独立的体系，与易受非振动环境干扰的壳体分开，具有灵敏度高、性能稳定，频响好，工作可靠等优点。但受基座的机械和热应变影响。为此,设计出改进型如图(b)所示的隔离基座压缩式,和图(c)的倒装中心压缩式。图(d)是一种双筒双屏蔽新颖结构,它除外壳起屏蔽作用外,内预紧套筒也起屏蔽作用。由于预紧筒横向刚度大,大大提高了传感器的综合刚度和横向抗干扰能力,改善了特性。这种结构还在基座上设有应力槽,可起到隔离基座的机械和热应变干扰的作用,不失为一种采取综合抗干扰措施的好设计,但工艺较复杂。

2. 剪切型

表6-7 压缩型与剪切型压电加速度传感器性能比较

性能		最大横向灵敏度/%	基座应变灵敏度/$ms^{-2}\cdot(\mu\varepsilon)^{-1}$	瞬变温度灵敏度/$(ms^{-2}\cdot ℃^{-1})$	声灵敏度/$ms^{-2}\cdot(154dB)^{-1}$	磁场灵敏度/$(ms^{-2}\cdot T^{-1})$
型式	4335压缩式	<4(个别值)	2	3.9	1	9.8
	4396剪切式	<4(最大值)	0.008	0.39	0.005	5.9

由表6-5所列压电元件的基本变形方式可知,剪切压电效应以压电陶瓷为佳,且理论上不受横向应变等干扰和无热释电输出(见表6-7)。因此剪切型压电传感器多采用极化

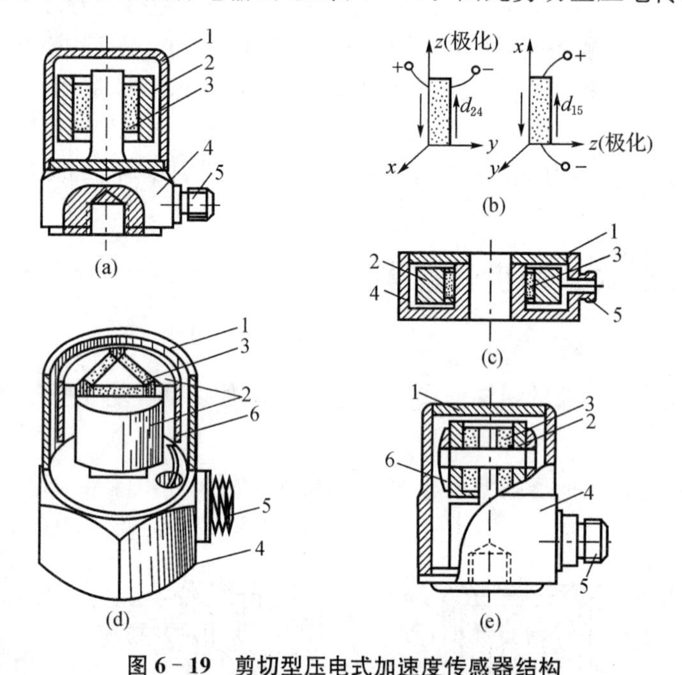

图6-19 剪切型压电式加速度传感器结构

(a)中空柱形;(b)两种极化;(c)扁环形;(d)三角形;(e)H形

1—壳体; 2—质量块; 3—压电元件; 4—基座; 5—引线接头; 6—预紧件

压电陶瓷作为压电转换元件。图6-19示出了几种典型的剪切型压电加速度传感器结构。图(a)为中空圆柱形结构。其中柱状压电陶瓷可取两种极化方案,如图(b):一是取轴向极化,呈现图6-10(c)中d_{24}剪切压电效应,电荷从内外表面引出;一是取径向极化,呈现图6-10(c)中d_{15}剪切压电效应,电荷从上下端面引出。剪切型结构简单、轻小,灵敏度高。存在的问题是压电元件作用面(结合面)需通过黏结(d_{24}方案需用导电胶黏结),装配困难,且不耐高温和高载。

图(c)为扁环形结构。它除上述中空圆柱形结构的优点外,还可当作垫圈一样在有限的

空间使用。

图(d)为三角剪切式新颖结构。三块压电片和扇形质量块呈等三角空间分布，由预紧筒固紧在三角中心柱上，取消了胶结，改善了线性和温度特性，但材料的匹配和制作工艺要求高。

图(e)为 H 形结构。左右压电组件通过横螺栓固紧在中心立柱上。它综合了上述各种剪切式结构的优点，具有更好的静态特性，更高的信噪比和宽的高低频特性，装配也方便。

3. 复合型

复合型加速度传感器泛指那些具有组合结构、差动原理、组合一体化或复合材料的压电传感器。现列举几种介绍如下。

图 6-20 为多晶片三向压电加速度传感器的结构。压电组件由三组(双晶片)具有 x、y、z 三向互相正交压电效应的压电元件组成。三向加速度通过质量块，前置转换成 x、y、z 三向力作用在三组压电元件上，分别产生正比于三向加速度的电量输出。其作用原理同后述的(图 6-27)三向测力传感器。

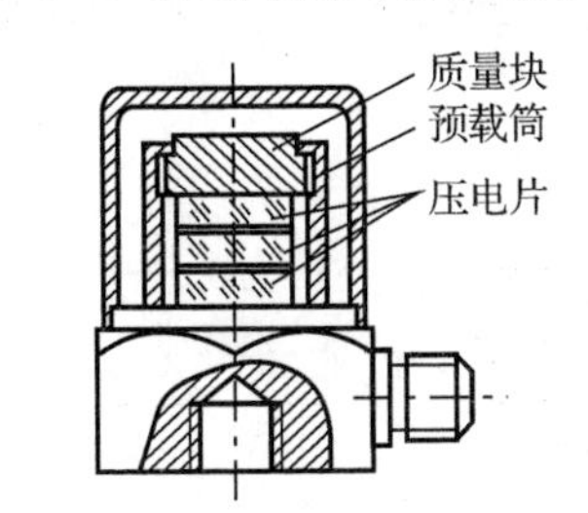

图 6-20　三向压电加速度传感器

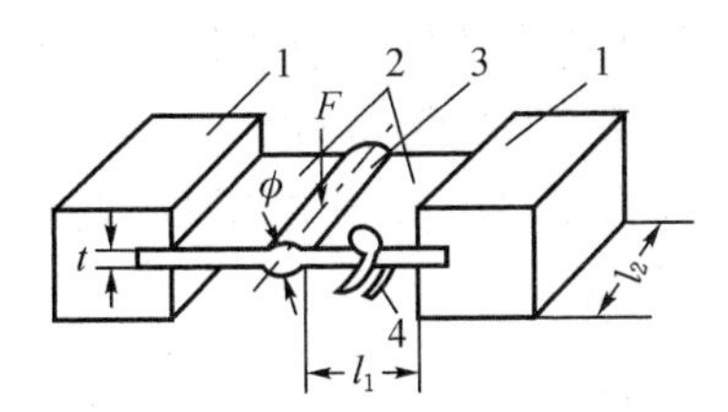

图 6-21　压电薄膜加速度传感器

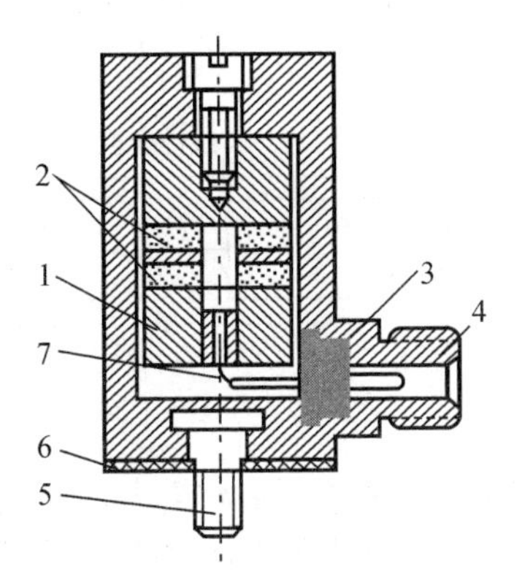

图 6-22　组合一体化压电加速度传感器

1—质量块；　2—压电石英片；　3—超小型阻抗变换器；
4—电缆插座；　5—绝缘螺钉；　6—绝缘垫圈；　7—引线

在民用方面，诸如对洗衣机滚筒的不平衡，关门时的冲击，车辆与障碍物之间的碰撞等进行检测时，就需要价廉、简单的加速度计。图 6-21 所示的由 PVF_2 高分子压电薄膜做成的加速度传感器，不仅价廉、简单，而且可做成任何形状，实现软接触测量。它由支架 1 夹持一片 PVF_2 压电薄膜 2 构成，薄膜中央有一圆管状瘤 3 作为质量块，敏感上下方向的加速度，并转换成相应的惯性力作用于薄膜，产生电荷，由电极 4 输出。国外已采用 $d=5\times10^{-12}$ C/N 的 PVF_2 研制成 $\phi=2$ mm，$t=30$ μm，$l_1\times l_2=5$ mm×10 mm，输出灵敏度为 3pC/g 的加速度传感器。

20 世纪 70 年代以来，国外开始研制集传感器与电子线路于一身的组合一体化压电-电子传感器(压电管)。80 年代以来，又利用集成工艺开始研制完全集成化压电加速度传感器。图 6-22 为一典型的组合一体化压电加速度传感器结构。

6.4.2.2　工作原理和特性

振动存在于所有具有动力设备的各种工程或装置中，并成为这些工程装备的工作故障源,以及工况监测信号源。目前对这种振动的监控检测,多数采用压电加速度传感器。

1. 工作原理

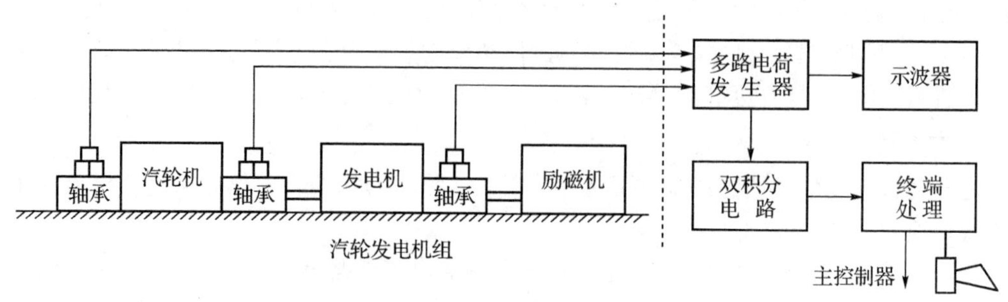

图 6-23 汽轮发电机组工况监测系统

图 6-23 为电厂汽轮发电机组工况(振动)监测系统工作示意图。众多的加速度传感器布点在轴承等高速旋转的要害部位,并用螺栓刚性固连在振动体上。其工作原理如图 6-24 所示。

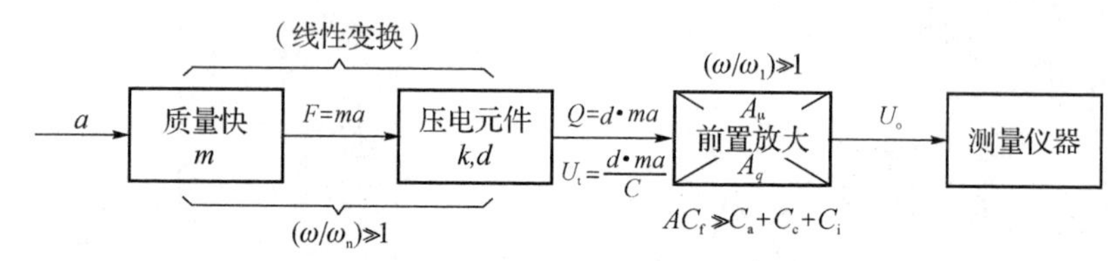

图 6-24 压电加速度传感器工作原理图

我们以图 6-18(a)的压缩型加速度传感器为例。当加速度传感器感受振动体的振动加速度时,质量块产生的惯性力 F 作用于压电元件上,从而产生电荷 Q 输出。当这种传感器所包含的质量—弹簧—阻尼系统能实现线性转换时,传感器输出 Q 或电压 U_o 与输入加速度 a 成正比。这时传感器的电荷灵敏度和电压灵敏度分别为

$$K_q=\frac{Q}{a}=dm \quad (\mathrm{C \cdot s^2/m}) \tag{6-30}$$

和

$$K_u=\frac{U_t}{a}=\frac{dm}{C} \quad (\mathrm{V \cdot s^2/m}) \tag{6-31}$$

式中 $C=C_a+C_c+C_i$——回路等效电容。

由上式可见,可通过选用较大的 m 和 d 来提高灵敏度。但质量的增大将引起传感器固有频率下降,频宽减小,而且随之带来体积、重量的增加,构成对被测对象的影响,应尽量避免。通常多采用较大压电常数的材料或多晶片组合的方法来提高灵敏度。

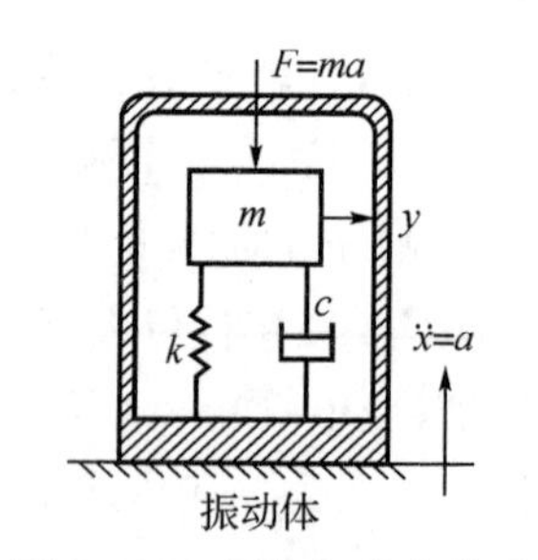

图 6-25 压电加速度传感器的力学模型

2. 动态特性

动态特性分析的目的,就是要揭示上述线性变换的条件。为此我们以图 6-18(b)加速度传感器为例,并把它简化成如图 6-25 所示的“m-k-c”力学模型。其中:k 为压电

器件的弹性系数，被测加速度 $a=\ddot{x}$ 为输入。设质量块 m 的绝对位移为 x_a，质量块对壳体的相对位移 $y=x_a-x$ 为传感器的输出。由此列出质量块的动力学方程

$$m\ddot{x}_a+c(\dot{x}_a-\dot{x})+k(x_a-x)=0$$

或整理成

$$m\ddot{y}+c\dot{y}+ky=-ma \tag{6-32}$$

或复数形式

$$(ms^2+cs+k)y=-ma \tag{6-33}$$

设：$\omega_n=\sqrt{k/m}$；$\xi=c/2\sqrt{km}$，代入上式可得

传递函数
$$\frac{y}{a}(s)=\frac{-m}{ms^2+cs+k}=\frac{-1}{s^2+2\xi\omega_n s+\omega_n^2} \tag{6-34}$$

和频率特性
$$\frac{y}{a}(\mathrm{j}\omega)=\frac{-1/\omega_n^2}{1-(\omega/\omega_n)^2+2\xi(\omega/\omega_n)\mathrm{j}} \tag{6-35}$$

由上式可得系统对加速度响应的幅频特性

$$A(\omega)_a=\left|\frac{y}{a}\right|=\frac{1/\omega_n{}^2}{\sqrt{[1-(\omega/\omega_n)^2]^2+[2\xi(\omega/\omega_n)]^2}}=A(\omega_n)\frac{1}{\omega_n{}^2} \tag{6-36}$$

式中 $A(\omega_n)=1/\sqrt{[1-(\omega/\omega_n)^2]^2+[2\xi(\omega/\omega_n)]^2}$ 为表征二阶系统固有特性的幅频特性。

由于质量块相对振动体的位移 y 即是压电器件（设压电常数为 d_{33}）受惯性力 F 作用后产生的变形，在其线性弹性范围内有 $F=ky$。由此产生的压电效应

$$Q=d_{33}F=d_{33}\cdot ky$$

将上式代入式(6-36)即得压电加速度传感器的电荷灵敏度幅频特性为

$$A(\omega)_a=\left|\frac{Q}{a}\right|=A(\omega_n)\cdot d_{33}k\Big/\omega_n{}^2 \tag{6-37}$$

若考虑传感器接入两种测量电路的情况：

(1)接入反馈电容为 C_f 的高增益电荷放大器，则由式(6-26)代入式(6-37)得带电荷放大器的压电加速度传感器的幅频特性为

$$A(\omega)_q=\left|\frac{U_o}{a}\right|_q=A(\omega_n)\cdot d_{33}k\Big/C_f\,\omega_n{}^2 \tag{6-38}$$

(2)接入增益为 A，回路等效电阻和电容分别为 R 和 C 的电压放大器后，由式(6-21)可得放大器的输出为

$$|U_o|=\frac{Ad_{33}F_m\omega R}{\sqrt{1+(\omega RC)^2}}=\frac{1}{\sqrt{1+(\omega_1/\omega)^2}}\cdot\frac{Ad_{33}F_m}{C}=A(\omega_1)\frac{Ad_{33}F_m}{C} \tag{6-39}$$

式中 $A(\omega_1)=1/\sqrt{1+(\omega_1/\omega)^2}$ 为由电压放大器回路角频率 ω_1 决定的，表征回路固有特性的幅频特性。

由式(6-39)和式(6-37)不难得到,带电压放大器的压电加速度传感器的幅频特性为

$$A(\omega)_u=\left|\frac{U_o}{a}\right|_u=A(\omega_1)\cdot A(\omega_n)\frac{Ad_{33}k}{C\omega_n^2} \tag{6-40}$$

由式(6-40)描绘的相对频率特性曲线如图6-26所示。

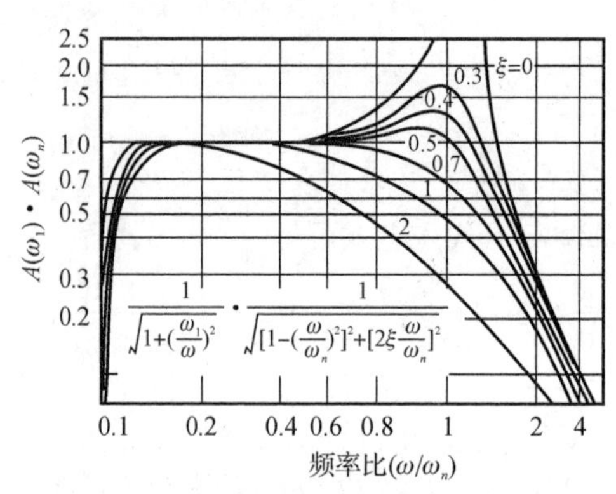

图6-26 压电加速度传感器的幅频特性

综上所述:

(1)由图6-26可知,当压电加速度传感器处于$(\omega/\omega_n)\ll 1$,即$A(\omega_n)\to 1$时,可得到灵敏度不随ω而变的线性输出,这时按式(6-37)和式(6-38)得传感器的灵敏度近似为一常数:

$$\frac{Q}{a}\approx\frac{d_{33}k}{\omega_n^{\ 2}}(\text{传感器本身})$$

或

$$\frac{U_o}{a}\approx\frac{d_{33}k}{C_f\omega_n^{\ 2}}(\text{带电荷放大器}) \tag{6-41}$$

这是我们所希望的;通常取$\omega_n>(3\sim5)\omega$。

(2)由式(6-40)知,配电压放大器的加速度传感器特性由低频特性$A(\omega_1)$和高频特性$A(\omega_n)$组成。高频特性由传感器机械系统固有特性所决定;低频特性由电回路的时间常数$\tau=1/\omega_1=RC$所决定。只有当$\omega/\omega_n\ll 1$和$\omega_1/\omega\ll 1$(即$\omega_1\ll\omega\ll\omega_n$)时,传感器的灵敏度为常数:

$$\frac{U_o}{a}\approx\frac{d_{33}kA}{\omega_n^{\ 2}C} \tag{6-42}$$

满足此线性输出之上述条件的合理参数选择,见上节分析,否则将产生动态幅值误差:

$$\text{高频段}\qquad \delta_H=[A(\omega_n)-1]\%$$

$$\text{低频段}\qquad \delta_L=[A(\omega_1)-1]\%$$

此外,在测量具有多种频率成分的复合振动时,还受到相位误差的限制。

6.4.3 压电式力和压力传感器

6.4.3.1 压电式力(矩)传感器

压电式测力传感器是利用压电元件直接实现力一电转换的传感器,在拉力、压力和力矩测量场合,通常较多采用双片或多片石英晶片作压电元件。它刚度大,动态特性好;测量范围宽,可测10^{-3} N~10^4 kN范围内的力;线性及稳定性高;可测单向力,也可测多向力。当

采用大时间常数的电荷放大器时，可测量准静态力。

(1)压电石英三向测力传感器　三向测力传感器主要用于三向动态测力系统中，如机床刀具切削力测试。图6-27(a)为YDS—Ⅲ79B型压电式三向力传感器结构，压电组件为三组石英双晶片叠成并联方式，如图6-27(b)所示。其中一组取$X0°$切型晶片，利用厚度压缩纵向压电效应d_{11}来测量主切削力F_z；另外两组取$Y0°$切型晶片，利用剪切压电系数d_{26}来分别测量纵横向进刀抗力F_y和F_x，见图6-27(c)。由于F_x与F_y正交，因此这两组晶片安装时应使其最大灵敏轴分别取x向和y向。若取用压电陶瓷晶片，读者可自行考虑。

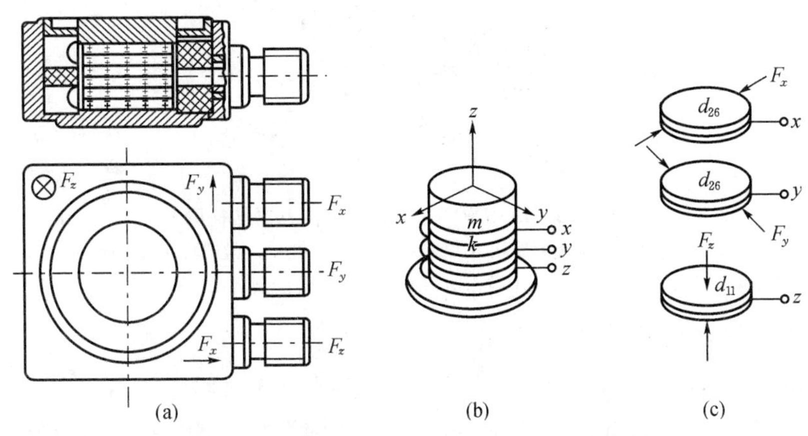

图6-27　YDS—Ⅲ79B型压电式三向力传感器

(a)结构图；(b)压电组件；(c)x、y、z双晶片

压电式力传感器的工作原理和特性与压电式加速度传感器基本相同。设以单向力F_z作用为例，由图6-27(a)可知，它仍可由图6-25和式(6-32)描述的典型二阶系统加以说明。参照式(6-37)代入$F_z=ma$，即可得单向压缩式压电力传感器的电荷灵敏度幅频特性

$$\left|\frac{Q}{F_z}\right|=A(\omega_n)\cdot d_{11}=\frac{d_{11}}{\sqrt{\left[1-\left(\frac{\omega}{\omega_n}\right)^2\right]^2+\left[2\xi\frac{\omega}{\omega_n}\right]^2}} \tag{6-43}$$

可见，当$(\omega/\omega_n)\ll 1$(即$\omega\ll\omega_n$)时，上式变为

$$\frac{Q}{F_z}\approx d_{11}\quad 或\quad Q\approx d_{11}F_z \tag{6-44}$$

这时，力传感器的输出电荷Q与被测力F_z成正比。

(2)压电石英双向测力和扭矩传感器　上述三向测力传感器的设计原理可推广应用于力和扭矩的测量。图6-28为Dn-829Y型双向力、扭矩传感器结构图。该传感器可用来测量Z向力F_z和绕Z轴的扭矩M_z。在直径$d_0=47.6$ mm的中心圆上，上下各匀布6组石英双晶片压电器件。其中上面6组采用xy切型双晶片，利用厚度压缩纵向压电效应d_{11}来测量F_z；且使y晶轴正向设置成：上层片取离心方向，下层片取向心方向。这样布局的目的在于减小M_z对xy晶组引起横向干扰影响。另下面6组采用yx切型双晶片，利用剪切压电效应d_{26}来测量M_z，且使z晶轴取向心排列；这样，x晶轴向则为中心圆切向，从而确保yx晶组有最大的输出。

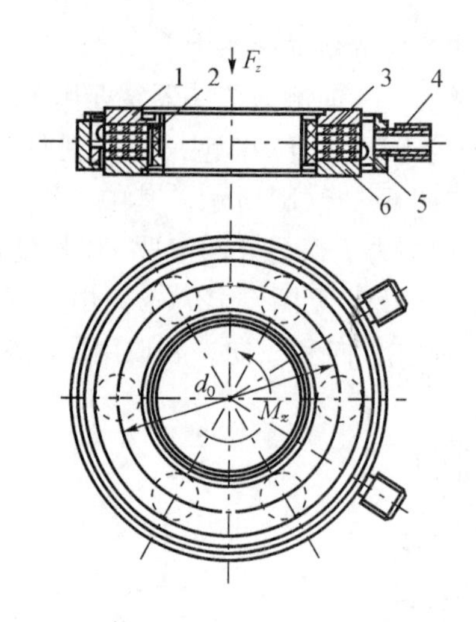

图 6-28 Dn-829Y 型双向扭矩传感器结构图

1—承力件;2—绝缘套筒;3—压电器件;4—引线接头;5—引线;6—座体

6.4.3.2 压电式压力传感器

压电式压力传感器的结构类型很多,但它们的基本原理与结构仍与前述压电式加速度和力传感器大同小异。突出的不同点是,它必须通过弹性膜、盒等,把压力收集、转换成力,再传递给压电元件。为保证静态特性及其稳定性,通常多采用石英晶体作压电元件。在结构设计中,必须注意:(1)确保弹性膜片与后接传力件间有良好的面接触,否则,接触不良会造成滞后或线性恶化,影响静、动态特性。(2)传感器基体和壳体要有足够的刚度,以保证被测压力尽可能传递到压电元件上。(3)压电元件的振动模式选择要考虑到频率覆盖:弯曲(0.4~100 kHz);压缩(40 kHz~15 MHz);剪切(100 kHz~125 MHz)。(4)涉及传力的元件,尽量采用高音速材料和扁薄结构,以利快速、无损地传递弹性元件的弹性波,提高动态性能。(5)考虑加速度、温度等环境干扰的补偿。

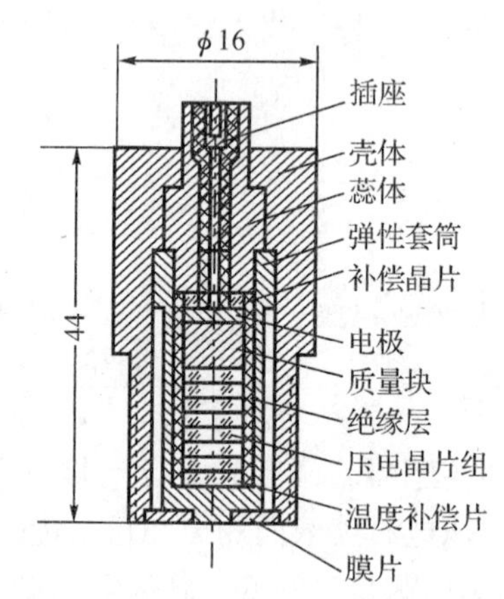

图 6-29 7031 型压电式压力传感器

图 6-29 所示为综合考虑了上述设计思想的 Kistler7031 型压电式压力传感器的结构。压缩式石英晶片组通过薄壁厚底的弹性套筒施加预载,其厚底起着传力件的作用。被测压力通过膜片和预紧筒传递给压电组件。在压电组件和膜片间垫有陶瓷与铁镍铍青铜两种材料制成的温度补偿片,尺寸为 $\phi 6\times 0.5\ \text{mm}^2$,用来补偿长时间缓变(尤其在低频测量时)的热干扰对弹性套筒预载的影响。在压电组件上方,安装有 $\phi 6.6\times 7\ \text{mm}^2$ 高密度合金质量块,以及尺寸为 $\phi 6\times 0.5\ \text{mm}^2$,且输出极性相反的加速度补偿晶片,用以消减环境加速度干扰。这种传感器量程大($0\sim 2.5\times 10^7$ Pa),工作温度范围宽(−150~+240 ℃),温度误差小(0.02 %/℃),加速度误差小(达 $4\times 10^{-7}/\text{m}\cdot\text{s}^{-2}$)。

图 6-30 所示为血压计采用的两种不同型式的压电血压传感器。图 6-30(a)采用了

PZT－5H 压电陶瓷，尺寸为 12.7 mm×1.575 mm×0.508 mm 的双晶片悬梁结构。双晶片极化方向相反，并联连接。在敏感振膜中央上下两侧各胶粘有半圆柱塑料块。被测动脉血压通过上塑料块、振膜、下塑料块传递到压电悬梁的自由端。压电梁弯曲变形产生的电荷经前置电荷放大器输出。

图 6－30(b)为采用复合材料的血压传感器结构。压电元件为掺杂 PZT 陶瓷的 PVF_2 复合压电薄膜。它的韧性好，易与皮肤吻合，力阻抗与人体匹配，可消除外界脉动干扰。这种传感器结构简单，组装容易，体积小，可靠耐用，输出再现性好，适用于人体脉压，脉率的检测或脉波再现。

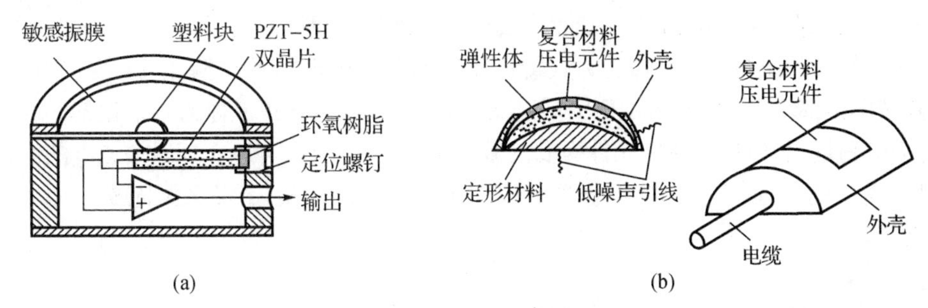

图 6－30　压电式血压传感器

(a)双晶片悬梁式；(b)复合材料式

6.4.4　逆压电效应在传感器中的应用

逆压电效应在传感器中的应用也很广泛，典型应用为谐振式传感器的振动激励。与其他方式的激振力发生机理，如静电力、电磁力、热激励等相比较，基于逆压电效应的激振不需要额外的辅助激励机构，只需在压电材料的表面沉积相应的金属薄膜电极。具有结构简单，响应快，便于小型化的优点。

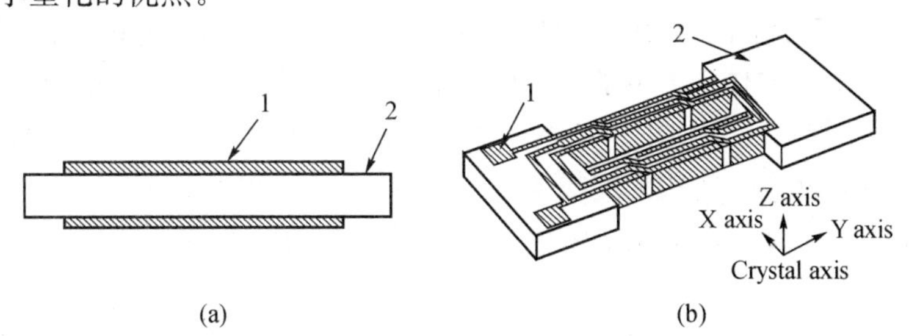

图 6－31　石英晶体谐振式传感器结构简图

(a)石英晶体微天平；(b)石英晶体力频谐振器

1—金属薄膜电极；　2—石英晶片

石英晶体材料品质因数高，机械弹性好，温度特性稳定，是优秀的谐振器材料。图 6－31(a)所示为石英晶体微天平(石英晶体谐振器)结构简图，由 AT 切石英晶片和沉积在晶片两面的金属薄膜电极组成。石英晶体谐振器工作于厚度剪切振动模态，给石英晶片的两面电极施加以交变的电压，由于逆压电效应的存在，石英晶片产生厚度剪切振动，当交变电压的频率等于石英晶体厚度剪切模态固有频率时，发生谐振。石英晶体微天平的工作原理描述如下：厚度剪切模态的基本谐振频率与其厚度成反比，当石英晶体微天平表面有质量附着时,等效于晶体厚度的增加,从而造成谐振频率的降低,其频率变化量与表面质量变化量成正比。石英晶体微天平最早应用于气相环境,主要用于真空镀膜设备中镀膜厚度的监测。随着振荡电路技术的发展,当石英晶体微天平的单面浸入液体时,依然能够实现稳定的振荡,从而开启了石英晶体微天平在液相环境的应用。从理论上讲,只要能够在石英晶体微天平的表面制备出针对特定目标的特异性吸附膜,能够实现对任何物质的检测。石英晶体微天平具有超高的质量灵敏度(ng 级),广泛应用生物、化学等传感领域。

图 6 - 31(b)所示为石英晶体力频谐振器,又称为石英双端固定音叉。石英晶体力频谐振器工作于面内弯曲振动模态,由于逆压电效应的存在,在激励电场的作用下,两根叉指反向振动,在两端结合部产生大小相等、方向相反的力和力矩,互相抵消,从而防止振动能量的泄露,保证谐振器的高品质振动。其作为力频转化元件的工作原理如下:当谐振器受到轴向拉力作用时,其谐振频率增大,受到轴向压力作用时谐振频率降低。石英晶体力频谐振器不仅可以直接进行力的测量,与质量—弹性元件构成机械二阶系统相结合,可以实现对加速度的测量。

基于类似的原理,石英晶体谐振器还应用于角速度的测量(石英音叉陀螺),原子力显微镜的探针等。

6.5 影响压电传感器工作性能的主要因素

基于压电效应的压电传感器,通常都需要接触测量,它的灵敏度、频响特性和重量,是衡量其工作性能的主要指标。影响压电传感器工作性能的因素很多,其中有系统的因素,如传感器重量的负载影响,谐振频率、高低频响应相移的影响,以及横向灵敏度、安装差异和某些温度影响等,也有随机的因素,如基座应变、声噪声、电磁场等。在此择其主要因素分析讨论。

6.5.1 横向灵敏度

横向灵敏度是衡量横向干扰效应的指标。一只理想的单轴压电传感器,应该仅敏感其轴向的作用力,而对横向作用力不敏感。如对于压缩式压电传感器,就要求压电元件的敏感轴(电极向)与传感器轴线(受力向)完全一致。但实际的压电传感器由于压电切片、极化方向的偏差,压电片各作用面的粗糙度或各作用面的不平行,以及装配、安装不精确等种种原因,都会造成如图 6 - 32 所示的压电传感器电轴 E 向与力轴 F 向不重合。横向灵敏度用主

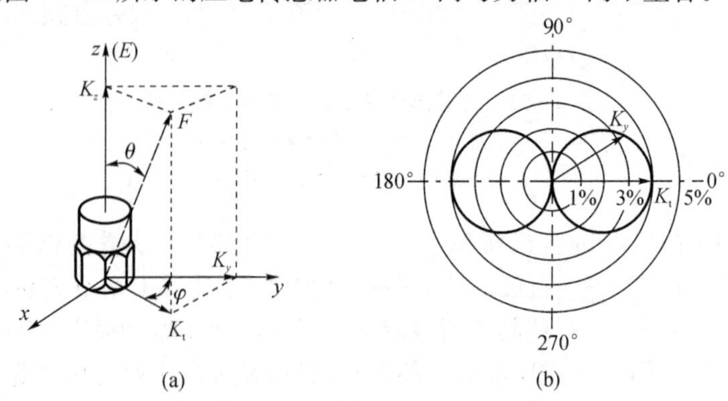

图 6 - 32 压电传感器的横向灵敏度

(a)力一电轴不一致情况;(b)横向效应影响

轴向灵敏度 K_z 的百分比表示，即定义为

$$最大横向灵敏度=\frac{K_t}{K_z}\times100\%=\tan\theta\times100\% \tag{6-45}$$

和

$$一般横向灵敏度=\frac{K_y}{K_z}\times100\%=\tan\theta\cdot\cos\varphi\times100\% \tag{6-46}$$

产生横向灵敏度的必要条件：一是伴随轴向作用力的同时，存在横向力；二是压电元件本身具有横向压电效应。因此，消除横向灵敏度的技术途径是：一、从设计、工艺等诸方面确保力与电轴的一致；二、尽量采用剪切型力－电转换方式；三、由横向灵敏度与外力方向关系曲线图 6-32(b)可见，当传感器 y 轴在 90°、270°方向时，横向效应最小。因此，应用传感器时，适当调整其方位，取传感器横向灵敏度尽量小的位置。一只较好的压电传感器，最大横向灵敏度不大于 5%。

6.5.2　环境温度和湿度

环境温度对压电传感器工作性能的影响主要通过三个因素：①压电材料的特性参数；②某些压电材料的热释电效应；③传感器结构。

环境温度变化将使压电材料的压电常数 d、介电常数 ε、电阻率 ρ 和弹性系数 k 等机电特性参数发生变化。d 和 k 的变化将影响传感器的输出灵敏度；ε 和 ρ 的变化会导致时间常数 $\tau=RC$ 的变化，从而使传感器的低频响应变坏。在必须考虑温度——尤其是高温对传感器低频特性影响的情况下，采用电荷放大器将会得到满意的低频响应。

某些铁电多晶压电材料具有热释电效应。通常这种热电输出只对频率低于 1 Hz 的缓变温度较敏感，从而影响准静态测量。在测量动态参数时，有效的办法是采用下限频率高于或等于 3 Hz 的放大器。

瞬变温度对压电传感器的影响突出。对压电加速度传感器，这种影响通常用瞬变温度灵敏度(单位瞬变温度引起的热输出所等效的加速度，即 $\mathrm{m\cdot s^{-2}/℃}$)来表示。瞬变温度除引起压电元件热释电效应外，还在传感器内部引起温度梯度，造成各部分结构的不均匀热应变。这一方面会产生热应力和寄生热电输出，另一方面也改变了预紧力和传感器的线性度。这种热电输出的频率通常很高，幅值随温升而增大，大到使放大器过载。因此在高温环境进行低电平信号测量时，必须采取下列措施：

①取用剪切式、隔离基座型结构设计[见图 6-18(b)(d)和图 6-19]，或使用时采用隔离安装销。

②在压电元件受热冲击的一端设置由热导率小的材料(如某些未极化的压电陶瓷)做成的绝热片；或采用由大膨胀系数材料、陶瓷及铁镍铍青铜组合材料制成的温度补偿片，以实现高温下的结构等膨胀匹配，克服热应力影响(见图 6-29)。

③采用水流式冷却装置。这时如图 6-29 所示具有弹性预紧筒的传感器，实现较为方便。

环境湿度主要影响压电元件的绝缘电阻，使其明显下降，造成传感器低频响应变坏。因此在高湿度环境中工作的压电传感器，必须选用高绝缘材料，并采取防潮密封措施。

6.5.3 安装差异及基座应变

在应用中,压电传感器总是要通过一定的方式紧密安装在被测试件上进行接触测量。由于传感器和试件都是质量-弹簧系统,通过安装连接后,两者将相互影响原来固有的机械特性(固有频率)。因此,实际测量的频响上限,并不由传感器本身的固有频率 f_n 所决定,而是取决于传感器与试件系统的安装谐振频率 f_n'。设传感器和被测试件的质量分别为 m 和 M,则有

$$f_n' = f_n\sqrt{1+\frac{m}{M}} \quad (6-47)$$

①

而且,安装方式的不同,安装质量的差异,对传感器频响特性影响很大。因此在应用中,第一,要保证传感器的敏感轴向与受力向的一致性不因安装而遭到破坏,以避免横向灵敏度的产生。为此,安装接触面要求有高的平行度、平直度和低的粗糙度(平直度不低于0.013 mm,表面粗糙度不超过 $R_a=0.41\ \mu m$)。当接触表面过于粗糙时,应加装特制的垫圈(其材料的弹性模量应高于传感器基座材料的弹性模量),或涂一层硅脂、薄油膜层。第二,应根据承载能力和频响特性所要求的安装谐振频率,选择合适的安装方式。压电加速度传感器的不同安装特性列于表6-8。第三,由式(6-47)可知,只有当传感器质量远小于试件质量($m \ll M$)时,$f_n' \approx f_n$;这时,试件对传感器的耦合影响,或传感器对试件的负载影响可减至最小。因此,对刚度、质量和接触面小的试件,只能用微小型压电传感器测量。此外试件表面的任何受力应变,都将通过传感器基座直接传给压电元件,从而产生与被测信号无关的假信号输出。基座应变影响及其消减措施,与瞬变温度影响雷同。

表6-8 安装方式对压电加速度传感器性能的影响

安装方式		钢螺栓	粘接螺栓	胶　结	绝缘螺栓加云母垫	双面胶带	磁铁吸盘	手持探针
性能	安装谐振频率	最　高	高	高	较高	较高	中	低
	承受加速度	最　大	大	大	大	小	中	小
说　明		近于标定条件,应限定安装扭矩	同左,扭矩要求不高	安装面有限时用,方便	需绝缘时用,能隔离地电噪声干扰	安装面受限时用,方便	不适于高温、高载,用于安装面受限时	要求不高时用,方便

6.5.4 噪声

由前述已知,压电元件是高阻抗、小功率元件,极易受外界机、电振动引起的噪声干扰,其中主要有声场、电源和接地回路噪声等。

压电传感器在强声中工作将受到声波振动激励而产生寄生电信号输出,谓之声噪声。例如,压电加速度传感器常用声灵敏度(指140 dB噪声引起的等效加速度输出)$m \cdot s^{-2}/140\ dB$ 表示声噪声的大小。目前大多数压电传感器设计成隔离基座和独立外壳结构,声噪声影响

① 标定压电加速度传感器的安装谐振频率,系采用钢螺栓,把传感器固装在质量 $M=0.18\ kg$,体积为16.387 1 cm^3 的方钢上求得。

极小。

电缆噪声是同轴电缆在振动或弯曲变形时，电缆屏蔽层、绝缘层和芯线间将引起局部相对滑移摩擦和分离，而在分离层之间产生的静电感应电荷干扰，它将混入主信号中被放大。减小电缆噪声的方法：一是在使用中固定好传感器的引出电缆；二是选用低噪声同轴电缆。

接地回路噪声是压电传感器接入二次测量线路或仪表而构成测试系统后，由于不同电位处的多点接地，形成了接地回路和回路电流所致。克服的根本途径是消除接地回路。常用的方法是在安装传感器时，使其与接地的被测试件绝缘连接，并在测试系统的末端一点接地。这样就大大消除了接地回路噪声。

习题与思考题

6—1　何谓压电效应？何谓纵向压电效应和横向压电效应？

6—2　压电材料的主要特性参数有哪些？试比较三类压电材料的应用特点。

6—3　试述石英晶片切型（$yxlt+50°/45°$）的含意。

6—4　为了提高压电式传感器的灵敏度，设计中常采用双晶片或多晶片组合，试说明其组合的方式和适用场合。

6—5　欲设计图 6-20 所示三向压电加速度传感器，用来测量 x、y、z 三正交方向的加速度，拟选用三组双晶片组合 $BaTiO_3$ 压电陶瓷作压电组件。试问：应选用何种切型的晶片？又如何合理组合？并用图示意。

6—6　原理上，压电式传感器不能用于静态测量，但实用中，压电式传感器可能用来测量准静态量，为什么？

6—7　简述压电式传感器前置放大器的作用、两种形式各自的优缺点及其如何合理选择回路参数？

6—8　已知 ZK—2 型阻抗变换器的输入阻抗为 2000 MΩ，测量回路的总电容为 1000 pF。试求：当与压电加速度计相配，用来测量 1 Hz 的低频振动时产生的幅值误差。

6—9　试证明压电加速度传感器动态幅值误差表达式：高频段：$\delta_H=[A(\omega_n)-1]\%$；低频段：$\delta_L=[A(\omega_1)-1]\%$。若测量回路的总电容 $C=1\,000$ pF，总电阻 $R=500$ MΩ，传感器机械系统固有频率 $f_n=30$ kHz，相对阻尼系数 $\xi=0.5$，求幅值误差在 2%以内的使用频率范围。

6—10　试选择合适的传感器：(1)现有激磁频率为 2.5 kHz 的差动变压器式测振传感器和固有频率为 50 Hz 的磁电式测振传感器各一只，欲测频率为 400～500 Hz 的振动，应选哪一种？为什么？(2)有两只压电式加速度传感器，固有频率分别为 30 kHz 和 50 kHz，阻尼比均为 0.5，欲测频率为 15 kHz 的振动，应选哪一只？为什么？

6—11　一只压电式压力传感器灵敏度为 9 pC/bar，将它接入增益调到 0.005 V/pC 的电荷放大器，放大器的输出又接到灵敏度为 20 mm/V 的紫外线记录纸式记录仪上。(1)试画出系统方框图；(2)计算系统总的灵敏度；(3)当压力变化 35 bar 时，试计算记录纸上的偏移量。

第7章　热电式传感器

热电式传感器(Thermoelectric Sensor)是利用转换元件电磁参量随温度变化的特性，对温度和与温度有关的参量进行检测的装置。其中将温度变化转换为电阻变化的称为热电阻传感器；将温度变化转换为热电势变化的称为热电偶传感器。这两种热电式传感器在工业生产和科学研究工作中已得到广泛使用，并有相应的定型仪表可供选用，以实现温度检测的显示和记录。

本章主要介绍这两种传感器的工作原理、特性，产生误差的原因和补偿方法，以及应用实例。

7.1　热电阻传感器

热电阻传感器可分为金属热电阻式和半导体热电阻式两大类，前者简称热电阻，后者简称热敏电阻。

7.1.1　热电阻

1. 热电阻材料的特点

作为测量温度用的热电阻材料，必须具有以下特点：(1)高温度系数、高电阻率。这样在同样条件下可加快反应速度，提高灵敏度，减小体积和重量。(2)化学、物理性能稳定，以保证在使用温度范围内热电阻的测量准确性。(3)良好的输出特性，即必须有线性的或者接近线性的输出。(4)良好的工艺性，以便于批量生产、降低成本。

适宜制作热电阻的材料有铂、铜、镍、铁等。

2. 铂、铜热电阻的特性

铂、铜为应用最广的热电阻材料。虽然铁、镍的温度系数和电阻率均比铂、铜要高，但由于存在着不易提纯和非线性严重的缺点，因而用得不多。

铂容易提纯，在高温和氧化性介质中化学、物理性能稳定，制成的铂电阻输出－输入特性接近线性，测量精度高。

铂电阻阻值与温度变化之间的关系可以近似用下式表示：

在0～660℃温度范围内

$$R_t = R_0(1 + At + Bt^2) \tag{7-1}$$

在－190～0℃温度范围内

$$R_t = R_0[1 + At + Bt^2 + C(t - 100)t^3] \tag{7-2}$$

式中，R_0、R_t——分别为0℃和t℃的电阻值；

A——常数(3.96847×10^{-3}/℃)；

B——常数(－5.847×10^{-7}/℃^{2})；

C——常数($-4.22\times10^{-12}/℃^4$)。

铂电阻制成的温度计,除作温度标准外,还广泛应用于高精度的工业测量。由于铂为贵金属,一般在测量精度要求不高和测温范围较小时,均采用铜电阻。

铜容易提纯,在$-50\sim+150$℃范围内铜电阻化学、物理性能稳定,输出一输入特性接近线性,价格低廉。

铜电阻阻值与温度变化之间的关系可以近似用下式表示:

$$R_t = R_0(1 + At + Bt^2 + Ct^3) \tag{7-3}$$

式中,A——常量($4.28899\times10^{-3}/℃$);

B——常量($-2.133\times10^{-7}/℃^2$);

C——常量($1.233\times10^{-9}/℃^3$)。

由于铜电阻的电阻率仅为铂电阻的1/6左右,当温度高于100℃时易被氧化,因此适用于温度较低和没有侵蚀性的介质中工作。

3. 其他热电阻

铂、铜热电阻不适宜作低温和超低温的测量。近年来一些新颖的热电阻材料相继被采用。

铟电阻适宜在$-269\sim-258$℃温度范围内使用,测温精度高,灵敏度是铂电阻的10倍,但是复现性差。

锰电阻适宜在$-271\sim-210$℃温度范围内使用,灵敏度高,但是质脆易损坏。

碳电阻适宜在$-273\sim-268.5$℃温度范围内使用,热容量小,灵敏度高,价格低廉,操作简便,但是热稳定性较差。

常用热电阻材料特性见表7-1。

表7-1 常用热电阻材料特性

材料名称	温度系数a /($℃^{-1}\times10^{-3}$)	比电阻ρ /($\Omega\cdot mm^2\cdot m^{-1}$)	温度范围 /℃	电阻丝直径 /mm	特性
铂	3.92	0.0981	$-200\sim+650$	0.05~0.07	近线性
铜	4.25	0.0170	$-50\sim+150$	0.01	近线性
铁	6.50	0.0910	$-50\sim+150$	—	非线性
镍	6.60	0.1210	$-50\sim+100$	0.05	非线性

除了普通工业用热电阻外,近年来为了提高响应速度,发展了一些新品种。例如,封装在金属套管内的嵌装热电阻,这种热电阻外径直径小(最小仅1 mm),除感温元件处外,可以任意弯曲,特别适合在复杂结构中安装。由于封装良好,具有良好的抗振动、抗冲击性能和耐腐蚀性能。又如线绕薄片型铂热电阻和利用IC工艺制作的厚膜铂电阻与薄膜铂电阻,后者具有较高的性价比。

7.1.2 热敏电阻

1. 热敏电阻的特点

热敏电阻是用半导体材料制成的热敏器件。按物理特性,可分为三类:(1)负温度系数热敏电阻(NTC);(2)正温度系数热敏电阻(PTC);(3)临界温度系数热敏电阻(CTR)。

由于负温度系数热敏电阻应用较为普遍,本书只介绍这种热敏电阻。

负温度系数热敏电阻是一种氧化物的复合烧结体,通常用它测量$-100\sim+300$℃范围内的温度,与热电阻相比,其特点是:(1)电阻温度系数大,灵敏度高,约为热电阻的10倍;(2)结构简单,体积小,可以测量点温度;(3)电阻率高,热惯性小,适宜动态测量;(4)易于维护和进行远距离控制;(5)制造简单,使用寿命长。

不足之处为互换性差,非线性严重。

2. 负温度系数热敏电阻的特性

图7-1为负温度系数热敏电阻的电阻一温度特性曲线,可以用如下经验公式描述:

$$R_T = A e^{\frac{B}{T}} \tag{7-4}$$

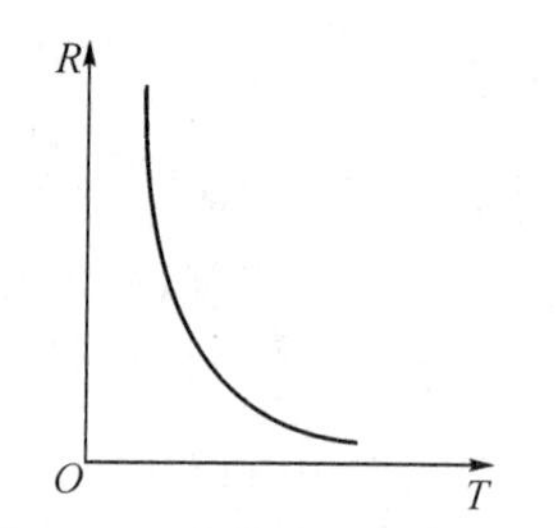

图7-1 热敏电阻特性曲线

式中,R_T——温度为T(K)时的电阻值;

A——与热敏电阻的材料和几何尺寸有关的常数;

B——热敏电阻常数。

若已知T_1和T_2时的电阻为R_{T_1}和R_{T_2},则可通过公式求取A、B值,即

$$A = R_{T_1} e^{-\frac{B}{T_1}} \tag{7-5}$$

$$B = \frac{T_1 \cdot T_2}{T_2 - T_1} \ln \frac{R_{T_1}}{R_{T_2}} \tag{7-6}$$

图7-2示出热敏电阻的伏安特性曲线。由图可见,当流过热敏电阻的电流较小时,曲线呈直线状,服从欧姆定律。当电流增加时,热敏电阻自身温度明显增加,由于负温度系数的关系,阻值下降,于是电压上升速度减慢,出现了非线性。当电流继续增加时,热敏电阻自身温度上升更快,阻值大幅度下降,其减小速度超过电流增加速度,于是出现电压随电流增加而降低的现象。

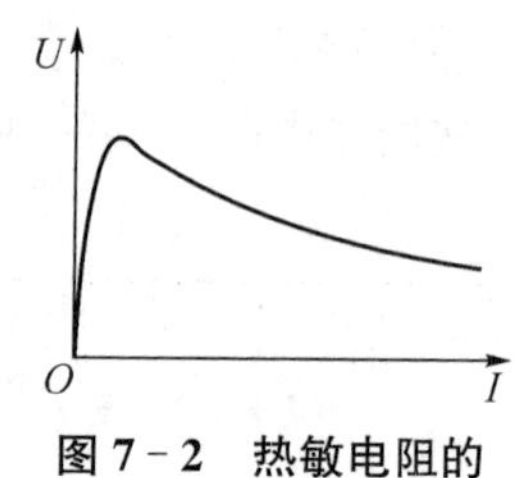

图7-2 热敏电阻的伏安特性

热敏电阻特性的严重非线性,是扩大测温范围和提高精度必须解决的关键问题。解决办法是,利用温度系数很小的金属电阻与热敏电阻串联或并联,使热敏电阻阻值在一定范围内呈线性关系。图7-3介绍一种金属电阻与热敏电阻串联以实现非线性校正的方法。只要金属电阻R_x选得合适,在一定温度范围内可得到近似双曲线特性[图(b)R_s],即温度与电阻的倒数呈线性关系,从而使温度与电流呈线性关系[图(c)]。近年来已出现利用微机实现较宽温度范围内线性化校正的方案。

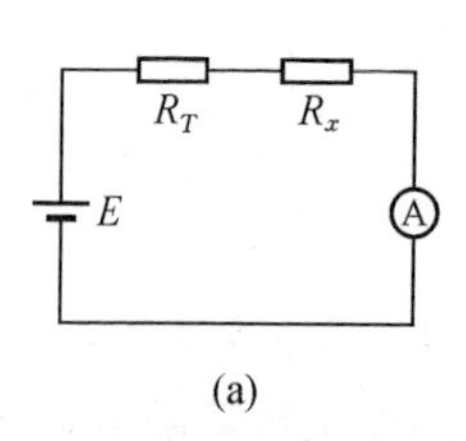

(a)

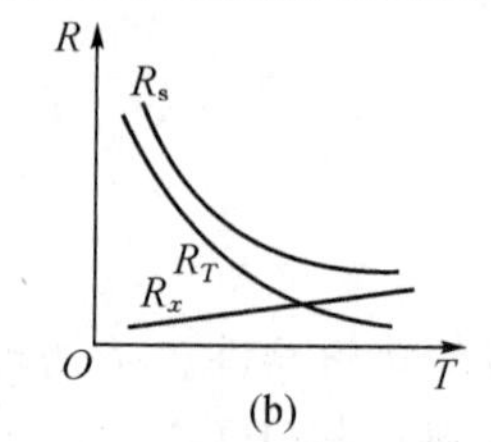

(b)

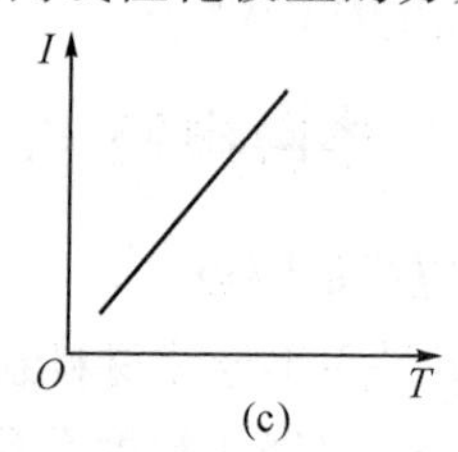

(c)

图7-3 热敏电阻非线性校正

图 7－4 为柱形热敏电阻的结构组成。热敏电阻除柱形外，还有珠状、探头式、片状等，见图 7－5。热敏电阻的主要用途见表 7－2。

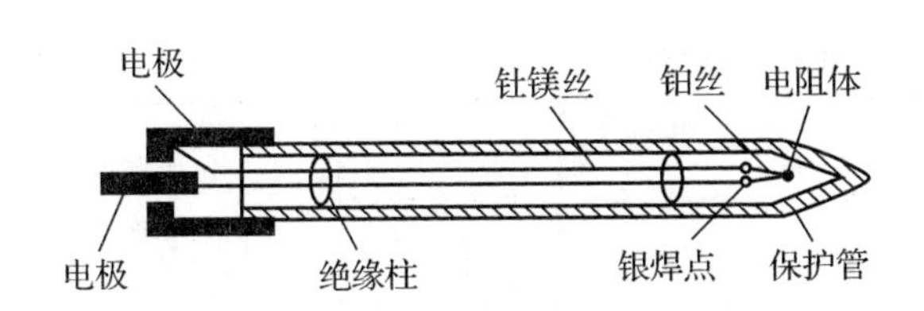

图 7－4　柱形热敏电阻结构图

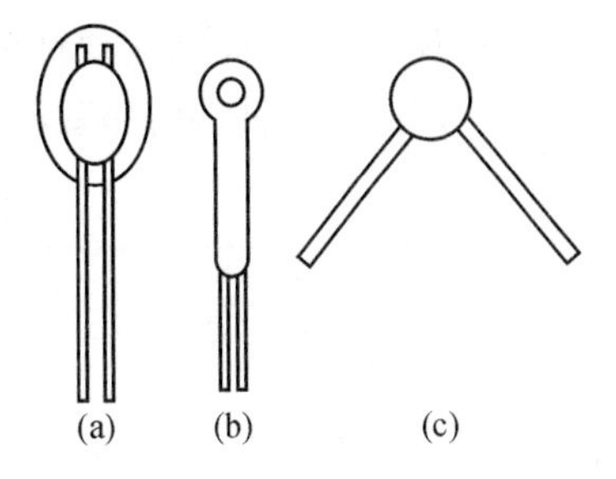

图 7－5　其他热敏电阻示意图

(a)珠状；(b)探头式；(c)片状

表 7－2　热敏电阻的主要用途

应用场合	用　途
家用电器设备	电子炉灶、电子烘箱、电磁式烹调器、电饭锅、电暖壶、电熨斗、电冰箱、洗衣机、烘衣机
住房设备	家用空调器、热风取暖器、空调设备、电热褥、电热地毯、快速煮水器、太阳能系统
汽　　车	电子喷油嘴、发动机防热装置、汽车空调器、液位计
测量仪器	流量计、风速表、真空计、浓度计、湿度计、环境污染监测仪
办公用设备	复印机、传真机、打印机
农业、园艺	暖房培育、育苗、饲养、烟草干燥
医　　疗	体温计、人工透析、检查诊断

3. 近代热敏电阻的特性

(1)近年来研制的玻璃封装热敏电阻具有较好的耐热性、可靠性、频响特性。

图 7－6 为玻璃封装热敏电阻的结构示意图。它适用于作高性能温度传感器的热敏器件。当测量温度由 125℃上升到 300℃时，响应时间由 30 s 加快到 6 s，工作稳定性由±5％改善为±(3～1)％。

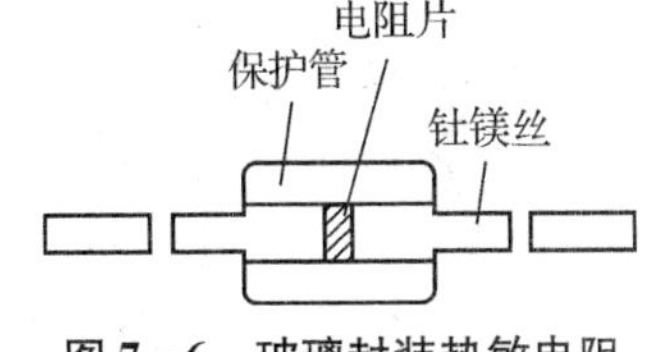

图 7－6　玻璃封装热敏电阻

(2)氧化物热敏电阻的灵敏度都比较高，但只能在低于 300℃时工作。近期用硼卤化物与氢还原研制成的硼热敏电阻，在 700℃高温时仍能满足灵敏度、互换性、稳定性的要求。可用于测量液体流速、压力、成分等。

(3)负温度系数热敏电阻的特性曲线非线性严重。近期研制的 $CdO-Sb_2O_3-WO_3$ 和 $CdO-SnO_2-WO_3$ 两种热敏电阻，在－100～＋300℃温度范围内，特性曲线呈线性关系，解决了负温度系数热敏电阻存在的非线性问题。

(4)近年来发现四氰醌二甲烷新型有机半导体材料，具有电阻率随温度迅速变化的特性，如图 7－7 所示。当温度自低温上升至 T_H 时，因电阻率迅速下降，使电阻值相应减小，直至温度等于或高于 T_H 时，电阻值变为 R_o。当温度自高温下降至 T_H 附近直至 T_H 时，电阻率变化较小，电阻值变化不大。当温度继续下降至 T_L 时，由于电阻率迅速增加，电阻值达到 R_P 值。利用上述特性可制成定时器，通过保持材料的温度在

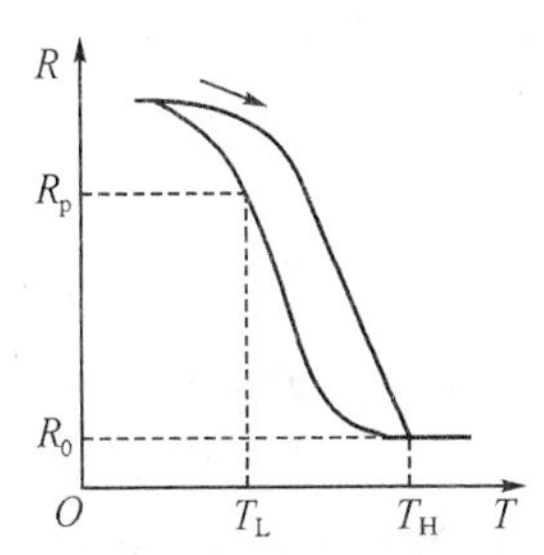

图 7－7　有机热敏电阻的特性曲线

T_H 与 T_L 之间,即可使定时时间限制在 R_0 至 R_P 的持续时间里。

这种有机热敏材料不仅可以制成厚膜,还可以制成薄膜或压成杆形。用它制成的电子定时元件,具有定时时间宽(从数秒至数十小时)、体积小、造价低的优点。

表 7-3 列出了几种常用热敏电阻。

表 7-3　常用热敏电阻

型　号	主要用途	主要电参数			电阻体形状及形式
		标称阻值 25℃ /kΩ	额定功率 /W	时间常数 /s	
MF-11	温度补偿	0.01~16	0.50	≤60	片状、直热
MF-13	测温、控温	0.82~300	0.25	≤85	杆状、直热
MF-16	温度补偿	10~1000	0.50	≤115	杆状、直热
RRC_2	测温、控温	6.8~1000	0.40	≤20	杆状、直热
RRC_7B	测温、控温	3~100	0.03	≤0.5	珠状、直热
RRW_2	稳定振幅	6.8~500	0.03	≤0.5	珠状、直热

7.2　热电偶传感器

热电偶传感器是目前接触式测温中应用最广的热电式传感器,具有结构简单、制造方便、测温范围宽、热惯性小、准确度高、输出信号便于远传等优点。

7.2.1　热电效应及其工作定律

1. 热电效应

将两种不同性质的导体 A、B 组成闭合回路,如图 7-8 所示。若节点(1)(2)处于不同的温度($T \neq T_0$)时,两者之间将产生一热电势,在回路中形成一定大小的电流,这种现象称为热电效应。分析表明,热电效应产生的热电势由接触电势(珀尔帖电势)和温差电势(汤姆逊电势)两部分组成。

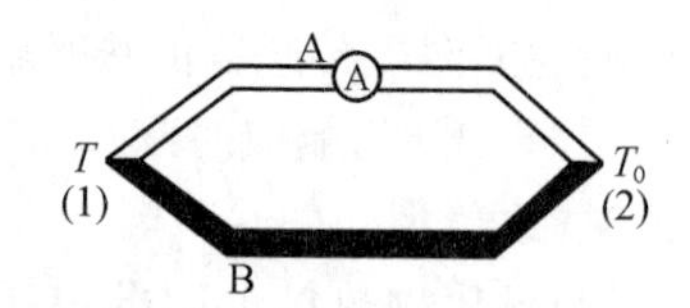

图 7-8　热电效应示意图

当两种金属接触在一起时,由于不同导体的自由电子密度不同,在结点处就会发生电子迁移扩散。失去自由电子的金属呈正电位,得到自由电子的金属呈负电位。当扩散达到平衡时,在两种金属的接触处形成电势,称为接触电势。其大小除与两种金属的性质有关外,还与结点温度有关,可表示为

$$E_{AB}(T)=\frac{kT}{e}\ln\frac{N_A}{N_B} \tag{7-7}$$

式中,$E_{AB}(T)$——A、B 两种金属在温度 T 时的接触电势;

k——玻尔兹曼常数,$k=1.38\times10^{-23}$(J/K);

e——电子电荷,$e=1.6\times10^{-19}$(C);

N_A、N_B——金属 A、B 的自由电子密度;

T——结点处的绝对温度。

对于单一金属，如果两端的温度不同，则温度高端的自由电子向低端迁移，使单一金属两端产生不同的电位，形成电势，称为温差电势。其大小与金属材料的性质和两端的温差有关，可表示为

$$E_{\mathrm{A}}(T,T_0)=\int_{T_0}^{T}\sigma_{\mathrm{A}}\mathrm{d}T \tag{7-8}$$

式中，$E_{\mathrm{A}}(T,T_0)$——金属 A 两端温度分别为 T 与 T_0 时的温差电势；

σ_{A}——温差系数；

T、T_0——高低温端的绝对温度。

对于图 7－8 所示 A、B 两种导体构成的闭合回路，总的温差电势为

$$E_{\mathrm{A}}(T,T_0)-E_{\mathrm{B}}(T,T_0)=\int_{T_0}^{T}(\sigma_{\mathrm{A}}-\sigma_{\mathrm{B}})\mathrm{d}T \tag{7-9}$$

于是，回路的总热电势为

$$E_{\mathrm{AB}}(T,T_0)=E_{AB}(T)-E_{\mathrm{AB}}(T_0)+\int_{T_0}^{T}(\sigma_{\mathrm{A}}-\sigma_{\mathrm{B}})\mathrm{d}T \tag{7-10}$$

由此可以得出如下结论：

(1)如果热电偶两电极的材料相同，即 $N_{\mathrm{A}}=N_{\mathrm{B}}$，$\sigma_{\mathrm{A}}=\sigma_{\mathrm{B}}$，虽然两端温度不同，但闭合回路的总热电势仍为零。因此，热电偶必须用两种不同材料作热电极。

(2)如果热电偶两电极材料不同，而热电偶两端的温度相同，即 $T=T_0$，闭合回路中也不产生热电势。

2. 工作定律

(1)中间导体定律　设在图 7－8 的 T_0 处断开，接入第三种导体 C，如图 7－9 所示。

回路总的热电势为

$$E_{\mathrm{ABC}}(T,T_0)=E_{\mathrm{AB}}(T,T_0) \tag{7-11}$$

即：导体 A、B 组成的热电偶，当引入第三导体时，只要保持其两端温度相同，则对回路总热电势无影响，这就是中间导体定律。利用这个定律可以将第三导体换成毫伏表，只要保证两个接点温度一致，就可以完成热电势的测量而不影响热电偶的输出。

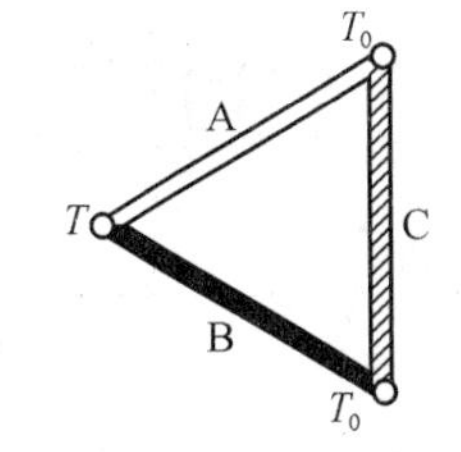

图 7－9　三导体热电回路

(2)连接导体定律与中间温度定律　在热电偶回路中，若导体 A、B 分别与连接导线 A′、B′相接，接点温度分别为 T、T_n、T_0，如图 7－10 所示，则回路的总热电势为

$$E_{\mathrm{ABB'A'}}(T,T_n,T_0)=E_{\mathrm{AB}}(T,T_n)+E_{\mathrm{A'B'}}(T_n,T_0) \tag{7-12}$$

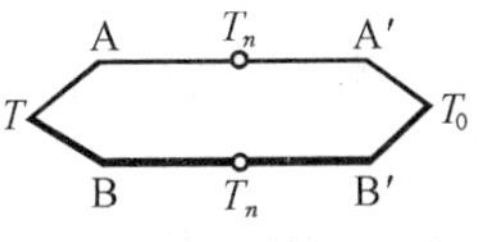

图 7－10　热电偶连接导线示意图

式(7－12)为连接导体定律的数学表达式，即回路的总热电势等于热电偶电势 $E_{\mathrm{AB}}(T,T_n)$ 与连接导线电势 $E_{\mathrm{A'B'}}(T_n,T_0)$ 的代数和。连接导体定律是工业上运用补偿导线进行温度测量的理论基础。当导体 A 与 A′、B 与 B′材料分别相同时，则式(7－12)可写为

$$E_{\mathrm{AB}}(T,T_n,T_0)=E_{\mathrm{AB}}(T,T_n)+E_{\mathrm{AB}}(T_n,T_0) \tag{7-13}$$

式(7-13)为中间温度定律的数学表达式,即回路的总热电势等于 $E_{AB}(T,T_n)$ 与 $E_{AB}(T_n,T_0)$ 的代数和。T_n 称为中间温度。中间温度定律为制定分度表奠定了理论基础,只要求得参考端温度为0℃时的"热电势—温度"关系,就可以根据式(7-13)求出参考温度不等于0℃时的热电势。

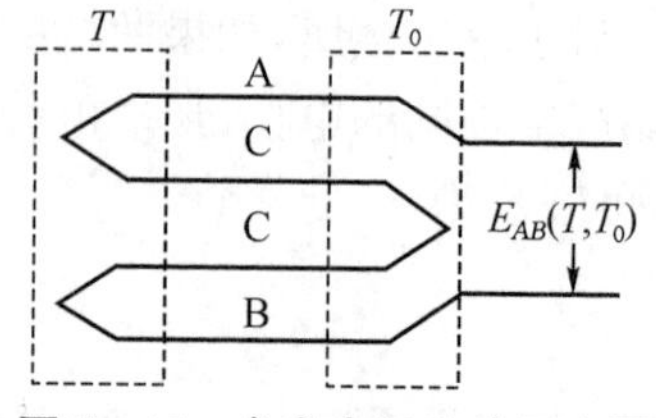

图7-11　参考电极定律示意图

(3)参考电极定律　图7-11为参考电极定律示意图。图中C为参考电极,接在热电偶A、B之间,形成三个热电偶组成的回路。

$$E_{AC}(T,T_0)-E_{BC}(T,T_0)=E_{AB}(T)-E_{AB}(T_0)+\int_{T_0}^{T}(\sigma_A-\sigma_B)\mathrm{d}T$$
$$=E_{AB}(T,T_0) \qquad (7-14)$$

式(7-14)为参考电极定律的数学表达式。表明参考电极C与各种电极配对时的总热电势为两电极A、B配对后的电势之差。利用该定律可大大简化热电偶选配工作,只要已知有关电极与标准电极配对的热电势,即可求出任何两种热电极配对的热电势而不需要测定。

例:已知　$E_{AC}(1084.5, 0)=13.967$ (mV)

$E_{BC}(1084.5, 0)=8.354$ (mV)

则　$E_{AB}(1084.5, 0)=13.967-8.354=5.613$ (mV)

7.2.2　热电偶

1. 热电偶材料

(1)标准化热电偶　指已经国家定型批生产的热电偶。常用材料及特性列于表7-4。

表7-4　常用的热电偶材料特性

名　称	化学成分	测量范围/℃	特点及用途	标准编号
工业用铂铑$_{10}$-铂热电偶丝	(+)铂铑$_{10}$ (-)纯铂丝	0～1600	适用于制造工业用各种热电偶	IEC标准及 JB 116—72
工业用铂铑$_{30}$-铂铑$_6$热电偶丝	(+)铂铑$_{30}$ (-)铂铑$_6$	600～1700	适用于制造工业用各种热电偶	IEC标准及 GB 2902—82
工业用铂铑$_{13}$-铂热电偶丝	(+)铂铑$_{13}$ (-)钝铂丝	0～1600	适用于制造工业用各种热电偶	IEC标准
铱铑$_{10}$-铱热电偶丝	(+)铱铑$_{10}$ (-)铱	0～2100	主要用于科学研究中测量温度	YCQ/JB 203—73
铱铑$_{40}$-铂铑$_{40}$热电偶丝	(+)铱铑$_{40}$ (-)铂铑$_{40}$	0～1900	适用于氧化、中性气体测温	
镍铁-镍铜热电偶丝	(+)镍铁 (-)镍铜	50～500	50℃以下热电势几乎等于零,在300℃以上热电势迅速增大,适于作火警信号系统的温度传感器	YCQ/JB 205—73
镍铬-康铜热电偶丝	(+)镍铬 (-)康铜	-200～+900	适用于制造各种热电偶	IEC标准

续表 7-4

名　称	化学成分	测量范围/℃	特点及用途	标准编号
镍铬-镍硅热电偶丝	(+)镍铬 (-)镍硅	-50～+1312	适用于制造各种热电偶	IEC标准
铜-康铜热电偶丝	(+)铜 (-)康铜	-200～400	适且于制造各种热电偶	IEC标准及 GB 2093-82
镍铬(铜)-金铁$_3$ 低温热电偶丝	(+)镍铬(或铜) (-)金铁$_3$	与镍铬配对 -270～+10 与铜配对 -270～-250	电势大、灵敏度较高，用于低温测量	YCQ/JB 206-73

(2)非标准化热电偶　指特殊用途试生产的热电偶。如钨铼系、铱铑系、镍铬-金铁、镍钴-镍铝和双铂钼等热电偶。

2. 热电偶的结构

(1)普通热电偶　工业上常用的普通热电偶的结构由热电极1、绝缘套管2、保护套管3、接线盒4及接线盒盖5组成，如图7-12所示。

普通热电偶主要用于测量气体、蒸气和液体等介质的温度。这类热电偶已做成标准型式，可根据测温范围和环境条件来选择合适的热电极材料和保护套管。

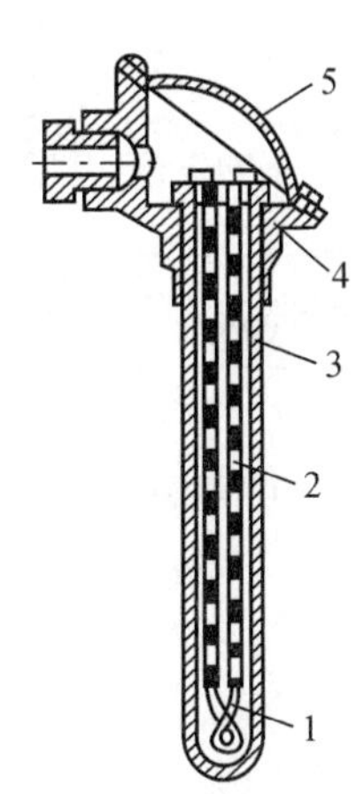

图7-12　普通热电偶结构示意图

(2)铠装热电偶　图7-13为铠装热电偶的结构示意图，根据测量端的型式，可分为碰底型(a)、不碰底型(b)、露头型(c)、帽型(d)等。铠装(又称缆式)热电偶的主要特点是：动态响应快，测量端热容量小，挠性好，强度高，种类多(可制成双芯、单芯和四芯等)。

(3)薄膜热电偶　薄膜热电偶的结构可分为片状、针状等，图7-14为片状薄膜热电偶结构示意图。薄膜热电偶的主要特点是：热容量小，动态响应快，适宜测量微小面积和瞬时变化的温度。

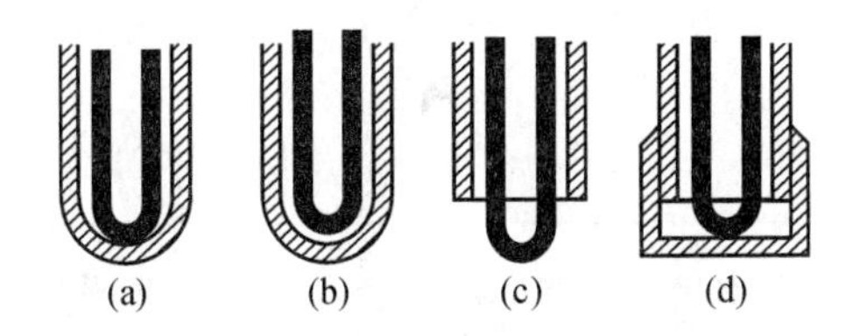

图7-13　铠装热电偶结构示意图

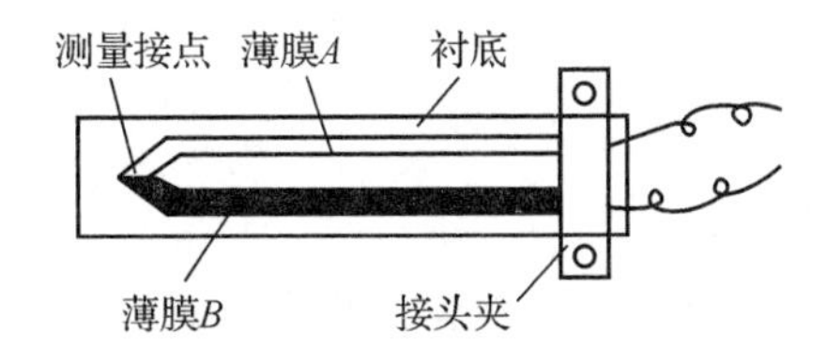

图7-14　片状薄膜热电偶结构图

(4)表面热电偶　表面热电偶有永久性安装和非永久性安装两种。这种热电偶主要用来测量金属块、炉壁、橡胶筒、涡轮叶片、轧辊等固体的表面温度。

(5)浸入式热电偶　浸入式热电偶主要用来测量钢水、铜水、铝水以及熔融合金的温度。浸入式热电偶的主要特点是可以直接插入液态金属中进行测量。

(6)特殊热电偶　例如测量火箭固态推进剂燃烧波温度分布、燃烧表面温度及温度梯度的一次性热电偶；测量火炮内壁温度的针状热电偶等。

(7)热电堆　它由多对热电偶串联而成,其热电势与被测对象的温度的四次方成正比。这种薄膜热电堆常制成星形及梳形结构,用于辐射温度计进行非接触式测温。

3. 热电偶的温度补偿

热电偶输出的电势是两结点温度差的函数。为了使输出的电势是被测温度的单一函数,一般将 T 作为被测温度端,T_0 作为固定冷端(参考温度端)。通常要求 T_0 保持为0℃,但是在实际使用中要做到这一点比较困难,因而产生了热电偶冷端温度补偿问题。

(1)0℃恒温法　即在标准大气压下,将清洁的水和冰屑混合后放在保温容器内,可使 T_0 保持0℃。近年来已研制出一种能使温度恒定在0℃的半导体致冷器件。

(2)补正系数修正法　利用中间温度定律可以求出 $T_0 \neq 0$ 时的电势。该法较精确,但烦琐。因此,工程上常用补正系数修正法实现补偿。设冷端温度为 t_n,此时测得温度为 t_1,其实际温度应为

$$t = t_1 + k\,t_n \tag{7-15}$$

式中,k——补正系数,列于表7-5。

表7-5　热电偶补正系数

工作端温度/℃	热电偶种类				
	铜-考铜	镍铬-考铜	铁-考铜	镍铬-镍硅	铂铑-铂
0	1.00	1.00	1.00	1.00	1.00
20	1.00	1.00	1.00	1.00	1.00
100	0.86	0.90	1.00	1.00	0.82
200	0.77	0.83	0.99	1.00	0.72
300	0.70	0.81	0.99	0.98	0.69
400	0.68	0.83	0.98	0.98	0.66
500	0.65	0.79	1.02	1.00	0.63
600	0.65	0.78	1.00	0.96	0.62
700	—	0.80	0.91	1.00	0.60
800	—	0.80	0.82	1.00	0.59
900	—	—	0.84	1.00	0.56
1000	—	—	—	1.07	0.55
1100	—	—	—	1.11	0.53
1200	—	—	—	—	0.53
1300	—	—	—	—	0.52
1400	—	—	—	—	0.52
1500	—	—	—	—	0.52
1600	—	—	—	—	0.52

例:用镍铬-考铜热电偶测得介质温度为600℃,此时参考端温度为30℃,则通过表7-5查得 k 值为0.78,故介质的实际温度为

$$t = 600℃ + 0.78 \times 30℃ = 623.4℃$$

(3)延伸热电极法(即补偿导线法)　热电偶长度一般只有一米左右,在实际测量时,需要将热电偶输出的电势传输到数十米以外的显示仪表或控制仪表,根据连接导体定律即可实现上述要求。一般选用直径粗、导电系数大的材料制作延伸导线,以减小热电偶回路的电阻,节省电极材料。图7-15为延伸热电极法示意图。具体使用时,延伸导线的型号应与

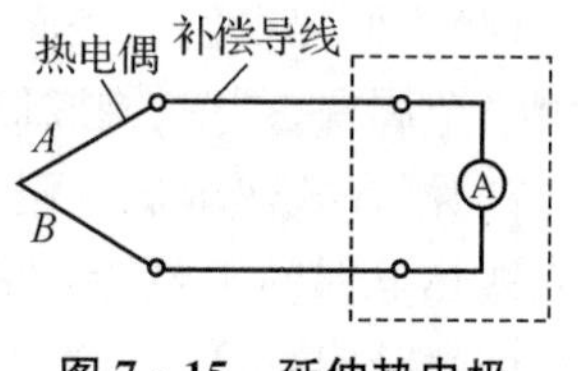

图7-15　延伸热电极法示意图

热电偶材料相对应。

(4)补偿电桥法 该法利用不平衡电桥产生的电压来补偿热电偶参考端温度变化引起的电势变化。图7-16为补偿电桥法示意图,电桥四个桥臂与冷端处于同一温度,其中 $R_1=R_2=R_3$ 为锰铜线绕制的电阻,R_4 为铜导线绕制的补偿电阻,E 是电桥的电源,R 为限流电阻,阻值取决于热电偶材料。

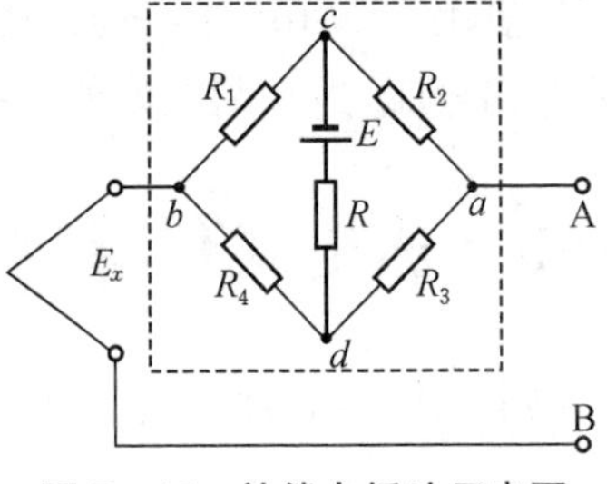

图7-16 补偿电桥法示意图

使用时选择 R_4 的阻值使电桥保持平衡,电桥输出 $U_{ab}=0$。当冷端温度升高时,R_4 阻值随之增大,电桥失去平衡,U_{ab} 相应增大,此时热电偶电势 E_x 由于冷端温度升高而减小。若 U_{ab} 的增量等于热电偶电势 E_x 的减小量,回路总的电势 U_{AB} 的值就不会随热电偶冷端温度变化而变化,即

$$U_{\mathrm{AB}}=E_x+U_{ab} \tag{7-16}$$

4. 热电偶的使用误差

(1)分度误差 热电偶的分度是指将热电偶置于给定温度下测定其热电势,以确定热电势与温度的对应关系。方法有标准分度表分度和单独分度两种。工业上常用的标准热电偶采用标准分度表分度,而对于一些特殊用途的非标准热电偶,则采用单独分度。这两种分度方法均有自己的分度误差。在使用时应注意热电偶的种类,以免引起不应有的误差。

标准分度表对同一型号热电偶的电势起统一作用,这对工业用标准热电偶和与其相配套的显示、记录仪表的生产和使用,都具有重要意义。以前我国工业上用铂铑$_{10}$—铂热电偶的分度表,1968年实行国际实用温标后,我国工业用标准热电偶均采用新的分度表。在使用不同时期生产的标准热电偶时,应注意其分度号,以免混淆。

(2)仪表误差 工业上使用的标准热电偶,一般均与自动平衡式电子电位差计、动圈式仪表配套使用,仪表引入误差 δ 为

$$\delta=(T_{\max}-T_{\min})K \tag{7-17}$$

式中,$T_{\max}$、$T_{\min}$——仪表量程上、下限;

K——仪表的精度等级。

由式(7-17)求得的为仪表的基础误差,当其工作条件超出额定范围时还存在附加误差。为了减小仪表引入误差,应选用精度恰当的显示、记录仪表。

(3)延伸导线误差 这类误差有两种:一种是由延伸导线的热特性与配用的热电偶不一致引起的;另一种是由延伸导线与热电偶参考端的两点温度不一致引起的。这种误差应尽量避免。

(4)动态误差 由于测温元件的质量和热惯性,用接触法测量快速变化的温度时,会产生一定的滞后,即指示的温度值始终跟不上被测介质温度的变化值,两者之间会产生一定的差值。这种测量瞬变温度时由于滞后而引起的误差称为动态误差。

动态误差的大小与热电偶的时间常数有关。减小热电偶直径可以改善动态响应、减小动态误差,但会带来制造困难、机械强度低、使用寿命短、安装工艺复杂等问题。较为实用的办法是:在热电偶测量系统中引入与热电偶传递函数倒数近似的 RC 或 RL 网络,实现动态误差实时修正。

(5)漏电误差　不少无机绝缘材料的绝缘电阻会随着温度升高而减小(例如 $Al_2O_3$3% $SiO_2$65%材料在常温下电阻率为 $1.37\times10^6\ \Omega\cdot m$,当温度上升到1000℃和1500℃时,电阻率下降到 $1.08\times10^2\ \Omega\cdot m$)。因而随着温度升高(特别在高温)时,绝缘效果明显变坏,使热电势输出分流,造成漏电误差。一般均采用绝缘性能较好的材料来减少漏电误差。

7.3　热电式传感器的应用

热电式传感器最直接的应用是测量温度。本节介绍其他几种典型应用。

7.3.1　测量管道流量

应用热敏电阻测量管道流量的工作原理如图7-17所示。R_{t_1} 和 R_{t_2} 为热敏电阻,R_{t_1} 放入被测流量管道中;R_{t_2} 放入不受流体流速影响的容器内,R_1 和 R_2 为一般电阻,四个电阻组成桥路。

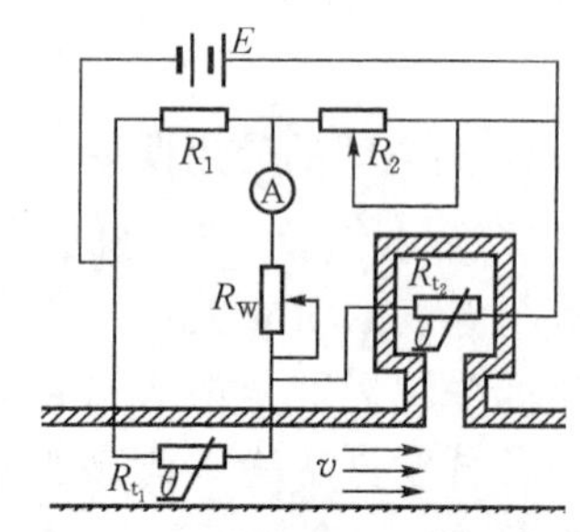

图7-17　测量管道流量示意图

当流体静止时,电桥处于平衡状态,电流计A上设有指示。当流体流动时,R_{t_1} 上的热量被带走。R_{t_1} 因温度变化引起阻值变化,电桥失去平衡,电流计出现示数,其值与流体流速 v 成正比。

7.3.2　热电式继电器

图7-18是一种应用热敏电阻组成的电机过热保护线路。三只特性相同的负温度系数热敏电阻串联在一起,固定在电机三相绕组附近。

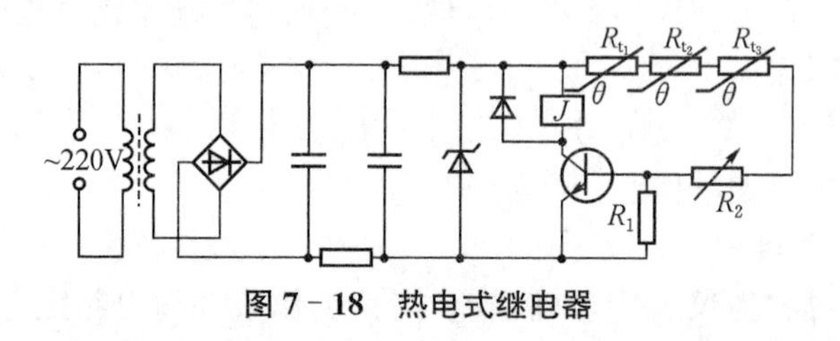

图7-18　热电式继电器

当电机正常运行时绕组温度较低,热敏电阻阻值较高,三极管不导通,继电器J不吸合。当电机过载或其中一相与地短路时,电机绕组温度剧增,热敏电阻阻值相应减小,三极管导通,继电器J吸合,电机电路被断开,起到过热保护作用。

7.3.3　气体成分分析仪

气体成分分析室结构如图7-19所示。它是一个圆柱形装置,轴心上装有一根通有恒电流的电阻丝。在分析室的结构形式、几何尺寸、材料均一定的前提下,电阻丝最后达到的平衡温度取决于分析室内气体的导热系数。气体的导热系数与气体成分的浓度有

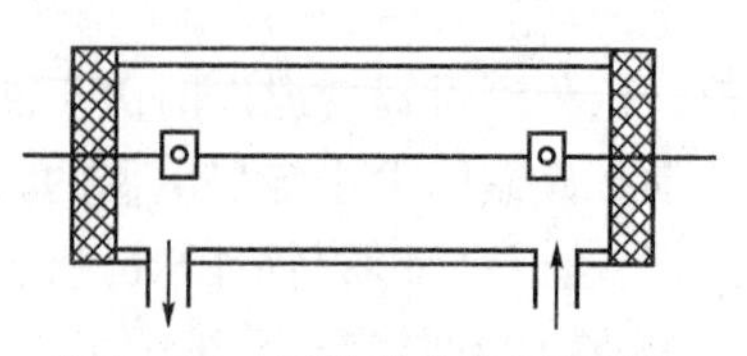
图7-19　气体成分分析室结构

关，对于相互不发生化学反应的混合气体，其导热系数为各气体导热系数的平均值，即

$$\lambda_C = \sum_{i=1}^{n} n_i \lambda_i \tag{7-18}$$

式中，λ_C——混合气体的导热系数；

λ_i、n_i——第 i 种气体的导热系数与百分数含量。

设导热系数为 λ_1 和 λ_2 的两种气体混合，λ_1 气体的百分数含量为 a，则由式(7－18)可得

$$\lambda_C = \lambda_1 a + \lambda_2 (1-a) \tag{7-19}$$

由式(7－19)可知，若 λ_1、λ_2 已知，只要测出 λ_C，就可获得两种气体的百分数含量。

大量实验和理论计算表明，电阻丝阻值与被分析气体含量之间，在一定范围内呈线性关系。通过测量电阻丝阻值，就可间接求取被分析气体的百分数含量。要实现这一点，应使其他形式的热耗散尽量减少或固定不变。

图 7－20 为气体成分分析仪示意图。它主要由四个外壳用相同材料制成的分析室组成。分析室 R_{K1} 和 R_{K2} 为参考室，室内充入洁净的空气，另外两个分析室内充入被分析的混合气体，四个分析室组成桥路。

工作时先将洁净空气通入分析室，使电桥达到平衡，而后使被测混合气体进入分析室，电桥失去平衡，其不平衡输出是混合气体成分的函数。

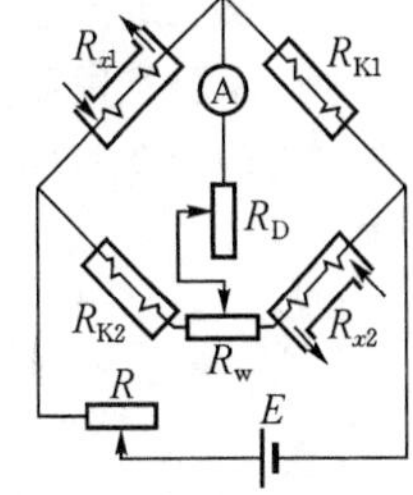

图 7－20　气体成分分析仪

7.3.4　切削刀具瞬态温度测量

在金属切削过程中，切削温度对加工质量、刀具寿命以及加工尺寸精度等具有重要的影响。高精密加工工艺中需要对刀尖切削区域的瞬态温度进行实时测量、控制，而薄膜热电偶具有热容量小、响应迅速的特点，因此集成薄膜热电偶测温传感器的刀具是解决这一问题的重要途径。

图 7－21 为集成薄膜热电偶的刀具结构示意图。热电偶的两个电极分别厚度微米量级的 NiCr、NiSi 薄膜，两个电极的热接点位于刀尖位置。薄膜电极与刀具之间沉积一层 SiO_2 绝缘膜，以保证薄膜电极之间的电气隔离。两个薄膜电极的尾端通过耐高温导电胶和各自相应材料的补偿导线连接至放大、测量电路。薄膜电极和绝缘层薄膜，采用 MEMS 加工技术进行制备。

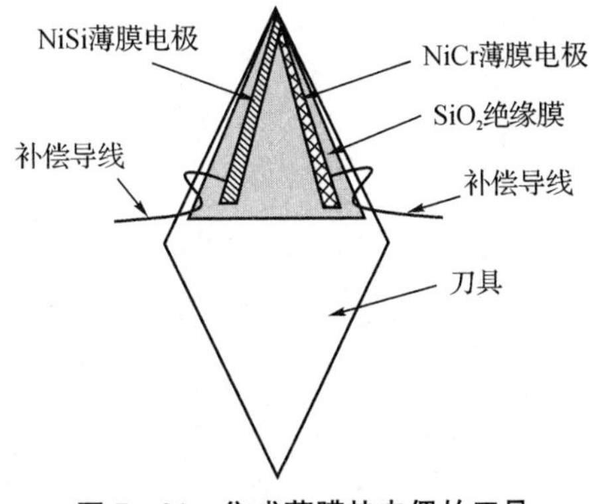

图 7－21　集成薄膜热电偶的刀具

习题与思考题

7—1　热电式传感器有哪几类？它们各有什么特点？

7—2　常用的热电阻有哪几种？适用范围如何？

7—3　热敏电阻与热电阻相比较有什么优缺点？用热敏电阻进行线性温度测量时必须注意什么问题？

7—4　利用热电偶测温必须具备哪两个条件？

7—5　什么是中间导体定律和连接导体定律？它们在利用热电偶测温时有什么实际意义？

7—6　什么是中间温度定律和参考电极定律？它们各有什么实际意义？

7—7　用镍铬-镍硅热电偶测得介质温度为800℃，若参考端温度为25℃，问介质的实际温度为多少？

7—8　热电式传感器除了用来测量温度外，是否还能用来测量其他量？举例说明之。

7—9　实验室备有铂铑-铂热电偶、铂电阻器和半导体热敏电阻器，今欲测量某设备外壳的温度。已知其温度约为300～400℃，要求精度达±2℃，问应选用哪一种？为什么？

第 8 章　光电式传感器

光电式传感器(Photoelectric Sensor)是以光为测量媒介、以光电器件为转换元件的传感器,它具有非接触、响应快、性能可靠等卓越特性。近年来,随着各种新型光电器件的不断涌现,特别是激光技术和图像技术的迅猛发展,光电传感器已经成为传感器领域的重要角色,在非接触测量领域占据绝对统治地位。目前,光电式传感器已在国民经济和科学技术各个领域得到广泛应用,并发挥着越来越重要的作用。

8.1　光电式传感器概述

光电式传感器的直接被测量就是光本身,即可以测量光的有无,也可以测量光强的变化。光电式传感器的一般组成形式如图 8－1 所示,主要包括光源、光通路、光电元件和测量电路四个部分。

光电器件是光电式传感器的最重要的环节,所有的被测信号最终都变成光信号的变化。可以说,有什么样的光电器件,就有什么样的光电式传感器。因此,光电传感器的种类繁多,特性各异。

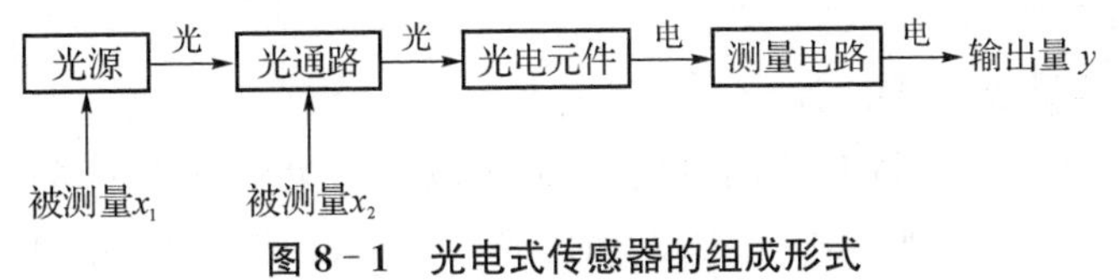

图 8－1　光电式传感器的组成形式

光源是光电式传感器必不可缺的组成部分。没有光源,也就不会有光产生,光电式传感器就不能工作。因此,良好的光源是保障光电传感器性能的重要前提,也是光电式传感器的设计与使用过程中容易被忽视的一个环节。

光电式传感器既可以测量光信号,也可以测量其他非光信号,只要这些信号最终能引起到达光电器件的光的变化。根据被测量引起光变化的方式和途径的不同,可以分为两种形式:一种是被测量直接引起光源的变化(图 8－1 中的 x_1),改变了光源的强弱或有无,从而实现对被测量的测量;另一种是被测量对光通路产生作用(图 8－1 中的 x_2),从而影响到达光电器件的光的强弱或有无,同样可以实现对被测量的测量。

测量电路的作用,主要是对光电器件输出的电信号进行放大或转换,从而达到便于输出和处理的目的。不同的光电器件应选用不同的测量电路。

光电传感器的使用范围非常广泛,它既可以测量直接引起光量变化的量,如光强、光照度、辐射测温、气体成分分析等,也可以测量能够转换为光量变化的被测量,如零件尺寸、表面粗糙度、应力、应变、位移、速度、加速度等。

8.2 光源

8.2.1 对光源的要求

光是光电式传感器的测量媒介,光的质量好坏对测量结果具有决定性的影响。因此,无论哪一种光电式传感器,都必须仔细考虑光源的选用问题。

一般而言,光电式传感器对光源具有如下几方面的要求:

1. 光源必须具有足够的照度

光源发出的光必须具有足够的照度,保证被测目标具有足够的亮度和光通路具有足够的光通量,将有利于获得更高的灵敏度和信噪比,有利于提高测量精度和可靠性。光源照度不足,将影响测量稳定性,甚至导致测量失败。另一方面,光源的照度还应当稳定,尽可能减小能量变化和方向漂移。

2. 光源应保证均匀、无遮挡或阴影

在很多场合下,光电传感器所测量的光应当保证亮度均匀、无遮光、无阴影,否则将会产生额外的系统误差或随机误差。因此,光源的均匀性也是比较重要的一个指标。

3. 光源的照射方式应符合传感器的测量要求

为了实现对特定被测量的测量,传感器一般会要求光源发出的光具有一定的方向或角度,从而构成反射光、投射光、透射光、漫反射光、散射光等等。此时,光源系统的设计显得尤为重要,对测量结果的影响较大。

4. 光源的发热量应尽可能小

一般各种光源都存在不同程度的发热,因而对测量结果可能产生不同程度的影响。因此,应尽可能采用发热量较小的冷光源,例如发光二极管(LED)、光纤传输光源等。或者将发热较大的光源进行散热处理,并远离敏感单元。

5. 光源发出的光必须具有合适的光谱范围

光是电磁波谱中的一员,不同波长光的分布如图8-2所示。其中,光电式传感器主要使用的光的波长范围处在紫外至红外之间的区域,一般多用可见光和近红外光。

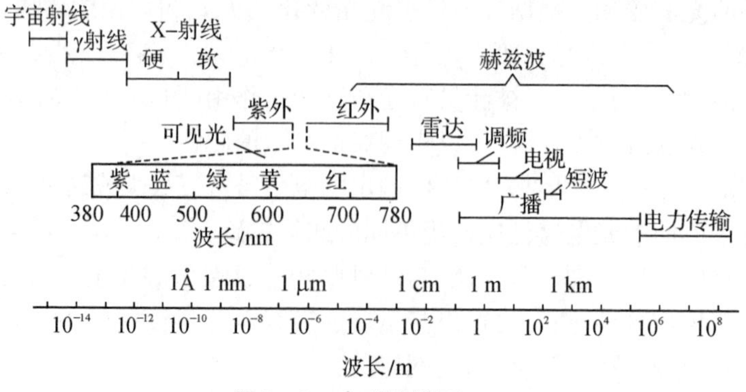

图8-2 电磁波谱图

需要说明的是：光源光谱的选择必须同光电器件的光谱一起考虑，避免出现二者无法对应的情况。一般地，选择较大的光源光谱范围，以保证其包含光电器件的光谱范围（主要是峰值点）在内即可。

8.2.2　常用光源

1. 热辐射光源

热辐射光源是通过将一些物体加热后产生热辐射来实现照明的。温度越高，光越亮。

最早的热辐射光源，就是钨丝灯（即白炽灯）。为了进一步提高寿命，可在白炽灯内充入惰性气体。近年来，卤素灯的使用越来越普遍。它是钨丝灯内充入卤素气体（常用碘），同时在灯杯内壁镀以金属钨，可以补充长期受热而产生的钨丝损耗，从而大大延长了卤素灯的使用寿命。

热辐射光源的特点：(1)光源谱线丰富，主要涵盖可见光和红外光，峰值约在近红外区，因而适用于大部分光电传感器；(2)发光效率低，一般仅有15%的光谱处在可见光区；(3)发热大，约超过80%的能量转化为热能，属于典型的热光源；(4)寿命短，一般为1000小时左右；(5)易碎，电压高，使用有一定危险。

热辐射光源主要用作可见光光源，它具有较宽的光谱，适应性强。当需要窄光带光谱时，可以使用滤色片来实现，可靠同时避免杂光干扰，尤其适合各种光电仪器。有时热辐射光源也可以用作近红外光源，适用于红外检测传感器。

2. 气体放电光源

气体放电光源是通过气体分子受激发后，产生放电而发光的。气体放电光源光辐射的持续，不仅要维持其温度，而且有赖于气体的原子或分子的激发过程。原子辐射光谱呈现许多分离的明线条，称为线光谱。分子辐射光谱是一段段的带，称为带光谱。线光谱和带光谱的结构与气体成分有关。

气体放电光源主要又有碳弧灯、水银灯、钠弧灯、氙弧灯等。这些灯的光色接近日光，而且发光效率高。另一种常用的气体放电光源就是荧光灯，它是在气体放电的基础上，加入荧光粉，从而使光强更高，波长更长。由于荧光灯的光谱和色温接近日光，因此被称为日光灯。荧光灯效率高、省电，因此也被称为节能灯，可以制成各种各样的形状。

气体放电光源的特点是：效率高，省电，功率大；有些气体发电光源含有丰富的紫外线和频谱；有的其废弃物含有汞，容易污染环境，玻璃易碎，发光调制频率较低，对人眼有损害。

气体放电光源一般应用于有强光要求的场合，适于色温要求接近日光的情形。

3. 发光二极管

发光二极管(LED)是一种电致发光的半导体器件。发光二极管的种类很多，常用材料与发光波长见表8-1。

表8-1　发光二极管的光波长

材　料	Ge	Si	GaAs	$GaAs_{1-x}P_x$	GaP	SiC
λ/nm	1850	1110	867	867～550	550	435

与热辐射光源和气体放电光源相比，发光二极管具有极为突出的特点：(1)体积小，可平面封装，属于固体光源，耐振动；(2)无辐射，无污染，是真正的绿色光源；(3)功耗低，仅为白

炽灯的1/8,荧光灯的1/2,发热少,是典型的冷光源;(4)寿命长,一般可达10万小时,是荧光灯的数十倍;(5)响应快,一般点亮只需1毫秒,适于快速通断或光开关;(6)供电电压低,易于数字控制,与电路和计算机系统连接方便;(7)在达到相同照度的条件下,发光二极管价格较白炽灯贵,单只发光二极管的功率低,亮度小。

目前,发光二极管的应用越来越广泛。特别是随着白色LED的出现和价格的不断下降,发光二极管的应用将越来越多,越来越普遍。

4. 激光器

激光(Light Amplification by Stimulated Emission of Radiation,LASER)是“受激辐射放大产生的光”。激光具有极为特殊而卓越的性能:(1)激光的方向性好,一般激光的发散角很小(约0.18°左右),比普通光小2~3数量级;(2)激光的亮度高,能量高度集中,其亮度比普通光高几百万倍;(3)激光的单色性好,光谱范围极小,频率几乎可以认为是单一的(例如He-Ne激光器的中心波长约为632.8 nm,而其光谱宽度仅有10^{-6} nm);(4)激光的相干性好,受激辐射后的光在传播方向、振动方向、频率、相位等参数的一致性极好,因而具有极佳的时间相干性和空间相干性,是干涉测量的最佳光源。

常用的激光器有氦氖激光器、半导体激光器、固体激光器等。其中,氦氖激光器由于亮度高、波长稳定而广泛使用。而半导体激光器由于体积小、使用方便而用于各种小型测量系统和传感器中。

8.3 常用光电器件

光电器件是光电传感器的重要组成部分,对传感器的性能以下很大。由于光电器件都是基于各种光电效应工作的,因此光电器件的种类很多。所谓光电效应,是指物体吸收了光能后转换为该物体中某些电子的能量而产生的电效应,简单地讲就是光致电效应。一般地,光电效应分为外光电效应和内光电效应两类。因此,光电器件也随之分为外光电器件和内光电器件两类。

8.3.1 外光电效应及器件

在光的照射下,电子逸出金属物体表面而产生光电子发射的现象称为外光电效应。

根据爱因斯坦假设:一个电子只能接受一个光子的能量。因此要使一个电子从物体表面逸出,必须使光子能量e大于该物体的表面逸出功A。各种不同的材料具有不同的逸出功A,因此对某特定材料而言,将有一个频率限f_0(或波长限λ_0),称为“红限”。当入射光的频率低于f_0时(或波长大于λ_0),不论入射光有多强,也不能激发电子;当入射频率高于f_0时,不管入射光多么微弱,也会使被照射的金属物体激发出光电子。入射光越强,则激发出的光电子数目越多。不同金属材料的外光电效应红限见表8-2。

表8-2 光电效应的红限

金　属	铯(Cs)	钠(Na)	锌(Zn)	银(Ag)	铂(Pt)
$\nu_0/\mathbf{s^{-1}}$	4.545×10^{14}	6.00×10^{14}	8.065×10^{14}	1.153×10^{14}	1.929×10^{14}
$\lambda_0=(c/\nu_o)/nm$	660	500	372	260	196.2

金属材料的红限波长可用下式求得：

$$\lambda_0 = \frac{h \cdot c}{A} \tag{8-1}$$

式中，c 为光速。

外光电效应从光开始照射至金属释放电子几乎在瞬间发生，所需时间不超过 1 ns。

基于外光电效应原理工作的光电器件有光电管和光电倍增管。光电管种类很多，它是个装有光阴极和阳极的真空玻璃管，如图 8－3 所示。光阴极有多种形式：在玻璃管内壁涂上阴极涂料即成，或在玻璃管内装入涂有阴极涂料的柱面形极板构成。阳极为置于光电管中心的环形金属板或置于柱面中心线的金属柱。

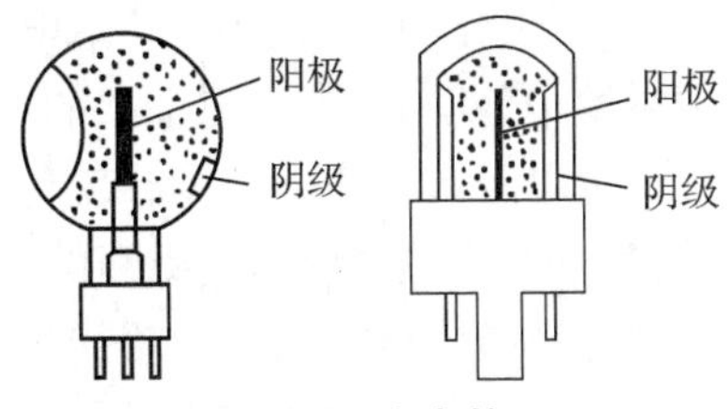

图 8－3　光电管

其工作过程如下：光电管的阴极受到适当的照射后便发射光电子，这些光电子被具有一定电位的阳极吸引，在光电管内形成空间电子流。如果在外电路中串入一适当阻值的电阻，则该电阻上将产生正比于空间电流的电压降，其值与照射在光电管阴极上的光成函数关系。如果在玻璃管内充入惰性气体（如氩、氖等）即构成充气光电管。由于光电子流对惰性气体进行轰击，使其电离，产生更多的自由电子，从而提高光电变换的灵敏度。

光电管的主要特点是：结构简单，灵敏度较高（可达 20～220 μA/lm），暗电流小（最低可达 10^{-14} A）。缺点是体积比较大，工作电压高（达几百伏到数千伏），玻壳容易破碎。

光电倍增管的结构如图 8－4 所示。在玻璃管内除装有光电阴极和光电阳极外，还装有若干个光电倍增极。光电倍增极上涂有在电子轰击下能发射更多电子的材料。光电倍增极的形状及位置设置得正好能使前一级倍增极发射的电子继续轰击后一级倍增极，并在每个倍增极间均依次增大加速电压。

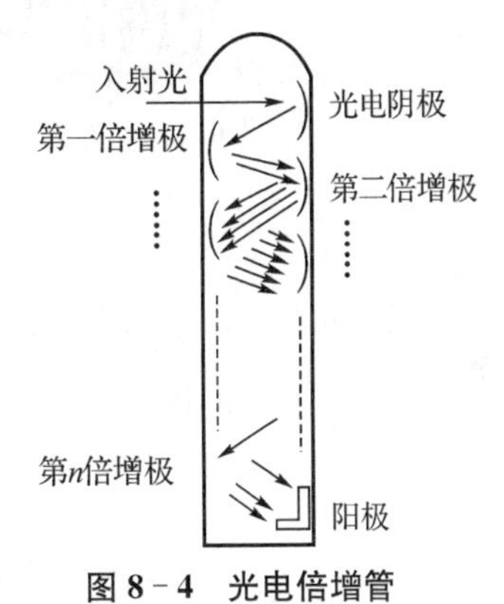

图 8－4　光电倍增管

光电倍增管的主要特点是：光电流大，灵敏度高，其倍增率为 $N=\delta^n$，其中 δ 为单极倍增率（一般为 3～6 倍），n 为倍增极数（常为 4～14 级）。

8.3.2　内光电效应及器件

光照射在半导体材料上，材料中处于价带的电子吸收光子能量，通过禁带跃入导带，使导带内电子浓度和价带内空穴增多，即激发出光生电子-空穴对，从而使半导体材料产生光电效应。

内光电效应按其工作原理可分为两种：光电导效应和光生伏特效应。

1. 光电导效应及器件

半导体受到光照时会产生光生电子空穴对，使导电性能增强，光线愈强，阻值愈低。这种光照后电阻率变化的现象称为光电导效应。基于这种效应的光电器件，主要有光敏电阻、光敏二极管与光敏三极管。

(1)光敏电阻　光敏电阻是一种电阻器件,其工作原理如图8-5所示。在使用时,可加直流偏压(无固定极性),或加交流电压。

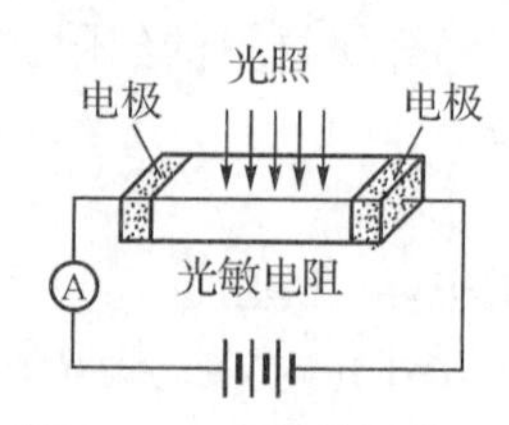

图8-5　光敏电阻的工作原理

光敏电阻中光电导作用的强弱是用其电导的相对变化来标志的。禁带宽度较大的半导体材料,在室温下热激发产生的电子空穴对较少,无光照时的电阻(即暗电阻)较大。因此,光照引起的附加电导就十分明显,表现出很高的灵敏度。

光敏电阻常用的半导体有硫化镉和硒化镉。为了提高光敏电阻的灵敏度,应尽量减小电极间的距离。对于面积较大的光敏电阻,通常采用光敏电阻薄膜上蒸镀金属形成梳状电极(如图8-6)。为了减小潮湿对灵敏度的影响,光敏电阻必须带有严密的外壳封装(如图 8-7所示)。光敏电阻灵敏度高,体积小,重量轻,性能稳定,价格便宜,因此在自动化技术中应用广泛。

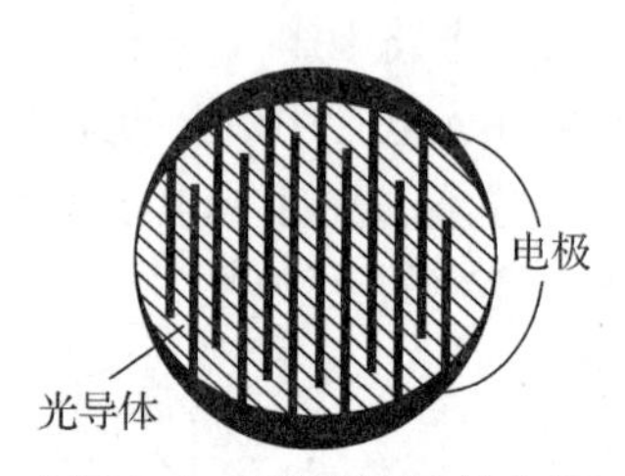

图8-6　光敏电阻梳状电极

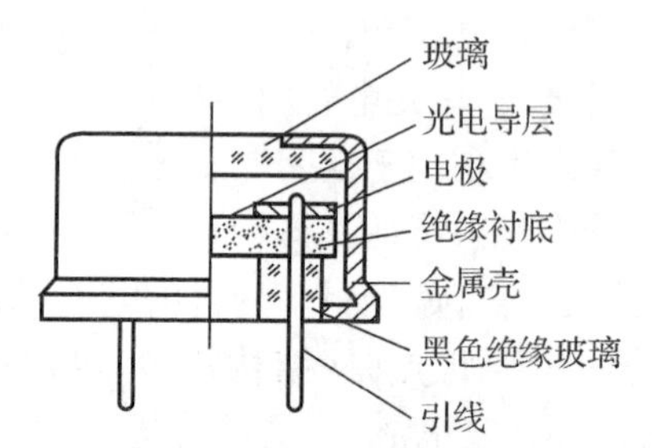

图8-7　金属封装的CdS光敏电阻

(2)光敏二极管　PN结可以光电导效应工作,也可以光生伏特效应工作。如图8-8所示为一个处于反向偏置的PN结,在无光照时具有高阻特性,反向暗电流很小。当光照时,结区产生电子空穴对,在结电场作用下,电子向N区运动,空穴向P区运动,从而形成反向电流(光电流)。光的照度愈大,光电流愈大。由于无光照时的反偏电流很小,一般为纳安数量级,因此光照时的反向电流基本上可以认为与光强成正比。

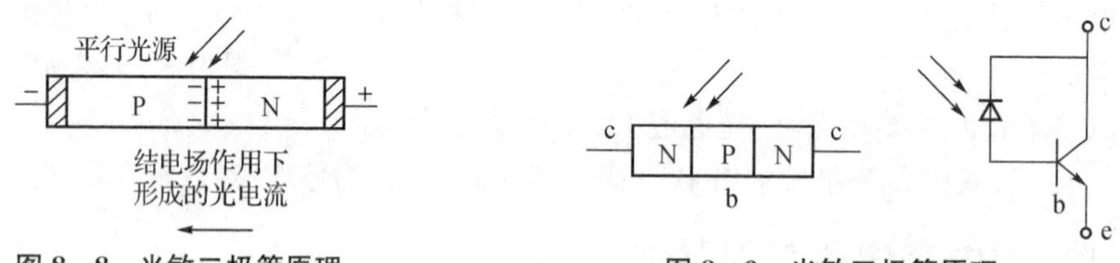

图8-8　光敏二极管原理　　图8-9　光敏三极管原理

(3)光敏三极管　光敏三极管可以看成是一个PN结为光敏二极管的三极管。其原理和等效电路见图8-9。在光照作用下,光敏二极管将光信号转换成电流信号,该电流信号被晶体三极管放大。显然,在晶体管增益为1时,光敏三极管的光电流要比相应的光敏二极管大数倍。

光敏二极管和三极管均用硅或锗制成。由于硅器件暗电流小、温度系数小,又便于用平面工艺大量生产,尺寸易于精确控制,因此硅光敏器件比锗光敏器件更为普遍。

光敏二极管和三极管使用时应注意保持光源与光敏管的合适位置(见图8-10)。因为只有在光敏晶体管管壳轴线与入射光方向接近的某一方位(取决于透镜的对称性和管芯偏离中心的程度），入射光恰好聚焦在管芯所在的区域，光敏管的灵敏度才最大。为避免灵敏度变化，使用中必须保持光源与光敏管的相对位置不变。

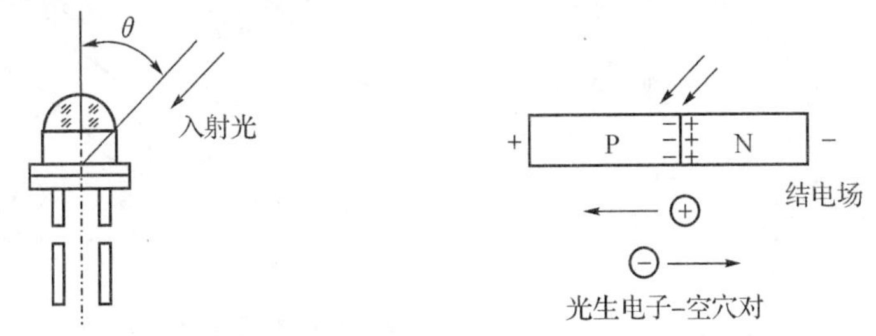

图 8-10　光敏二极管与三极管的入射方向　　图 8-11　PN 结光生伏特效应

2. 光生伏特效应及器件

光生伏特效应是光照引起 PN 结两端产生电动势的效应。当 PN 结两端没有外加电场时，在 PN 结势垒区内仍然存在着内建结电场，其方向是从 N 区指向 P 区（如图 8-11 所示）。当光照射到结区时，光照产生的电子空穴对在结电场作用下，电子推向 N 区，空穴推向 P 区；电子在 N 区积累和空穴在 P 区积累使 PN 结两边的电位发生变化，PN 结两端出现一个因光照而产生的电动势，这一现象称为光生伏特效应。由于它可以像电池那样为外电路提供能量，因此常称为光电池。

光电池与外电路的连接方式有两种（图 8-12）：一种是把 PN 结的两端通过外导线短接，形成流过外电路的电流，这电流称为光电池的输出短路电流（I_L），其大小与光强成正比；另一种是开路电压输出，开路电压与光照度之间呈非线性关系；光照度大于某个临界值时呈现饱和特性。因此使用时应根据需要选用适合的光电池工作状态。

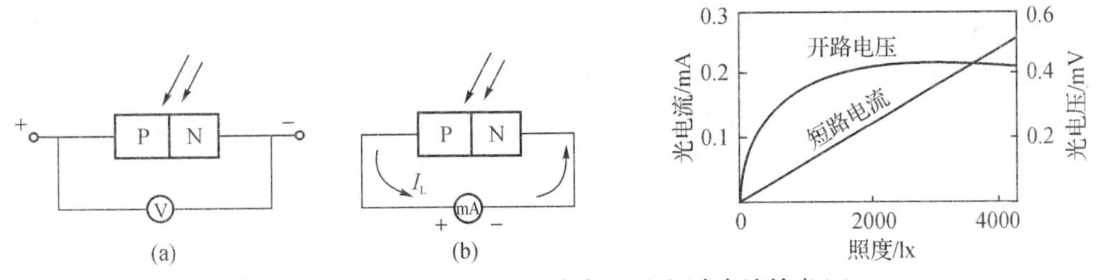

图 8-12　光电池的开路电压输出（a）和短路电流输出（b）

硅光电池是用单晶硅制成的。在一块 N 型硅片上用扩散方法渗入一些 P 型杂质，从而形成一个大面积 PN 结，P 层极薄能使光线穿透到 PN 结上。硅光电池也称硅太阳能电池，为有源器件。它轻便、简单，不会产生气体污染或热污染，特别适用于宇宙飞行器作仪表电源。硅光电池转换效率较低，适宜在可见光波段工作，因此也被称之为太阳能电池。

8.3.3　光电器件的特性

光电传感器的特性主要包括光照特性、光谱特性、响应特性、温度特性等。为了合理选用光电器件，有必要对其主要特性作一简要介绍。

1. 光照特性

光电器件的灵敏度可用光照特性来表征，它反映了光电器件输入光量与输出光电流（或光电压)之间的关系。不同光电器件的光照特性如图 8-13 所示。

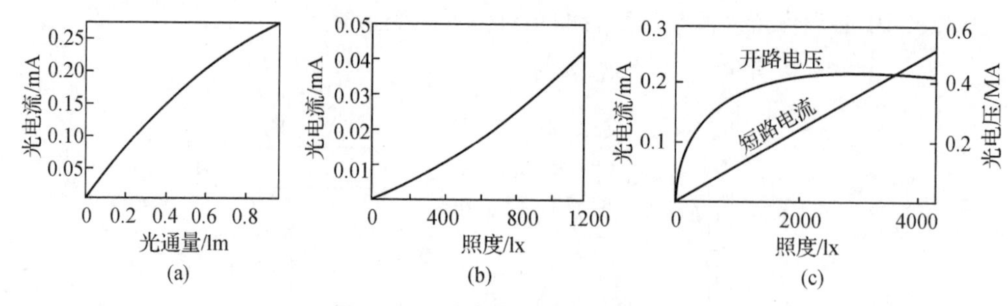

图 8-13 光电器件的光照特性

(a)光敏电阻;(b)光敏二极管;(c)硅光电池

光敏电阻的光照特性:呈非线性,因此不宜作线性检测元件,但可在自动控制系统中用作开关元件。

光敏晶体管的光照特性:灵敏度和线性度均好,因此在军事、工业自动控制和民用电器中应用极广,既可作线性转换元件,也可作开关元件。

光电池的光照特性:开路电压与光照度的关系呈非线性,在照度 2000 lx 以上即趋于饱和,但其灵敏度高,宜用作开关元件。短路电流在很大范围内与光照度呈线性关系,可以作为线性检测元件使用。由实验可知,负载电阻愈小,光电流与照度之间的线性关系愈好,且线性范围愈宽。对于不同的负载电阻,可以在不同的照度范围内使光电流与光照度保持线性关系。故用光电池作线性检测元件时,所用负载电阻的大小应根据光照的具体情况而定。

2. 光谱特性

光电器件的光谱特性是指相对灵敏度 K 与入射光波长 λ 之间的关系,又称光谱响应。三种光电器件的光谱特性如图 8-14 所示。

光敏晶体管的光谱特性:如图 8-14(a)可知,硅器件灵敏度的极大值出现在 0.8 μm 附近,而锗器件则出现在 1.5 μm 处,都处于近红外光波段。采用较浅的 PN 结和较大的表面,可使灵敏度极大值出现的波长和短波限减小,以适当改善短波响应。

光敏电阻和光电池的光谱特性也存在类似的规律。

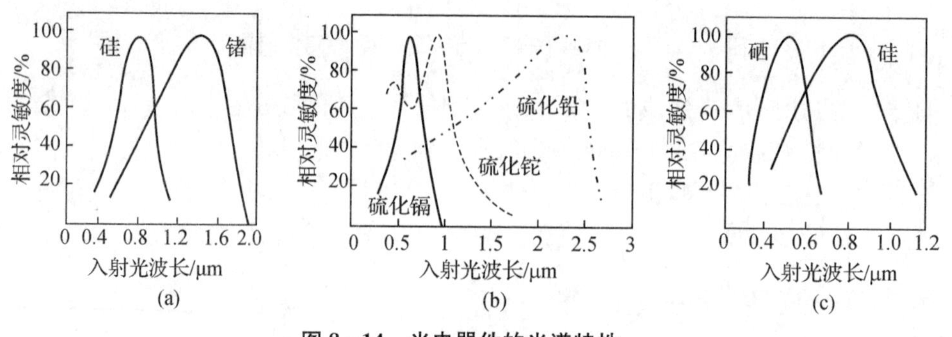

图 8-14 光电器件的光谱特性

(a)光敏晶体管;(b)光敏电阻;(c)光电池

由光谱特性可知,为了提高光电传感器的灵敏度,对于包含光源与光电器件的传感器,应根据光电器件的光谱特性合理选择相匹配的光源和光电器件。对于被测物体本身可作光源的传感器，则应按被测物体辐射的光波波长选择光电器件。

3. 响应特性

光电器件的响应特性反映它的动态特性。响应时间小，表示动态特性好。对于采用调制光的光电传感器，调制频率上限受响应时间的限制。三种光电器件的响应特性如图8-15所示。

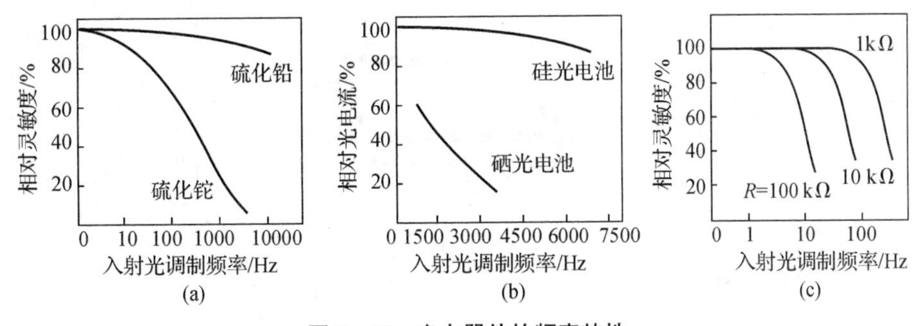

图8-15　光电器件的频率特性

(a)光敏电阻；(b)光电池；(c)光敏晶体管

光敏电阻的响应特性一般为10～1 000 Hz，光电池和光敏晶体管可达kHz级。

4. 温度特性

温度变化不仅影响光电器件的灵敏度，同时对光谱特性也有很大影响。图8-16为硫化铅的光谱温度特性。由图可见光谱响应峰值随温度升高而向短波方向移动。因此，采取降温措施，往往可以提高光敏电阻对长波长的响应。

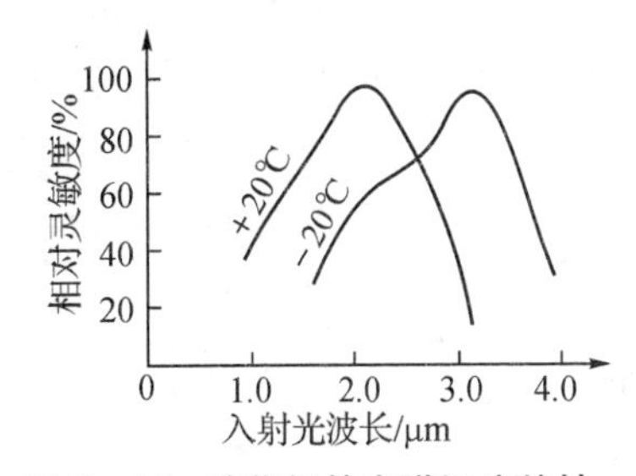

图8-16　硫化铅的光谱温度特性

在室温条件下工作的光电器件由于灵敏度随温度而变，因此高精度检测时有必要进行温度补偿或使它在恒温条件下工作。

8.4　新型光电器件

随着制造工艺的不断完善，特别是集成电路技术的发展，近年来出现了一批新型光电器件，以满足不同应用领域的需要。本节将着重介绍几种典型的新型器件。

8.4.1　位置敏感器件(*PSD*)

光位置敏感器件是利用光线检测位置的光敏器件(如图8-17所示)，当光照射到硅光电二极管的某一位置时，结区产生的空穴载流子向P层漂移，而光生电子则向N层漂移。到达P层的空穴分成两部分：一部分沿表面电阻R_1流向1端形成光电流I_1；另一部分沿表面电阻R_2流向2端形成光电流I_2。当电阻层均匀时，$R_2/R_1=x_2/x_1$，则光电流$I_2/I_1=R_2/R_1=x_2/x_1$，故只要测出I_2/I_1便可求得光照射的位置x_2和x_1。

上述原理同样适用于二维位置检测，其原理如图8-18(a)所示。a、b极用于检测x方向,a'、b'极用于检测 y 方向,其结构见图 8-18(b)。目前上述器件用于感受一维位置的尺寸已超过 100 mm;二维位置也达数十毫米乘数十毫米。

光位置检测器在机械加工中可用作定位装置,也可用来对振动体、回转体作运动分析及作为机器人的眼睛。

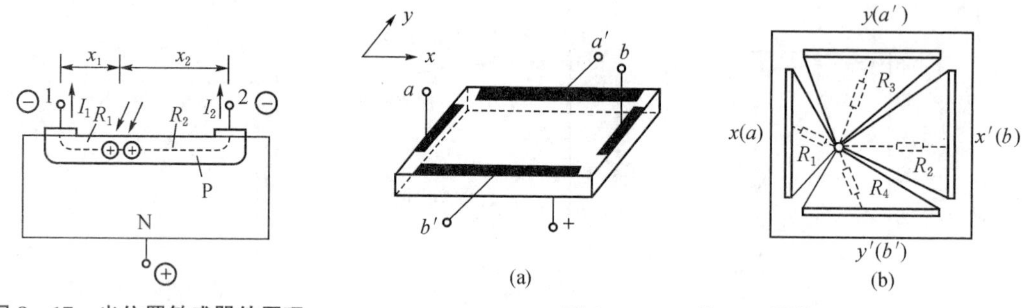

图 8-17　光位置敏感器件原理

图 8-18　二维 PSD 器件

8.4.2　集成光敏器件

为了满足差动输出等应用的需要,可以将两个光敏电阻对称布置在同一光敏面上[图 8-19(a)];也可以将光敏三极管制成对管形式[8-19(b)],构成集成光敏器件。

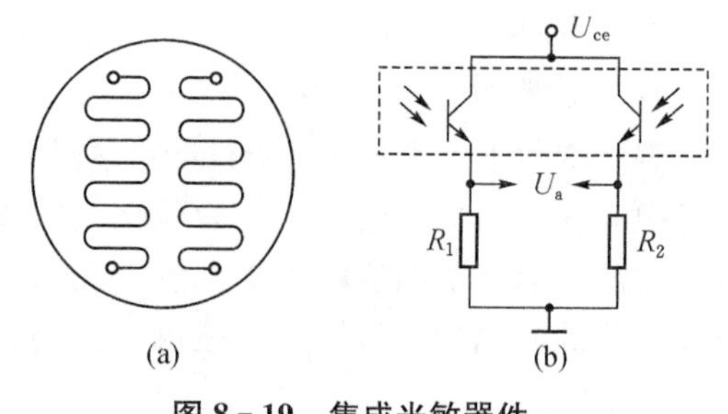

图 8-19　集成光敏器件

(a)光敏电阻;(b)光敏三极管对管

光电池的集成工艺较简单,它不仅可制成两元件对称布置的形式,而且可制成多个元件的线阵或二维面阵。光敏元件阵列传感器相对后面将要介绍的 CCD 图像传感器而言,每个元件都需要相应的输出电路,故电路较庞大。但是用 HgCdTe 元件、InSb 元件等制成的线阵和面阵红外传感器,在红外检测领域中仍获得较多的应用。

8.4.3　固态图像传感器

图像传感器是电荷转移器件与光敏阵列元件集为一体构成的,具有自扫描功能的摄像器件。它与传统的电子束扫描真空摄像管相比,具有体积小、重量轻、使用电压低、可靠性高和不需要强光照明等优点,因此,在军用、工业控制和民用电器中均有广泛使用。

图像传感器的核心是电荷转移器件(Charge Transfer Device, CTD),其中最常用的是电荷耦合器件(Charge Coupled Device, CCD)和 CMOS 摄像器件。

8.4.3.1　*CCD* 摄像器件

CCD 的最小单元是在 P 型硅衬底上生长一层厚度约 120 nm 的 SiO_2 层,再在 SiO_2 层上依一定次序沉积金属(Al)电极而构成金属-氧化物-半导体(MOS)的电容式转移器件。这种排列规则的 MOS 阵列再加上输入与输出端,即组成 CCD 的主要单元(如图 8-20 所示)。

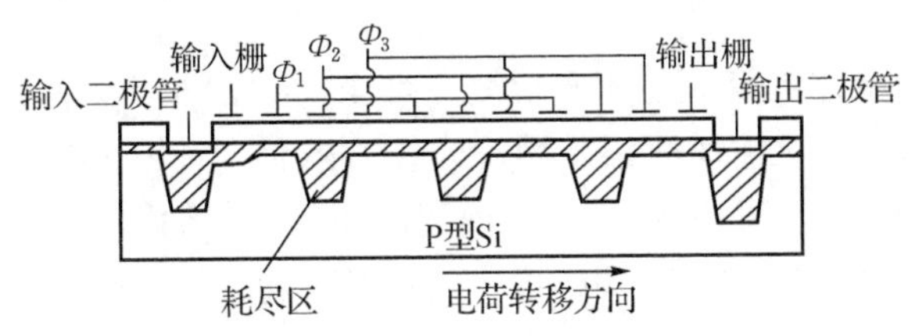

图8-20　组成CCD的MOS结构

利用电荷耦合技术组成的图像传感器称为电荷耦合图像传感器，它由成排的感光元件与电荷耦合移位寄存器等构成。电荷耦合图像传感器通常可分为线阵CCD图像传感器和面阵CCD图像传感器。

1. 线阵CCD图像传感器

线阵CCD图像传感器是由一列感光单元（称为光敏元阵列）和一列CCD并行而构成的，光敏元和CCD之间有一个转移控制栅，基本结构如图8-21所示。

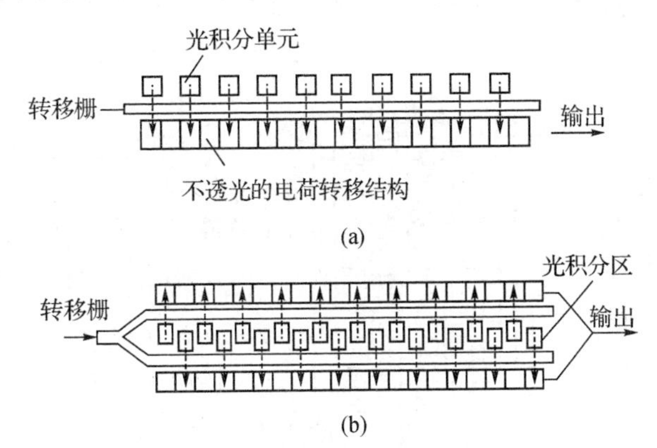

图8-21　线阵CCD图像传感器结构原理

(a)单行结构；(b)双行结构

每个感光单元都与一个电荷耦合元件对应。感光元件阵列的各元件都是一个个耗尽的MOS电容器。它们具有一个梳状公共电极，而且由一个称之沟阻的高浓度P型区，在电气上彼此隔离。

当梳状电极呈高电压时，入射光所产生的光电荷由一个个光敏元收集，实现光积分。各个光敏元中所积累的光电荷与该光敏元上所接收到的光照强度成正比，也与光积分时间成正比。在光积分时间结束的时刻，转移栅的电压提高（平时为低压），与光敏元对应的电荷耦合移位寄存器（CCD）电极也同时处于高电压状态。然后，降低梳状电极电压，各光敏元中所积累的光电荷并行地转移到移位寄存器中。当转移完毕，转移栅电压降低，梳状电极电压回复原来的高压状态，以迎接下一次积分周期。与此同时，在电荷耦合移位寄存器上加上时钟脉冲，将存储的电荷迅速从CCD中转移，并在输出端串行输出。这个过程重复地进行就得到相继的行输出，从而读出电荷图。

目前生产的线阵CCD图像传感器已高达1万个分辨单元以上，每个单元最小可达3 μm以下。近年又出现以光电二极管为光敏元的高灵敏度CCD图像传感器。由于光电二极管上只有透明的SiO_2，提高了器件的灵敏度和均匀性，对蓝光的响应也较MOS型光敏元有改善。

线阵CCD图像传感器本身只能用来检测一维变量(如工件尺寸、回转体偏摆等)。为获得二维图像,必须辅以机械扫描(例如采用旋转镜),这使整个机构变得庞大。但由于线阵CCD图像传感器只需一列分辨单元,芯片有效面积小,读出结构简单,容易获得沿器件方向上的高空间分辨率,上述方式在大范围摄像、传真记录与慢扫描电视等领域中均获得广泛的应用。

2. 面阵CCD图像传感器

线阵CCD图像传感器只能在一个方向上实现电子自扫描。为获得二维图像,除了必须采用庞大的机械扫描装置外,另一个突出的缺点是每个像素的积分时间仅相当于一个行时,信号强度难以提高。为了能在室内照明条件下获得足够的信噪比,有必要延长积分时间。于是出现了类似于电子管扫描摄像管那样在整个帧时内均接受光照积累电荷的面阵CCD图像传感器。这种传感器在x、y两个方向上都能实现电子自扫描。

面阵CCD图像传感器在感光区、信号存储区和输出转移部分的安排上,主要有图8-22所示的三种方式。

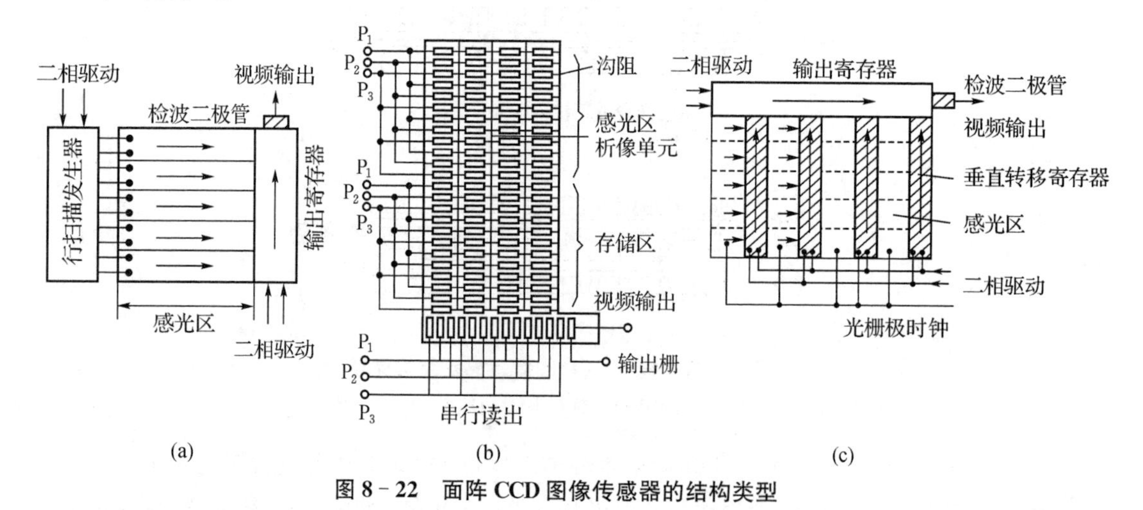

图8-22 面阵CCD图像传感器的结构类型

图8-22(a)所示为由行扫描发生器将光敏元内的信息转移到水平方向上,然后由垂直方向的寄存器向输出检波二极管转移的方式。这种面阵CCD图像传感器易引起图像模糊。

图8-22(b)所示的方式具有公共水平方向电极的感光区与相同结构的存储区,该存储器为不透光的信息暂存器。在电视显示系统的正常垂直回扫周期内,感光区中积累起来的电荷同样迅速地向下移位进入暂存区内。在这个过程结束后,上面的感光区回复光积分状态。在水平消匿周期内,存储区的整个电荷图像向下移动,每一次将底部一行的电荷信号移位至水平读出器,然后这一行电荷在读出移位寄存器中向右移动以视频输出。当整幅视频信号图像以这种方式自存储器移出并显示后,就开始下一幅的传输过程。这种面阵CCD图像传感器的缺点是需要附加存储器,但它的电极结构比较简单,转移单元可以做得较密。

图8-22(c)表示一列感光区和一列不透光的存储器(垂直转移寄存器)相间配置的方式,这样帧的传输只要一次转移就能完成。在感光区光敏元积分结束时,转移控制栅打开,电荷信号进入存储器。之后,在每个水平回扫周期内,存储区中整个电荷图像一次一行地向

上移到水平读出移位寄存器中。接着这一行电荷信号在读出移位寄存器中向右移位到输出器件，形成视频输出信号。这种结构的器件操作比较简单，但单元设计较复杂，且转移信号必须遮光，使感光面积减小约 30%～50%。由于这种方式所得图像清晰，是电视摄像器件的最好方式。目前，这种形式的面阵 CCD 器件的分辨单元的规模越来越大，最大达 1 亿个像元以上。

8.4.3.3　*CMOS* 摄像器件

CMOS 摄像器件是充分体现 20 世纪 90 年代国际视觉技术水平的新一代固体摄像器件。CMOS 型摄像头将图像传感部分和控制电路高度集成在一块芯片上，构成一个完整的摄像器件。CMOS 型摄像头内部结构如图 8－23 所示，主要由感光元件阵列、灵敏放大器、阵列扫描电路、控制电路、时序电路等组成。

CMOS 型摄像头体积很小，机心直径大小近似五分硬币，便于系统安装。这种器件功耗很低，可以使用电池供电，长时间工作，同时具有价格便宜、重量轻、抗震性好、寿命长、可靠性高、工作电压低、抗电磁干扰等特点。

CMOS 摄像头还有一个最突出的特点，即对人眼不可见的红外线发光源特别敏感，尤适于防盗监控。此外，CMOS 摄像头具有夜视特性，且体积小巧，隐蔽性强，故可广泛应用于工厂、学校、矿区、住宅、港口、工地、仓库、家庭别墅、果园、养殖场、博物馆、超级市场、银行、交通、多媒体电脑、玩具及各种防盗、防火等场合。

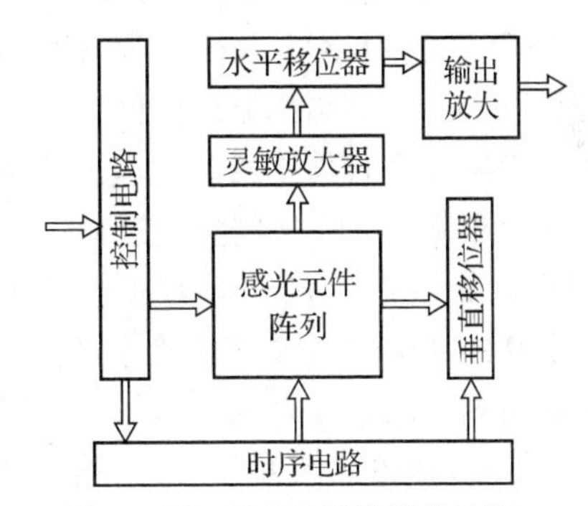

图 8－23　CMOS 摄像器件结构

由于 CCD 器件制造工艺与 CMOS 集成电路不兼容，所以在用 CCD 器件做光电转换时，除感光阵列外，摄像头所必需的其他电路都只能集成在其他芯片上。

因此，与 CCD 相比较，CMOS 摄像头具有许多独特的优点，如表 8－3 所示。目前，CMOS 摄像器件正在继续朝高分辨率、高灵敏度、超微型化、数字化、多功能的方向发展。

表 8－3　CMOS 与 CCD 摄像器件的对比

	CCD	CMOS
基本原理	光信号→信号电荷 电荷耦合、电荷传输、时钟自扫描	光信号→模拟信号电压 将模拟信号电压串行扫描
电信号读出方式	逐行读取	从晶体管开关阵列中直接读取
结构	较复杂	简单
制造成本	高	低
灵敏度	高	较低
分辨率	高	较低
暗电流	小	大
信噪比(S/N)	高	较低
与其他芯片结合	较难	容易
摄像机系统组成	多芯片	单芯片

续表 8-3

	CCD	CMOS
数据传输速度	较低	高
集成度	低	高
电源电压	12 VDC	5 V 或 3.3 VDC
功耗	高(>1.5 W)	低(<150 mW)
尺寸	大	小
应用	广泛	更广泛

8.4.4 高速光电器件

光电传感器的响应速度是重要指标。随着光通信及光信息处理技术的提高，一批高速光电器件应运而生。

1. PIN 结光电二极管

PIN 结光敏二极管是以 PIN 结代替 PN 结的光敏二极管，在 PN 结中间设置一层较厚的 I 层(高电阻率的本征半导体)，故简称为 PIN 二极管(PIN-PD)。其结构原理如图 8-24 所示。

PIN 二极管与普通的光电二极管不同之处，是入射信号光由很薄的 P 层照射到较厚的 I 层时，大部分光能被 I 层吸收，激发产生载流子形成光电流，因此 PIN 二极管具有更高的光电转换效率。此外，使用 PIN 二极管时往往可加较高的反向偏置电压，这样一方面使 PIN 结的耗尽层加宽，另一方面可大大加强 PIN 结电场，使光生载流子在结电场中的定向运动加速，减小了漂移时间，大大提高了响应速度。

PIN 二极管具有响应速度快、灵敏度高、线性较好等特点，适用于光通信和光测量技术。

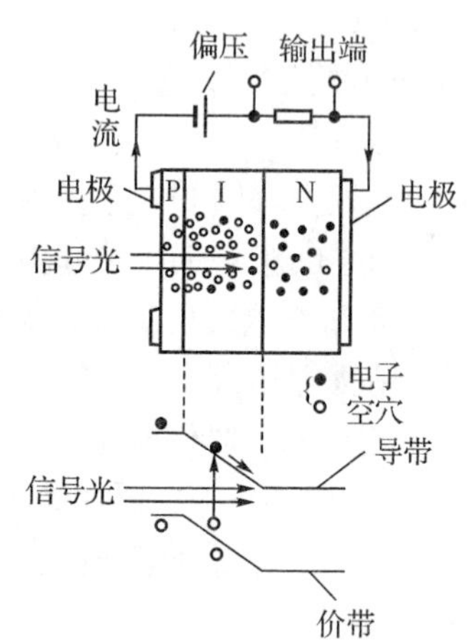

图 8-24 PIN 结光电二极管

2. 雪崩式光电二极管

雪崩式光电二极管(APD)是在 PN 结的 P 型区一侧再设置一层掺杂浓度极高的 P^+ 层而构成。使用时，在元件两端加上近于击穿的反向偏压(如图 8-25 所示)。此种结构由于加上强大的反向偏压，能在以 P 层为中心的结构两侧及其附近形成极强的内部加速电场(可达 10^5 V/cm)。光照时，P^+ 层受光子能量激发跃迁至导带的电子，在内部加速电场作用下，高速通过 P 层，使 P 层产生碰撞电离，从而产生出大量的新生电子空穴对，而它们也从强大的电场获得高能，并与从 P^+ 层来的电子一样再次碰撞 P 层中的其他原子，又产生新电子空穴对。这样，当所加反向偏压足够大时，不断产生二次电子发射，并使载流子产生“雪崩”倍增，形成强大的光电流。

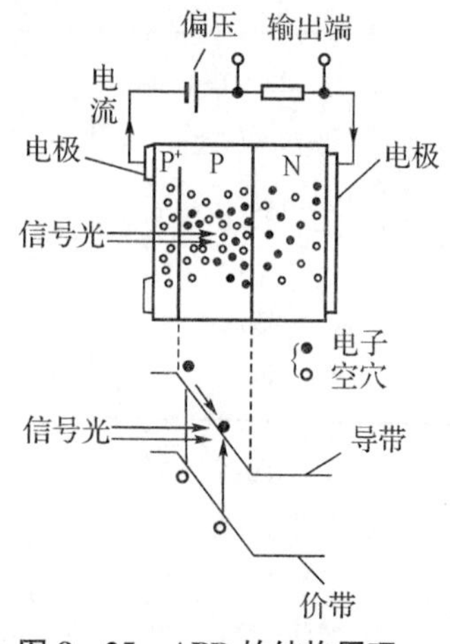

图 8-25 APD 的结构原理

雪崩二极管具有很高的灵敏度和响应速度，但输出线性较差，故它特别适用于光通信中脉冲编码的工作方式。

由于 Si 长波长限较低，目前正研制适用于长波长的、灵敏度高的器件，例如 GaAs、GaAlSb、InGaAs 等材料构成的雪崩式光敏二极管。

8.4.5　色敏传感器

半导体色敏器件是半导体光敏传感器件中的一种。它也是基于半导体的内光电效应，将光信号转变为电信号的光辐射探测器件。但是，不管是光电导器件还是光生伏特效应器件，它们检测的都是在一定波长范围内光的强度或者是光子的数目，而半导体色敏器件则可用来直接测量从可见光到近红外波段内单色辐射的波长。这是近年来出现的一种新型光敏器件。本节将对色敏传感器件的测色原理及其基本特性做简要介绍。

半导体色敏器件相当于两只结深不同的光电二极管的组合，故又称双结光电二极管，其结构原理及等效电路示于图 8－26。

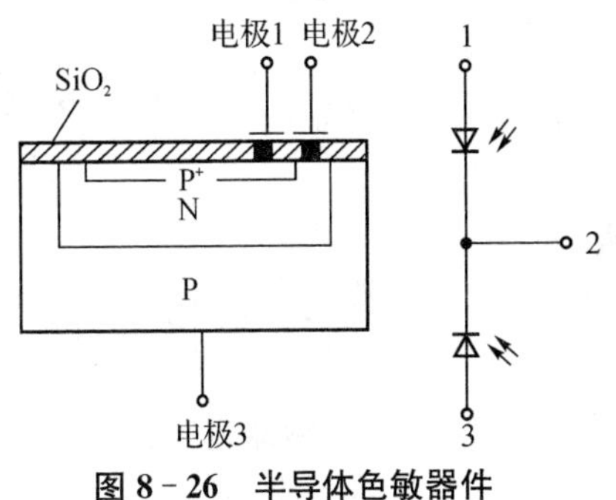

图 8－26　半导体色敏器件结构和等效电路

在图 8－26 中所表示的 P^+－N－P 不是三极管，而是结深不同的两个 PN 结二极管。浅结的二极管是 P^+－N 结；深结的二极管是 N－P 结。当有入射光照射时，P^+、N、P 三个区域及其间的势垒区中都有光子吸收，但效果不同。紫外光部分吸收系数大，经过很短距离已基本吸收完毕。因此，浅结的那只光电二极管对紫外光的灵敏度高，而红外部分吸收系数较小，这类波长的光子则主要在深结区被吸收。因此，深结的那只光电二极管对红外光的灵敏度高。这就是说，在半导体中不同的区域对不同的波长分别具有不同的灵敏度。这一特性给我们提供了将这种器件用于颜色识别的可能性，也就是可以用来测量入射光的波长。利用上述光电二极管的特性，可得不同结深二极管的光谱响应曲线如图 8－27 所示。图中 PD_1 代表浅结二极管，PD_2 代表深结二极管。将两只结深不同的光电二极管组合，就构成了可以测定波长的半导体色敏器件。

在具体应用时，应先对该色敏器件进行标定，也就是测定在不同波长的光照射下，该器件中两只光电二极管的短路电流的比值 I_2/I_1。I_1 是浅结二极管的短路电流，它在短波区较大；I_2 是深结二极管的短路电流，它在长波区较大。因而，两者的比值与入射单色光波长的关系就可以确定。根据标定的曲线，实测出某一单色光时的短路电流比值，即可确定该单色光的波长。

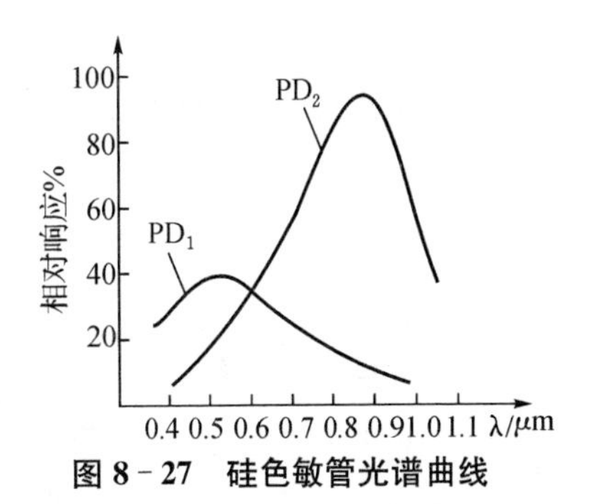

图 8－27　硅色敏管光谱曲线

此外，这类器件还可用于检测光源的色温。对于给定的光源，色温不同，则辐射光的光谱分布不同。例如，白炽灯的色温升高时，其辐射光中短波成分的比例增加，长波成分的比例减少。这将导致 I_1 增大而 I_2 减小。从而使 I_2 与 I_1 的比值减小。因此，只要将色敏器件短路电流比对某类光源定标后，就可由此直接确定该类光源中未知光源的色温。

图8-28(a)给出了国内研制的CS-1型半导体色敏器件的光谱特性,其波长范围是400～1000 nm,不同器件的光谱特性略有差别,其不同波长的短路电流比特性如图8-28(a)所示。

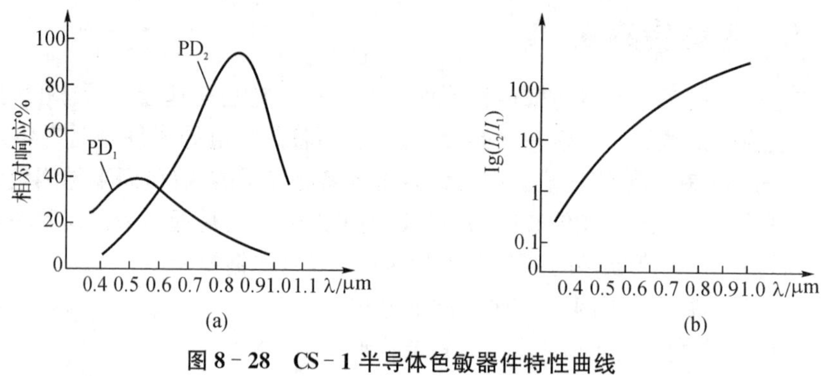

图8-28 CS-1半导体色敏器件特性曲线

(a)光谱特性;(b)短路电流比波长特性

8.5 集成光电传感器

简单的光电传感器可以直接采用各种光电器件及配用的电路来实现。对于众多的更为复杂、更为高端的需求,常常需要各种高性能的集成式光电传感器才能满足要求。这种集成式光电传感器不仅仅具有多种形式的光电器件,常常还要有光源、处理电路甚至内置有处理器,才能实现更多不同的功能与性能。

8.5.1 集成光电传感器的结构型式

对于所有的光电式传感器而言,光永远是第一位的,电是第二位的。根据光源照明方式的不同,集成光电传感器可以分为透射式、反射式、遮光式、辐射式(如图8-29所示)。

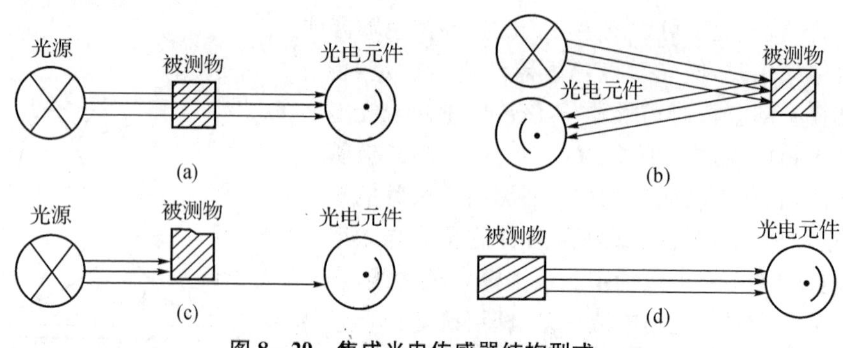

图8-29 集成光电传感器结构型式

(1)透射式 如图8-29(a)所示,由光源发出的一束光投射到被测目标并透射过去,透射光被光电器件接收。当被测目标的透光特性产生变化时,透射光的强度发生变化,由此可以测量气体、液体、透明或半透明固体的透明度、混浊度、浓度等参数,对气体成分进行分析,测定某种物质的含量等。

(2)反射式　如图 8-29(b)所示，由光源发出的一束光投射到被测目标并被反射，反射光被光电器件接收。当被测目标的表面特性产生变化时，反射光的强度发生变化，由此可以测量物体表面反射率、粗糙度、距离、位置、振动、表面缺陷以及表面白点、露点、湿度等参数。

(3)遮光式　如图 8-29(c)所示，由光源发出的一束光可以直接投射到光电器件，在光通路上被测目标对光束进行部分遮挡，从而改变了光电器件接收到的光强。由此可以测量物体位移、振动、速度、孔径、狭缝尺寸、细丝直径等参数。

(4)辐射式　如图 8-29(d)所示，被测目标本身直接发出一定强度的光，并直接投射到光电器件上。当被测参数变化时，被测目标的发光强度相应产生变化，由此可以测量辐射温度、光谱成分和放射线强度等参数，常用于红外侦察、遥感遥测、天文探测、公共安全等领域。

8.5.2　典型集成光电传感器

1. 光电转速传感器

图 8-30 为光电转速传感器工作原理图。图 8-30(a)表示转轴上涂黑白两种颜色的工作方式，当电机转动时，反光与不反光交替出现，光电元件间断地接收反射光信号，输出电脉冲，经放大整形电路转换成方波信号，由数字频率计测得电机的转速。图 8-30(b)为电机轴上固装一齿数为 z 的调制盘，其工作方式与图 8-30(a)相同。

如果频率计的频率为 f，则可测得转轴转速为

$$\omega=\frac{f}{z}$$

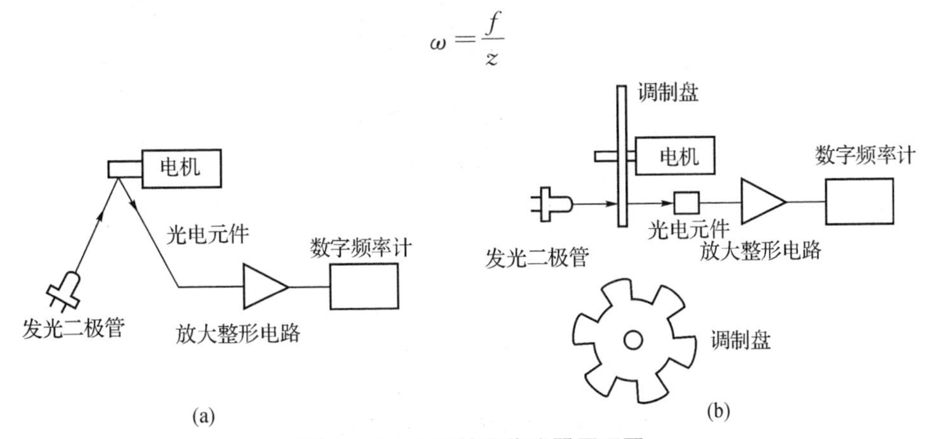

图 8-30　光电转速传感器原理图

2. 光电物位传感器

光电物位传感器多用于测量物体之有无、个数、物体移动距离和相位等。按结构可分为遮光式、反射式两类(如图 8-31 所示)。

图 8-31(a)为遮光式光电物位传感器，将发光元件和光电元件以某固定距离对置封装在一起构成的。图 8-31(b)为反射式，将发光元件和光电元件并置，同向但不平行。发光元件一般采用发光二极管(LED)，光敏元件常采用光敏三极管。为了提高传感器的灵敏度，常用达林顿接法。主要缺点是响应速度较慢、信噪比略低。

这类传感器的检测精度常用“物位检测精度曲线”表征，如图 8-31(c)所示为遮光式光电传感器的精度曲线，主要采用移动遮光薄板的方法来获得。如果考虑到首尾边缘效应的影响，可取输出电流值的 10%～90%所对应的移动距离作为传感器的测量范围。

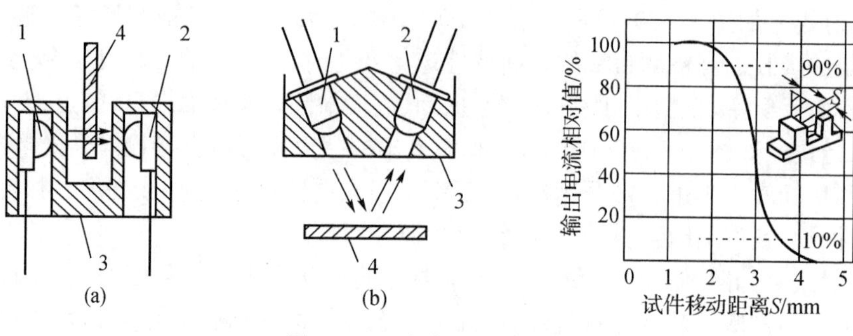

图 8-31　光电物位传感器

(a)遮光式；(b)反射式；(c)遮光式特性曲线

1—发光元件；2—光电元件；3—支撑体；4—被测对象

3. 激光位移传感器

激光位移传感器是基于激光三角测距原理实现目标位移测量的传感器，其原理如图8-32所示。由激光器发出的激光束经过聚焦之后投向被测目标的表面，并在被测目标表面形成一个光斑。该光斑经过一侧的成像镜组成像到光电器件(例如CCD、CMOS、PSD等)之上，形成像斑或电流输出。当被测目标与传感器之间的距离发生变化时，像斑(或电流)也随之变化，由此可以实现目标位移的非接触、高精度、绝对式测量。

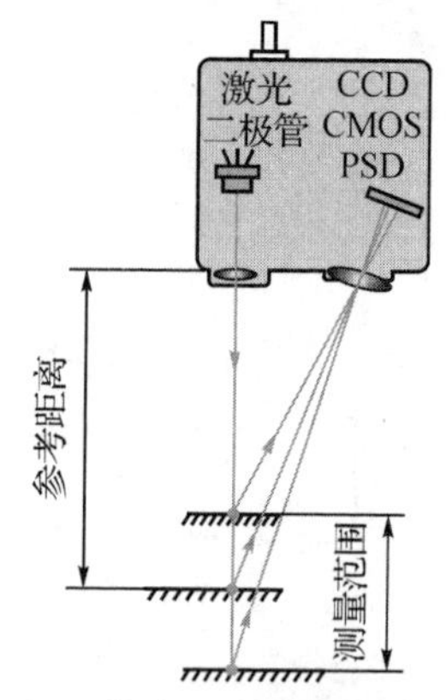

图 8-32　激光位移传感器工作原理

4. 视觉传感器

在人类感知外部信息的过程中，通过视觉获得的信息占全部信息量的80%以上。因此，能够模拟生物宏观视觉功能的视觉传感器得到越来越多的关注。特别是20世纪80年代以来，随着计算机技术和自动化技术的突飞猛进，计算机视觉理论得到长足进步和发展，视觉传感器以及视觉检测与控制系统不断在各个领域得到应用，已成为当今科学技术研究领域十分活跃的热点内容之一。

视觉传感器的构成如图8-33所示，一般由光源、镜头、摄像器件、图像存储、处理器等环节组成。光源为视觉系统提供足够的照度，镜头将被测场景中的目标成像到摄像器件的像面上，转变为数字图像信号并进行存储，处理器负责对图像数据进行处理、分析、判断和识别，最终给出测量结果。

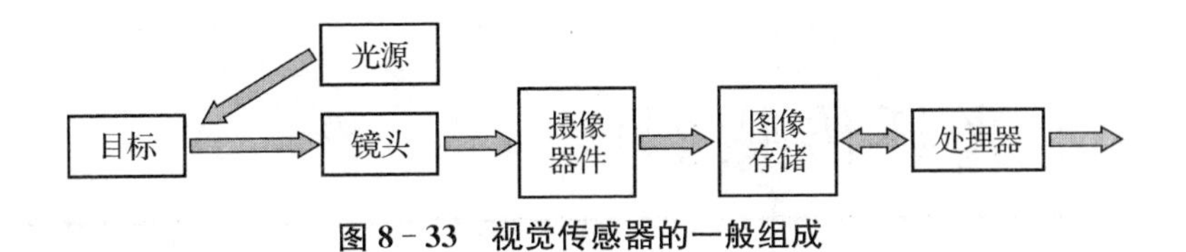

图 8-33　视觉传感器的一般组成

目前视觉传感器的应用日益普及，无论是工业现场，还是民用科技，到处可以看见视觉检测的足迹。例如：工业过程检测与监控、生产线上零件尺寸的在线快速测量、零件外观质量及表面缺陷检测、产品自动分类和分组、产品标志及编码识别等等；在机器人导航，视觉传感器还可用于目标辨识、道路识别、障碍判断、主动导航、自动导航、无人驾驶汽车、无人驾驶飞机、无人战车、探测机器人等领域；在医学临床诊断中，各种视觉传感器得到广泛应用，例如B超（超声成像）、CT（计算机层析）、核磁共振（MRI）、胃窥镜等设备，为医生快速、准确地确定病灶提供了有效的诊断工具；各种遥感卫星，例如气象卫星、资源卫星、海洋卫星等，都是通过各种视觉传感器获取图像资料。在交通领域，视觉传感器可用于车辆自动识别、车辆牌照识别、车型判断、车辆监视、交通流量检测等；在安全防卫方面，视觉传感器可用于指纹判别与匹配、面孔与眼底识别、安全检查（飞机、海关）、超市防盗、停车场监视等场合。因此，视觉传感器的应用领域日益扩大，应用层次逐渐加深，智能化、自动化、数字化的发展也越来越高。

习题与思考题

8—1　如何理解光电式传感器中光与电之间的关系？

8—2　如何正确选用光源？举一个实例进行说明。

8—3　光电器件就是光电传感器吗？为什么？

8—4　举出一个身边的光电式传感器的实例，并分析其工作原理与特点。

8—5　如何理解集成光电传感器与光电器件的差异？

第9章 光纤传感器

光纤是20世纪后半叶的重要发明之一。它与激光器、半导体光电探测器一起构成了新的光学技术，即光电子学新领域。光纤的最初研究是为了通讯；由于光纤具有许多新的特性，因此在其他领域也发展了许多新的应用，其中之一就是构成光纤传感器。

光纤传感器(Fiberoptic Sensor)以其高灵敏度、抗电磁干扰、耐腐蚀、可挠曲、体积小、结构简单以及与光纤传输线路相容等独特优点，受到广泛重视。光纤传感器可应用于位移、振动、转动、压力、弯曲、应变、速度、加速度、电流、磁场、电压、湿度、温度、声场、流量、浓度、pH值等多种多样物理量的测量，几乎涉及国民经济和国防上所有重要领域以及人们的日常生活，尤其是可以安全有效地在恶劣环境中使用。

本章首先介绍光纤传感器的基本原理，然后列举几种典型的光纤传感器。力求使读者能掌握光纤传感器基本原理及其运用，并为读者从事设计和评价光纤传感器打下基础。

9.1 光纤传感器基础

9.1.1 光纤波导原理

光纤波导简称光纤，它是用光透射率高的电介质(如石英、玻璃、塑料等)构成的光通路。如图9-1所示，它由折射率 n_1 较大(光密介质)的纤芯，和折射率 n_2 较小(光疏介质)的包层构成的双层同心圆柱结构。

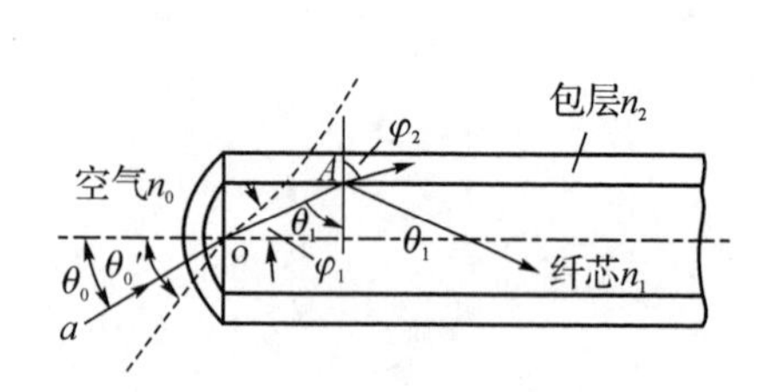

图9-1 光纤的基本结构与波导

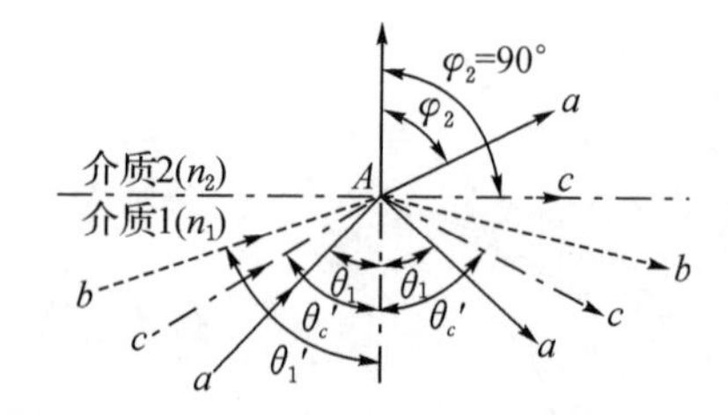

图9-2 光在两介质界面上的折射和反射

根据几何光学原理，当空气($r_0=1$)中的子午光线(即光轴平面内的光)由纤端 O 以入射角 θ_0 进入光纤，经折射后又以 θ_1 由纤芯(n_1)射向包层(n_2，$n_2<n_1$)时，则一部分入射光将以折射角 φ_2 折射入介质2，其余部分仍以 θ_1 反射回介质1。依据光折射和反射的斯涅尔(Snell)定律，有

$$n_0\sin\theta_0=n_1\sin\varphi_1=n_1\cos\theta_1 \tag{9-1-a}$$

$$n_1\sin\theta_1=n_2\sin\varphi_2 \tag{9-1-b}$$

在纤芯和包层界面 A 处(见图9-2)当 θ_1 角逐渐增大，使 $\theta_1\to\theta'_c$ 时，透射入介质2的折射光也逐渐折向界面，直至沿界面传播。这时，$\theta_1=\theta'_c$，$\varphi_2=90°$。对应于 $\varphi_2=90°$时的入射

角 θ_1 称为界面 A 处入射光的临界角 θ'_c；由式(9-1-b)则有

$$\sin\theta_1=\sin\theta'_c=\frac{n_2}{n_1}$$

因此，入射光在 A 处产生全内反射的条件是：$\theta_1>\theta'_c$，即

$$\sin\theta_1>\frac{n_2}{n_1}\quad 或\quad \cos\theta_1<\sqrt{1-\frac{n_2^2}{n_1^2}} \tag{9-2}$$

这时，光线将不再折射入介质 2，而在介质（纤芯）内产生连续向前的全反射，直至由终端面射出。这就是光纤波导的工作基础。

同理，由式(9-2)和式(9-1-a)可导出光线由折射率为 $n_0=1$ 的空气，从界面 O 处射入纤芯时实现全反射的临界角（始端最大入射角）为

$$\sin\theta_c=\sin\theta_0=\frac{1}{n_0}\sqrt{n_1^2-n_2^2}=\sqrt{n_1^2-n_2^2}=NA \tag{9-3}$$

式中 NA——定义为“数值孔径”。它是衡量光纤集光性能的主要参数。它表示：无论光源发射功率多大，只有 $2\theta_c$ 张角内的光，才能被光纤接收、传播（全反射）；NA 愈大，光纤的集光能力愈强。产品光纤通常不给出折射率，而只给出 NA。石英光纤的 NA 为 0.2～0.4。

按纤芯横截面上材料折射率分布的不同，光纤又可分为阶跃型和渐变型，如图 9-3 所示。阶跃型光纤纤芯的折射率不随半径而变；但在纤芯与包层界面处折射率有突变。渐变型光纤纤芯的折射率沿径向由中心向外呈抛物线由大渐小，至界面处与包层折射率一致。因此，这类光纤有聚焦作用；光线传播的轨迹近似于正弦波，如图 9-4 所示。

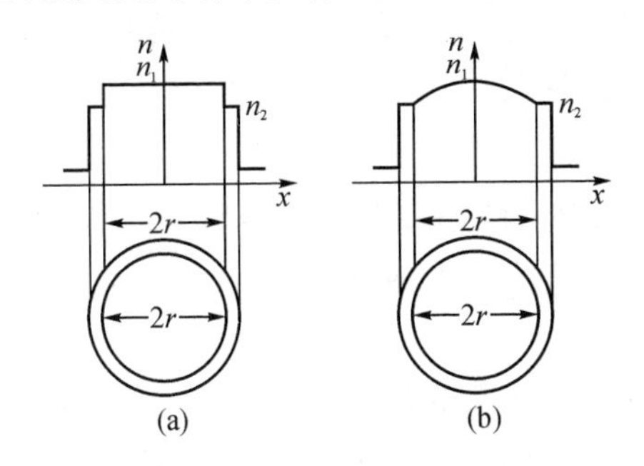

图 9-3　光纤的折射率断面

(a)阶跃型；(b)渐变型

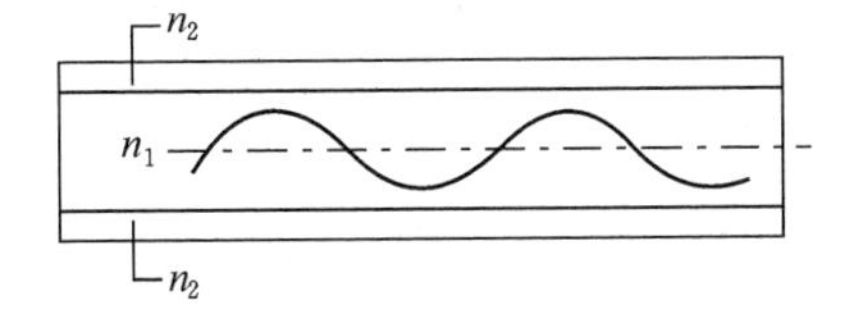

图 9-4　光在渐变型光纤的传输

光纤传输的光波，可以分解为沿纵轴向传播和沿横切向传播的两种平面波成分。后者在纤芯和包层的界面上会产生全反射。当它在横切向往返一次的相位变化为 2π 的整数倍时，将形成驻波。形成驻波的光线组称为模；它是离散存在的，亦即某种光纤只能传输特定模数的光。

实际中常用麦克斯韦方程导出的归一化频率 ν 作为确定光纤传输模数的参数。ν 的值可由纤芯半径 r、光波长 λ 及其材料折射率 n（或数值孔径 NA）确定：

$$\nu=2\pi r\cdot NA/\lambda \tag{9-4}$$

这时，光纤传输模的总数 N 为

$$N=\nu^2/2(阶跃型)\ 或\ N=\nu^2/4(渐变型) \tag{9-5}$$

显然,ν 大的光纤传输的模数多,称为多模光纤。多模光纤的芯径($2r>50\ \mu m$)和折射率差[$(n_1-n_2)/n_1=0.01$]都大;多用于非功能型(NF)光纤传感器。ν 小的光纤传输的模数少;当芯径小到 6 μm,折射率差小到 0.5%(如折射率阶跃分布型光纤,若 $\nu>2.4$)时,光纤只能传输基模(HE_{11} 模),而其他高次模都会被截止掉,故称为单模光纤,它多用于功能型(FF)光纤传感器。

9.1.2 光纤的特性

信号通过光纤时的损耗和色散是光纤的主要特性。

1. 损耗

设光纤入射端与出射端的光功率分别为 P_i 和 P_o,光纤长度为 L(km)。则光纤的损耗 a(dB/km)可以用下式计算:

$$a=\frac{10}{L}\lg\frac{P_i}{P_o} \tag{9-6}$$

引起光纤损耗的因素可归结为吸收损耗和散射损耗两类,物质的吸收作用将使传输的光能变成热能,造成光功能的损失。光纤对于不同波长光的吸收率不同,石英(SiO_2)光纤材料对光的吸收发生在波长为 0.16 μm 附近和 8~12 μm 范围;杂质离子铁 Fe^{++} 吸收峰波长为 1.1 μm、1.39 μm、0.95 μm 和 0.72 μm。散射损耗是由于光纤的材料及其不均匀性或其几何尺寸的缺陷引起的。如瑞利散射就是由于材料的缺陷引起折射率随机性变化所致。瑞利散射按 $1/\lambda^4$ 变化,因此它随波长的减小而急剧地增加。

光导纤维的弯曲也会造成散射损耗。这是由于光纤边界条件的变化,使光在光纤中无法进行全反射传输所致。弯曲半径越小,造成的损耗越大。

2. 色散

光纤的色散是表征光纤传输特性的一个重要参数。特别是在光纤通信中,它反映传输带宽,关系到通信信息的容量和品质。在光纤传感的某些应用场合,有时也需要考虑信号传输的失真问题。

所谓光纤的色散就是输入脉冲在光纤传输过程中,由于光波的群速度不同而出现的脉冲展宽现象。光纤色散使传输的信号脉冲发生畸变,从而限制了光纤的传输带宽。光纤色散可分以下几种:

(1)材料色散　材料的折射率随光波长 λ 的变化而变化,这使光信号中各波长分量的光的群速度 c_g 不同而引起的色散,故又称折射率色散。

(2)波导色散　由于波导结构不同,某一波导模式的传播常数 β 随着信号角频率 ω 变化而引起色散,有时也称为结构色散。

(3)多模色散　在多模光纤中,由于各个模式在同一角频率 ω 下的传播常数不同、群速度不同而产生的色散。

关于传播常数 β,其含义就是单位长度内光相位的变化量。简单解释如下:

光是电磁波。在折射率只与径向距离有关的简单情况下,由麦克斯韦方程导出的电场波动方程的解可以用以下形式表达:

$$E(\rho,\varphi,z,t)=E(\rho,\varphi)e^{-j(\omega-\beta z)} \tag{9-7}$$

变量 t 是从基准时间 t_0 算起的时间；$E(\rho,\varphi)$是幅度因子，它与半径矢量 ρ 和方位(角度)坐标 φ 有关；复指数表明，电场是时间和空间的正弦波。角频率 $\omega=2\pi f$(f 是光频率)。β 是传播常数，$\beta=2n^2\pi/\lambda_0$(n 为折射率，λ_0 是频率为 f 的光在真空中的波长)。

采用单色光源(如激光)可有效地减小材料色散的影响。多模色散是阶跃型多模光纤中脉冲展宽的主要根源。多模色散在渐变型光纤中大为减少，因为在这种光纤里不同模式的传播时间几乎彼此相等。在单模光纤中起主要作用的是材料色散和波导色散。

9.1.3　光纤传感器分类

光纤传感器是通过被测量对光纤内传输光进行调制，使传输光的强度(振幅)、相位、频率或偏振等特性发生变化，再通过对被调制过的光信号进行检测，从而得出相应被测量的传感器。

光纤传感器一般可分为两大类：一类是功能型传感器(Function Fibre Optic Sensor)，又称FF型光纤传感器；另一类是非功能型传感器(Non-Function Fibre Optic Sensor)，又称NF型光纤传感器。前者是利用光纤本身的特性，把光纤作为敏感元件，所以又称传感型光纤传感器；后者是利用其他敏感元件感受被测量的变化，光纤仅作为光的传输介质，用以传输来自远处或难以接近场所的光信号，因此，也称传光型光纤传感器。表9-1列出了常用的光纤传感器分类及简要工作原理。

表9-1　光纤传感器分类

被测物理量	测量类型	光的调制	物理效应	材　　料	主 要 性 能
电　流 磁　场	FF	偏振	法拉第效应	石英系玻璃 铅系玻璃	电流 50～1200 A (精度 0.24%) 磁场强度 0.8～4800 A/m (精度 2%)
		相位	磁致伸缩效应	镍 68 碳莫合金	最小检测磁场强度 8×10^{-5} A/m(1～10 kHz)
	NF	偏振	法拉第效应	YIG 系强磁体 FR－5 铅玻璃	磁场强度 0.08～160 A/m (精度 0.5%)
电　压 电　场	FF	偏振	Pockels 效应	亚硝基苯胺	—
		相位	电致伸缩效应	陶瓷振子 压电元件	—
	NF	偏振	Pockels 效应	$LiNbO_3$，$LiTaO_3$ $Bi_{12}SiO_{20}$	电压 1～1000 V 电场强度 0.1～1 kV/cm (精度 1%)
温　度	FF	相位	干涉现象	石英系玻璃	温度变化量 17 条/(℃·m)
		光强	红外线透过	SiO_2，CaF_2，ZrF_2	温度 250～1200℃(精度 1%)
	FF	偏振	双折射变化	石英系玻璃	温度 30～1200℃
		开口数	折射率变化	石英系玻璃	—
	NF	断路	双金属片弯曲	双金属片	温度 10～50℃(精度 0.5℃)

续表 9-1

被测物理量	测量类型	光的调制	物理效应	材料	特性性能
温度	NF	断路	磁性变化	铁氧体	开(57℃)～关(53℃)
			水银的上升	水银	40℃时精度0.5℃
		透射率	禁带宽度变化	GaAs、CdTe半导体	温度0～80℃
			透射率变化	石蜡	开(63℃)～关(52℃)
		光强	荧光辐射	$(Gd_{0.99}Eu_{0.01})_2O_2S$	-50～300℃(精度0.1℃)
速度	FF	相位	Sagnac效应	石英系玻璃	角速度 3×10^{-3} rad/s以上
		频率	多普勒效应	石英系玻璃	流速 10^{-4}～10^{3} m/s
	NF	断路	风标的旋转	旋转圆盘	风速60 m/s
振动 压力 音响	FF	频率	多普勒效应	石英系玻璃	最小振幅0.4 μm/(120 Hz)
		相位	干涉现象	石英系玻璃	压力154 kPa·m/条
		光强	微小弯曲损失	薄膜+膜条	压力 0.9×10^{-2} Pa以上
	NF	光强	散射损失	$C_{45}H_{78}O_2$+VL·2255N	压力0～40 kPa
		断路	双波长透射率变化	振子	振幅0.05～500 μm (精度1%)
		光强	反射角变化	薄膜	血压测量误差 2.6×10^{3} Pa
射线	FF	光强	生成着色中心	石英系玻璃 铅系玻璃	辐照量0.01～1 Mrad
图像	FF	光强	光纤束成像	石英系玻璃	长数米
			多波长传输	石英系玻璃	长数米
			非线性光学	非线性光学元件	长数米
			光的聚焦	多成分玻璃	长数米

9.2 光调制与解调技术

光的发射、调制和解调技术在光纤传感器中极为重要。光的发射技术已在第8章中论及,本章不再重复。本节主要介绍光纤传感器中常用的各种光调制与解调技术。下一节所介绍的几种光纤传感器,都是从不同的方面利用了这些技术。光的调制和解调可分为:强度、相位、偏振、频率和波长等方式。

9.2.1 强度调制与解调

光纤传感器中光强度调制是被测对象引起载波光强度变化,从而实现对被测对象进行检测的方式。光强度变化可以直接用光电探测器进行检测。解调过程主要考虑的是信噪比是否能满足测量精度的要求。

9.2.1.1　几种常用的光强调制技术

1. 微弯效应

微弯损耗强度调制器的原理如图9-5所示。微弯用机械变形器由两块带波形槽的板构成，上面是活动板，下面是固定板。一根光纤从板中穿过，相邻两个波形槽之间的距离为Λ。当垂直于光纤轴线的应力使光纤发生弯曲时，传输光有一部分会泄漏到包层中去，光纤芯的输出光强度就减小。

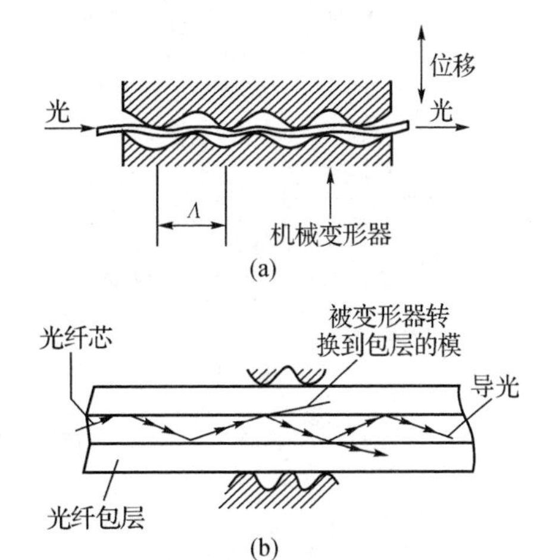

图9-5　微弯调制器原理图

波动理论分析指出：当一对模的有效传播常数之差为

$$\Delta\beta=\beta_1-\beta_2=2\pi/\Lambda \quad (9-8)$$

时，纤芯传输模与包层辐射模之间的耦合程度最强。β_1和β_2分别为纤芯传输模的传输常数和包层辐射模的传输常数。在渐变型光纤中：

$$\Delta\beta=\frac{\sqrt{2\Lambda}}{r} \quad (9-9)$$

在阶跃型光纤中：

$$\Delta\beta=\frac{2\sqrt{\Lambda}}{r} \quad (9-10)$$

式中，$\Lambda=[n^2(o)-n^2(r)]/[2n^2(o)]$；$n(o)$和$n(r)$是距离光纤轴为$o$和$r$的折射率；

r——纤芯半径。

2. 光强度的外调制

外调制技术的调制环节通常在光纤外部，因而光纤本身只起传光作用。这里光纤分为两部分：发送光纤和接收光纤。两种常用的调制器是反射器和遮光屏。

反射式强度调制器的结构原理如图9-6(a)所示。在光纤端面附近设有反光物体A，

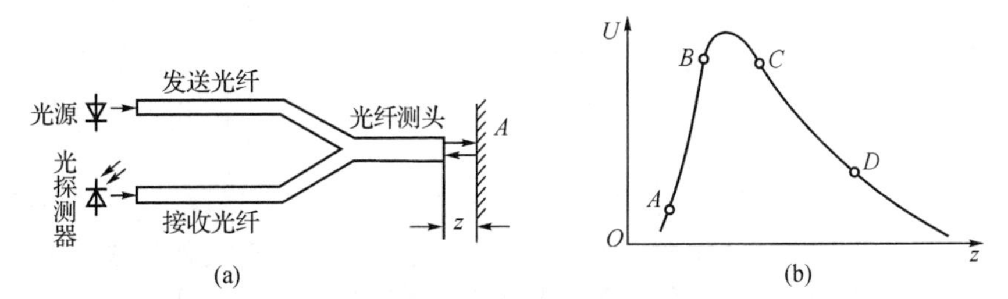

图9-6　反射式光强调制器的原理结构(a)和输出电压与位移关系(b)

光纤射出的光被反射后，有一部分光再返回光纤。通过测出反射光强度，就可以知道物体位置的变化。为了增加光通量，也可以采用光纤束。

图9-7为遮光式光强度调制器原理图。发送光纤与接收光纤对准，光强调制信号加在移动的光闸上，如图(a)，或直接移动接收光纤，使接收光纤只接收到发送光纤发送的一部分光，如图(b)，从而实现光强调制。

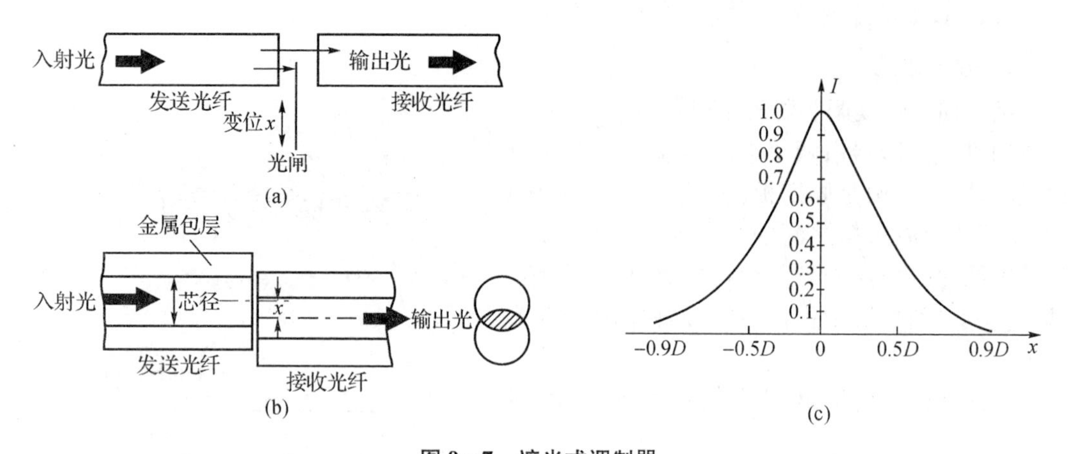

图 9-7　遮光式调制器

(a)动光闸式；(b)动光纤式；(c)光强度-位移变化曲线

3. 折射率光强度调制

利用折射的不同进行光强度调制的原理包括：①利用被测物理量引起传感材料折射率的变化；②利用渐逝场耦合；③利用折射率不同的介质之间的折射与反射。

在一全内反射系统中，利用被测物理量(如温度和压力等)引起介质折射率的变化，使全内反射条件发生变化，再通过检测反射光强，就可监测物理量的变化。例如温度报警系统，可利用纤芯玻璃和包层玻璃具有不同的折射温度系数，在某一温度之上或之下，光纤芯和包层折射率变得相等，甚至使 $n_2>n_1$，光纤失去波导作用来实现。

渐逝场出现在全内反射的情况下。理论分析表明，这时在纤芯外存在一透射光波(电磁场)，但以总体来看，它不能把能量带出边界。图 9-8(a)为光波导中的渐逝场衰减曲线，$Ey(x)$为电场幅度。因为，这时存在的透射波，其振幅随透入光疏介质的深度成指数衰减。所以，渐逝场在光疏介质中深入距离有几个波长时，就可以忽略不计。如果采取一种办法能使渐逝场以可观的振幅穿过光疏介质从而扩展到附近一个折射率高的光密介质中，这样，能量穿过空隙。这个过程称为受抑全内反射。利用这一原理设计的一种传感器敏感部分如图 9-8(b)所示。L 为两光纤的相互作用长度，d 为纤芯之间的距离。在 L 范围内，光纤包层被减薄或完全剥去，以便纤芯之间的距离减小到使这两光纤之间产生足够的渐逝场耦合。两光纤封闭在折射率为 n_2 的介质中，d、L 或n_2 稍有变化，光探测器的接收光强就有明显变化。

利用不同物质对光的不同反射特性，可以构成光纤物性传感器，图 9-9 为反射系数式强度型光纤传感器原理图。这里利用光纤光强反射系数的改变来实现对透射光强的调制。图(a)表示光纤左端射入纤芯的光，一部分沿这段光纤反射回来，然后由光分束器 M 偏转到光探测器。(b)为光纤右端的放大图。M_2 为全反射镜。调制器 M_1 的折射率 n_3 随被测参数变化。纤芯光线与 M_3 法线交角小于临界内反射角；纤芯光线可以部分地透射进 n_3 介质。光波在入射界面上的光强分配由菲涅耳公式描述：

$$R_{\parallel}=\left\{\frac{n^2\cos\theta-(n^2-\sin^2\theta)^{\frac{1}{2}}}{n^2\cos\theta+(n^2-\sin^2\theta)^{\frac{1}{2}}}\right\}^2 \qquad (9-11)$$

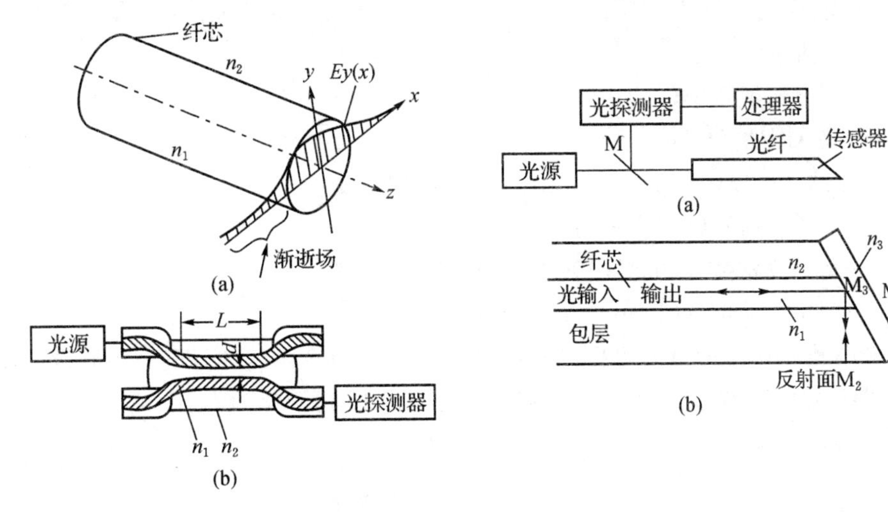

图 9-8　光波导中的渐逝场

(a) 衰减曲线；(b) 渐逝场光强调制器

图 9-9　反射式物性传感器

(a) 原理框图；(b) 临界角强度调制

$$R_{\perp}=\left\{\frac{\cos\theta-(n^2-\sin\theta)^{\frac{1}{2}}}{\cos\theta+(n^2-\sin\theta)^{\frac{1}{2}}}\right\}^2 \tag{9-12}$$

式中，$R_{\parallel}$、$R_{\perp}$——分别为平行或垂直于偏振方向的强度反射系数；

$n=n_3/n_1$；

θ——入射光波在界面上的入射角。

9.2.1.2　强度调制的解调

强度调制型光纤传感器的关键是信号功率与噪声功率之比要足够大，其功率信噪比 R_{SN} 可用下列公式计算：

$$R_{SN}=\frac{R(i_s)^2}{R(i_{phN})^2+R(i_{RN})^2+R(i_{dN})^2}=\frac{(i_s)^2}{(i_{phN})^2+(i_{RN})^2+(i_{dN})^2} \tag{9-13}$$

其中，$(i_s)^2=(P_s\eta q/h\nu)^2$　(9-14)

$(i_{phN})^2=(2q^2P_L\eta/h\nu)B$　(9-15)

$(i_{RN})^2=(4kTF/R)B$　(9-16)

式中，i_s——信号电流，$R(i_s)^2$ 为信号功率；

i_{phN}——光信号噪声电流（主要是散粒噪声），$R(i_{phN})^2$ 为光子噪声功率；

i_{RN}——前置放大器输入端等效电阻热噪声电流，$R(i_{RN})^2$ 为等效电阻热噪声功率，增加了放大器噪声因子 F，这里已考虑放大器噪声；

i_{dN}——光电探测器噪声电流，$R(i_{dN})^2$ 为探测器噪声功率；

P_L——总的光功率(W)；

P_s——信号功率(W)；

B——系统频率带宽(Hz)；

R——负载阻抗(Ω)；

F——前置放大器噪声因子，$F=(S_i/N_i)/(S_o/N_o)$，即放大器输入端信噪比与输出端信噪比之比；

η——光电转换效率；

T——绝对温度(K)；

ν——光频(s^{-1})；$\nu=c/\lambda$，c 为光速，λ 为光波长；

q——电子电荷量(1.602×10^{-19}C)；

h——普朗克常数(6.626×10^{-34}J·s)；

k——玻尔兹曼常数(1.380×10^{-23}J·K^{-1})。

如果采用硅PIN二极管光电探测器，则可略去暗电流噪声效应；进一步假设调制频率远离 $1/f$ 噪声效应区域，则可略去探测器噪声，式9-13可简化为

$$R_{SN}=\frac{(i_s)^2}{(i_{phN})^2+(i_{RN})^2} \tag{9-17}$$

应该指出，利用上式计算的信噪比，对大部分信号处理和传感器应用来说已绰绰有余。但是，光源与光纤、光纤和转换器之间的机械部分引起的光耦合随外界影响的变化；调制器本身随温度和时间老化出现的漂移；光源老化引起的强度变化以及探测器的响应随温度的变化等，比信号噪声和热噪声对测量精度的影响往往要大得多。应在传感器结构设计中和制造工艺中设法减小这些影响。此外，如果采用激光光源，由于只有有限几种模式的光在光纤中传播，这时，这几种模式光的光程差引起明显的强度调制(即模式噪声)，也会影响测量精度。所以强度调制型光纤传感器需要某种形式的强度参考，并要求光源是不相干的。

9.2.2 偏振调制与解调

光波是一种横波。光振动的电场矢量 $\boldsymbol{E}$ 和磁场矢量 $\boldsymbol{H}$ 和光线传播方向 s 正交。按照光的振动矢量 $\boldsymbol{E}$、$\boldsymbol{H}$ 在垂直于光线平面内矢端轨迹的不同，又可分为线偏振光(又称平面偏振光)、圆偏振光、椭圆偏振光和部分偏振光。利用光波的这种偏振性质可以制成光纤的偏振调制传感器。

光纤传感器中的偏振调制器常利用电光、磁光、光弹等物理效应。在解调过程中应用检偏器。

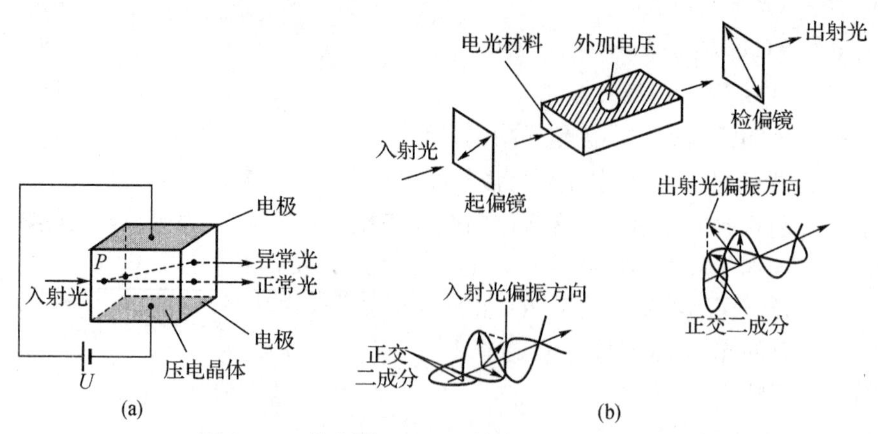

图9-10 普克耳(Pockels)效应(a)及其应用(b)

9.2.2.1　调制原理

1. 普克耳(Pockels)效应

如图 9－10 所示，当压电晶体受光照射并在其正交的方向上加以高电压，晶体将呈现双折射现象——普克耳效应。在晶体中，两正交的偏振光的相位变化

$$\varphi=\frac{\pi n_o^3 r_e U}{\lambda_o}\cdot\frac{l}{d} \tag{9-18}$$

式中，n_o——正常光折射率；

r_e——电光系数；

U——加在晶体上的横向电压；

λ_o——光波长；

l——光传播方向的晶体长度；

d——电场方向晶体的厚度。

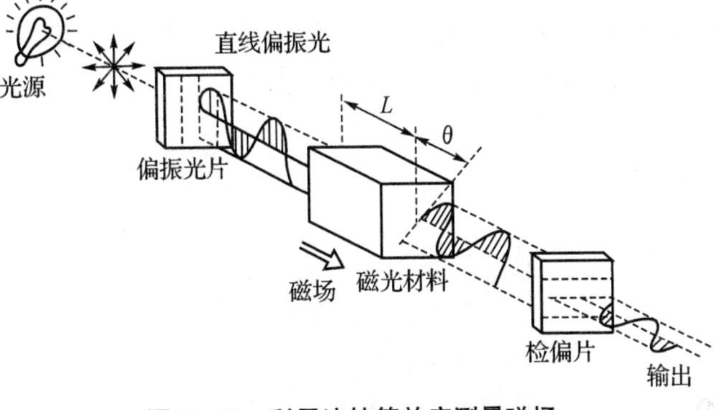

图 9－11　利用法拉第效应测量磁场

2. 法拉第磁光效应

如图 9－11 所示，平面偏振光通过带磁性的物体时，其偏振光面将发生偏转，这种现象称为法拉第磁光效应，光矢量旋转角

$$\theta=V\oint_0^L H\cdot \mathrm{d}l \tag{9-19}$$

式中，V——物质的费尔德常数；

L——物质中的光程；

H——磁场强度。

3. 光弹效应

如图 9－12 所示，在垂直于光波传播方向施加应力，材料将产生双折射现象，其强弱正比于应力。这种现象称为光弹效应。偏振光的相位变化

$$\varphi=2\pi kpl/\lambda_o \tag{9-20}$$

式中，k——物质光弹性常数；p——施加在物体上的压强；l——光波通过的材料长度。

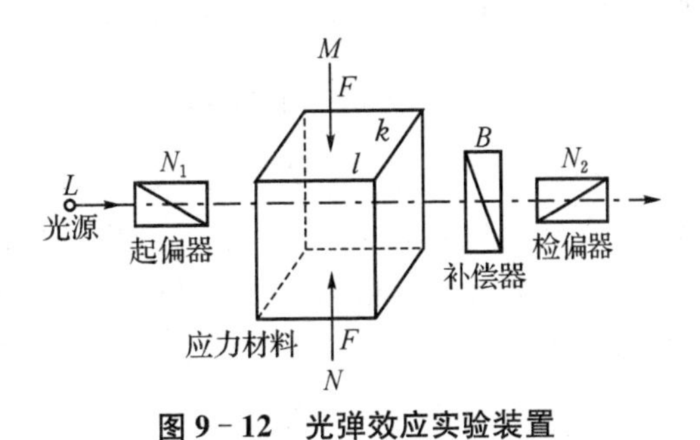

图 9－12　光弹效应实验装置

9.2.2.2　解调原理

这里我们仅讨论线偏振光的解调。利用偏振光分束器能把入射光的正交偏振线性分量在输出方向分开。通过测定这两束光的强度，再经一定的运算就可确定偏振光相位 φ 的变化。渥拉斯顿棱镜是常用的偏振光分束器，如图 9－13 所示。它由两块冰洲石直角棱镜组成，两棱镜沿着斜边粘合起来。棱镜 ABC 的光轴平行直角边 AB；棱镜 ACD 的光轴平行于

棱C而和图面垂直。自然光垂直射在AB面上;在棱镜ABC中形成正常光线与异常光线,它们各以速度 v_o 和 v_e 垂直于光轴沿同一方向传播。在第二棱镜ACD中,此二线仍沿垂直于光轴的方向传播。但因为两棱镜的光轴互相垂直,所以第一棱镜中的正常光线在第二棱镜中即变成异常光线,反之亦然。因此原先在第一棱镜中的正常光线,在两棱镜的界面上以相对折射系数 n_e/n_o 折射,而原先在第一棱镜中的异常光线则以相对折射系数 n_o/n_e 折射。对于冰洲石,$n_o>n_e$,因而 $n_e/n_o<1$,所以第一条光线向棱镜ACD的C棱方面偏折,而第二条光线则向棱镜底边AD方面偏折。两条光线都是平面偏振光:第一光线(第二棱镜中的异常光线)中电矢量的振动与第二棱镜的光轴平行;第二光线(第二棱镜中的正常光线)中电矢量的振动与第二棱镜中的光轴垂直。

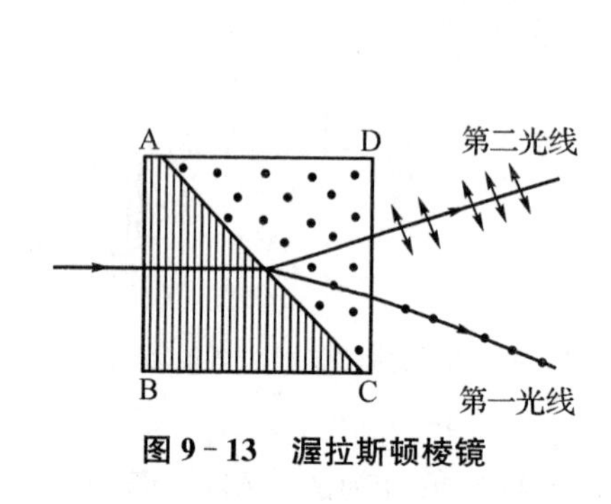

图9-13　渥拉斯顿棱镜

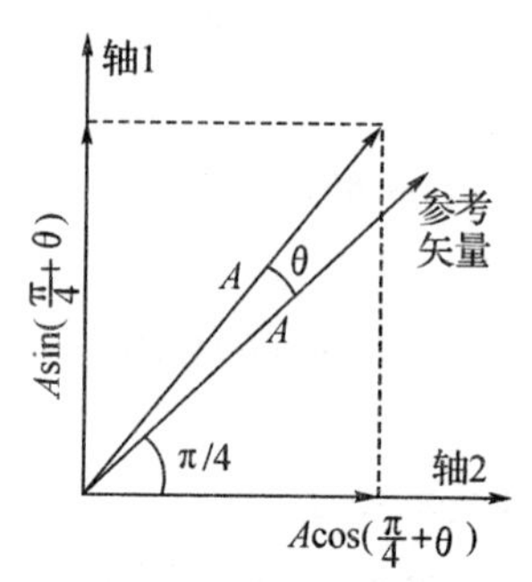

图9-14　偏振矢量示意图

图9-14是偏振矢量示意图。当取向偏离平衡位置 θ 时,1轴的光分量振幅是 $A\sin(\pi/4+\theta)$,2轴则为 $A\cos(\pi/4+\theta)$。两分量对应的光强度 I_1 和 I_2 正比于这两个分量振幅的平方。从而可以得出

$$\sin 2\theta=\frac{I_1-I_2}{I_1+I_2} \tag{9-21}$$

上式表明偏振角 θ 与光源强度和通道能量衰减无关。

9.2.3　相位调制与解调

相位调制的光纤传感器,其基本原理是:通过被测能量场的作用,使能量场中的一段敏感单模光纤内传播的光波发生相位变化,利用干涉测量技术把相位变化变换为振幅变化,再通过光电探测器进行检测。以下从引起相位调制的物理效应、干涉测量仪器的基本原理和利用光强度检测解调光相位变化的原理这三方面进行介绍。

9.2.3.1　几种实现相位调制的物理效应

1. 应力应变效应

当光纤受到纵向(轴向)的机械应力作用时,将产生三个主要的物理效应,导致光纤中光相位的变化:①光纤的长度变化——应变效应;②光纤芯的直径变化——泊松效应;③光纤芯的折射率变化——光弹效应。

2. 热胀冷缩效应

在所有的干涉型光纤传感器中,光纤中传播光的相位响应 φ 都是与待测场中光纤的长度 L 成正比。这个待测场可以是变化的温度 T。由于干涉型光纤传感器中的信号臂光纤

可以是足够长的，因此信号光纤对温度变化有很高的灵敏度。

9.2.3.2　相位解调原理

两束相干光束（信号光束和参考光束）同时照射在一光电探测器上，光电流的幅值将与两光束的相位差成函数关系。两光束的光场相叠加，合成光场的电场分量为

$$E(t)=E_1\sin\omega t+E_2\sin(\omega t+\varphi) \tag{9-22}$$

式中，E_1——参考光束中的光场振幅；

E_2——调制（信号）光束中的光场振幅；

φ——干涉光束之间的时变光相位差，$\varphi=\varphi(t)$；

ω——光角频率，$\omega=2\pi f$，f 为光频率，数量级为 10^{14} Hz。

光电探测器对合成光束的强度产生响应。设自由空间的阻抗为 Z_o，则入射到光电探测器光敏面 A_d 的功率为

$$p(t)=E^2(t)\cdot A_d/Z_o \tag{9-23}$$

最终探测信号电流为

$$i(t)=\frac{qp(t)\eta}{h\nu}=\frac{q\eta}{h\nu}\cdot\frac{A_d}{Z_o}\cdot E^2(t)=\sigma E^2(t) \tag{9-24}$$

其中

$$\sigma=(q\eta/h\nu)(A_d/Z_o)$$

探测器响应的是光波在许多周期内测得的平均功率。考虑到光电探测器不能响应如此高频率的光频变化，上式推导结果可简化为

$$i(t)=\sigma\left[\frac{1}{2}(E_1^2+E_2^2)+E_1E_2\cos\varphi(t)\right] \tag{9-25}$$

可见，通过干涉现象能把光束之间的相位差转变为光强变化。当 $E_1=E_2=E/2$ 时，式(9-25)可进一步简化为

$$i(t)=I[1+\cos\varphi(t)] \tag{9-26}$$

其中：$I=\sigma E^2/4$。对式(9-26)微分，即可得光强对于两干涉光束之间微小相对相位变化的响应

$$\mathrm{d}i(t)=-I\sin\varphi_0\mathrm{d}\varphi \tag{9-27}$$

上式表明，探测器输出电流变化取决于两光束的初相位 φ_0 和相位变化 $\mathrm{d}\varphi$。如果 $\sin\varphi_0=1$，即干涉光束初相位正交，相位差 $\varphi_0=\pi/2$，那可较容易地把这种相位变化提取出来。这种探测方式称为零差检测。

9.2.3.3　几种干涉测量仪与光纤干涉传感器原理

实现干涉测量的仪器主要有以下四种：

1. 迈克尔逊（Michelson）干涉仪

图 9-15 示出普通光学迈克尔逊干涉仪的基本原理。由激光器输出的单色光由分束器（把光束分成两个独立光束的光学元件）分成为光强相等的两束光。一束光 1 射向固定反射镜，然后反射回分束器，再被分束器分解：透射部分那束光由光探测器接收，反射的那部分光又返回到激光器。由激光器输出，经分束器透射的另一束光 2 入射到可移动反射镜上，然后也反射回分束器上，经分束器反射的一部分光传至光探测器上，而另一部分光则经由分束器

透射,也返回到激光器。当两反射镜到分束器间的光程差小于激光的相干长度时,射到光探测器上的两相干光束即产生干涉(参见13.5节)。两相干光的相位差为

$$\Delta\varphi = 2K_0\Delta l \quad (9-28)$$

式中,K_0——光在空气中的传播常数;

$2\Delta l$——两相干光的光程差。

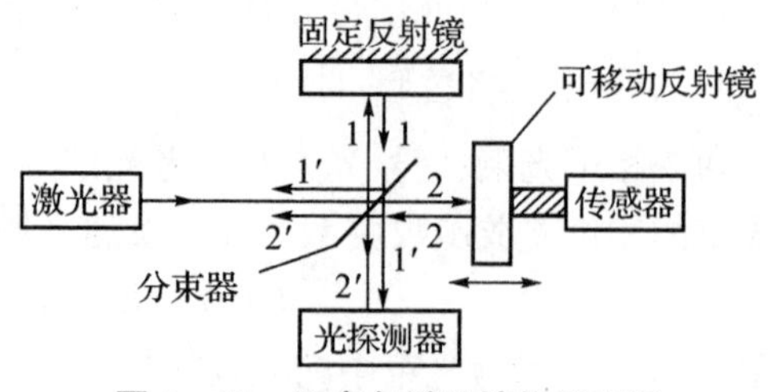

图 9-15 迈克尔逊干涉仪原理图

2. 马赫一泽德尔(Mach-Zehnder)干涉仪

图9-16示出马赫一泽德尔干涉仪的工作原理。它和迈克尔逊干涉仪区别不大,同样是激光经分束器输出两束光,先分后合,经过可动反射镜的位移获得两相干光束的相位差,最后在光探测器上产生干涉。与迈克尔逊干涉仪不同的是,它没有或很少有光返回到激光器。返回到激光器的光会造成激光器的不稳定噪声,对干涉测量不利。

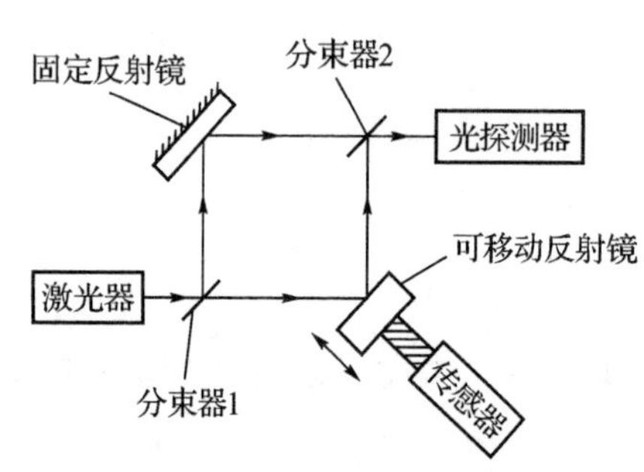

图 9-16 马赫一泽德尔干涉仪原理图

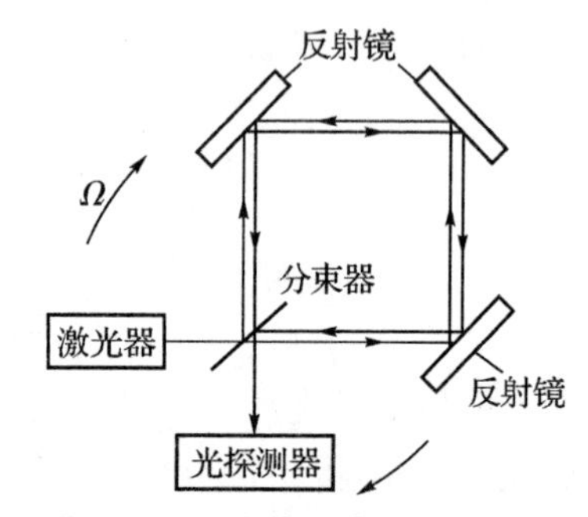

图 9-17 塞格纳克干涉仪原理

3. 塞格纳克(Sagnac)干涉仪

塞格纳克干涉仪的结构如图9-17所示。它是利用塞格纳克效应构成的一种干涉仪。激光经分束器分为反射和透射两部分。这两束光均由反射镜反射形成传播方向相反的闭合光路,并在分束器上会合,送入光探测器,同时也有一部分反回到激光器。在这种干涉仪中,两光束的光程长度相等。因此,根据双束光干涉原理,在光电探测器上探测不到干涉光强的变化。但是,当把这种干涉仪装在一个可绕垂直于光束平面轴旋转的平台上时,两束传播方向相反的光束到达光电探测器就有不同的延迟。若平台以角速度 Ω 顺时针旋转,则在顺时针方向传播的光较逆时针方向传播的光延迟大。这个相位延迟量可表示为

$$2\varphi = \frac{8\pi A}{\lambda_0 c}\Omega \quad (9-29)$$

式中:Ω 为旋转率;A 为光路围成的面积;c 为真空中的光速;λ_0 为真空中的光波长。这样,通过检测干涉光强的变化,就能知道旋转速度。利用这一原理可构成光纤陀螺。

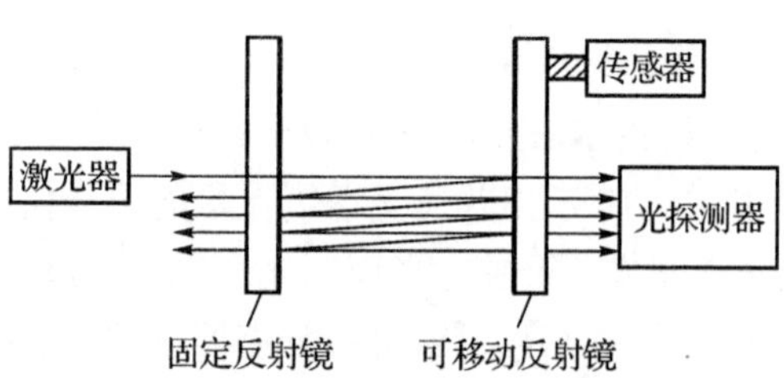

图 9-18 法布里-珀罗干涉仪原理图

4. 法布里-珀罗(Fabry-Perot)干涉仪

图9-18示出法布里-珀罗干涉仪的原

理。它由两块部分反射、部分透射、平行放置的反射镜组成。在两个相对的反射镜表面镀有反射膜，其反射率常达 95%以上。激光入射到干涉仪，在两个相对反射面作多次往返反射，透射出来的平行光束由光电探测器接收。这种干涉仪是多光束干涉，与前几种双光束干涉仪不同。根据多光束干涉原理，探测器探测到干涉光强度的变化为

$$I=I_o\Big/\left[1+\frac{4R}{(1-R)^2}\cdot\sin^2\left(\frac{\varphi}{2}\right)\right] \tag{9-30}$$

式中，R——反射镜的反射率；

φ——相邻光束间的相位差。

必须指出，上述几种干涉仪有一个共同点：它们的相干光均在空气中传播。由于空气受环境温度变化的影响，会引起空气折射率扰动及声波干扰，这将导致空气光程的变化，造成工作不稳定，降低精度。利用单模光纤作干涉仪的光路，就可以排除这些影响，并可克服加长光路时对相干长度的严格限制，从而创造出有千米量级光路长度的光纤干涉仪。图 9-19 所示为四种不同类型的全光纤干涉仪结构。其中，以一个或两个 3 dB 耦合器取代了分束器，光纤光程取代了空气光程，并且，这些干涉仪都以置于被测场中的敏感光纤作为相位调制元件。由于被测场对敏感光纤的作用，导致光纤中光相位的变化。

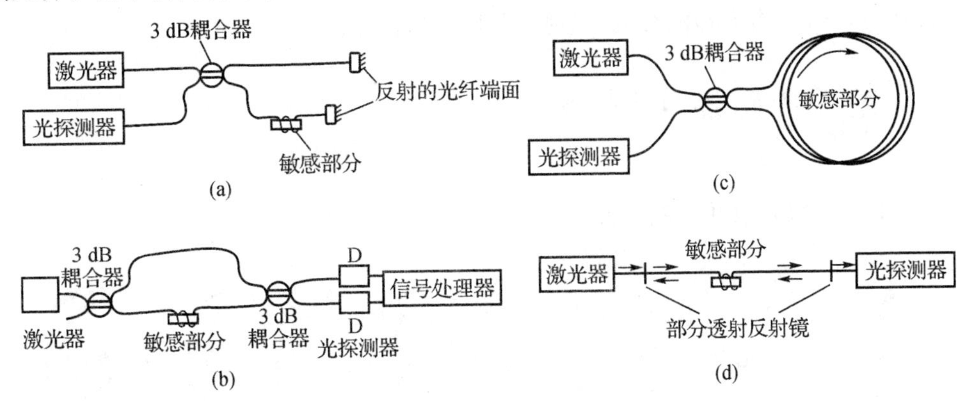

图 9-19　四种类型光纤干涉仪结构

(a)迈克尔逊干涉仪；(b)马赫-泽德尔干涉仪；(c)塞格纳克干涉仪；(d)法布里-珀罗干涉仪

9.2.4　频率调制与解调

频率调制并不以改变光纤的特性来实现调制。这里，光纤往往只起着传输光信号的作用，而不作为敏感元件。目前主要是利用光学多普勒效应实现频率调制。图 9-20 中，S 为光源，P 为运动物体，Q 是观察者所处的位置。如果物体 P 的运动速度为 v，方向与 PS 及 PQ 的夹角分别为 θ_1 和 θ_2，则从 S 发出的频率为 f_1 的光经过运动物体 P 散射，观察者在 Q 处观察到的频率为 f_2。根据多普勒原理可得

$$f_2=f_1\left[1+\frac{v}{c}(\cos\theta_1+\cos\theta_2)\right] \tag{9-31}$$

图 9-21 所示是一个典型的激光多普勒光纤测速系统。其中，激光沿着光纤投射到测速点 A 上，然后，被测物的散射光与光纤端面的反射光(起参考光作用)一起沿着光纤返回。为消除从发射透镜和光纤前端面 B 反射回来的光，在光电探测器前面装一块偏振片 R，使光探测

器只能检测出与原光束偏振方向相垂直的偏振光。这样,频率不同的信号光与参考光共同作用在光电探测器上,并产生差拍。光电流经频谱分析器处理,求出频率的变化,即可推知速度。

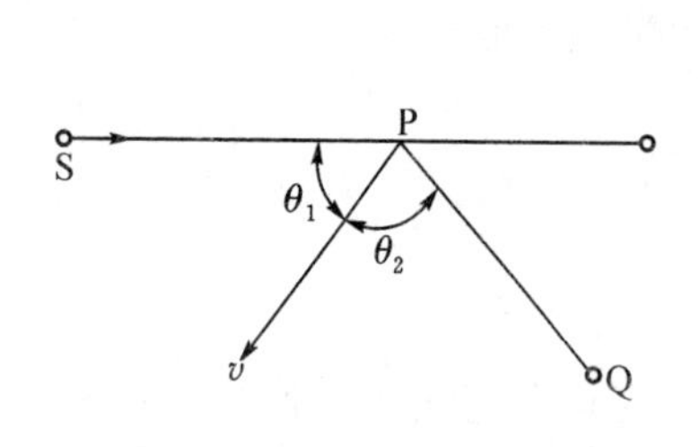

图9-20 多普勒效应示意图

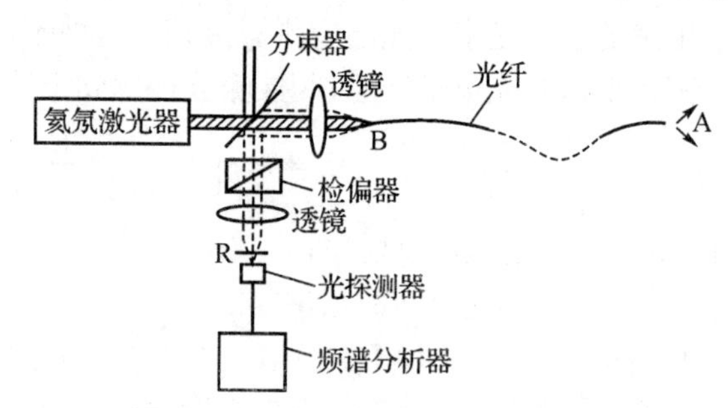

图9-21 激光多普勒光纤测速系统

光频率调制的解调原理与相位调制的解调相同,仍然需要两束光干涉。探测器的信号电流公式的推导亦与相位调制的解调相同;其实只要用 $2\pi\Delta ft$ 代替式(9-26)中的 $\varphi(t)$,即可得

$$i(t)=I[1+\cos(2\pi\Delta ft)] \tag{9-32}$$

式中,$\Delta f=f_2-f_1$;由 $i(t)$ 的交流分量我们可以得到 Δf。

9.3 光纤传感器实例

9.3.1 光纤液位传感器

图9-22所示为基于全内反射原理研制的液位传感器。它由LED光源,光电二极管,多模光纤等组成。它的结构特点是,在光纤测头端有一个圆锥体反射器。当测头置于空气中,没有接触液面时,光线在圆锥体内发生全内反射而返回到光电二极管。当测头接触液面时,由于液体折射率与空气不同,全内反射被破坏,将有部分光线透入液体内,使返回到光电二极管的光强变弱;返回光强是液体折射率的线性函数。返回光强发生突变时,表明测头已接触到液位。

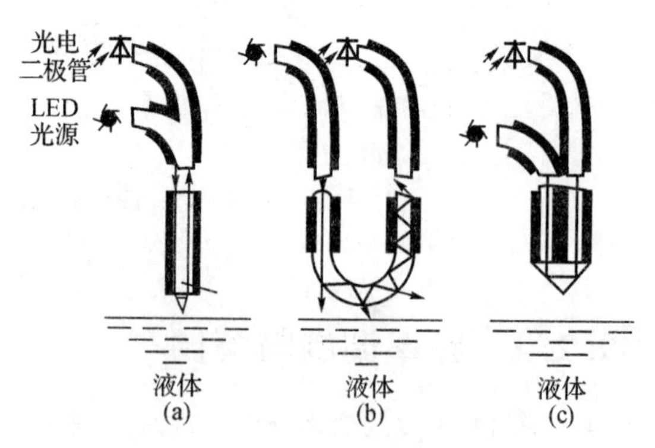

图9-22 光纤液位传感器

(a)Y型光纤;(b)U型光纤;(c)棱镜耦合

图(a)结构主要是由一个Y型光纤、全反射锥体、LED光源以及光电二极管等组成。

图(b)所示是一种U型结构。当测头浸入到液体内时,无包层的光纤光波导的数值孔径增加,液体起到了包层的作用,接收光强与液体的折射率和测头弯曲的形状有关。为了避免杂光干扰,光源采用交流调制。

图(c)结构中,两根多模光纤由棱镜耦合在一起,它的光调制深度最强,而且对光源和光电接收器的要求不高。

由于同一种溶液在不同浓度时的折射率也不同，所以经过标定，这种液位传感器也可作为浓度计。光纤液位计可用于易燃、易爆场合，但不能探测污浊液体以及会粘附在测头表面的粘稠物质。

9.3.2　光纤角速度传感器（光纤陀螺）

光纤角速度传感器又名光纤陀螺，是一种高精度的惯性传感器件。它以塞格纳克效应为其物理基础。对于 N 匝光纤，塞格纳克相移为

$$\varphi=\frac{8\pi NA\Omega}{\lambda_0 c} \tag{9-33}$$

式中符号见式(9-29)。

转速测量的误差是由光散粒噪声决定的。输出光电流可用式(9-26)计算。图9-23所示为光电流 i_D 与相移 φ，强度噪声 i_N 与相移误差 $\delta\varphi$ 的关系。光散粒噪声可按下列公式计算：

$$i_N=\sqrt{2qi_DB}$$

对于零差检测方式，可用直线来近似曲线，得到

$$\frac{i_N}{\delta\varphi}\approx\frac{i_D}{\pi} \tag{9-34}$$

和

$$\delta\varphi\approx\frac{\sqrt{2qi_DB}}{i_D/\pi}=\frac{\pi}{\sqrt{n_{ph}\eta_D\tau}}$$

式中，B——噪声带宽：$B\approx1/2\tau$，其中 τ 为低通滤波器的时间常数。

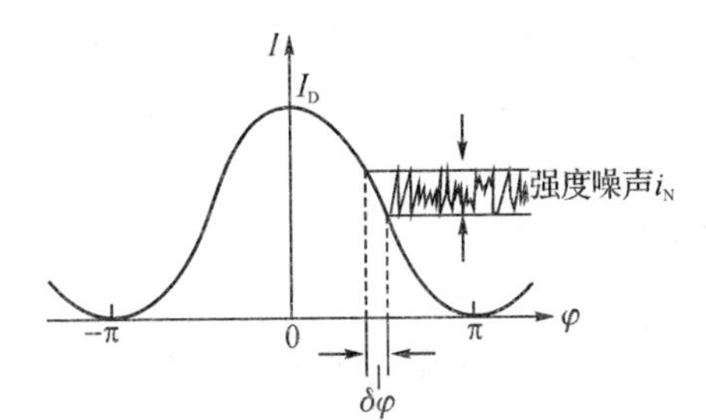

图9-23　光电探测器电流 i_D 与相移 φ 的关系

将上式代入式(9-33)的微分式：$\delta\Omega=(\lambda_0 c/4\pi NA)\delta\varphi$ 可测得转速测量误差

$$\delta\Omega=\frac{c}{NA}\cdot\frac{\lambda_0/4}{\sqrt{n_{ph}\eta_D\tau}} \tag{9-35}$$

式中 n_{ph}——激光束中的光子数/秒。其他符号同式(9-13、9-3)。

图9-24是光纤陀螺的最简单的结构。在光纤中，光传播的每一种模对实验环境波动的敏感性不同于其他模。因此，光纤角速度传感器的左旋光和右旋光虽然在同一光纤中传播，如果两个方向的传播模不一样，那么实验环境变化引入的相位差，将大于旋转产生的相位差。若能使整个光学系统限制在单模工作状态，当然可以解决这个问题，但这样做在技术上有一定难度。在图9-24的结构中，采用了偏振器和空间滤光器（在两透镜间的衍射小孔），只让一种模通过，使进入光纤两端的光工作于同一模。为了实现零差检测，需要对进入光纤某一端的光，相对于另一端相移 $\pi/2$。为了避开低频端 $1/f$ 噪声，也需要对信号进行

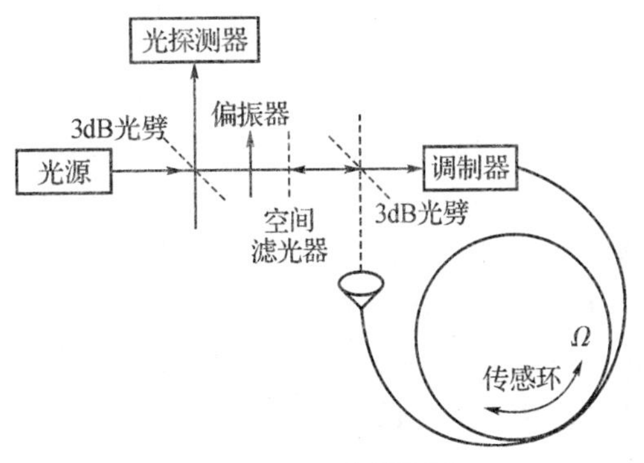

图9-24　光纤陀螺

调制,故在图中设置了调制器。光劈的作用是使光分成两束。

9.3.3 光纤电流传感器

图9-25为偏振态调制型光纤电流传感器原理图。根据法拉第旋光效应,由电流所形成的磁场会引起光纤中线偏振光的偏转;检测偏转角的大小,就可得到相应的电流值。如图

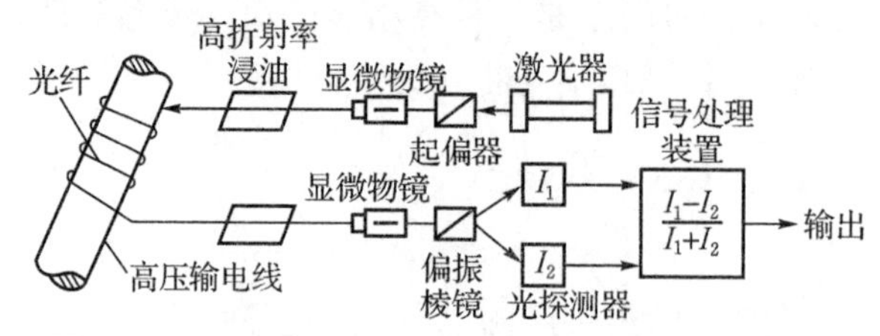

图9-25 偏振态调制型光纤电流传感器测试原理图

所示,从激光器发生的激光经起偏器变成偏振光,再经显微镜(×10)聚焦耦合到单模光纤中。为了消除光纤中的包层模,可把光纤浸在折射率高于包层的油中,再将单模光纤以半径 R 绕在高压载流导线上。设通过其中的电流为 I,由此产生的磁场 H 满足安培环路定律。对于无限长直导线,则有

$$H = I/2\pi R \tag{9-36}$$

由磁场 H 产生的法拉第旋光效应,引起光纤中线偏振光的偏转角为

$$\theta = VlI/2\pi R \tag{9-37}$$

式中,V——费尔德常数,对于石英:$V=3.7\times10^{-4}$(rad/A)

l——受磁场作用的光纤长度。

由此得

$$I = \frac{2\pi R\theta}{Vl} \tag{9-38}$$

受磁场作用的光束由光纤出端经显微物镜耦合到偏振棱镜,并分解成振动方向相互垂直的两束偏振光,分别进入光探测器,再经信号处理后输出信号

$$P = \frac{I_1 - I_2}{I_1 + I_2} = \sin 2\theta \approx \frac{VlI}{\pi R} = 2VNI \tag{9-39}$$

式中,N——输电线链绕的单模光纤匝数。

该传感器适用于高压输电线大电流的测量;测量范围0~1000 A,精度可达1%。

图9-26为新近出现的一种全光纤结构的光纤电流传感器。其中单偏光纤代替了上述结构中的起偏器,并用了一个多圈传感线圈。电流测量范围可达0.1~5000 A。

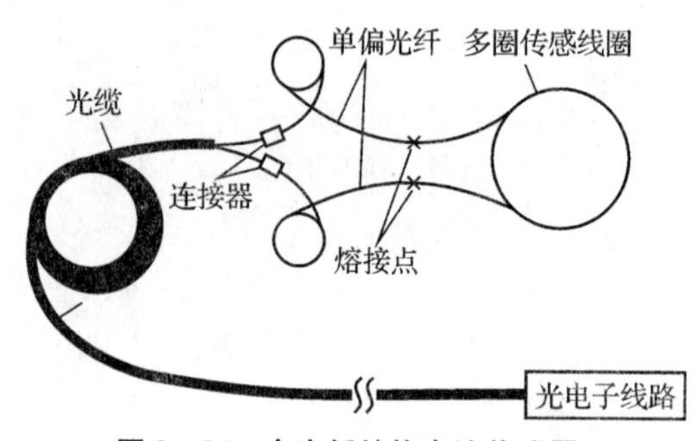

图9-26 全光纤结构电流传感器

9.3.4 光纤光栅传感器

光纤光栅传感技术是20世纪90年代中期开始发展起来的新型传感技术。它是以光纤为载体的传感技术的最杰出代表,目前已成功应用于众多相关行业。所谓光纤光栅,就是一

小段芯区折射率周期性调制的光纤。光纤光栅传感器(Fiberoptic Raster Sensor)就是通过检测每小段光栅反射回来的信号光波长值的变化,来实现对被测参数的测量,因此光纤光栅传感器是波长调制型的光纤传感器。

1. 光纤光栅的结构和工作原理

光纤光栅的结构如图 9-27(a)所示。渐变型光纤的纤芯内掺杂有单晶锗离子。光栅的制作是通过写入技术,即通过紫外光干涉图案(周期图案)照射光纤,利用光纤材料的光敏性(入射光子与纤芯内锗离子相互作用)而造成折射率($10^{-5}\sim10^{-3}$)的永久性变化,从而在纤芯内形成一小段一小段折射率周期性变化的空间相位光栅。这种光栅被称为光纤布拉格(Bragg)光栅(FBG)。

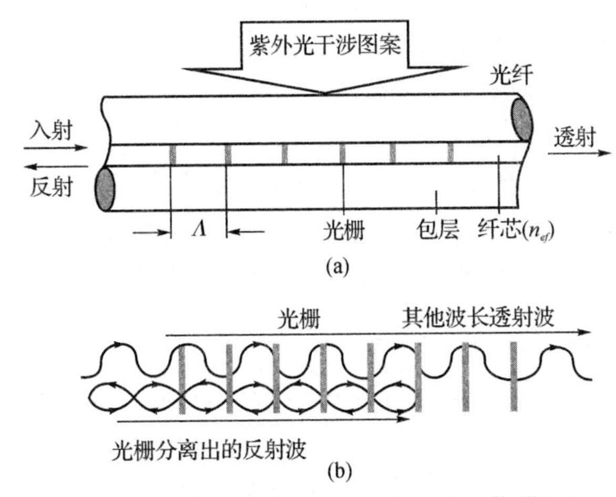

图 9-27　布拉格光纤光栅的结构(a)和工作原理(b)

若光栅间隔周期 Λ 较短,当光束向光栅以一定的角度入射时,光波在介质中要穿过光栅的多个变化间隔,介质内各级衍射光会相互干涉,其中高级次的衍射光相互抵消,只出现 0 级和 1 级衍射光,即 Bragg 衍射。因此,入射进光纤的宽带光,只有满足一定条件的波长的光才能被反射回来,其余光即被透射出去,如图 9-27(b)所示。

由耦合模理论可知,光纤光栅的 Bragg 中心波长为

$$\lambda_B = 2n_{eff}\Lambda \tag{9-40}$$

式中, n_{eff} 为光纤有效折射率;Λ 为光栅周期。

由上式可见,λ_B 随 n_{eff} 和 Λ 变化而变化。而光纤受外界应变和温度影响将通过弹光效应和热光效应影响 n_{eff};通过光纤长度变化和热膨胀影响 Λ,从而引起中心波长 λ_B 的改变。所以,光纤光栅传感器基本原理就是:利用光纤光栅有效折射率(n_{eff})和周期(Λ)的空间变化对外界参量的敏感特性,将被测量变化转化为 Bragg 波长的移动,再通过检测该中心波长的移动来实现测量的。

2. 解调技术

解调的目的就是要检测出反映被测量变化的 FBG 波长微小移动量。用于 FBG 波长编码解调的方法有滤波法、光谱编码/比例解调法、干涉法和可调光纤法布里-珀罗(Fabry-Perot,F-P)腔法(参见图 9-18)。F-P 腔法具有体积小、价廉、并能直接输出对应于波长变化的电信号的优点。

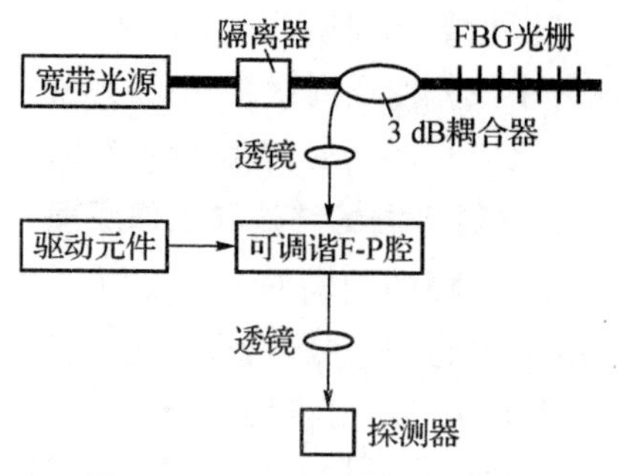

图 9－28 对 FBG 波长解调的可调 F-P 腔方案

图 9－28 为可调 F-P 腔的解调方案。其中 F-P 腔可视为窄带滤波器。入射 F-P 腔的平行光只有满足相干条件的特定波长的光，才能发生干涉，形成相干峰值。光路过程为：宽带光源入射光经隔离器进入 FBG 光栅，由它反射回的光经耦合器和透镜，形成平行光入射到 F-P 腔；出射光再经透镜汇聚输入光电探测器，输出电信号。驱动元件采用了 PZT 压电陶瓷的逆压电效应，外加电压使其产生电致伸缩，使构成 F-P 腔的两个高反射镜中的一个移动，从而改变 F-P 腔腔长，使透过 F-P 腔的光波长发生改变。当 F-P 腔的透射波长与 FBG 反射波长重合时，入射探测器的光强最大(出现波峰)。

3. 应用

图 9－29 为分布式 FBG 光纤光栅传感器网络。光纤通过写入技术形成 FBG 光栅传感器阵列 1，2，…，n。把它布设于桥梁、大坝等大型土建工程或航空、航天器等特殊结构之中，就可在一条光纤上进行多点准分布式测量要害部位的应力、温度等参数，实现结构的“健康监测”。

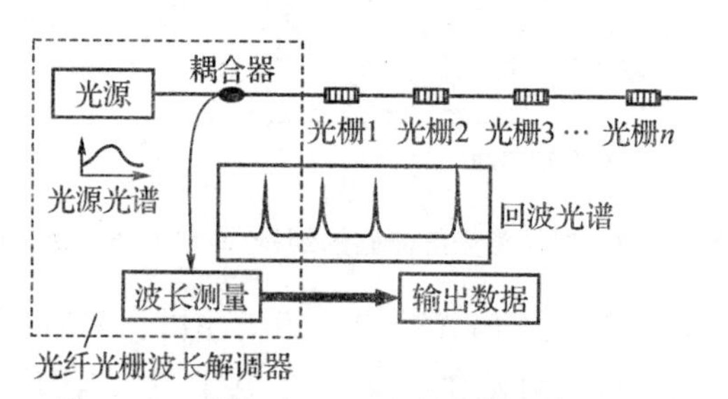

图 9－29 分布式 FBG 光纤光栅传感器网络

习题与思考题

9—1 试用射线分析方法，阐明阶跃光纤的导光原理，并解释光纤数值孔径的物理意义。

9—2 有一阶跃光纤，已知 $n_1=1.46$，$n_2=1.45$，外部介质为空气，$n_0=1$。试求光纤的数值孔径值和最大入射角。

9—3 举例说明光纤传感器各种调制方式的原理和应用。

9—4 如图 9－6 所示：反射式光强调制器的输出信号(如电压)与光源的稳定性和被测物表面的反射率有关。试问：能否设计一种结构可消除这两种不利影响？

9—5 试比较图 9－19 四种类型干涉仪结构的检测特点和典型的应用范围。

9—6 说明光纤激光多普勒测速的原理和系统的组成。

9—7 如图 9－24 所示的光纤陀螺，为了实现零差检测，进入光纤某一端的光，必须相对于另一端相移 $\pi/2$。试证明：

(1)如不进行相移，探测器上光强随相位 $\Delta\varphi$ 的变化为

$$I=I_o(1+\cos\Delta\varphi)/2$$

(2)如进行相移,则为　　$I=I_o(1-\sin\Delta\varphi)/2$

并讨论相移方法的优点。

9—8　试计算光纤陀螺由于光散粒噪声引起的测量误差(°/小时)。已知 $NA=0.3$,$\lambda_0=0.6\times10^{-7}$ m,$n_{ph}=3\times10^{15}$ 光子/秒(相当于 1 mW),$\eta_0=0.3$,$\tau=1$ s。

9—9　试计算:基于法拉第旋光效应的石英光纤工频变流电流传感器(参见图 9-25)的光纤匝数 N。已知:光纤线圈半径 $R=0.3$ m,电流有效值 1000 A,由其产生磁场引起光纤偏振光的最大偏转角为 30°。

9—10　简述利用光纤光栅对大型复杂构件进行“健康监测”的原理。

第 10 章　数字式传感器

当今，随着计算机技术，尤其是微处理器和嵌入式系统的迅猛发展和日益普及，各种各样具有微处理器或嵌入式系统的智能测试仪器及测量控制系统大量涌现。

人们越来越重视数字式传感器技术的发展。所谓数字式传感器(Digital Sensor)，是指能把被测(模拟)量转换成数字量输出的传感器，它的工作原理主要是利用了光电效应，具体原理见前面第 8 章光电式传感器。

数字式传感器具有下列特点：①具有高的测量精度和分辨率，测量范围大；②信号易于处理、传输；③抗干扰能力强，稳定性好；④便于动态及多路测量，读数直观；⑤安装方便，维护简单，工作可靠性高。

本章主要介绍在测量和控制系统中广泛应用的三类数字式传感器：一是直接以数字量形式输出的传感器，如绝对编码器；二是以脉冲形式输出的传感器，如增量编码器、感应同步器、光栅等；三是以频率形式输出的传感器。

10.1　感应同步器

感应同步器是应用电磁感应原理把位移量转换成数字量的传感器。它具有两个平面形的印刷绕组，相当于变压器的初级和次级绕组。通过两个绕组的互感变化来检测其相互的位移。感应同步器可分为两大类，测量直线位移为直线式感应同步器和测量角位移为旋转式感应同步器。前者由定尺和滑尺组成，后者由转子和定子组成。感应同步器是一种多极感应元件，由于多极结构对误差起补偿作用，所以用感应同步器来测量位移具有精度高、工作可靠、抗干扰能力强、寿命长、接长便利等优点。

10.1.1　感应同步器的结构与类型

1. 结构组成

图 10-1 所示为直线式感应同步器的绕组结构。它由两个绕组构成。定尺是长度为 250 mm 均匀分布的连续绕组，节距 $W_2=2(a_2+b_2)$。滑尺上布有断续绕组，分正弦($l-l'$)和余弦($z-z'$)两部分，即两绕组相差 90°电角度。为此，两相绕组中心线距应为 $l_1=(n/2+1/4)W_2$，其中 n 为正整数。两相绕组节距相同，均为 $W_1=2(a_1+b_1)$。

通常，定尺的节距 W_2 为 2 mm。定尺绕组的导片宽度要考虑消除高次谐波，可按式 $a_2=n\cdot W_2/\nu$ 来选择，其中 ν 为谐波次数，n 为正整数，显然 $a_2<W_2/2$。

滑尺的节距 W_1 通常与 W_2 相等，绕组的导片宽度同样可按式 $a_1=n\cdot W_1/\nu$ 来选取。

图 10-2 所示为定尺和滑尺的截面结构图。基板 2 通常由钢板制成。为了保证测量的精度，对它的表面几何形状，外形尺寸及热处理等都有一定的要求。基板上通过黏合剂 4 粘

有一层铜箔。铜箔厚度在0.1 mm以下,通过蚀刻得到所需的绕组3的图形。在铜箔上面是一层耐腐蚀的绝缘涂层1。根据需要还可在滑尺表面再贴一层带绝缘层的铝箔5,以防止静电感应。

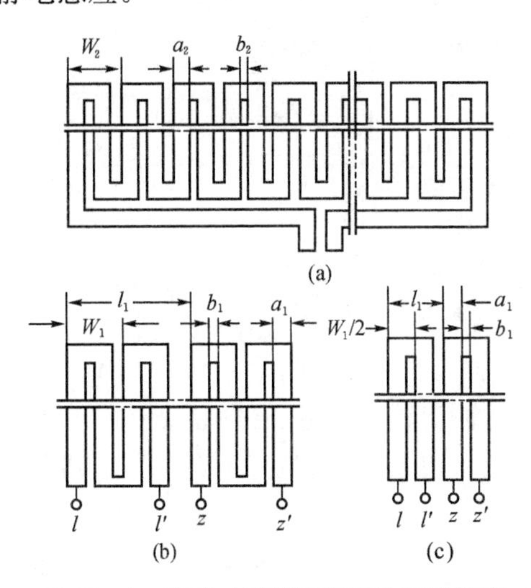

图10-1　直线式感应同步器的绕组结构

(a)定尺绕组;(b)W形滑尺绕组;(c)U形滑尺绕组

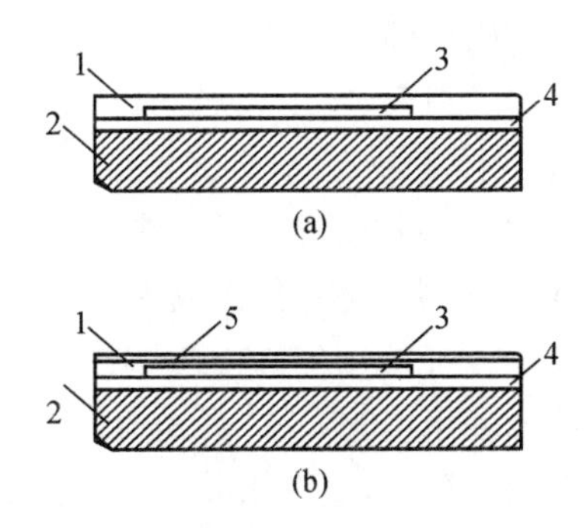

图10-2　感应同步器定尺和滑尺的截面结构

(a)定尺;　(b)滑尺

1—绝缘涂层;2—基板;3—绕组;4—黏合剂;5—铝箔

2. 感应同步器的类型

因被测量而异,可分为直线(位移)式和旋转式感应同步器两类。直线式感应同步器最常见的有标准型(图10-3)、窄型和带型。标准型感应同步器是直线式中精度最高的一种,

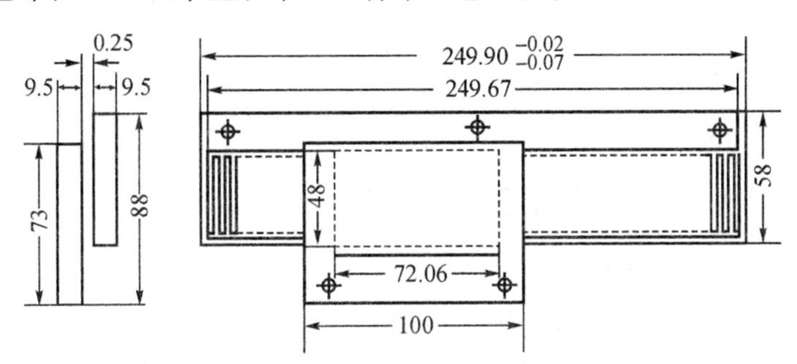

图10-3　标准型直线式感应同步器的外形尺寸

应用最广。为了减少端部电势的影响,安装时必须保证滑尺绕组全部覆盖在定尺绕组上,但不能覆盖定尺的两条引出线,以免影响测量精度。窄型感应同步器用于设备安装位置受限制的场合,除了宽度较标准型窄以外,其余结构尺寸与标准型相同。由于宽度较窄,其磁感应强度比标准型低,故精度稍差。除上述两种类型外,带型直线式感应同步器的定尺最长可达3 m以上,由于不需拼接,对安装面的精度要求不高,故安装便利。但由于定尺较长,刚性较差,其总的测量精度比标准型直线感应同步器低。

以上三种型式的感应同步器都是在一个周期(2 mm)内进行电气细分的,对2 mm以上的位置无法区别。为此必须用累计计数器建立一个相对坐标测量系统来进行测量。若发生断电,计数值将无法保留,在重新上电时数显表只能确定在2 mm以内的绝对数值。所以,为了建立一个绝对坐标测量系统,可采用三速式直线感应同步器(图10-4)。这种感应同步

器的定尺上有三组绕组,组成三个独立的传感通道。它们的周期分别为2 mm,200 mm和4000 mm。细绕组可用来确定2 mm以内的位置;中绕组用来确定2～200 mm内的位置;粗绕组用来确定200～4000 mm内的位置。这样就建立了一个绝对坐标测量系统。但这种测量系统的电路较复杂。

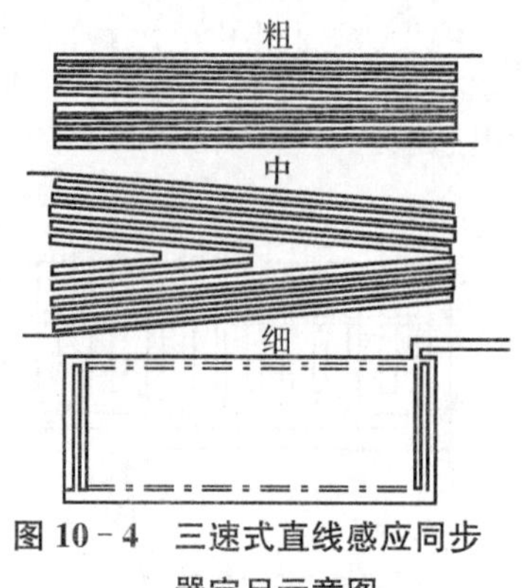

图10-4 三速式直线感应同步器定尺示意图

旋转式感应同步器(图10-5)的转子相当于直线式感应同步器的滑尺,定子相当于定尺。目前旋转式感应同步器按直径大致可分成302 mm,178 mm,76 mm,50 mm四种。极数(径向导体数)有360,720和1080数种。通常,在极数相同时,旋转式感应同步器的直径越大,精度越高。由于旋转式感应同步器的转子是绕转轴旋转的,所以必须特别注意其引出线。目前较多采用的方法,一是通过耦合变压器,将转子初级感应的电信号经空气间隙耦合到定子次级上输出;二是用导电环直接耦合输出。

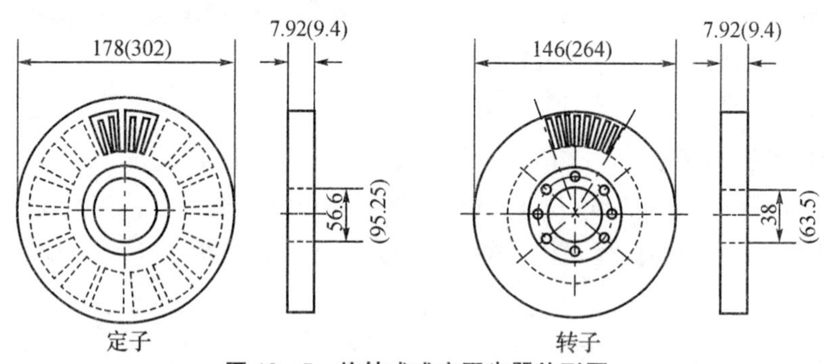

图10-5 旋转式感应同步器外形图

10.1.2 感应同步器的工作原理

图10-6为感应同步器的工作原理示意图。当滑尺绕组用正弦电压激磁时,将产生同频率的交变磁通,它与定尺绕组耦合,在定尺绕组上感应出同频率的感应电势。感应电势的幅值除与激磁频率、耦合长度、激磁电流和两绕组的间隙等有关外,还与两绕组的相对位置有关。设正弦绕组上的电压为零,余弦绕组上加正弦激磁电压,并将滑尺绕组与定尺绕组简化如图10-7所示。

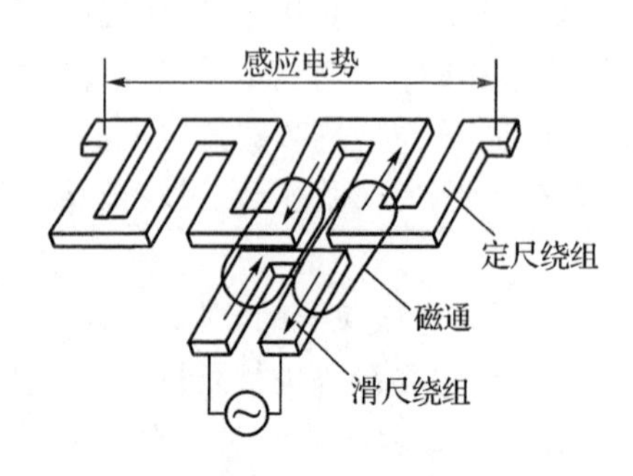

图10-6 感应同步器工作原理示意图

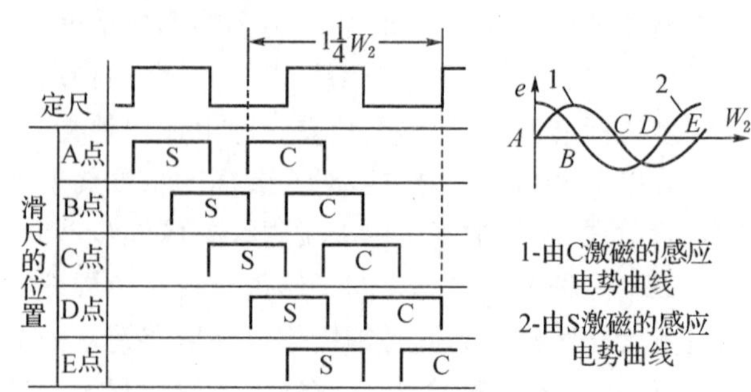

图10-7 两绕组相对位置与感应电势的关系

S—正弦绕组;C—余弦绕组

当滑尺位于A点时，余弦绕组左右侧的两根导片中的电流在定尺绕组导片中产生的感应电势之和为零。

当滑尺向右移，余弦绕组左侧导片对定尺绕组导片的感应要比右侧导片所感应的大。定尺绕组中的感应电势之和就不为零。

当滑尺移到1/4节距位置(图10-7B点)时，感应电势达到最大值。

若滑尺继续右移，定尺绕组中的感应电势逐渐减少。到1/2节距时，感应电势变为零。再右移滑尺，定尺中的感应电势开始增大，但电流方向改变。当滑尺右移至3/4节距时，定尺中的感应电势达到负的最大值。在移动一个节距后，两绕组的耦合状态又周期地重复如图10-7A点所示状态(曲线1)。同理，由滑尺正弦绕组产生的感应电势如图10-7曲线2所示。

以上分析可见，定尺中的感应电势随滑尺的相对移动呈周期性变化；定尺的感应电势是感应同步器相对位置的正弦函数。

对于不同的感应同步器，视滑尺绕组激磁，其输出信号的处理方式有鉴相法、鉴幅法和脉冲调宽法三种。

1. 鉴相法

所谓鉴相法就是根据感应电势的相位来测量位移。采用鉴相法，需在感应同步器滑尺的正弦和余弦绕组上分别加频率和幅值相同，但相位差为$\pi/2$的正弦激磁电压，即$u_s=U_m\sin\omega t$和$u_c=U_m\cos\omega t$。

正弦、余弦绕组同时激磁时，根据叠加原理，总感应电势为

$$e=K\omega U_m\cos(\omega t-\theta)=K\omega U_m\cos(\omega t-2\pi x/W_2)\qquad(10-1)$$

上式是鉴相法的基本方程，其中θ是与位移x等值的电角度。由式可知，感应电势e和余弦绕组激磁电压u_c之相位差θ正比于定尺与滑尺的相对位移x。

2. 鉴幅法

所谓鉴幅法就是根据感应电势的幅值来测量位移。若在感应同步器滑尺的正弦和余弦绕组上分别加频率和相位相同、但幅值不等的正弦激磁电压，即$u_s=U_m\sin\varphi\sin\omega t$和$u_c=-U_m\cos\varphi\sin\omega t$。则在定尺绕组上产生的感应电势为

$$e=K\omega U_m\sin(\varphi-\theta)\cos\omega t\qquad(10-2)$$

由上式可知，感应电势的幅值为$K\omega U_m\sin(\varphi-\theta)$，调整激磁电压$\varphi$值，使$\varphi=2\pi x/W_2$，则定尺上输出的总感应电势为零。激磁电压的$\varphi$值反映了感应同步器定尺与滑尺的相对位置。式(10-2)是鉴幅法的基本方程。

3. 脉冲调宽法

前面介绍的两种方法都是在滑尺上加正弦激磁电压，而脉冲调宽法则在滑尺的正弦和余弦绕组上分别加周期性方波电压，则定尺中的总感应电势为

$$e=\frac{2K\omega U_m}{\pi}\sin\omega t\sin(\theta-\varphi)\qquad(10-3)$$

式(10-3)是脉冲调宽法的基本方程。它表明了滑尺、定尺间的相对位移$\theta=2\pi x/W_2$与激磁脉冲的宽度之半φ的关系。当用感应同步器来测量位移时，与鉴幅法相类似，可以调整激磁脉冲宽度φ值，用φ跟踪θ。当用感应同步器来定位时，则可用φ来表征定位距离，作为

位置指令,使滑尺移动来改变θ,直到$\theta=\varphi$,即$e=0$时停止移动,以达到定位的目的。

10.1.3 数字测量系统

1. 鉴相法测量系统

图10-8为鉴相法测量系统的原理框图。它的作用是通过感应同步器将代表位移量的电相位变化转换成数字量。鉴相法测量系统通常由位移一相位转换,模一数转换和计数显示三部分组成。下面分析各部分的功能。

位移一相位转换的功能是通过感应同步器将位移量转换为电的相位移。它由图10-8中的绝对相位基准(n倍分频器)、90°移相器、功率放大器及放大滤波整形等电路组成。

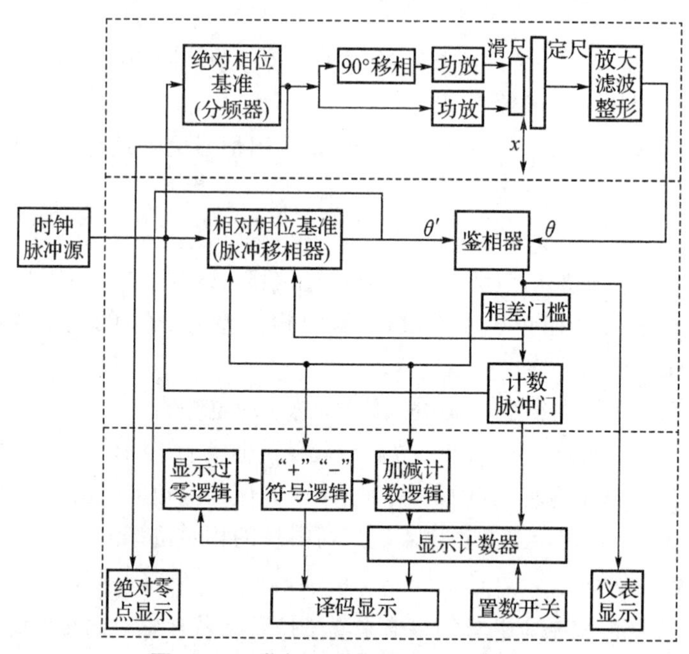

图10-8 鉴相法测量系统的原理框图

时钟脉冲源经绝对相位基准分频后的频率为f,再经90°移相和功率放大,分别供给滑尺的正弦、余弦绕组两个幅度相等而相位差为90°的方波(或正弦波)。这时,定尺的感应电势$e=K\omega U_{\mathrm{m}}\cos(\omega t-\theta)$,经放大、滤波及整形后得到一个频率仍为$f$的方波(或正弦波),其相位$\theta$与滑尺位移量$x$在一个节距内呈线性关系。$\theta$直接送至模数转换电路。从下面的讨论中将看到$\theta$就是相位跟踪系统的相位给定。如果时钟频率为2 MHz,分频器$n=800$,经分频后的频率为2.5 kHz,定尺感应电势的频率也为2.5 kHz。

模数转换的主要功能是将代表位移量θ(定尺输出电压的相位)的变化再转换为数字量。它由图10-8中的相对相位基准(脉冲移相器)、鉴相器、相差门槛及计数脉冲门等电路组成。

鉴相器是一个相位比较装置,其输入来自经放大、滤波、整形后的输出信号θ,以及相对相位基准输出信号θ'。它有两个输出:一个输出是脉宽,其宽度代表上述两个输入量相位差的绝对值,即$\Delta\theta=\theta-\theta'$。另一个输出是代表移动方向的逻辑信号,它处于"1"状态,表示θ'滞后于θ;它处于"0"状态,表示θ'超前于θ。

相对相位基准(脉冲移相器)实际上是一个数模转换器。它是把加、减脉冲数转换为电的相位变化。它由 n 倍分频器和加减脉冲电路组成,有三个输入和一个输出。输入是加、减脉冲,输出是方波,其相位为 θ'。当无加、减脉冲信号时,公共时钟脉冲经相对相位基准 n 倍分频后,供给鉴相器频率为 f、相位为 θ' 的方波,当有加脉冲信号时,其输出相位 θ' 向超前方向变化,每加一个脉冲,相位 θ' 变化 $360°/n$,即对应于一个脉冲当量的位移量(如 $n=800$ 即为 $0.45°$,相应位移为 2.5 μm)。当有减脉冲信号时,其输出相位 θ' 向滞后方向变化,每减一个脉冲,相位 θ' 也变化一个脉冲当量的位移量。

模数转换的关键是鉴相器。它的两个输出控制相对相位输出的加减脉冲电路,使其输出波形产生相位移,移相的方向是力图使鉴相器两个输入量之间的相位差为零。这就构成一个数字相位跟踪系统,系统中相位 θ' 总是跟踪相位给定值 θ。静态时,θ 与 θ' 之间的相位差近于零。每当定、滑尺之间相对移动一个脉冲当量时,相位 θ 发生变化。θ 与 θ' 之间产生相位差,鉴相器与相差门槛有输出,使相对相位基准加(或减)一个脉冲;同时,将与之相等的脉冲数通过计数脉冲门输至计数显示部分,反映出位移量。

计数显示由图 10-8 中显示计数器,加、减计算逻辑,“+”、“-”符号逻辑,显示过零逻辑,译码显示,置数开关及绝对零点显示等电路构成。

由以上分析可见鉴相法测量系统的工作原理是:当系统工作时,$\theta\approx\theta'$,相位差小于一个脉冲当量。若将计数器置“0”,则所在位置为“相对零点”。假定以此为基准,滑尺向正方向移动,$\Delta\theta$ 的相位发生变化,θ 与 θ' 之间出现相位差,通过鉴相器检出相位差 $\Delta\theta$,并输出反映 θ' 滞后于 θ 的高电平。该两输出信号控制脉冲移相器,使 θ' 产生相移,θ' 趋近于 θ。当到达新的平衡点时,相位跟踪即停止,这时 $\theta\approx\theta'$。在这个相位跟踪过程中,插入到脉冲移相器的脉冲数也就是计数脉冲门的输出脉冲数,再将此脉冲数送计数器计数并显示,即得滑尺的位移量。另外,不足一个脉冲当量的剩余相位差,还可以通过模拟仪表显示。

2. 鉴幅法测量系统

此系统的作用是通过感应同步器将代表位移量的电压幅值转换成数字量。

图 10-9 为鉴幅法测量系统的原理框图。通常正弦振荡器产生一个 10 kHz 的正弦信号,经由多抽头的正、余弦变压器和模拟开关组成的数模转换器产生幅值按 $U_{\mathrm{m}}\sin\varphi$ 和 $U_{\mathrm{m}}\cos\varphi$ 变化的激磁电压,再经匹配变压器分别加至感应同步器滑尺的正、余弦绕组。若开始时系统处于平衡状态,定尺绕组输出电压为零。当滑尺相对定尺移动时,将产生输出信号,此信号经放大和滤波后送入鉴幅器。当滑尺的移动超过一个脉冲当量的距离时,门电路

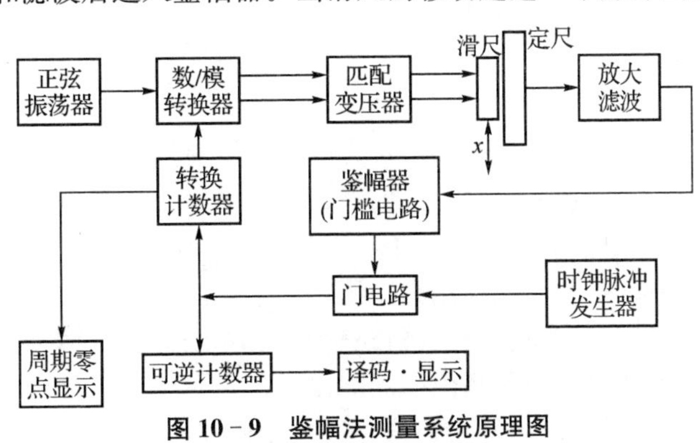

图 10-9　鉴幅法测量系统原理图

被打开,时钟脉冲经门电路到可逆计数器进行计数;同时,另一路送到转换计数器控制数模转换器的模拟开关以接通多抽头正弦、余弦变压器的相应抽头,改变 $U_m\sin\varphi$ 和 $U_m\cos\varphi$ 使定尺绕组的输出电压小于鉴幅器的门槛电压值,使门电路关闭,计数器电路停止工作。这时可逆计数器的输出即为滑尺移动的距离。

由以上讨论可见,鉴相法和鉴幅法测量系统都是一个闭环伺服系统,只是反馈量不同。在使用中,都受最大运动速度的限制,且后者的运动速度及精度都较前者低。

10.1.4 感应同步器的接长使用

目前,标准型直线式感应同步器定尺的长度为250 mm。在使用中,滑尺要全部覆盖在定尺上,当测量长度超过150 mm时,需要用多块定尺接长使用。定尺接长后全行程的测量误差一般要大于单块定尺的最大误差,这是因为接缝处的误差与每块定尺的误差曲线的不一致性所致。但是,用适当的连接方法可以减小全行程测量误差,使它接近于单块定尺的最大误差。

每一块定尺在出厂时都附有误差曲线。典型的误差曲线如图10-10(a)所示。为了得到最小全程误差,需要对每块定尺的误差曲线进行选配。图(b)、(c)、(d)表示不同选配方式所得的不同结果。在图(b)中,虽然衔接处的误差变化很小,但全程误差很大。图(c)中全程误差有所改善,但衔接处误差变化太大。图(d)给出了正确的连接方式,它既保证了衔接处的误差变化平滑,全程误差又比较小。

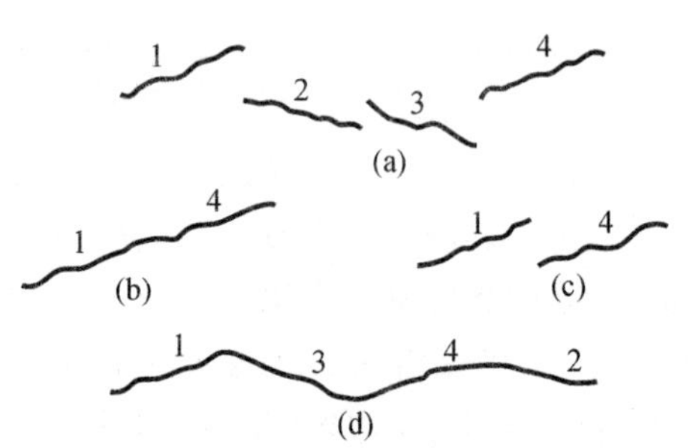

图10-10 感应同步器定尺接长误差示意图

定尺接长后对性能的另一个影响是输出电势减弱。这是因为随着定尺长度的增加,电阻增大,有效信号减弱,干扰随之增加所致。它限制了感应同步器测量系统的最大测量范围。实用上,可用串、并联组合接线的方法来改善。

感应同步器可用于大量程的线位移和角位移的静态和动态测量。在数控机床、加工中心及某些专用测试仪器中常用它作为测量元件。与光栅传感器相比,它抗干扰能力强,对环境要求低,机械结构简单,接长方便。目前在测长时误差约为±1 μm/250 mm,测角时误差约为±0.5″。

10.2 光 栅

光栅是由很多等节距的透光缝隙和不透光的刻线均匀相间排列构成的光器件。按工作原理的不同,有物理光栅和计量光栅之分,前者的刻线比后者细密。物理光栅主要利用光的衍射现象;计量光栅主要利用光栅的莫尔条纹现象。它们都可应用于位移的精密测量与控制中;但前者的精度更高,而后者的应用更广泛。

按应用需要的不同,计量光栅又有透射光栅和反射光栅之分,而且根据用途不同,可制成用于测量线位移的长光栅和测量角位移的圆光栅。

按光栅表面结构的不同,又可分为幅值(黑白)光栅和相位(闪耀)光栅两种形式。前者特点是栅线与缝隙是黑白相间的，多用照相复制法进行加工；后者的横断面呈锯齿状，常用刻划法加工。另外，目前还发展了偏振光栅、全息光栅等新型光栅。本节主要讨论黑白透射式计量光栅。

10.2.1　光栅的结构与测量原理

1. 莫尔条纹

在日常生活中经常能见到莫尔(Moire)现象。如将两层窗纱、蚊帐、薄绸叠合，就可看到类似的莫尔条纹。

光栅的基本元件是主光栅和指示光栅。主光栅(标尺光栅)是刻有均匀线纹的长条形的玻璃尺。刻线密度由精度决定。常用的光栅每毫米10、25、50和100条线。

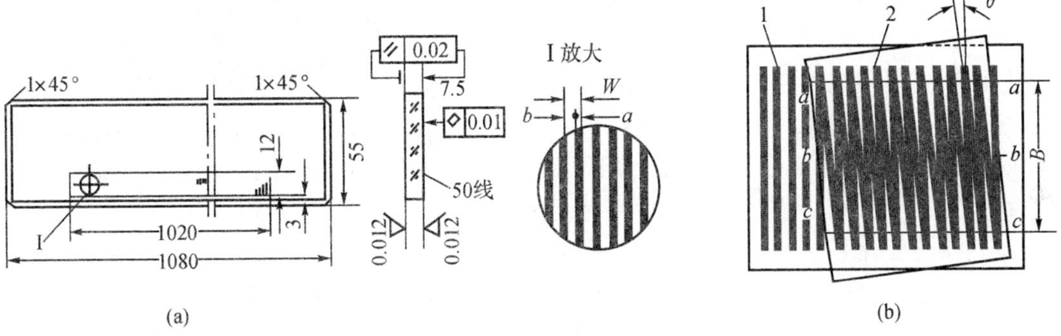

图10-11　光栅的莫尔条纹

(a)光栅；(b)莫尔条纹

1—主光栅；2—指示光栅

如图10-11所示。a为刻线宽度，b为缝隙的宽度，$W=a+b$为栅距(节距)，一般$a=b=W/2$。指示光栅较主光栅短得多，也刻着与主栅同样密度的线纹。将这样两块光栅叠合在一起，并使两者沿刻线方向成一很小的夹角θ。由于遮光效应，在光栅上现出明暗相间的条纹，如图10-11(b)所示。两块光栅的刻线相交处，形成亮带；一块光栅的刻线与另一块的缝隙相交处，形成暗带。这明暗相间的条纹称为莫尔条纹。若改变θ角，两条莫尔条纹间的距离B随之变化，间距B与栅距W(mm)和夹角θ(rad)的关系可用下式表示：

$$B=W\Big/2\sin\frac{\theta}{2}\approx W\Big/\theta \tag{10-4}$$

莫尔条纹与两光栅刻线夹角的平分线保持垂直。当两光栅沿刻线的垂直方向做相对运动时，莫尔条纹沿着夹角θ平分线的方向移动，其移动方向随两光栅相对移动方向的改变而改变。光栅每移过一个栅距，莫尔条纹相应移动一个间距。

从式(10-4)可知，当夹角θ很小时，$B\gg W$，即莫尔条纹具有放大作用，读出莫尔条纹的数目比读刻线数便利得多。根据光栅栅距的位移和莫尔条纹位移的对应关系，通过测量莫尔条纹移过的距离，就可以测出小于光栅栅距的微位移量。

由于莫尔条纹是由光栅的大量刻线共同形成的，光电元件接收的光信号是进入指示光栅视场的线纹数的综合平均结果。若某个光栅有局部误差或短周期误差，由于平均效应，其影响将大大减弱，并削弱长周期误差。

此外,由于θ角可以调节,从而可以根据需要来调节条纹宽度,这给实际应用带来了方便。

2. 光电转换

为了进行莫尔条纹读数,在光路系统中除了主光栅与指示光栅外,还必须有光源、聚光镜和光电元件等。图10-12为一透射式光栅传感器的结构图。主光栅与指示光栅之间保持有一定的间隙。光源发出的光通过聚光镜后成为平行光照射光栅,光电元件(如硅光电池)把透过光栅的光转换成电信号。

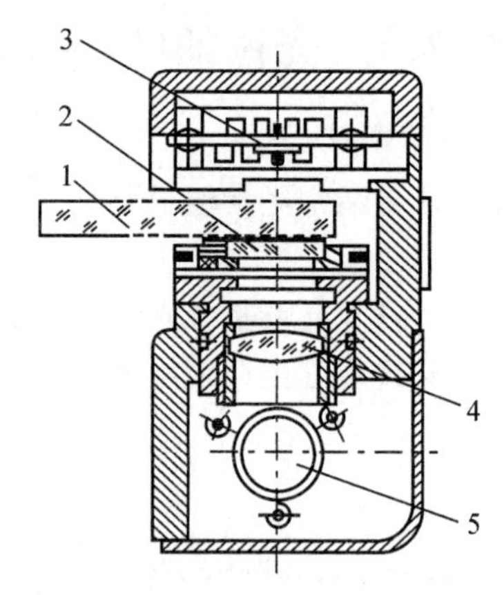

图10-12 透射式光栅传感器结构图

1—主光栅;2—指示光栅;3—硅光电池;4—聚光镜;5—光源

当两块光栅相对移动时,光电元件上的光强随莫尔条纹移动而变化。如图10-13所示,在a位置,两块光栅刻线重叠,透过的光最多,光强最大;在位置c,光被遮去一半,光强减小;在位置d,光被完全遮去而成全黑,光强为零。光栅继续右移;在位置e,光又重新透过,光强增大。在理想状态时,光强的变化与位移呈线性关系。但在实际应用中两光栅之间必须有间隙,透过的光线有一定的发散,达不到最亮和全黑的状态;再加上光栅的几何形状误差,刻线的图形误差及光电元件的参数影响,所以输出波形是一近似的正弦曲线,如图10-13所示。可以采用空间滤波和电子滤波等方法来消除谐波分量,以获得正弦信号。

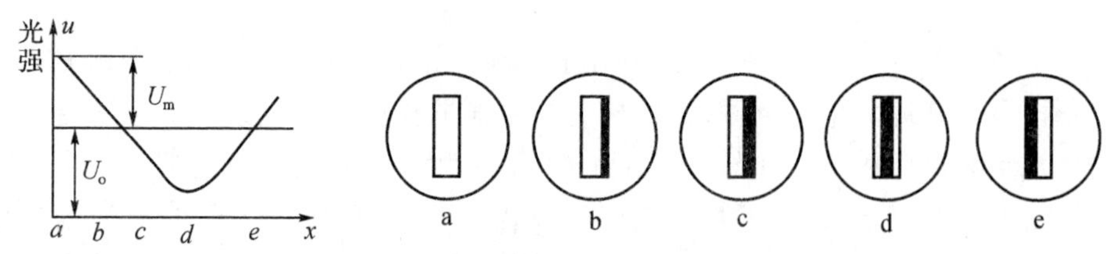

图10-13 光栅位移与光强、输出信号的关系

光电元件的输出电压u(或电流i)由直流分量U_0和幅值为U_m的交流分量叠加而成,即

$$u = U_0 + U_m \sin(2\pi x / W) \tag{10-5}$$

上式表明了光电元件的输出与光栅相对位移x的关系。

10.2.2 数字转换原理

1. 辨向原理

由上分析已知,光栅的位移变成莫尔条纹的移动后,经光电转换就成电信号输出。但在一点观察时,无论主光栅向左或向右移动,莫尔条纹均作明暗交替变化。若只有一条莫尔条纹的信号,则只能用于计数,无法辨别光栅的移动方向。为了能辨向,尚需提供另一路莫尔条纹信号,并使两信号的相位差为$\pi/2$。通常采用在相隔1/4条纹间距的位置上安放两个光电元件来实现，如图 10-15 所示。正向移动时，输出电压分别为 u_1 和 u_2，经过整形电路得到两个方波信号 u'_1 和 u'_2。u'_1 经过微分电路后和 u'_2 相“与”得到正向移动的加计数脉冲。在光栅反向移动时，u'_1 经反相后再微分并和 u'_2 相“与”，这时输出减计数脉冲。u'_2 的电平控制了 u'_1 的脉冲输出，使光栅正向移动时只有加计数脉冲输出；反向移动时，只有减计数脉冲输出。

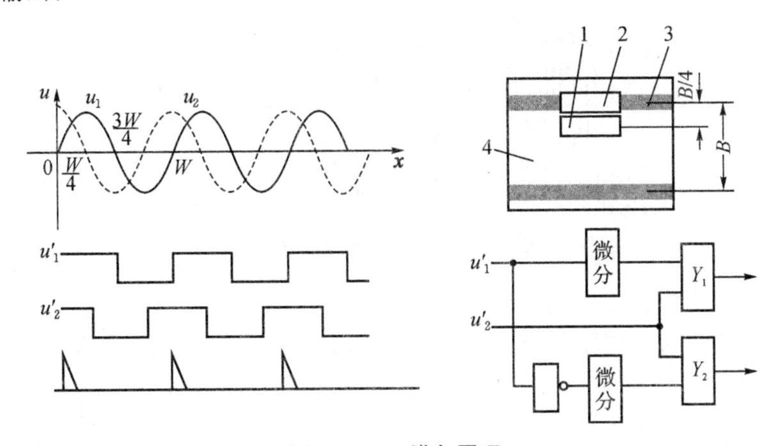

图 10-14　辨向原理

1,2—光电元件；　3—莫尔条纹；　4—指示光栅

2. 电子细分

高精度的测量通常要求长度精确到 1～0.1 μm，若以光栅的栅距作计量单位，则只能计到整数条纹。例如，最小读数值为 0.1 μm，则要求每毫米刻一万条线。就目前的工艺水平有相当的难度。所以，在选取合适的光栅栅距的基础上，对栅距细分，即可得到所需要的最小读数值，提高“分辨”能力。

(1)四倍频细分　在上述“辨向原理”的基础上若将 u'_2 方波信号也进行微分，再用适当的电路处理，则可以在一个栅距内得到两个计数脉冲输出，这就是二倍频细分。

如果将辨向原理中相隔 $B/4$ 的两个光电元件的输出信号反相，就可以得到 4 个依次相位差为 $\pi/2$ 的信号，即在一个栅距内得到四个计数脉冲信号，实现所谓四倍频细分。

在上述两个光电元件的基础上再增加两个光电元件，每两个光电元件间隔 1/4 条纹间距，同样可实现四倍频细分。这种细分法的缺点是由于光电元件安放困难，细分数不可能高，但它对莫尔条纹信号的波形没有严格要求，电路简单，是一种常用的细分技术。

有关细分电路与信号波形可参考编码器一节。

(2)电桥细分　在四倍频细分中，可以得到四个相位差为 $\pi/2$ 的输出信号，分别为 $U_m\sin\varphi$，$U_m\cos\varphi$，$-U_m\sin\varphi$ 和 $-U_m\cos\varphi$（其中 $\varphi=2\pi x/W$），如图 10-15 所示。在 $\varphi=0\sim2\pi$ 之间，还可细分成 n 等分（n 为 4 的整数倍）。设 $n=48$，则在 $\varphi=0\sim\pi/2$，$\pi/2\sim\pi$，$\pi\sim3\pi/2$ 及 $3\pi/2\sim2\pi$ 区间都可均分成 12 等分。现通过任一点 i（即电位器编号），例如点 5 作垂线与曲线交于 a_5 及 b_5 两点。这样，若要得到一条通过点 5 的正弦（或余弦）曲线 $u_5=U_m\sin(\varphi-2\pi\cdot5/48)$，则必须在 a_5 及 b_5 所对应的电压间加一电位器，其电阻值 R'_5/R''_5 为

$$\frac{R'_5}{R''_5}=\frac{\overline{a_5 5}}{\overline{b_5 5}}=\left|\frac{U_m\sin\left(\frac{5}{48}\times 360°\right)}{U_m\cos\left(\frac{5}{48}\times 360°\right)}\right|=\left|\tan\left(\frac{5}{48}\times 360°\right)\right| \qquad (10-6)$$

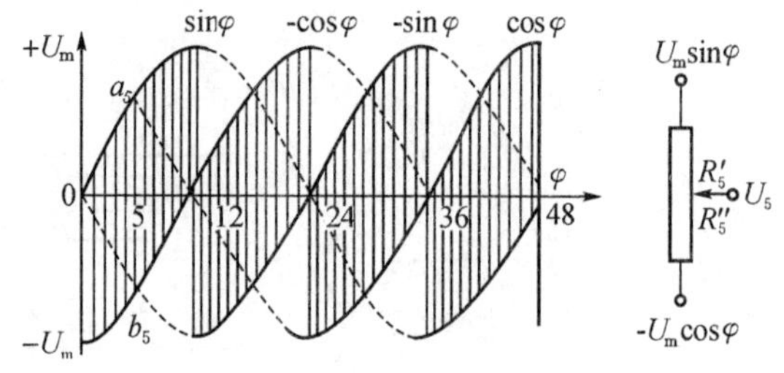

图 10-15　电桥细分原理图

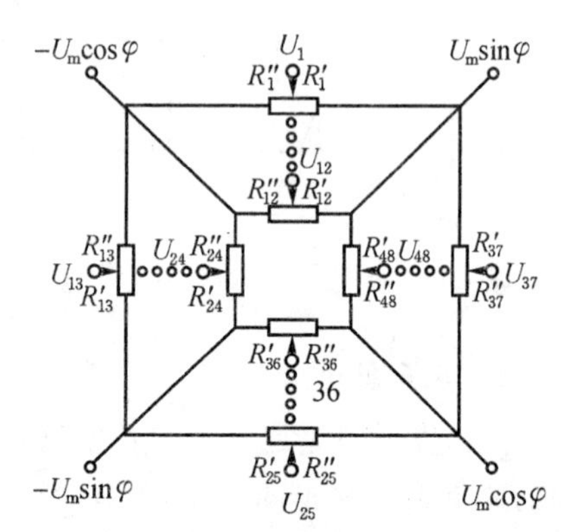

图 10-16　48 点电位器电桥细分电路

图 10-16 给出了 48 点电位器电桥细分电路。第 i 个电位器电刷两边的电阻值 R'_i 与 R''_i 之比由下式确定：

$$\frac{R'_i}{R''_i}=\left|\tan\left(\frac{i}{n}2\pi\right)\right| \qquad (10-7)$$

由 $\varphi=2\pi i/n$ 时，$u_i=0$，使过零比较器电平翻转，输出细分信号。

用电桥细分法可以达到较高的精度，细分数一般为 12～60，但对莫尔条纹信号的波形幅值，直流电平及原始信号 $U_m\sin\varphi$ 与 $U_m\cos\varphi$ 的正交性均有严格要求。而且电路较复杂，对电位器、过零比较器等元器件均有较高的要求。

另外，采用电平切割法也可实现细分，精度较电桥细分法高。上述几种非调制细分法主要用于细分数小于 100 的场合。若需要更高细分数可用调制信号细分法和锁相细分法。细分数可达 1000。此外，也可用微处理器构成细分电路，其优点是可根据需要灵活地改变细分数。

如前所述，计量光栅测量位移最终是依靠数字转换系统完成的，实质上是由计数器对莫尔条纹计数。使用中，为了克服断电时计数值无法保留，重新供电后，测量系统不能正常工作的弊病，可以用机械等方法设置绝对零位点，但精度较低，安装使用均不方便。目前通常采用在光栅的测量范围内设置一个固定的绝对零位参考标志的方法——零位光栅，它使光栅成为一个准绝对测量系统。

最简单的零位光栅刻线是一条宽度与主光栅栅距相等的透光狭缝。即在主光栅和指示光栅某一侧另行刻制一对互相平行的零位光栅刻线，与主光栅用同一光源照明，经光电元件转换后形成绝对零位的输出信号。它近似为一个三角波单脉冲。为使此零位信号与光栅的计数脉冲同步，应使零信号的峰值与主光栅信号的任意一最大值同时出现。当光栅栅距本身很小而又要求很高的绝对零位精度时，如果仍采用一条宽度为主光栅栅距的矩形透光缝隙作零位光栅，则信号的信噪比会很低，以致无法与后继电路相匹配。为解决这一问题，可采用多刻线的零位光栅。

多刻线的零位光栅通常是由一组非等间隔、非等宽度的黑白条纹按一定的规律排列组成。当一对零位光栅重叠并相对移动时，由于线缝的透光与遮光作用，得到的光通量 F 随位移变化而变化，输出曲线如图 10－17 所示。要求零位信号为一尖脉冲，且峰值 S_m 越大越好，最大残余信号幅值 S_{cm} 越小越好，而且要以零位为原点左右对称。制作这种零位光栅的工艺较复杂。一种可以单独使用的零位光栅，其刻线为 29 条透光和 28 条不透光的条纹组成，定位精度为 0.1 μm。可用作各种长度测量的绝对零位测量装置。

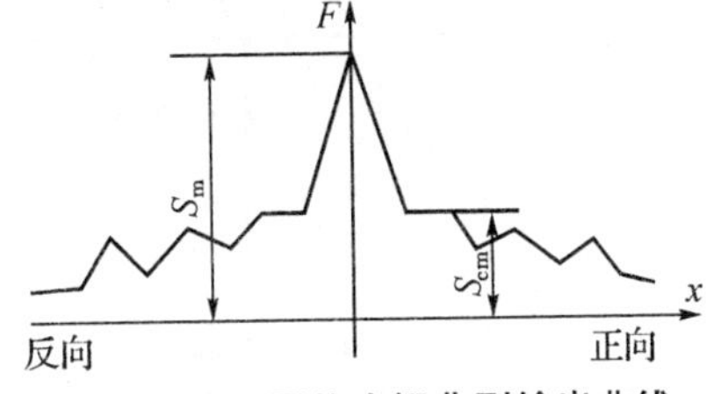

图 10－17　零位光栅典型输出曲线

光栅传感器常用于线位移的静态和动态测量。在三坐标测量机等许多几何量计量仪器中常用它作为位移测量传感器。它的优点是量程大，精度高。目前光栅的测量精度可达 $\pm(0.2\pm2\times10^{-6}L)$ μm，其中 L 为被测长度(m)。圆光栅测角精度可达 ±0.1″。光栅传感器的缺点是对环境有一定要求，油污灰尘会影响工作可靠性，电路较复杂，成本较高。

10.3　编码器

编码器以其高精度、高分辨率和高可靠性而被广泛用于各种位移测量。编码器按结构形式有直线式编码器和旋转式编码器之分。由于旋转式光电编码器是用于角位移测量的最有效和最直接的数字式传感器，并已有各种系列产品可供选用，故本节着重讨论旋转式光电编码器。

10.3.1　基本结构与原理

旋转式编码器有两种——增量编码器和绝对编码器。

增量编码器与前三节讨论的几种数字式传感器有类似之处。它的输出是一系列脉冲，需要一个计数系统对脉冲进行累计计数。一般还需有一个基准数据即零位基准才能完成角位移的测量。

严格地说，绝对编码器才是真正的直接数字式传感器，它不需要基准数据，更不需要计数系统。它在任意位置都可给出与位置相对应的固定数字码输出。

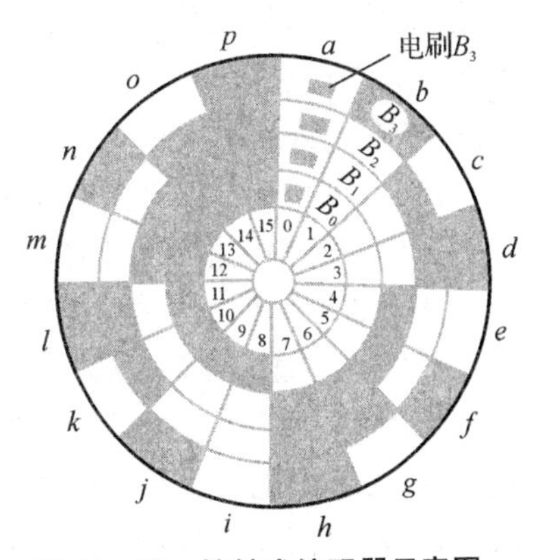

图 10－18　接触式编码器示意图

最简单的一种绝对编码器是接触式编码器。通常编码器的编码盘与旋转轴相固联，沿码盘的径向固定数个敏感元件(这里是电刷)。每个电刷分别与码盘上的对应码道直接接触，图 10－18 所示为一个 4 位二进制编码器的码盘示意图。它是在一个绝缘的基体上制有若干金属区(图中涂黑部分)。全部金属区连在一起构成导电区域，并通过一个固定电刷(图上未示出)供电激励。固定电刷压在与旋转轴固联的导电环上。所以，无论转轴处于何位置，都有激励电压加在导电区域上。当码盘与轴一起旋转时，四个电刷分别输出信号。若某个电刷与码盘导电区接触，该电刷便被接到激励电源上，输出逻辑“1”电平。若某电刷与绝缘区相接触，则输出逻辑“0”电平。在各转角位置上，都能输出一个与转角位置相对应的二进制编码。转角位置与输出编码见表 10－1 所示。

表 10-1　二进制码、十进制码与格雷码对照表

角　度	电刷位置	二进制码(B)	十进制码(D)	格雷码(G)
0	a	0000	0	0000
1α	b	0001	1	0001
2α	c	0010	2	0011
3α	d	0011	3	0010
4α	e	0100	4	0110
5α	f	0101	5	0111
6α	g	0110	6	0101
7α	h	0111	7	0100
8α	i	1000	8	1100
9α	j	1001	9	1101
10α	k	1010	10	1111
11α	l	1011	11	1110
12α	m	1100	12	1010
13α	n	1101	13	1011
14α	o	1110	14	1001
15α	p	1111	15	1000

绝对编码器二进制输出的每一位都必须有一个独立的码道。一个编码器的码道数目决定了该编码器的分辨力。一个 n 位的码盘,它的分辨角度为

$$\alpha = 360°/2^n$$

显然,n 越大,能分辨的角度就越小,测量角位移也就越精确。为了得到高的分辨力和精度,就要增大码盘的尺寸,以容纳更多的码道。例如,为获得 1″的分辨力,理论上可采用 20 至 21 位码盘,这样,即使一个直径为 400 mm 的 20 位码盘,其最外圈码道的节距仅为 2 μm左右。为了不增加码盘的尺寸,可利用多个码盘和变速机构来获得所需的分辨力。但是,变速传动机构的误差限制了系统的测量精度。

编码器的精度取决于码盘本身的精度、码盘与旋转轴线的不同心度和不垂直度误差。

接触式编码器最大的缺点在于电刷与码盘的直接接触,接触磨损会影响其寿命,降低可靠性。因此不适宜在转速较高或具有振动的环境中使用。

从图 10-18 中可见,当电刷从位置 7 转到 8 时,四个电刷中有三个电刷从导电区移至绝缘区,另一个电刷则相反变化,对应的二进制输出从 0111 变成 1000。四个电刷只有同时改变接触状态(即同步)才能得到正确的输出码变化。若其中某一个电刷与其他三个电刷不同步,例如,第 3 码道上的电刷 B_2 先离开导电区,则输出码先变 0101,然后再变为 1000。显然出现 0101 是错误的,但即使使用最精密的制造技术,也难于做到所有电刷完全同步。因此就会输出一个错误的编码。解决错误的方法有多种,最常用的方法是采用格雷码编码技术。

从编码技术上分析,造成错码的原因是从一个码变为另一个码时存在着几位码需要同时改变。若每次只有一位码改变,就不会产生错码,例如格雷码(循环码)。格雷码的两个相邻数的码变化只有一位码是不同的(见表 10-1)。从格雷码到二进制码的转换可用硬件实现,也可用软件来完成。

10.3.2　旋转式光电编码器

接触式编码器的实际应用受到电刷的限制。目前应用最广的是利用光电转换原理构成的非接触式光电编码器。由于其精度高，可靠性好，性能稳定，体积小和使用方便，在自动测量和自动控制技术中得到了广泛的应用。目前大多数关节式工业机器人都用它作为角度传感器。国内已有16位绝对编码器和每转>10000脉冲数输出的小型增量编码器产品，并形成各种系列。

1. 绝对编码器

光电编码器的码盘通常是一块光学玻璃。玻璃上刻有透光和不透光的图形。它们相当于接触式编码器码盘上的导电区和绝缘区，如图10-19所示。编码器光源产生的光经光学系统形成一束平行光投射在码盘上，并与位于码盘另一面成径向排列的光敏元件相耦合。码盘上的码道数就是该码盘的数码位数，对应每一码道有一个光敏元件。当码盘处于不同位置时，各光敏元件根据受光照与否转换输出相应的电平信号。

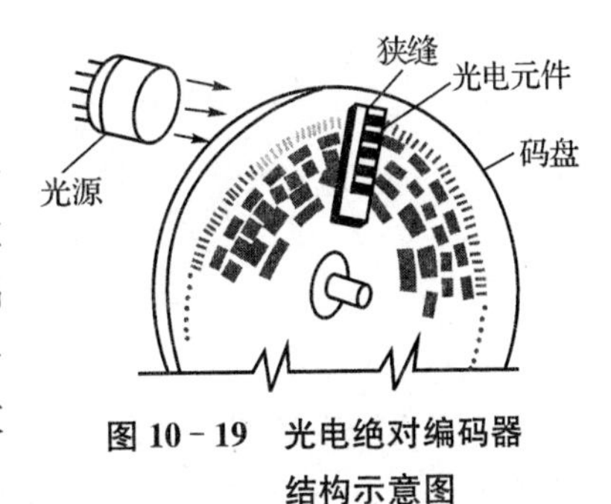

图10-19　光电绝对编码器结构示意图

光学码盘通常用照相腐蚀法制作。现已生产出径向线宽为6.7×10^{-8} rad的码盘，其精度高达$1/10^{8}$。

与其他编码器一样，光码盘的精度决定了光电编码器的精度。为此，不仅要求码盘分度精确，而且要求它在阴暗交替处有陡峭的边缘，以便减少逻辑"**0**"和"**1**"相互转换时引起的噪声。这要求光学投影精确，并采用材质精细的码盘材料。

目前，光电编码器大多采用格雷码盘，输出信号可用硬件或软件进行二进制转换。光源采用发光二极管，光敏元件为硅光电池或光电晶体管。光敏元件的输出信号经放大及整形电路，得到具有足够高的电平与接近理想方波的信号。为了尽可能减少干扰噪声，通常放大及整形电路都装在编码器的壳体内。此外，由于光敏元件及电路的滞后特性，使输出波形有一定的时间滞后，限制了最大使用转速。

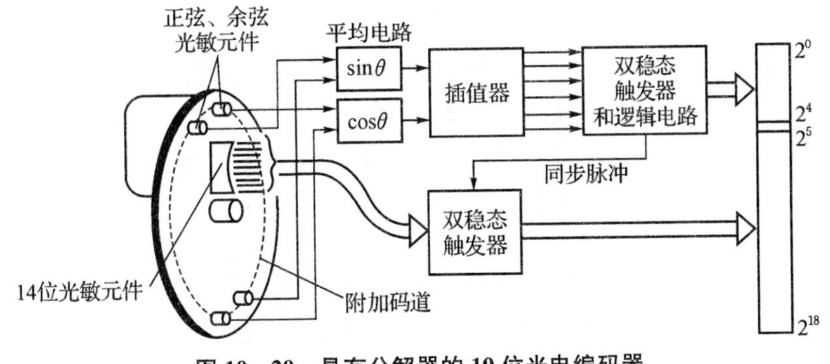

图10-20　具有分解器的19位光电编码器

利用光学分解技术可以获得更高的分辨力。图10-20所示为一个具有光学分解器的19位光电编码器。该编码器的码盘具有14条(位)内码道和1条专用附加码道。后者的扇形区之形状和光学几何结构稍有改变，且与光学分解器的多个光敏元件相配合，使其能产生接近于理想的正、余弦波输出;并通过平均电路进行处理,以消除码盘的机械误差,从而得到更为理想的正弦或余弦波。对应于14位中最低位码道的每一位,光敏元件将产生一个完整的输出周期,如图10-21所示。

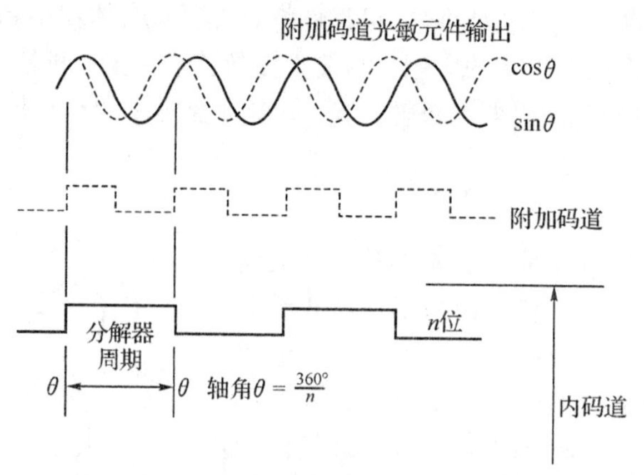

图10-21 附加码道光敏元件输出

插值器将输入的正弦信号和余弦信号按不同的系数加在一起,形成数个相移不同的正弦信号输出。各正弦波信号经过零比较器转换成一系列脉冲,从而细分了光敏元件的输出正弦波信号,于是就产生了附加的最低有效位。如图10-20所示的19位光电编码器的插值器产生16个正弦波形。每两个正弦信号之间的相位差为$\pi/8$,从而在14位二进制编码器的最低有效位间隔内产生32个精确等分点。这相当于附加了5位二进制数的输出,使编码器的分辨率从$1/2^{14}$提高到$1/2^{19}$,优于$1/5\times10^{5}$,角位移小于3″。

2. 增量编码器

由上述可见,绝对编码器在转轴的任意位置都可给出一个固定的与位置相对应的数字码输出。对于一个具有n位二进制分辨率的编码器,其码盘必须有n条码道。而对于增量编码器,其码盘要比绝对编码器码盘简单得多,一般只需三条码道。这里的码道实际上已不具有绝对码盘码道的意义。

在增量编码器码盘最外圈的码道上均布有相当数量的透光与不透光的扇形区,这是用来产生计数脉冲的增量码道(S_1)。扇形区的多少决定了编码器的分辨率,扇形区越多,分辨率越高。例如,一个每转5000脉冲的增量编码器,其码盘的增量码道上共有5000个透光和不透光扇形区。中间一圈码道上有与外圈码道相同数目的扇形区,但错开半个扇形区,作为辨向码道(S_2)。码盘旋转时,增量码道与辨向码道的输出波形如图10-22所示。在正转时,增量计数脉冲波形超前辨向脉冲波形$\pi/2$;反转时,增量计数脉冲滞后$\pi/2$。这种辨

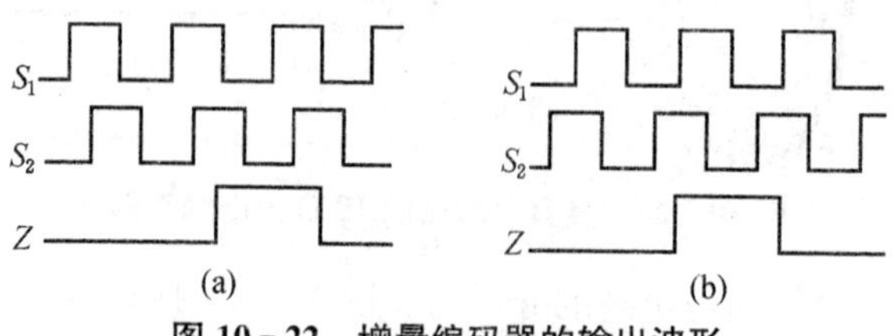

图10-22 增量编码器的输出波形

(a)码盘正转时;(b)码盘反转时

向方法与光栅的辨向原理相同。同样，用这两个相位差为 $\pi/2$ 的脉冲输出可进一步作细分。第三圈码道(Z)上只有一条透光的狭缝，它作为码盘的基准位置，所产生的脉冲信号将给计数系统提供一个初始的零位(清零)信号。

与绝对编码器类似，增量编码器的精度主要取决于码盘本身的精度。用于光电绝对编码器的技术，大部分也适用于光电增量编码器。

3. 光电增量编码器的应用

(1)典型产品应用介绍　图10-23所示为LEC型小型光电增量编码器的外形图。每转输出脉冲数为20～5000，最大允许转速为5000 r/min。输出有电压输出、集电极开路输出(OC门)和差分线性驱动器输出三种。

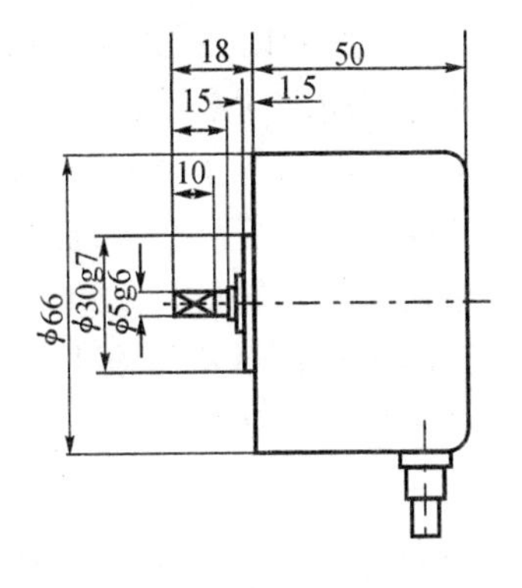

图10-23　LEC型小型光电编码器外形图

为了避免长距离传送时的噪声干扰，可采用差分线性驱动器输出或OC门输出。前者在接收端用一个差分接收器(例如Am26LS32)。这时，编码器输出是带有极性的互补信号的电压差，而不是绝对值。因此，噪声干扰电平就只能引起一个无效的共模电压。其接收电路和输出波形见图10-24所示。OC门输出时，在接收端用一个光耦即可实现。

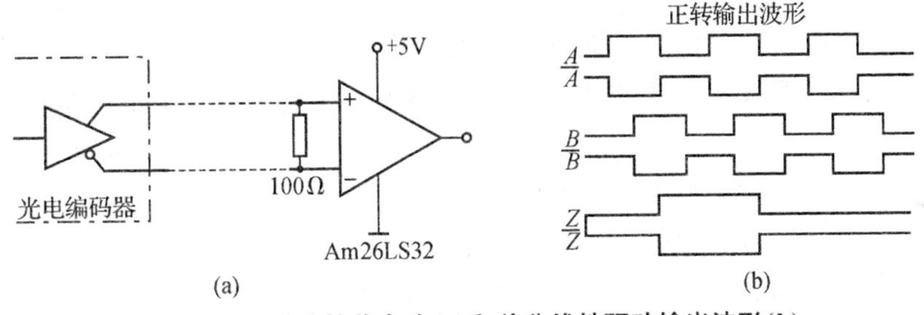

图10-24　差分接收电路(a)和差分线性驱动输出波形(b)

(2)测量转速　增量编码器除直接用于测量相对角位移外，常用来测量转轴的转速。最简单的方法就是在给定的时间间隔内对编码器的输出脉冲进行计数，它所测量的是平均转速。例如，一个每转360脉冲的编码器当转速为60 r/min时，若计数时间间隔为1 s，则分辨率达1/360。若转速为6000 r/min，则分辨率可达1/36000。因此这种测量方法的分辨率随被测速度而变，其测量精度取决于计数时间间隔。故采样时间应由被测速度范围和所需的分辨率来决定。它不适宜低转速的测量。该法的原理框图见图10-25(a)。

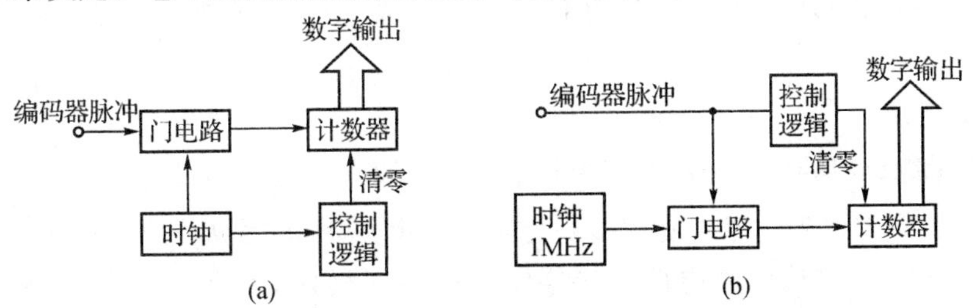

图10-25　用编码器测量平均速度(a)和瞬时速度(b)的原理框图

测量转速的另一种方法的原理见图 10－25(b)。在这个系统中,计数器的计数脉冲来自时钟。通常时钟的频率较高,而计数器的选通信号是编码器输出脉冲。例如,时钟频率为 1 MHz,对于每转 100 脉冲的编码器,在 100 r/min 时码盘每个脉冲周期为 0.006 s,可获得 6000 个时钟脉冲的计数,即分辨率为 1/6000。当转速为 6000 r/min 时,分辨率降至 1/100。可见,转速较高时分辨率较低。但是它可给出某一给定时刻的瞬时转速(严格地说是码盘一个脉冲周期内的平均转速)。在转速不变和时钟频率足够高的情况下,码盘上的扇形区数目越多,反应速度的瞬时变化就越准确。系统的采样时间应由编码器的每转脉冲数和转速决定。该法的缺点是扇形区的间隔不等将带来较大的测量误差。可用平均效应加以改善。

(3)测量线位移　在某些场合,用旋转式光电增量编码器来测量线位移是一种有效的方法。这时,须利用一套机械装置把线位移转换成角位移。测量系统的精度将主要取决于机械装置的精度。

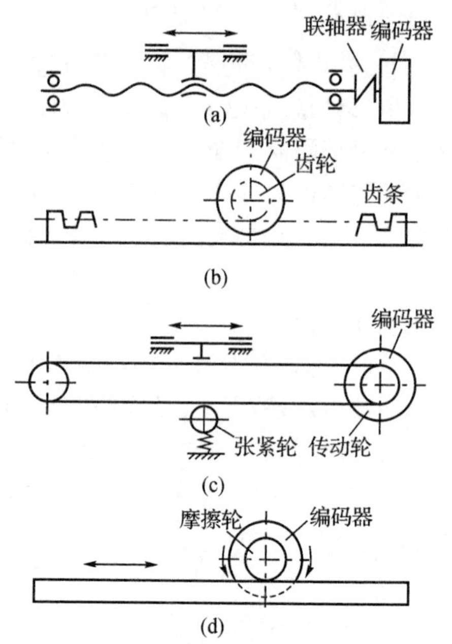

图 10－26　用旋转式增量编码器测量线位移示意图

图 10－26(a)表示通过丝杆将直线运动转换成旋转运动。例如用一每转 1500 脉冲数的增量编码器和一导程为 6 mm 的丝杆,可达到 4 μm 的分辨力。为了提高精度,可采用滚珠丝杆与双螺母消隙机构。

图(b)是用齿轮齿条来实现直线→旋转运动转换的一种方法。一般说,这种系统的精度较低。

图(c)和(d)分别表示用皮带传动和摩擦传动来实现线位移与角位移之间变换的两种方法。该系统结构简单,特别适用于需要进行长距离位移测量及某些环境条件恶劣的场所。

无论用哪一种方法来实现线位移→角位移的转换,一般增量编码器的码盘都要旋转多圈。这时,编码器的零位基准已失去作用。为计数系统所必需的基准零位,可由附加的装置来提供。如用机械、光电等方法来实现。

10.3.3　测量电路

实际中,目前都将光敏元件输出信号的放大整形等电路与传感检测元件封装在一起,所以只要加上计数与细分电路(统称测量电路)就可组成一个位移测量系统。从这点看,这也是编码器的一个突出优点。

1. 计数电路

光电增量编码器的典型输出是二个相位差为 $\pi/2$ 的方波信号(S_1 和 S_2)和一个零位脉冲信号(Z),见图 10－24。为了能直接进行数字显示,一般都用双时钟信号输入的十进制可逆计数集成电路来构成计数电路。当增量编码器正转时,S_1 信号送至一单稳电路(如 74LS221)的负沿触发端,得单稳的输出脉冲 S'_1,此时正值 S_2 为高电平,S'_1 与 S_2 相“与”

并反相，得到加计数脉冲 S_+，如图 10－27(a)所示。S_+ 信号作为计数电路最低位的加计数输入信号；而减计数输入端为高电平。这是因为 S_1 信号被 S_2 封锁，进行减计数，波形如图 10－27(b)所示。单稳电路的脉冲宽度影响计数电路的响应频率。增量编码器零位基准的输出信号可直接加在所有计数器的清零端。

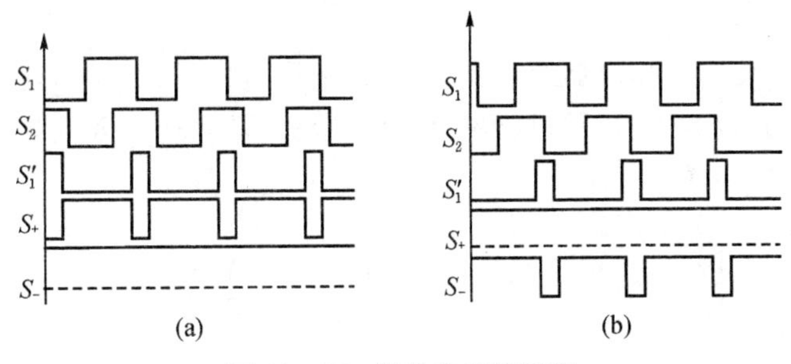

图 10－27　计数电路波形图

(a)正转时；(b)反转时

2. 细分电路

四倍频细分电路原理图如图 10－28(a)所示。输出 x_1 与 x_2 信号作为计数器双时钟输入信号。按电路图可得如下逻辑表达式：

$$x_1 = \overline{Y_1Q_1 + Y_2Q_3 + Y_3Q_2 + Y_4Q_4}$$

$$x_2 = \overline{Y_1Q_4 + Y_2Q_1 + Y_3Q_3 + Y_4Q_2}$$

$$Y_1 = S_1\overline{S_2} \qquad Y_2 = S_1S_2$$

$$Y_3 = \overline{S_1}S_2 \qquad Y_4 = \overline{S_1S_2}$$

Q_1、Q_2、Q_3 和 Q_4 分别与 S_1、$\overline{S_1}$、S_2 和 $\overline{S_2}$ 相对应。当正向转动时，S_1 信号超前 S_2 相位 $\pi/2$。电路各点的波形如图 10－29(b)所示，与门输出 Y_1、Y_2、Y_3 和 Y_4 的脉冲宽度仅为 S_1 或

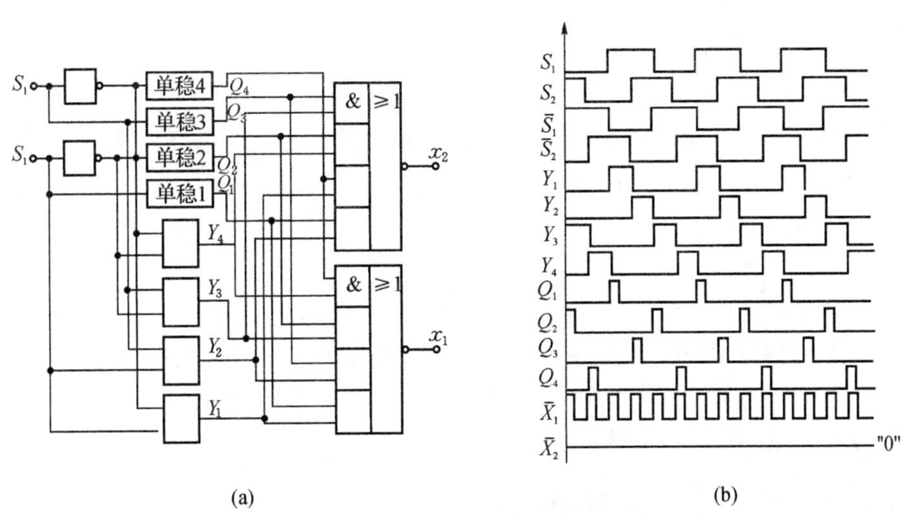

图 10－28　四倍频细分电路原理图

(a)电路原理图；(b)各点波形(正转时)

S_2 信号脉冲宽度的一半,相位差为 $\pi/2$。单稳电路输出 Q_1、Q_2、Q_3 和 Q_4 的脉冲宽度应尽可能窄,至少要小于 S_1 信号最小脉冲宽度的 1/2,但同时要满足与 Y_1、Y_2、Y_3 和 Y_4 相“与”的要求。由图 10-28 可知,在 S_1 信号的一个周期内,得到了四个加计数脉冲输出,这样就实现了四倍频的加计数。由于光栅与光电增量编码器的输出基本相同,上述测量电路同样可用作光栅测量电路。

顺便指出,按照旋转式编码器的工作原理,如把码盘拉直成码尺,就可构成直接进行线位移测量的直线式光电编码器。而且根据码尺的取材不同(透光或反光),它还可分成透光式和反光式两种结构形式。

10.4 频率式传感器

在前几节介绍的四种测量位移的数字式传感器中,除了绝对编码器能将位移量直接转换成数字量外,其余几种都是将位移量转换成一系列计数脉冲,再由计数系统所计的脉冲个数来反映被测量的值。本节介绍的数字式传感器,其输出虽然也是一系列脉冲,但与被测量对应的是脉冲的频率。这种能把被测量转换成与之相对应且便于处理的频率输出的传感器,即为频率式传感器。前述用增量编码器作转速测量时,其编码器的输出是与转速成正比的脉冲频率,这实际上就是一种频率式传感器。

由频率式传感器组成的测量系统,一般还应包括在给定时间内对脉冲进行计数的计数器,或是测量脉冲周期的计时器。用脉冲计数器构成的测量系统具有很强的噪声抑制能力。它所测量的值实际上是计数周期内输入信号的平均值。缺点是为了得到所需的分辨率,必须有足够长的计数时间。而对于用计时器构成的测量系统,其性能受噪声及干扰的影响很大。为此,一种经常采用的方法是在系统中引入一高频时钟脉冲,以传感器的输出脉冲来选通至计数器的时钟脉冲,再累计传感器多个周期内的计数值。这样,一方面可提高分辨率,一方面又可减少干扰与噪声的影响。若传感器的输出脉冲频率为 f,时钟频率为 F,取传感器输出频率的 n 个周期为采样时间,则

$$\text{采样时间 } t_s = n/f$$

$$\text{分辨率} = 1/(Fn/f) \qquad (10-8)$$

例:某一传感器,其额定频率为 5 kHz,满量程频率变化为 20%,时钟频率为 10 MHz,采样周期数为 40,则由式(10-8)可得:

$$\text{采样时间 } t_s = 40/(5\times 10^3) = 8\ \text{ms}$$

$$\text{分辨率} = 1/(0.2Fn/f) = 1/16000$$

目前构成频率式传感器最简单的方法有两种:一种是利用电子振荡器的原理,只要使振荡电路中某个部分由于被测量的变化而改变,就可改变振荡器的振荡频率。典型例子如改变 *LRC* 振荡电路中的电容,电感或电阻;另一种方法是利用机械振动系统,通过其固有振动频率的变化来反映被测参数的值。

10.4.1 *RC* 频率式传感器

利用热敏电阻把温度变化转换成频率信号的方法是 *RC* 频率式传感器的一例。热敏电

阻作为 RC 振荡器的一部分。基本电路如图 10-29 所示。

RC 振荡器的振荡频率由下式决定：

$$f=\frac{1}{2\pi}\left[\frac{R_2+R_3+R_T}{R_1R_2(R_3+R_T)C_1C_2}\right]^{\frac{1}{2}} \tag{10-9}$$

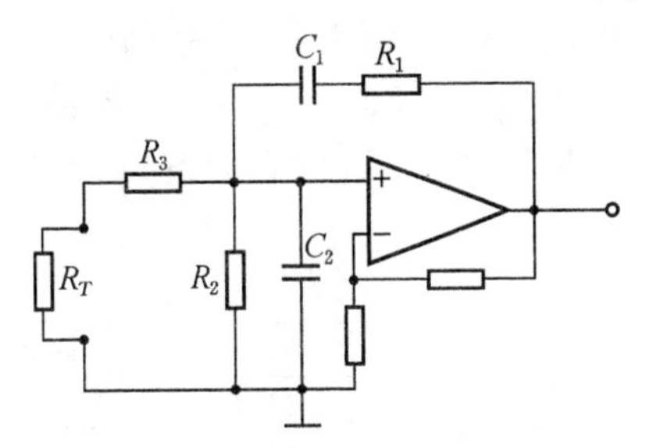

图 10-29　热敏电阻频率式传感器基本电路

其中 R_T 为温度系数为 β 的热敏电阻，在采用负温度系数热敏电阻(NTC)情况下，R_T 与温度 T 的关系为

$$R_T=R_0\exp\left[\beta\left(\frac{1}{T}-\frac{1}{T_0}\right)\right] \tag{10-10}$$

式中，R_0，R_T——温度分别为 T_0(K)和 T(K)时的热敏电阻值。

引入电阻 R_2 和 R_3 是为了改善传感器的线性度。另外，为减少热敏电阻自身发热引起的测量误差，必须使流过热敏电阻的电流尽可能小。这种电路的温度测量范围有限。

10.4.2　石英晶体频率式传感器

利用石英晶体的谐振特性，可以组成石英晶体频率式传感器。石英晶体本身有其固有的振动频率，当强迫振动频率与它的固有振动频率相同时，就会产生谐振。如果石英晶体谐振器作为振荡器或滤波器时，往往要求它有较高的温度稳定性；而当石英晶体用作温度测量时，则要求它有大的频率温度系数。因此，它的切割方向(切型)不同于用作振荡器或滤波器的石英晶体。

当温度在−80～+250℃范围时，石英晶体的温度与频率的关系可表示为

$$f_t=f_0(1+at+bt^2+ct^3) \tag{10-11}$$

式中，f_0——$t=0$℃时的固有频率；

a,b,c——频率温度系数。

可以选择一特定切型的石英晶体，使得式(10-11)中的系数 b 和 c 趋于零。这样切型的晶体具有良好的线性频温系数，其非线性仅相当于 10^{-3} 数量级的温度变化。晶体的固有谐振频率取决于晶体切片的面积和厚度。在石英晶体频率式温度传感器中，根据温度每变化 1 度振荡频率变化若干赫兹的要求，以及晶体的频温系数，可确定振荡电路的基频。

例如某一石英温度计，要求温度变化 1 度频率变化 1000 Hz，即分辨力为 0.001℃。若晶体的频率温度系数为 35.4×10^{-6}/℃，则该晶体的固有频率为

$$f_0=1000/(35.4\times10^{-6})\approx 28\ \text{MHz}$$

该温度计中石英晶体直径为 0.5 mm，被密封在充有惰性气体氦的壳体中，结构坚固，可在高振动、强冲击条件下工作。

图 10-30 所示为石英晶体频率式温度传感器的测量电路原理框图。它有两个敏感元件(石英晶体探头)：其中一个作基准用，处于给定的恒定温度 t_2 下；另一个作测温用，它控制振荡器的输出频率 f_1 随被测温度 t_1 而变。f_1 与基准频率 f_2 混频，其差值即“差拍”反映了 t_1 和 t_2 的温度差。然后，一路信号经滤波、整形到计数器；另一路则到正负指示电路

以给出符号。控制器不仅控制门电路,同时控制计数器的采样时间。当采样时间为1s时,其分辨力为0.001℃。该温度传感器的测量范围为−40～+230℃。缺点是测量电路较复杂。另外由于工作在高频条件下,必须有与之相适应的计数电路和信号传输线。

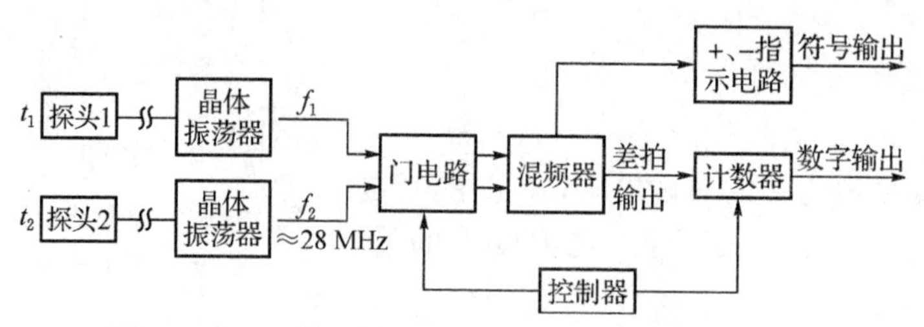

图 10-30　石英晶体频率式温度传感器测量电路框图

同样,可用石英晶体构成压力传感器。这时,石英晶体以厚度剪切振动方式工作,其固有频率为

$$f=\frac{1}{2d}\sqrt{G/\rho} \tag{10-12}$$

由上式可以看到,频率与石英晶体厚度d、密度ρ及厚度切变模量G三者均有关系。当石英晶体受压力作用时,由于G随压力改变而变化,将引起石英晶体的谐振频率随被测压力而变化。石英晶体频率式压力传感器的电路相当复杂,价格也比类似的测量装置高得多。

10.4.3　弹性振体频率式传感器

管、弦、钟、鼓等乐器利用谐振原理而可奏乐,这早已为人们所熟知。而把振弦、振筒、振梁和振膜等弹性振体的谐振特性成功地用于传感器技术,这却是近几十年的事。弹性振体频率式传感器就是应用振弦、振筒、振梁和振膜等弹性振体的固有振动频率(自振谐振频率)来测量有关参数的。

由机械振动学可知,任何弹性振体,可视作一个单自由度强迫振动的二阶系统;只要外力(激振力)克服阻力,就可产生谐振。设弹性振体的质量为m,材料的弹性模量为E,刚度为k,则其初始固有频率f_0为

$$f_0=h\sqrt{Ek/m} \tag{10-13}$$

式中,h——与量纲有关的常数。

由上式可见,弹性振体的固有频率是其物理特性参数的函数。只要被测量与其中某一物理参数有相应的变化关系,我们就可通过测量振弦、振筒、振梁和振膜等弹性振体固有振动频率来达到测量被测参数的目的。这种传感器的最大优点是性能十分稳定。下面介绍其中的振弦式和振膜式频率传感器。

1. 振弦式频率传感器

振弦式频率传感器的工作原理可以用图10-31来说明。传感器的敏感元件是一根被预先拉紧的金属丝弦1。它被置于激振器所产生的磁场里,两端均固定在传感器受力部件3的两个支架2上,且平行于受力部件。当受力部件3受到外载荷后,将产生微小的挠曲,致使支架2产生相对倾角,从而松弛或拉紧了振弦,振弦的内应力发生变化,使振弦的振动频率相应地变化。振弦的自振频率f_0取决于它的长度l、材料密度ρ和内应力σ,可用下式表示:

$$f_0=\frac{1}{2l}\sqrt{\sigma/\rho} \tag{10-14}$$

由上式可见，对于 l 和 ρ 为定值的振弦，其自振频率 f_0 由内应力 σ 决定。因此，根据振弦的振动频率，可以测量力和位移。

图 10-32 所示为某一振弦式传感器的输出-输入特性。由图可知，为了得到线性的输出，可在该曲线中选取近似直线的一段。当 σ 在 σ_1 至 σ_2 之间变化时，钢弦的振动频率为 1000～2000 Hz 或更高一些，其非线性误差小于 1%。为了使传感器有一定的初始频率，对钢弦要预加一定的初始内应力 σ_0。

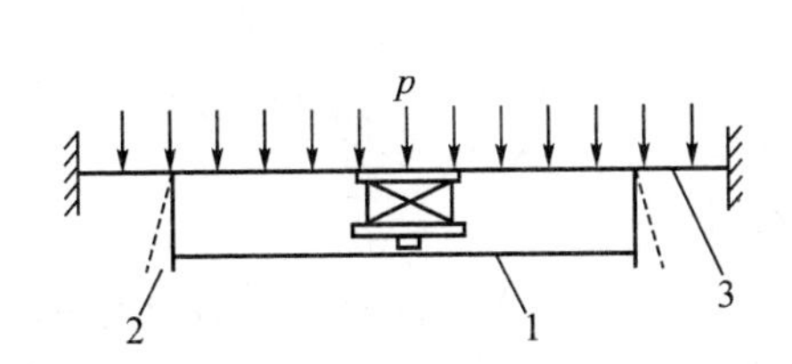

图 10-31　振弦压力传感器工作原理图

1—金属丝弦；2—支架；3—受力部件

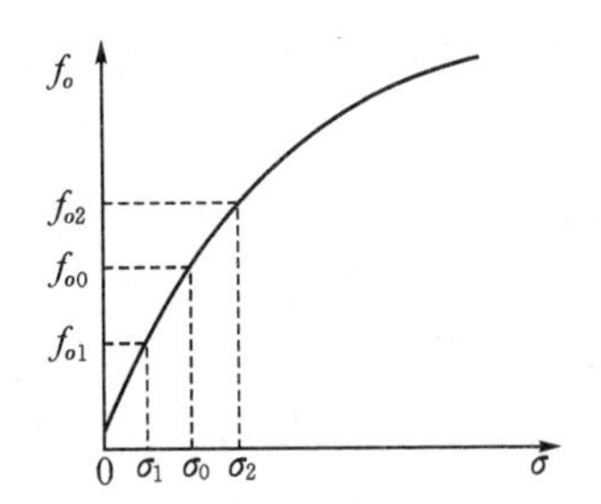

图 10-32　振弦式传感器的输出-输入特性

此传感器也可做成两根弦，按差动方式工作，通过测量两根振弦的频率差来表示内应力。这样可减少传感器的温度误差和非线性误差。此外，也可利用非线性校正技术来获得线性输出。

振弦的激振方式有两种，如图 10-33 所示。图(a)是连续激励方式。此方法采用两个电磁线圈，一个用来连续激励，另一个作为接收(拾振)信号。振弦激振后，拾振线圈 1 产生的感应电势，经放大后正反馈至激励线圈 2，以维持振弦的连续振动。

图(b)是间断激励方式的框图。当激励线圈通过脉冲电流时，电磁铁将振弦吸住；在激励电流断开时，电磁铁松开振弦，于是振弦发生振动。线圈中产生感应电势的频率即振弦的固有振动频率。为了克服因空气等阻尼对振弦振动的衰减，必须间隔一定时间激振一次。

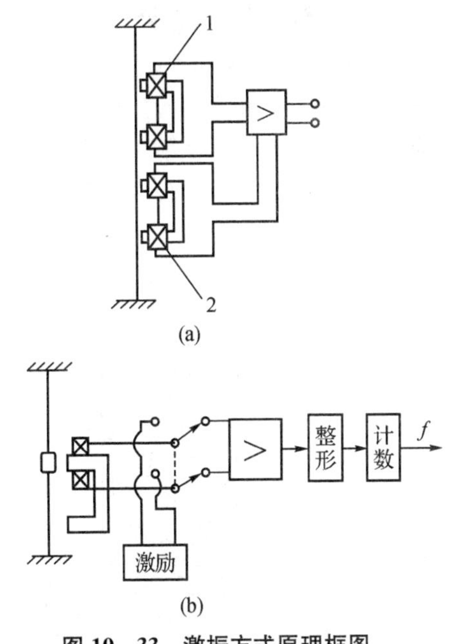

图 10-33　激振方式原理框图

(a)连续激励方式；(b)间断激励方式

1—拾振线圈；2—激励线圈

图 10-34 所示为差动振弦式力传感器。它在圆形弹性膜片 7 的上下两侧安装了两根长度相等的振弦 1、5，它们被固定在支座 2 上，并在安装时加上一定的预紧力。

在没有外力作用时，上下两根振弦所受的张力相同，振动频率亦相同，两频率信号经混频器 12 混频后的差频信号为零。当有外力垂直作用于柱体 4

时,弹性膜片向下弯曲。上侧振弦5的张力减小,振动频率减低;下侧振弦1的张力增大,振动频率增高。混频器输出两振弦振动频率之差频信号,其频率随着作用力的增大而增高。

图中两根振弦应相互垂直,这样可以使作用力不垂直时所产生的测量误差减小。因为侧向作用力在压力膜片四周所产生的应力近似是均匀的,上下两根振弦所受的张力是相同的,根据差动工作原理,它们所产生的频率变化被互相抵消。因此,传感器对于侧向作用是不敏感的。

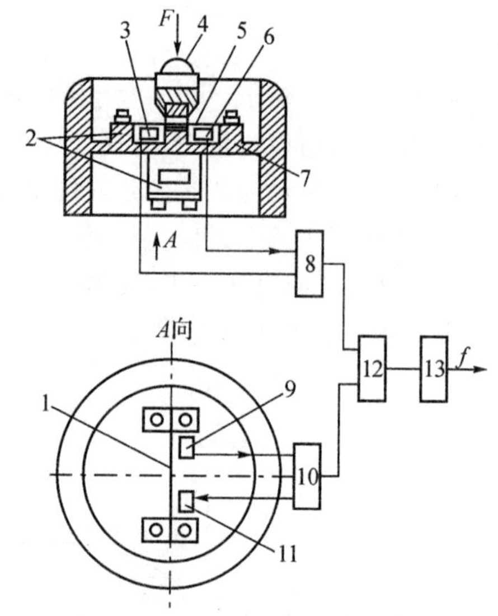

图 10-34 振弦式力传感器

1、5—振弦;2—支座;3、11—激励器;4—柱体;6、9—拾振器;7—弹性膜片;8、10—放大/振荡电路;12—混频器;13—滤波、整形电路

在图10-34的基础上,还可利用高强度厚壁空心钢管作受力元件,把3根、6根或更多根振弦均等分布置于管壁的钻孔中,用特殊的夹紧机构把振弦张紧固定,构成多弦式力传感器。

图10-35所示为振弦式流体压力传感器。振弦的材料为钨丝,其一端垂直固定在受压板上,另一端固定在支架上。当流体进入传感器后,受压板发生微小的挠曲,改变振弦的内应力,使其频率降低。为保证温度变化时的稳定性,对传感器机械结构的线膨胀系数进行了选择,使其在弦长方向的综合膨胀系数与振弦的膨胀系数大致相等。

2. 振膜式频率传感器

图10-36为振膜式频率传感器一例——振膜式压力传感器示意图。传感器中有一空腔,空腔上端部4起压力膜片的作用。在压力膜片的支架上安装有一振膜2。振膜的两侧分别放置激励线圈3和拾振线圈1。当空腔受压力作用时,压力膜片变形,使支架角度改变并张紧振膜,从而使振膜的固有振动频率增加。振动频率取决于振膜、压力膜片和支架的刚度。

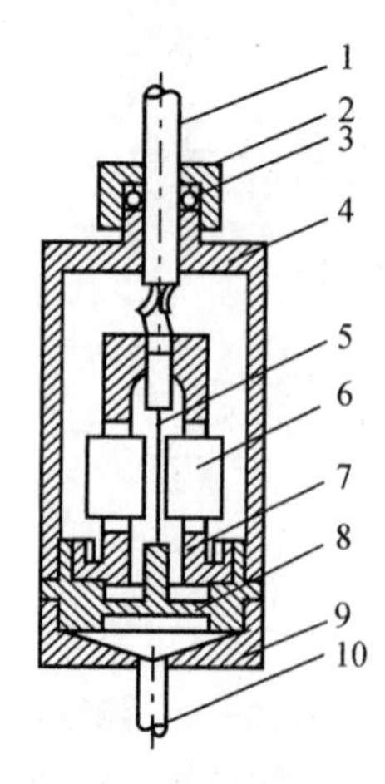

图 10-35 振弦式流体压力传感器

1—导线;2—紧线母;3—O型圈;4—外壳;5—振弦;6—磁钢;7—支架;8—受压板;9—底座;10—测压管

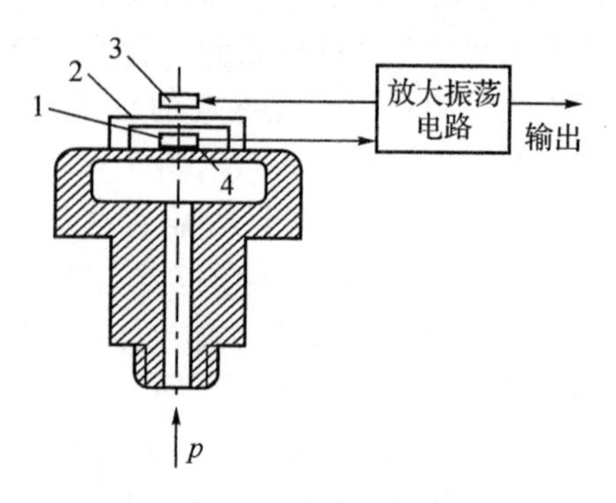

图 10-36 振膜式压力传感器

习题与思考题

10—1　试解释直线式感应同步器滑尺上的两相绕组间的距离可以是$(n/2+1/4)W$的原因。

10—2　直线式感应同步器在接长使用时应注意哪些问题?

10—3　试述光栅利用莫尔条纹进行位移测量的基本原理。

10—4　根据图 10-15 辨向原理,当主光栅向左或向右运动时,试画出其电路各点的波形,并分析辨向的工作原理。

10—5　根据长光栅的运动辨向和细分原理,试设计用 3 个“光源一光电元件”对,实现八倍频直接细分的结构。尽可能完整地画出它的电原理图和对应的波形图。

10—6　按表 10-1 画出格雷码的码盘编码图案。

10—7　试述如何用其他集成电路来实现四倍频细分电路?

10—8　试比较频率式传感器与脉冲式传感器的异同。

10—9　试述测量频率式传感器输出频率的两种基本方法及其特点。

10—10　试分析环境温度变化如何影响振弦式传感器的灵敏度?

第 11 章　化学传感器

11.1　概述

物质的化学特性(如:成分、浓度等)是通过化学反应表现的,化学反应中伴随发生电效应、光效应、热效应、质量增减等,能感知物质的化学变化,将之转变成电信号的装置谓之化学传感器(Chemical Sensor),可用来实现物质特性的感知、分析、描述和控制。

化学传感器通常由接受器(Receptor)和换能器(Tranducer)两部分组成。接受器是具有分子或离子识别功能的化学敏感层,它的作用可以概括为吸附(如 SnO_2 可以吸附气体分子、陶瓷可以吸附水汽)、离子交换(如离子敏电极可以与待测溶液交换离子)、选择(如钯栅、玻璃膜对氢气分子具有选择性),它的物理形态主要是各种工艺制作的膜结构。膜的性能也与制膜工艺有关,一般有以下几类:

(1)涂敷膜　将敏感材料制成浆料直接用毛刷涂敷在传感器的基底材料上,这是最简单的制膜工艺,生产成本很低,但膜的质量和性能难以提高;

(2)厚膜　一般是指采用丝网印刷工艺制成的膜,厚度在 0.01～0.3 mm 之间。这种膜厚度均匀,性能可靠,成品率高,便于大批量生产;

(3)薄膜　指采用金属蒸镀、离子溅射、光刻、腐蚀等工艺制成的膜,这类膜的厚度只有几微米甚至到埃级,不仅性能稳定可靠,而且由于膜的厚度极薄,传感器的响应速度和迟滞等性能均有较大的改善,有时还表现出与厚膜不同的选择性。

在检测过程中,化学传感器的敏感材料也发生化学变化,会造成敏感物质的损耗,影响到传感器的使用寿命和性能。因此,要求化学传感器的这种化学变化是可逆的,即随着被测量的变化自动地发生氧化—还原反应。此外,由于化学反应的复杂性,一种敏感材料可能与多种物质发生反应,这不仅表现出多选择性,还易使传感器受到污染、中毒,导致传感器失效。因此,保持敏感膜的清洁和化学特性可逆也是化学传感器的一个重要特点。

换能器的作用是将敏感膜的化学或物理变化转换成电信号或光信号。换能器的形式多种多样,主要有:各种化学电池、电极、场效应管(MOSFET)、PN 结、声表面波器件、光纤等。换能器的形式决定了化学传感器的物理结构和转换原理。

也有些化学传感器并不明显地分为上述两部分(如采用双温法或双压法原理的湿度传感器、采用接触燃烧法制成的可燃性气体分析仪),它们都不采用膜结构敏感原理,也就没有敏感膜。

化学物质数量巨大、形态各异,同一物质的同一化学量可用多种不同类型的传感器测量,有的传感器又可测量多种化学量,这就导致化学传感器的种类繁多,原理也不尽相同而且相对复杂。按接受器的识别功能可分为离子敏传感器、气敏传感器、湿敏传感器、光敏传感器等,按换能器的工作原理可分为电化学传感器、光化学传感器、质量传感器、热力学传感器、场效应管传感器等。

本章主要介绍应用较多的电化学传感器，包括离子敏传感器、气体传感器、湿度传感器。光化学传感器是基于化学反应中物质的变色特性原理（如石蕊试剂可用颜色指示 pH 值），还有些物质可在紫外线下激发荧光，将这种现象用光学的方法测量就构成光化学传感器；典型的质量传感器如基于压电效应的石英微天平，它也是一种加速度传感器，本书第 6 章有介绍；热力学传感器与本书第 7 章热电式传感器联系十分紧密。

11.2　离子敏传感器

离子敏传感器（Ion Sensor）是指具有离子选择性的一类传感器，它能检测出溶液中离子的种类、浓度（严格讲是离子的活度[①]）。最简单的离子敏传感器是离子选择电极（ISE）。大约在 20 世纪 80 年代，由于半导体制造技术的发展，由日本清山、哲朗等人首先将离子选择电极与场效应晶体管（MOSFET）技术结合，研制出具有离子选择性场效应管型离子敏传感器（ISFET）。

11.2.1　离子敏传感器的结构与分类

离子敏传感器的结构如图 11－1 所示。其中，敏感膜的作用是选择待测离子，是接受器；换能器的作用是将待测离子的活度转换为电信号。敏感膜和换能器是化学传感器的关键，其形式决定了离子敏感传感器的类型。因此可以根据敏感膜和换能器将离子型传感器分类。

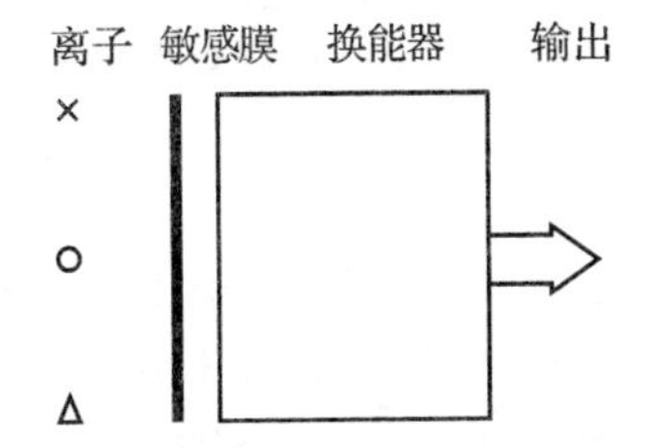

图 11－1　离子敏传感器结构图

（1）按敏感膜分有：玻璃膜式、固态膜式、液态膜式离子敏传感器。

（2）按换能器分有：电极型、场效应管型、光导纤维型、声表面波型离子敏传感器。

其中玻璃膜和固态膜类型应用最广，最易与各种换能器结合；而换能器中，离子选择电极应用最广。但目前发展最多最快的是场效应管型离子敏传感器（ISFET）。这一方面得益于近年飞速发展的硅半导体制造技术，另一方面由于这种传感器性能可靠，应用方便，易于集成化，因而很受欢迎。本节主要介绍这两种离子敏传感器。

11.2.2　离子敏传感器离子选择原理

1. 原电池和能斯特（Nernst）**方程**

将化学能转变为电能的装置称为原电池，如图 11－2 所示。两个金属棒（如铜棒、锌棒）插在适当的电解质溶液中（如 $CuSO_4$，$ZnSO_4$），就成为电池的两个电极；每个电极浸入电解质溶液中就构成一个半电池。这时，金属棒表面会吸附溶液中的金属离子，同时，金属棒上的原子也会溶入溶液中，两者最终达到平衡；在金属棒与溶液接触表面产生的界面电势，称为电极电位，它与离子的种类和溶液的浓度有关。用导线将两个电极连通，通过毫伏表可以

① 溶液中真正参与化学反应（或离子交换作用）的离子有效浓度称为离子的活度。

观察到导线中有电流流过,这表明两个半电池的电极电位不相等,金属中的自由电子沿导线流动。同时可以观察到,锌棒多余的 Zn^{2+} 离子溶入溶液,而盐桥中的 Cl^- 离子也溶入溶液与 Zn^{2+} 离子电中和;另一个半电池中也发生类似的反应,不同点是铜从溶液中析出,沉积在电极上。盐桥的作用是使两个半电池的电解质溶液互相隔离而又能相互导电。

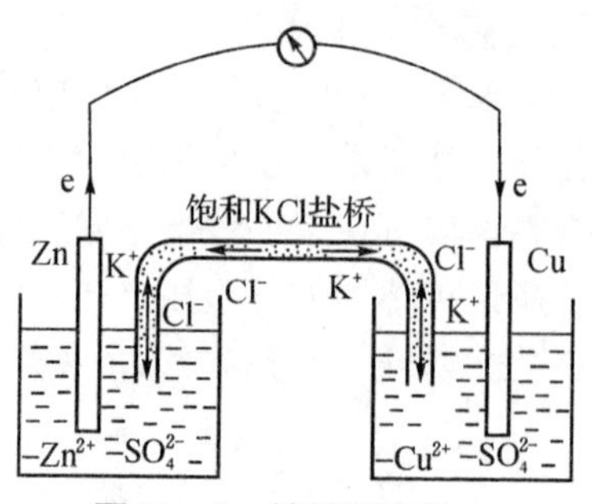

图 11-2　锌铜原电池

电极电位可由能斯特方程计算。假设某电极反应为:

$$Ox(\text{oxidation}) + ne \rightleftharpoons red(\text{reduction})$$

则相应的电极电位可由下列能斯特方程求得:

$$E_{ox/red} = E^0_{ox/red} + \frac{RT}{nF}\ln\frac{a_{ox}}{a_{red}} \tag{11-1}$$

式中,$E^0_{ox/red}$为标准电极电位,指标准温度(25℃)下,溶液中离子浓度为 1 mol/L 时的电极电位,可视为一个常数项;R 为气体常数,$R=8.314$ ($J\cdot K^{-1}\cdot mol^{-1}$);$T$ 为绝对温度,$T=273+t$℃(K);n 为电子转移数;F 为法拉第常数,$F=96485$ (C/mol);a_{ox} 为氧化态离子的活度;a_{red} 还原态离子的活度。对于固体、水、溶剂等,其氧化和还原态的浓度差别不大,如上例中金属电极的还原态是金属固体,此时,$a_{red}=1$,上式可简写为:

$$E = E^0 + \frac{RT}{nF}\ln a \quad \text{或} \quad E = E^0 + \frac{2.303RT}{nF}\lg a \tag{11-2}$$

化学传感器是基于化学电池的原理,不同的是:盐桥的作用由电化学薄膜(即敏感膜,如各种半透性薄膜和玻璃膜)来完成;膜材料的分子结构只允许一种元素的原子或离子通过。可见,敏感膜除了隔离和导电的作用外,还具有离子选择性。单个电极的电位是不易测得的,实际测量时,每一个半电池构成一个电极,其中,对被测离子敏感的电极称为指示电极,即 ISE;另一个电位不随待测溶液中被测离子浓度而改变的电极,称为参比电极(RE)。由参比电极和指示电极组成的测量系统如图 11-3 所示,它仍然是一个化学电池,可标记为:

参比电极 | 待测溶液 | 敏感膜 | 内部溶液 | 内部电极

Er　Ej　Em　Ea　Em'　Er'

其中"|"表示不同相物质的界面,不同相物质的接触面上存在相间电位。由上式及图 11-3 中可看出,敏感膜、内部溶液和内部电极三者构成了离子敏(选择)电极。式中:Er'为内部电极的电位;Em'为离子选择电极的外膜电位;Em 为离子选择电极的内膜电位;Er 为参比电极的电位;Ej 为液接界电位,一般为零;Ea 为膜内外表面的性质不对称引起的电位。

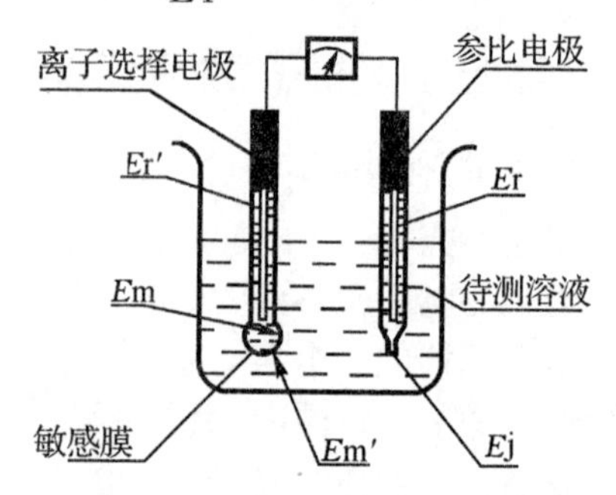

图 11-3　ISE 及其测量系统

该测量电池的电动势为

$$E = Er' + Em' + Em + Er + Ej + Ea$$

其中，只有膜外表面的电位由膜和待测溶液的性质决定，为被测量，其余均为常量，可归入能斯特方程中常量 E^0 中。因此，测量两电极间的电势可获知被测溶液的浓度。

2. 参比电极

理想参比电极的界面电势是固定不变的。一般要求参比电极电位不受待测溶液中离子浓度和温度变化的影响，重复性能好，湿度系数小。

常用参比电极有氢电极、甘汞电极、氯化银电极等。标准氢电极是一个精确的参比电极，其电极电位为零，由铂丝吸附氢并在规定条件下获得，制作和使用都十分复杂。因此，一般多用甘汞（Hg_2Cl_2）电极、氯化银（AgCl）电极。

（1）银—氯化银（Ag/AgCl）参比电极　在银丝外涂覆一层氯化银并浸在一定浓度的 KCl 溶液中可制成银—氯化银参比电极。其电极电位的电化学反应为：$Ag + Cl^- \rightleftharpoons AgCl + e$。银—氯化银电极易受光照影响，要避光保存。另外，硫化物、碘化物可使电极中毒，溴化物对电极也有影响。

（2）甘汞电极（饱和甘汞电极）　将铂丝插入汞中，汞与 Hg_2Cl_2、KCl 接触可制成甘汞电极。应当注意，当温度高于 70℃时产生下述平衡反应：$2Hg^+ + 2Cl^- \rightleftharpoons Hg_2Cl_2$，会导致电极电位不稳定。

两种电极均已经标准化，其对标准氢电极的电极电位（NHE）如表 11 - 1。

表 11 - 1　25℃时，常用参比电极的电极电位（NHE）

名　称	0.1 mol/L 甘汞电极	甘汞电极（NCE）	饱和甘汞电极（SCE）	AgCl 电极		
KCl 溶液浓度（mol/L）	0.1	1	饱和	0.1	1	饱和
电极电位（V）	0.3365	0.2828	0.2438	0.2880	0.2223	0.2000

11.2.3　离子敏电极（ISE）

根据离子电极的物理状态、电化学活性物质的性质和敏感膜的结构，离子敏电极的种类如表 11 - 2 所示。其中常用的有玻璃膜电极和固态膜电极。

表 11 - 2　离子选择电极

种类	ISE 性质、状态
玻璃膜电极	
固态膜电极	多晶膜、单晶膜、非均态膜
液态膜电极	带正电荷、负电荷、中性流动载体膜电极
其他电极	中性载体膜、酶电极半导体电极、气敏电极

1. 玻璃膜电极

玻璃膜电极是对氢离子敏感的指示电极，主要成分为：SiO_2、Na_2O、CaO，结构如图 11 - 4 所示。玻璃膜把 pH 不同的两种溶液隔开，膜电势的值由两边溶液的 pH 差值决定。如果固定一边溶液的 pH，则整个膜电势只随另一边溶液的 pH 变化。因此，用它可以制成氢离子指示电极。在球形玻璃膜内放置 pH 一定的缓冲溶液或 0.1 mol/L 的 HCl 溶液，并在溶液中浸入一支 Ag-AgCl 内部电极(实际上,内部电极的材料与结构,同参比电极一样)。当玻璃与水溶液接触时,玻璃表面会吸收水分,形成硅酸盐溶胀层(敏感膜)[①],其厚度约为 0.05～1 μm,而中间的干玻璃层厚度则约为 50 μm。由于玻璃相由 SiO_2 骨架和骨架空隙中的 Na^+、Ca^{2+} 所构成,溶胀层中的钠离子可以与待测溶液中的氢离子交换,即溶液中的氢离子进入玻璃结构的空隙中,把一部分钠离子顶替出来;钙离子所带电荷多,静电作用强,不能被氢离子顶替出来。在玻璃膜与溶液的界面上不断发生氢离子与钠离子的交换作用达到平衡后,在玻璃膜的界面上产生了相对稳定的相间电势。参比电极(如甘汞电极)与玻璃膜电极一起插入待测溶液中组成原电池:

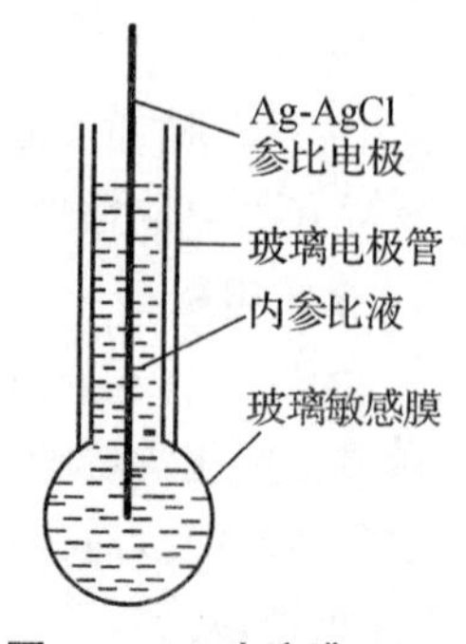

图 11-4　玻璃膜 ISE 结构示意图

甘汞电极|待测溶液|玻璃薄膜|HCl(0.1 mol/L)|Ag ,AgCl(S)

因此,玻璃膜的电势随着待测溶液中 H^+ 浓度而变,并对氢具有选择性。改变玻璃膜的配方,也可以制成对 Na^+、K^+、NH_4^+、Ca^{2+} 等一价离子敏感的离子敏电极。

玻璃膜电极的特点是使用寿命长,稳定性高,输出阻抗在 $10^8\,\Omega$ 级,因此与之相应的毫伏表、酸度计等仪器的输入阻抗常达到 $10^{12}\,\Omega$,玻璃膜电极的响应时间约 30 min。由于玻璃膜的化学稳定性较高,难与其他离子耦合,应用受到一定限制。

2. 固态膜电极

用难溶盐制成单晶切片、多晶切片或混合物,代替玻璃膜,就可以制成各种负离子的选择性电极。如指示氯离子浓度的 AgCl 电极,指示 S^{2-} 离子浓度的 Ag_2S 电极和指示氟离子的浓度的 LaF_3 电极等,它们的电极结构为:

内部溶液|Ag 盐膜(AgX)|含 X^- 待测溶液

这些难溶膜电极对难溶盐中的负离子敏感,是由于这些材料的晶体结构中存在晶格缺陷,允许离子在缺陷形成的空穴中自由移动形成离子导电,不同材料的晶格缺陷尺寸不同,对离子具有选择性。

固态膜电极的响应比玻璃膜快,能检测大多数负离子,但使用寿命有限,一般为几百次。

3. ISE 的主要参数

(1)离子敏电极的选择性　一般待测溶液中常混有杂质,假如溶液除含有价数为 n_i 的待测离子外,还含有价数为 n_j 的干扰离子,则式(11-2)应改写为:

$$E = E^0 + \frac{2.303RT}{n_i F}\lg(a_j + \sum_j k_{ij} a_j^{\,n_i/n_j}) \tag{11-3}$$

式中,k_{ij} 为选择系数,它是离子选择电极对 i 离子的选择性与对 j 离子的选择性之比,一般应使 $k_{ij} < 10^{-2}$,选择性很好的离子敏电极通常小于 10^{-4}。但是,有时这个数值也会非常大。如某型钠离子敏电极,$k_{Na/H} = 30$,说明这种电极虽然用于敏感钠离子,但对氢的敏感性是钠的 30 倍;而 $k_{Na/K} < 10^{-4}$,说明钾离子的存在不会影响检测结果。另外,选择系

① 为保证玻璃敏感膜充分水合溶胀,使用前应在水中浸泡 24 小时。

数不是一个常数，会受到温度、浓度影响，通常由实验测得。

(2)温度效应　能斯特方程中含有绝对温标 T，因此，电极电位与温度有关，$2.303RT/n_iF$ 也称为能斯特斜率。温度测量误差常常是电极测量误差的主要因素之一，使用时应特别注意。

(3)响应时间　离子敏电极与测量溶液接触后，敏感膜需要一定时间与溶液离子交换达到电平衡，这段时间需要几分钟到几十分钟不等。

(4)迟滞特性　离子敏电极的响应时间与待测溶液的浓度有关，待测溶液浓度越高响应越快。离子电极检测高浓度溶液后如果立即检测低浓度溶液会产生较大的误差。这是因为检测浓溶液后离子电极需要一定的恢复时间，使用时应当遵循先低后高的顺序。

(5)pH 范围　离子敏电极有一定的 pH 适用范围，过高的酸性或碱性可能导致电极溶解或沉积，影响使用。一般应在弱酸或弱碱性溶液中使用。

(6)内阻或输出阻抗　离子电极的内阻为几欧至几百兆欧不等，环境温度也会影响电极的内阻，使用时应使测量仪器输入阻抗与之匹配。

(7)电极寿命　一般用使用次数计，电极在不使用情况保存时间过长也会失效。

4. ISE 测量方法

使用指示器(如离子计、毫伏表、酸度计)与离子敏电极组合成最常用的测量装置即图 11－3 所示。根据测量场合不同，如将指示器设计成专用电表，溶液池采用各种自动化装置，并以计算机控制和显示，可制成各种专用测量设备。

ISE 的测量方法有直接电位法和滴定法两大类。直接电位法将参比电极和指示电极放入待测溶液中组成电池，根据能斯特方程直接测量电池的电位差来确定待测溶液中离子的种类和浓度。滴定法则要通过观察分析滴定过程中电池电位差的变化来确定滴定过程中溶液浓度的变化。

11.2.4　场效应管型离子敏传感器(ISFET)

ISFET 实质上是将离子选择电极和场效应管(MOSFET)集成在一起。MOSFET 的结构如图 11－5 所示，在 P 型硅衬底上扩散两个 N^+ 区用电极引出，分别作为源极 S 和漏极 D。在源漏极区之间的 P 型硅表面生成 SiO_2 绝缘层，再在源漏极之间的绝缘层上蒸镀一层金属铝作为栅极 G。

在源漏极之间施加电压，而在栅极不加偏压时，栅极氧化层下面是 P 型硅，源漏极之间是 N 型硅，故源漏极之间不导通。当栅源之间有正向电压 U_{GS} 时，会导致栅源极之间的电荷移动，并在栅极绝缘层下面的 P 型半导体材料的表面集聚负电荷，形成反型层。当 U_{GS} 超过某一个阈值 U_T 时，反型层将形成一个导电的 N 沟道。这时，若在源漏极之间施加电压 U_{SD}，则源漏极之间形成漏电流 I_D，I_D 与 U_{GS} 和 U_{SD} 的关系用图 11－6 所示的输出特性曲线表示。从图中可见，当 $U_{GS}<U_T$ 时，MOSFET 的导电沟道还未形成，故 I_D 为零。当 $U_{GS}>U_T$ 时，MOSFET 开启，因此，U_T 又称开启电压。MOSFET 的输出特性曲线可分为线性区、饱和区和雪崩区，其中线性区和饱和区为正常工作区。

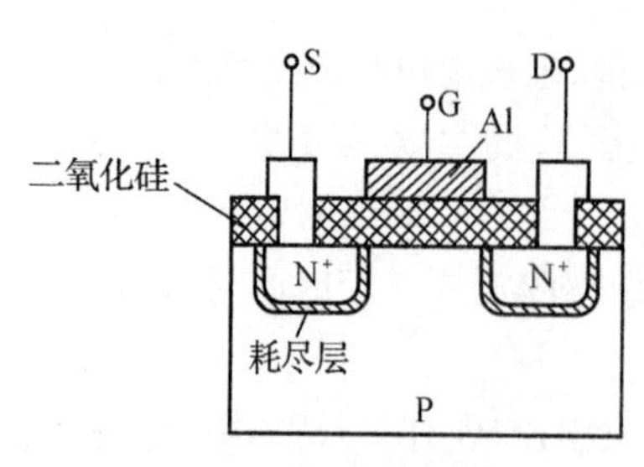

图 11-5 MOSFET 原理结构

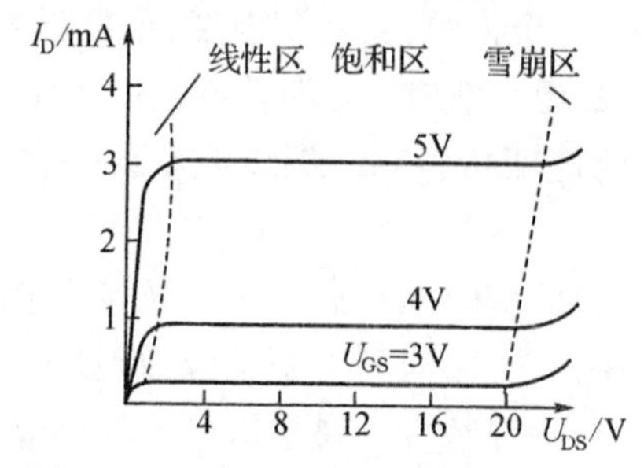

图 11-6 MOSEFET 输入输出特性

当$U_{DS}<U_{GS}-U_T$，则 MOSFET 工作在线性区，又称放大区，I_D 随 U_{DS} 的增大而增大，用β表示放大倍数，则

$$I_D=\beta(U_{GS}-U_T-U_{DS}/2)U_{DS} \tag{11-4}$$

当$U_{DS}>U_{GS}-U_T$，则 MOSFET 工作在饱和区，此时，I_D 保持一定，而不能再随 U_{DS} 的增大而变化：

$$I_D=\beta(U_{GS}-U_T)^2/2 \tag{11-5}$$

由上述各式可看出，场效应管漏电流 I_D 的大小与阈值电压 U_T 有关。ISFET 利用了这一特性，其结构原理如图 11-7 所示。将参比电极、待测溶液、敏感膜、MOSFET 串联在

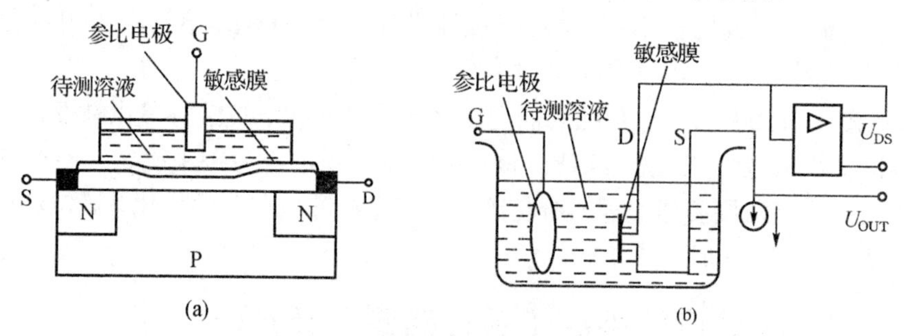

图 11-7 离子敏场效应管原理

(a)ISFET 结构；(b)外围共源电路

栅源回路中，构成外围共源电路。ISFET 测量系统见图(b)。此时栅源电压为

$$U'_{GS}=U_{GS}-E-E_r \tag{11-6}$$

式中，E 为敏感膜电势，E_r 为参比电极电势，则式(11-4)和式(11-5)分别变成

$$线性区：I_D=\beta(U_{GS}-E-E_r-U_T-U_{DS}/2)U_{DS}$$

$$饱和区：I_D=\beta(U_{GS}-E-E_r-U_T)^2/2$$

可见，如果固定U_{GS}、U_{DS}，则 I_D 仅受 U'_T 的影响，此式表明，I_D 的大小变化反映了被测溶液中离子活度的变化。

ISFET 用于电解质溶液的测量时，为了防止漏电，其源极、漏极必须良好绝缘封装。常规封装结构为扁平式，如图 11-8 所示。用引线把芯片与管脚接通，除敏感栅外，其余用环氧树脂覆盖，然后把带有管芯的陶瓷支架用环氧树脂固定密封在内径适当的塑料管或玻璃管中。医用封装要求外形尺寸小，并能消毒。多功能封装结构将多种敏感膜做在同一个基底上，制成多功能 ISFET，可以测量多种离子。

ISFET 有以下特点：

(1)输出阻抗低。一般 ISE 的输出阻抗很高，可达兆欧级，而 ISFET 却具有 MOSFET 输入阻抗高、输出阻抗很低的特点。同时还具有放大作用。

(2)全固态化结构，体积小，重量轻、机械强度高。

(3)由于利用了成熟的半导体制造技术，其敏感膜可以做得很薄，一般不到 1000 埃，因此膜的水化时间很短，响应很快，一般不到 1 s。

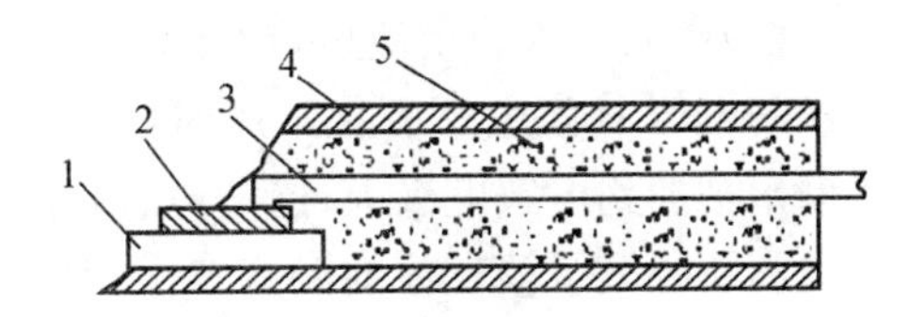

图 11-8　ISFET 封装结构

1—陶瓷支架；2—敏感栅；3-引线；4—塑料管；5—环氧树脂

11.2.5　离子敏传感器的应用

1. 用滴定法测量甲醛含量

根据甲醛与亚硫酸钠反应生成甲醛化的亚硫酸钠和当量的氢氧化钠($H_2O+HCHO+Na_2SO_3 \rightarrow NaHO+HO—CH_2NaSO_3$)，利用 pH 复合电极(氢离子敏电极)来测量 pH 值，从而直接测定甲醛含量。取已稀释 1000 倍的甲醛标液 25 ml 和 25 ml 浓度为 1 mol/L 的 Na_2SO_3，在烧杯中混合，插入 pH 复合电极，用 0.0424 mol/L 的标准 HCl 溶液滴定，每 0.5 ml 记录一次，数据如下：

pH	11.92	11.46	11.24	10.83	10.39	10.27	10.17	9.88	9.39	8.9	8.26
HCl/ml	0	3	5	6	6.5	6.6	6.7	7.0	7.5	8.5	10.5
ΔpH/ΔV	0	0.15	0.17	0.41	0.88	1.2	1.0	0.9	0.8	0.49	0.32

根据上表做出 pH 值对滴定剂体积微分 ΔpH/ΔV 曲线如图 11-9，其中最高点表示 pH 值发生突变或阶跃，表明反应物中 HCl 已经过量。因此，这点是滴定终点，称为等当电势点。根据所消耗的 HCl 可以计算出甲醛含量。与直接电位法相比，滴定法有较高的精确度，但耗时较多。

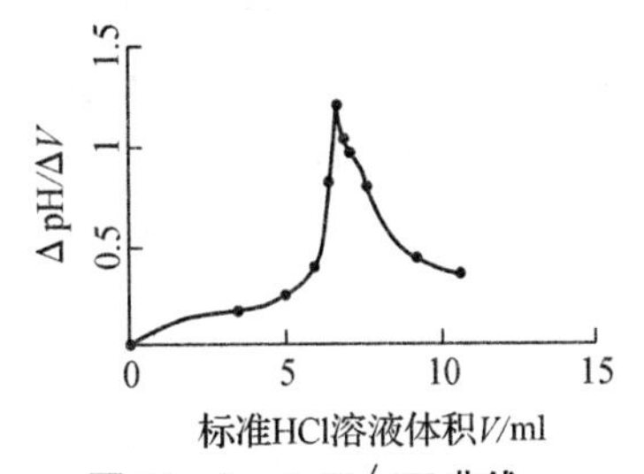

图 11-9　ΔpH/ΔV 曲线

2. 微库仑仪

图 11-10 为微库仑仪原理图，参考电极和测量电极间的电压 V 表征了池中的滴定离子浓度。图中开关按照固定的频率切换，当拨到图中实线位置时，称为测量周期；当开关拨到虚线位置时，称为电解周期。它的工作过程是：

(1)在样品注入滴定池前，参考电极到测量电极间的电压为 V_0。设置偏压，使之为 $-V_0$。测量周期中，采样电容采样到电压为值 $Vc=V_0$。紧接着的电解周期中，采样电容和偏压串联接入库仑放大器，这时由于偏压在之前已经设为 $-V_0$，因此库仑放大器输入为 $Vc-V_0=0$，输出也为 0，积分仪没有显示，电解电极上也不会有电压。

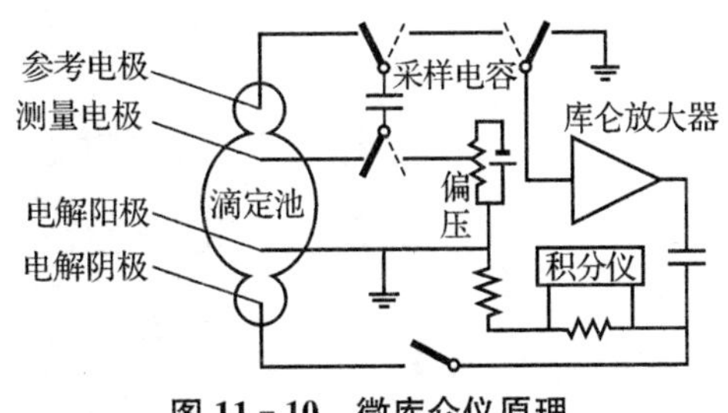

图 11-10　微库仑仪原理

(2)样品注入滴定池后,由于滴定离子和样品发生了反应,使极间电压V发生了变化。这时库仑放大器的输入不为0,它的输出被加到电解电极上;这一过程持续进行,直到电解生成的滴定离子补充了消耗掉的滴定离子,使得电压值又回到了初始值V_0。这个过程中,记录下电解电流的变化曲线如图11-11所示。这个曲线的积分值也就是反应消耗的电量,其单位是库仑。库仑值同样品中离子的含量成正比,因此可根据消耗的电量推算出样品中待测离子的含量。

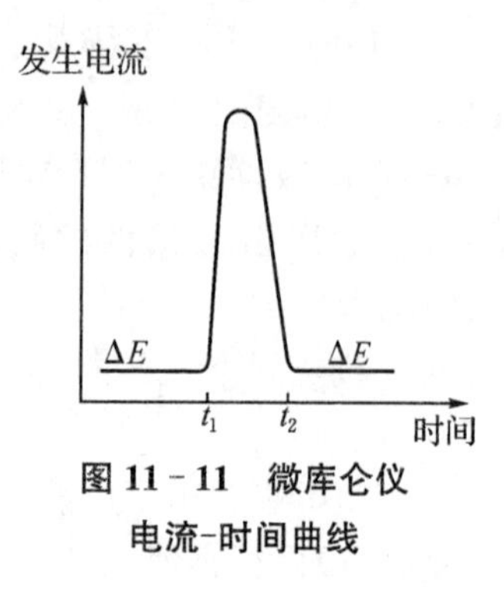

图11-11 微库仑仪电流-时间曲线

11.3 气体传感器

我们生活在一个充满气体的世界里,空气的质量与人类的健康、生活息息相关。在工业、医药、电子产品生产过程中,某种气体的含量常常关系到产品的质量;煤炭、军事乃至日常生活中,有毒有害或易爆气体的含量关系到我们的安全。因此,气体的检测方法越来越多地受到关注。气体传感器(Gas Sensor)是以气敏器件为核心组成的能把气体成分转换成电信号的装置。它具有响应快、定量分析方便、成本低廉、适用性广等优点,应用越来越广。

11.3.1 概述

气体种类繁多,性质各异,因此,气体传感器种类也很多。按待检气体性质可分为:用于检测易燃易爆气体的传感器,如氢气、一氧化碳、瓦斯、汽油挥发气等;用于检测有毒气体的传感器,如氯气、硫化氢、砷烷等;用于检测工业过程气体的传感器,如炼钢炉中的氧气、热处理炉中的二氧化碳;用于检测大气污染的传感器,如形成酸雨的NO_x、SO_x、HCl,引起温室效应的CO_2,CH_4、O_3,家庭污染如甲醛等。按气体传感器的结构还可分为干式和湿式两类;按传感器的输出可分为电阻式和非电阻式两类;按检测原理可以分为电化学法、电气法、光学法、化学法几类,如图11-12所示。

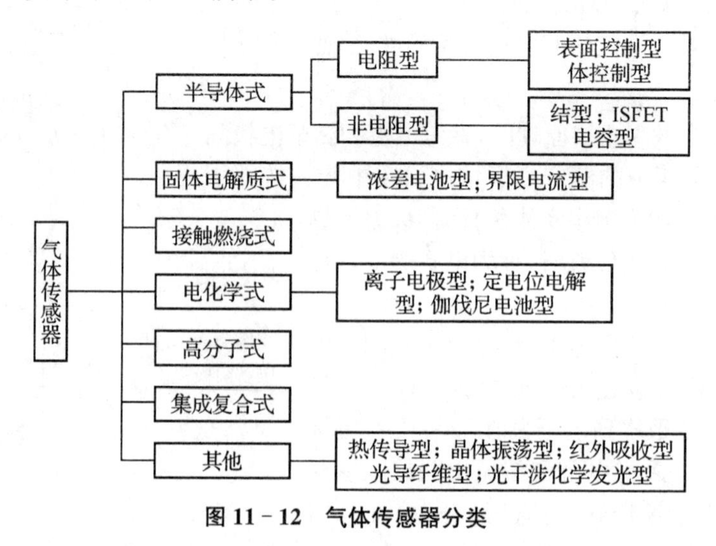

图11-12 气体传感器分类

对气体传感器的基本性能要求：①选择性，能按要求检测出气体的浓度，不受其他气体或物质的干扰；②重复性，可以重复多次使用，有较长的使用寿命和稳定性；③实时性，即动态特性要好等。

以下我们按气体敏感原理介绍几种较为常见的气体传感器件。

11.3.2　半导体气敏器件

半导体气敏器件可分为电阻型和非电阻型（结型、MOSFET 型、电容型）。电阻型气敏器件的原理是气体分子引起敏感材料电阻的变化；非电阻型气敏器件主要有 MOS 二极管和结型二极管以及场效应管（MOSFET），它利用了敏感气体会改变 MOSFET 开启电压的原理，其原理结构与 ISFET 离子敏传感器件相同 。

11.3.2.1　电阻型半导体气敏器件

1. 作用原理

人们已经发现 SnO_2、ZnO、Fe_2O_3、Cr_2O_3、MgO、NiO_2 等材料都存在气敏效应。用这些金属氧化物制成的气敏薄膜是一种阻抗器件，气体分子和敏感膜之间能交换离子，发生还原反应，引起敏感膜电阻的变化。作为传感器还要求这种反应必须是可逆的，即为了消除气体分子还必须发生一次氧化反应。传感器内的加热器有助于氧化反应进程。SnO_2 薄膜气敏器件因具有良好的稳定性、能在较低的温度下工作、检验气体种类多、工艺成熟等优点，是目前的主流产品。此外，Fe_2O_3 也是目前广泛应用和研究的材料。除了传统的 SnO、SnO_2 和 Fe_2O_3 三大类外，目前又研究开发了一批新型材料，包括单一金属氧化物材料、复合金属氧化物材料以及混合金属氧化物材料。这些新型材料的研究和开发，大大提高了气体传感器的特性和应用范围。

选择性是气体传感器的关键性能。如 SnO_2 薄膜对多种气体都敏感，如何提高 SnO_2 气敏器件的选择性和灵敏度一直是研究的重点。主要措施有：在基体材料中加入不同的贵金属或金属氧化物催化剂，设置合适的工作温度，利用过滤设备或透气膜外过滤敏感气体。

在 SnO_2 材料内掺杂是改善传感器选择性的主要方法，添加 Pt、Pd、Ir 等贵金属不仅能有效地提高元件的灵敏度和响应时间，而且，催化剂不同，导致不同的吸附倾向，从而改善选择性。例如在 SnO_2 气敏材料中掺杂贵金属 Pt、Pd、Au 可以提高对 CH_4 的灵敏度，掺杂 Ir 可降低对 CH_4 的灵敏度，掺杂 Pt、Au 提高对 H_2 的灵敏度，掺杂 Pd 降低对 H_2 的灵敏度。

工作温度对传感器的灵敏度有影响。图 11－13 为 SnO_2 气敏器件对各种气体温度的电阻特性曲线。由图可见，器件在不同温度下对各种气体的灵敏度不同，利用这一特性可以识别气体种类。

制备工艺对 SnO_2 的气敏特性也有很大的影响。如在 SnO_2 中添加 ThO_2，改变烧结温度和加热温度就可以产生不同的气敏效应。按质量计算，在 SnO_2 中加入 3%～5% 的 ThO_2，5%的 SiO_2，在 600℃的 H_2 气氛中烧结，制成厚膜器件，工作温度为 400℃，则可作为 CO 检测器件。图 11－14 是烧结温度为 600℃时气敏器件的特性。可看出，工作温度在 170～200℃范围内，对 H_2 的灵敏度曲线呈抛物线，而对 CO 改变工作温度则影响不大，因此，利用器件这一特性可以检测 H_2。而烧结温度为 400℃制成的器件，工作温度为 200℃时，对 H_2、CO 的灵敏度曲线形状都近似呈直线，但对 CO 的灵敏度要高得多，可以制成对

CO敏感的气体传感器。

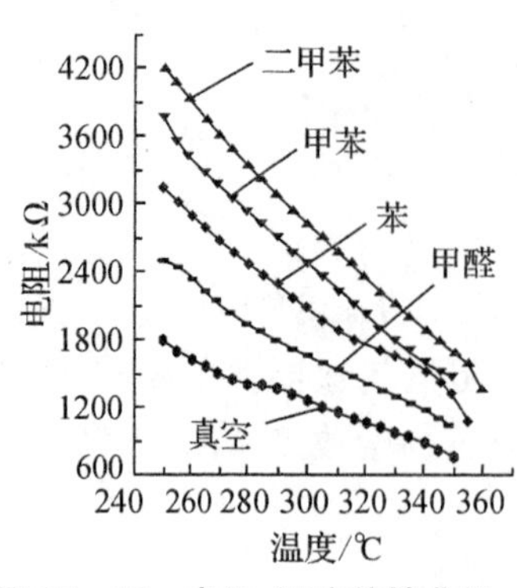

图11-13 电阻-温度特性曲线

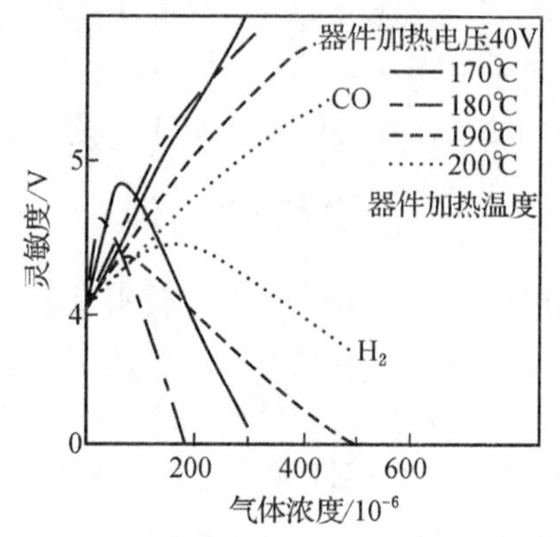

图11-14 厚膜SnO_2对H_2、CO的灵敏度曲线

2. 结构及参数

SnO_2电阻型气敏器件通常采用烧结工艺。以多孔SnO_2陶瓷为基底材料,再添加不同的其他物质,用制陶工艺烧结而成,烧结时埋入加热电阻丝和测量电极。此外,也有用蒸发和溅射等工艺制成的薄膜器件和多层膜器件,这类器件灵敏度高,动态特性好。还有采用丝网印刷工艺制成的厚膜器件和混合膜器件,这类器件具有集成度高,组装容易,使用方便,便于批量生产的优点。

图11-15是电阻型气体传感器的一种典型结构,它主要由SnO_2敏感元件、加热器、电极引线、底座及不锈钢网罩组成。这种传感器结构简单,使用方便,可以检测还原性气体、可燃性气体、蒸气等。

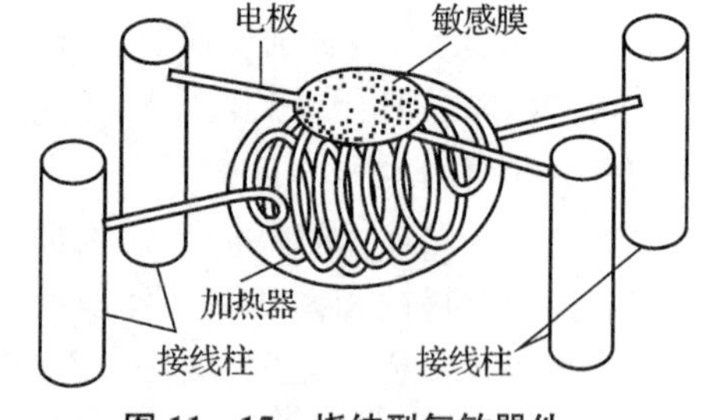

图11-15 烧结型气敏器件

电阻型气体传感器的主要特性参数有:

(1)固有电阻R_0和工作电阻R_S 固有电阻R_0又称正常电阻,表示气体传感器在正常空气条件下的阻值。工作电阻R_S表示气体传感器在一定浓度被测气体中的阻值。

(2)灵敏度S 通常用$S=R_S/R_0$表示,有时也用两种不同浓度(C_1、C_2)检测气体中元件阻值之比来表示:$S=R_S(C_2)/R_0(C_1)$

(3)响应时间T_1 反映传感器的动态特性,定义为传感器阻值从接触一定浓度的气体起到该浓度下的稳定值所需时间。也常用达到该浓度下电阻值变化率的63%时的时间来表示。

(4)恢复时间T_2 又称脱附时间。反映传感器的动态特性,定义为传感器从脱离检测气体起,直到传感器电阻值恢复至正常空气条件下的阻值,这段时间称为恢复时间。

(5)加热电阻R_H和加热功率P_H R_H为传感器提供工作温度的电热丝阻值,P_H为保持正常工作温度所需要的加热功率。

电阻型气体传感器具有成本低廉、制造简单、灵敏度高、响应速度快、寿命长、对湿度敏感低和电路简单等优点。不足之处是必须工作于高温下,对气体的选择性较差,元件参数分散,稳定性不够理想,功率要求高,当探测气体中混有硫化物时,容易中毒。

11.3.2.2 非电阻型气敏器件

非电阻型也是一类较为常见的半导体气敏器件，这类器件使用方便，无须设置工作温度，易于集成化，得到了广泛应用。主要有结型和 MOSFET 型两种。

1. 结型气敏器件

结型气敏传感器件又称气敏二极管，这类气敏器件是利用气体改变二极管的整流特性来工作的。其结构如图 11-16(a)所示。它的原理是：贵金属 Pd 对氢气具有选择性，它与半导体接触形成接触势垒。当二极管加正向偏压时，从半导体流向金属的电子将增加，因此正向是导通的。当加负向偏压时，载流子基本没有变化，这是肖特基二极管的整流特性。在检测气氛中，由于对氢气的吸附作用，贵金属的功函数改变，接触势垒减弱，导致载流子增多，正向电流增加，二极管的整流特性曲线会发生左移。图 11-16(b)为 Pd-TiO_2 气敏二极管在不同浓度 H_2 的空气中的特性曲线。因此，通过测量二极管的正向电流可以检测氢气浓度。

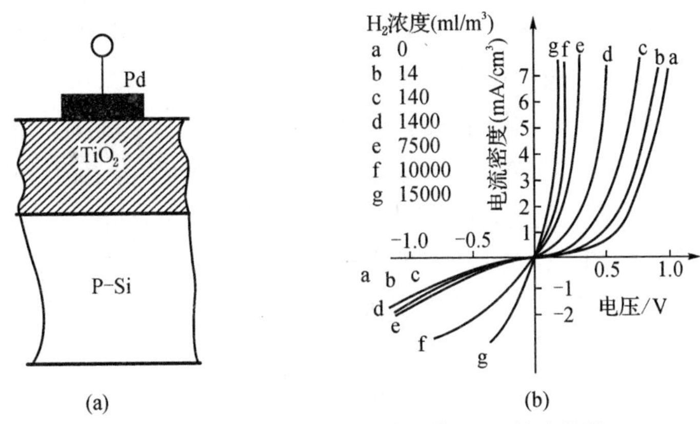

图 11-16 Pd-TiO_2 结型气敏器件结构(a)及输出特性(b)

2. MOSFET 型气敏器件

气敏二极管的特性曲线左移可以看作二极管导通电压发生改变，这一特性如果发生在场效应管的栅极，将使场效应管的阈值电压 U_T 改变。利用这一原理可以制成 MOSFET 型气敏器件。

氢气敏 MOSFET 是一种最典型的气敏器件，它用金属钯(Pd)制成钯栅。在含有氢气的气氛中，由于钯的催化作用，氢气分子分解成氢原子扩散到钯与二氧化硅的界面，最终导致 MOSFET 的阈值电压 U_T 发生变化。使用时常将栅漏短接，可以保证 MOSFET 工作在饱和区，此时的漏极电流 $I_D=\beta(U_{GS}-U_T)^2$，利用这一电路可以测出氢气的浓度。

氢气敏 MOSFET 的特点有：

(1)灵敏度　当氢气浓度较低时，氢气敏 MOSFET 灵敏度很高，可达到 10 mV/ppm，当氢气浓度较高时，传感器的灵敏度会降低。

(2)对气体选择性　钯原子间的“空隙”恰好能让氢原子通过，因此，钯栅只允许氢气通过，有很好的选择性。

(3)响应时间　这种器件的响应时间受温度、氢气浓度的影响，一般温度越高，氢气浓度越高，响应越快，常温下的响应时间为几十秒。

(4)稳定性　实际应用中,存在U_T随时间漂移的特性,为此,采用在HCl气氛中生长一层SiO_2绝缘层,可以显著改善U_T的漂移。

除氢气外,其他气体不能通过钯栅,制作其他气体的Pd-MOSFET气敏传感器要采用一定措施,如制作CO敏MOSFET时要在钯栅上制作约20 nm的小孔,就可以允许CO气体通过。另外,由于Pd-MOSFET对氢气有较高的灵敏度,而对CO的灵敏度却较低,为此可在钯栅上蒸发一层厚约20 nm的铝作保护层,阻止氢气通过。钯对氨气分解反应的催化作用较弱,为此,要先在SiO_2绝缘层上沉淀一层活性金属,如Pt、Lr、La等,再制作钯栅,可制成氨气敏MOSFET。

11.3.3　固体电解质气体传感器

固体电解质是一种具有与电解质水溶液相同的离子导电特性的固态物质,当用作气体传感器时,它是一种电池。它无须使气体经过透气膜溶于电解液中,可以避免溶液蒸发和电极消耗等问题。由于这种传感器电导率高,灵敏度和选择性好,几乎在石化、环保、矿业、食品等各个领域都得到了广泛的应用,其重要性仅次于金属-氧化物-半导体气体传感器。

1. 固体电解质氧气传感器原理

固体电解质在高温下才会有明显的导电性。氧化锆(ZrO_2)是典型的气体传感器的材料。纯正的氧化锆在常温下是单斜晶结构,当温度升到1000℃左右时就会发生同质异晶转变,由单斜晶结构变为多晶结构,并伴随体积收缩和吸热反应,因此是不稳定结构。在ZrO_2中掺入稳定剂如:碱土氧化钙CaO或稀土氧化钇Y_2O_3,使其成为稳定的荧石立方晶体,稳定程度与稳定剂的浓度有关。ZrO_2加入稳定剂后在1800℃气氛下烧结,其中一部分锆离子就会被钙离子替代,生成(ZrO·CaO)。由于Ca^{2+}是正二价离子,Zr^{4+}是正四价离子,为继续保持电中性,会在晶体内产生氧离子O^{2-}空穴,这是(ZrO·CaO)在高温下传递氧离子的原因,结果是(ZrO·CaO)在300～800℃成为氧离子的导体。但要真正能够传递氧离子还必须在固体电解质两边有不同的氧分压(氧位差),形成所谓的浓差电池。其结构原理如图11-17所示,两边是多孔的贵金属电极,与中间致密的ZrO·CaO材料制成夹层结构。

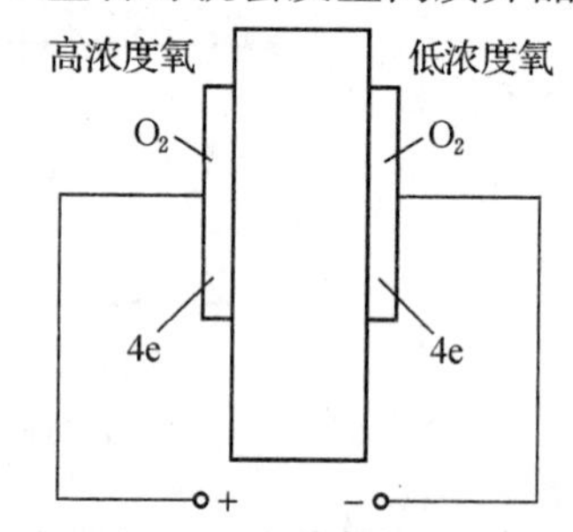

图11-17　浓差电池原理

设电极两边的氧分压分别为$P_{O_2}(1)$、$P_{O_2}(2)$,在两电极发生如下反应:

$$(+)极:P_{O_2}(2),2O^{2-}\rightarrow O_2+4e$$

$$(-)极:P_{O_2}(1),O_2+4e\rightarrow 2O^{2-}$$

上述反应的电动势用能斯特方程表示:

$$E=\frac{RT}{nF}\ln\frac{P_{O_2}(1)}{P_{O_2}(2)}\quad 或\quad E=0.0496T\ln\frac{P_{O_2}(1)}{P_{O_2}(2)} \tag{11-7}$$

可见,在一定温度下,固定$P_{O_2}(1)$,由上式可求出传感器(+)极待测氧气的浓度。

固定$P_{O_2}(1)$实际上是(-)极形成一个电位固定的电极,即参比电极,有气体参比电极和共存相参比电极两种。气体参比电极可以是空气或其他混合气体,如:H_2-H_2O,CO-CO_2也能形成固定的$P_{O_2}(1)$。共存相参比电极是指金属-金属氧化物、低价金属氧化物-高价金属氧化物的混合粉末(固相),这些混合物与氧气(气相)混合发生氧化反应能形成固定的氧压,因此也能作为参比电极。

除了测氧外,应用 β - Al_2O_3、碳酸盐、NASICON 等固体电解质传感器,还可用来测 CO、SO_2、NH_4 等气体。近年来还出现了锑酸、La_3F 等可在低温下使用的气体传感器,并可用于检测正离子。

2. 固体电解质气体传感器应用实例

图 11 - 18 为一种炼钢用定氧探头。由 ZrO_2(MgO)敏感电极管 2 与 Cr - Cr_2O_3参比电极 3 组成气敏传感器;热电偶冷端保护环 4 和热电偶 9 组成温度传感器。整个传感器的壳体由保护铁帽 1、铁管 5、耐火防溅层 6、绝缘层 7、耐火水泥 10 等组成,8 是引线接插件。为了防止高温水汽蒸发,所有的引线接点都用绝缘性能非常好的树脂材料保护,防止短路。另外,这种传感器工作于高温中,还应注意热胀冷缩引起电路的损伤断路。从能斯特方程可看出,敏感电极的电位与温度有关,所以温度的测量精度对固体电解质气体传感器的精确测量影响很大,因此炼钢用定氧传感器都将温度传感器、气敏传感器做在一起。

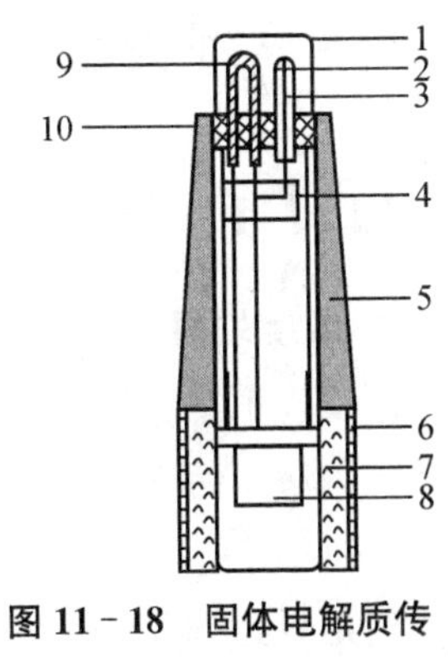

图 11 - 18　固体电解质传感器的结构

11.3.4　其他气体传感器

随着科技进步和生产、环境保护以及制造技术的发展,新型气体传感器不断推出,极大地改观了气体传感器的面貌。新型气体传感器大致可分为两类:采用新材料(如高分子气体传感器)和新原理(如光学气体传感器)等。

1. 采用新材料的气体传感器

主要是采用高分子材料作为气敏元件,根据所采用的换能器可分为以下四类:

(1)高分子电阻式气体传感器　该类传感器是通过测量高分子气敏材料的电阻来测量气体的体积分压,目前主要有酞菁聚合物、聚吡咯等。

(2)浓差电池式气体传感器　典型材料是聚乙烯醇 2 磷酸,其吸收气体后具有离子导电能力,可制成浓差电池。

(3)声表面波(SAW)式气体传感器　典型材料有聚异丁烯、氟聚多元醇等。这类材料能吸附挥发性有机化合物(VOC)。被吸附的分子增加了传感器的质量,使声波在材料表面上的传播速度或频率发生变化,通过测量声波的速度或频率来测量气体体积分数。可用来测量苯乙烯和甲苯等有机物的蒸汽[参见 13.2.3(2)]。

(4)石英振子式气体传感器　石英振子微秤(QCM)由直径为数微米的石英振动盘和制作在盘两边的电极构成。当振荡信号加在器件上时,器件会在它的特征频率(1～30 MHz)发生共振。振动盘上淀积了有机聚合物,聚合物吸附气体后,使器件质量增加,从而引起石英振子的共振频率降低,通过测定共振频率的变化来识别气体。

高分子气体传感器对特定气体分子的灵敏度高、选择性好,结构简单,可在常温下使用,克服其他气体传感器的不足,发展前景良好。

2. 光学式气体传感器

包括红外吸收型、光谱吸收型、荧光型、光纤化学材料型等,主要以红外吸收型气体分析仪为主。由于不同气体的红外吸收峰不同,可通过测量和分析红外吸收峰来检测气体。已经研制开发了流体切换式、流程直接测定式和傅立叶变换式在线红外分析仪。

近年来还开展了微生物气体传感器和仿生气体传感器的研究。

11.4 湿度传感器

11.4.1 概述

1. 湿度的概念

湿度表示空气的干燥程度或空气中水蒸气的含量,有绝对湿度 H_a 和相对湿度 H_R 两种表示方法。每立方米空气中所含水汽的克数称为绝对湿度:

$$H_a = m_v / V \tag{11-8}$$

但是,与人们的生产、生活处处相关的是相对湿度(RH),如作物生长、人们对天气的舒适感、地表水的蒸发等等。相对湿度是指大气中的水汽的饱和程度,用被测气体中水蒸气压力 P_{h} 与该气体在相同温度下饱和水蒸气压力 P_{s} 的百分比表示。

$$H_R = \frac{P_{\mathrm{h}}}{P_{\mathrm{s}}} \times 100\%\mathrm{RH} \tag{11-9}$$

表示湿度的另一个概念是露点温度(露点)。空气越潮湿越容易凝结出水珠,凝结水珠的条件还和温度、压力有关。因此,保持气体压力一定,使混合气体中水蒸气达到饱和而开始结露或结霜的温度就是露点。由于气体中的水蒸气压,就是该混合气体露点温度下的饱和水蒸气压。因此,通过测定空气露点温度,就可以测定空气的水蒸气压。

2. 湿度传感器的种类

湿度传感器(Humidity Sensor)的种类很多,原理和特性也各异。测量干湿空气的重量可以分析空气的绝对湿度,这一原理还用来制造高精度的湿度基准。动物毛发随湿度增加而伸长,这是毛发式湿度计的原理,根据这一原理选择两片随湿度膨胀特性不同的材料叠加,可制成双片式湿度传感器。这种原理还被应用于光纤式湿度传感器。根据微波在不同湿度的空气中衰减也不同,研制了微波湿度传感器;根据不同湿度的空气对红外的吸收不同可制成红外湿度传感器。此外,还有干湿球式湿度传感器、双压式湿度传感器等等。

湿度传感器按信号转换方式可以分为电阻式、电容式、频率式等;按敏感材料的性质可分为电解质型、陶瓷式、有机高分子型、半导体型。本节按此种分类法介绍几种较常见的湿度传感器。

还应注意:水蒸气容易发生三态变化。水气在材料表面吸附或结露变成液态时,水会使一些高分子材料、电解质材料溶解。也有一部分水电离成氢根和氢氧根离子,与溶入水中的许多空气中的杂质结合成酸或碱,使湿敏器件受到腐蚀、老化,逐渐丧失原有的性能。当水气在敏感器件表面结冰时,敏感器件的检测性能也会变坏。另外,湿敏信息的传递不同于温度、磁力、压力等信息的传递，它必须靠信息的载体——水对湿敏元件直接接触才能完成。因此，湿敏元件不能密封、隔离，必须直接暴露于待测的空气中。因此，制成长期性能稳定、可靠的湿敏器件是比较困难的。

11.4.2　溶性电解质湿度传感器

电解质溶入水后，全部或部分离解为能自由移动的正负离子，因而具有导电能力。电解质的导电能力与电解质的性质和浓度有关。

大多数电解质具有吸水性，将电解质的饱和溶液置于一定温度的环境中，若环境的湿度高于溶液的水蒸气压时，电解质将从环境中吸水，降低溶液表面上的水蒸气压，也使电解质溶液的浓度降低，电导升高。反之，环境湿度低于溶液中的水蒸气压时，溶液将脱湿，向环境释放水分，使溶液的浓度增加，甚至有固相析出；有固相析出的溶液是饱和溶液。当温度一定时，其浓度不变，其电导也不变。利用电解质溶液吸湿和脱湿性可制成电解质湿敏材料。

氯化锂(LiCl)是一种强吸湿类无机盐。将纯净的氯化锂置于潮湿环境中，在水合分子 $LiCl \cdot 3H_2O$ 形成以前，由于氯化锂还不能形成溶液也就不能导电。此后，氯化锂吸湿形成氯化锂饱和溶液。在 30℃时，其对应的水蒸气压为 480 Pa，湿度为 11.8%RH。

LiCl 湿敏传感器有两种典型结构，如图 11-19 所示：(a)为柱状，(b)为片状。衬底材料一般为聚碳酸酯、聚苯乙烯等工程塑料。起胶合剂作用的聚乙烯醇(PVAc)和 LiCl 溶液涂在衬底上形成均匀的敏感膜，用 Pd 丝作成双丝绕线电极，或用真空镀膜的方法制成梳状电极。

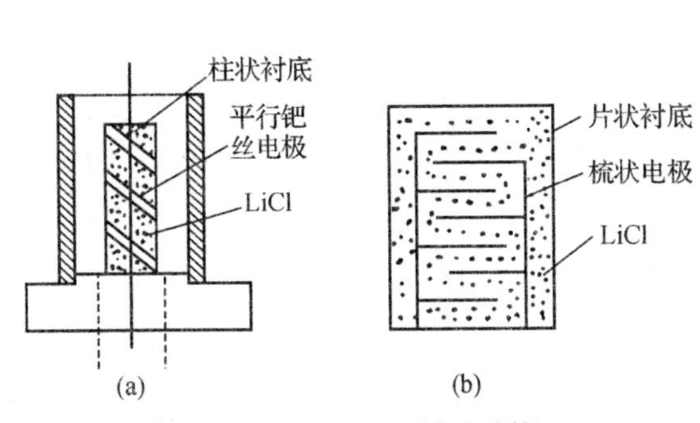

图 11-19　LiCl 湿敏器件结构

(a)柱状；(b)片状

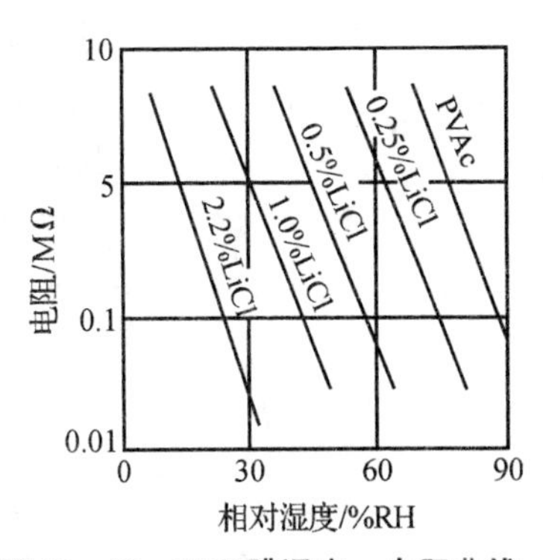

图 11-20　LiCl 膜湿度—电阻曲线

图 11-20 为单片 LiCl 敏感器件的感湿特性图。随着敏感膜 LiCl 浓度的增加，湿度—电阻特性曲线左移。一般单片敏感器件的测量范围很有限；常把不同量程的敏感器件组合起来使之能测量 10%～90%RH 的湿度。

LiCl 湿敏传感器是使用广泛的湿敏感传感器件，它具有测量范围宽，可达 10%～90%RH，精度可达 3%RH，响应快、滞后小(<2%RH)，结构简单，成本低等特点，适合于在 -10～50℃温度环境中应用，但不宜用在重污染环境中。另外由于 LiCl 吸水性很强，存在潮解后流失倾向，导致传感器失效，故也不宜用于结露环境中。

11.4.3 固体电解质湿度传感器

固体电解质湿度传感器可以在100℃以上的温度使用。典型材料如 $ZrO_2-Y_2O_3$(氧化锆-氧化钇)。采用限界电流原理的 $ZrO_2-Y_2O_3$ 高温湿度传感器如图11-21所示。采用 Y_2O_3 稳定 ZrO_2,在 ZrO_2 基片的同一平面上设置阳极和阴极,阴极用多孔Pt制成。陶瓷基座可以对固体电解质加热。阴极的微孔结构有限制氧扩散的作用,控制氧从阴极向阳极输送时产生的电流。限界电流的大小与氧含量有关,而水蒸气在高温下分解成氧和氢,因此可以通过测氧来测定水蒸气的含量。在环境温度为150℃时,使湿度(水蒸气压)由0变到 5.3×10^4 Pa,测得电压-电流特性曲线如图11-22所示。由图可看出,在1.4 V以下,产生第一限界电流 I_{L_1},1.4 V以上产生第二限界电流 I_{L_2}。I_{L_2} 与水蒸气压的变化关系如图11-23所示,近似为线性关系。

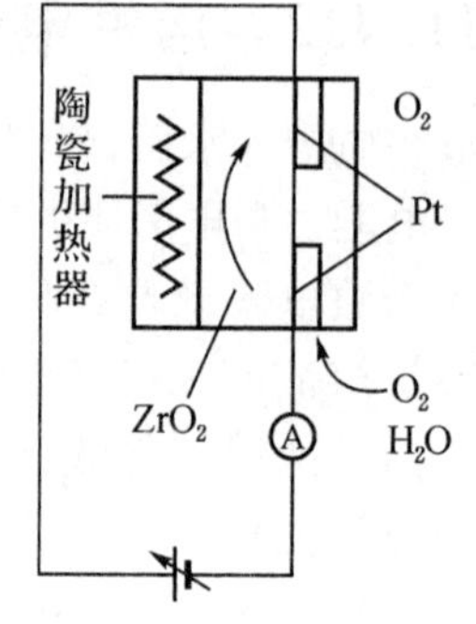

图11-21 ZrO_2 湿度传感器

这种传感器有较好的温度特性。当温度从20℃变化到250℃时,I_{L_2} 的变化折合成水蒸气压仅为 2.67×10^2 Pa。传感器经过高温、高湿(80℃、90%RH)的加速老化后,有较好的稳定性,连续工作10000小时,传感器的误差不超过700 Pa。

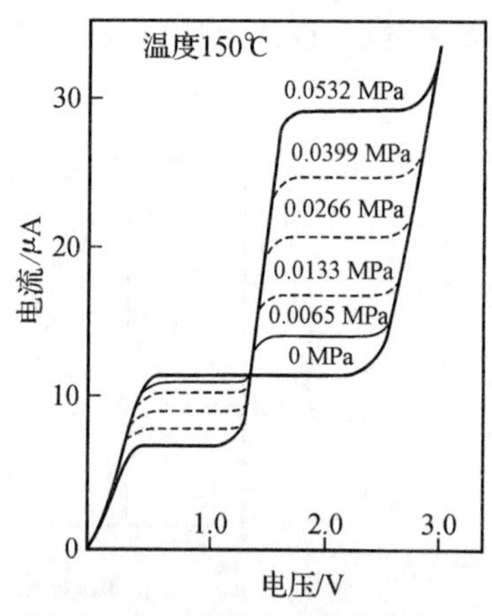

图11-22 限界电流特性曲线

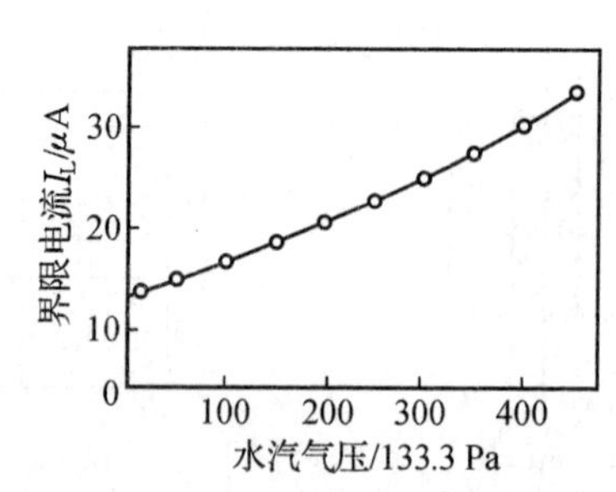

图11-23 第二限界电流特性曲线

11.4.4 陶瓷湿度传感器

陶瓷湿度传感器是应用最广泛的一类传感器。它利用了陶瓷多孔结构凝聚水分子形成导电通路,从而改变陶瓷的电导率或电容量。陶瓷湿度传感器也是目前种类最多的一类传感器。按敏感元件材料的晶体结构可分为:尖晶石结构(如 $MgCr_2O_4-TiO_2$ 系、$ZnCr_2O_4$ 系陶瓷)、钙钛矿型结构($BaTiO_3$、$La_xBa_{1-x}TiO_3$ 陶瓷)、多孔膜结构(Fe_3O_4、Al_2O_3)等。按敏感元件制作工艺分为:涂覆膜型、烧结型、厚膜型、薄膜型及MOS管型(MOS管型湿度传感器与ISFET型离子敏传感器原理相同)。本节按此分类介绍几种典型的湿度传感器。

1. 涂覆膜型

这类湿度传感器的制作工艺是：把感湿材料粉末（主要是金属氧化物）调成浆料，用笔涂或喷雾在已制好的梳状电极或平行电极的基板上，基板材料可以是滑石瓷、氧化铝或玻璃等，最后烘干。制作这类湿度传感器的典型材料是 Fe_3O_4、Al_2O_3。这种传感器的主要特点是制作和使用都比较简单，成本低，但湿滞误差较大，一般用于民用电器或要求不高的湿度测量。

2. 烧结型

这类湿度传感器用典型陶瓷工艺制作。将一定粒度的陶瓷粉末添加成型剂，用压力轧膜、流延或注浆等方法成型，然后在适合的温度、气氛条件下烧结，再经冷却清洗后挑选出合格产品加装电极，就得到了陶瓷湿敏元件。这类元件的工艺成熟、简单，敏感元件的可靠性和重现性等性能比涂覆型要好，典型的材料有：$MgCr_2O_4-TiO_2$（MCT）系、$ZnCr_2O_4$ 系、钙钛矿系等。

MCT 湿敏元件是典型的多孔陶瓷烧结型湿敏元件。纯 $MgCr_2O_4$ 是不导电的，添加 TiO_2 并经高温煅烧后，$MgCr_2O_4$ 的晶体结构中呈现过量的 MgO 而形成半导体。TiO_2 的添加量还可控制陶瓷的气孔直径，改变陶瓷的吸湿性能。传感器结构如图 11－24 所示，在 MCT 陶瓷的两侧面设置多孔的金或二氧化钌电极，并于感湿元件烧结在一起，电极的引线一般用贵金属丝。金短路环的作用是防止电极吸湿和粘污引起电极间漏电，MCT 陶瓷外面设有镍铬丝绕成的加热清洗器，以便对敏感元件进行加热清洗，消除有害气氛的影响。

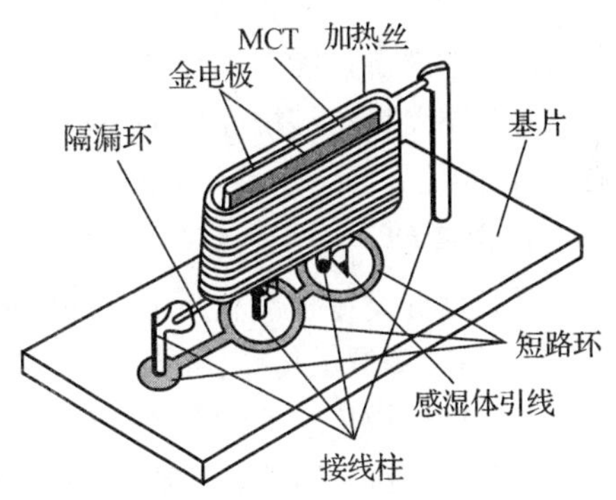

图 11－24　MCT 湿敏传感器结构

烧结型湿敏传感器的特点是：

(1)量程宽，可以实现全湿范围内的湿度测量；(2)工作温度高，最高工作温度可达 800℃；(3)灵敏度较高，湿度从 1%RH 变化到 80%RH 时，电阻值变化可达 4000 Ω 以上；(4)响应时间短，一般不超过 10 s；(5)精度高，可达 1.4%RH，一般为 5%RH 左右；(6)工艺简单，成本低。

应用中应注意：

(1)电极间存在电容影响，不宜采用直流供电。

(2)敏感元件一般可看作一个电阻，电阻值受温度影响需要温度补偿，电阻与温度关系为：

$$R=R_{T_0}\exp\left(\frac{B}{T}-\frac{B}{T_0}\right) \tag{11-10}$$

式中，R_{T_0} 为湿敏元件在温度 T_0 时的电阻值，B 为常数。为消除温度影响，一般串联一个热敏电阻 R_s，并使 B 值与湿敏电阻 R 值相等。即：

$$R_s=R_{s_0}\exp\left(\frac{B}{T}-\frac{B}{T_0}\right) \tag{11-11}$$

测量电路原理如图 11－25 所示，此时：

$$\frac{R}{R+R_s}=\frac{R_0}{R_{T_0}+R_s} \tag{11-12}$$

与温度无关。

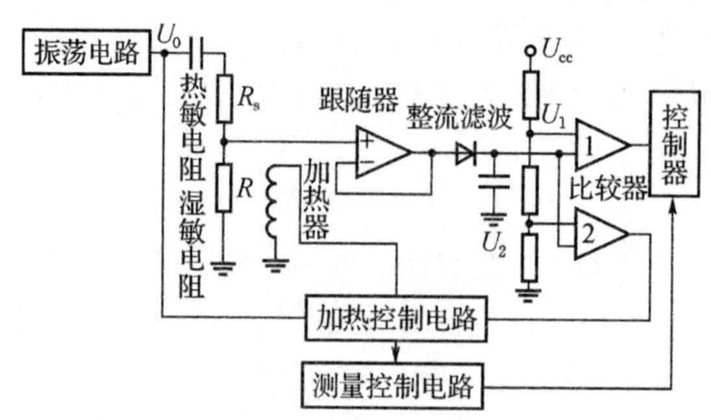

图 11-25 陶瓷湿敏传感器测量电路

(3)加热清洗,多孔结构的陶瓷元件使用一段时间后,陶瓷表面的污垢容易堵塞毛细孔,影响元件的感湿性能。加热到 400℃左右,元件可恢复原有的感湿性能。

有时不允许给湿敏元件加热清洗,因此又开发出无须加热清洁型的 $ZnO-Cr_2O_3$ 陶瓷湿敏传感器。

3. 厚膜型

厚膜型湿度传感器利用了丝网印刷工艺,与烧结型相比,离散性小,合格率高,易批量生产,所以是陶瓷湿敏传感器的一种发展趋势。

厚膜型湿敏传感器的芯片如图 11-26 所示。在氧化铝基片上先制成一对梳状电极,将 $ZrO_2-Y_2O_3$ 粉末加乙甘醇乙基和环氧树脂调和成浆料,用丝网印刷法把浆料印在梳状电极上,形成 20 μm 的感湿膜,然后干燥、烧结,再焊上外引线,封装外壳就制成了湿度传感器,其外形如图 11-27。保护壳用聚丙烯材料制成,上面开有一个过滤膜透湿窗,可滤除灰尘污垢,但可透过水气。

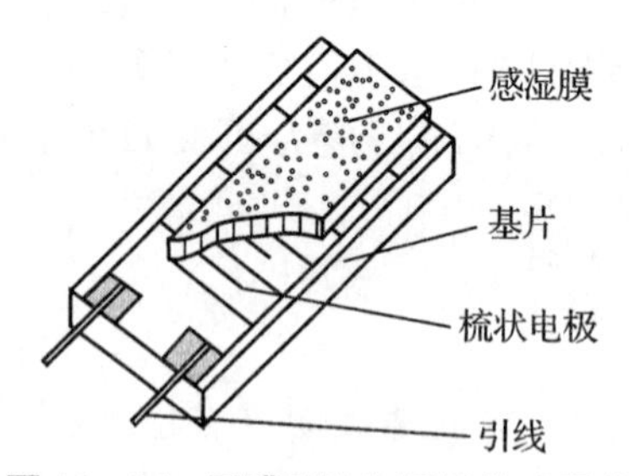

图 11-26 厚膜型陶瓷湿敏传感器件

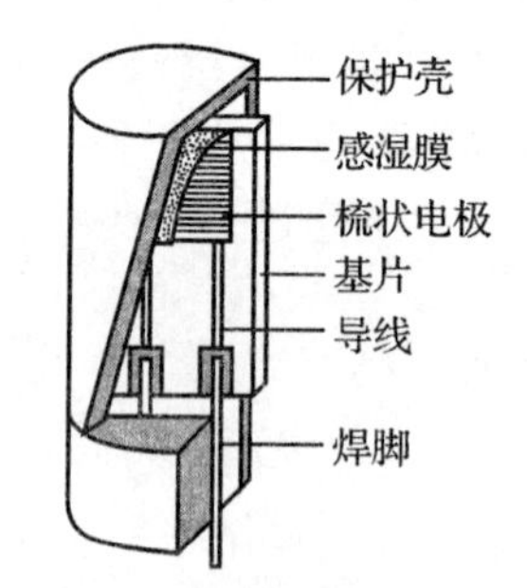

图 11-27 厚膜型陶瓷湿敏传感器

4. 薄膜型

薄膜型湿度传感器利用金属氧化物的强吸湿性制成电容器件,其结构如图 11-28 所示。薄膜型陶瓷湿度传感器采用平行板制成平板电容,上下两层是金属电极,中间是感湿薄膜。电极为多孔结构,厚度只有几百埃,可以保证水汽自由进出。中间多孔金属氧化物的孔径、孔的分布都会影响到器件的感湿性能。这种结构的湿敏元件兼有电容、电阻随湿度变化两种感湿性能。一方面,平行板间的电容值由金属氧化物和水的介电常数共同决定,另一方面，气孔吸附水分子使透气孔表面电阻减小。但湿敏电容比湿敏电阻的灵敏度高得多，所以表现出湿敏电容特性。

常用的金属氧化物材料是三氧化二铝（Al_2O_3）和五氧化二钽（Ta_2O_5）。薄膜型湿度传感器响应很快，但高温环境下宜采用钽电容式湿敏传感器。

除上述两种电容性湿度传感器外，近年还研制了电阻性的硒膜湿度传感器。

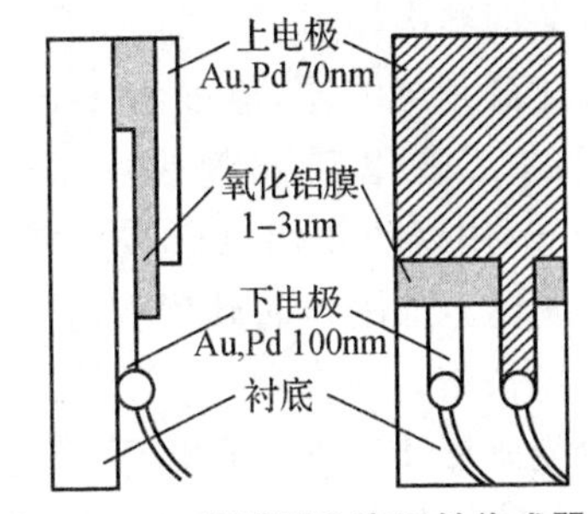

图 11－28　薄膜型陶瓷湿敏传感器

11.4.5　高分子湿度传感器

高分子湿度传感器是近年来研究开发较多的湿度传感器。它的特点是：响应范围宽（0～100%RH）；可借用已有的 IC 技术及薄膜制造技术，在同一基片上同时制造出许多芯片，耐湿、耐水、稳定性和一致性好；成本低、并容易实现小型化、智能化、集成化。

有机高分子湿度传感器按测量原理可分为电量变化型和质量变化型两类。其中，质量变化型材料因吸湿产生质量变化，可构成声表面波型和石英晶体振荡型湿度传感器，电量变化型主要是电阻或电容随湿度变化。此处介绍较常见的电量变化型湿度传感器。

1. 高分子电阻型湿度传感器

高分子电阻型湿度传感器有两种机理：(1)离子导电机理。一些湿度敏感材料（如聚苯乙烯磺酸锂）靠离子导电。随着环境湿度增大，材料对水气的吸附量增加，材料内部离子数量增多，电阻减小。(2)材料吸湿膨胀机理。在膨胀性高分子材料中加入含有导电性粉末（石墨、金属等）的高分子膜作为感湿材料，由于吸附水分，高分子材料膨胀，导电粉末间的距离变化，因而导致电阻增大，根据阻值的变化，就可以测量出湿度的大小，典型的如碳膜湿敏传感器件，其结构如图 11－29 所示。在绝缘的聚苯乙烯基片上印刷制备两个金电极，然后在电极之间涂一层含有碳粉粒的羟乙基纤维素膜。羟乙基纤维素是非导电体，具有良好的吸水性和胀缩性，碳粉粒是导电体。当环境温度增加时，纤维素膨胀，碳粉粒间接触变得松散，湿敏器件的电阻随之增大。图 11－30 为碳膜湿敏器件响应曲线。其标称电阻值通常为几十千欧，可在全湿范围内测量，精度一般在±5%RH 左右；响应时间很快，不超过 1 秒钟。这种器件的缺点是易漂移，不宜长期工作在恒湿环境中。

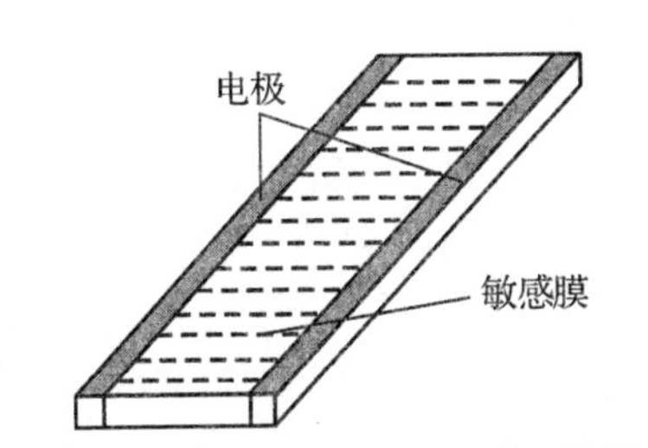

图 11－29　羟乙基纤维素碳膜湿敏器件

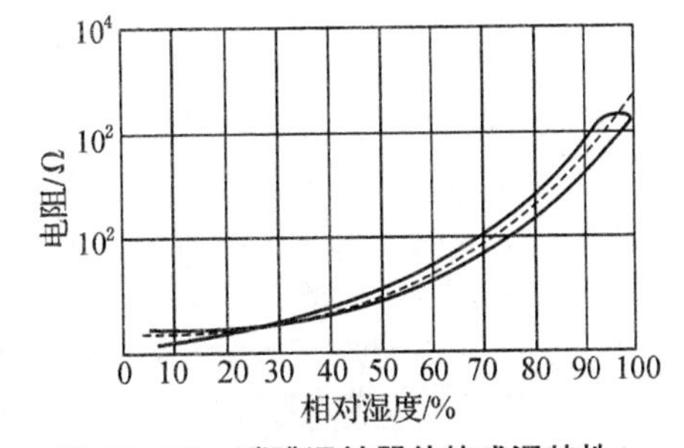

图 11－30　碳膜湿敏器件的感湿特性

2. 高分子电容型湿度传感器

电容式湿敏器件的结构可采用厚膜工艺，但越来越多地采用 CMOS 工艺。这种湿敏器件的截面结构如图11-31所示。硅衬底上的二氧化硅是绝缘层,厚度为100 nm。铝电极之间的二氧化硅被刻去。氮化硅厚度为300 nm,用以防止铝电极被聚酰亚胺吸附的水气腐蚀。采用多晶硅代替电阻丝对传感器进行热清洗。感湿材料采用厚度约为1 μm的聚酰亚胺(PI)高分子膜,其介电常数(ε≈5)和水分子的介电常数(ε≈80)相差较大。随着环境湿度变化,高分子膜吸附水分子引起电容器绝缘膜介电常数的变化,导致电容变化。常用的高分子材料还有醋酸丁酸纤维素(CBA)、聚砜、等离子聚合聚丙烯、全氟磺酸固体聚合物电解质(Nafion)等。

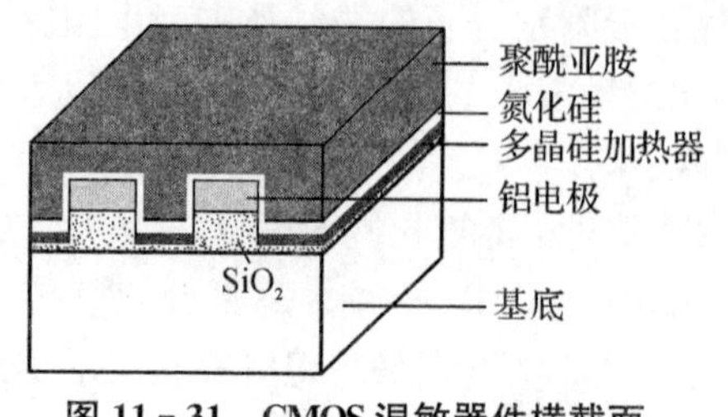

图11-31 CMOS湿敏器件横截面

高分子电容式湿敏传感器也常称为湿敏电容,其电容值一般为几十微微法,灵敏度可达0.1PF/1%RH,其优点是响应快(一般只有几秒),温度系数小。但也存在高温易漂移,抗污染性能差等缺点。因此,高分子湿敏电容不易在60℃以上工作或存放,也不宜在有害气氛特别是氯、氨、烟气中长期工作。

集成湿敏传感器也采用电容感湿原理,如瑞士Sensirion公司的SH71,Honeywell公司的HIH36XX、4000系列。集成湿度传感器通常与温度传感器、信号调整放大电路、AD转换、通讯电路做在一起。如SHT71是一个典型的基于CMOS技术的温湿度传感器,它的主要功能有:

(1)在一个芯片上集成了湿度传感器、温度传感器、信号调整放大电路、AD转换等电路,并支持I^2C总线接口;

(2)全校准相对湿度和温度输出,并具有露点计算功能;

(3)湿度输出分辨率为14位,温度输出分辨率为12位,并可编程降至12位和8位;

(4)湿度量程0~100%RH,精度±3.5%RH,重复精度0.1%RH,响应时间3 s,分辨力0.03%RH;

(5)温度量程−40~+120℃,精度±0.9℃,重复精度±0.1℃,分辨力0.01℃;

(6)片内校准功能。

由于采用I^2C接口,集成湿敏传感器的使用特别方便。

习题与思考题

11—1 简述化学传感器的结构和作用。

11—2 简述能斯特方程的意义。

11—3 简述ISFET的敏感原理;它有什么特点?有哪些应用场合?

11—4 简述ISE与ISFET的联系和区别。

11—5 如何改善电阻型半导体气体传感器的选择性?

11—6 简述MOSFET型气体传感器的原理。

11—7 什么是绝对湿度?什么是相对湿度?

11—8 电阻型湿敏器件是如何敏感湿度的?

11—9 电容型湿敏器件有什么特点?

11—10 试通过互联网查阅一种集成化学传感器的使用手册,并设计其测试电路。

第12章　生物传感器

12.1　生物传感器基础

1. 生物传感器的基本概念和原理

最初的生物传感器雏形是1962年由Clark提出的，他在传统的离子选择性电极上固定具有生物功能选择性的酶而构成了具有传感功能的"酶电极"。1977年后，随着纯酶提取技术的进步，人们相继研究出微生物电极和可以测抗原的免疫传感器。到了20世纪80年代，由于生物技术、生物电子学和微电子技术的发展，生物传感器不再仅仅局限于依靠生物反应的电化学过程，而是利用在生物反应中产生的各种信息来设计各种新型的更先进的生物传感器。例如出现了利用复合酶体系同时测定多成分的多功能生物传感器，以及将生物功能材料与光效应结合而形成的光纤生物传感器，与热效应结合而形成的生物热敏电阻等，从而逐渐形成了一个较为完整的生物传感器领域。

生物传感器(Biosensor)是指用生物活性材料，如：酶、蛋白质、DNA、抗体、抗原、生物膜等，作为感受器，通过其生化效应来检测被测量的传感器。它是发展生物技术必不可少的一种先进的检测方法与监控方法，也是物质分子水平的快速、微量分析方法。生物传感器是介于信息和生物技术之间的新增长点，它与国计民生的诸多领域，如生化、医学、生物工程、环境、食品、工业控制、军事等息息相关。生物传感器技术已成为我国当前优先发展的高技术之一。

生物传感器的原理如图12-1所示，主要由两大部分组成，一是生物功能物质的分子识

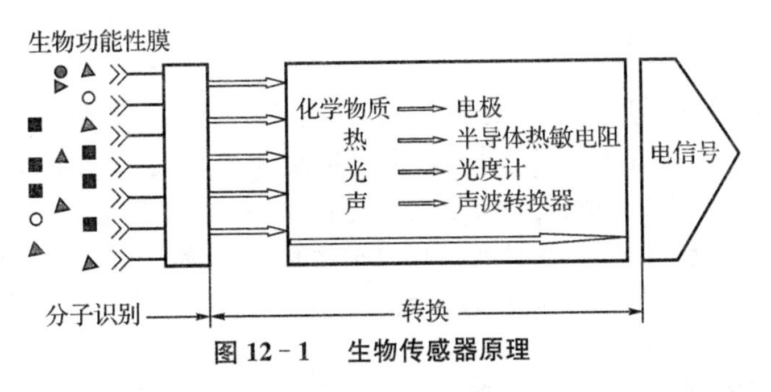

图12-1　生物传感器原理

别部分；二是转换部分。各种生物传感器有着共同的结构：包括一种或数种相关生物活性材料(生物膜)及能把生物活性表达的信号转换为电信号的物理或化学转换器(换能器)。二者组合在一起，当待测物质通过扩散作用进入生物活性材料，经分子识别，发生生物学反应，产生的信息继而被相应的物理或化学换能器转变成可定量和可处理的电信号，再经二次仪表放大并输出，便可知道待测物浓度。生物传感器中的信号转换器，与传统的转换器并没有本

质的区别。例如,可以利用电化学电极、场效应管、压电器件、光电器件等器件作为生物传感器中的信号转换器。

生物传感器的分子识别部分:其作用是识别被测物质,它是生物传感器的关键部分。其结构是把能识别被测物的功能物质,如酶(E)、抗体(A)、酶免疫分析物(EIA)、原核生物细胞(PK)、真核生物细胞(EK)、细胞类脂(O)等用固定化技术固定在一种膜上,从而形成可识别被测物质的敏感膜。当生物传感器的敏感膜与被测物接触时,敏感膜上的某种功能性或生化活性物质就会从众多的化合物中挑选自己喜欢的分子并与其产生作用,如图12-2所示。正是由于这种特殊的作用,才使得生物传感器具有选择性识别的能力。

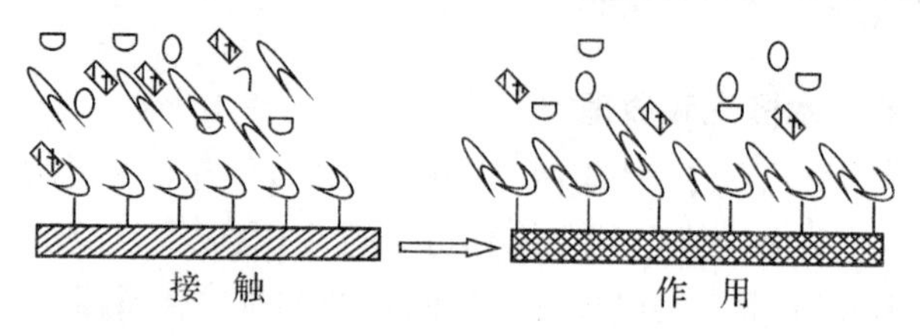

图12-2 敏感膜对生物分子的选择

依所选择或测量的物质之不同,使用的功能膜也不同,可以有酶膜、全细胞膜、组织膜、免疫膜、细胞器膜、杂合膜等,但这些膜大多是人工膜。尽管在少数情况下分子识别器件采用了填充柱形式,但微观催化仍应认为是膜形式,或至少是液膜形式,所以膜的含义在这里应广义理解。表12-1为各种膜及其组成材料表。

表12-1 生物传感器分子识别膜及材料

分子识别元件	生物活性材料
酶 膜	各种酶类
全细胞膜	细胞、真菌、动植物细胞
组织膜	动植物切片组织
细胞器膜	线粒体,叶绿体
免疫功能膜	抗体、抗原、酶标抗原等

生物传感器的转换部分:按照受体学说,细胞的识别作用是由于嵌合于细胞膜表面的受体与外界的配位体发生了共价结合,通过细胞膜通透性的改变,诱发了一系列的电化学过程。膜反应所产生的变化再分别通过电极、半导体器件、热敏电阻、光电二极管或声波检测器等变换成电信号。这种变换得以把生物功能物质的分子识别转换为电信号,形成生物传感器。具有变换功能的部分或元件也称为换能器。常用的换能器主要有以下一些类型:

(1)电化学换能器:电位型、电流型、场效应晶体管型、电导型;

(2)光化学换能器:光度型、荧光型、发光型、波导型;

(3)声波换能器:压电晶体型;

(4)热学换能器:感温型;

(5)其他类型换能器。

在膜上进行的生物学反应过程以及所产生的信息是多种多样的,表12-2给出了生物学反应和各种转换器间搭配的可能性。设计的成功与否取决于搭配的可行性、科学性和经济性。

表12-2　生物学反应信息和变换器的选择

生物学反应信息	转换器的选择
离子变化	电流型或电位型ISE、阻抗计
质子变化	ISE、场效应晶体管
气体分压变化	气敏电极、场效应晶体管
热效应	热敏元件
光效应	光纤、光敏管、荧光计
色效应	光纤、光敏管
质量变化	压电晶体
电荷密度变化	阻抗计、导纳、场效应晶体管
溶液密度变化	表面等离子共振

2. 生物传感器的特点

(1)采用固定化生物活性物质作催化剂,试剂可以重复多次使用,使用方便,成本低。

(2)专一性强,只对特定的底物(被酶作用的物质)起反应,而且不受颜色、浊度的影响。

(3)分析速度快,可以在一分钟内得到结果。

(4)准确度高,一般相对误差可以小于1%。

(5)操作系统比较简单,容易实现自动分析。

(6)综合信息获取能力强,能得到许多复杂的物理化学反应过程中的信息。

3. 生物传感器的种类

生物传感器的分类方法有多种,按照其感受器中所采用的生命物质分类,可分为:酶传感器、微生物传感器、免疫传感器、组织传感器、细胞传感器、基因传感器等。

按照换能器转换原理分类,可分为:热敏生物传感器、场效应管生物传感器、压电生物传感器、光学生物传感器、声波导生物传感器、酶电极生物传感器、介体生物传感器等。

按照生物敏感物质相互作用的类型分类,可分为亲和型和代谢型两种。

4. 膜技术

生物传感器的各种基础反应,都是在一种称之为膜的表面或中间进行的,反应过程即识别过程。生物传感器性能的优劣决定于分子识别部分的生物敏感膜和信号转换部分的转换器。在这两部分中,前者是生物传感器最为关键的部分。这里所指的不是天然的生物膜,而是人工制造的,是通过一种固定化技术把识别物固定在某些材料中,形成具有识别被测物质功能的人工膜,我们称之为生物敏感膜(Biosense Membrane)。生物敏感膜是基于伴有物理与化学变化的生化反应分子识别膜,研究生物传感器的主要任务就是研究这种膜元件。

固定化的首要目的是将酶等生物活性物质限制在一定的结构空间内,但又不妨碍底物的自由扩散及反应。制成的这种生物敏感膜应该具有可用于分析底物;能重复使用;分析操作简单;不再需要其他试剂;对样品量要求小等特点。

固定化的方法主要有以下几种:(1)夹心法(Sandwich);(2)包埋法(Entrapment);(3)吸附法(Adsorption);(4)共价结合法(Covalent Binding);(5)交联法(Cross Linking)。

生物传感器的响应速度和活性是一对相互制约的因素。以酶传感器为例,随着被固定酶量的增多其活性相应增大的同时,其膜厚度必然增厚,这样就会导致响应速度的减慢。为了制成反应快、活性大的生物敏感膜,一种称为"LB"膜成型技术的单分子层成膜技术在生物传感器领域得到广泛应用。

"LB"膜(Langmuir-Blodgett),是利用纳米技术,通过单分子层的多次连续转移所形成的多层组合超薄膜。

12.2 酶传感器

12.2.1 酶的特性和分类

酶(Enzyme)是生物体内产生的、具有催化活性的一种蛋白质,分子量可以从一万到几十万,甚至达数百万以上。

酶传感器是应用固定化酶作为敏感元件的生物传感器。依据信号转换器的类型,酶传感器大致可分为酶电极、酶场效应管传感器、酶热敏电阻传感器等。本节主要介绍酶电极传感器。

酶的主要特性就是催化特性,如:(1)在常温常压中性条件下能加快复杂生化反应的速度;(2)具有高度的专一性和选择性,即一种酶只能作用于一种或一类物质(即底物),产生一定的物质;(3)酶的催化活性可受下列因素的调节与控制:酶原激活、共价修饰调节、抑制控制调节、反馈调节和激素调节。利用酶的催化特性可进行底物、催化剂、抑制剂以及酶本身的测量。

根据化学组成,酶可分为单纯蛋白酶和结合蛋白酶;前者除了蛋白质以外不含其他成分,如胰蛋白酶、胃蛋白酶和脲酶等;后者是由蛋白质和非蛋白质两部分组成,非蛋白质部分若与酶蛋白结合得牢固、不易分离,则称辅基,如细胞色素氧化酶中的铁卟啉部分,用透析法就不能将其与酶蛋白分开;若两者结合得不牢,可在溶液中离解,则称为辅酶,如常见的烟酰胺腺嘌呤二核苷酸(NAD,辅酶I)和烟酰胺腺嘌呤二核苷酸磷酸(NADP,辅酶II)都为脱氢酶之辅酶。

根据分子的特点,酶可分为单体酶、寡聚酶和多酶体系。单体酶只有一条肽链,分子量约1.3万至3.5万,一般为水解酶,如溶菌酶、核糖核酸酶等。寡聚酶是由两个至数十个相同或不同亚基组成的酶,分子量约3.5万至数百万,如乳酸脱氢酶、天冬氨酸转氨甲酰酶等。多酶体系是由几种酶互相嵌合而成,分子量高达数百万以上,如脂肪酸合成酶复合体。

根据酶的催化反应类型,酶可分为:①氧化还原酶;②转移酶;③水解酶;④裂合酶;⑤异构酶;⑥连接酶。国际标准是按照酶的催化反应类型用EC×.×.×.×来标识酶。EC是英文Enzyme Classification(酶分类)的缩写,后接四个阿拉伯数字。第一个数字表示主类,以1～6序号代表上述六种酶;第二个数字表示亚类;第三个数字表示亚族;第四个数字表示专有号。例如葡萄糖氧化酶(GOD)属氧化还原酶,第一亚类第三亚族,4是它的专有号。

12.2.2 酶电极的工作原理

酶传感器是由酶敏感膜和电化学器件构成的。由于酶是水溶性的物质,不能直接用于传感器，必须将其与适当的载体结合，形成不溶于水的固定化酶膜。

由于酶是蛋白质组成的生物催化剂，能催化许多生物化学反应。生物细胞的复杂代谢就是由成千上万不同的酶控制的。酶的催化效率极高，而且具有高度专一性，即只能对特定待测生物量（底物）进行选择性催化，并且有化学放大作用，因此利用酶的特性可以制造出高灵敏度、选择性好的传感器。

常见的实用化的一类酶传感器件是酶电极。将酶膜设置在转换电极附近，被测物质在酶膜上发生催化反应后，生成电极活性物质，如 O_2、H_2O_2、NH_3 等，电极活性物质的产生或消耗由电极来检测。例如葡萄糖透过葡萄糖氧化酶 GOD 固定化膜时产生下列酶促反应：

$$C_6H_{12}O_6\text{（葡萄糖）}+O_2 \xrightarrow{\text{GOD}} C_6H_{10}O_6\text{（葡萄糖核酸）}+H_2O_2$$

氧的消耗和过氧化氢的产生可由氧电极和过氧化氢电极来测量。

根据酶电极的输出信号方式，可有电流型和电位型两类电极。电流型是从与催化反应有关物质的电极反应所得到的电流来确定反应物质浓度的，一般有氧电极、燃料电池型电极、H_2O_2 电极等。电位型通过测量敏感膜电位来确定与催化反应有关的各种离子浓度。一般采用 NH_3 电极、CO_2 电极、H_2 电极等。酶电极的特性除与基础电极特性有关外，还与酶的活性、底物浓度、酶膜厚度、pH 值和温度等有关。

1. 葡萄糖酶电极

图 12－3 示出了一种葡萄糖酶电极结构。其敏感膜为葡萄糖氧化酶，它固定在聚乙烯酰胺凝胶上。转换电极为 Clark 氧电极（极谱式氧电极），其 Pt 阴极上覆盖一层透氧聚四氟乙烯膜。当酶电极插入被测葡萄糖溶液中时，溶液中的葡萄糖因葡萄糖氧化酶（GOD）作用而被氧化，此过程中将消耗氧气。此时在氧电极附近的氧气量由于酶促反应而减少，从而使氧电极的还原电流减小，通过测量电流值的变化就可确定葡萄糖浓度。葡萄糖传感器的核心是酶膜，提高酶膜的性能是提高酶电极性能的关键。主要的酶膜有：(1)聚丙烯酸胺膜，这种膜对葡萄糖的扩散电阻大，且难以形成薄膜，故响应速度慢；(2)骨胶原膜，此膜扩散电阻小，可显著改善响应速度；(3)将酶固定在细孔径的不同种类的多孔性膜上，可抑制试液中高分子物质等杂质直接与酶接触，提高酶的活力；(4)酶膜上覆盖多孔膜，这样葡萄糖在酶膜上易扩散，使传感器响应速度较快，同时多孔膜能减少试液对酶膜的污染，使酶膜长期稳定性改善。

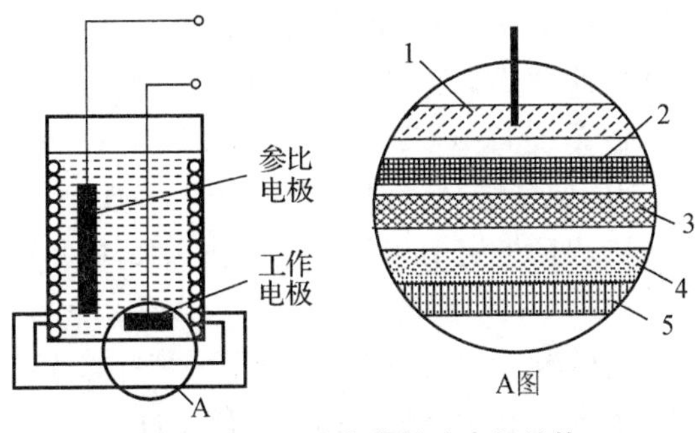

图 12－3　一种葡萄糖酶电极结构

1—Pt 阴极；2—聚四氟乙烯膜；3—固定化酶膜；
4—非对称半透膜多孔层；5—半透膜致密层

2. 乳酸酶电极

乳酸酶电极也是一种实用化的酶电极，其酶促反应如下：

$$CH_3CHOHCOO^-(乳酸根)+O_2 \xrightarrow{乳酸单氧化酶} CH_3COO^-(醋酸根)+CO_2+H_2O$$

$$CH_3CHOHCOO^-(乳酸根)+O_2 \xrightarrow{乳酸单氧化酶} CH_3COCOO^-(丙酮酸根)+H_2O_2$$

因此，通过测量氧的消耗、CO_2 或者 H_2O_2 生成量就可测量乳酸盐含量。乳酸酶电极将已预活化的免疫亲和膜与LOD(乳酸酶)直接结合，然后固定在铂阳极上。Ag/AgCl电极为参比电极，在0.6 V工作电压下，测量电流变化，并以黄素腺嘌呤二核苷酸二钠盐为辅酶，将 $MgCl_2$ 作为激活剂。乳酸盐的检测范围为 $2.5\times10^{-7}\sim2.5\times10^{-4}$ mol/L，响应时间小于2分钟，常规测量中变异系数为1%～3%。

3. 光寻址电位酶传感器

图12-4所示为一种光寻址电位酶传感器原理示意图。该传感器的基本原理是基于电场效应使敏感器件对绝缘层与电解质溶液间界面电位变化敏感。光寻址电位酶传感器采用了调制光束照射，使器件对该电位变化的响应由光电流所调制并用锁相技术检测。光寻址电位酶传感器绝缘层表面的固定化酶膜与溶液中底物发生酶促反应引起绝缘层表面电位变化，相应地改变了光电流幅值 I。若改变偏置电压 V 使 I 维持不变，则 ΔV 将反映出该电位的变化，在一定范围内，ΔV 与酶量或反应产物成正比。光寻址电位酶传感器是利用光束对半导体器件不同部位进行照射，可选择性地激活该传感器的不同敏感部位，使其成为一种结构简单而具有多参数或多样品同时检测功能的传感器，为细胞的生理、生化过程中同时连续监测多种参数变化提供了一种手段。光寻址电位酶传感器还具有灵敏度高、稳定性较高、测量范围宽、所需样品少、检测时间短等特点。

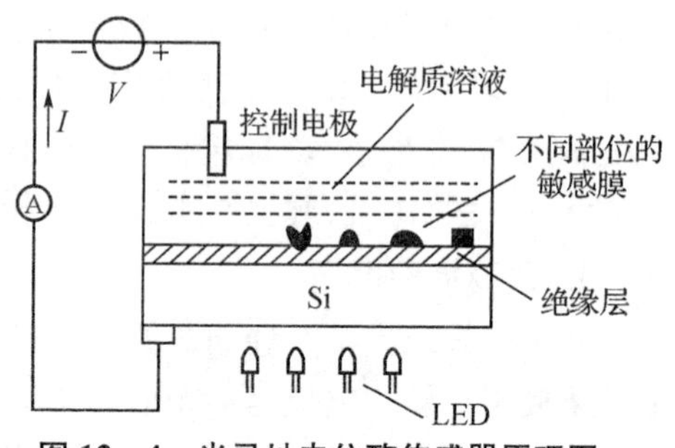

图12-4 光寻址电位酶传感器原理图

12.2.3 酶传感器的应用

1. 利用光纤酶传感器测量鱼类血液中的葡萄糖含量

在渔业养殖领域，由于致病菌感染而引起的鱼量减产时有发生，并造成了很大的经济损失。近年来，污染分析与控制系统HACCP已开始应用到水产品的生产中，其中的重点就是监测鱼类的抗感染能力与细菌感染情况。许多研究表明，鱼类血液中的葡萄糖含量与其承压水平、呼吸状况和营养障碍表征是密切相关的，血液中葡萄糖和胆固醇的低含量将会导致抗菌感染能力的降低。

为了检测鱼类血液中的葡萄糖含量，人们研制出了一种针状光纤酶传感器。这种传感器是由表面镀有固定酶膜的不锈钢针状中空管和含有钌合金的光纤探针组成，如图12-5所示。

针状中空管的顶端是普通18号探针的针状孔，直径1.2 mm。在其一侧分布着4个直径为1.0 mm的小孔，另一侧则分布着4个直径为0.8 mm的小孔。

固定酶隔膜的制作过程如下：将1 mg葡萄糖氧化酶溶解于200 ml 0.1 mol/L的PBS

(磷酸缓冲液 pH7.8)溶液中,取 25 ml 的混合液与 80 mg AWP(溴酸钾 C 溴化钾标准溶液)再混合。然后,将吸收了蒸馏水的透析膜排除气泡后,平铺在玻璃板上完全干燥。这样,上述的酶和 AWP 溶液就会均匀的渗入透析膜。在阴暗处晾一小时,再到荧光灯下辐射一小时来固定酶膜。AWP 是一种光敏聚合物,用来对固定酶的时间进行控制。这种做好的隔膜被切成 8 mm×3 mm 的条状,再一次吸收蒸馏水,然后再在滤纸上晾干。由于在透析膜和 AWP 中干燥收缩的差异,每一个膜条卷曲管的特性不同。

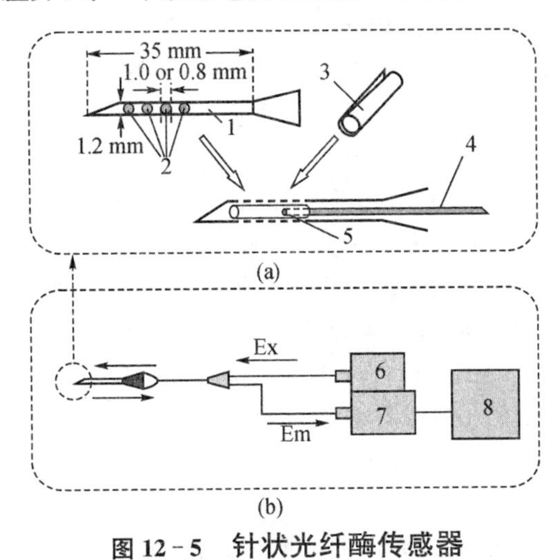

图 12-5 针状光纤酶传感器

(a)结构图解;(b)系统组成

1—针状中空管;2—圆形孔;3—固定酶膜;4—光纤探针;5—钌合金;6—LED 光源;7—分光计;8—计算机

针状酶传感器:管状的固定酶膜被插入到针状中空管的顶端,中空管吸收了 0.1 mol/L 的 PBS(pH7.0)溶液,因此固定酶膜会膨胀附着在中空管壁上,同时也能够消除酶膜与管壁间的气泡。然后将含有钌合金的光纤探针插入到固定酶膜中,从而得到了一个针状的葡萄糖传感器。

传感器的葡萄糖含量的标定:首先,传感器在氧饱和环境下的 100 ml 0.1M 磷酸缓冲液(pH7.0)里浸泡使针状中空管中充满缓冲液。一旦传感器的输出达到稳定,就把传感器放置到一个盛有标准葡萄糖含量的试管中,来测量由于葡萄糖氧化酶的氧化作用而导致的中空管中溶解氧的集中变化。化学反应式如下:

$$\text{D-葡萄糖} + O_2 \xrightarrow{\text{葡萄糖氧化酶}} \text{D-葡萄糖酸-}\delta\text{-内酯} + H_2O_2$$

清洗中空管后,将传感器重新放入磷酸缓冲液中就可重新使用。

传感器对血液葡萄糖的测量:将打捞上来的鲜鱼放置在浓度为每升 200 mg 乙二醇苯醚溶液中。然后把注射器用每毫升 3000 单位的肝磷脂钠溶液洗净后插于鱼的臀脉血管采集 6~8 ml 全身循环的血液,存入试管中。将血液样本放入每分钟 3000 转的离子分离机处理十分钟制成血浆样本。

其次进行标准葡萄糖含量的标定,将传感器置于 0.1 mol/L 的磷酸缓冲液中,一旦传感器的输出达到稳定,将传感器插入 200 μL 的血浆中或 400 μL 的鲜血样本试管中,上述过程在每个样本中重复进行。

2. 酶传感器在食品农药残留检测中的应用

酶电极传感器作为酶传感器的先驱,由Clark于1962年首先提出,1967年Updike构建的葡萄糖氧化酶电极用于测量样品中的葡萄糖。不同酶传感器检测残留物机理是不同的,如研制的胆碱氧化酶生物传感器,用来检测氨基甲酸酯类农药西维因,其线性范围为25～80 μg/L,最低检测限为15 μg/L。目前研究较多的一类传感器为乙酰胆碱酯酶类传感器。乙酰胆碱是高等动物中神经信号的重要传递中介,但同时又必须迅速将其除去,否则连续的刺激会造成过度兴奋,最后导致传递阻断而引起机体死亡。乙酰胆碱的除去依赖于胆碱酯酶,在胆碱酯酶的催化下,乙酰胆碱水解为乙酸和胆碱。有机磷和氨基甲酸酯类农药与乙酰胆碱类似,能与酶酯基的活性部位发生不可逆的键合,从而抑制酶活性,酶反应产生的pH值的变化可由电位型生物传感器测出。20世纪80年代末期D. N. Cray等人首次根据这种原理使用丁酰硫代替胆碱酯酶(BCHE)检测有机磷农药。利用该方法已研制出一种简易、快速测量有机磷农药的酶片和生色基片,监测灵敏度在0.01～10 mg/L之间,分析周期约20分钟,适用于现场检测,而检测灵敏度则取决于胆碱酯酶的类型和来源。从马血清中提取的丁酰胆碱酯酶可用于测量马拉硫磷,对氧磷、甲基对硫磷和敌百虫,检测限可达到0.1 nmol/L。用氧化电极和固定化ACHE测量对氧磷、马拉硫磷和甲基对硫磷的最低检测限为$1\times10^{-10}\sim1\times10^{-9}$mol/L。用乙酰胆碱酯酶电极和单片机结合研制的掌上型有机磷农药现场检测仪可测量0.5～43.1 μg/mL的敌敌畏和0.1～15 μg/mL的对硫磷,且仪器的响应时间短,仅需3分钟。

由于单酶传感器只能测量数目有限的环境污染物,所以可以在一个生物传感器上耦联几种酶促反应来增加可测分析物的数目。多酶传感器例子之一就是糖原磷酸化酶与一个碱性磷酸酶、变旋酶、葡萄糖氧化酶相结合以测量无机磷酸盐。结合多种酶之后,分析物的数目就可以增加,如固定酪氨酸酶和漆酶之后就能检测多种酚类化合物。

3. 酶传感器的发展趋势

酶传感器是生物传感器领域中研究最多的一种类型。生物传感器中的生物活性物质是传感器的核心部分,然而它们一般都溶于水,其本身也不稳定,需要固定在各种载体上,才可延长生物活性物质的活性。固定化技术的运用很大程度上决定着传感器的性能,包括选择性、灵敏度稳定性、检测范围与使用寿命等。酶传感器的研究重点在于防止电子媒介体和酶的流失、提高固定化酶的活力、扩大载体选择范围,以及将各种高新技术应用于酶传感器的设计和制作中。例如,将纳米工艺技术和各种形式的有机或无机纳米材料应用在固定化酶的研究中;模拟人体微环境的有机高分子材料可提供天然的生物相容性,最大限度地保持酶的生物活性,提高生物传感器的灵敏度和响应电流;新型高效电子媒介体的研制及其固定化技术的研究;新颖的、特殊结构的或仿生结构的电极的研制也将是提高酶传感器综合性能的重要途径。

12.3 免疫传感器

12.3.1 免疫概述

免疫(Immunity)是指机体对病原生物感染的抵抗能力,可分为自然免疫和获得性免疫。自然免疫是非特异性的,即能抵抗多种病原微生物的损害,如完整的皮肤、黏膜、吞噬细胞、补体、溶菌酶、干扰素等。获得性免疫一般是特异性的，在微生物等抗原物质刺激后才形成的，并能与该抗原起特异性反应，如免疫球蛋白等。这种由抗原刺激机体产生的具有特异性免疫功能的球蛋白称为抗体。

免疫识别是最为重要的生物化学分析方法之一，可用于测量各种抗体、抗原、半抗原以及能进行免疫反应的多种生物活性物质（例如激素、蛋白质、药物、毒物等）。

抗原是能够刺激动物机体产生免疫反应的物质，但从广义的生物学观点看，凡是具有引起免疫反应性能的物质都可以称为抗原。抗原有两种性能：刺激机体产生免疫应答反应；与相应免疫反应产物发生特异性的结合反应。具有刺激免疫应答反应的抗原是完全抗原；那些只可与抗体发生特异性结合，不刺激免疫应答反应的抗原称为半抗原。

抗原有以下3种类型：

（1）天然抗原：来源于微生物或动物、植物，包括细菌、病毒、血细胞、花粉、可溶性抗原毒素、类毒素、血清蛋白、蛋白质、糖蛋白等。

（2）人工抗原：经化学或其他方法变性的天然抗原，如碘化蛋白、偶氮蛋白和半抗原结合蛋白。

（3）合成抗原：化学合成的多肽分子。

12.3.2　免疫传感器工作原理

利用抗体对抗原的识别并能与抗原结合的功能构成的生物传感器称为免疫传感器。免疫传感器的原理就是生物的免疫反应。

酶和微生物传感器主要以低分子有机化合物作为测量对象，对高分子有机化合物识别能力不佳。利用抗体对抗原的识别和结合功能，可构成对蛋白质、多糖类等高分子有较高选择性的免疫传感器。它利用固定化抗体（或抗原）与相应的抗原（或抗体）的特异反应，此反应的结果使生物敏感膜的电位发生变化，一般可分为标记免疫传感器和非标记免疫传感器。

1. 标记免疫传感器

标记免疫传感器（也称间接免疫传感器）以酶、红细胞、放射性同位素、稳定的游离基、金属、脂质体及噬菌体等为标记物。其原理如下：等当量的标记抗原和抗体发生反应时，全部抗原与全部抗体将结合，形成复合体。取等当量的标记抗原和抗体，再加入被测非标记抗原，此时，由于标记抗原和非标记抗原在与抗体反应形成复合体的过程中发生竞争，使复合体中标记抗原量减少，据此可测定出抗原、抗体反应前存在的非标记抗原量（即被测对象）的数量。

采用具有化学放大作用的酶作标记物组成的标记酶免疫传感器具有较高的灵敏度。此类传感器的选择性依据抗体的识别功能，其灵敏度依赖于酶的放大作用。一个酶分子每半分钟就可使$10^3 \sim 10^6$个底物分子转变为产物，因此标记酶免疫传感器的灵敏度高。这种标记酶免疫传感器的工作原理主要有竞争法和夹心法，如图12-6所示。

（1）竞争法

如图12-6(a)所示，①在含有被测量对象的非标记抗原试液中，加入一定量的过氧化氢酶标记抗原（酶共价结合在抗原上）。标记抗原和非标记抗原在抗体膜表面上竞争并形成抗原、抗体复合体；②洗涤抗体膜，除去未形成复合体的游离抗原。将洗涤后的传感器浸入

过氧化氢溶液中;③结合在抗体膜表面上的过氧化氢酶将催化 H_2O_2 分解:

$$H_2O_2 \xrightarrow{\text{过氧化氢酶}} H_2O+\frac{1}{2}O_2$$

生成的 O_2 向抗体膜的透氧膜扩散,在 Pt 阴极上被还原,通过氧电极求得 O_2 量,进而可求得结合在膜上的标记酶量。若使标记酶抗原量一定,当非标记抗原量(被测对象)增加时,则结合在抗体膜上的酶标记抗原量将减少,O_2 的还原电流也减小。利用这种传感器可以测量人血白蛋白(HAS,Human Serum Albumin)。

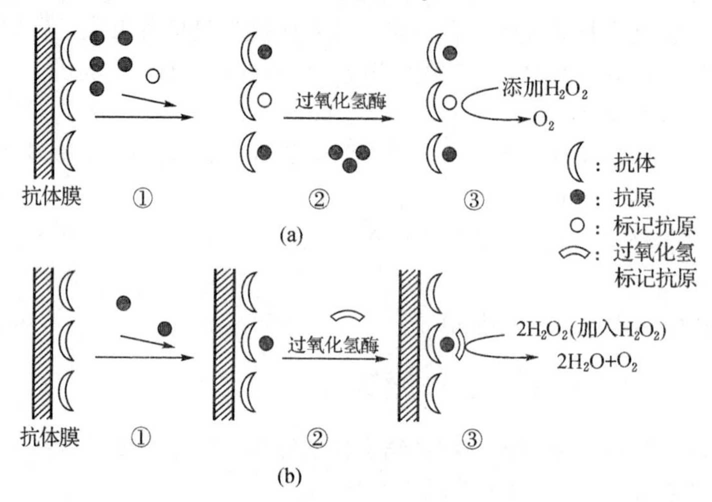

图 12-6 标记酶免疫传感器工作原理

(a)竞争法;(b)夹心法

(2)夹心法

如图 12-6(b)所示。夹心法采用了双抗体,其原理与竞争法类似,是将样品中的抗原(被测量)与已固定在载体上的第一抗体结合,洗去未结合的抗原后,再加入标记抗体(第二抗体),使其与已结合在第一抗体上的抗原结合,这样抗原被夹在第一抗体与第二抗体之间,洗去未结合的标记抗体,测定已结合的标记抗体的酶活性就可求出待测抗原量。

现以测量人绒毛膜促性腺素(Human Chorionic Gonadotropin,HCG)用的酶免疫传感器为例来说明。通过固定抗体膜测量 HCG 的过程可分以下步骤:

① 免疫化学反应

固定化 HCG 抗体膜+HCG 测量对象(抗原)⟶固定化 HCG 抗体- HCG(抗体抗原复合体)$\xrightarrow{\text{酶标 HCG 抗体}}$固定 HCG 抗体- HCG -酶标 HCG 抗体(抗体-抗原-抗体夹心结构)。

② 酶催化反应

$$H_2O_2 \xrightarrow{\text{过氧化氢酶}} H_2O+\frac{1}{2}O_2$$

③ Pt 电极上氧的电化学还原反应

$$\frac{1}{2}O_2+H_2O+2e^- \longrightarrow 2OH^-$$

这种传感器是在 Clark 氧电极的透气膜上紧贴一层固定抗体膜构成。氧电极可由 Pt 阴极、Ag/AgCl 阳极、KCl 电解液及聚乙烯透氯膜组成。在将固定 IICG 抗体膜安装在氧电极之前，应先按夹心法反应步骤完成免疫反应，形成夹心结构膜，然后用“O”型有机玻璃环将其安装在氧电极的透气膜上。测量时先在小型玻璃电解池中注入10 mL、pH值为8.0的磷酸缓冲溶液，以99转/分恒速搅拌，5分钟时记录溶解氧的含量。然后向电解液中滴入100 μL 30%的 H_2O_2 溶液，再次记录5分钟后溶解氧的含量，求得溶解氧的浓度变化。

酶免疫传感器测量HCG，具有选择性强、灵敏度高、响应快、无污染等特点。若采用HCG单克隆抗体制备固定化膜，则选择性和灵敏度还可进一步提高。

2. 非标记免疫传感器

非标记免疫传感器（也称直接免疫电极）不用任何标记物。其原理为：蛋白质分子（抗原或抗体）携带有大量电荷，当抗原、抗体结合时会产生若干电化学或电学变化，从而导致相关参数如介电常数、电导率、膜电位、离子通透性、离子浓度等的变化，检测其中一种参数的变化，便可测得免疫反应的发生以及被测量（抗原）的多少。

非标记免疫传感器能使抗原、抗体在受体表面形成抗原、抗体复合体，并将随之产生的物理变化转换为电信号。

非标记免疫传感器按测量方法分两种：一种是把抗体（或抗原）固定在膜表面成为受体，测量免疫反应前后的膜电位变化，如图12－7(a)所示；另一种是把抗体（或抗原）固定在金属电极表面成为受体，然后测量伴随免疫反应引起的电极电位变化，如图12－7(b)所示。

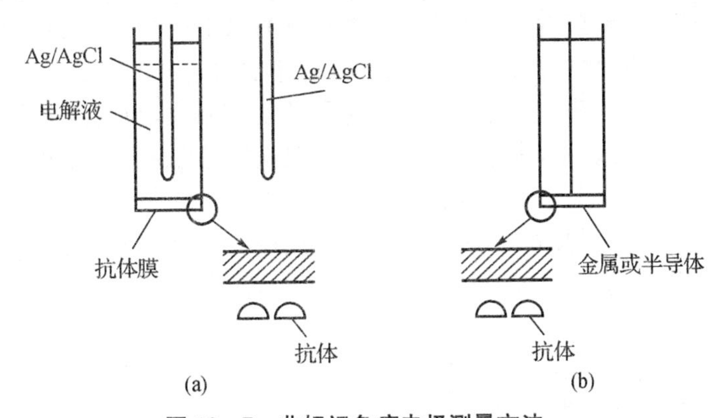

图12－7　非标记免疫电极测量方法

(a)固定抗体于膜表面法；(b)固定抗体于金属电极表面法

抗体膜（或抗原膜）与不同浓度的1－1价型电解质溶液（如KCl）接触时，其膜电位 ΔV_1 近似为

$$\Delta V_1=\frac{RT}{F}\left[-\ln\gamma+\ln\frac{-\theta+\sqrt{\theta^2+3C_1^2}}{-\theta+\sqrt{\theta^2+4C_2^2}}+(2t-1)\ln\frac{(1-2t)\theta+\sqrt{\theta^2+4C_1^2}}{(1-2t)\theta+\sqrt{\theta^2+4C_2^2}}\right]$$

式中：θ 为膜电荷密度；t 为迁移率；$\gamma=C_1/C_2$；C_1、C_2 为电解质浓度。

此时将在抗体膜表面上形成抗原、抗体复合体。通过洗涤，除去未形成复合体的抗原和其他共存物质。在相同条件下测量抗原、抗体反应后的膜电位 ΔV_2，则由 $\Delta V=\Delta V_2-\Delta V_1$ 可求出抗原浓度（注意应固定被测抗原浓度以外的各项因素不变，例如膜的抗体密度、抗原与抗体反应时间、膜电位测量条件等）。

非标记免疫电极的特点是不需额外试剂，仪器要求简单，操作容易，响应快；不足的是灵敏度较低，样品需求量较大，非特异性吸附会造成假阳性结果。

标记免疫传感器与非标记免疫传感器相比,在目前更具实用性,一些酶免疫传感器已经在临床分析上应用于测量IgG、HCG,检测极限可达10^{-9}~10^{-12}g/mL。这类传感器所需样品量少,一般只要数微升至数十微升,灵敏度高,选择性好,可作为常规方法使用,但需加标记物,操作过程也较复杂。

免疫传感器在实际应用中的一个重要问题是免疫电极的再生。免疫电极在进行一次测量后,需要使电极表面的络合物离解才能反复使用。一般说来,抗原、抗体反应的亲和常数大于离解常数,络合物的离解速度远小于络合物的形成速度,可以通过改变溶液的pH值或离子强度来促进离解。多数情况下用稀酸(0.01 mol/L乙酸或0.01 mol/L盐酸),也可用pH值为10左右的0.1 mol/L NH_4OH,还可用盐酸胍、尿素等蛋白质变性剂这一类强烈手段,但应注意不得使敏感膜失活。

免疫电极敏感膜再生是难度较大的实用技术,且由于膜再生是免疫电极可重复使用的前提,故也在一定程度上限制了免疫传感器的应用。

12.3.3 免疫传感器的应用

1. 利用声表面谐振波型免疫传感器检测塑料炸弹

爆炸物的检测是反恐的重要任务之一,本节介绍的基于声表面波的免疫传感器就是自"9·11"事件后,美国政府资助研究的用于对爆炸物的气相挥发物进行检测的免疫传感器。

基于声表面波(SAW)装置的免疫传感器的原理结构如图12-8所示,在SAW装置的表面固定一层单层抗体膜来构建气相生物传感器的敏感单元,利用抗体和抗原(被测对象)的结合,改变自身的谐振频率,根据频率变化的情况就能够准确地识别被测对象。这种传感器目前已成为检测气态小分子日益流行的分析工具。

气相传感装置应具有的两大性能是敏感性和选择性。通过改进传感器的结构设计可以提高传感器的敏感性,而传感器的选择性则取决于装置表面的化学感应膜的性能。

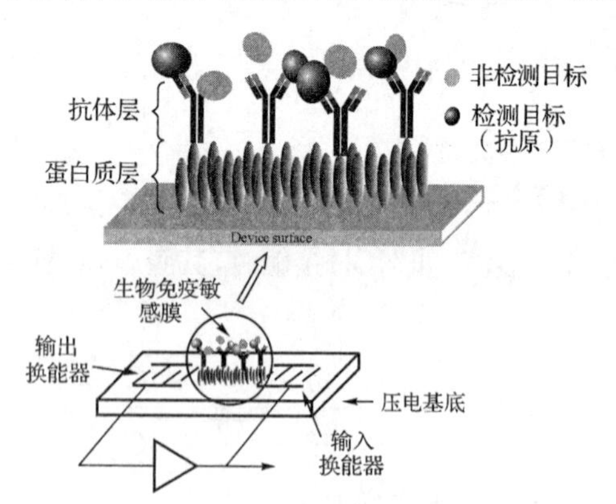

图12-8 SAW免疫传感器示意图

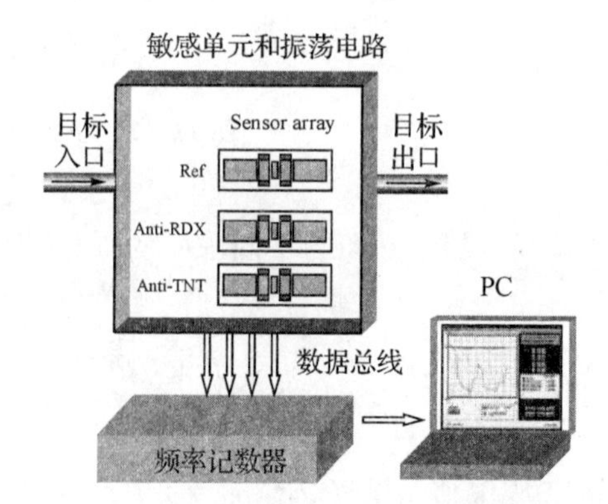

图12-9 基于SAW免疫传感器的爆炸物检测系统图

TNT(三硝基甲苯)和RDX(三次甲基三硝基胺)是80%的地雷、简易炸弹和其他爆炸物的主要原料,因此可采用反TNT和反RDX抗体作为生物免疫敏感膜,对爆炸物的气相挥发物进行检测。

爆炸物的气相样本是由美国爆炸物检测委员会专门提供的。图12-9是声表面谐振波型免疫传感器的爆炸物检测系统的示意图。多个声表面谐振波免疫传感器构成一个测量爆炸物的气相挥发物的传感阵列。抗体层被固定在声表面谐波发生器的每一个表面上。

被测物注入流通池后，为了尽可能地减少如气压、温度等干扰信号的影响，从不规范的振动开始采样。最终得到的参考传感器频率数据是从每一个检测传感器得到的数据中抽样出来的。

图12-10为室外空地进行爆炸物检测的实验结果。爆炸物样本被随机的安置在某个地点，这样检测系统受到的干扰信号也就是随机的。图中是使用RDX和硝酸铵为被测样本，采用反TNT和反RDX为抗体得到的数据。图12-10表明不同的抗体和对应抗原(被测物)的结合，会使传感器的频率发生非常显著的变化，这种变化和爆炸物的气相挥发物的浓度成比例关系。

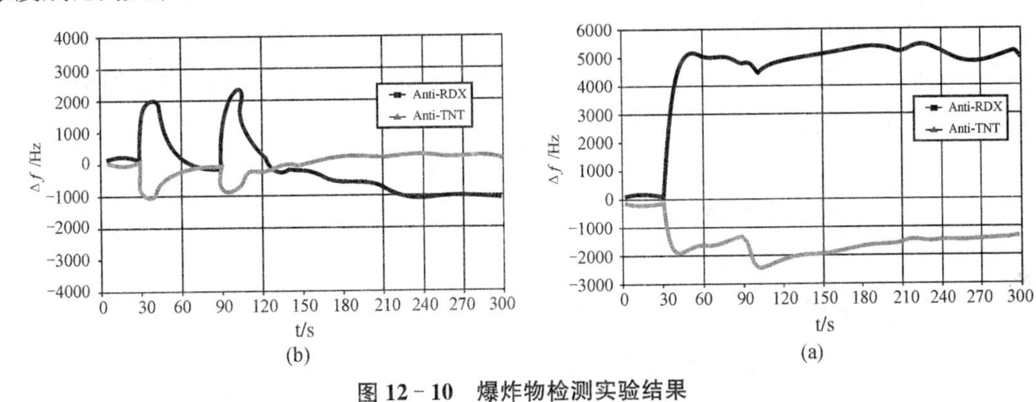

图12-10　爆炸物检测实验结果

(a)以RDX为样本的采集信号；(b)以硝酸铵为样本的采集信号

实验表明，声表面谐波发生器固有的高增益和抗原抗体间高效的免疫反应，使得该免疫传感器具有灵敏度高、选择性好的特点。在抗体固定不动的条件下，可在爆炸样本低挥发的状态下成功地检测出目标。同时，该检测系统可在线实时完成爆炸物的检测，避免了像ELISA(酶联免疫吸附试验)那样的长时间的生物化学处理过程。

2. 免疫传感器的发展趋势

免疫传感器是活性单元(抗体或抗原)与电子信号转换元件(换能器)的结合。一方面，免疫传感器以抗体—抗原亲和反应为识别基础，所以具有很高的选择性；另一方面，免疫活性单元是用一定的基体固定在检测仪器上的，基体和附在其上的共存物引入的非专一性反应就可能影响免疫反应的专一性。这种来自基体和共存物的干扰仍是免疫传感器研究中有待解决的一个问题。

抗体敏感性与可逆性是免疫传感器技术的另一个重要问题。快速的可逆性与高度的敏感性相互制约，这在平衡反应中显而易见。作为受体应能进行可逆性结合，否则当受体与配基结合后，只有采用新合成的受体。解决办法之一是附以另外的生化装置，使受体与配基的结合复原，例如，对于受体与配基结合形成的乙酰胆碱，通过加入胆碱酯酶可将乙酰胆碱分解成乙酸和胆碱，使受体恢复原态。此外，免疫传感器发展的另一趋势是供一次性使用的传感器，这就要求研究的重点放在能大规模、廉价生产和使用简便的技术上。

随着免疫传感器技术应用范围的扩大，传统的抗体生产不能满足要求。抗体的产生取决于免疫技术，传统技术费时费力，且难以保证每次都能成功。因而寄希望于用重组方法生产抗体,以缩短免疫时间。重组抗体生产的一般过程为:医学上为治疗过敏反应,采用重组抗体(rAb)生产技术得到了人源化的抗体。目前,抗体生产技术正逐渐从传统的单克隆技术转变为现代基因工程技术。后者因为无须进行极其复杂的细胞培养而显示其突出的优越性。

免疫传感器相对于一般免疫检测方法的主要优势在于,它不但能弥补目前常规免疫检测方法不能进行定量测量的缺点,而且还能实时地监测抗原—抗体反应,不需分离步骤,即在抗原—抗体反应的同时就可把反应信号动态而连续地记录下来,有利于抗原—抗体反应的动力学分析;另外,它还可以使免疫检测手段朝自动化、简便化和快速化方向发展。

总之,集生物学、物理学、化学及医学为一体的免疫传感技术是近年来生物传感器研究中的前沿课题,它不但能推动传统免疫测试法的发展,而且将对临床检验和环境监测等许多领域产生深远影响。

12.4 细胞传感器

12.4.1 概述

近几年,随着半导体微细加工技术的发展,分析技术的微型化为细胞微环境分析提供了强有力的手段,以活细胞作为敏感元件已成为生物传感器研究领域的一大热点。细胞传感器(Cell-based Biosensor)是以活细胞作为探测单元的生物传感器。

细胞传感器能定性定量测量分析未知物质的信息,即确定某类物质存在与否及浓度大小。例如,把具有某一类型受体的细胞当作传感器,由受体-配体的结合常数可推导出该传感器对某类激动剂的敏感度,测量该传感器的响应就可以定量测量该激动剂的浓度。更重要的是,细胞传感器能够测量功能性信息,即监测被分析物对活细胞生理功能的影响,从而能解决一些与功能性信息相关的问题。例如:复合药物各成分对生理系统的影响是什么;被分析物相对于给定的受体是否是抑制剂或激动剂(这是现代药物筛选和开发的核心问题);被分析物是否以其他方式来影响细胞的新陈代谢,如第二信使或酶;待测物是否对细胞有毒副作用;环境是否受到污染。

总之,利用细胞传感器可以连续检测和分析细胞在外界刺激下的生理性能。从生物学角度来看,它能够探求细胞的状态功能和基本生命活动;从被分析物的角度来看,它能够研究和评价被分析物的功能。尽管使用活细胞作为传感器的敏感元件会产生很多复杂的问题,如细胞类型的选择,细胞的培养,细胞活性的保持,细胞与传感器的耦合等;但该类生物传感器能够完成实时动态快速和微量的生物测量,在生物医学、环境监测和药物开发等领域具有十分广阔的应用前景。

12.4.2 细胞传感器的分类及原理

细胞传感器的种类较多,工作原理不尽相同。一般可按照从细胞获得的信息情况对细胞传感器进行分类。下面,我们主要介绍一些典型的细胞传感器。

1. 监测细胞内外环境的细胞传感器

实时活体监测细胞是全面了解细胞生理性能及其机制的重要基础，这就要求能够定量测量和分析细胞的内外微环境。测量细胞内自由离子浓度的较好方法是采用离子敏感微电极(ISME)，组合不同的 ISME 可以并行测量细胞内多种离子，如 NH_4^+、Cl^-、Na^+ 和 Mg^{2+} 等。此外，荧光成像也是细胞内微环境监测的一种有用的工具，可测量与细胞信号传递有关的离子浓度蛋白表达的变化。荧光探针和共聚焦显微技术(细胞三维切片扫描)的结合，使细胞结构和功能的分析可达到前所未有的精确性和清晰度，能更好地测量细胞内各种离子浓度(游离 Ca^{2+} 和胞内 H^+ 等)。

细胞内生理状态的改变会引起细胞外代谢物(如离子生物大分子等)的相应变化。因此，测量细胞代谢后胞外微环境的相关参数，可以间接监测细胞的生理变化。

20 世纪 90 年代，美国分子器件公司(Molecular Device Corporation)把芯片技术引入生物学领域，开发出了一种细胞微生理计(Microphysiometer)：用建立在硅技术基础上的传感器检测细胞酸化的微环境。细胞由于能量代谢产生酸性物质，使外环境酸化，利用光寻址电位传感器(LAPS)可以测量细胞外微环境的 pH 值变化，定量计算细胞 H^+ 排出速率，从而可以分析细胞的代谢率。这种方法对糖酵解和呼吸作用的代谢过程都适用。除了利用 LAPS 测量酸化率，也用 H^+ 敏场效应管(ISFET)来测量细胞外代谢率。此外，利用氧电极传感器和 CO_2 传感器可以测量在糖酵解过程中，O_2 的消耗量和 CO_2 的生成量。

大量的配体-受体结合实验表明，功能受体与激动剂相结合会引起细胞酸化率上升。根据酸化率这一指标，细胞微生理计就可以测量化疗药物对肿瘤细胞的药效，实现高通量的药物评价和筛选。

目前，监测细胞外环境的传感器技术虽然获得了快速的发展，但监测到的变化是细胞群的总体效应，如果对单个细胞进行详细的分析，则需要更多的细胞生理信息。此外，由于实验条件和实验目的不同，细胞内外环境的测试数据缺乏可比性。若能将对内外环境的两种监测手段结合起来，即在监测细胞外环境的同时，监测细胞内环境相关因子的变化，则将更有助于了解生物物质在跨膜时的运动机理以及药物对细胞的作用机制。

2. 监测细胞电生理行为的细胞传感器

可兴奋细胞的电生理信号与细胞功能性信息紧密相关。可兴奋细胞，如神经细胞、肌肉细胞和内分泌细胞等，均能产生动作电位响应外界刺激(如光电药物等)。直接测量细胞膜电位的基本方法是采用膜片钳(Patch Clamp)技术。但这种方法无法同时测量不同位置的动作电位，不能实现细胞间的耦合测量。而且，细胞内记录和电压敏感材料对细胞是有损的，限制了传统的电生理测量方法的应用。因此，用微细加工技术制作的平面微电极阵列(MEA)或场效应管阵列应运而生，它能无损同步地记录多个可兴奋细胞或组织的动作电位的传播。这类传感器不仅可以研究神经元的电生理现象，也能研究细胞间的通讯。

图 12－11 显示了斯坦福大学集成中心制作的 36 个直径为 10 μm 的平面微电极阵列。利用标准的薄膜光刻技术刻蚀微电极和引线。图 12－12 是用这种阵列同步记录的单层鸡胚胎心肌细胞的动作电位。如图 12－11，在第 36 个电极处生长的细胞给予一定的刺激，阵列中的各电极就会记录兴奋在细胞层中的传播情况，可以看到图 12－12 中第 36、29、25 个

电极对应细胞层中的不同位点,所以记录曲线的脉冲尖峰有不同程度的延迟,两点之间距离越大,延迟的时间越长。由实验的数据可估计出,这种速率为 100 mm/s,与细胞内测量相比,这种细胞外记录系统有个明显的优势:能直接测量传播速率。

平面电极阵列也可以用来记录脊椎动物神经元和哺乳动物神经元的细胞外电位,测量神经元对不同物质的响应。尽管长时间的细胞外记录会由于神经细胞或切片发生形态的变化(变瘦和细胞移动)而发生漂移或模糊,但可以通过信号处理来消除这种漂移,或者也可以建立神经细胞-硅耦合的等价电路模型来分析信号发生畸变的原因。Vassanelli 等人所建的模型解释了记录到的老鼠胚胎神经元细胞外电位幅度偏低的原因,说明神经细胞外电位的差异可能归因于与电极接触到的局部细胞膜的离子电导的差异。大量的神经细胞外记录信号在药物筛选中有着极其重要的作用,Morefield 等人把老鼠胚胎的耳皮质神经元培养在电极阵列上,定量测量不同浓度 AN(一种抑制兴奋的药物)作用下神经元的响应,对该类药物进行评价。

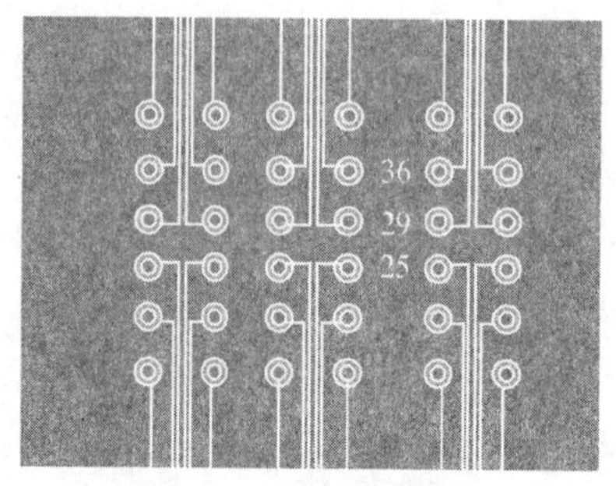

图 12-11 微电极阵列

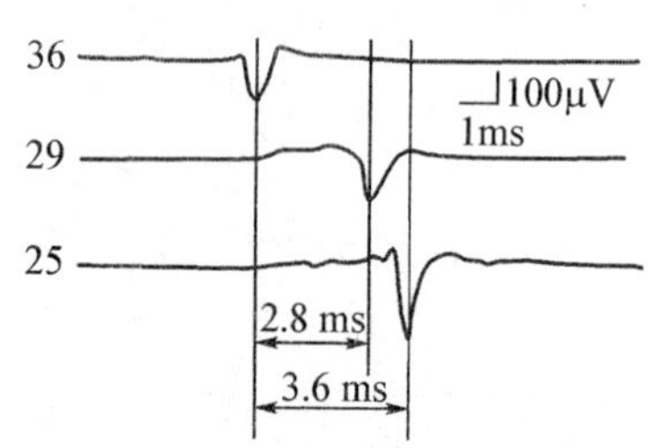

图 12-12 同步记录的心肌细胞电位

与膜片钳技术相比,这类监测细胞电生理行为的传感器的最大优点是可以对细胞间的信号耦联传导进行长期实时无损的测量。膜片钳的发明者之一德国细胞生物学家 Neher 指出,活细胞与硅器件的结合是可行的。该项技术仍然处于起步阶段,还存在一些难以解决的问题,例如长期溶液浸泡产生的基底表面腐蚀,细胞附着过程产生的游走移动,细胞与基底之间间隙难以控制,这些都会导致测量的准确性下降。目前主要采用的技术途径是,改进基底的表面粗糙度处理技术和表面周期性清洗,以保证细胞的附着和降低器件表面的腐蚀。此外,提高电极阵列的集成度,使一个细胞对应多个电极,可以提高测量的精度和可靠性。

3. 监测细胞力学行为的细胞传感器

许多效应因子可以改变活细胞的性能或特性。例如,一些细胞对于荷尔蒙刺激会产生移动,某些种类细胞的病毒感染将会引起细胞骨架的变化。因此,活细胞力学性能的监测,可以提供一种测量效应因子生物活性的方法。这种传感器在商业上有很大的应用潜力,同时也为研究活细胞的力学性能和响应提供了一种新的研究工具。

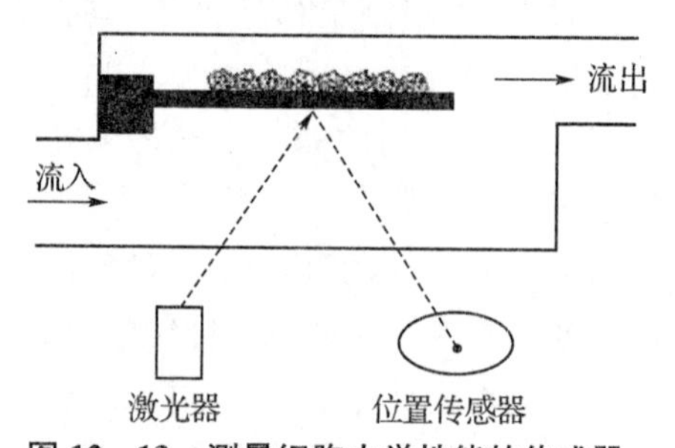

图 12-13 测量细胞力学性能的传感器

Antonik 等人利用微细加工技术蚀刻出长为 200 μm,宽为 30 μm,厚为 0.6 μm,刚度为 0.001~0.5 N/m 的悬臂梁,如图 12-13 所示。通过特殊的生物学处理,把 MDCK 细胞培养在

该悬臂梁沉积有 Si_3N_4 的一侧。细胞的机械活动会引起悬臂梁的偏转，将激光束照射在悬臂梁溅射有金薄膜（有良好的反射特性）的一侧，反射光由对位置敏感的光电二极管来接收，可以在纳米量级检测到这种偏转。MDCK 细胞在不同毒素的刺激下，悬臂梁发生不同程度的偏转。实验结果初步表明，这种集成细胞的悬臂梁可以实时监测活细胞的力学性能。

贴壁生长在电极上的细胞形状和运动状态的变化，都会引起贴壁界面阻抗的变化。Giaever 等人根据这一贴壁界面电特性，设计了能实时连续定量跟踪哺乳动物细胞形状变化的细胞传感器。从理论上来讲，阻抗技术可以在纳米水平对细胞的运动进行动态测量，比传统测量方法的分辨率要高得多。目前，细胞贴壁生长电极已经被用于监测不可兴奋细胞（包括巨噬细胞内皮细胞和纤维原细胞）的力学性能，如形态分布黏附性和运动性等。效应因子作用于细胞时，细胞内部会产生一系列新陈代谢的级联反应，从而细胞进行调整使之适应这种变化，这种反应决定了细胞的整体响应。如果需要检测该反应链上任意一个或一组反应，上述检测传感器也可以满足这种要求。因此，这种传感器为细胞生理检测提供了一条新途径。

4. 并行监测多种参数的细胞传感器

细胞传感器种类很多，原理各异，适用条件不尽相同，但毕竟功能较为单一，只能测量某种或某类参数。因此，实现多参数的并行测量是细胞传感器发展的一大方向。

德国 Baumann 等人开发出一个细胞监视系统（CMS），这种仪器集成了氧、温度、pH、光纤和固定化酶传感器，前两种传感器用来保持正常细胞的生存环境，后三种传感器用来测量细胞外微环境，并采用了 CCD 来监测细胞的形态。

浙江大学生物传感器实验室设计了基于 MLAPS（多光源电位寻址传感器）的多功能细胞微生理计，如图 12－14 所示。该多功能细胞微生理计的基本原理如下：在 LAPS 表面采用硅微机械加工和 PVC 成膜技术，沉积不同的离子敏感膜，用多个不同频率的调制

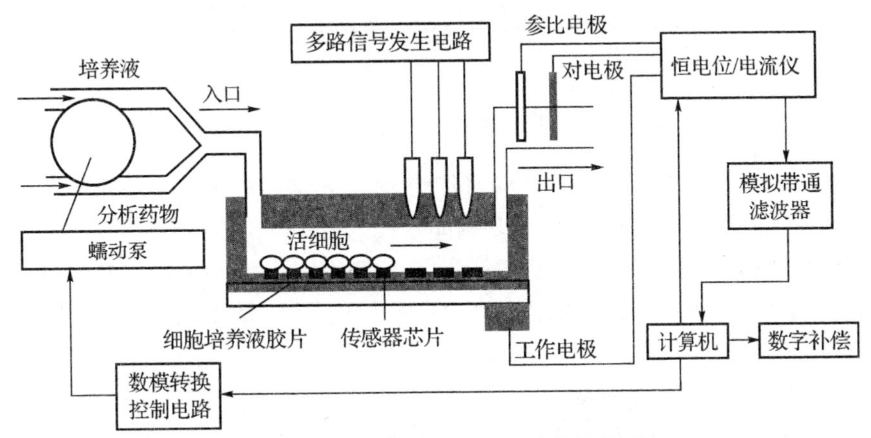

图 12－14 多功能细胞微生理计的结构图

光分别照射 LAPS 相应的多个敏感膜（如 K^+，Ca^{2+}，H^+ 和 Cl^- 等），所测量出的光生电流（电压）包含了多种敏感膜的响应，由计算机采用数字补偿和动态频谱分析等信号处理方法，把多种离子响应分离出来，同时计算出多种离子浓度的变化率。该仪器带有一个流体控制系统，由泵和阀门控制培养液以一定的时间间隔流过培养有细胞的微测量腔，以保持细胞的活性。使用这个系统，他们研究了苯妥英钠苯巴比妥纳和青霉素钠对乳鼠心

肌细胞离子通道的影响。实验表明,它可以用来监测正常细胞或病变细胞在各种药物作用下的微环境变化,包括酸性代谢产物和胞外多种离子,估计药物作用对细胞代谢的刺激或抑制效应,从而进行药物评价和药理探索。

5. 基于生物微电子机械系统的细胞传感器

近几年,随着半导体微细加工技术的发展,能在更小尺寸上加工微型元器件,把光元件微电子和微机械集成在一起,构成性能更稳定的生物微电子机械系统(Biological Micro Electro-Mechanical Systems,BioMEMS),进一步结合微进样、微分离技术,可以改善细胞传感器的性能和功能,减少所需的样量,实现进样的自动化,减少所需的细胞数目直至进行单细胞测量,提高灵敏度,提高时间和空间分辨率。采用传统微细加工技术获得的微电极阵列(MEA)已经得到了广泛应用,这种电极的优点是显而易见的。若把微泵微阀和信号处理电路以及微电极阵列(MEA)集成在硅器件上,则从样品的选择、进样流动和信号处理、传输显示都实现了微型化智能化,这便是典型的基于 BioMEMS 的细胞传感器。Baxter 等人利用硅微机械技术在硅片上集成了八通道的细胞代谢测量系统,可以实现高通量的药物筛选。

半导体材料有很多特性,尽量地把这些特性和细胞分析相结合,可以研制出更多类型细胞传感器。Verhaegen 等人为测量细胞能量代谢过程中释放的微能量,按照标准的集成电路微细加工技术在硅片上加工出了两个绝热的独立的微测量腔,如图 12-15 所示,分别连接在微热量计的冷热两端。热量计由 666 个铝/P^+ 多晶硅热电偶组成,热量和温度的灵敏度分别为 23 V/W 和 130 mV/K。两个测量腔都加入了 100 μL 的培养液。

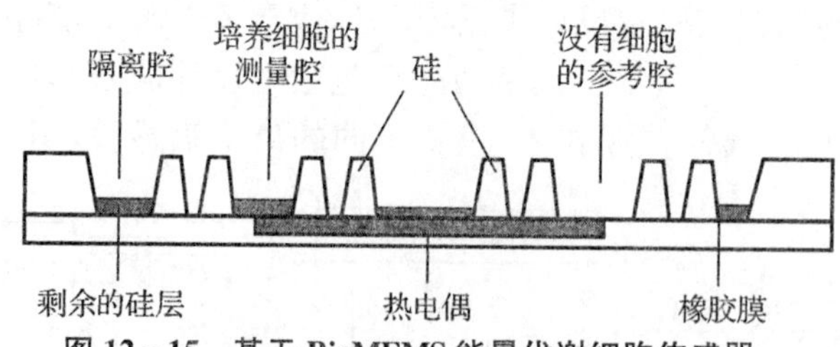

图 12-15 基于 BioMEMS 能量代谢细胞传感器

主测量腔培养了约 106 个爪蟾(A6)肾细胞,而参考测量腔中没有培养细胞。40 分钟后达到了热平衡。经测量,平均每个细胞基础能量代谢为 330 pW。当降低测量腔渗透压浓度 50%(两个测量腔都再加入 100 μL 的培养液)来刺激细胞膜转运机制时,单个细胞的能量代谢增加了 40 pW;若加入 1 μL 浓度为 0.2 U/mL 的催产素后,单个细胞能量代谢增加到 436 pW。

6. 利用基因设计的细胞传感器

细胞在被分析物的作用下,监测到的新陈代谢力学性能和电生理性能的改变都是大量生化途径作用的综合效应。这就相当于在测量中引入了"串扰",因而无法确定被分析物的作用途径,也难以确定真正起作用的细胞响应部位。单靠改进传感器和信号处理方法,难以从根本上解决这个问题。随着分子生物学的发展,可以通过改进主传感器(细胞)的方法来解决。在基因层次上设计细胞,增加它对作用路径的敏感性,或降低它对干扰信号的敏感性,都能大幅度降低串扰。在感兴趣的生化途径上对关键单元进行基因编码,一般是插入或抽出细胞的基因组，增强或降低细胞对作用路径的响应，即可增强或降低串扰。如：去除细胞上某些可疑受体，即把那些我们认为对某一响应起作用的受体击出，使细胞成为击出(Kick Out，KO)细胞。任何对击出受体起作用的生物试剂都能在正常细胞中产生响应，在KO细胞中则不能。将激动剂分别作用于普通细胞和KO细胞中，做对照性实验，就可以定位真正起作用的受体。

Aravanis等人研制了这种利用基因设计的细胞传感器。首先，在微电极阵列上培养3种老鼠心肌细胞：正常细胞(WT)、去除了β_1-肾上腺素受体的细胞(β_1-ARKO)和去除β_2-肾上腺素受体的细胞(β_2-ARKO)；然后，添加β_1-肾上腺素受体激动剂：异丙去甲肾上腺素(ISO)，用微电极阵列测量激动剂作用后3种细胞膜动作电位(AP)的变化，输出结果如图12－16所示。在加入ISO后，β_1-ARKO细胞的膜外动作电位几乎没有变化，而β_2-ARKO细胞和正常细胞(WT)都有很强的响应，从而证实了ISO的作用靶位是β_1-肾上腺素受体。

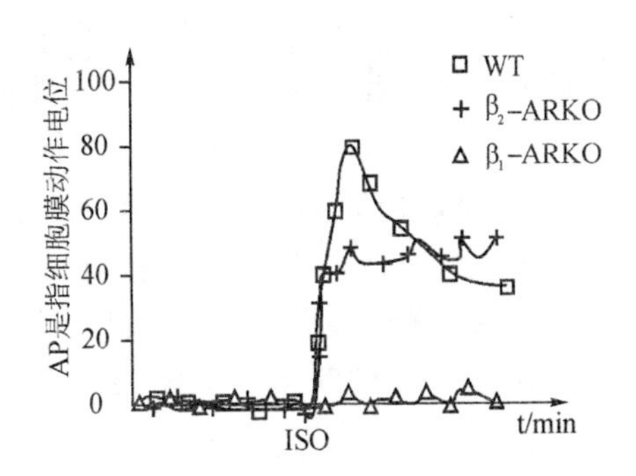

图12－16　利用基因设计细胞传感器的输出结果

这种改变细胞的基因设计，将串扰转换为普通模式的可去除噪音的方法，已经取得了一定的成功。但是这项新技术还存在一些问题，如单个受体的缺失可能会对细胞的调节功能产生巨大的影响，细胞甚至会发生变异，从而导致功能分析的准确度下降，甚至产生错误的结论。尽管如此，这种基于基因设计的细胞传感器还是为药物筛选提供了一个新方法。

12.4.3　细胞传感器的发展趋势

尽管细胞传感器从生理研究到药物筛选都得到了很广泛的应用，但是，还有几个主要的因素限制了细胞传感器的进一步应用，比如再生性和细胞的选择等。随机培养的可兴奋细胞尽管寿命长且粘附性好，增强了细胞与微电极的耦合，然而，缺少载体理化因素的影响，随机培养的神经元形成一个随机的神经网络，以至于难以分析。微电极阵列上的氧化层可能会限制培养在它上面的神经元的神经传导。近年来，细胞模式识别的进展或许能成功引导可兴奋细胞的生长，提高细胞传感器的可重复性。显然，不可能使用细胞传感器来研究所有的细胞和所有的生物活性物质。可兴奋细胞虽然比较通用，但仍需探讨其他类型的细胞。只有全面了解细胞传感器的适用范围，才能更好地设计和使用细胞传感器。细胞传感器要真正进入市场，还需要解决许多问题。比如，微电极阵列中有效的电极数量仍然偏少，信噪比偏小，数据分析量大，对复杂的神经生物响应机理认识不够，在实验室以外的环境中难以有效地应用。

细胞拥有并表达着一系列潜在的分子识别元件，如受体离子通道酶等，这些分子都可以作为靶分析物，当它们对外界刺激敏感时，就按照固有的活细胞生理机制进行相应的生理功能活动。所以，以活细胞作为探测单元的生物传感器可以响应许多具有生物活性的被分析物。此外，细胞传感器具备功能性分析的优点，有助于更深入地探求细胞的生理活动，它已成为生命科学以及环境科学领域必不可少的工具。

12.5 基因传感器

12.5.1 概述

研究生命现象离不开获取和解析生物学信息,利用传感技术获取生物信息是生命科学发展的迫切需要。基因就是含特定遗传信息的 DNA 序列。基因控制着人类的生老病死过程。基因的研究带动了 20 世纪整个生命科学的迅速发展。可以预计,在 21 世纪相当长的时期内,基因研究仍将继续推动生命科学研究向纵深发展。基因检测不仅对生物学研究至关重要,而且对临床医学、环境监控、法学鉴定等领域具有极其重要的意义。

基因检测一般有直接测序和杂交检测两种方法。杂交法简单、易行。所谓杂交是指具有一定互补序列的核苷酸序列在液相或固相中按碱基互补配对原则缔合成异质双链的过程。

基因传感器,又称 DNA 传感器,即是基于杂交法。基因传感器的工作原理很简单:将已知核苷酸序列的单链 DNA 分子(ssDNA 探针)固定在载体固体电极表面,使其与互补的靶(目标)序列杂交,形成双链 DNA(dsDNA),再利用各种换能器对杂交信号进行转换、放大和检测(如图 12-17 所示)。杂交时,单链 DNA 探针与靶序列之间通过 Waston-Crick 效应形成双螺旋结构,由于这种双螺旋结构的形成具有很强的选择性,因此 DNA 探针能在含有多种非互补序列的混合物中识别出靶序列。

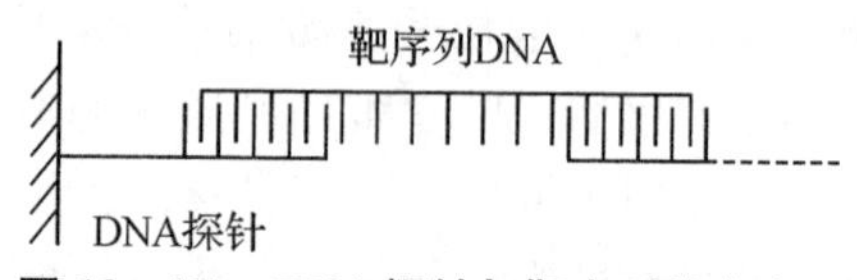

图 12-17 DNA 探针与靶序列的杂交

根据检测时杂交信号转换方式的不同,基因传感器可分为光学、电化学和压电等类型。

12.5.2 基因传感器的分类及原理

1. 光学基因传感器

(1)表面等离子体共振(SPR)基因传感器

表面等离子体共振基因传感器通常是在几十纳米厚的金属 (金、银等)表面固定一段靶基因片,当待测液中存在其配体(待测物)时,二者就发生结合,这将导致金属表面对入射单色光的反射率发生改变,进而引起单色光在液面与波导界面上折射率的改变。用光波导将折射率的变化传输给检测器而达到检测待测物的目的。由于该技术的灵敏性高,不需对探针或样品进行事先标记,成本低、简单,已成为目前研究的热点。表面等离子体共振基因传感器可用于实时追踪核酸反应的全过程,包括基因装配、基因合成延伸、内切酶对双链基因的特异切割。

将光波与表面等离子体耦合并使其发生共振,必须使用耦合器件。常用的耦合器件有棱镜型(Otto 型和 Kretschmann 型)、光纤型和光栅型。

SPR 型光纤基因生物传感器有两种类型:一种是在线传输式,另一种是终端反射式。在线传输式 SPR 光纤基因生物传感器的结构如图 12-18(a)所示,它是将一段光纤中的一部分外包层剥去,在光纤纤芯上沉积一层高反射率金膜。普通石英光纤一般直径为 0.3 μm,光纤内部可传播光线的范围为 78.5°~90°。在此角度范围内,光线在光纤纤芯与

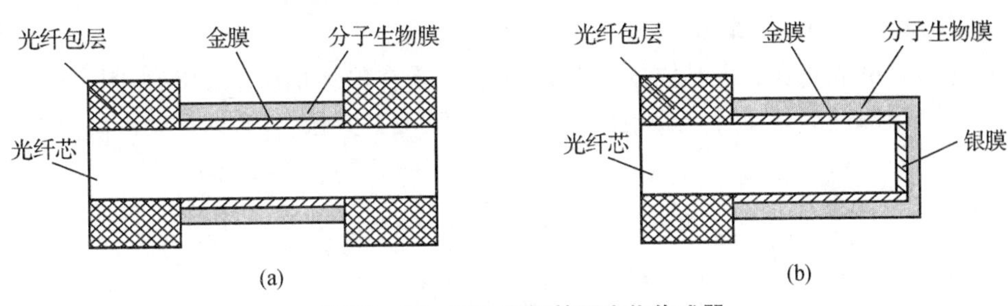

图 12 - 18　SPR 光纤基因生物传感器

(a)在线传输式；(b)终端反射式

包层的界面上发生全内反射。在沉积高反射率金膜的这一段纤芯中，光线同时发生反射和折射，渗透过界面的折射波将在金膜中引发表面等离子体，并在一定条件下产生共振。在光纤的出口端检测输出光强度与波长分布的关系，就可进行定量的分析。

终端反射式 SPR 光纤基因生物传感器的结构如图 12 - 18(b)所示，其构造方法是，在光纤的一个端面上沉积一层银膜，厚度达 300 nm，制成微反射镜。将此端一段长 5 mm 左右的光纤包层剥去，并在光纤纤芯上沉积 50 nm 左右的金属膜。在光线传输过程中，当满足一定条件时，将会产生表面等离子体共振。共振光传输至端面处沿来路被反射回去。光线经过第二次共振后，传输到光纤光谱仪进行检测。该方式省略了流通池，可用于远距离测试。

采用棱镜型耦合器件，Jordan 等人用 SPR 技术研究了金膜表面基因的杂交吸附及基因表面上链亲和素的固定，实时监测了单链基因和生物素标记的寡核苷酸互补序列的杂交反应。目前，纳米技术也被应用到 SPR 传感器中。首先将单链基因固定在金膜表面，然后将胶体金纳米粒子粘接在单链基因上，并将其引入样品池与互补基因相接触，发生杂交反应，通过金膜和金纳米粒子的电场耦合放大作用，极大地提高了测定基因的灵敏度。

(2)发光基因传感器

发光基因传感器根据发光机理的不同，可分为荧光、电化学发光和化学发光基因传感器，这种传感器通常采用标记技术对靶序列进行标记，标记物为荧光素或酶等。发光基因传感器的灵敏度很高。

图 12 - 19 为一种单分子显微荧光基因传感器。该传感器利用互补 ssDNA 之间的特异性相互作用固定被测 ssDNA 链。ssDNA 链包含 A 和 B 两部分，B 为待测的靶序列，A 则与载体上的固定序列 A′互补。通过 A 固定后，再利用与 B 序列互补的探针序列 B′进行检测。此种类型的基因传感器称为“三明治型(夹心式)”基因传感器，其固定序列和探针序列上分别标记具有不同发射波长的荧光素 F1 和 F2。结合成像技术，在 F1 的发射波长能看到的亮点为固定 DNA 序列，在 F2 的发射波长能看到的亮点为探针 DNA 分子。基于此，就能判断哪些检测 DNA 分子是通过非特异性吸附，而不是通过杂交结合在载体表面的。

图 12 - 19　单分子显微荧光基因传感器

2. 压电晶体基因传感器

将寡核苷酸固化在压电晶体振子表面,然后暴露在单链互补序列中,如图12-20所示。经过一段充裕时间的杂交后,振荡频率发生变化,检测其共振频率,即可获得被测物的信息。

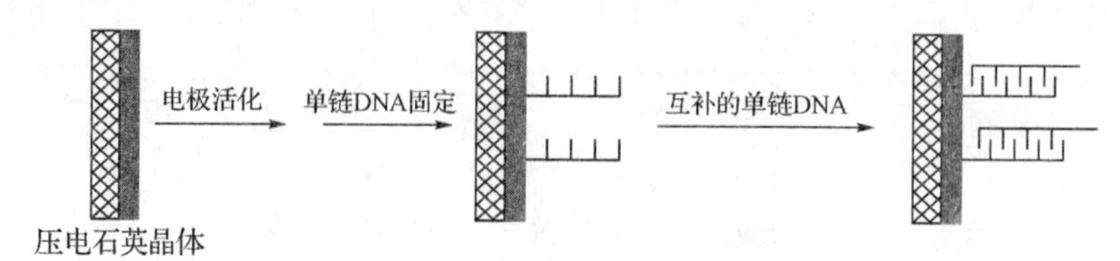

图12-20 压电晶体基因传感器的原理

1988年,Fawcett等首先利用压电谐振器对晶体电极表面固定的聚尿苷酸与溶液中的聚腺苷酸的互补杂交进行检测。固定化的核酸探针和互补的靶核酸进行杂交,固化在液体中完成,但频率的测定需在干燥状态下完成。后来随着液相压电传感器技术的成熟,通过现场监测杂交过程,使压电基因传感器更为简便和快捷;同时也可进行表面杂交过程动力学的研究,并为基因传感器的优化提供依据。这方面率先开展研究的是Okahato实验室,他们测定了10~30个碱基的寡核苷酸双链互补结合的平衡常数、结合及解离的速度常数等动力学参数以及表面的杂交结合量;通过改变探针的固定方法、探针和靶基因的长度、错配的碱基数、杂交温度、杂交液离子强度等因素,详细研究了传感器表面杂交过程的动力学特性。常规的压电传感器研究方法是把基因的一条链固定在电极上,只测定频率的改变,这样做不能消除液体的黏度、膜的黏弹性以及表面粗糙度等因素的影响。

还有一类压电晶体基因生物传感器是根据压电晶体的声学特性来设计的。压电晶体表面经处理后将一段寡核苷酸固定在其表面,含有互补序列的杂交液流经该表面,在声波衰减长度区域内,共振频率的变化与杂交时基因依赖的黏度变化存在着一定的关系,根据声学阻抗分析就可以推算出被测物的量。Mcallister用压电声波平台模式延迟法研究基因杂交过程,只有完全配对的碱基序列才在传感器延迟线表面产生声波信号,从而达到了对靶基因的选择性识别。最近,有人提出以肽核酸(PNA)代替ssDNA作为探针分子修饰到金电极表面,研究表明,与ssDNA识别层相比,PNA识别层使基因传感器具有更优越的性能,包括更高的灵敏度和专一性,在室温和升温条件下杂交速度快且不受离子强度的影响,可使用更短的探针等。

压电生物传感器以操作简便快速、成本低、体积小、易于携带等特点,在分子生物学、疾病诊断和治疗、新药开发、司法鉴定等领域具有很大潜力。

与常规的核酸检测相比,压电基因传感器有以下特点:

(1)液相杂交检测　常规的核酸检测方法主要是固相杂交。压电基因传感器可以直接通过液相反应引起信号频率的变化,对靶物质的基因进行定量测定。

(2)可进行基因实时检测　把基因传感技术和流动注射技术相结合,对基因的动力学反应过程可以随时进行监测,并可以对基因进行定量、定时测定,实现了基因的在线和实时检测。

(3)灵敏度高　压电基因传感器是一种高灵敏度装置,灵敏度可以达到纳克量级,甚至可以达到皮克量级,并且可以对靶物质直接检测,实现了对低拷贝的核酸检测。

(4)该类传感器与其他类型的传感器相比,检测器体积小,便于携带,仪器及使用材料价格便宜，使用方便。

压电基因传感器有以下不足之处。

（1）响应时间　目前压电基因传感器的响应时间大部分在几十分钟到一小时以上。对于大批量样品测定，是其致命弱点。

（2）灵敏度　目前压电基因传感器的灵敏度与现行的 PCR 方法相比，还有一些差距，需要进一步研究开发。

压电基因传感器因基因杂交的缓慢动力学过程限制了其快速响应能力。提高灵敏度主要有两种力法：一种是利用 PCR 等扩增技术及基因嵌合剂的介入，提高检测的灵敏度；另一种研究趋势是在传感技术本身上挖潜力，如利用高频率的声表面波敏感元件。双调制技术制作的用于液相检测的压电基因传感器，利用特征阻尼理论，可从传感器总的频率变化中将液体引起的阻尼负载减去，从而计算出基因杂交引起的频率变化，既减少了误差，又可提高检测的灵敏度。

3. 电化学基因传感器

采用电化学方法检测特定序列 DNA，因其仪器简单、分析速度快而引起越来越多的重视。电化学基因传感器主要有电流型、电致化学发光型和电导型基因传感器。电流型是最常用的电化学基因传感器。

电流型电化学基因传感器由固定了单链 DNA 的电极和电化学活性识别元素构成，如图 12-21 所示。为了提高杂交的专一性，ssDNA（单链 DNA）片段长度范围一般从十几个碱基到几十个碱基，通常采用人工合成的短链寡聚脱氧核苷酸，其碱基序列与样品中的靶序列互补。在适当的温度、pH 值和离子强度条件下，固定在电极上的 ssDNA 与杂交缓冲溶液中的靶基因发生选择性杂交反应。如果样品中含有完全互补的 DNA 片段则在电极表面形成 dsDNA（双链 DNA），从而导致电极表面结构的变化，然后通过检测电极表面的电活性识别元素的电信号，达到识别和测定靶基因的目的。

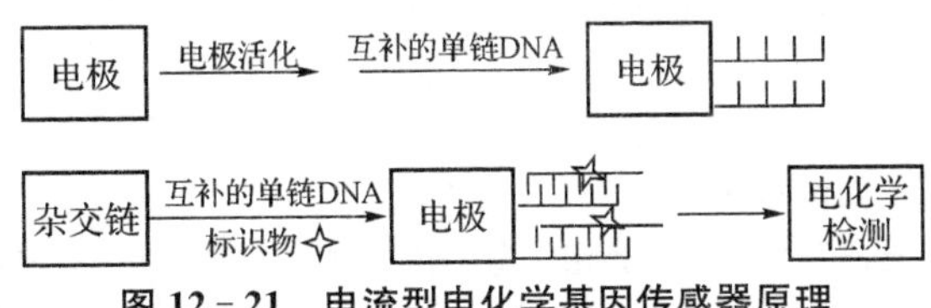

图 12-21　电流型电化学基因传感器原理

电流型基因传感器所使用的基底电极有玻炭电极、金电极、炭糊电极和裂解石墨电极等。目前 DNA 固定方法主要有化学吸附法、自组装膜法和共价键固定法。

12.5.3　基因传感器的发展趋势

不同的基因传感技术各具特色，但均存在不同程度的问题，有待于进一步完善。基因传感技术的发展主要有赖于以下几方面技术的进步：用于基因固定的载体表面修饰和基因探针固定化技术、界面杂交技术、杂交信号转换和检测技术及结果分析。

基因传感技术的进一步完善，首先需要研究新的基因探针固定方法，除探索新的固定化反应和筛选新的载体材料外，还必须考虑探针在载体表面的定向、探针密度和多点吸附等因素的影响以及表面固定化探针的准确定量。聚合膜虽然很容易用于固定 DNA 探针，但由于受扩散和小分子吸附等因素的影响,使其应用受到限制,不过现在已有了改善。单分子层自组装膜灵敏,响应快,容易控制探针密度,但一般不够稳定,难于反复再生循环使用。长链DNA探针的共价键合固定一直是个难题,原因是对其进行功能基因的直接衍生较困难,而将其直接共价固定又因表面反应而难于进行。这些问题都需努力寻求新的方法加以解决。

基因传感器应用的最重要方面之一,就是利用分子杂交检测特定序列DNA的突变。虽然大部分基因传感器都可区分出非互补序列,但要识别只有一个碱基突变的序列,尤其是长片段的单个碱基突变的识别十分困难。原因是长片段单个碱基的突变所导致的差别甚微,难于区分,对此亟须进一步深入研究。同时,还需建立DNA表面杂交模型,解释一系列相关热力学和动力学参数变化的规律。

基因传感器杂交信号的有效转换问题也有待深入研究。大部分电化学基因传感器的应用受到电活性杂交指示剂的限制,今后需要寻找能识别特殊序列结构,如错配碱基序列的杂交指示剂。虽已有大量利用DNA本身的电化学反应进行检测的无指示剂电化学基因传感器的报道,但正如前面所述,此检测方法不甚严格。但无论怎样,无标记的基因传感器仍是研究者致力追求的目标之一。尽管如此,标记技术仍将是信号转换中所采用的具有挑战性的技术。压电基因传感器不仅简便,可提供大量信息,而且能小型化,具有一定的应用前景,但在溶液中晶体频率受到多种因素的影响,需进一步深入研究。光学基因传感器灵敏度高,特别是荧光传感器,结合成像技术以及共振能量转移,各向异性和寿命测量,能在活体检测中得到应用。若能降低仪器成本,SPR基因传感器的应用前景将非常广阔。

目前,一些基因传感器已应用到了医学临床对疾病的诊断中,比如,利用QCM通过对肝炎病毒PCR产物的检测诊断肝炎,对p53基因检测诊断癌症等。此外,基因传感器也开始应用于环境的监测,检测环境中的生物病菌等。

习题与思考题

12－1　什么是生物传感器?生物传感器主要有哪些类型?

12－2　简述生物传感器的原理。

12－3　什么是生物敏感膜?

12－4　简述酶传感器的工作原理。

12－5　简述免疫传感器的工作原理。标记酶免疫传感器的工作原理主要有哪两种?

12－6　什么是细胞传感器?

12－7　简述基因传感器的工作原理。

第 13 章　传感检测技术

随着波动理论和量子物理的深入发展和工程应用，20 世纪中期以来，相继出现了一类利用各种波动特性（为不同频率的声波或不同波长的电磁波等）实现对被测量进行感测的传感技术。这类传感技术都是将被测参量经过某种声波或电磁波的中介作用和一系列转换，最后变为电量输出来反映被测量的。从功能上讲，这与通常的传感器是相同的；但从结构上讲，它们又不像通常的传感器那样，是单个器件，而是由若干个不同作用的器件集合而成。而且，这类传感技术应用具有显著的特点：都是非接触测量。因而在工农业生产、环境保护、国防、生物医学以及海洋和空间探测等领域得到愈来愈多的应用，尤其在环境恶劣、高温、高压、高速度和远距离测量与控制场合，更有其优越性。本章着重介绍它们在检测技术中实现被测量感测的物理基础、基本原理和应用实例。

13.1　超声检测

13.1.1　超声检测的物理基础

振动在弹性介质内的传播称为波动，简称波。频率在 $16\sim2\times10^4$ Hz 之间，能为人耳所闻的机械波，称为声波；低于 16 Hz 的机械波，称为次声波；高于 2×10^4 Hz 的机械波，称为超声波，见图 13-1。

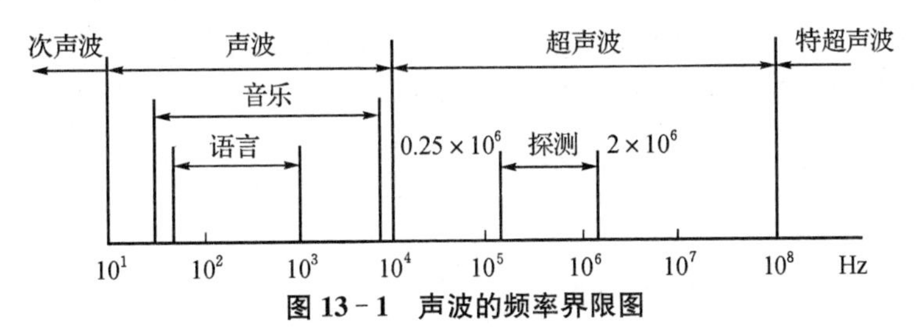

图 13-1　声波的频率界限图

当超声波由一种介质入射到另一种介质时，由于在两种介质中的传播速度不同，在异质界面上会产生反射、折射和波型转换等现象。

1. 波的反射和折射

由物理学知，当波在界面上产生反射时，入射角 α 的正弦与反射角 α' 的正弦之比等于波速之比。当入射波和反射波的波形相同时，波速相等，入射角 α 即等于反射角 α'，见图 13-2。当波在界面外产生折射时，入射角 α 的正弦与

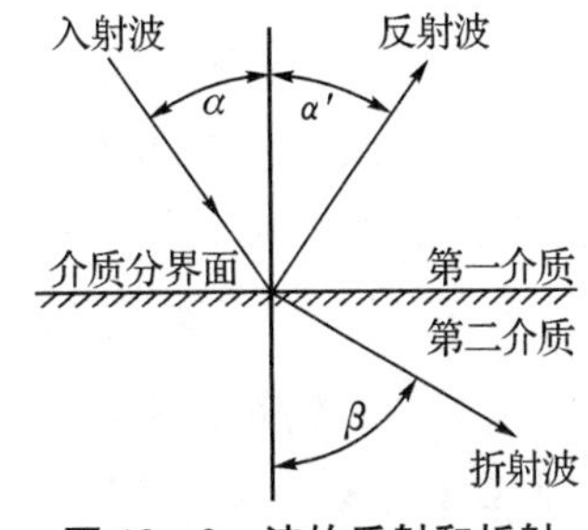

图 13-2　波的反射和折射

折射角β的正弦之比,等于入射波在第一介质中的波速c_1与折射波在第二介质中的波速c_2之比,即

$$\frac{\sin\alpha}{\sin\beta}=\frac{c_1}{c_2} \tag{13-1}$$

2. 超声波的波形及其转换

当声源在介质中的施力方向与波在介质中的传播方向不同时,声波的波形也有所不同。

质点振动方向与传播方向一致的波称为纵波,它能在固体、液体和气体中传播。

质点振动方向垂直于传播方向的波称为横波,它只能在固体中传播。

质点振动介于纵波和横波之间,沿着表面传播,振幅随着深度的增加而迅速衰减的波称为表面波,它只在固体的表面传播。

当声波以某一角度入射到第二介质(固体)的界面上时,除有纵波的反射、折射以外,还会发生横波的反射和折射,如图13-3所示。在一定条件下,还能产生表面波。各种波形均符合几何光学中的反射定律,即

$$\frac{c_L}{\sin\alpha}=\frac{c_{L_1}}{\sin\alpha_1}=\frac{c_{S_1}}{\sin\alpha_2}=\frac{c_{L_2}}{\sin\gamma}=\frac{c_{S_2}}{\sin\beta} \tag{13-2}$$

式中,α——入射角;

α_1、α_2——纵波与横波的反射角;

γ、β——纵波与横波的折射角;

c_L、c_{L_1}、c_{L_2}——入射介质、反射介质与折射介质内的纵波速度;

c_{S_1}、c_{S_2}——反射介质与折射介质内的横波速度。

如果介质为液体或气体,则仅有纵波。

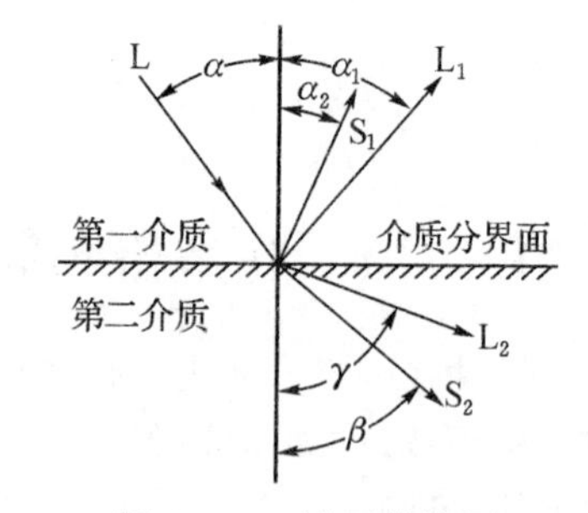

图13-3 波形转换图

L—入射波;L_1—反射纵波;L_2—折射纵波;S_1—反射横波;S_2—折射横波

3. 声波的衰减

声波在介质中传播时,随着传播距离的增加,能量逐渐衰减,其衰减的程度与声波的扩散、散射、吸收等因素有关。

在平面波的情况下,距离声源x处的声压p和声强I的衰减规律如下:

$$p=p_0 e^{-\alpha x} \tag{13-3}$$

$$I=I_0 e^{-2\alpha x} \tag{13-4}$$

式中,p_0、I_0——距声源$x=0$处的声压和声强;

e——自然对数的底;

α——衰减系数,单位为Np/cm(奈培/厘米)。若α'为以dB/cm(分贝/厘米)表示的衰减系数,则$\alpha'=20\lg e\cdot\alpha=8.686\alpha$,此时式(13-3)与式(13-4)相应变为$p=p_0\cdot10^{-0\cdot05\alpha'x}$与$I=I_0\cdot10^{-0.1\alpha'x}$。如嫌dB/cm太大,可用$10^{-3}$ dB/mm为单位,这时,在一般检测频率上,α'为一到数百。例如水和其他低衰减材料的α'为$(1\sim4)\times10^{-3}$ dB/mm。

假如衰减系数为1 dB/mm,则声波穿透1 mm衰减1 dB,即衰减10%;声波穿透20 mm时,衰减1 dB/mm×20 mm=20 dB,即衰减90%。

13.1.2　超声波探头

超声波探头是实现声电转换的装置，又称超声换能器或传感器。这种装置能发射超声波和接收超声回波，并转换成相应的电信号。

超声波探头按其作用原理可分为压电式、磁致伸缩式、电磁式等数种，其中以压电式为最常用。图13－4为压电式探头结构图，其核心部分为压电晶片，利用压电效应实现声电转换。

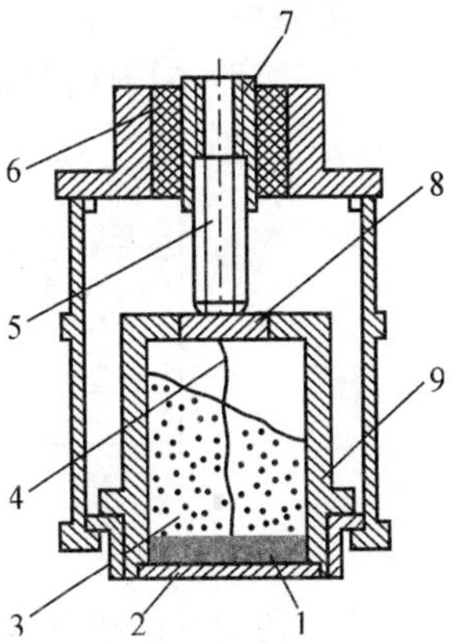

图13－4　压电式探头结构图

1—压电片；2—保护膜；3—吸收块；4—接线；5—导线螺杆；6—绝缘柱；7—接触座；8—接线片；9—压电片座

13.1.3　超声波检测技术的应用

13.1.3.1　超声波测厚度

超声波检测厚度的方法有共振法、干涉法、脉冲回波法等。图13－5所示为脉冲回波法检测厚度的工作原理。

超声波探头与被测物体表面接触。主控制器控制发射电路，使探头发出的超声波到达被测物体底面反射回来，该脉冲信号又被探头接收，经放大器放大加到示波器垂直偏转板上。标记发生器输出时间标记脉冲信号，同时加到该垂直偏转板上。而扫描电压则加在水平偏转板上。因此，在示波器上可直接读出发射与接收超声波之间的时间间隔 t。被测物体的厚度 h 为

$$h=ct/2 \qquad (13-5)$$

式中，c——超声波的传播速度。

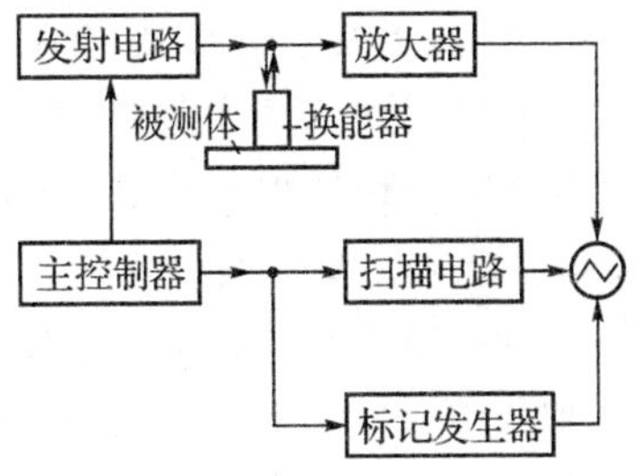

图13－5　超声波测厚工作原理图

我国20世纪60年代初期自行设计成CCH-J-1型表头式超声波测厚仪，近期又采用集成电路制成数字式超声波测厚仪，其体积小到可以握在手中，重量不到1 kg，精度可达0.01 mm。

13.1.3.2　超声波测液位

在化工、石油和水电等部门，超声波被广泛用于油位、水位等的液位测量。

图13－6所示为脉冲回波式测量液位的工作原理图。探头发出的超声脉冲通过介质到达液面，经液面反射后又被探头接收。测量发射与接收超声脉冲的时间间隔和介质中的传

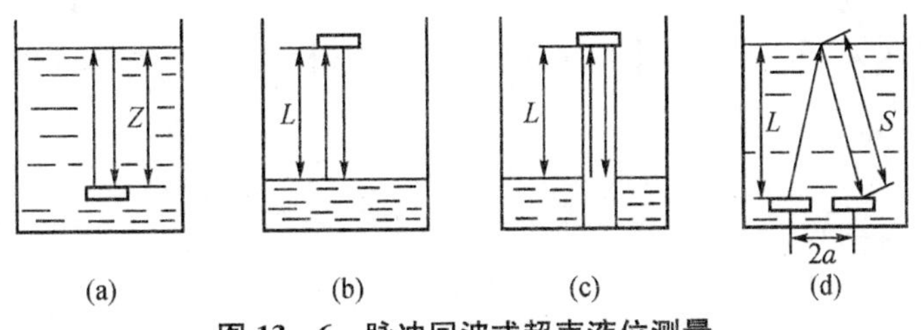

图13－6　脉冲回波式超声液位测量

播速度,即可求出探头与液面之间的距离。根据传声方式和使用探头数量的不同,可以分为单探头液介式[图(a)];单探头气介式[图(b)];单探头固介式[图(c)];双探头液介式[图(d)]等数种。

在生产实践中,有时只需要知道液面是否升到或降到某个或几个固定高度,则可采用图13-7所示的超声波定点式液位计,实现定点报警或液面控制。图(a)、(b)为连续波阻抗式

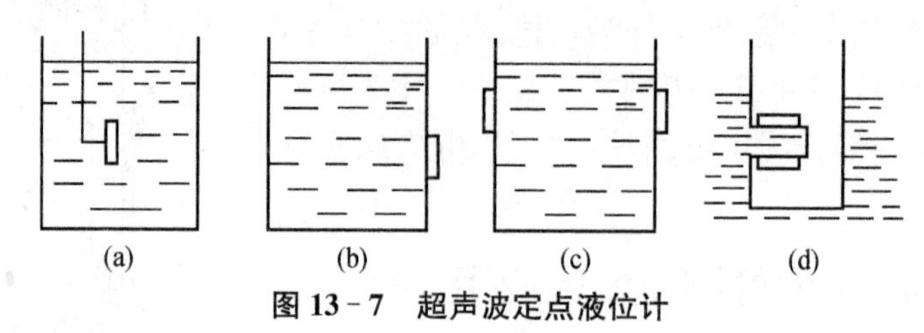

图13-7 超声波定点液位计

液位计的示意图。由于气体和液体的声阻抗差别很大,当探头发射面分别与气体或液体接触时,发射电路中通过的电流也就明显不同。因此利用一个处于谐振状态的超声波探头,就能通过指示仪表判断出探头前是气体还是液体。图(c)、(d)为连续波透射式液位计示意图。图中相对安装的两个探头,一个发射,另一个接收。当发射探头发生频率较高的超声波时,只有在两个探头之间有液体时,接收探头才能接收到透射波。由此可判断出液面是否达到探头的高度。

13.1.3.3 超声波测流量

利用超声波测流量对被测流体并不产生附加阻力,测量结果不受流体物理和化学性质的影响。超声波在静止和流动流体中的传播速度是不同的,进而形成传播时间和相位上的变化,由此可求得流体的流速和流量。图13-8为超声波测流体流量的工作原理图。图中 v 为流体的平均流速,c 为超声波在流体中的速度,θ 为超声波传播方向与流体流动方向的夹角,A、B 为两个超声波探头,L 为其间距离。

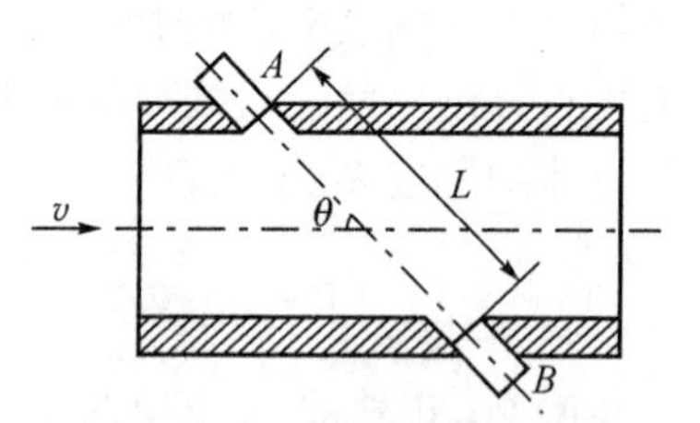

图13-8 超声波测流量的原理图

超声波测流量的具体方法主要有时差法、相位差法以及频率差法,本书主要以时差法为例进行详细的介绍说明。

当 A 为发射探头、B 为接收探头时,超声波传播速度为 $c+v\cos\theta$,于是顺流传播时间 t_1 为

$$t_1=\frac{L}{c+v\cos\theta} \tag{13-6}$$

当 B 为发射探头、A 为接收探头时,超声波传播速度为 $c-v\cos\theta$,于是逆流传播时间 t_2 为

$$t_2=\frac{L}{c-v\cos\theta} \tag{13-7}$$

时差

$$\Delta t=t_2-t_1=\frac{2Lv\cos\theta}{c^2-v^2\cos^2\theta} \tag{13-8}$$

由于 $c \gg v$，于是式(13-8)可近似为

$$\Delta t \approx \frac{2Lv\cos\theta}{c^2} \tag{13-9}$$

流体的平均流速为

$$v \approx \frac{c^2}{2L\cos\theta}\Delta t \tag{13-10}$$

该测量方法精度取决于 Δt 的测量精度，同时应注意 c 并不是常数，而是温度的函数。

13.2　声表面波检测

13.2.1　声表面波检测的物理基础

声表面波(Surface Acoustic Wave, SAW)是沿物体表面传播、透入深度浅的弹性波，通常由叉指换能器(Interdigital Transducer, IDT)激发产生。IDT 由于声电转换损耗低，设计灵活且制造简单，并容易工作在 0.5～3 GHz 的范围内，已经成为激发与检测声表面波的主要技术。

1. 叉指换能器的基本结构

IDT 是在压电基片上真空蒸发淀积一层金属薄膜，再用光刻方法得到若干电极，这些电极条互相交叉配置，两端由汇流条连在一起，形状如同交叉平放的两排手指，叉指电极由此得名，其基本结构如图 13-9 所示。

IDT 有如下几个几何参数：叉指电极的指对数 N，电极宽度 a，电极间距 b，叉指周期 $T=2a+2b$。均匀(或非色散)IDT 的电极宽度 a 和电极间距 b 相等，即 $a=b=T/4$。两个相邻电极构成一个电极对，其相互重叠的长度为有效指长，称为换能器的孔径 W。若换能器的各电极对重叠长度相等，则称为等孔径(等指长)换能器。

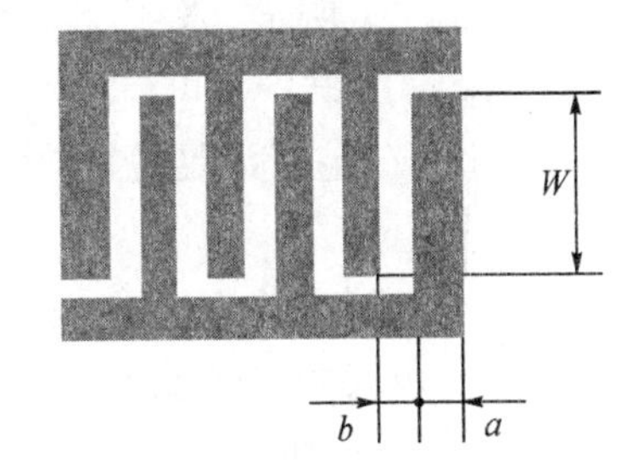

图 13-9　叉指换能器的基本结构

2. 叉指换能器激励 SAW 的物理过程

利用压电材料的逆压电与正压电效应，IDT 既可用作为发射换能器，用来激励 SAW，又可作为接收换能器，用来接收 SAW，因而这类换能器是可逆的。

当在发射 IDT 上施加适当频率的交流电信号后，压电基片内所出现的电场分布如图 13-10 所示。该电场可分解为垂直与水平两个分量(E_V 和 E_H)。由于基片的逆压电效应，这个电场使指条电极间的材料发生形变(使质点发生位移)。E_H 使质点产生平行于表面的压缩(膨胀)位移，E_V 则产生垂直于表面的剪切位移。这种周期性的应变就产生沿 IDT 两侧表面传播出去的 SAW，其频率等于所施加电信号的频率。一侧无用的波可用一种高损耗介质吸收，另一侧的 SAW 传播至接收 IDT，借助于正压电效应将 SAW 转换为电信号输出。

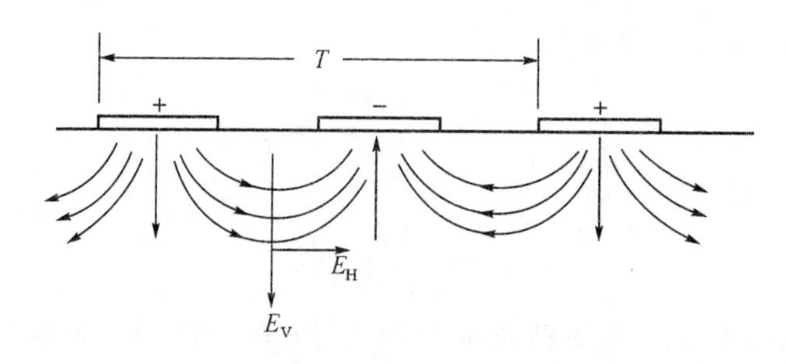

图13-10　叉指电极下某一瞬间电场分布

13.2.2　声表面波检测的基本原理

外界因素(即被测参量如温度、压力、磁场、电场、气体等)对声表面波的传播特性会产生影响,利用这些影响可以制成各种类型的声表面波传感器。声表面波传感器是一种将声表面波技术与电子技术结合起来的新型传感器,它将各种非电量信息(温度、压力、磁场强度、流量、加速度等)的变化转换为声表面波振荡器振荡频率的变化。

声表面波传感器的核心是SAW振荡器,SAW传感器的工作原理就是利用SAW振荡器这一频控元件受各种物理、化学和生物量的作用而引起振荡频率的变化,通过精确测量振荡频率的变化,来实现检测目的的。SAW振荡器有延迟线型(DL型)和谐振器型(R型)两种。

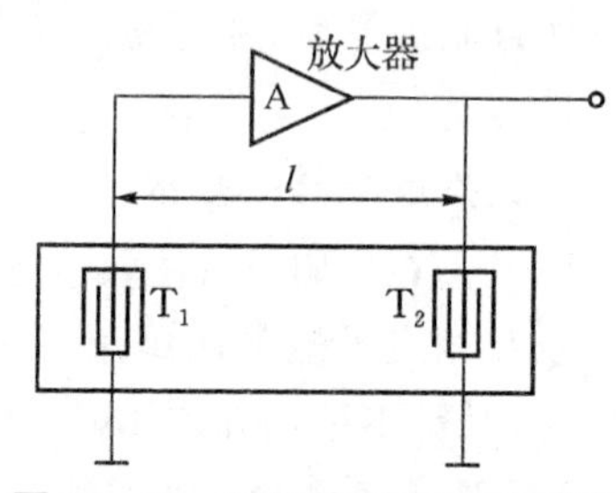

图13-11　延迟线型SAW振荡器

延迟线型振荡器由声表面波延迟线和放大电路组成,如图13-11所示。激励输入换能器T_1激发出声表面波,传播到T_2转换成电信号经放大后反馈到T_1,以便保持振荡状态。它应满足包括放大器在内的环路相位必须是2π的正整数倍的振荡条件,即

$$2\pi fl/V_R + \phi = 2\pi n \tag{13-11}$$

式中, f——振荡频率;

l——声表面波传播路程,即T_1与T_2之中心距;

V_R——声表面波速度;

ϕ——包括放大器和电缆在内的环路相位移;

n——正整数,通常为30～1000。

当ϕ不变时,外界被测参量变化会引起V_R、l值发生变化,从而引起振荡频率改变Δf:

$$\frac{\Delta f}{f} = \frac{\Delta V_R}{V_R} - \frac{\Delta l}{l} \tag{13-12}$$

因此,根据Δf的大小即可测出外界参量的变化量。

谐振器型振荡器结构如图13-12所示。SAW谐振器SAWR由一对叉指换能器与反射栅阵列组成。发射和接收叉指换能器用来完成声—电转换。当发射叉指换能器上加以交变电信号时,相当于在压电衬底材料上加交变电场,这样材料表面就产生与所加电场强度成比例的机械形变,这就是所谓的声表面波。该声表面波在接

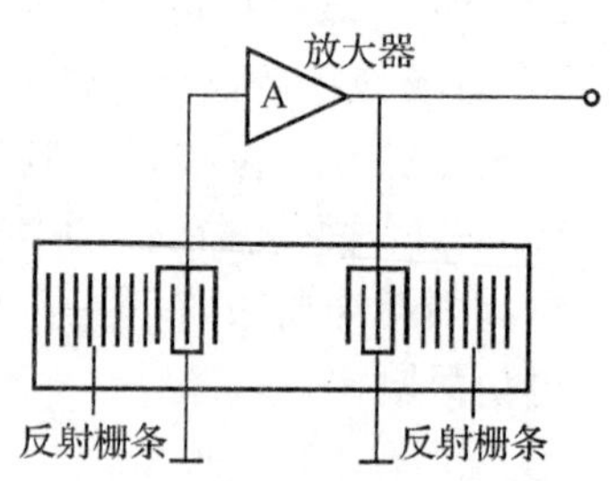

图13-12　谐振器型SAW振荡器

收叉指换能器上，由于压电效应又变成电信号，经放大器放大后，正反馈到输入端。只要放大器的增益能补偿谐振器及其连接导线的损耗，同时又能满足一定的相位条件，这样组成的振荡器就可以起振并维持振荡。其振荡频率 f 为

$$f=\frac{V_R}{T} \tag{13-13}$$

式中 T 为叉指电极周期长度。

因此，外界待测参量变化时会引起 V_R、T 变化，从而引起振荡频率改变

$$\frac{\Delta f}{f}=\frac{\Delta V_R}{V_R}-\frac{\Delta T}{T} \tag{13-14}$$

所以，测出振荡频率的改变量，就可以求出待测参量的变化。以上就是 SAW 传感器的基本原理。

13.2.3　声表面波检测技术的应用

1. 声表面波温度传感器

SAW 温度传感器是根据温度变化会引起表面波速度改变从而引起振荡频率变化的原理设计而成的。由于外界温度变化所引起的基片材料尺寸变化量很小，在式(13-12)、(13-14)中的后边一项都可以忽略。因此有

$$\frac{\Delta f}{f}=\frac{\Delta V_R}{V_R} \tag{13-15}$$

选择适当的基片材料切型，可使表面波速度 V_R 只与温度 T 的一次项有关：

$$V_R(T)=V_R(T_0)\left[1+\frac{1}{V_R(T_0)}\cdot\frac{2V_R}{2T}(T-T_0)\right] \tag{13-16}$$

式中，T_0 为参考温度。

将式(13-15)代入式(13-16)可得

$$\frac{\Delta f}{f}=\frac{V_R(T)-V_R(T_0)}{V_R(T_0)}=\frac{1}{V_R(T_0)}\cdot\frac{2V_R}{2T}(T-T_0) \tag{13-17}$$

即振荡频率变化率与温度变化率之间呈线性关系。若预先测出频率-温度特性，则由振荡频率的变化量可检测出温度变化量，从而得到待测温度 T。

为了获得较高的灵敏度，应选择延迟温度系数大、表面波速小的基片材料，如石英、铌酸锂($LiNbO_3$)、锗酸铋($Bi_{12}GeO_{20}$)等单晶。石英衬底的温度传感器较成熟，典型切割方向是 JCL 和 LST 切型，其灵敏度可达 2.2 kHz/K 和 3.4 kHz/K，固有分辨力约 0.0001℃，具有较好的线性度和较高的灵敏度。

SAW 温度传感器可以制成接触式和非接触式两种。前者要求将传感器与被测物体直接接触。由于基片、电池与元件的限制，接触式测量温度不能太高，同时会破坏被测温度场的分布，因此有一定局限性。非接触式温度传感器不要求将传感器与被测物体接触，具有更大的优点。它主要是利用被测物体辐射出的红外线使 SAW 振荡器的传播通路的表面温度升高，引起振荡频率发生变化，通过测量振荡频率的变化来获得温度变化值。由于这种采用测辐射温升方式，接收红外辐射部分的热容必须很小，否则灵敏度不高。另外，在室温附近

测量温度时,易受环境温度影响,所以应使用两个振荡频率相同的元件进行差分,并将它们安装在同一个底座上封入同一外壳中。它们的振荡频率相同,一个作为温度探头,另一个作为频率参考,将其混频后取出频率差即可。

利用非接触式SAW温度传感器可制成远距离温度无线遥测系统,其系统结构框图如图13-13所示。其中SAW振荡器和振荡元件构成温度传感器,输出信号通过小型简易天线发射出去,接收信号通过外差法变成低频,并用IC计算器计频,计数器的输出送入微机并转化为温度值显示出来。

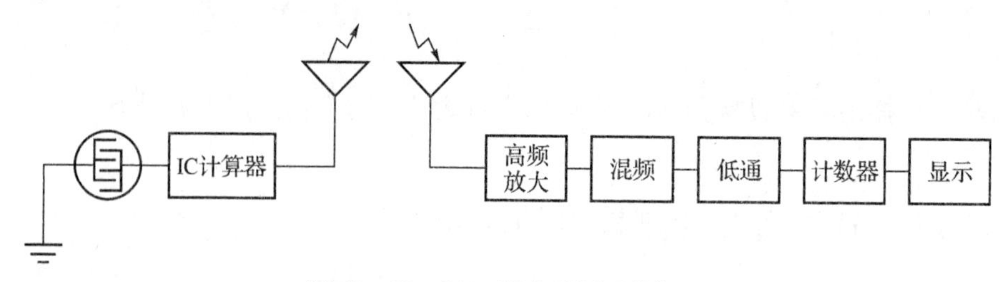

图13-13 SAW温度遥测系统框图

由于SAW温度传感器具有高稳定性和高灵敏性,在军用及民用领域颇具潜力,可广泛应用于光学仪器、兽医、农业及无线电信号传输等诸多领域。可用于气象测温、粮仓多点测温、火灾报警及空调、冰箱的控温等。在医学领域中,可用于对癌症进行准确无误的诊断。

2. 声表面波气体传感器

SAW气体传感器是比较复杂、涉及面比较广的传感器类型。它以SAW元件为基底材料,在其上形成选择性气体敏感膜并配以外部电路而构成,其结构如图13-14所示。敏感膜处于SAW传播通道上,当敏感膜吸附气体分子与气体结合时,会引起膜密度和弹性性质等发生变化,从而使表面波速度V_R发生变化,结果导致振荡频率f变化。通过检测振荡频率的变化量即可测出被吸附气体的浓度。

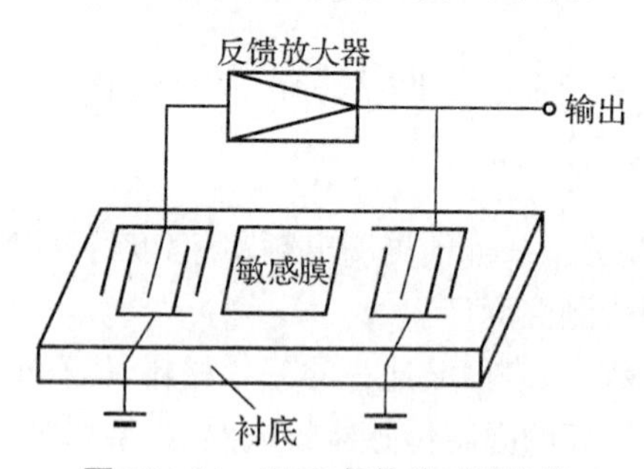

图13-14 SAW气体传感器结构

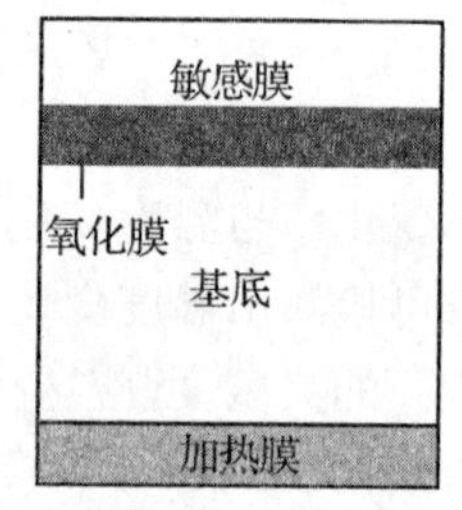

图13-15 薄膜型SAW气体传感器结构

薄膜型SAW气体传感器的工艺结构如图13-15所示。在基底材料背面淀积一层加热膜,基底正面淀积一层掺催化金属的敏感膜(或在形成敏感膜后再采用淀积一层薄的催化金属)。敏感材料和催化金属材料视检测要求而定,如氧化锡掺TbO_2可提高对一氧化碳的灵敏度而降低对氢气的灵敏度;氧化锡掺1.5%钯时,传感器对甲烷的灵敏度高于一氧化碳,而当钯含量为0.2%时,对一氧化碳敏感度高于甲烷。若将一些相同的或不同的多种SAW传感器集成在同一芯片上构成传感器阵列,则有利于提高传感器的可靠性和多功能性,能快速地分析有毒、有害、易燃、易爆的混合气体。SAW气体传感器的基片材料可采用

ST-石英、YZ-$LiNbO_3$、YX-$LiNbO_3$、ZnO-Si，器件结构有双延迟线振荡器、单延迟线振荡器和谐振器振荡器，可探测 SO_2（YZ-$LiNbO_3$ 基片，三乙醇胺，酞花菁）、NO_2（ST-石英基片，酞花菁；YZ-$LiNbO_3$ 基片，酞花菁；YX－$LiNbO_3$ 基片，铅酞花菁）、H_2S（YZ-$LiNbO_3$ 基片，氧化钨；三乙醇胺）、NH_3（ST-石英，铂）、CO、CH_4（YZ-$LiNbO_3$ 基片，酞花菁）、H_2（ST-石英；YZ-$LiNbO_3$、钯）、水蒸气（ST-石英，聚合物；ZnO-Si，聚合物）、水（YZ-$LiNbO_3$，吸湿聚合物）、丙酮等。利用气相层析装置可检测出低浓度违禁品，如三硝基甲苯、季戊四醇-四硝酸酯、可卡因、海洛因、大麻等，也可用于监测大气中 CO_2 的浓度以及化工过程控制、汽车尾气排放等。

SAW 气体传感器在环境监测、化工过程控制、汽车排放尾气控制、临床分析等领域大有用武之地。目前美国、日本、德国、意大利等国已经投入了大量的人力和物力开发 SO_2、水蒸气、丙酮、甲醇、H_2、H_2S、NO_2 等 SAW 气体传感器，其实用化已经指日可待。

3. 声表面波压力传感器

SAW 压力传感器的工作原理是基于 SAW 器件在基底压电材料受到外界作用力作用时，材料内部各点的应力发生变化，通过压电材料的非线性弹性行为，使材料的弹性常数、密度等随外界作用力的变化而变化。由于 SAW 在压电材料表面的传播速度 v 与材料的弹性模量 E 和材料的密度 ρ 的关系为 $v=(E/\rho)^{1/2}$，从而导致 SAW 传播速度的变化。同时，压电材料受到作用力作用后，使 SAW 谐振器的结构尺寸发生变化，从而导致 SAW 的波长 λ 改变。由于 SAW 谐振器的谐振频率 $f=v/\lambda$，所以 v 与 λ 之变化共同导致谐振频率 f 的变化。通过测量频率的大小，就可得知外界压力的大小，从而实现压力的精确测量。

传感器基片材料可采用 40°旋转 Y-石英、SiO_2、$LiNbO_3$、ZnO 等，也可用单晶硅作膜片，在其上形成压电薄膜构成。振荡器可用延迟线型振荡器、谐振器型振荡器。SAW 延迟线型压力传感器结构如图 13-16 所示，将两个 SAW 延迟线分别连接到放大器的反馈回路中，构成输出频率信号相近的 SAW 振荡器，使其环境温度保持一致，可近似认为它们的振荡频率随温度的变化量相等，使其中一个在所测压力下工作，另一个所受压力不变。将两路输出的频率经混频、低通滤波和放大，得到一个与外加压力有对应关系的差频信号输出。这种传感器在 1～100 kPa 范围内线性较好，压力灵敏系数为 0.55×10^{-9} Pa/cm^2。由于 SAW 谐振器型的 Q 值比 SAW 延迟线型的 Q 值高得多，因此 SAW 延迟线型的传感器的灵敏度和稳定性没有谐振器型传感器好。

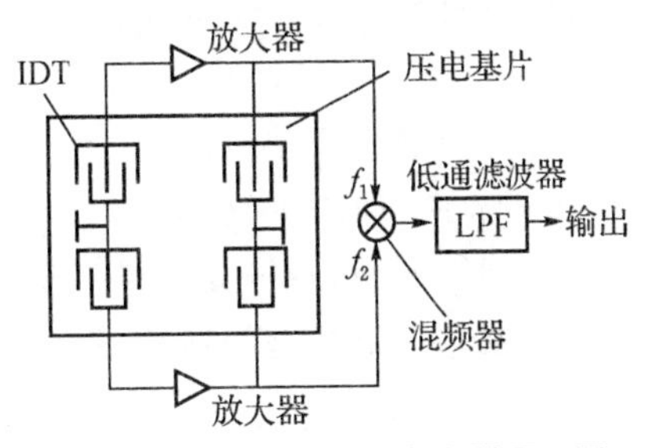

图 13-16 SAW 压力传感器原理图

SAW 压力传感器的主要问题是基片材料对温度的敏感性大于对压力的敏感性。比如 Y-石英基片的压力灵敏性为 0.1%，而温度灵敏性可达 0.4%，因此必须考虑温度补偿问题。高精度 SAW 压力传感器研究开发的重点在于如何在较宽的温度范围和较大的压力范围内，保持小的温度漂移。

SAW 压力传感器已经广泛应用于信号处理、雷达、通讯、电子对抗和广播电视领域。在医学上，可用来监视病人的心跳，用射频振荡器把信号发射出去，实现遥测；还可用来控制汽车的点火,以保证燃料的充分利用,减少污染;可监测汽车轮胎的压力;可做成水下听诊器,监测水下动静;还可用于防盗报警等。利用压力-振荡频率的敏感机理,还可制成SAW加速度传感器、电压传感器,可用于导航、航天制导系统,具有很高的精度。

除了上面介绍的几种传感器,常用的还有声表面波湿度传感器、声表面波质量传感器、声表面波流量传感器和声表面波陀螺等。此外,声表面波还可以用于金属标签的识别,在自动路桥不停车收费、移动工件识别、门禁等系统中的应用将产生很高的经济和社会效益。

13.3 红外检测

13.3.1 红外检测的物理基础

红外辐射又称红外光,其频率和波长范围见图8-2所示。从紫光到红光热效应逐渐增大,而热效应最大的为红外光。在自然界中只要物体本身具有一定温度(高于绝对零度),都能辐射红外光。例如电机、电器、炉火、甚至冰块都能产生红外辐射。

红外光和所有电磁波一样,具有反射、折射、散射、干涉、吸收等特性。能全部吸收投射到它表面的红外辐射的物体称为黑体;能全部反射的物体称为镜体;能全部透过的物体称为透明体;能部分反射、部分吸收的物体称为灰体。严格地讲,在自然界中,不存在黑体、镜体与透明体。

1. 基尔霍夫定律

物体向周围发射红外辐射能时,同时也吸收周围物体发射的红外辐射能,即

$$E_R = \alpha E_0 \tag{13-18}$$

式中,E_R——物体在单位面积和单位时间内发射出的辐射能;

α——物体的吸收系数;

E_0——常数,其值等于黑体在相同条件下发射出的辐射能。

2. 斯忒藩一玻尔兹曼定律

物体温度越高,发射的红外辐射能越多,在单位时间内其单位面积辐射的总能量E为

$$E = \sigma \varepsilon T^4 \tag{13-19}$$

式中,T——物体的绝对温度(K);

σ——斯忒藩一玻尔兹曼常数,$\sigma = 5.67 \times 10^{-8}\,W/(m^2 \cdot K^4)$;

ε——比辐射率,黑体的$\varepsilon = 1$。常用材料的比辐射率见表13-1。

表13-1 比辐射率

材料名称	温度/℃	比辐射率ε	材料名称	温度/℃	比辐射率ε
抛光的铝板	100	0.05	石墨(表面粗糙)	20	0.98
阳极氧化的铝板	100	0.55	腊克(白的)	100	0.92
抛光的铜	100	0.05	腊克(无光泽黑的)	100	0.97
严重氧化的铜	20	0.78	油漆(16色平均)	100	0.94
抛光的铁	40	0.21	沙	20	0.90

续表 13-1

材料名称	温度/℃	比辐射率ε	材料名称	温度/℃	比辐射率ε
氧化的铁	100	0.69	干燥的土壤	20	0.92
抛光的钢	100	0.07	水分饱和的土壤	20	0.95
氧化的钢	200	0.79	蒸馏水	20	0.96
砖(一般红砖)	20	0.93	光滑的冰	−10	0.96
水泥面	20	0.92	雪	−10	0.85
玻璃(抛光板)	20	0.94	人的皮肤	30	0.98

3. 维恩位移定律

红外辐射的电磁波中,包含着各种波长,其峰值辐射波长 λ_m 与物体自身的绝对温度 T 成反比,即

$$\lambda_m = 2\,897/T \quad (\mu m) \tag{13-20}$$

图 13-17 为不同温度的光谱辐射分布曲线,图中虚线表示了由式(13-20)描述的峰值辐射波长 λ_m 与温度的关系曲线。从图中可以看到,随着温度的升高其峰值波长向短波方向移动,在温度不很高的情况下,峰值辐射波长在红外区域。

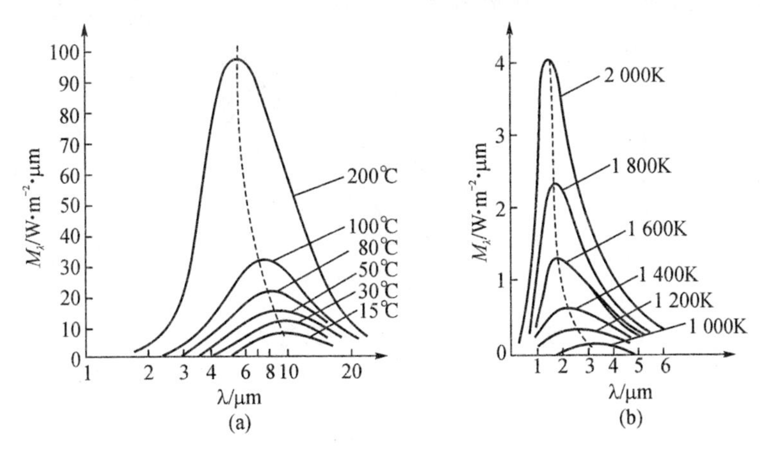

图 13-17 不同温度的光谱辐射分布曲线

(a)温度为 15～200 ℃;(b)温度为 1000～2000 K

13.3.2 红外探测器

红外探测器是红外检测系统中最重要的器件之一,按工作原理可分为"热探测器"和"光子探测器"两类。

1. 热探测器

热探测器在吸收红外辐射能后温度升高,引起某种物理性质的变化,这种变化与吸收的红外辐射能成一定的关系。常用的物理现象有温差热电现象、金属或半导体电阻阻值变化现象、热释电现象、气体压强变化现象、金属热膨胀现象、液体薄膜蒸发现象等。因此,只要检测出上述变化,即可确定被吸收的红外辐射能大小,从而得到被测非电量值。

用这些物理现象制成的热电探测器,在理论上对一切波长的红外辐射具有相同的响应。

但实际上仍存在差异。其响应速度取决于热探测器的热容量和热扩散率的大小。

2. 光子探测器

利用光子效应制成的红外探测器称为光子探测器。常用的光子效应有光电效应、光生伏特效应、光电磁效应、光电导效应。

热探测器与光子探测器比较:①热探测器对各种波长都能响应,光子探测器只对一段波长区间有响应;②热探测器不需要冷却,光子探测器多数需要冷却;③热探测器响应时间比光子探测器长;④热探测器性能与器件尺寸、形状、工艺等有关,光子探测器容易实现规格化。

13.3.3 红外辐射检测技术的应用

1. 红外测温

红外测温的特点有:①测量过程不影响被测目标的温度分布,可用于对远距离、带电以及其他不能直接接触的物体进行温度测量;②响应速度快,适宜对高速运动物体进行测量;③灵敏度高,能分辨微小的温度变化;④测温范围宽,能测量−10~+1300 ℃之间的温度。

比色温度计是不需要修正读数的红外测温计,见图 13-18。这种温度计利用物体在两个不同波长下的光谱辐射亮度之比值实现温度测量。

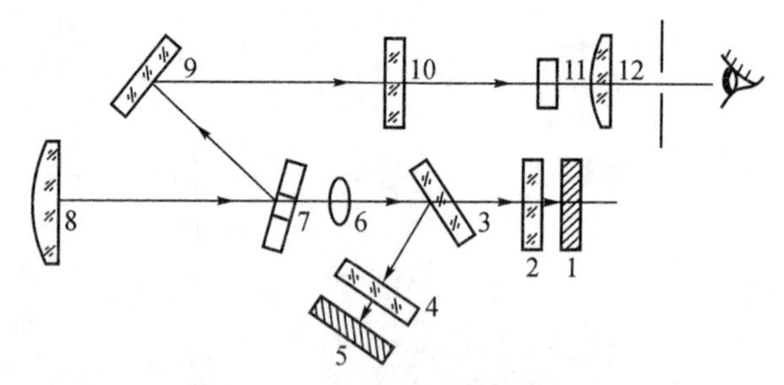

图 13-18 双通道光电比色温度计

1、5—硅光电池; 2、4—滤光片; 3—分光镜; 6—场镜; 7—视场光栏; 8—物镜; 9—反射镜; 10—倒像镜; 11—回零信号接收元件; 12—目镜

比色温度计采用双通道光路,分别测量被测物体辐射和标准黑体辐射中的单色辐射功率,运用两者功率之比进行温度标定,以确定被测物体的温度。若两个单色波长选择恰当,光路中的干扰可以完全相同,两者辐射功率之比即与干扰无关,因此不需要进行修正。

由图 13-18 可见,被测物体的辐射经物镜聚焦于视场光栏,由场镜形成平行光照射到分光镜上,分光镜使长波(红外)部分透过,短波(可见光)部分反射。长波和短波分别被带有滤光片的硅光电池接收,变成电信号送入显示仪表。图中由反射镜、倒像镜、回零信号接收元件、目镜等构成的瞄准系统,用来使被测物体的辐射进入双通道光电比色温度计。

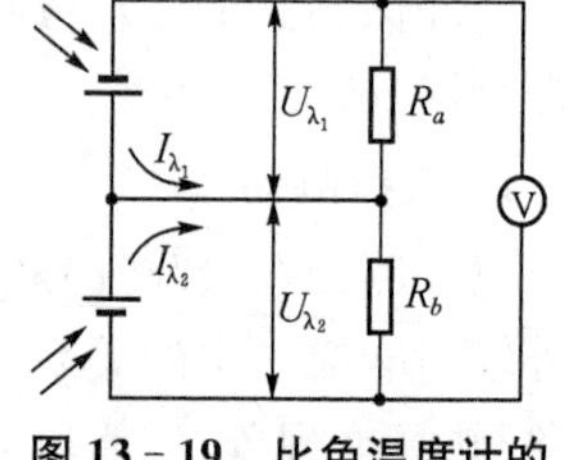

图 13-19 比色温度计的比值电桥

图 13-19 是光电比色计的比值电桥,R_b 为平衡电阻,U_{λ_1} 和 U_{λ_2} 为两个对接光电池的输出电压,I_{λ_1} 和 I_{λ_2} 为其对应的电流。

电流平衡时，$R_b = R_a \cdot I_{\lambda_1} / I_{\lambda_2}$。当 R_a 一定时，R_b 与光电流的比值（即辐射亮度之比）成正比。被测对象的红外辐射进入比色温度计时，光电池有信号输出，电桥失去平衡。调节 R_b 使电桥再次达到平衡。实际中常用电子电位差计实现桥路平衡，并从其刻度标尺上读出被测物体温度。

2. 红外气体分析

图 13-20 为 CO_2 气体透射光谱图。由图可见，当波长在 2.7 μm、4.35 μm 和 14.5 μm 处均有较强烈的吸收和较宽的谱线，称为“吸收带”。吸收带是由 CO_2 内部原子相对振动引起的，吸收带处的光子能量反映了振动频率的大小。上述吸收带中只有 4.35 μm 吸收带不受大气中其他成分的影响，因而可用它实现 CO_2 气体分析。

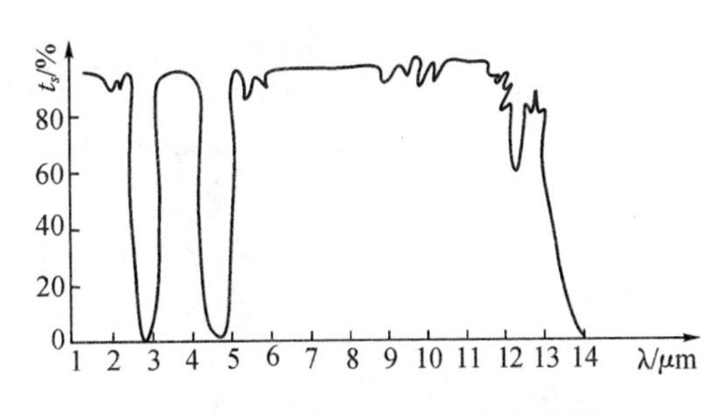

图 13-20　CO_2 气体透射光谱图

图 13-21 表示了 CO_2 红外气体分析仪的工作原理。分析仪设有“参比室”和“样品室”。在参比室内充满着没有 CO_2 的大气或含有一定量 CO_2 的大气，被测气体连续地通过样品室。光源发出的红外辐射经反射镜分别投射到参比室和样品室，经反射系统和滤光片，由红外检测器件接收。滤光片设计成只允许中心波长为 4.35 μm 的红外辐射通过。利用电路使红外接收器件交替接收通过参比室和样品室的红外辐射。若参比室和样品室中均不含 CO_2 气体，调节仪器使两束辐射完全相等，红外接收器件收到的是恒定不变的辐射，交流选频放大器输出为零。若进入样品室的气体中含有 CO_2 气体，则对 4.35 μm 的辐射产生吸收，两束辐射的光通量不等，红外接收器件接收到交变辐射，交流选频放大器就有输出。通过预先对仪器的标定，就可以从输出大小来确定 CO_2 的含量。

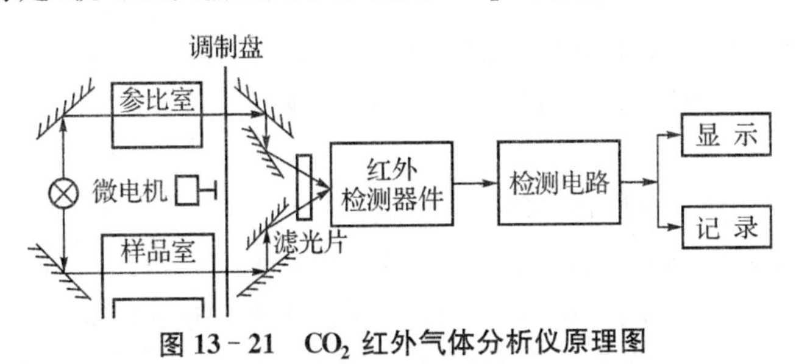

图 13-21　CO_2 红外气体分析仪原理图

由此可认为，只要在红外波段范围内存在吸收带的任何气体，都可用这种方法进行分析。该法的特点是：灵敏度高、反应速度快、精度高、可连续分析和长期观察气体浓度的瞬时变化。

3. 红外遥测

运用红外光电探测器和光学机械扫描成像技术构成的现代遥测装置，可代替空中照相技术，从空中获取地球环境的各种图像资料。图 13-22 为现代遥测装置普遍应用的行扫描仪结构示意图。

在气象卫星上采用的“双通道扫描仪”装有可见光探测器和红外探测器。扫描机构每扫描一次将地面和云层的每个场元的辐射依次“收”入光学系统，经过聚焦射向可见光探测器和红外探测器。探测器输出的信号经处理后记录在磁带上暂时储存,也可以同时用无线电发射机将视频信号发射到地面接收。接收到的信号可以在屏幕上观看或制成照片送入计算机进行图像处理。

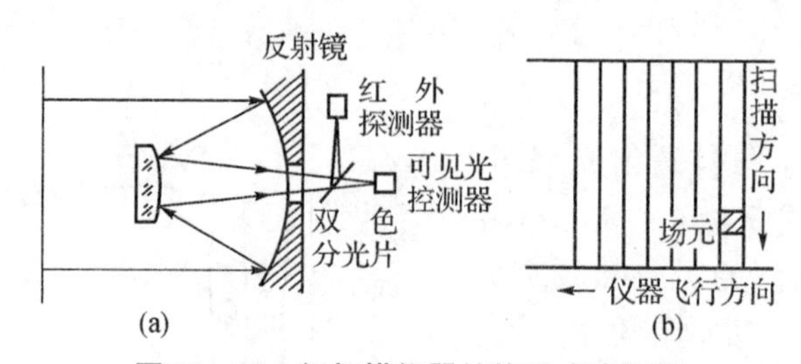

图 13-22 行扫描仪器结构及成像原理

(a)行扫描机械结构;(b)行扫描方法的成像原理

红外探测还可用于森林资源、矿产资源、水文地质、地图绘制等勘测工作。

红外辐射检测技术的应用领域十分广阔。除上述应用外,在国民经济的各个领域几乎都有应用,例如:在交通事业中利用红外探测器检测火车车轴是否正常;在生产流水线上利用红外探测器进行计数;在警卫系统中利用红外探测器制成报警装置;在电力工业中利用红外探测器检测高压线接头的损坏情况;在化学工业中利用红外探测器检测煤气、天然气管道的完好情况等等。

13.4 核辐射检测

13.4.1 核辐射检测的物理基础

1. 同位素

原子序数相同,但原子质量数不同的元素,称作同位素。当没有外因作用时同位素的原子核会自动在衰变中放出射线,这种同位素就称作"放射性同位素"。其衰减规律为

$$\alpha = \alpha_0 e^{-\lambda t} \tag{13-21}$$

式中,α_0、α——分别为初始时与经过时间 t 秒后的原子核数;

λ——衰变常数(不同放射性同位素有不同的 λ 值)。

式(13-21)表明放射性同位素的原子核数按指数规律随时间减少,其衰变速度通常用半衰期表示。半衰期是指放射性同位素的原子核数衰变到一半所需的时间,一般将它作为该放射性同位素的寿命。

2. 核辐射

放射性同位素衰变时,放出一种特殊的带有一定能量的粒子或射线,这种现象称为"核辐射"。放射性同位素在衰变过程中,能放出 α、β、γ 三种射线。其中 α 射线由带正电的 α 粒子(即 $^4_2$He 的核)组成;β 射线由带负电的 β 粒子(即电子)组成;γ 射线由中性的光子组成。

通常以单位时间内发生衰变的次数来表示放射性的强弱,称为放射性强度。放射性强度也是随时间按指数规律而减小,即

$$I = I_0 e^{-\lambda t} \tag{13-22}$$

式中，I_0、I——分别为初始时与经过时间 t 秒后的放射性强度。

放射性强度的单位是居里(Ci)。1 居里等于放射源每秒钟发生 3.7×10^{10} 次核衰变。在检测仪表中，居里的单位太大，常用它的千分之一来表示，称为毫居里(mCi)。

检测仪表中常用的放射性同位素见表 13 - 2。

表 13 - 2　常用的放射性同位素及其基本参数

同位素	符号	半衰期	辐射种类	β粒子能量 / MeV	α射线能量 / MeV	γ射线能量 / MeV	X射线能量 / MeV
碳^{14}	^{14}C	5720 年	β	0.155			
铁^{55}	^{55}Fe	2.7 年	X				5.9×10^{-3}
钴^{57}	^{57}Co	270 天	γ,X			0.136，0.014	6.4×10^{-3}
钴^{60}	^{60}Co	5.26 年	β,γ	0.31		1.17，1.33	
镍^{63}	^{63}Ni	125 年	β	0.067			
氪^{85}	^{85}Kr	9.4 年	β,γ	0.672，0.159		0.513	
锶^{90}	^{90}Sr	19.9 年	β	0.54，2.24			
钌^{106}	^{106}Ru	290 天	β,γ	0.039，3.5		0.52	
镉^{109}	^{109}Cd	1.3 年	α,γ		0.022	0.085	
铯^{134}	^{134}Cs	2.3 年	β,γ	0.658，0.090，0.24		0.568，0.602，0.794	
铯^{137}	^{137}Cs	33.2 年	β,γ	0.532，0.004		0.661 4，0.000 7	
铈^{144}	^{144}Ce	282 天	β,γ	0.3，2.96		0.03～0.23，0.7～2.2	
钷^{147}	^{147}Pm	2.2 年	β	0.229			
铥^{170}	^{170}Tm	120 天	β,γ	0.884，0.004，0.968		0.084 1，0.000 1	
铱^{192}	^{192}Ir	74.7 天	β,γ	0.67		0.137，0.651	
铊^{204}	^{204}Tl	2.7 年	β	0.783			
钋^{210}	^{210}Po	138 天	α,γ		5.3	0.8	
钚^{238}	^{238}Pu	86 年	X				$(12 \sim 21) \times 10^{-3}$
镅^{241}	^{241}Am	470 年	α,γ		5.44，0.06	5.48，0.027	

3. 核辐射与物质间的相互作用

(1)电离作用　具有一定能量的带电粒子在穿过物质时会产生电离作用，在它们经过的路程上形成许多离子对。电离作用是带电粒子与物质间相互作用的主要形式。α 粒子由于能量大，电离作用最强，但射程较短(所谓射程是指带电粒子在物质中穿行时在能量耗尽停止运动前所经过的直线距离)。β 粒子质量小，电离能力比同样能量的 α 粒子要弱。γ 粒子没有直接电离的作用。

(2)核辐射的散射与吸收　α、β 和 γ 射线穿过物质时，由于电磁场作用，原子中的电子会产生共振。振动的电子形成向四面八方散射的电磁波源，使粒子和射线的能量被吸收而衰减。α 射线的穿透能力最弱，β 射线次之，γ 射线穿透能力最强。但 β 射线在穿行时容易改变运动方向而产生散射现象，当产生反向散射时即形成反射。

核辐射与物质间的相互作用是进行核辐射检测的物理基础。利用物质衰变辐射后的电离、吸收和反射作用并结合α、β和γ射线的特点可以完成多种检测工作。例如利用α射线实现气体分析、气体压力和流量的测量;利用β射线进行带材厚度、密度、覆盖层厚度等的检测;利用γ射线完成材料缺陷、物位、密度等检测与大厚度的测量等。

13.4.2 核辐射传感器

1. 电离室

图13-23为电离室示意图。电离室两侧设有二块平行极板,对其加上极化电压 E 使二极板间形成电场。当有粒子或射线射向二极板间空气时,空气分子被电离成正、负离子。带电离子在电场作用下形成电离电流,并在外接电阻 R 上形成压降。测量此压降值即可得核辐射的强度。电离室主要用于探测α、β粒子,它具有坚固、稳定、成本低、寿命长等优点,但输出电流很小。

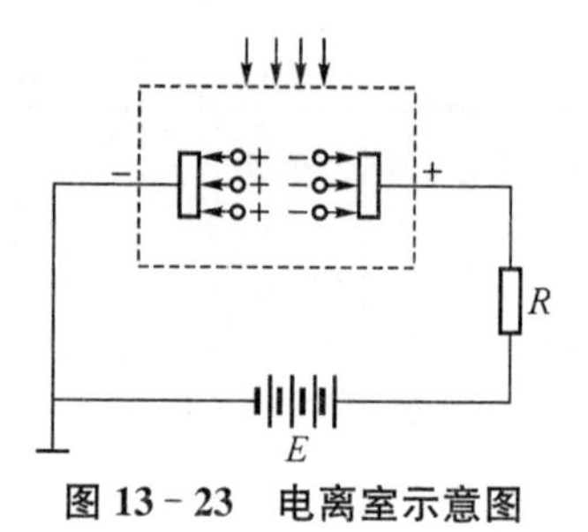

图13-23 电离室示意图

2. 气体放电计数管(盖格计数管)

图13-24为气体放电计数管示意图。计数管的阴极为金属筒或涂有导电层的玻璃圆筒。阳极为圆筒中心的钨丝或钼丝。圆筒与金属丝之间用绝缘体隔开,并在它们之间加上电压。

核辐射进入计数管后,管内气体产生电离。当负离子在电场作用下加速向阳极运动时,由于碰撞气体分子产生次级电子,次级电子又碰撞气体分子,产生新的次级电子。这样,次级电子急剧倍增,发生"雪崩"现象,使阳极放电。放电后由于"雪崩"产生的电子都被中和,阳极被许多正离子包围着。这些正离子被称为"正离子鞘"。正离子鞘的形成,使阳极附近电场下降,直到不再产生离子增殖,原始电离的放大过程停止。由于电场的作用,正离子鞘向阴极移动,在串联电阻上产生电压脉冲,其大小决定于正离子鞘的总电荷,与初始电离无关。正离子鞘到达阴极时得到一定的动能,能从阴极打出次级电子。由于此时阳极附近的电场已恢复,次级电子又能再一次产生正离子鞘和电压脉冲,从而形成连续放电。若在计数管内加入少量有机分子蒸汽或卤族气体,可以避免正离子鞘在阴极产生次级电子,而使放电自动停止。

气体放电计数管的特性曲线如图13-25所示。图中 I_1、I_2 代表入射的核辐射强度,$I_1>I_2$。由图可见,在相同外电压 U 时不同辐射强度将得到不同的脉冲数 N。气体放电计数管常用于探测β粒子和γ射线。

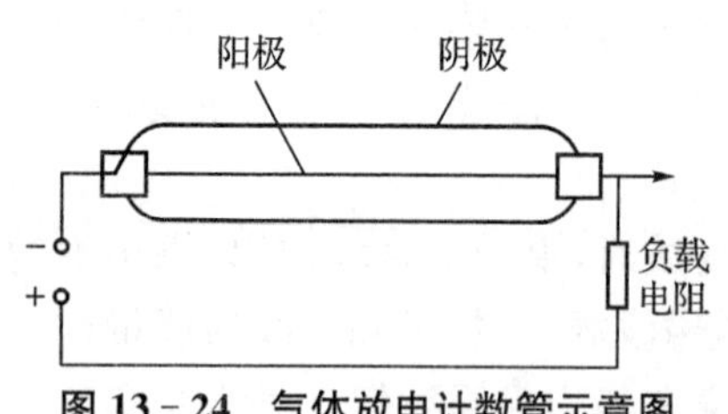

图13-24 气体放电计数管示意图

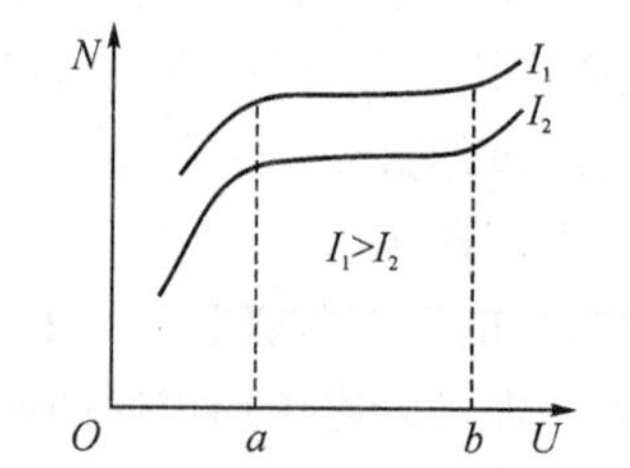

图13-25 气体放电计数管特性曲线

3. 闪烁计数器

图 13－26 为闪烁计数器组成示意图。闪烁晶体是一种受激发光物质，有固态、液态、气体三种和有机与无机两大类。有机闪烁晶体的特点是发光时间常数小，只有与分辨力高的光电倍增管配合时才能获得 10^{-10} s 的分辨时间，并且容易制成较大的体积，常用于探测 β 粒子。无机闪烁晶体的特点是对入射粒子的阻止本领大，发光效率高，有很高的探测效率，常用于探测 γ 射线。

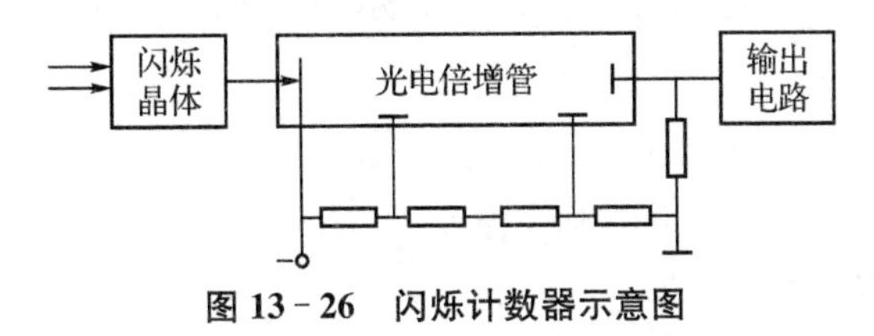

图 13－26　闪烁计数器示意图

当核辐射进入闪烁晶体时，晶体原子受激发光，透过晶体射到光电倍增管的光阴极上，根据光电效应在光阴极上产生的光电子在光电倍增管中倍增，在阳极上形成电流脉冲，即可用仪器指示或记录。

13.4.3　核辐射检测技术的应用

1. 核辐射在线测厚仪

核辐射在线测厚仪是利用物质对射线的吸收程度或核辐射散射与物质厚度有关的原理进行工作的。图 13－27 为利用散射原理工作的镀层测厚仪。

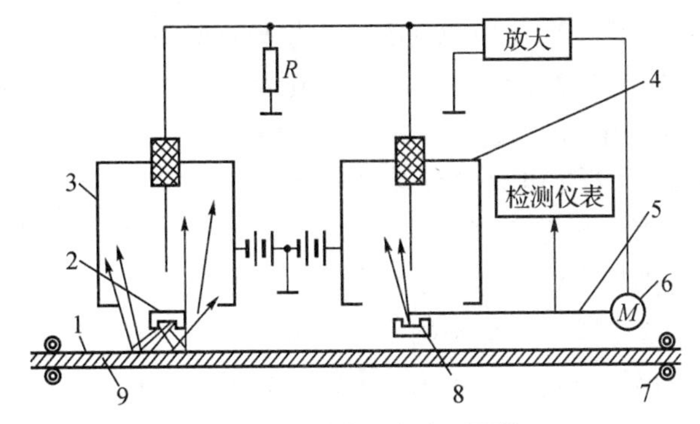

图 13－27　镀层在线测厚仪

1—镀层；2—放射源；3、4—电离室；5—挡板；
6—电机；7—滚子；8—辅助放射源；9—钢带

图中 3、4 为两个电离室，电离室外壳加上极性相反的电压，形成相反的栅极电流，使电阻 R 的压降正比于两电离室核辐射强度的差值。电离室 3 的辐射强度取决于放射源 2 的放射线经镀锡钢带镀层后的反向散射；电离室 4 的辐射强度取决于 8 的放射线经挡板 5 的位置调制。利用 R 上的电压，经过放大，控制电机转动，以此带动挡板 5 位移，使两电离电流相等。如用检测仪表测量出挡板 5 的移动位置，即可获得镀层的厚度。

2. 核辐射物位计

不同介质对 γ 射线的吸收能力是不同的，固体吸收能力最强，液体次之，气体最弱。

图 13-28 为核辐射物位计示意图。若核辐射源和被测介质一定，则被测介质高度 H 与穿过被测介质后的射线强度 I 的关系为

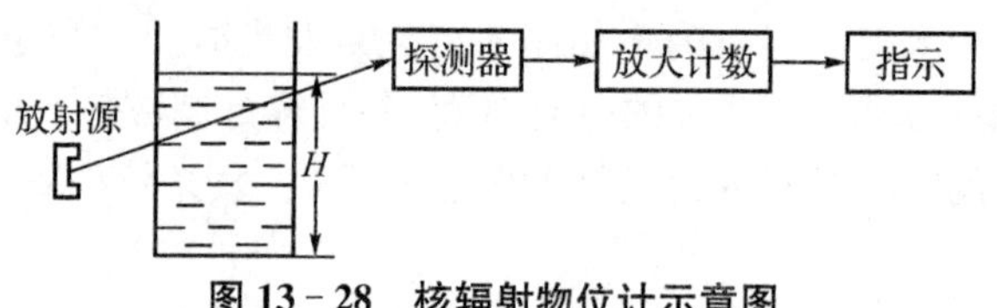

图 13-28　核辐射物位计示意图

$$H=\frac{1}{\mu}\ln I_0+\frac{1}{\mu}\ln I \tag{13-23}$$

式中，I_0、I——穿过被测介质前后的射线强度；

μ——被测介质的吸收系数。

探测器将穿过被测介质的 I 值检测出来，并通过仪表显示 H 值。

目前用于测量物位的核辐射同位素有 ^{60}Co 及 ^{137}Cs，因为它们能发射出很强的 γ 射线，半衰期较长。γ 射线物位计一般用于冶金、化工和玻璃工业中的物位测量，有定点监视型、跟踪型、透过型、照射型和多线源型等。

γ 射线物位计的优点是：①可以实现非接触式测量；②不受被测介质温度、压力、流速等状态的限制；③能测量密度差很小的两层介质的界面位置；④适宜测量液体、粉粒体和块状介质的位置。

3. 核辐射流量计

测量气体流量时，通常需将敏感元件插在被测气流中，这样会引起压差损失，若气体具有腐蚀性又会损坏敏感元件。应用核辐射测量流量即可避免上述问题。

图 13-29 为核辐射气体流量计示意图。气流管壁中装有两个电位差不同的电极。其中一个涂有放射性物质，它放出的粒子可以使气体电离。当被测气体流过电离室时，部分离子被带出电离室，因而室内的电离电流减小。当气体流动速度加大时，从电离室带出的离子数增多，电离电流减小也越多。由于辐射强度、离子迁移率等因素也会影响电离电流，为了提高测量准确度应采用差动测量线路。

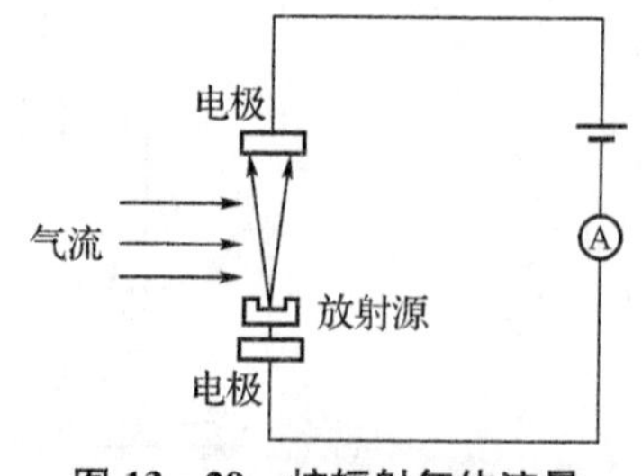

图 13-29　核辐射气体流量计示意图

上述方法同样适合于其他流体流量的测量。若在流动的液体中加入少量放射性同位素，还可运用放射性同位素跟踪法求取流体的流量。

4. 核辐射探伤

图 13-30(a)为 γ 射线探伤示意图。放射源放在被测管道内，沿着平行管道焊缝与探测器同步移动。当管道焊缝质量存在问题时，穿过管道的 γ 射线会产生突变，探测器将接到的信号经过放大，然后送入记录仪记录下来。图(b)为其特性曲线，横坐标表示放射源移动的距离；纵坐标表示与放射性强度成正比的电压信号。图中两突变波形表示管道焊缝在该两部位存在大小不同的缺陷。上述方法也可用于探测块状铸件内部的缺陷。

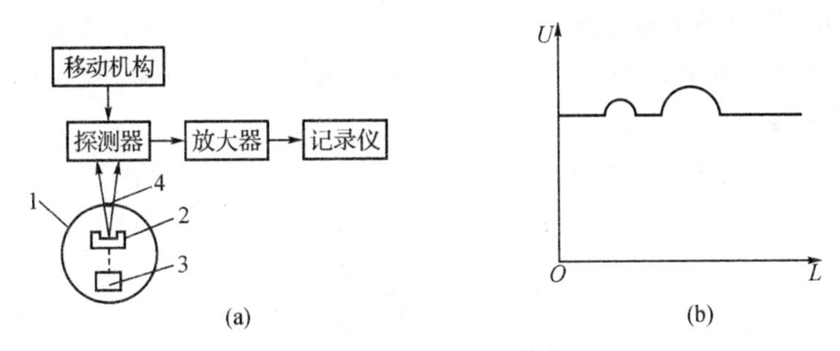

图 13－30　γ射线探伤仪

(a)工作框图；(b)特性曲线

1—被测管道；2—放射源；3—移动机构；4—焊缝

为了提高探测效率，用上述方法探伤时，常选用闪烁计数器作为探测器，并在其前面加设γ射线准直器。准直器用铅制成，通过上面的细长直孔使探测器检测的信号更为清晰。

除上述用途外，核辐射技术还可以用于制作核辐射式称重仪、温度计、检漏仪及继电器等检测仪表与器件。

13.5　激光检测

13.5.1　激光检测的物理基础

1. 激光的形成

在正常分布状态下，原子多处于稳定的低能级 E_1，如无外界的作用，原子可长期保持此状态。但在外界光子作用下，赋予原子一定的能量 ε，原子就从低能级 E_1 跃迁到高能级 E_2，这个过程称为光的受激吸收。光子能量 ε 与原子能级跃迁的关系为

$$\varepsilon = h\nu = E_2 - E_1 \tag{13-24}$$

处在高能级 E_2 的原子在外来光的诱发下，跃迁至低能级 E_1 而发光，这个过程称为光的受激辐射。受激辐射发出的光子与外来光子具有完全相同的频率、传播方向、偏振方向。一个外来光子诱发出一个光子，在激光器中得到两个光子，这两个光子又可诱发出两个光子，得到四个光子，这些光子进一步诱发出其他光子，这个过程称为光放大。

如果通过光的受激吸收，使介质中处于高能级的粒子比处于低能级的多——“粒子数反转”，则光放大作用大于光吸收作用。这时受激辐射占优势，光在这种工作物质内被增强，这种工作物质就称为增益介质。

若增益介质通过提供能量的激励源装置形成粒子数反转状态，这时大量处于低能级的原子在外来能量作用下将跃迁到高能级。

为了使受激辐射的光具有足够的强度，还须设置一个光学谐振腔。光学谐振腔内设有两个面对面的反射镜：一个为全反射镜，另一个为半反半透镜。当沿轴线方向行进的光遇到反射镜后，就被反射折回，如此在两反射镜间往复运行并不断对有限容积内的工作物质进行受激辐射，产生雪崩式的放大，从而形成了强大的受激辐射光——激光，通过半反半透镜输出。

可见,激光的形成必须具备三个条件:(1)具有能形成粒子数反转状态的工作物质——增益介质;(2)具有供给能量的激励源;(3)具有提供反复进行受激辐射场所的光学谐振腔。

2. 激光的特性

(1)方向性强,亮度高　激光束的发散角很小,一般约 0.18°,这比普通光和微波小 2～3 个数量级。因此,立体角极小,一般可小至 10^{-8} rad;激光能量在空间高度集中,其亮度比普通光源高百万倍。

(2)单色性好　光源发射光的光谱范围愈窄,光的单色性就愈好。普通光中单色性最好的是同位素 ^{86}Kr 灯所发出的光,其中心波长 $\lambda=605.7$ nm,$\Delta\lambda=0.00047$ nm,氦氖激光器 $\lambda=632.8$ nm,$\Delta\lambda=10^{-6}$ nm。可见,激光具有很好的单色性。

(3)相干性好　光的相干性是指两光束相遇时,在相遇区域内发出的波相叠加,并能形成较清晰的干涉图样或能接收到稳定的拍频信号。由同一光源在相干时间 τ 内不同时刻发出的光,经过不同路程相遇,将产生干涉。这种相干性,称为时间相干性。同一时间,由空间不同点发出的光的相干性,称为空间相干性。激光是受激辐射形成的,对于各个发光中心发出的光波,其传播方向、振动方向、频率和相位均完全一致,因此激光具有良好的时间和空间相干性。

13.5.2　激光器及其特点

(1)固体激光器　固体激光器的工作物质是固体。这类激光器结构大致相同,共同特点是小而坚固,功率高。

(2)气体激光器　气体激光器的工作物质是气体。其特点是小巧,能连续工作,单色性好,但输出功率不及固体激光器。

(3)液体激光器　液体激光器的工作物质是液体,其中较重要的是有机染料激光器。其最大特点是发出的激光波长可以在一定范围内连续调节,而不降低效率。

(4)半导体激光器　半导体激光器的特点是效率高,体积小,重量轻,结构简单,缺点是输出功率较小。

13.5.3　激光检测技术的应用

激光技术用于检测工作主要是利用激光的优异特性,将它作为光源,配以相应的光电元件来实现的。它具有精度高、测量范围大、检测时间短、非接触式等优点,常用于测量长度、位移、速度、振动等参数。下面介绍几种应用实例。

1. 激光测距

激光测距是用激光作为光源,通过测量发射和接收激光之间的关系来测量距离。主要有飞行时间法和相位差法两种,我们以时间飞行法为例说明:将光速为 c 的激光射向被测目标,测量它返回的时间,由此求得激光器与被测目标间的距离 d,即

$$d=c\cdot t/2 \tag{13-25}$$

式中,t——激光发出与接收到返回信号之间的时间间隔。

可见这种激光测距的精度取决于测时精度。由于它利用的是脉冲激光束,为了提高精度,要求激光脉冲宽度窄,光接收器响应速度快。所以,远距离测量常用输出功率较大的固体激光器与二氧化碳激光器作为激光源;近距离测量则用砷化镓半导体激光器作为激光源。

在激光测距仪的基础上，进一步发展了激光雷达，它除了可以测定运动目标的距离外，还可以测定运动目标的方位和运动状态。与一般雷达相比，激光雷达具有测量精度高，探测距离远，抗干扰能力强等优点。

2. 激光测流速

激光测量流速用得较多的是多普勒流速计，用它可以测量风洞气流速度、大气风速、火箭燃料的燃速等。

图13-31为激光多普勒流速计原理图。当激光照射到随被测流体一起运动的微粒上时，激光被运动着的微粒所散射。根据多普勒原理，散射光的频率相对于入射光将产生正比于流体速度的频率偏移，测出散射光的频率偏移，就可得到被测流体的流速。

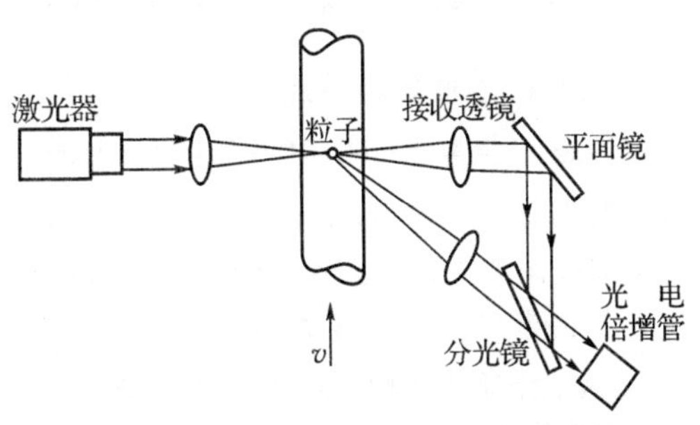

图13-31　激光多普勒流速计原理图

如图所示，散射光与未散射光分别由两个接收透镜收集，并经平面镜和分光镜重合后在光电倍增管中进行混频，输出一个交流信号。对该交流信号进行处理，即可得到多普勒频偏 f_d 值，从而获得流体的流速 v。激光流速计的测量精度取决于信号处理系统的精度。

3. 激光测长

从光学原理可知，单色光的最大可测长度 L 与光源波长 λ 和谱线宽度 $\Delta\lambda$ 的关系为

$$L=\lambda^2/\Delta\lambda \tag{13-26}$$

用普通单色光源测量，最大可测长度 L 仅为78 cm。若被测对象超过78 cm，就须分段测量，这将降低测量精度。若用氦氖激光器作光源，则最大可测长度可达几十公里。通常测长范围不超过10 m，其测量精度可保证在0.1 μm以内。

4. 激光测车速

利用激光具有高方向性的特点可以测量汽车、火车等运动物体的速度。

图13-32为激光测速仪原理框图。当被测物体进入相距为 S 的两个激光器区间（测速区）内时，先后遮断两个激光器发出的激光光束。利用计数器记录主振荡器在先后遮断两激光束的时间间隔内的脉冲数 N，即可求得被测物体的速度

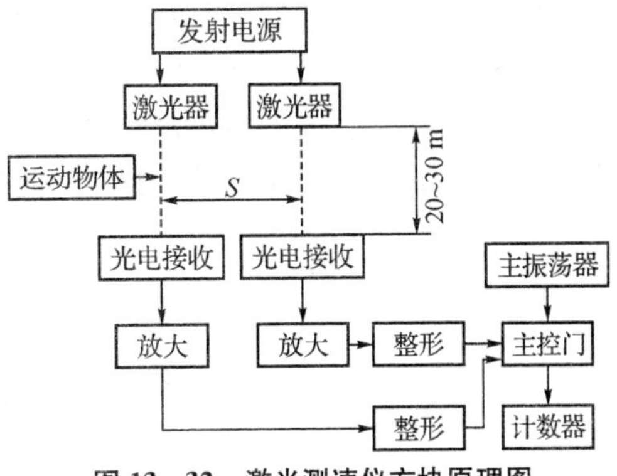

图13-32　激光测速仪方块原理图

$$v=\frac{S\cdot f}{N} \tag{13-27}$$

式中，f——主振荡器的振荡频率。

这种激光测速仪的测量精度较高，当被测对象时速为200 km时，精度可达1.5%；时速为100 km时，精度为0.8%。

13.6 太赫兹检测

13.6.1 太赫兹检测基本知识

1. 太赫兹的性质与特点

太赫兹波通常指的是频率在0.1 THz～10 THz范围内的电磁辐射。从频率上看,该波段位于毫米波和红外线之间,属于远红外波段。由于在此特殊的波段上,太赫兹既不完全适合用光学理论来处理,也不完全适合微波理论来研究,对于太赫兹检测技术的研究近年来成为领域内的热点。太赫兹是一种新的、有很多独特特点的辐射源,太赫兹技术是一个非常重要的交叉前沿领域,给技术创新、国民经济发展和国家安全提供了一个非常重要的机遇。

太赫兹脉冲光源与传统光源相比有很多独特的性质:(1)瞬态性,太赫兹脉冲的典型脉宽在皮秒量级,远远高于傅立叶变换红外光谱技术,且稳定性更好;(2)宽带性,太赫兹脉冲源通常只包含若干个周期的电磁振荡,单个脉冲的频段可以覆盖从GHz到几十太赫兹的范围;(3)相干性,太赫兹的相干性源于其产生机制,它由相干电流驱动的偶极子震荡产生,或由相干的激光脉冲通过线性光场效应产生;(4)低能性,太赫兹光子的能量只有毫电子伏特,不会因为电离而破坏被检测的物质。

上述太赫兹的特性,决定了其特殊的应用场景,各国科研人员围绕这些特性,不断开展深入的理论和应用研究。

2. 太赫兹的产生

根据太赫兹的产生机理,可以分为基于光学效应的太赫兹辐射源和基于电子学的太赫兹辐射源。

基于光学效应的太赫兹辐射源主要包括光电导天线、光整流、空气产生太赫兹、太赫兹参量源以及光泵浦太赫兹激光器。我们以光整流为例进行介绍,如图13-33为光整流产生

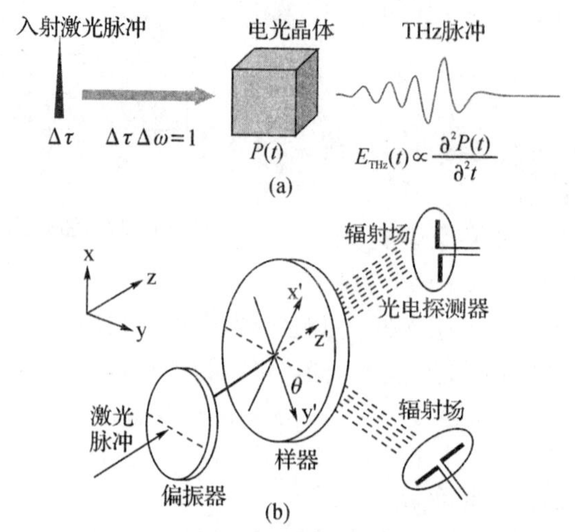

图13-33 光整流产生太赫兹原理示意图

(a)利用光整流产生太赫兹; (b)太赫兹光整流效应的原理

太赫兹原理示意图。将超短激光脉冲入射到非线性介质中，根据傅立叶变换理论，一个脉冲光束可以分解成一系列单色光束的叠加，这些单色光将会在非线性介质中发生混合。由于差频振荡效应会产生一个低频振荡的时变电极化场，由该电极化场产生太赫兹波。

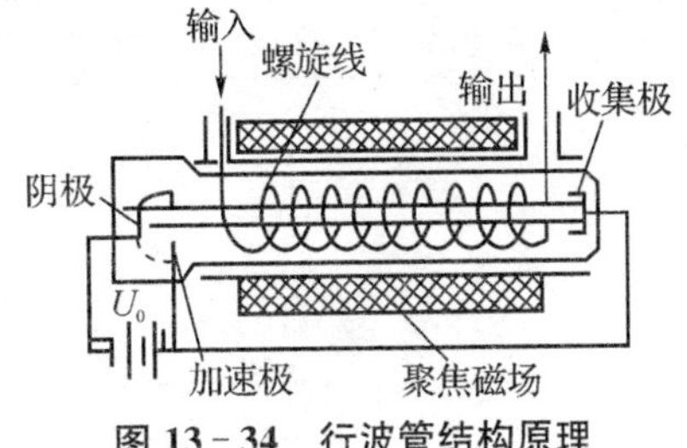

图 13-34　行波管结构原理

基于电子学的太赫兹辐射源主要包括微型真空电子器件、相对论性电子器件以及半导体激光器。我们以微型真空电子器件的行波管为例进行说明，如图 13-34 所示。在行波管中由阴极和加速极产生的电子注与慢波电路中的微波相互作用，从而激发产生太赫兹波。

13.6.2　太赫兹探测器

太赫兹探测是太赫兹研究领域的一项关键技术，是太赫兹技术投入到实际应用的关键环节。根据太赫兹辐射形式的不同，可以将太赫兹的探测方法分为太赫兹脉冲信号探测和太赫兹连续波信号探测。

1. 脉冲太赫兹信号探测

光电导取样和电光取样是两种应用最广的相干探测脉冲太赫兹信号的方法。其中，电光取样又可分为时分电光取样和波分电光取样两种。对于低频太赫兹信号（小于 3 THz），光电导取样有较高的信噪比。而对于高频信号，电光取样可以大大降低噪声。

2. 连续太赫兹信号探测

对于连续太赫兹波的探测，最常用的是热效应探测器，它们基于热吸收的宽波段直接探测。需要注意，这类探测器往往需要冷却降低热背景。当需要更高的频率分辨率时，需要采用窄带探测方法，这类太赫兹波探测目前有电子探测器、半导体探测器。其中，电子探测器基于电子学的变频技术，特点是成本较低、结构紧凑。

13.6.3　太赫兹检测技术的应用

1. 太赫兹雷达测距

随着雷达成像应用的不断拓展，比如重点区域安检、目标探测等，对雷达成像分辨率的要求也越来越高。由雷达成像理论可知，提升成像分辨率的关键在于提高雷达信号的载频和带宽，在此需求下，太赫兹雷达进入人们的关注范围。

太赫兹雷达系统结构主要包括扫频源、信号发射机、信号接收机、收发天线、中频处理、数字信号处理等模块。如图 13-35 采用双频率源驱动的方案设计研制了一套 340 GHz 的太赫兹雷达系统。

图 13-36 所示为基于 CSAR 几何模型的太赫兹雷达测距原理。雷达以半径 R_0 进行圆周运动，θ 为方位角，相对于零平面高度为 H，假设照射场景内有一点目标 $P(x_p, y_p, z_p)$，则在 t 时刻雷达与目标点 P 的瞬时距离为：

$$Rp(\theta)=\sqrt{(R_0\cos\theta-x_p)^2+(R_0\sin\theta-y_p)^2+(H-z_p)^2} \quad (13-28)$$

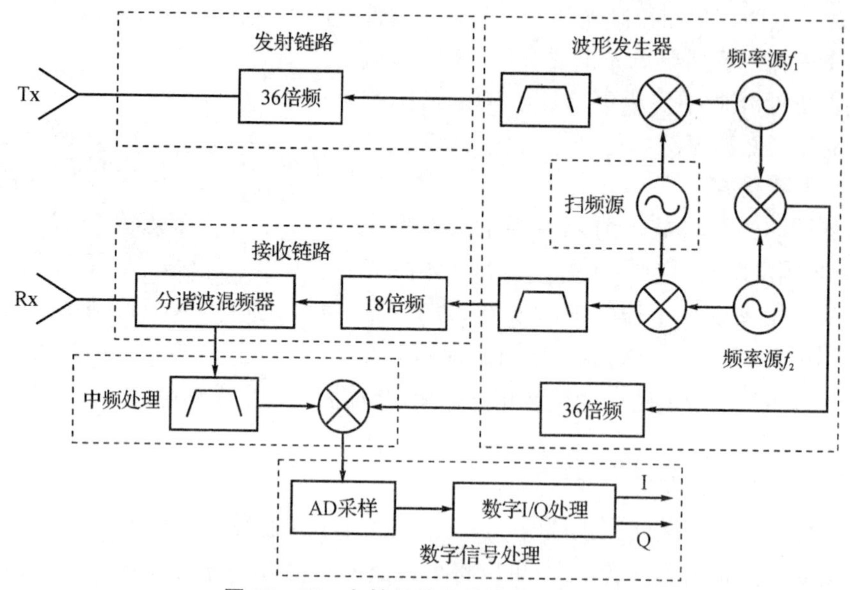

图 13-35　太赫兹雷达结构简化示意图

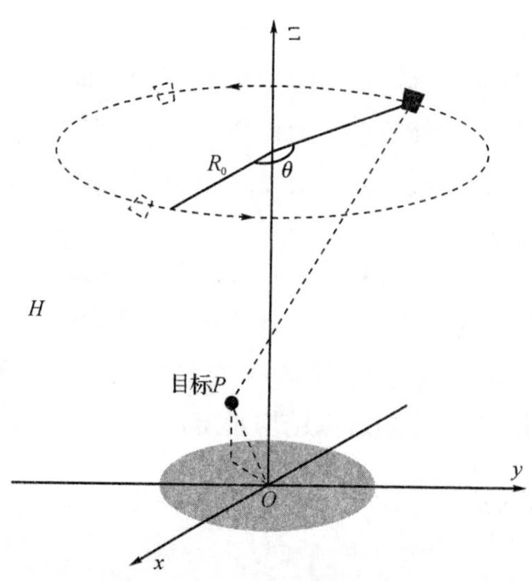

图 13-36　太赫兹雷达测距

2. 太赫兹时域光谱检测

分子是物质中能够独立存在的相对稳定并保持该物质物理化学特性的最小单位，而由于范德华力、分子内的振动与转动、大分子的骨架振动、固体分子内的晶格振动等均位于太赫兹波段。利用太赫兹技术可以检测到多种物质分子的特征吸收峰，实现对不同分子含量的检测。如图 13-37 为太赫兹光谱检测系统结构，太赫兹波穿过待测样品，将采集得到样品的透射时域信号计算得到样品的折射率 $n(\omega)$ 和吸收系数 $\alpha(\omega)$：

$$n(\omega)=\rho(\omega)\frac{c}{\omega d}+1 \tag{13-29}$$

$$\alpha(\omega)=\frac{2}{d}\ln\left(\frac{4n(\omega)}{\rho(\omega)[n(\omega)+1]^2}\right) \tag{13-30}$$

式中，d——样品的厚度(单位 mm)；

ω——角频率；

$\rho(\omega)$——参考信号与样品信号的模的比；

c——光速。

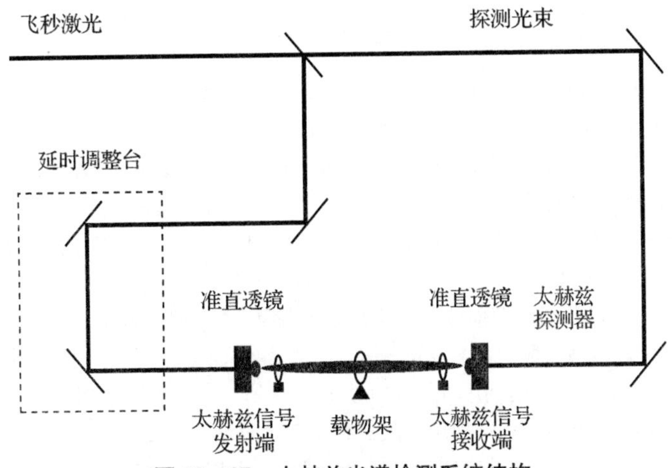

图 13-37　太赫兹光谱检测系统结构

3. 太赫兹成像检测

太赫兹成像的基本原理是利用成像系统将记录下来的样品透射谱或反射谱信息(包括振幅和相位的二维信息)进行分析和处理，最后得到样品的太赫兹图像。太赫兹成像系统的基本结构与太赫兹时域光谱相比，多了图像处理和扫描控制装置，根据样品的特性选择反射扫描或透射扫描方式。

图 13-38 所示，是一套典型的基于太赫兹时域光谱仪的太赫兹透射成像系统。样品被置放在透镜的焦平面上，飞秒激光器和太赫兹发射级发射出太赫兹波，经由样品透射被太赫兹探测器检测，通过信号放大处理在计算机系统中成像。太赫兹成像应用中的关键步骤是图像处理，图像中的每一个波形都含有大量信息，根据这些信息再用某一特定的色彩来对应标识每个像素。

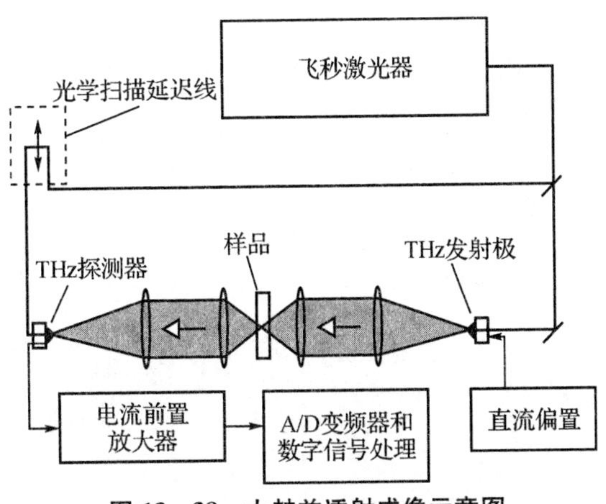

图 13-38　太赫兹透射成像示意图

此外,太赫兹技术目前广泛地被运用于诸多特殊测量场景,例如航天领域中卫星遥感、军事领域中毒气战剂和生物战剂的感测、国土安全领域中隐蔽武器探测等。由于太赫兹波段的特殊性,还有许多应用场景有待开发研究,需要各国科研人员共同努力,将理论研究不断转化到实际应用。

习题与思考题

13－1　何谓超声波和超声波探头?常用超声波探头的工作原理有哪几种?

13－2　简述超声波测厚度、液位、流速和流量的原理。

13－3　超声波测厚和探伤的基本方法是利用回波测距,试分析能否利用类似的方法测量气体温度?[提示:超声波在介质中传播的速度与温度有关。]

13－4　超声波检测的基础是超声波在介质中的传播特性,但是声速与介质温度、压力等因素有关。请查阅相关文献资料,综述上述因素对超声波检测的影响。

13－5　参见图13－12,阐述声表面波振荡器的结构组成及其检测原理。

13－6　通过课外阅读,请举例说明某参量(除温度、气体、压力外)用SAW检测的结构与工作原理。

13－7　何谓红外辐射?试举出利用红外辐射技术进行检测的典型应用实例。

13－8　红外探测器与光电传感器、热敏电阻器有什么异同?

13－9　能否用红外探测器检测温度场和温度差?试提出可用的方案。

13－10　何谓同位素和核辐射?指出α、β、γ射线的异同和它们在检测领域中应用的分工。

13－11　简述核辐射传感器的种类和工作原理。利用核辐射技术可以实现哪些检测?使用核辐射检测时应特别注意什么?

13－12　激光有哪些特性?简述激光形成的原理和各种激光器的特点。举例说明激光检测技术的典型应用。

13－13　试列举利用激光检测原理测量细丝直径的方法。

13－14　何谓太赫兹?太赫兹在检测领域有哪些典型应用?

第 14 章　传感器新技术

传感器作为信息技术的三大基础之一，是当前各发达国家竞相发展的高技术，美国将传感器技术列为今后 50 年内优先发展的十大尖端技术之一。

传感器技术所涉及的知识领域非常广泛，其研究和开发越来越多地和其他技术的发展密切联系。这不仅体现在电子、材料、化学、物理等领域的最新技术导致大量新型传感器的诞生，而且体现在传感器的研究和开发对上述其他学科领域提出了许多新要求和新课题。

当前，传感器技术的研究主要趋势表现在：(1)开发和利用新材料；(2)发现和利用新现象、新效应；(3)微机械加工技术的大量应用；(4)传感技术与无线通信技术的密切结合。

纵观近十年来传感器技术的飞速发展，传感器新技术越来越体现出以下几个特点：(1)微型化；(2)集成化；(3)低功耗、无源化；(4)数字化；(5)智能化；(6)远程化；(7)柔性化。

本章主要介绍目前比较重要和发展较快的一些传感器新技术，帮助读者尽快了解这些传感器新技术的基本概念、基本原理和应用特点。

14.1　传感器集成化技术与集成传感器

14.1.1　传感器集成化的途径

随着半导体集成电路技术的发展，传感器可以和越来越多的接口电路及信号处理电路制作在同一芯片上或封装在同一管壳内，这就是集成传感器(Integrated Sensor)。集成传感器是用标准的生产硅基半导体集成电路的工艺技术制造的。

传感器的集成化具有两方面含义：其一是将传感器与其后级的放大电路、运算电路、温度补偿电路等集成在同一芯片上。这样与一般传感器相比，它具有体积小、反应快、抗干扰、稳定性好的优点。其二是将多个相同的敏感元件或各种不同的敏感元件集成在同一芯片上，如平面图像传感器，就是将上百个相同的光敏二极管集成在同一个平面上。

传感器的集成化也是一个由低级到高级，由简到繁的发展过程。当集成技术还不能把传感器和全部处理器电路集成在一起时，人们总是先选择一些较基本、较简单而集成化后可大大提高传感器性能的电路同传感器集成在一起。下面介绍几种这些被优先考虑的电路：

1. 各种调节和补偿电路，如电源电压调整电路、温度补偿电路等

把电源电压稳定电路和传感器集成在一起，不仅降低了传感器对外部电源的要求，方便使用，而且输出信号的稳定性也得到了改善。由于传感器特别是半导体传感器对温度的灵敏性一般比较高，因此良好的温度补偿更具有重要的意义。对于分立元件式传感器的情况，温度补偿是通过外部感温元件构成温度补偿电路实现的，但由于传感器的实际温度和外部感温元件不完全一致，因此难以达到预期的补偿效果。如果将温度补偿电路与传感元件集成在同一芯片上，那么补偿电路就能很好地感知传感元件的温度，取得较好的补偿效果。

2. 信号放大和阻抗变换电路

把信号放大电路和阻抗变换电路与传感元件集成在一起,可以显著改善信号的信噪比,抑制外来干扰的影响。传输线往往是干扰噪声的一个主要来源,在传感器输出信号弱和传感器输出阻抗高的情况下,传输线上的干扰噪声会对信号产生很大的影响,并且这种干扰噪声与信号将同时被后级放大电路所放大。而在集成传感器中,由于传感元件和放大器、阻抗变换电路集成在一起,传感元件产生的信号经放大和阻抗变换后再经过传输线馈送到后面的信息处理电路做进一步处理,因此,传输线上的干扰影响被大大削弱,而且没有得到放大。

3. 信号数字化电路

提高抗干扰能力的另一有效措施是将模拟信号变换成数字信号。常用的方法是在芯片上先把模拟信号变换成一定频率的交变信号,再把交变信号变成数字信号。各种电流控制振荡器和电压控制放大器都可用于此目的。

为了适应控制系统的要求,也常把传感器的输出变换成为开-关两种状态的输出以实现控制。当被测信号强度高于某一阈值时,输出从一个状态变换到另一个状态。为了克服被测信号在阈值附近受干扰而影响输出状态,通常把一个施密特触发器和开关电路集成在一起。

4. 多传感器的集成

利用集成技术还可以把多个相同类型的传感器或多个不同类型的传感器集成在一起。将多个相同类型的传感器集成在一起就可通过对各个传感器的测量结果进行比较,去除性能异常或失效器件的测量结果。可以对正常工作器件的测量结果求平均值以改善测量精度。

将多个功能不同的传感器集成在一起,就可以同时进行多个参数的测量。还可以对这些参数的测量结果进行综合处理,得出一个反映被测系统的整体状态的参数。例如,通过对内燃机的压力、温度、排气成分、转速等参数的测量,经过分析处理可得出内燃机燃烧完全程度的综合参数。

5. 信号发送接收电路

在一些应用中,传感器需要安装在运动的部件上,或安放在有危险的封闭环境中,或放置在被测试的生物体内,这时测得的信号需要通过无线电波或光信号的形式传送出来。在这种情况下,若将信号发送电路和传感器集成在一起,那么测量系统的重量可以大大减轻,尺寸可以减小,给测量带来很多方便。另外,如把传感器与射频信号接收电路以及一些控制电路集成在一起,那么传感器可以接受外部控制信号而改变测量方式和测量周期,甚至关闭电源以减少功率消耗等。

总之,传感器和半导体集成电路技术相结合,使传感器具有集信号检测、信号调理放大、信号转换与处理于一体的特点,这是今后传感器技术的重要发展方向。随着集成电路技术的发展,集成传感器中集成的电路和元件包将越来越多,集成传感器的功能也越来越强。下面介绍几种典型的集成传感器。

14.1.2 几种集成传感器原理

1. 带温度补偿的集成压力传感器

图14-1是一个带温度补偿电路的压力传感器电路。R_5、R_6 和晶体管 T 构成温度补

偿电路，用作全桥的供电电源。当晶体管 T 的基极电流比流过 R_5、R_6 的电流小得多时，晶体管集电极到发射极的电压降 V_{ce} 为

$$V_{ce}=V_{be}(R_5+R_6)/R_6 \tag{14-1}$$

于是力敏电阻电桥的实际供电电压为

$$V_B=V_C-V_{be}(R_5+R_6)/R_6 \tag{14-2}$$

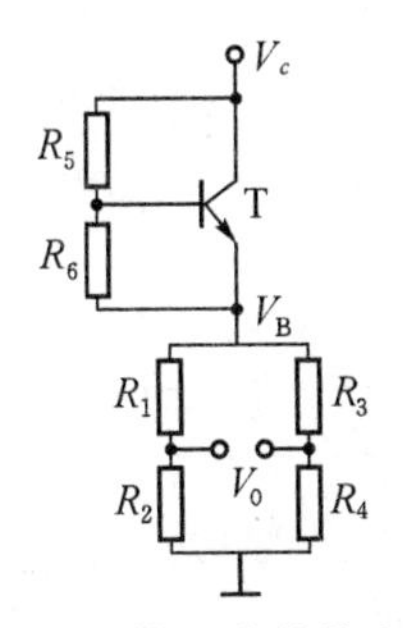

图 14-1　带温度补偿电路的集成压力传感器

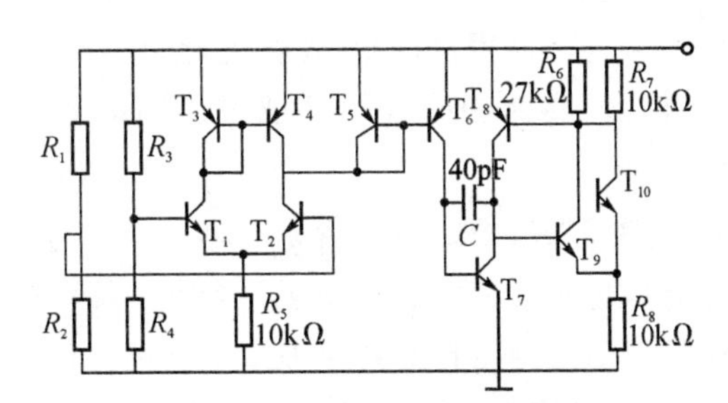

图 14-2　频率输出型的单块集成压力传感器等效电路

温度升高时，V_{be} 下降，引起 V_{ce} 降，使 V_B 升高。这就补偿了压阻灵敏度随温度升高而下降造成的误差。

这样的温度补偿电路不仅简单，体积小，成本低，而且补偿效果良好。因此得到广泛的应用。有时为了减少弱信号在传输过程中所受到的干扰和降低对后级电路的要求，可将放大电路和力敏电阻全桥集成在一起。通常在电桥后再设置一个差分放大电路，并把它们集成在同一芯片上。这样不仅使输出信号的幅度增大，而且抗干扰能力也大大增强。现有的许多压力传感器就是采用此种电路的单块集成压力传感器。

2. 频率输出型集成压力传感器

随着微处理器和计算机的广泛应用，数字化是现代测量技术的一个发展趋势。信号数字化的一个途径是先将模拟信号变换成频率信号，然后再变换成数字信号。图 14-2 是频率输出型集成压力传感器的电路原理。其中 $R_1 \sim R_4$ 是构成全桥的四个力敏电阻。电桥的输出电压经 $T_1 \sim T_6$ 变换成电流信号。T_6 的输出电流和电容 C 决定了最后部分施密特触发器的转换频率，从而实现了将电压信号转换为频率信号。该传感器的静态输出频率约 1.5 MHz，压力灵敏度约为 12 Hz/Pa，量程为 0～33 kPa。

3. 霍尔集成传感器

霍尔集成传感器是利用硅的集成电路制造工艺，将敏感部分（霍尔元件）和信息处理部分集成在同一硅片上，从而达到微型化、高可靠、长寿命、小功耗、负载能力强等目的。

霍尔集成传感器主要分为两类，即开关型和模拟型。开关型霍尔集成传感器由四部分组成，其电路原理如图 14-3 所示。

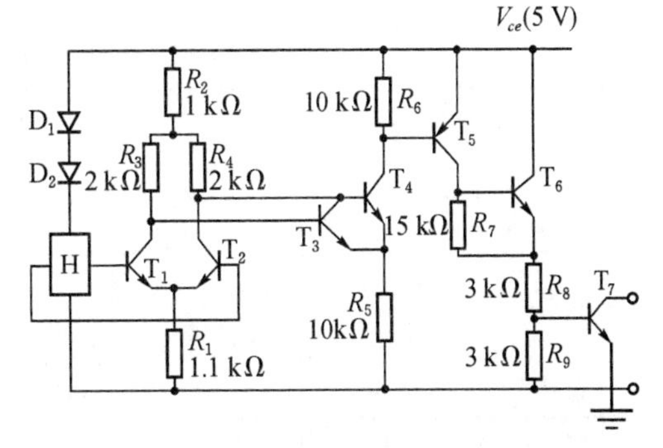

图 14-3　开关型霍尔集成传感器电路原理图

第一部分霍尔元件 H，是该电路的敏

感部件。第二部分是差分放大器,由图中 T_1、T_2 晶体管及有关元件构成,其功能是将输出的霍尔电压进行放大。第三部分是施密特触发器,主要由 T_3、T_4 组成。若霍尔元件有输出,R_6 中有电流流过,$T_5 \sim T_7$ 导通,输出为低电平;若霍尔元件无输出,R_6 中无电流流过,$T_5 \sim T_7$ 截止,输出高电平。第四部分是由 T_7 组成的输出器,根据 T_5、T_6 的导通与否,分别输出低电平和高电平。

开关型霍尔集成传感器最基本的应用是制成新型接近开关。由于它可以在恶劣环境和某些特殊条件下使用,可用来代替现行的各种电子式接近开关,并且可以派生出一系列微型机电一体化产品,如霍尔电路转速表,霍尔电路汽车点火器,无触点交直流功率开关,机械运动限位器等。

4. 半导体集成色敏传感器

半导体色敏传感器是利用两只光电二极管的输出电流对数差与波长的对应关系来确定入射光的波长。将色敏感部分与运算电路部分集成在同一块硅片上就可以构成半导体集成色敏传感器。图 14-4 为集成色敏传感器的组成及其信号处理功能。图中虚线框内是色敏传感部分。由于这种集成色敏传感器有可能在输出端直接显示入射光的波长值,故它的辨色功能十分引人注目。

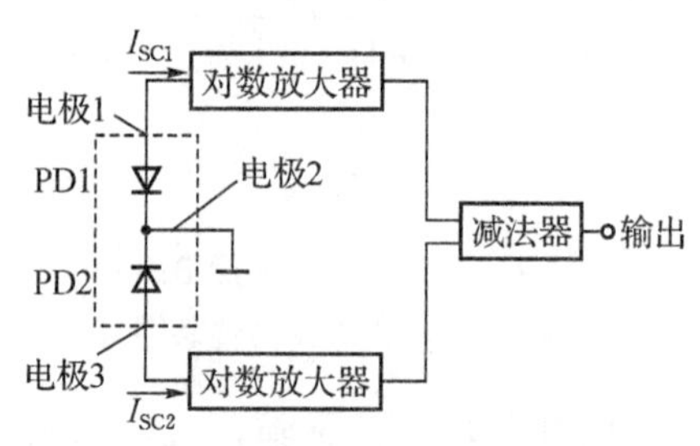

图 14-4 集成色敏传感器的组成

5. 多维化集成气敏传感器

目前在气敏传感器的开发应用中,碰到的最大问题是,气敏传感器往往对多种气体都敏感,即存在着交叉敏感问题。用户在选用气敏传感器时就碰到了选择性与灵敏度之间的矛盾。如果将气敏传感器作报警器使用,就需要避免误报的可能。

以往,人们往往试图通过减少交叉敏感的灵敏度,即提高单个传感器的选择性来解决这个问题。通过多年努力表明,这样解决问题是困难的。最近,人们针对交叉敏感的存在,不是设法减少它们,而是巧妙地把这个不利因素加以利用,使之转化为有利因素,因此提出了一种新型系统的设想,即多维集成传感器的概念。

其设计思想及工作模式简单介绍如下表。表 14-1 中给出 n 个不同的气敏传感器,它们对 i 种(至少是 i 种中的大多数)气体都具有敏感性,但灵敏度各不相同。表中以 a_{in} 来表征第 n 个传感器对 i 气体的灵敏度。

表 14-1 多维集成气敏传感器工作模式

被测气体种类	传感器 1	传感器 2	…	传感器 n
x_1	a_{11}	a_{12}	…	a_{1n}
x_2	a_{21}	a_{22}	…	a_{2n}
⋮	⋮	⋮	⋮	⋮
x_i	a_{i1}	a_{i2}	…	a_{in}
信号强度	S_1	S_2	…	S_n

对某一类气体,假设它含有 i 种组分,根据各组分的比例,就能得到一组从 S_1 到 S_n 的

信号谱。显然,这个谱的特征就代表这类气体,而谱的强度则代表这类气体的浓度。不同的气体组分和比例,将会得到不同的谱。利用具有模式识别功能的电路就可以准确地检测被测气体的组成和浓度。

多维集成化的设计思想虽然是针对分立的气敏传感器而提出来的,但它与多功能集成传感器有一定的联系。多维化可以用多功能集成的方法来实现,而多功能集成化传感器又可以借助多维化的思想来改进设计。所以,两者的有机结合将是传感器集成化的新方向。

14.1.3　典型集成温度传感器实例

半导体集成温度传感器按照输出方式,可以分为电流型和电压型。电流型集成温度传感器是一个输出电流与温度成比例的电流源。在一定温度下,它相当于一个恒流源,因此,它不易受接触电阻、引线电阻、电压噪声的干扰,具有很好的线性特性,而且电流很容易变换成电压,因此这种传感器应用十分方便。

美国 AD 公司的电流型集成温度传感器 AD590 就是一个典型的例子,AD590 具有精度高、使用方便的特点。由于它是电流型的器件并具有很大的输出阻抗,因此特别适用于远距离测量。AD590 的主要性能指标如表 14－2。

表 14－2　AD590 的主要性能指标

电源电压	工作温度	标定系数	重复性	长期漂移	输出电压
4～30 V	－55～＋150℃	1 μA/K	±0.1℃	±0.1℃ ±0.1℃/月	$+4\ V<V_S<+5\ V$, 0.5 μA/V $+5\ V<V_S<+15\ V$, 0.2 μA/V $+15\ V<V_S<+30\ V$, 0.1 μA/V

1. 高精度摄氏温度计

用图 14－5 所示的电路可以对零点和温标系数独立进行调整,因此可以构成一个高精度的摄氏温度计。它的工作原理如下。

在 0℃时,I_t 为 273.2 μA,通过调节电阻 R_2,使这时的输出为 0。在温度不等于 0℃时,I_t 与流过 R_1 的电流不平衡,使运放的输出电压 V_o 升高,有一部分电流从 V_o 流过 R_2 来补充 I_t 的电流。因此,$V_o=100\ \text{K}(I_t-273.2\ \mu\text{A})$。即输出随温度以 100 mV/℃的灵敏度变化。

这样的电路经过零点和温标系数的调整之后,精度相当高。在使用范围仅为 10℃时,精度达到 0.05℃以内;在使用温度范围为 200℃时,精度也可达到 0.3℃。图中 10 V 电压是标准电压。

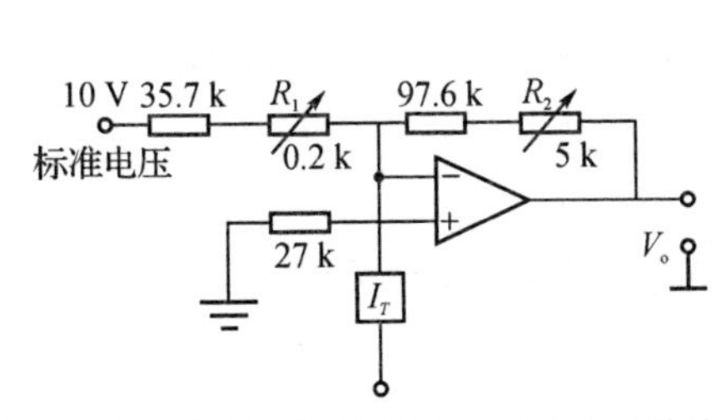

图 14－5　用 AD590 作摄氏温度计用时的线路

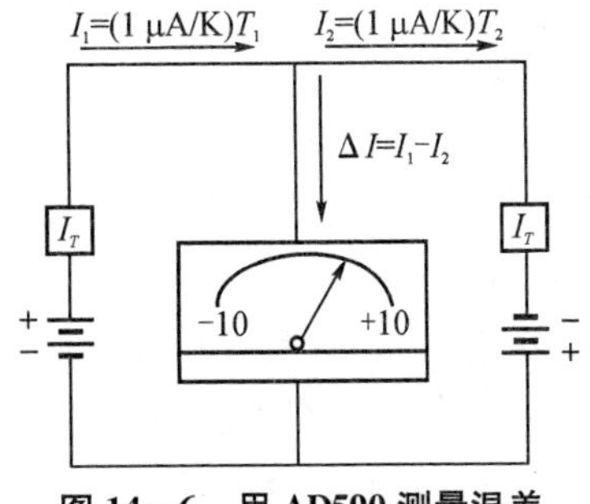

图 14－6　用 AD590 测量温差

2. 温差的测量

AD590型集成温度传感器在测量两点温度差时也十分方便。图14-6是一种最简单的测温电路。两个传感器处在两个不同的温度环境中，因此产生不同的电流 I_1 和 I_2，这两支电流的差值电流流经一个微安表，因此微安表的读数就表示了两点的温度差。

图14-7是对图14-6测试方法的改进。它把信号加以放大以提高显示精度。图中两个传感器因温度不同而有不同的电流，它们的电流差值流向运放，引起一定的输出电压，这个电压可由数字电压表显示出来。

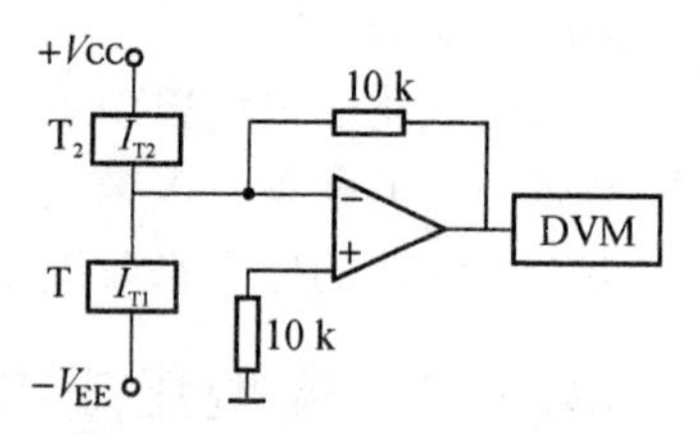

图14-7　用AD590测量温差的改进电路

$$V_o \approx (T_1 - T_2) \cdot 1\ \mu\text{A/K} \times 10\ \text{k}\Omega = (T_1 - T_2) \cdot 10\ \text{mV/K} \quad (14-3)$$

14.2　微电子机械系统(*MEMS*)传感器

14.2.1　概述

微电子机械系统(Micro-Electro-Mechanical Systems)技术简称MEMS技术，是指可批量制作的，集微型机构、微型传感器、微型执行器以及信号处理和控制电路，包括接口、通信和电源等于一体的微型器件或系统。MEMS是随着半导体集成电路微细加工技术和超精密机械加工技术的发展而发展起来的，具有小型化、集成化的特点。80年代末，微机械压力传感器等技术的成熟并市场化，IC工艺制作的静电微电机的研制成功，标志着微电子机械技术已经发展成了一门独立的新兴学科。

这种将机械系统与传感器电路制作于同一芯片上构成一体化的微电子机械系统的技术，称为微电子机械加工技术。其中的关键在于微机械加工技术，它是利用硅片的刻蚀速度各向异性的性质，和刻蚀速度与所含杂质有关的性质，以及光刻扩散等微电子技术，在硅片上形成穴、沟、锥形、半球形等各种形状，从而构成膜片、悬臂梁、桥、质量块等机械元件。将这些元件组合，就可构成微机械系统。利用该技术，还可以将阀、弹簧、振子、喷嘴、调节器，以及检测力、压力、加速度和化学浓度的传感器，全部制作在硅片上，形成微电子机械系统。

利用MEMS加工技术制备的传感器称为MEMS传感器(或微型传感器)。同传统的传感器相比，MEMS传感器具有以下突出的优点：

(1)可以极大地提高传感器性能。在信号传输前就可放大信号，从而减少干扰和传输噪音，提高信噪比；在芯片上集成反馈线路和补偿线路，可改善输出的线性度和频响特性，降低误差，提高灵敏度。

(2)具有阵列性。可以在一块芯片上集成敏感元件、放大电路和补偿线路。可以把多个相同的敏感元件集成在同一芯片上。

(3)具有良好的兼容性，便于与微电子器件集成与封装。

(4)利用成熟的硅微半导体工艺加工制造，可以批量生产，成本低廉。

14.2.2　典型的MEMS传感器

1. 微机械加速度传感器

微型惯性器件是一类典型的MEMS传感器，而且在国防领域具有重要的军事价值。它主要包括微型硅陀螺和微型硅加速度计。微型硅加速度传感器采用硅单晶材料，用微机械加工工艺实现。它具有结构简单、体积小、功耗低、适合大批量生产、价格低廉等特点，因而，在卫星上微重力的测量、微型惯性测量组合、简单的制导系统、汽车安全系统、倾角测量、冲撞力测量等领域有广泛的应用前景。

(1)力平衡式硅微加速度传感器

力平衡式硅微加速度传感器的工作原理如图14－8所示，将悬臂梁支撑的惯性质量块作为可动极板，并与其上下各一个固定极板，构成两个电容。可动极板的位置可通过测量这两个电容的差来确定。将脉冲宽度调制器产生的两个脉冲宽度调制信号U_E与U'_E加到可动电极和两个固定电极上，通过改变脉冲宽度调制信号的脉冲宽度，就可以控制作用在可动极板上的静电力。利用脉冲宽度调制器和电容测量相结合就能在测量的加速度范围内，使可动极板精确地保持在中间位置。采用这种脉冲宽度调制静电伺服技术，脉冲宽度与被测加速度成正比，实现通过脉冲宽度来测量加速度。由于采用了脉冲宽度调制伺服技术，可动电极与固定电极间的间隙可做得很小，使传感器具有很高的灵敏度和耐用性，因而这种加速度传感器的特点是能够测量低频微弱加速度，测量范围为0～1 g，分辨力可达μg，频率响应范围为0～100 Hz，在整个测量范围内非线性误差小于±0.1%F.S，横向灵敏度小于±0.5%F.S，当V_E的脉冲电压峰值为5 V时，灵敏度为1040 mV。这种传感器有很高的精度、极好的线性和稳定性。

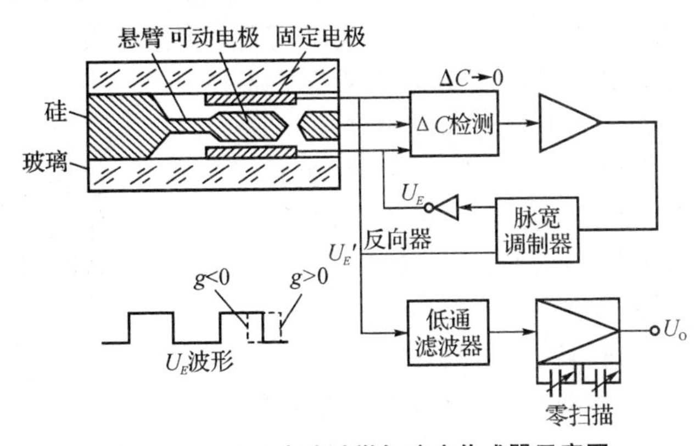

图14－8　力平衡式硅微加速度传感器示意图

(2)硅微谐振式加速度传感器

谐振式传感器的独特优点在于，它的准数字量输出可直接用于复杂的数字电路而避免了其他类型传感器在信号传递方面的诸多不便。谐振式传感器的敏感元件是谐振子，其固有谐振特性决定了该类型传感器具有很高的灵敏度和分辨率。谐振式传感器的制造难点在于：①硅谐振子的材料质量和制作质量一定要得到保证。②要有足够高精度的数字信号处理电路来监测输出频率信号的微弱变化。随着硅材料工艺、微机械加工工艺和集成电路的飞速发展，这些问题变得容易解决，这也使得谐振式传感器成为低成本、高性能传感器的突出代表。图 14－9 所示为此类传感器的三种结构。

出于高灵敏度的考虑,加工的传感器结构往往设计为单边支撑的悬臂梁结构,如图 14－9(a)。但这种结构的缺点很明显,它固有频率低,频响范围窄,且存在很大的横向灵敏度。所以在方向性要求较高的情况下,需要选择对称的梁块结构。基于已有的压阻式微加速度传感器的研制,在支撑框架与质量块之间同时制作支撑梁和谐振梁,这样的设计既可以借用已有的成熟工艺,又为传感器-检测电路系统的进一步集成提供了工艺兼容的便利条件。利用同样的思想就可以在其他的梁块结构的合适位置上制作出谐振梁。例如,在四角固支结构的四边同时制作了四条谐振梁,见图 14－9(b)。而且,这四条谐振梁也可以同时用作支撑作用而省去原来的支撑梁,从而增加了检测的灵敏度,见图 14－9(c)。

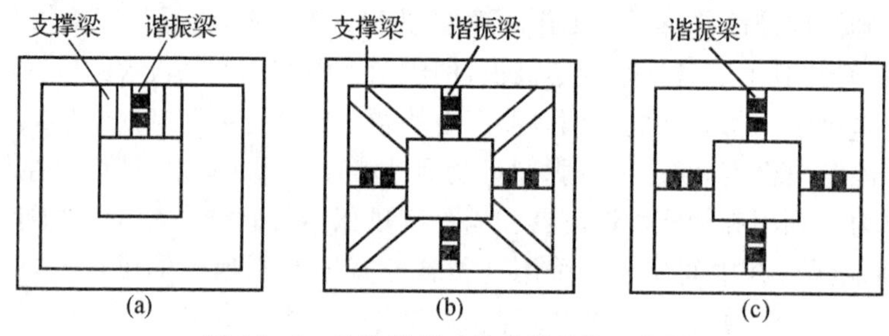

图 14－9　硅微谐振式传感器结构示意图

2. 微机械角速度传感器

对于旋转角速度和旋转角度的检测,需要采用陀螺仪。基于 MEMS 技术的微机械陀螺因其成本低,能批量生产,可广泛应用于汽车牵引控制系统、医用设备、军事设备等方面。微机械陀螺有双平衡环结构、悬臂梁结构、音叉结构等,其工作原理基于哥氏效应。谐振式微机械陀螺的结构如图 14－10 所示:它由固定在基底上的静止驱动器、质量块(包括内部动齿框架及外部框架)和 2 个双端音叉谐振器(DETF)组成。质量块通过 4 个支承梁固定在基底上。当在静止驱动器上加上驱动电压(角频率为 ω_p)时,质量块的内部动齿框架作沿着 y 轴方向的振荡运动。如果一个外部的绕 z 轴的转动(输入信号 Ω)作用到芯片上,质量块产生沿 x 轴方向的哥氏力,且通过内支承梁转移到外框架上,外框架由两对支承梁固定并可沿 x 轴方向运动,通过两对杠杆这个力被放大并传递到外框架两边的两个双端音叉谐振器(DETF)上。DETF 上输出信号频率的变化就反映了输入角速率的变化。微机械陀螺的平面外轮廓的结构参数为 1 mm^2,厚度仅为 2 μm。

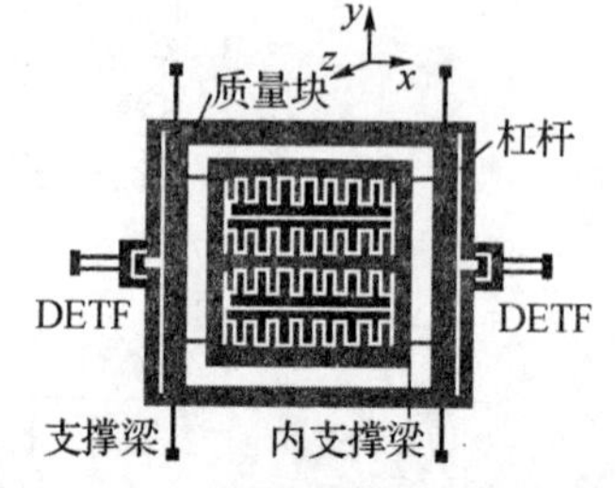

图 14－10　谐振式微机械陀螺结构

3. 微型压力传感器

硅谐振式微型压力传感器如图 14－11 所示,其核心部分由 4 mm×4 mm 的感压硅膜片和在其上面"一中一边"制作的 2 个 H 型两端固支的谐振梁(1200 μm×20 μm×5 μm)构成,见图 14－11(a)。两谐振梁被封闭在真空腔内,既不与被测介质接触,又确保振动时不受空气阻尼的影响。硅膜片与硅基底间采用 Si-Si 键合连接,再通过 Au-Si 共熔使硅基底与通压部分的 Ni-Fe 合金固连，见图 14－11(b)。

硅梁振动信号的激励与拾取采用电磁方式，如图 14－12 所示，永磁铁的磁场和通过激励线圈 A 的交变电源共同激发硅梁在基频上振动，并由拾振线圈 B 感应，送入自动增益控制放大器(AGC)，一方面输出频率，另一方面将交流电流信号反馈给激振线圈 A，从而形成正反馈闭环自激系统，以维持谐振梁的连续等幅振动。

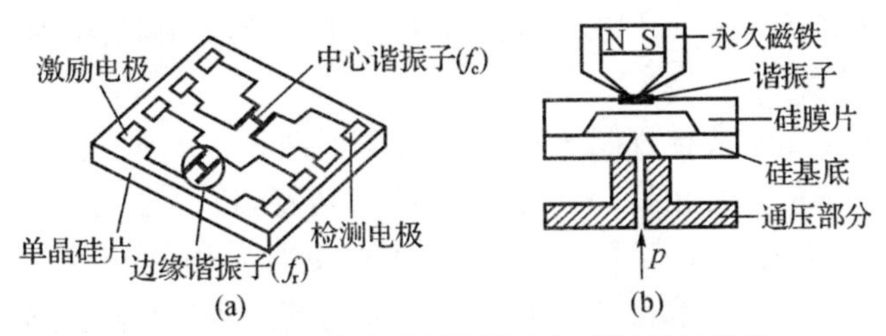

图 14－11　硅谐振式微型压力传感器原理结构

当被测压力 p 输入膜片空腔时，膜片产生变形。由图 14－11 和图 2－29 可知，膜片中心处受拉力，边缘处受压力，使两个谐振梁分别感应不同的应力作用，致使中心处谐振梁的振频增加，边缘处谐振梁的振频下降。谐振频率的变化受到被测压力调制，两梁谐振频率差即对应不同的压力值，其最高测量精度可达 0.01%F. S。

利用频率差的方法测量压力，可消除环境温度等干扰因素造成的误差。如在相同条件下，当环境温度变化时，两个谐振梁的频率与幅值的变化是相同的，因此计算频率差时该变化量可以抵消。

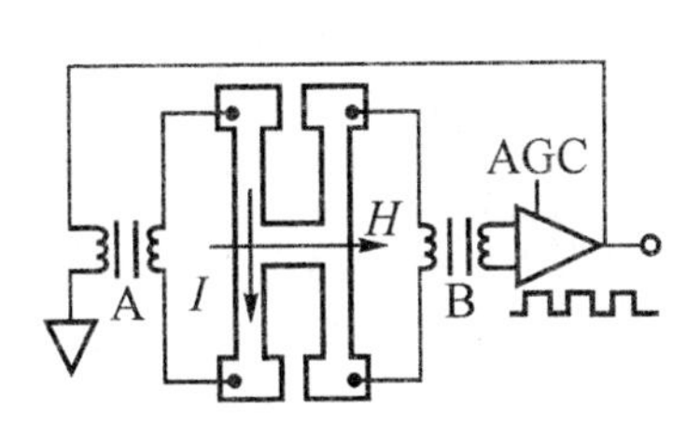

图 14－12　谐振传感器闭环系统原理图

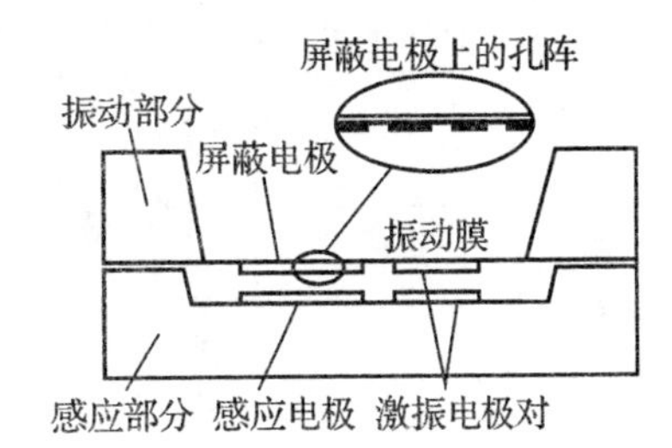

图 14－13　微型电场传感器结构图

4. 基于隧道磁电阻效应的磁场传感器

MEMS 技术在传感器领域的应用不仅体现在传感器的微型化、低功耗、高精度等方面，尺度的减小可以带来新的信息转换效应，如隧道磁电阻效应。隧道结通常是由金属电极/铁磁层/绝缘膜/铁磁层/金属电极的多层薄膜组成，当绝缘膜的厚度低至纳米量级时，给上下金属电极加以电场，多层膜之间会有隧穿电流流过。上下电极之间的隧道磁电阻阻值极其敏感所处的磁场大小，在正反向的饱和磁场范围内，磁电阻阻值变化率可以高达十倍，这是其他转换机理所无法企及的。因此，利用隧道磁电阻效应可以制作超高灵敏的磁场传感器。

14.3 传感器智能化技术与智能式传感器

14.3.1 智能式传感器的构成与特点

所谓智能式传感器就是一种以微处理器为核心单元的，具有检测、判断和信息处理等功能的传感器。

智能式传感器包括传感器智能化和智能传感器两种主要形式。前者是采用微处理器或微型计算机系统来扩展和提高传统传感器的功能，传感器与微处理器可为两个分立的功能单元，传感器的输出信号经放大调理和转换后由接口送入微处理器进行处理。后者是借助于半导体技术将传感器部分与信号放大调理电路、接口电路和微处理器等制作在同一块芯片上，即形成大规模集成电路的智能传感器。智能传感器具有多功能、可靠性好、一体化、集成度高、体积小、适宜大批量生产、使用方便、性能价格比高等优点，它是传感器发展的必然趋势。目前广泛使用的智能式传感器，主要是通过传感器的智能化来实现的。

从构成上看，智能式传感器是一个典型的以微处理器为核心的计算机检测系统。它一般由图14-14所示的几个部分构成。

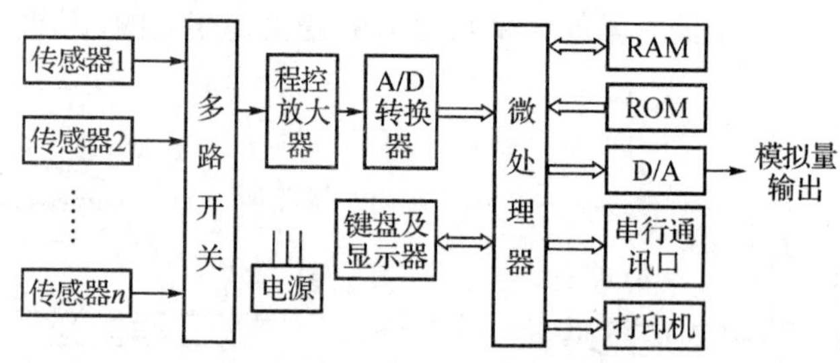

图14-14 智能式传感器的构成

14.3.2 传感器智能化设计

本节所介绍的传感器智能化设计，主要从系统的角度考虑硬件和软件的设计，至于传感器本体的设计此处不做介绍。

1. 硬件设计

(1)微处理器系统的设计

微处理器系统是智能式传感器的核心，它的性能对整个传感器的调理电路、接口设计等都有很大影响。目前可供选用的微处理器系统有以8080CPU为核心的微处理系统和MCS-51系列、MCS-96系列等单片微处理器系统。微处理器的选择主要根据以下几点来确定：

①任务　即智能式传感器中的微处理器是用于数据处理还是仅仅起控制作用。例如MCS-51系列单片机的指令系统比较丰富，具有较强的数据处理能力，而Intel 8080及MCS-48系列单片机的指令系统具有类似控制机的特点。

②字长　字长较长，就能处理较宽范围内的算术值。因此4位字长的微处理器一般都用于控制，8位字长的既可用于数据处理，也可用于控制，而16位字长的微处理器几乎都用

于数据处理。

③处理速度　如果传感器用于动态测试，则微处理器的处理速度不能低于传感器的动态范围，如果是用于静态测试，则微处理器的处理速度可降低要求。

④功耗　在智能式传感器设计中，功耗也是一个值得注意的问题。

(2)信号调理电路的设计

多数传感器输出的模拟电压在毫伏或微伏数量级，并且存在较大的干扰和噪声。信号调理电路的作用，一方面是将微弱的低电平信号放大到模数转换器所要求的信号电平，如 0～±5 V 或 0～+10 V 范围，另一方面是抑制干扰、降低噪声，保证信号检测的精度。因此，信号调理电路主要包括低通滤波器和性能指标较好的电压放大器。

滤波器有无源和有源之分。无源滤波器结构简单、价格低廉，但是体积大、精度低、调整困难。有源滤波器具有体积小、重量轻、输入阻抗高而输出阻抗低的优点，但需提供正负电源，成本较高。

信号调理电路中的放大器，除了电压放大外，还可以完成阻抗变换、电平转换、电流-电压转换，以及隔离等功能。

(3)A/D、D/A 的设计

在智能式传感器中，传感器和微处理器之间要通过模数转换器将输入的模拟电压信号成比例地转化为二进制数字信号。当需要传感器的输出起控制作用时，数模转换器又将微处理器处理后的数字量转换为相应的模拟量信号。因此 A/D 和 D/A 转换器是智能式传感器不可缺少的重要环节。

在选择 A/D 转换器时，除需要满足用户的各种技术要求外，主要考虑以下性能指标：①分辨率；②转换时间与转换频率；③稳定性和抗干扰能力。

同样地，在选择使用 D/A 转换器中，主要应考虑以下性能指标：①分辨率；②转换时间；③精度。

ADC 在每一次转换结束后，需要通过接口将转换结果输入到微处理器中，微处理器的数据输出通常也需要通过 DAC 进行数模转换后输出模拟量信号，因此接口的设计是智能式传感器设计重要的一环。

2. 软件设计与数据处理方法

软件是智能式传感器的灵魂和大脑。在智能式传感器中，软件的最主要功能是完成数据处理任务。数据处理的功能包括以下几个部分：①算术和逻辑运算；②检索与分类；③非线性特性的校正；④误差的自动校准及自诊断；⑤数字滤波等。其中算术与逻辑运算是微处理器最基本的功能，在微处理器手册中都有详细介绍；检索与分类作为一种常见的方法在智能仪器设计课程和数据库原理课程中已有详细介绍。因此，本书只对后 3 种功能进行介绍。

(1)非线性特性的校正

许多传感器的输出信号与被测参数间存在明显的非线性，为提高智能式传感器的测量精度，必须对非线性特性进行校正，使之线性化。线性化的关键是找出校正函数，但有时校正函数很难求得，这时可用多项式函数进行拟合或分段线性化处理。

①校正函数　假设传感器的输出为 y，输入为 x，$y=f(x)$存在非线性，现计算下列函数

$$R=g(y)=g[f(x)] \tag{14-4}$$

使R与x之间保持线性关系，函数$g(y)$便是校正函数。

例如，半导体二极管检波器的输出电压u与被测输入电压u_i成指数关系

$$u_0 \propto e^{u_i/a} \tag{14-5}$$

式中a为常数。为了得到线性结果，微处理器必须对数字化后的输出电压进行一次对数运算：$R=\ln u_0 \propto u_i$，使R与u_i间存在线性关系。

②曲线拟合法校正　曲线拟合的理论表明：某些自变量x与因变量y之间的单值非线性关系，可以用自变量x的高次多项式来逼近，即

$$y=a_0+a_1x+a_2x^2+\cdots+a_nx^n \tag{14-6}$$

其中$a_0,a_1,a_2,\cdots,a_n$是待求的拟合系数。利用最小二乘法可得到求解拟合系数的方程组：

$$\left.\begin{array}{r} S_0a_0+S_1a_1+S_2a_2+\cdots+S_na_n=C_0 \\ S_1a_0+S_2a_1+S_3a_2+\cdots+S_{n+1}a_n=C_1 \\ \vdots \\ S_na_0+S_{n+1}a_1+S_{n+2}a_2+\cdots+S_{2n}a_n=C_n \end{array}\right\} \tag{14-7}$$

式中，$S_k=\sum_{i=0}^{n}x_i^k, k=0,1,2,\cdots,2n$

$C_k=\sum_{i=0}^{n}x_i^k y_i, k=0,1,2,\cdots,n$

③分段线性化与线性插值　对于一个已知函数$y=f(x)$的曲线，可按一定的要求将它分成若干小段，每个分段曲线用其端点连成的直线段来代替，这样就可在分段范围内用直线方程来代替曲线，从而简化计算。在任一个分段如(x_i,x_{i+1})中，对于$x_{i+1}>x>x_i$的一切点，它们的值可利用下面的直线方程计算，所以这种方法为线性插值。

$$y=y_i+\frac{y_{i+1}-y_i}{x_{i+1}-x_i}(x-x_i); \quad \begin{pmatrix} i=0,1,2,\cdots,n \\ x_{i+1}>x>x_i \end{pmatrix} \tag{14-8}$$

或简化为

$$y=y_i+k_i(x-x_i) \tag{14-9}$$

其中$k_i=(y_{i+1}-y_i)/(x_{i+1}-x_i)$为第$i$段直线的斜率；$(x_0,y_0),(x_1,y_1),\cdots,(x_n,y_n)$为曲线上各分段点的自变量和函数值。

由式(14-9)可知，k_i,x_i,y_i都是按函数特性预先确定的值，可作为已知常数存于微处理器指定存储区。若要计算与某一输入x相对应的y值，需首先按x值检索其所属的区段，从常数表查得该区段的三个常数k_i,x_i,y_i，从而可计算所对应的输出y。

这里，分段点的选取是一个重要问题；分段数越多，则逼近精度越高，但同时所占计算机内存单元也越多，此外，还会大大增加在分段常数获取方面的工作量。因此，应该根据传感器的精度要求合理地选取分段点。一般来说，分段可以是不等距的，曲率半径小的段落分段可密一些，曲率半径大的段落分段可稀疏一些。

(2)误差的自动校准及自我诊断

借助微处理器的计算能力，可自动校准由零点电压偏移和漂移、各种电路的增益误差及器件参数的不稳定等引起的误差，从而提高传感器的精度，简化硬件并降低对精密元件的要求。自动校准的基本思想是仪器在开机后或每隔一段时间自动测量基准参数，如数字电压

表中的基准电压或地电位等，然后计算误差模型，获得并存储误差因子。在正式测量时，根据测量结果和误差因子，计算校准方程，从而消除误差。

自诊断程序步骤一般可以有两种：一种是设立独立的“自检”功能，在操作人员按下“自检”按键时，系统将依照事先设计的程序，完成一个循环的自检，并从显示器上观察自检结果是否正确；另一种可以在每次测量之前插入一段自检程序，若程序不能往下执行而停在自检阶段，则说明系统有故障。

(3)数字滤波

所谓数字滤波，就是通过一定的计算程序降低干扰在有用信号中的比重。与模拟滤波器相比，数字滤波的优点在于：①通过改变程序，就可方便灵活地调整参数；②可以对极低频率的信号(如 0.01 Hz)实现滤波；③不要增加硬件设备，各通道可选用同一数字滤波程序。对于简单的数字滤波器设计可采用基于算术平均值法的平滑滤波器和一阶数字滤波器等；对于比较复杂的滤波器可采用模拟化设计方法。

模拟化设计法以模拟滤波器理论为基础。从模拟滤波器理论知道，无论是低通滤波器还是高通滤波器，都可以分为几种不同类型，如巴特沃斯滤波器、切比雪夫滤波器、贝塞尔滤波器等。同样都是低通滤波器，巴特沃斯低通滤波器的通带特性最平、切比雪夫低通滤波器高频段衰减最快、贝塞尔低通滤波器则具有线性相移特性。滤波器类型不同，要求的传递函数的系数也不相同。

14.3.3 传感器智能化实例

智能式应力传感器用于测量飞机机翼上各个关键部位的应力大小，并判断机翼的工作状态是否正常以及故障情况。如图 14－15 所示，它共有 6 路应力传感器和 1 路温度传感

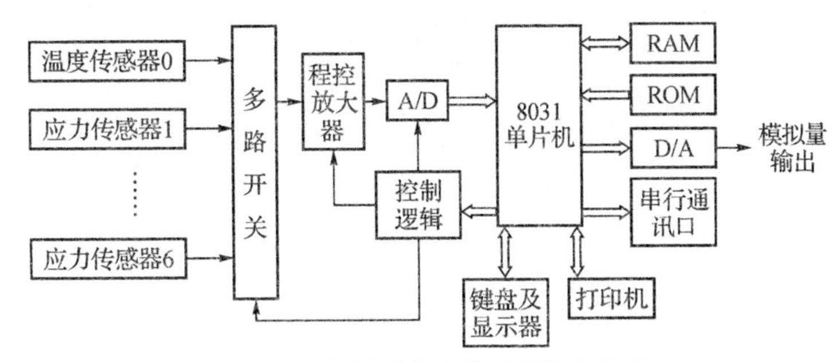

图 14－15 智能式应力传感器的硬件结构

器，其中每一路应力传感器由 4 个应变片构成的全桥电路和前级放大器组成，用于测量应力的大小。温度传感器用于测量环境的温度，从而对应力传感器进行温度误差修正。采用 8031 单片机作为数据处理和控制单元。多路开关根据单片机发出的命令轮流选通各个传感器通道，0 通道为温度传感器通道，1～6 通道分别为 6 个应力传感器通道。程控放大器则在单片机的命令下分别选择不同的放大倍数对各路信号进行放大。

智能式应力传感器具有测量、程控放大、转换、处理、模拟量输出、打印、键盘监控以及通过串行口与上位微型计算机进行通讯的功能。其软件采用模块化和结构化的设计方法，软件结构如图 14－16 所示。主程序模块主要完成自检、初始化、通道选择以及各个功能模块调用功能。其中信号采集模块主要完成各路信号的放大、A/D 转换和数据读取的功能。信

号处理模块主要完成数据滤波、非线性补偿、信号处理、误差修正等功能。故障诊断模块的任务是对各个应力传感器的信号进行分析,判断飞机机翼的工作状态以及是否有损伤或故障存在。键盘输入及显示模块的任务一是查询是否有键按下,若有键按下则反馈给主程序模块,从而程序模块根据键意执行或调用相应的功能模块,二是显示各路传感器的数据和工作状态。输出及打印模块主要是控制模拟量输出以及控制打印机完成打印任务。通讯模块主要控制 RS232 串行通讯口和上位微机的通讯。图 14-17 为信号采集模块的程序流程图。

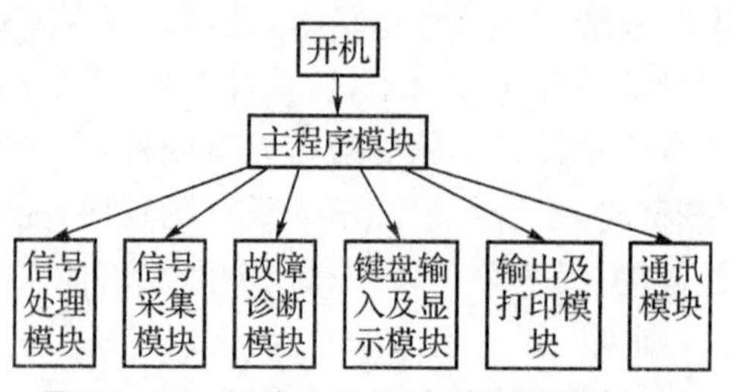

图 14-16　智能式应力传感器的软件结构

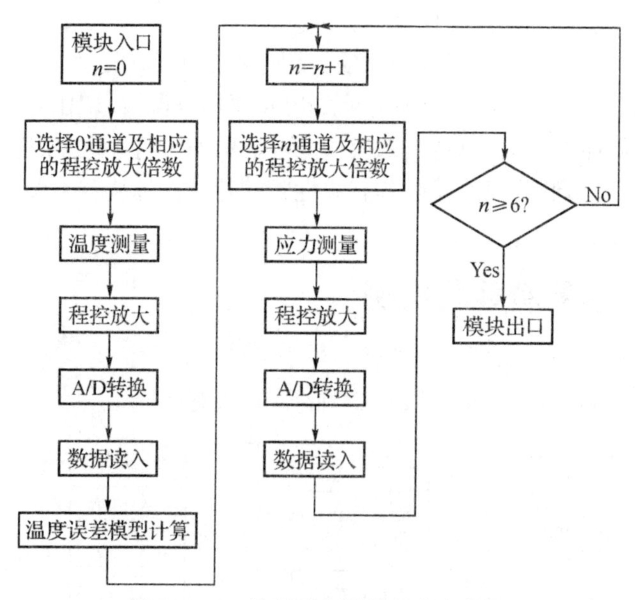

图 14-17　信号采集模块程序流程图

14.3.4　智能传感器

智能传感器英文名称为 Intelligent Sensor 或 Smart Sensor。智能传感器是“电五官”与“微电脑”的有机结合,对外界信息具有检测、逻辑判断、自行诊断、数据处理和自适应能力的集成一体化多功能传感器。这种传感器还具有与主机互相对话的功能,也可以自行选择最佳方案。它还能将已取得的大量数据进行分割处理,实现远距离、高速度、高精度的传输。

多路光谱分析传感器是目前已投入使用的典型的智能传感器。这种传感器采用硅 CCD(电荷耦合器件)二元阵列作摄像仪,结合光学系统和微处理器共同构成一个不可分割的整体。其结构如图 14-18 所示。它可以装在人造卫星上对地面进行多路光谱分析。测量获得的数据直接由 CPU 进行分析和统计处理,然后输送出有关地质、气象等各种情报。

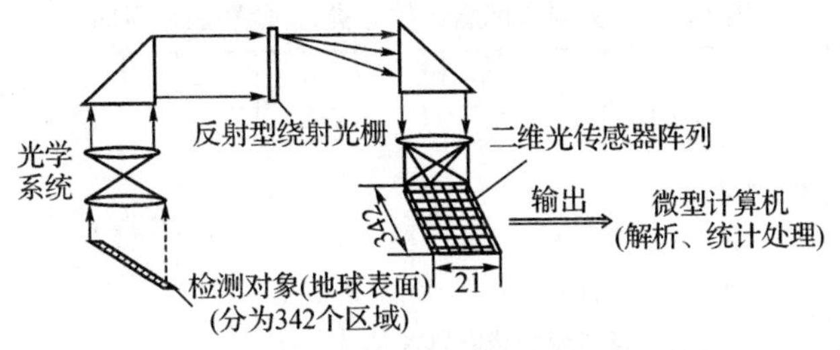

图 14－18 多路光谱分析传感器结构示意图

以硅为基础的超大规模集成电路技术正在加速发展并日臻成熟，三维集成电路已成为现实。在不久的将来，具有上述智能的传感器系统将全部集成在同一芯片上，构成一个由微传感器、微处理器和微执行器集成一体化的闭环工作微系统。目前日本已开发出三维多功能的单片智能传感器。它已将平面集成发展为三维集成，实现了多层结构，如图 14－19 所示。它将传感器功能、逻辑功能和记忆功能等集成在一块半导体芯片上，反映了智能传感器的一个发展方向。

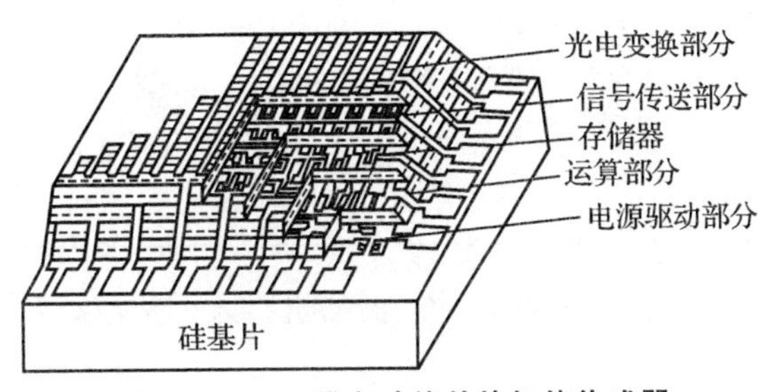

图 14－19 三维多功能单片智能传感器

另外，未来的智能传感器将向生物体传感器系统方向发展。例如，利用仿生学、遗传工程和分子电子学制作成分子电子器件，并通过化学合成等方法，将分子生物传感器与分子计算机集成为微型智能生物传感器。它能将外界空间分布信息转换为机体可感知的信号，成为人工视觉、听觉和触觉等。若将具有光电转换功能的生物硅片替代盲人的视网膜，则可使之重见光明。

14.4 机器人传感器技术

14.4.1 机器人传感器的功能、分类和特点

机器人传感器是一类具有特定用途的仿生传感器，它的作用是使机器人可像人一样具有理解环境，掌握外界情况，并做出决策以适应外界环境变化而进行工作的能力。

从生理学的观点来看，人的感觉可分为外部感觉和内部感觉。前者包括视觉、听觉、嗅觉、味觉和皮肤感觉；后者包括本体感觉和脏腑感觉。本体感觉有力感觉、位置感觉、运动感觉和振动感觉；脏腑感觉有痛压觉、化学感觉、压力感觉、温度感觉和渗透压感觉。

类似的，机器人传感器一般也可分为外部传感器和内部传感器两大类。机器人外部传感器又可分为视觉和非视觉两类。表 14－3 给出了机器人传感器的分类、功能和应用目的。

表 14-3 机器人传感器的分类、功能和应用目的

<table>
<tr><th>分类</th><th colspan="2">类别</th><th>功 能</th><th>应用目的</th></tr>
<tr><td rowspan="2">机器人外部传感器</td><td>视觉</td><td>单点视觉
线阵视觉
平面视觉
立体视觉</td><td rowspan="2">检测外部状况(如作业环境中对象或障碍物状态以及机器人与环境的相互作用等)信息,使机器人适应外界环境变化</td><td rowspan="2">(1)对象物定向、定位;
(2)目标分类与识别;
(3)控制操作;
(4)抓取物体;
(5)检查产品质量;
(6)适应环境变化;
(7)修改程序</td></tr>
<tr><td>非视觉</td><td>接近(距离)觉
听觉
力觉
触觉
滑觉
压觉</td></tr>
<tr><td>机器人内部传感器</td><td colspan="2">位置
速度
加速度
力
温度
平衡
姿态(倾斜)角</td><td>检测机器人自身状态,如自身的运动、位置和姿态等信息</td><td>控制机器人按规定的位置、轨迹、速度、加速度和受力状态下工作</td></tr>
</table>

图 14-20 是一个安装有多种机器人传感器的机器人手腕控制系统,这是一个典型的智能型机械手。

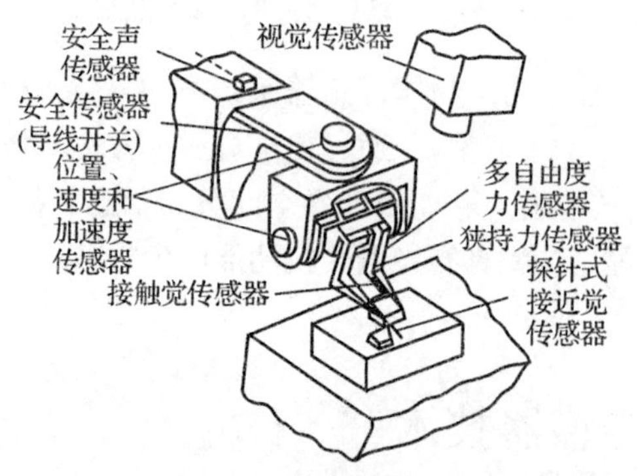

图 14-20 机器人传感器的应用(智能型机械手系统)

与一般传感器相比,机器人传感器的特点在于:

(1)具有和人的五官对应的功能,因此,种类众多,高度集成化和综合化。

(2)各种传感器之间联系密切,信息融合技术是多种传感器之间协同工作的基础。

(3)传感器和信息处理之间联系密切,实际上传感器包括信息获取和处理两部分。

(4)传感器不仅要求体积小、易于安装,而且对敏感材料的柔性和功能有特定的要求。

由于机器人视觉传感器本质上就是可安装在机器人上的图像传感器,而有关图像传感器的知识,在本书第 8 章中已有详细介绍,因此本节只介绍机器人非视觉传感器。

14.4.2　机器人力觉传感器

1. 力觉传感器的作用和分类

机器人力觉感知是机器人完成接触性作业任务（如抓取、研磨、装配等）的保障。力觉传感器的主要作用是通过检测接触力来控制装配、研磨、抛光等接触性作业的质量；为装配提供信息，产生后续的修正补偿运动，以保证装配质量和速度；防止碰撞和卡死，以保证安全。

根据测量部位的不同，机器人力传感器可分为关节力传感器、腕力传感器、握力传感器、和基座力传感器等。以下主要介绍机器人六维腕力传感器，这是一种最重要和典型的机器人力觉传感器。

2. 机器人六维腕力传感器

腕力传感器是一个两端分别与机器人腕部和手爪相连接的力觉传感器。当机械手夹住工件进行操作时，通过腕力传感器可以输出六维（三维力和三维力矩）分量反馈给机器人控制系统，以控制或调节机械手的运动，完成所要求的作业。国内最典型的产品是由中科院合肥智能所和东南大学在国家863高技术计划资助下完成的SAFMS型系列六维腕力传感器。

（1）六维腕力传感器弹性体的结构及其测量原理

六维腕力传感器的敏感元件大都为整体轮辐式十字梁结构的弹性体，如图14-21所示，十字交叉梁可分为4个正方棱柱形，主梁1、2、3、4，其长度是宽度或厚度的5～10倍。在每个主梁和轮缘的联结处是一个薄板状的浮动梁5、6、7、8。

在进行弹性体结构的力学分析时，认为各分力的作用线都通过轮毂的中心点，并认为弹性体的轮毂和轮辐为理想刚体，对于浮动梁而言，当作用力作用其表面的垂直方向上时，浮动梁在该方向上的变形量很大，故可看作为柔性环节；当作用力作用于其表面的水平或平行方向上时，浮动梁在该方向上变形量很小，故可看作为理想的刚体。例如：当x方向的力通过轮毂的中心点作用于弹性体时，浮动梁5、7可看作为柔性环节，而浮动梁6、8可看作为理想的刚体。主梁2、4则可简化为悬臂梁结构进行分析（主梁1、3此时的变化量很小，可忽略不计）。

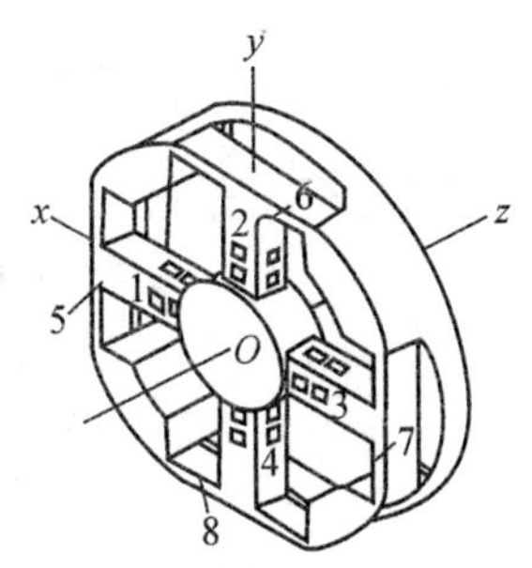

图14-21　六维腕力传感器弹性体结构

设作用在腕力传感器上沿x、y，z轴的力F_x、F_y、F_z和力矩M_x、M_y、M_z，其中F_x、F_y和M_z的受力分析情况相似，它们都是引起贴在主梁左右或上下侧面的应变片变形，而M_x、M_y和F_z的受力分析情况也相似，它们都是引起贴在主梁前、后侧面的应变片变形。因此，我们以F_x和M_x为例来分析受力情况。在图14-21中当沿x轴有F_x力作用时，主梁1、3产生拉压变形，而主梁2、4产生弯曲变形，由于浮动梁5、7此时为柔性环节，主梁2、4可看成是悬臂梁，这样F_x就可由贴在主梁2、4的左右侧面的应变片组成的电桥测得。同理F_y和M_z也可类似测得。在图14-22当中有M_x作用时，浮动梁6、8受到平行于表面方向的作用力，故可看作为理想的刚体；而主梁1、3产生扭转变形，主梁2、4产生弯曲变形。主梁1、3的扭转变形量远小于主梁2、4产生的弯曲变形量，故可以忽略，但此时浮动梁5、7的弯曲变形与主梁2、4的弯曲变形差不多，主梁2、4已不能看成是悬臂梁，即M_x不能直接测得，需要经过解耦才能得到。

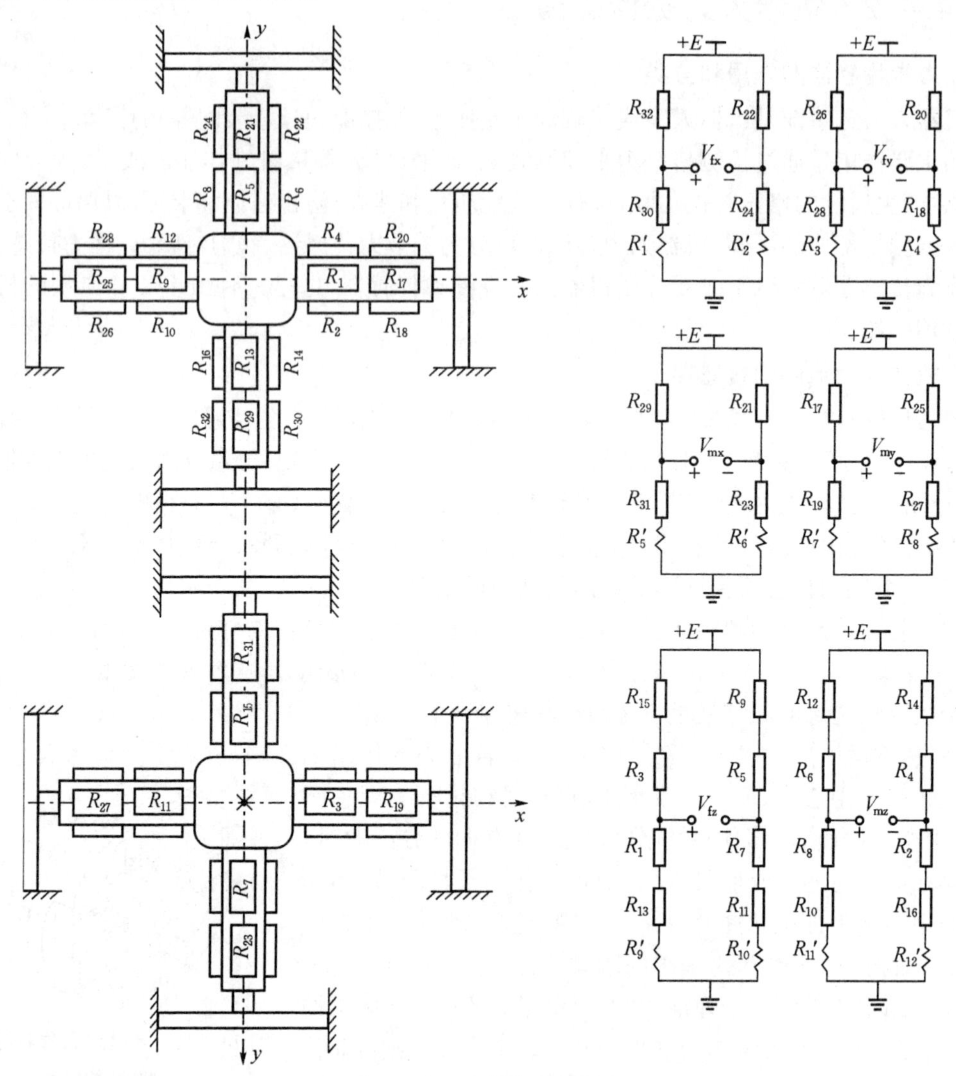

图 14－22　电阻应变电桥

(2)六维腕力传感器的组桥电路

每个弹性体主梁上贴有 8 个应变片，四个主梁上共有 32 个应变片，这 32 个应变片一般可组成 6 个电桥，每个电桥对应一个输出分量，见图 14－22 所示，其中 E 为桥路供电电压，$R'_1 \sim R'_{12}$ 为平衡桥路的微调电阻，在分析电路时可忽略它们的影响。

当传感器受到 F_x、F_y、F_z 和 M_x、M_y、M_z 的作用后，应变片的零位阻值 R_0 将发生变化，6 个电桥将产生分别对应于上述 6 个力/力矩的 6 个电压信号输出。

值得指出的是，上述输出的 6 个电压信号存在着一定的维间干扰误差。在实际应用中，腕力传感器必须经过维间解耦才能得到准确的六维分量输出。

14.4.3 机器人广义触觉传感器

1. 机器人触觉传感器的功能和分类

从广义上说，机器人触觉包括接触觉、压觉、力觉、滑动觉、接近觉、冷热觉等与接触有关的感觉。从狭义上说，机器人的触觉是指接触觉和压觉，即垂直于机器人夹持器或执行器(如手爪等)和对象物接触面上的力感觉。

机器人的触觉传感器，也称为电子触觉皮肤，它主要有两个方面的功能：

(1)检测功能　对机械手与操作对象的接触状态进行检测，如接触与否、接触部位、接触力的大小、接触面上压力的分布等，对操作对象的物理性质进行检测，如光滑性、硬度、纹理特性等；对操作对象的状态进行检测，如对象物存在与否、对象物的形状、位置和姿态等。

(2)识别功能　在检测的基础上，对操作对象的形状、大小、刚度等特性进行特征提取，从而对操作对象进行分类和目标识别。

触觉传感器从功能上，可分为点式触觉传感器、阵列式触觉传感器和触觉图像传感器；从输出信号的量化水平上，可分为二值型触觉传感器和灰度型触觉传感器。

2. 机器人接触觉传感器

接触觉传感器主要由以下三个部分组成：触觉表面、转换介质、控制和接口电路。触觉表面由多个敏感单元按一定的方式排列配置而成，与对象物直接接触；转换介质由敏感材料或机构组成，它将触觉表面传递来的力或位置偏移转换为可检测的电信号；控制和接口电路按一定的方式和次序收集转换介质输出的电信号，并将它们传送给处理装置进行解释。

下面介绍一种典型的硅电容式触觉传感器。

硅电容式触觉传感器着重感受触觉表面上所受到的压力大小和对象物的形状，再通过进一步处理输出信号，最终可识别对象物。硅电容式触觉传感器采用由半导体电容敏感单元组成的阵列型结构，由于形状信息是将对象物对触觉表面的压力转换处理后得到的，所以这种传感器实际上同时体现了“接触觉”和“压觉”这两种功能。

(1)敏感层　在触觉传感器中，半导体压阻式和半导体电容式常用于敏感层的设计。压阻器件与电容器件相比有较高的线性度和简单的封装。但是对于同样的器件尺寸，电容压力传感器的压力灵敏度大约要高一个数量级，而温度灵敏度则要小一个数量级。

硅电容压觉传感器采用大规模集成电路工艺制成。它具有分辨率高，稳定性好，以及接口电路简单，测量范围较宽等优点。

图14-23为硅电容触觉传感器阵列结构示意图。基本电容单元的两极构成如下：在局部蚀刻的硅薄膜上有电容单元的一块金属化极板，二氧化硅用来将硅薄膜上的金属电容极板与硅薄膜绝缘，与之对应的玻璃衬底上有另一块金属化极板。硅膜片随作用力而向下弯曲变形，从而导致电容容量的改变。采用静电作用把整个硅片封贴在玻璃衬底上，硅薄膜上的电容极板通过行导线一行行连接起来，行与行之间是绝缘的。在图中，行导线在槽里自左而右平行地穿过硅片。玻璃衬底上的金属电容极板通过列导线一列列连接起来，金属列导线垂直地分布在硅膜片槽上，它同金属电容极板是一个相连的整体。这样就形成了一个简单的 X—Y 电容阵列，它的灵敏度由极板尺寸和硅膜片厚度决定。

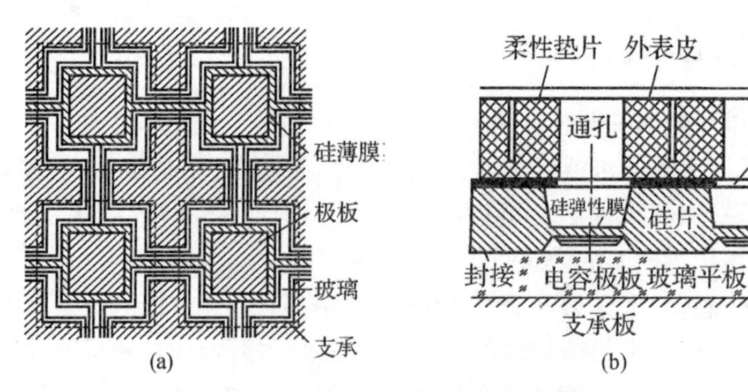

图 14-23 硅电容式触觉传感器

(a)4 个触觉敏感元;(b)剖视图

阵列上覆有带孔的保护盖板,盖板上有一块带孔的、表面覆有外表皮的垫片,垫片上开有沟槽以减少相邻触觉敏感点之间的作用力耦合(即相互干扰)。盖板孔和垫片孔连通,在通孔中填满了传递力的物质(例如硅橡胶)。垫片对整个阵列的性能影响很小。决定力灵敏度的是硅膜片,它的性能可通过工艺加以改善。这种灵敏层对于各种应用都易于标定,而且滞后很小,时间稳定性高。

(2)读出系统　图 14-24 为硅电容触觉传感器阵列的接口电路和控制电路框图。计数器分别发出行和列的地址信号,并送至译码器和多路转换器。这些地址与从 A/D 转换来的压力数据同时送给微处理器。行地址选中一行,在读操作后,来自选中行的各单元信号同时经对应的列检测放大器放大。这些放大器采用电容构成负反馈回路,而放大器输出信号以并行方式送给多路转换器。图像中各敏感元件的信号通过扫描按一定的顺序以 A/D 变换后,由微处理器采集,并进行零位偏移补偿和灵敏度不均匀性补偿。

读出放大器必须能检测电容量的微小变化。图 14-25 给出了列读出方案的基本结构。设传感器电容为 C_x,基准电容为 C_R,放大器反馈电容为 C_F,调制交流电压峰值为 V_P,则放大器输出电压 V_o 为:

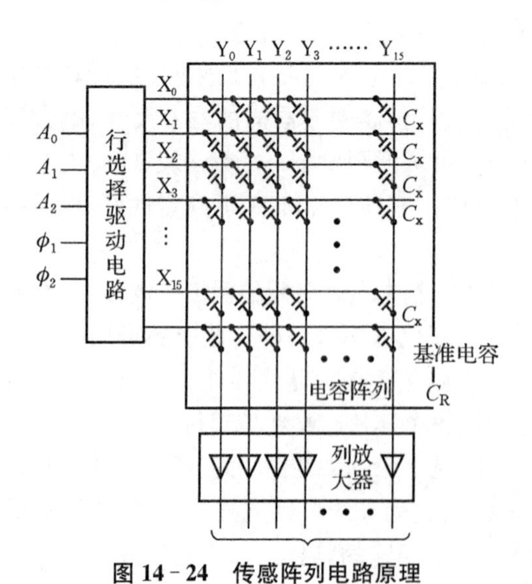

图 14-24 传感阵列电路原理

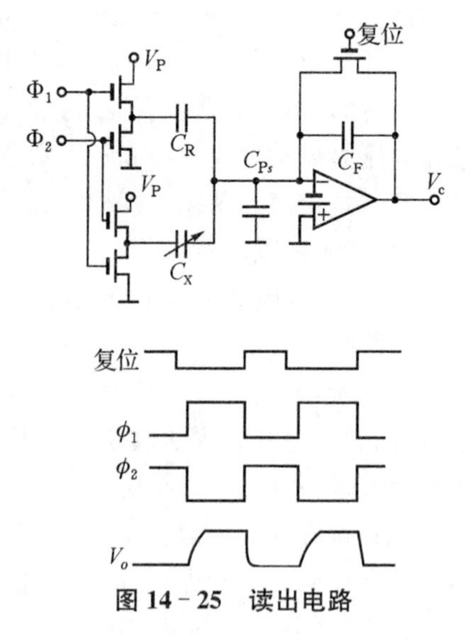

图 14-25 读出电路

$$V_o = V_p \cdot \frac{C_x - C_R}{C_F} = V_p \cdot \frac{\Delta C}{C_F} \tag{14-10}$$

图中寄生电容 C_{p_s} 约等于$(N-1)C_x$，N 是每列中敏感单元数，C_{p_s} 是所有未选中单元的电容量之和。由于该电路利用了运算放大器虚地工作原理，使 C_{p_s} 的数值对读出基本上没有影响。

下面介绍一种典型的石墨烯电阻式触觉传感器。

石墨烯电阻式触觉传感器通过检测每个敏感单元的电阻变化情况，可感受触觉表面上每个敏感单元位置的压力大小，通过进一步信号分析，可以判断接触面上物体的形状与姿态。石墨烯电阻式触觉传感器采用由压阻敏感单元组成的阵列结构，与硅电容式触觉传感器类似，石墨烯电阻式触觉传感器得到的对象物形状、位置和姿态信息也是由对象物对触觉表面的压力转换处理后得到的，所以石墨烯电阻式触觉传感器同样也体现了“接触觉”和“压觉”这两种功能。

（1）敏感层　相比于压阻器件，电容器件有较高的分辨率以及良好的稳定性。但是电容器件易受环境噪声干扰，需要设置复杂的屏蔽措施来减小环境噪声的干扰，而压阻器件本身抗干扰能力极强，因此压阻器件的封装要更为简单。

石墨烯电阻式触觉传感器采用电子印刷工艺制成，它具有量程大、回差小，以及接口电路和封装简单、线性度好等优点。

图 14-26 为 4×6 石墨烯电阻式触觉传感器阵列结构示意图。整个感应面积为 38 mm×22 mm，在传感器的柔性基底材料上下面分别印刷有 4 条横电极和 6 条竖电极。每条电极宽 4 mm，长度与传感器的长或宽相同，电极与电极之间的间距为 2 mm。上下垂直电极交叉重叠的部分为 24 个的感应单元，每个单元是边长为 4 mm 的正方形，形成 4×6 阵列的触觉传感器。

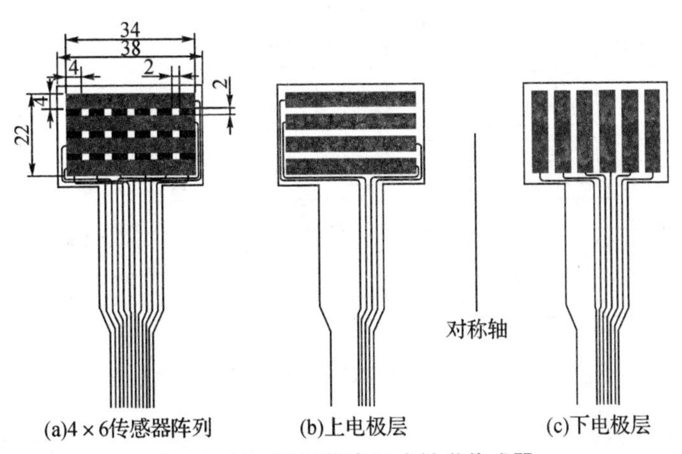

图 14-26　石墨烯电阻式触觉传感器

图 14-27 为石墨烯电阻式触觉传感器敏感单元示意图。基本压阻单元的构成如下：在上下层的柔性 PET 基底上，采用电子印刷技术将纳米导电材料印刷上去作为压阻单元的上下电极层，然后在上下电极层的中央印刷上石墨烯压阻油墨，经过干燥固化后形成压阻单元。压阻单元受到外力发生形变，导致中间石墨烯油墨的电阻率发生变化，引起压阻单元电阻值变化。所有压阻单元通过相互垂直分布的上下电极层相连，形成简单的 $X-Y$ 压阻阵

列结构。压阻单元的量程和空间分辨率由上下电极层的尺寸决定，灵敏度由中间石墨烯油墨层厚度和单元尺寸共同决定。

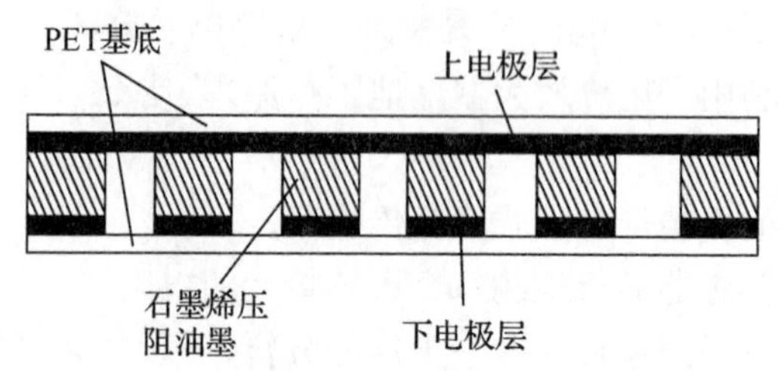

图 14-27 石墨烯电阻式触觉传感器敏感单元

(2)读出系统 图 14-28 为石墨烯电阻式触觉传感器阵列的接口电路和控制电路框图。微控制器发出行的地址信号，并送至多路开关，此地址选中的行上各单元信号经 A/D 转换后同时传入微控制器。行地址选中一行后，多路开关将输入电压连接至选中的行线，为该行各压阻单元供电。选中行的各单元信号同时经对应的列检测分压电路进行分压，各单元经分压后的电压信号并行传入 A/D 转换器。图像中各敏感元件的信号通过扫描按一定的顺序以 A/D 变换后，由微处理器采集，并进行零位偏移补偿。

输出的电压 V_O 与压阻单元的阻值 R_X 关系为：

$$V_O = V_I \frac{R_0}{R_X + R_0} \tag{14-11}$$

其中，V_I 为压阻单元驱动电压，R_X 为压阻单元阻值，R_0 为固定分压电阻阻值。

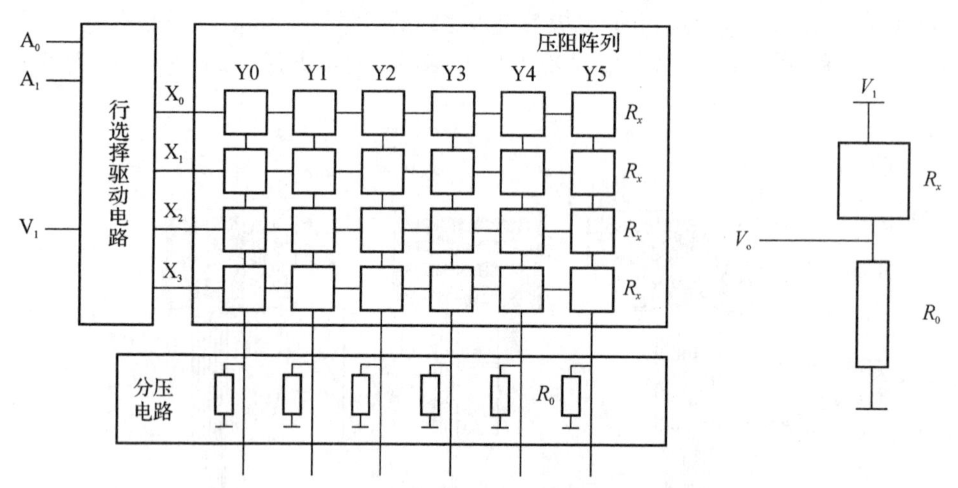

图 14-28 石墨烯电阻式触觉传感器阵列电路原理

3. 机器人滑觉传感器

为了防止被抓取的对象物从机器人手爪中滑落，机器人滑觉传感器是必不可少的。滑觉传感器一般通过检测手爪和对象物之间产生滑移时的相对变位来检测作用于同手爪平行方向的力，从而获得滑动信息。

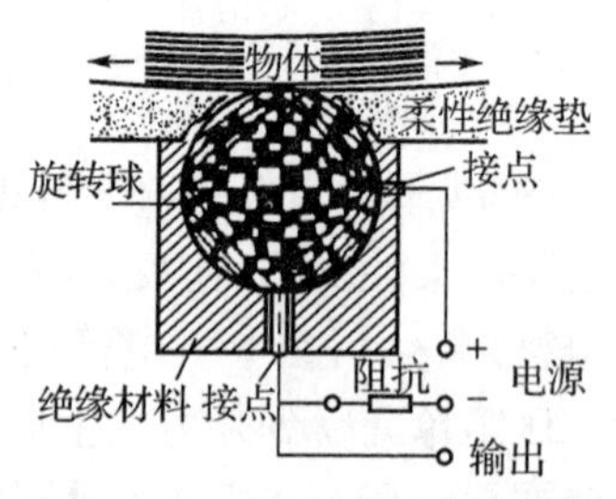

图 14-29 滚球式滑觉传感器

图 14-29 是滚球式滑觉传感器。小球可在任意方向旋转，小球的表面是导体和绝缘体配置成的网眼。当对象

物滑动时，带动小球滚动，则在两个接点之间输出连续的脉冲电压信号。该滑觉传感器获取的信号通过记数电路和D/A变换器转换成模拟电压信号，可加在握持力控制系统的目标信号上，增加握持力达到消除滑动的目的。

4. 机器人接近觉传感器

机器人在实际工作过程中，往往需要感知正在接近、即将接触的物体，以便作出降速、回避、跟踪等反应。接近觉传感器就是机器人(或机械手)在几毫米至几十毫米距离内检测物体对象的传感器。

接近觉传感器分为接触式和非接触式两类。接触式接近觉传感器同触觉传感器较为相近，常用的接触式接近觉传感器为触须传感器。常用的非接触式接近觉传感器有电容式、电磁感应式、超声波式和光电式等类型的接近觉传感器。下面介绍一种触须传感器的工作原理。

触须传感器的原理巧妙、简单。图14-30是简易的触须传感器，当金属触须同对象物接触时，触须发生弯曲，其穿过铜板小孔的部分由于弯曲而同小孔边缘接触，从而接通电路，输出低电平信号。常用形状记忆合金制成触须，这种合金承受大的弯曲后不产生永久性变形，可以有效地保证触须传感器的长期正常工作。触须传感器可装在机器人某些表面上，以便机器人避免碰撞。触须也可安装在移动机器人的足底部，在足向前移动的整个过程中，触须都能敏感障碍物，故可提起足，以便越过障碍物。

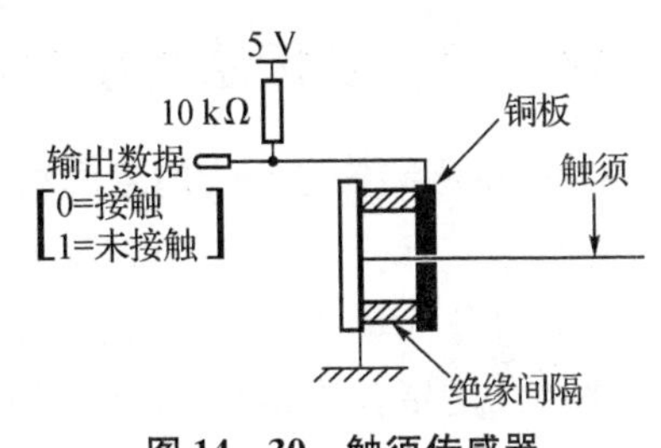

图14-30 触须传感器

14.5 多传感器信息融合技术

14.5.1 多传感器信息融合的基本概念和原理

多传感器信息融合(Information Fusion)有时亦称为数据融合(Data Fusion)，它是多维信息综合处理的一项新技术，是当前信息领域的一个十分活跃的研究热点。多传感器信息融合是指通过多类同构或异构传感器数据进行综合(集成或融合)，从而获得比单一传感器更多的信息，形成比单一信源更可靠、更完全的融合信息。它突破单一传感器信息表达的局限性，避免单一传感器的信息盲区，提高了多源信息处理结果的质量，有利于对事物的判断和决策。例如，在人的双眼视物过程中，每一个眼睛在同一时刻都得到观察对象的一个平面图像，但是这两幅平面图像信息经过大脑进行信息融合后，就会形成观察对象的三维立体图像。

传感器信息融合技术从多信息的视角进行信息处理及综合，得到各种信息的内在联系和规律，从而剔除无用的和错误的信息，保留正确的和有用的成分，最终实现信息的优化。因此，信息融合同传统的信息集成有着本质的区别，信息集成是指把来自各种各类传感器的信息进行综合统一，它强调的是系统中的不同数据的转换与流动的总体结构，而信息融合则强调的是数据转移与合并中的具体方法与步骤，强调的是执行结果的信息优化，目的是得到高品质的有用信息，最后得到有利于决策的、对被感知对象更加精确的描述。经过融合后的传感器信息具有以下特征：信息冗余性，信息互补性，信息实时性，信息获取的低成本性。

多传感器信息融合的基本原理就是像人脑综合处理信息一样,充分利用多个传感器资源,通过对这些传感器及其观测信息的合理支配和使用,把多个传感器在空间或时间上的冗余或互补信息以及某种准则来进行组合,以获得被测对象的一致性解释和描述。信息融合的目标是通过数据组合而不是出现在输入信息中的任何个别元素,推导出更多的信息,这是最佳协同作用的结果,即利用多个传感器共同或联合操作的优势,提高传感器系统的功能,其基本原理如图 14-31 所示。

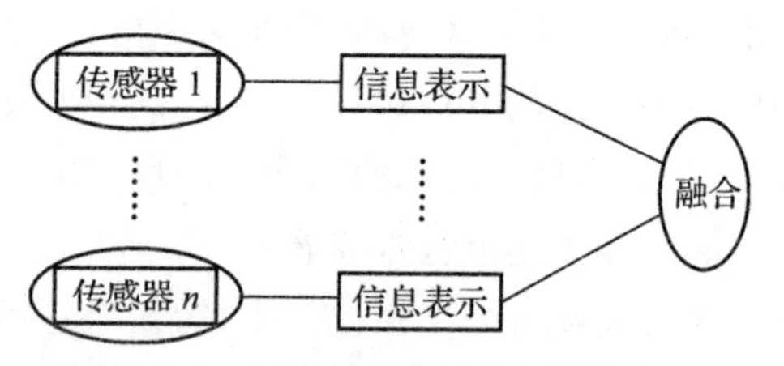

图 14-31 多传感器信息融合的基本原理

14.5.2 多传感器信息融合的结构模型

1. 多传感器信息融合的空间结构

在许多实际应用中,传感器配置在不同的环境中,根据信息融合处理方式的不同,可以将信息融合分为集中式、分布式和混合式三种。

集中式是指各传感器获取的信息未经任何处理,直接传送到信息融合中心,进行组合和推理,完成最终融合处理。这种结构适用于同构平台的多传感器信息融合,其优点是信息处理损失较小,缺点是对通信网络带宽要求较高。

分布式是指在各传感器处完成一定量的计算和处理任务之后,将压缩后的传感器数据传送到融合中心,在融合中心将接收到的多维信息进行组合和推理,最终完成融合。这种结构适合于远距离配置的多传感器系统,不需要过大的通信带宽,但有一定的信息损失。

混合式是兼有集中式和分布式的特点,既有经处理后的传感器数据送到融合中心,也有未经处理的传感器数据送到融合中心。混合式能够根据不同情况灵活设计多传感器的信息融合处理系统。但是这种结构系统性能的稳定性较差。

上述三种信息融合结构的优缺点列于表 14-4。从表 14-4 看出,三种方式均有各自的特点,但是分布式结构具有造价低,可靠性高,生成能力强等优点,而且对传感器间的通信带宽没有过于苛刻的要求。因此,在许多应用中,分布式结构具有相当的吸引力。

表 14-4 三种融合结构的特点

融合方式	信息损失	通信带宽	融合处理	融合控制	可扩充性
集中式	小	大	复杂	容易	差
分布式	大	小	容易	复杂	好
混合式	中	中	中等	中等	一般

2. 多传感器信息融合的层次结构

信息融合按其在多传感器信息处理层次中的抽象程度,可分为数据层、特征层和决策层三个层次的信息融合。

数据层融合如图 14-32 所示,首先将全部传感器的观测数据融合,然后从融合的数据中提取特征向量,并进行判断识别。这便要求传感器是同质的(传感器观测的是同一物理现

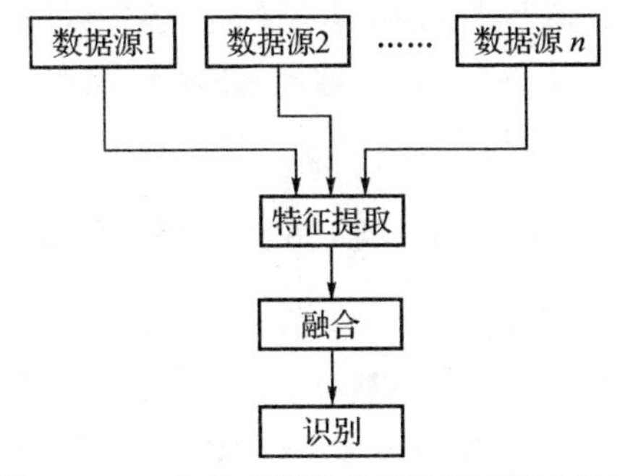

图 14－32　多传感器信息的数据层融合结构

象)，如果多个传感器是异质的(观测的不是同一个物理量)，那么数据只能在特征层或决策层进行融合。数据层融合保留了尽可能多的原始信息，具有最好的精度，可以给人更加直观、全面的认识，但这种融合方式的数据处理量大，实时性差。特征层融合如图 14－33 所示，每种传感器提供从观测数据中提取的有代表性的特征，这些特征融合成单一的特征向量，然后运用模式识别的方法进行处理。因此，在融合前实现了一定的信息压缩，有利于实时处理。同时，这种融合可以保持目标的重要特征，提供的融合特征直接与决策推理有关，基于获得的联合特征矢量能够进行目标的属性估计，其缺点是融合精度比数据层差。

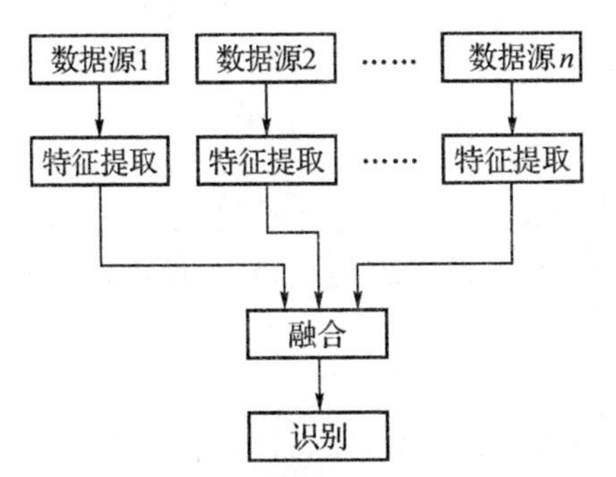

图 14－33　多传感器信息的特征层融合结构

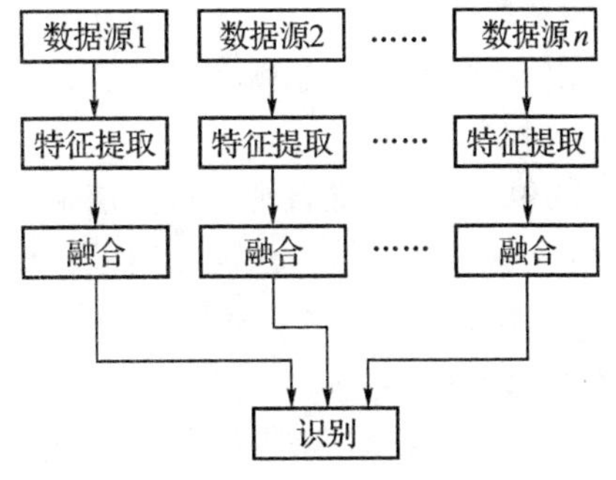

图 14－34　多传感器信息的决策层融合结构

决策层融合是指在每个传感器对目标做出识别后，将多个传感器的识别结果进行融合，最终得到整体一致的决策，如图 14－34 所示。这种层次所使用的融合数据相对是一种最高的属性层次。这种融合方式具有好的容错性和实时性，可以应用于异质传感器，而且在一个或多个传感器失效时也能正常工作。其缺点是预处理代价高。

上述三种信息融合层次的优缺点列于表 14－5。从表 14－5 看出，数据层融合能够提供目标的细微信息，但所要处理的信息量大，处理代价高，通信量大，抗干扰能力差。决策层融合的优点是容错性强，通信量小，抗干扰能力强，可应用于异质传感器，其缺点是预处理花费大。特征层融合则兼顾了数据层融合和决策层融合的优缺点。总之，信息融合层次越高，用于融合的信息抽象性越强，对多传感器的同质性要求也越低。融合层次越低，融合后信息保持目标的细微信息越多，但融合处理量大，对各信息间的配准性要求高。因此，融合模型的选择主要取决于应用背景和对信息融合处理的要求。

表 14－5　三种融合层次的性能比较

融合模型	计算量	容错性	信息损失	精度	抗干扰性	融合方法	对传感器同质性要求	通信数据量	实时性	融合水平
数据级	大	差	小	高	差	难	大	大	差	低
特征级	中	中	中	中	中	中	中	中	中	中
决策级	小	好	大	低	好	易	小	小	好	高

除上述3层融合结构外,还有以输入输出数据类型进行分类的方式:数据入-数据出融合,特征入-特征出融合,决策入-决策出融合,数据入-特征出融合,特征入-决策出融合,数据入-决策出融合。

14.5.3 多传感器信息融合的一般方法

目前信息融合算法有上百种,但无一种通用的算法能对各种传感器信息进行融合处理,一般都是依据具体的应用场合而定。在多传感器信息融合过程中,信息处理的基本过程包括相关、估计和识别。相关处理要求对多信息的相关性进行定量分析,按照一定的判断原则,将信息分成不同的集合,每个集合中的信息源都与同一源(目标或事件)关联,其处理方法通常有:最近邻法则、最大似然法、统计关联法、聚类分析法等;估计处理是通过对各种已知信息的综合处理来实现对待测参数及目标状态的估计,其处理方法通常有:最小二乘法、最大似然法、卡尔曼滤波法等;识别技术包括物理模型识别技术、参数分类识别技术、神经网络及专家系统等。

常用的多传感器信息融合算法有:

(1)加权平均法

这是一种最简单最直观的数据层融合方法,即将多个传感器提供的冗余信息进行加权平均后作为融合值。该方法能实时处理动态的原始传感器读数,但调整和设定权系数的工作量很大,并带有一定的主观性。

(2)聚类分析法

根据事先给定的相似标准,对观测值分类,用于真假目标分类、目标属性判别等。

(3)贝叶斯(Bayes)估计法

是融合静态环境中多传感器底层数据的一种常用方法,融合时必须确保测量数据代表同一实体(即需要进行一致性检验),其信息不确定性描述为概率分布,需要给出各个传感器对目标类别的先验概率,具有一定的局限性。

(4)多贝叶斯估计法

将环境表示为不确定几何物体的集合,对系统的每个传感器做一种贝叶斯估计,将每个单独物体的关联概率分布组合成一个联合后验概率分布函数,通过队列的一致性观察来描述环境。

(5)卡尔曼滤波法

用于实时融合动态的底层冗余传感器数据,用模型的统计特性递推决定统计意义下最优的融合数据计。它的递归本质保证了在递归过程中不需要大量的存储空间,可以实时处理;它适合用于数值稳定的线性系统,若不符合此条件,则采用扩展卡尔曼滤波器。

(6)统计决策理论

将信息的不确定性表示为可加噪声,先对多传感器数据进行鲁棒假设测试,以验证其一致性;再利用一组鲁棒最小最大决策规则对通过测试的数据进行融合。

(7)Shafer-Dempster 证据推理

是贝叶斯方法的推广,用置信区间描述传感器信息,满足比贝叶斯概率理论更弱的条件,是一种在不确定条件下进行推理的强有力的方法,适用于决策层融合。

(8)带有置信因子的产生式规则

用符号表达传感器信息和目标属性之间的关系,将不确定性描述为置信因子。此方法的缺点是当系统条件发生变化时(如引入新的传感器),需要修改规则。

(9)专家系统

模拟专家的经验知识、决策及推理过程,采用知识库技术,产生一系列规则,从而完成目标的识别分类、势态评估等。

(10)人工神经网络和模糊推理

神经网络和模糊推理是近年来用于多传感器融合的计算智能新方法。

以上各种算法对信息类型、观测环境都有不同的要求,且各自存在优缺点,在具体应用时需要根据系统的实际情况综合运用。

14.5.4　多传感器信息融合实例

传感器信息融合技术在机器人特别是移动机器人领域有着广泛的应用。自主移动机器人是一种典型的、装备有多种传感器的智能机器人系统。当它在未知和动态的环境中工作时,将多传感器提供的信息进行融合,从而准确快速地感知环境。

图 14-35 为 Stanford 大学研制的移动装配机器人系统,它能实现多传感器信息的集成与融合。其中,机器人在未知或动态环境中的自主移动建立在视觉(双摄像头)、激光测距和超声波传感器融合的基础上;而机械手装配作业的过程则建立在视觉、触觉和力觉传感器信息融合的基础上。该机器人采用信息融合结构为集中式结构。

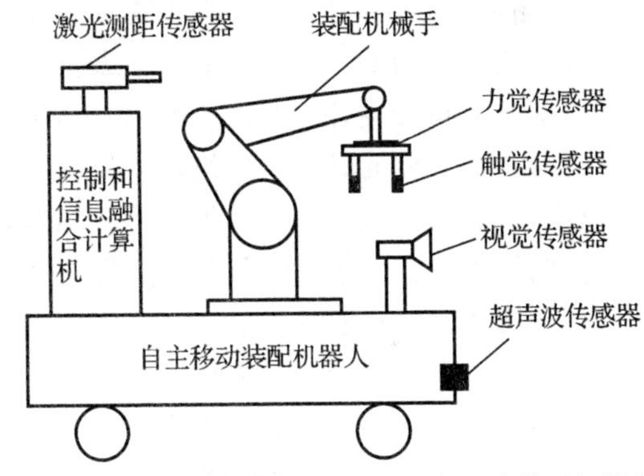

图 14-35　多传感器信息融合自主移动装配机器人

在机器人自主移动过程中,用多传感器信息建立未知环境的模型,该模型为三维环境模型。它采用分层表示,最底层环境特征(如环境中物体的长度、宽度、高度、距离等)与传感器提供的数据一致;高层是抽象的和符号表示的环境特征(如道路、障碍物、目标等的分类表示)。其中,视觉传感器提取的环境特征是最主要的信息,视觉信息还用于引导激光测距传感器和超声波传感器对准被测物体。激光测距传感器在较远距离上获得物体较精确的位置,而超声波传感器用于检测近距离物体。以上三种传感器分别得到环境中同一对象在不同条件下的近似三维表示。当将三者在不同时刻测量的距离数据融合时,每个传感器的坐标框架首先变换到共同的坐标框架中,然后采用以下三种不同的方法得到机器人位置的精确估计:参照机器人本身的相对位置定位法;目标运动轨迹记录法;参照环境静坐标的绝对位置定位法。每一种方法都可以互相补充、校正并减少其他方法中的误差和不确定性。最后,信息融合采用 Bayes 估计和扩展的卡尔曼滤波确定三维物体相对于机器人的准确位置和物体的表面结构形状,并完成对物体的识别。不同传感器产生的信息在经过融合后得到的结果,还用于选择恰当的冗余传感器测量物体,以减少信息计算量以及进一步提高实时性和准确性。

在机器人装配作业过程中,信息融合则是建立在视觉、触觉、力觉传感器基础上的。装配过程表示为由每一步决策确定的一系列阶段。整个过程的每一步决策有传感器信息融合来实现。其中视觉传感器用于识别具有规则几何形状的零件以及零件的定位,即用摄像头识别两维零件并判定位置;力觉传感器检测机械手末端与环境的接触情况以及接触力的大小,从而提供接触物体的准确位置;视觉与主动触觉相结合用于识别缺少可识别特征的物体,如无规则几何形状的零件;此外,力觉传感器还用于提供高精度轴孔匹配、零件传送和放置中的信息。上述各种传感器通过一定的信息融合算法提供装配作业过程的决策信息。

14.6 智能结构

14.6.1 智能结构的概念和作用

智能结构(Smart Structure)又称智能材料结构。这一概念最早源于这样的思想:让材料本身就具有自感知、自诊断、自适应的智能功能,即材料本身就是一个智能传感器,无须再为测量材料的各种物理量而外接大量传感器。

20世纪80年代,航空、航海技术的需要导致了智能结构技术的诞生和发展:一是飞机结构自主状态检测诊断;二是大型柔性太空结构形状与振动控制;三是潜艇结构声辐射控制。为了保证飞机强度、刚度和安全性要求,美国军方提出了飞机结构的完整性计划。根据该计划研制了一套将光纤传感器嵌埋于复合材料机翼表层内部,监测应变、温度等物理量的变化,进而检测结构破损,构成所谓自监测结构,从而导致了智能结构技术的萌芽。

智能结构不仅在航空、航天、航海领域有着重要的应用,而且在建筑、公路、桥梁等土木工程和运输管道、汽车、机床、机器人等机电工程领域有着广阔的应用前景和重要价值。

智能结构可如下定义:将具有仿生命功能的敏感材料和传感器、致动器以及微处理器以某种方式集成于基体材料中,使制成的整体材料构件具有自感知、自诊断、自适应的智能功能。图14-36为一种典型的智能结构,它把传感元件、致动元件以及信息处理和控制系统集成于基体材料中,使制成的构件不仅具有承受载荷、传递运动的能力,而且具有检测多种参数的能力(如应力、应变、损伤、温度、压力等),并在此基础上具有自适应动作能力,从而改变结构内部应力、应变分布、结构外形和位置,或控制和改变结构的特性,如结构阻尼、固有频率、光学特性、电磁场分布等。

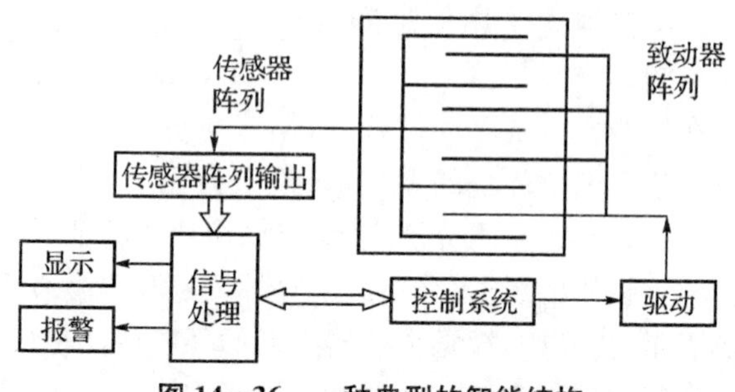

图14-36 一种典型的智能结构

智能结构一般可分成两种类型,即嵌入式和本征型。前者是在基体材料中嵌入具有传感、致动和控制处理功能的三种原始材料或元件,利用传感元件采集和检测结构本身或外界环境的信息,控制处理器则控制致动元件执行相应的动作;后者指材料本身就具有智能功能,能够随着环境和时间改变自己的性能,例如自滤波玻璃等。

14.6.2　智能结构的组成

智能结构由三个基本功能单元组成：传感器单元、致动器单元、信息处理及控制单元。智能结构的最高级形式，不仅具有集成的传感元件和致动元件，而且实现信息处理和控制功能的微处理器和信号传输线以及电源等都集成在同一母体结构中。

1. 传感器单元

传感器单元的作用是感受结构状态(如应变、位移)的变化，并将这些物理量转换成电信号，以便处理和传输，它是智能结构的重要组成部分。构成传感器单元的敏感材料是决定智能结构性能的重要因素，常用的敏感材料主要有三类：应变型材料、压电型材料、光纤。

应变型材料有电阻应变片和半导体应变片。电阻应变片价格低廉，但灵敏度太低(0.03 mV/$\mu\varepsilon$)；半导体应变片灵敏度稍高，可达1 mV/$\mu\varepsilon$。应变型材料的缺点是难于同原结构集成一体化。

压电型应变材料主要是压电陶瓷，如锆钛酸铅(PZT)，其灵敏度可达20 mV/$\mu\varepsilon$。压电陶瓷材料易于表面粘贴或内部嵌埋，实现与原结构一体化。有些高分子聚合物，如聚二氟乙烯薄膜(PVDF)也具有压电效应，其灵敏度可达10 mV/$\mu\varepsilon$。由于压电薄膜轻软、易于剪裁的特点，更适合做成分布式传感元件，便于与原结构一体化，受到广泛关注。

光纤是另一类广为重视的传感元件，有干涉型、光栅型和分布型等多种类型，可嵌埋于材料内部，作为应变传感元件。光纤的突出优点是灵敏度高(1 mV/$\mu\varepsilon$)，而且线性度好，稳定性高，可多路复用，还具有很强的电磁抗干扰性。然而，其信号处理复杂，辅助设备庞大，限制了它在实际结构中的应用。

2. 致动器单元

致动器单元的作用是在外加电信号的激励下，产生应变和位移的变化，对原结构起驱动作用，从而使整体结构改变自身的状态或特性，实现自适应功能。对致动器的主要技术指标是：最大应变量、弹性模量、频率带宽、线性范围、延迟特性、可埋入性等。

目前，可供使用的应变致动材料主要有五类：即形状记忆合金、压电材料、电致和磁致伸缩材料，以及电、磁流变体。

镍钛形状记忆合金(SMA)最早被用作智能结构的致动元件，这类材料在加温超过材料相变临界温度时，能“记住”塑性变形前的形状，并恢复原状。形状记忆合金的一个突出优点是在加温前后，其弹性模量的变化可达4～25倍。通过温度控制达到致动，从而实现结构形状控制(如扭转和弯曲)，或改变原结构的刚度特性，达到强度自适应的目的。SMA的应变灵敏度很高，可达2%，可导致原结构变形达0.8%。另外，它易于加工成丝、箔状埋入原结构，实现一体化。SMA的主要缺点是响应速度慢，致动频率带宽一般小于0.1 Hz，难以用于动态控制。

压电材料是目前应用最广的致动元件，其最大应变量可达0.1%，而且频带很宽，对温度不敏感。最常用的压电陶瓷(如PZT)，制成片状即可粘贴在原材料表面，或内埋于夹层材料内部，用于结构形状或振动控制。但是，其应变灵敏度还有待提高。

电致伸缩材料在电场作用下产生变形(如逆压电效应)，它具有与压电陶瓷类似的指标。

磁致伸缩材料能产生比电致伸缩材料更大的应变量,但需外加磁场,限制了它的应用。

电流变体是一种悬浮于绝缘介质的介电微粒,在电场中可吸附水分而具流变性质,从而改变剪切特性。其剪切弹性模量的变化可达几个数量级,而且这种变化十分迅速,因而可用于结构阻尼控制(参见 0.5 节)。

3. 信息处理和控制单元

信息处理和控制单元是智能结构的关键组成部分,它的作用是对来自传感器单元的各种检测信号进行实时处理,并对结构的各种状态(故障、受力、温度等)进行判断,根据判断结果,按照控制策略输出控制信号,控制致动器单元。

信息处理和控制单元所完成的信号处理功能同智能式传感器的功能一致,这里不再赘述,而它所完成的控制功能较为复杂。智能结构控制的一个明显特点是分散控制,一般分成三个层次,即局部控制、全局控制和认知控制。局部控制可用于增加阻尼、吸收能量、减小残余位移;全局控制可以达到更高的控制精度,除了常规控制所需的鲁棒性,还必须充分注意控制的分布性;认知控制则是控制的更高层次,具有主动辨识、诊断和学习功能。

14.6.3　光纤型智能结构实例

下面我们介绍一种自诊断自适应智能结构系统,其中传感器网络由光纤传感元件构成(参见 9.3.4),致动器采用记忆合金框架。该智能结构可以实现大面积结构的载荷监测和损伤在线诊断,并能根据损伤诊断结果自适应控制相应区域的应力状态使其产生改变,使结构处于抑制损伤扩展的应力状态。

该智能结构总体为平板状,其中采用偏振型光纤应变传感器构成传感器网络。传感器排列方式如图 14-37 所示,呈纵横排列状布局。它具有结构简单,埋置方便,灵敏度适中的优点。当传感器的敏感光纤受到应变 ε 作用时,一小段长 ΔL 光纤中传输光的偏振态变化为

$$\Delta\Phi=\{\beta-\beta n^2[P_{12}-\mu(P_{21}-P_{12})]/2\}\Delta L\varepsilon \tag{14-11}$$

式中, P_{21}、P_{12} 为光纤芯的弹光常数,n、μ 为纤芯的折射率及泊松比,β 为光纤中的传播常数。通过传感器系统中的检偏镜及光敏管可把 $\Delta\Phi$ 的变化转换成输出电压的变化,从而得到要检测的应变。若板上 A 处由于载荷作用或损伤造成一大应变区域,则 A 附近的四根光纤传感元件感受的应变较大,输出也较大,而其他处传感元件的输出均较小,这样,就可以从不同位置传感元件的输出大小分布情况判别载荷或损伤的位置。

该智能结构采用形状记忆合金(SMA)作为致动元件,可使 6～8%的塑性变形完全恢复。若形状回复受到约束,则可产生高达 690 MPa 的回复应力。为了实现结构大面积的强度自适应,SMA 在平板结构中采用组合式布置方案。图 14-38 是组合式 SMA 致动器的布局,不论损伤处于什么位置,都可以根据损伤识别的结果,通过控制电路改变 SMA 单元的连接方式,使 SMA 构成不同的回路,并激励相应的 SMA 动作,在损伤周围形成压应力区域,防止损伤的进一步发展。

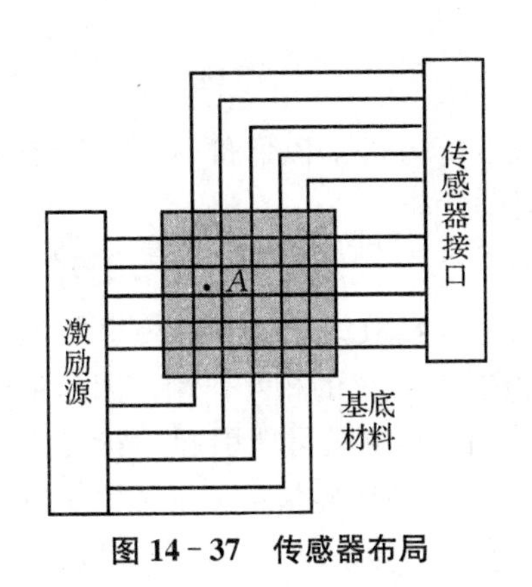

图 14-37　传感器布局

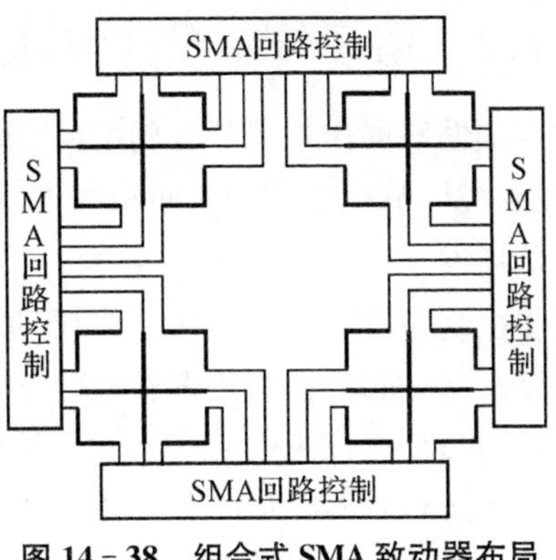

图 14-38　组合式 SMA 致动器布局

14.7　量子传感器技术

量子传感器是根据量子力学规律，利用量子叠加、量子纠缠和量子压缩等效应设计的、用于执行对被测量进行变换的物理装置。

14.7.1　量子传感器的定义

量子技术是指遵循量子力学规律，利用量子的叠加性与纠缠性等量子效应的技术。

近年来，人们发现利用量子力学的基本属性，例如量子相干、量子纠缠、量子统计等特性，可以实现更高精度的测量。因此，基于量子力学特性实现对物理量进行高精度的测量称为量子传感。在量子传感中，电磁场、温度、压力等外界环境直接与电子、光子、声子等体系发生相互作用并改变它们的量子状态，最终通过对这些变化后的量子态进行检测实现外界环境的高灵敏度测量。而利用当前成熟的量子态操控技术，可以进一步提高测量的灵敏度。因此，这些电子、光子、声子等量子体系就是一把高灵敏度的量子"尺子"——量子传感器。实验已经证明量子传感器在针对重力、旋转、电场和磁场等方面的灵敏度要远远超过常规技术。

量子传感器，可以从两方面加以定义：

(1)利用量子效应、根据相应量子算法设计的、用于执行变换功能的物理装置；

(2)为了满足对被测量进行变换，某些部分细微到必须考虑其量子效应的变换元件。

不管从哪个方面定义，量子传感器都必须遵循量子力学规律。可以说，量子传感器就是根据量子力学规律、利用量子效应设计的、用于执行对系统被测量进行变换的物理装置。

比如量子雷达技术，就运用了量子纠缠原理。根据物理学家 Seth Lloyd 的理论方案，这个过程包括将一系列纠缠光子对中的一半从一个物体上弹回来，然后将返回的光子与被阻挡的光子进行比较。这样做的目的是将最初发出的辐射与强噪声源区分开来，发现隐形飞机等普通雷达无法探测到的物体，并将雷达操作员隐藏起来。

量子传感器由产生信号的敏感元件和转换电路两部分组成，其中敏感元件就是利用量子效应实现对被测量的感知。

14.7.2 量子传感器的特性

传感器的性能品质主要从准确度、稳定性和灵敏度等方面加以评价。结合量子传感器的自身特点,可以从以下几个方面来考虑量子传感器的性能。

1. 非破坏性

在量子控制中,由于测量可能会引起被测系统状态波函数约化,同时,传感器也可能引起系统状态变化,因此,在测量中要充分考虑量子传感器与系统的相互作用。因为量子控制中的状态检测与经典控制中的状态检测存在本质上的不同,测量可能引起的状态波函数约化过程暗示了对状态的测量已经破坏了状态本身,因此,非破坏性是量子传感器应重点考虑的方面之一。在进行实际检测时,可以考虑将量子传感器作为系统的一部分加以考虑,或者作为系统的扰动,将传感器与被测对象相互作用的哈密顿考虑在整个系统状态的演化之中。

2. 实时性

根据量子控制中测量的特点,特别是状态演化的快速性,使得实时性成为量子传感器品质评价的重要指标。实时性要求量子传感器的测量结果能够较好地与被测对象的当前状态相吻合,必要时能够对被测对象量子态演化进行跟踪,在设计量子传感器时,要考虑如何解决测量滞后问题。

3. 灵敏性

由于量子传感器的主要功能是实现对微观对象被测量的变换,要求对象微小的变化也能够被捕捉,因此,在设计量子传感器时要考虑其灵敏度能够满足实际要求。

4. 稳定性

在量子控制中,被控对象的状态易受环境影响,量子传感器在探测对象量子态时也可能引起对象或传感器本身状态的不稳定,解决的办法是引入环境工程的思想,考虑用冷却阱、低温保持器等方法加以保护。

5. 多功能性

量子系统本身就是一个复杂系统,各子系统之间或传感器与系统之间都易发生相互作用,实际应用时总是期望减少人为影响和多步测量带来的滞后问题,因此,可以将较多的功能,如采样、处理、测量等集成在同一量子传感器上,并将合适的智能控制算法融入其中,设计出智能型的、多功能量子传感器。

量子传感器具有许多经典传感器所不具有的性质,设计量子传感器时,在重点考虑将量子领域不可直接测量量变换成可测量量外,还应从非破坏性、实时性、灵敏性、稳定性、多功能性等方面对量子传感器的性能加以评估。

14.7.3 量子传感器的应用

随着量子控制研究的深入,对敏感元件的要求将越来越高,传感器自身的发展也有向微型化、量子型发展的趋势,量子效应将不可避免地在传感器中扮演重要角色,各种量子传感器将在量子控制、状态检测等方面得到广泛应用。

1. 微小压力测量

美国国家标准与技术研究所(NIST)经研制出一种压力传感器,可以有效地对盒子里的颗粒进行计数。该装置通过测量激光束穿过氦气腔和真空腔时产生的拍频来比较真空腔和氦气腔的压力。气体中激光频率的微小变化,以保持共振驻波反映了压力的微小变化(因为压力改变折射率)。

该量子压力传感器,加上氦折射率的第一原理计算,可以作为压力标准,取代笨重的水银压力计。还可能应用于校准半导体铸造厂的压力传感器,或作为非常精确的飞机高度计。

2. 精准重力测量

光线测量并不适用于所有的成像工作,作为新的替代补充手段,重力测量可以很好地反映出某一地方的细微变化,例如难以接近的老矿井、坑洞和深埋地下的水气管。用此方法,油矿勘探和水位监测也会变得异常容易。

利用量子冷原子所开发的新型引力传,在商业上也会有更重要的应用。

而低成本 MEMS 装置也在构想之中,预计它将会只有网球大小,敏感程度要比在智能手机中使用的运动传感器高一百万倍。一旦这项技术成熟,那么大面积的重力场图像绘制也就将成为可能。

MEMS 传感器在量子成像读出上至少有几个量级幅度上的进步。来自格拉斯哥大学和桥港大学的研究人员开发了一种 We - g 检测器,We - g 是一种基于 MEMS 的重力仪,它比传统的重力传感器轻得多,而且可能比传统的重力传感器便宜得多。

We - g 传感器利用量子光源来改善设备精度,即便是更小的物体也可以被检测到——或有助于雪崩与地震灾害中的救援行动,以及帮助建筑行业确定地下的详细状况,减少由于意外危险造成的工程延误,并摆脱对昂贵的勘探挖掘的依赖。

另外,常规性地球遥感观测也可以通过精确重力测量来实现,监测的范围包括地下水储量、冰川及冰盖的变化。

3. 量子传感器探测无线电频谱

美国陆军研究人员研制出了一款新型量子传感器,可以帮助士兵探测整个无线电频谱——从 0 到 100 吉赫兹(GHz)的通信信号。

新型量子传感器非常小巧,几乎无法被其他设备探测到,有望让士兵们如虎添翼,如可用作通信接收器。

尽管里德堡原子拥有广谱灵敏度,但科学家迄今从未对整个运行波段的灵敏度进行定量描述。

相比于传统接收器,新量子传感器体积更小,而且其灵敏度可与其他电场传感器技术——如电光晶体和偶极天线耦合的无源电子设备等相媲美。

目前,陆军科学家计划进一步锤炼最新技术,提高这款量子传感器的灵敏度,使其能探测到更弱的信号,并扩展用于探测更复杂波形的协议。

然而,有关量子传感器的想象力还不止于此:量子磁性传感器的发展将大幅降低磁脑成像的成本,有助于该项技术的推广;而用于测量重力的量子传感器将有望改变人们对传统地下勘测工作繁杂耗时的印象;即便在导航领域,往往导航卫星搜索不到的地区,就是量子传感器所提供的惯性导航的用武之地。

4. 医疗健康

(1)老年失智症(老年痴呆症) 根据阿尔茨海默病协会估计,全世界每年因失智症而造成的经济损失约有5000亿英镑,这一数字还在不断增加。而当前基于患者问卷的诊断形式通常会使治疗手段的选择可能性被严重限制,只有做好早期的诊断和干预才可以有更好的效果。

研究人员正在研究一种称为脑磁图描记术(MEG)的技术可用于早期诊断。但问题是该技术目前需要磁屏蔽室和液氦冷却操作,这使得技术推广变得异常昂贵。而量子磁力仪则可以很好地弥补这方面的缺陷,它灵敏度更高、几乎不需要冷却和与屏蔽,更关键的是它的成本更低。

(2)癌症　一种名为微波断层成像的技术已应用于乳腺癌的早期检测多年,而量子传感器则有助于提高这种技术的灵敏度与显示分辨率。与传统的X光不同,微波成像不会将乳房直接暴露于电离辐射之下。

此外,基于金刚石的量子传感器也使得在原子层级上研究活体细胞内的温度和磁场成为可能,这为医学研究提供了新的工具。

(3)心脏疾病　心律失常通常被看作是发达国家的第一致死杀手,而该病症的病理特征就是时快时慢的不规则心跳速度。目前正在开发中的磁感应断层摄影技术被视作可以诊断纤维性颤动并研究其形成机制的工具,量子磁力仪的出现会大大提升这一技术的应用效果,在成像临床应用、病患监测和手术规划等方面都会大有益处。

(4)神经疾病　癫痫是由于大脑神经元异常放电导致的慢性神经疾病,对于癫痫病人来讲,长时间的准确的脑电图可有效帮助医生捕捉到癫痫的放电现象,提高癫痫的诊断率。为了更好地判断癫痫起源的部位,也可进行动态检测,对癫痫的诊断和确定手术部位提供可靠依据。德国弗莱堡弗劳恩霍夫应用固体物理研究所的科研人员研制出了氮原子大小的量子传感器,可以用于测量脑电波。该传感器能非常精准地捕捉微小磁场,以避免使用电极测量脑电波时产生的不精确后果。

5. 交通运输和导航

交通运输越发展就越需要了解各种交通工具的准确位置信息及状况,这也就对汽车、火车和飞机所携带的传感器数量提出了要求,卫星导航设备、雷达传感器、超声波传感器、光学传感器等都将逐渐成为标配。然而有了这些还远远不够,传感器技术的发展也将面对新的挑战。自动驾驶汽车和火车的定位及导航精度被严格要求在10厘米以内;下一代驾驶辅助系统必须可以随时监测到当地厘米级的危险路况。使用基于冷原子的量子传感器,导航系统不但可以将位置信息精确到厘米,还必须具备在诸如水下、地下和建筑群中等导航卫星触及不到的地方工作的能力。

与此同时,其他类型的量子传感器也在不断发展之中(例如工作在太赫兹波段的传感器),它们可以将道路评估的精度精确到毫米级。此外,最初为原子钟而开发的基于激光的微波源也可以提升机场雷达系统的工作范围和工作精度。

14.7.4　量子传感器的发展前景

目前,世界正处在第二次量子革命的边缘。能量量子化通过晶体管和激光为人类带来了现代电子技术,但随着人类操纵单个原子和电子的能力迅速发展,可能会改变通讯、能源、医药和国防等行业。英国和欧盟为了将寻求将量子技术商业化引发了大资金的特殊项目,同时在美国最近颁布了国家量子计划(美国光学学会是其中创始合伙人),并且中国和其他国家将花费数十亿美元在未来几年进行相关研究。

美国陆军研究实验室传感器与电子设备局物理学家 Qudsia Quraishi 博士指出，下一代精确传感系统涉及量子传感器，量子传感器基于激光冷却原子，极可能大幅提升系统性能。激光冷却原子是小型相干气体原子，可以测量重力场或磁场变化，不仅非常精确，而且灵敏度很高。

无论它们是对被埋物体的引力做出反应，还是接收人类大脑的磁场，量子传感器都能探测到来自周围世界的各种微弱信号。英国伯明翰大学的物理学家 Kai Bongs 认为，重力测量量子传感器"将很快得到更广泛的应用"，其潜在市场可能达到每年 10 亿美元。

当前，利用电子、光子、声子等量子体系已经可以实现对电磁场、温度、压力、惯性等物理量的高精度量子传感，实验演示了量子超分辨显微镜、量子磁力计、量子陀螺等，并应用在材料、生物等相关学科研究中。

所以，量子传感器未来随着相关技术的逐渐成熟，将在国计民生方面得到广泛应用。

14.8　超导传感器技术

14.8.1　超导现象——约瑟夫逊效应

某些材料具有这样的特性：当温度接近绝对零度时，他们的电阻几乎为零。当电流施加在其上之后，几乎可以无限地流动下去。这种特性就称之为超导。具有超导特性的金属称为超导体。

自 1911 年 H. K. Onnes 发现水银的超导现象以来，超导理论发展很快。尤其是 1986 年发现了在液氮温度以上显示超导特性的稀土氧化物超导体后，世界超导体研究的发展更加迅速。

在超导体中，电子可以穿过极薄的绝缘层，这种现象称之为超导隧道效应(Superconductivetunned effect)。它可以分为正常电子隧道效应和电子对隧道效应，后者又称为约瑟夫逊(Josephson)效应。

超导体中存在两类电子，即正常电子和超导电子对。超导体中没有电阻，电子流动将不产生电压。如果在两个超导体中间夹一个很厚的绝缘层(大于几千埃)时，无论超导电子和正常电子均不能通过绝缘层，因此，所连接的电路中没有电流。如果绝缘层的厚度减小到几百埃以下时，在绝缘层两端施加电压，则正常电子将穿过绝缘层。电路中出现电流，这种电流称为正常电子的隧道效应。正常电子的隧道效应除了可以用于放大、振荡、检波、混频外，还可用于微波、亚毫米波辐射的量子探测等。

当超导隧道结的绝缘层很薄(约为 10Å)时，超导电子也能通过绝缘层，宏观上表现为电流能够无阻地流通。当通过隧道的电流小于某一临界值(一般在几十微安至几十毫安)时，在结上没有压降。若超过该临界值，在结上出现压降，这时正常电子也能参与导电。在隧道结中有电流流过而不产生压降的现象，称为直流约瑟夫逊效应，这种隧道电流称为直流约瑟夫逊电流。若在超导隧道结两端加一直流电压，在隧道结与超导体之间将有高频交流电流通过，其频率与所加直流电压成正比，比例常数为 483.6 MHz/μV。这种高频电流能向外辐射电磁波或吸收电磁波，我们把这种特性称为交流约瑟夫逊效应。应用这种效应可制作高速开关电路、电磁波探测装置、超导量子干涉器件(Superconduction Quantum Interference Device,SQUID)。SQUID实际上是一种超导传感器件,同相关电路仪器可以构成高灵敏度的磁通或磁场的探测仪,或称为超导量子磁强计。

14.8.2 超导传感器的工作原理

SQUID一般指电感很小,包含一个或两个约瑟夫逊结的环路。因此,具有两种不同的SQUID系统:一种是包含两个结的SQUID,它用直流偏置,称为直流SQUID;另一种是包含一个结的SQUID,用射频装置,称为射频SQUID。

对于任何超导环,当他们所在的外磁场小于环的最小临界磁场时,在中空的超导环内磁通的变化都会呈现不连续的现象,这称为磁通量子化现象。其闭合的磁通是磁通量 $\phi_0 = h/2e$ 的整数倍,其中 h 为普朗克常数,e 为电子电荷。在弱磁场中,磁通量子化是由环内的屏蔽电流 I 来维持的,环内的磁通为

$$\phi = n_0 \phi = \phi_e - L_s I \tag{14-12}$$

式中,L_s 为超导环的电感;

ϕ_e 为外磁通;

n_0 为最小临界磁场时超导环的环数($n_0=1$)。

当环路屏蔽电流为零时,磁通量子化就被破坏了。在环路中,使屏蔽电流不为零的那些点,通常称为“弱连接”或“弱耦合”。

约瑟夫逊建立的“弱连接”模型,是用绝缘氧化层隔开两个超导体构成的。如果氧化层足够薄,那么电子对势垒的穿透性就会导致在两个“隔离”的电子系统间产生一个不大的耦合能量,这时,绝缘层两侧的电子对可以交换但没有电压出现。约瑟夫逊指出通过结的电流

$$I = I_c \sin\theta \tag{14-13}$$

式中,I_c 为超导体的临界电流;

θ 为结两侧超导体的相位差。

如果流过结的电流 I_c 比超导体的临界电流大,就会出现直流电压,并且相位差 θ 也会按交流约瑟夫逊方程的形式而振荡:

$$\frac{\mathrm{d}\theta}{\mathrm{d}t} = \frac{2eU}{h} \tag{14-14}$$

式中,U 为结上的直流电压。

由式(14-14)可以看出,伴随直流电压将出现一个交变电流,其频率为

$$f = \frac{2e}{h} U \tag{14-15}$$

式(14-13)和(14-14)分别是直流约瑟夫逊效应和交流约瑟夫逊效应的数学表达式。

14.8.3 超导传感器的结构

利用约瑟夫逊效应,有超导体-绝缘薄膜-超导体构成的约瑟夫逊结,通称为隧道结。目前生产的集中隧道结如图14-39所示。

图14-39(a)是绝缘膜为2~5 nm的氧化层和厚度大约为50 nm的半导体,该隧道结由于近年来工艺水平的提高,可以生产出稳定的器件。

图 14－39(b)是一种“弱连接”的窄颈状超导体连接两个薄膜的结构，该结构也称为微桥结构，其颈间距离约为 1 μm。为了进一步减小临界电流，可通过正常金属衬底的方法实现。制作这种结构结的工艺难度较大，稳定性也不如隧道结。

图 14－39(c)是用铌螺钉结构形成的“弱连接”。尖的铌螺钉轻轻接触在超导平面上，然后固定住。这种点接触的形式有较好的信噪比，但因其稳定性差，不适于大量生产。

图 14－39(d)是“弱连接”的等效电路，它等效为一个与相位有关的电流、电阻、电容的并联形式。

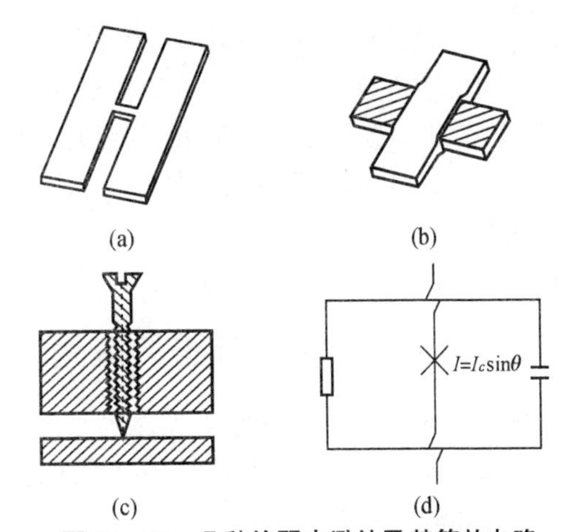

图 14－39　几种约瑟夫逊结及其等效电路

(a)氧化层绝缘膜结；(b)窄颈状导体(微桥结)；(c)铌螺钉结构结；　(d)等效电路

14.8.4　超导传感器的测量系统

正如上述，SQUID 是一种超导传感器件，用 SQUID 测量磁通或磁场强度的测量系统由输入电路、前置放大电路、锁相放大电路和反馈电路构成。由于射频 SQUID 的制作比直流 SQUID 容易，在实际应用中，多数是用射频 SQUID 组成磁通或磁场强度的测量系统。所以，下面以射频 SQUID 为例，介绍其测量系统工作原理，如图 14－40 所示。对于直流 SQUID 测量系统，除了偏置不同外，主要测量电路与射频 SQUID 测量系统基本相似。

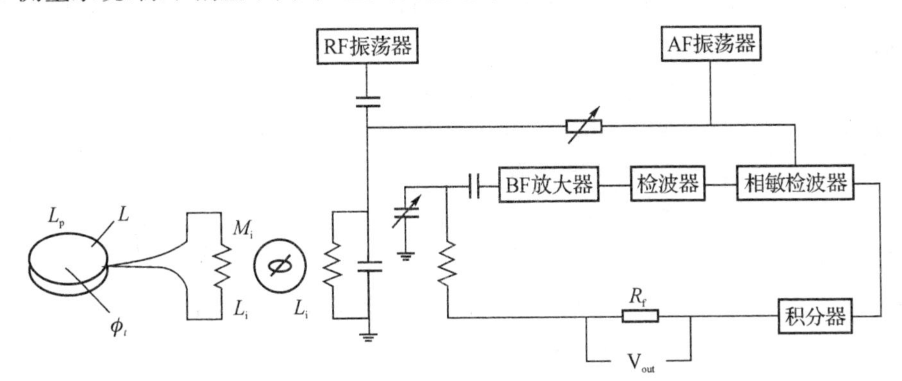

图 14－40　射频 SQUID 测量电路

作为磁通传感器的 SQUID 总是工作在磁通锁定回路中，实际的使用相当于“指零仪”。磁通锁定环和反馈回路可将 SQUID 的响应锁定在响应曲线的峰点上。调制磁通的大小为峰-峰值的一半，并小于槽路带宽的调制频率。它通过槽路的电感引入 SQUID，同时在槽路两端的射频电压是已调制的电压。为了把信号放大后再解调出来，用工作在调制频率上的相敏检波器对低频输出进行同步检波，再经积分放大，通过反馈电阻 R_f 反馈给槽路的调制线圈。这样，如果有一个磁通误差信号加到 SQUID 上，那么反馈电流就产生一个抵消磁通误差信号的反向磁通。因此，输出电压就和磁通误差信号成正比。

SQUID 测量系统可构成超导量子磁强计，其磁场分辨率可达到 10^{-14} T/Hz，是迄今为止最灵敏的磁强计。到目前为止,商品化的SQUID都要求传感器在液氦的超低温下使用。由于液氦的费用昂贵且操作复杂,大大限制了SQUID的推广和使用。但是,自1986年以来,科学家们已经研制出了新型的高温超导材料,例如钇钡铜氧等超导材料,其转换温度已经达到100 K,从而使超导技术从液氦的束缚下解放出来,为在液氮温区以上的应用提供了可能。利用这种高温超导材料,已经观测到液氦温区的约瑟夫逊效应,不久的将来将会出现能在更高温区中工作的超导传感器。

14.8.5 超导传感器的应用

超导技术应用于传感器,其最大特点是噪声小,其噪声电平接近量子效应的极限,具有极高的灵敏度。采用超导技术的传感器主要有:

1. 超导红外传感器

超导红外传感器与一般半导体红外探测器的工作原理完全不同,其检测频带也比半导体红外探测器宽许多。在超导体中存在能隙,当红外辐射到超导体上时,“对粒子”分裂变成“准粒子”,又因为红外辐射的能量高于能隙,所以可产生大量的准粒子。因此导致超导体能隙变小,电特性改变。这样根据超导电特性的变化,可以检测红外辐射能量。

2. 超导可见光传感器

超导陶瓷的多晶膜通常是由200～300 nm的晶体构成的。在各晶体之间也存在着像半导体晶界一样的势垒,其厚度约为2 nm。它可以作为隧道的约瑟夫逊结工作,成为边界约瑟夫逊结(BJJ)。若光子射入超导体多晶膜中,则在约瑟夫逊结中的电流将发生变化。因此,通过测量电流变化,可以检测光信号大小,这就是可见光超导传感器的工作原理。

3. 超导微波传感器

若两个超导体之间存在能量差,则在超导隧道结元件内存在准粒子流。当受到微波辐射时,准粒子流发生变化,其隧道结器件的电流-电压(I-V)特性改变。因此,可以利用这个特性检测微波,而且具有超高灵敏度性能。一般将用于检波的隧道结器件称为SIS混频器,高温超导SIS混频器可检测频率为10 THz的微波信号。

4. 超导磁场传感器

当超导环受到磁场作用时,由于迈纳斯效应,环中有电流 I_s 流动可抵消磁场作用,从而环内磁场为零。I_s 与外磁场强度 B 成正比。因此,若测出 I_s 值的大小,则可确定磁场强度 B 的值。应该指出,电流 I_s 并不与外加磁场强度 B 有严格的正比关系,而与磁通 Φ 成正比。所以,准确地说,超导量子干涉器件是磁通传感器。

5. 超导图像传感器

超导图像传感器的隧道结分布在硅衬底上,形成线阵SIS器件,将它们装入低温恒温器中冷却到4.2 K左右。使用时,还要配以准光学构件组成测量系统。来自电磁喇曼的被测波图像,通常用光学透镜聚光,然后在传感器上成像。因此,在水平和垂直方向上微动传感器总是能够敏感空间的图像。这种测量系统适用于毫米波段。利用这种线阵隧道结器件可以测量35 GHz空间电场强度分布。这种传感器已用于生物断层检测,也可以用于乳腺癌的非接触探测等。

14.9　传感器网络技术

14.9.1　概述

1. 无线传感器网络的概念和特点

无线传感器网络(Wireless Sensor Network)诞生于 20 世纪 90 年代末,是一种全新的信息获取与处理技术。无线传感器网络是由随机分布的集成微型电源、敏感元件、嵌入式处理器、存储器、通信部件和软件(包括嵌入式操作系统、嵌入式数据库系统等)的一簇同类或异类传感器节点与网关节点构成的网络。每个传感器节点都可以对周围环境数据进行采集、简单计算以及与其他节点及外界进行通信。由大量的这些智能节点组成的传感器网络具有很强的自组织能力。传感器网络的多节点特性使众多的传感器可以通过协同工作进行高质量的测量,并构成一个容错性优良的无线数据采集系统。

经过近几年的发展,无线传感器网络的一些产品开始走向应用。当前已有若干无线传感器网络系统研究平台成功的开发出来,比如美国加州大学伯克利分校开发的 TinyOS/Mica 平台、Smart Dust 平台和 PicoRadio 平台,以及英国 Invensys 公司、日本三菱电气公司、美国摩托罗拉公司和荷兰飞利浦半导体公司等 20 余家企业联盟共同开发的 Zigbee 平台。同时,国际电子电气工程师学会(IEEE)也正在加紧开发 IEEEP1451.5 无线传感器接口标准,并建立了一些演示系统。加州大学伯克利分校最新设计的微型无线传感器节点 Spec,尺寸达到 2.5 mm×2.5 mm,在一块 CMOS 芯片上就集成了处理器、存储器和 RF 等模块。Spec 由美国国家半导体公司用 0.35 μm 工艺制造,它的设计者 Jason Hill 认为:"Spec 的尺寸已经足够小,进一步的微型化暂时没有必要了,只有很少的应用场合才需要这么小的节点"。

无线传感器网络除了具有 Ad Hoc 网络的移动性、断接性、电源能力局限等共同特征以外,还具有以下几个方面鲜明的特点:(1)通信能力有限;(2)电源能量有限;(3)计算能力有限;(4)高强壮性和容错性;(5)强网络动态性;(6)系统实时性要求。

2. 无线传感器网络的性能评价

无线传感器网络的性能评价非常重要。下面介绍几个评价无线传感器网络性能的标准,这些标准还没有达到实用的程度,需要进一步地模型化和量化。

(1)能源有效性　无线传感器网络的能源有效性是指该网络在有限的能源条件下能够处理的请求数量。能源有效性是无线传感器网络的重要性能指标。

(2)生命周期　无线传感器网络的生命周期是指从网络启动到不能为观察者提供需要的信息为止所持续的时间。

(3)时间延迟　无线传感器网络的延迟时间是指当观察者发出请求到其接收到回答信息所需要的时间。

(4)感知精度　传感器网络的感知精度是指观察者接收到的感知信息的精度。传感器的精度、信息处理方法、网络通信协议等都对感知精度有所影响。感知精度、时间延迟和能量消耗之间具有密切的关系。

(5)可扩展性　传感器网络可扩展性表现在传感器数量、网络覆盖区域、生命周期、时间延迟、感知精度等方面的可扩展极限。给定可扩展性级别,传感器网络必须提供支持该可扩展性级别的机制和方法。

(6)容错性　由于环境或其他原因,物理地维护或替换失效传感器常常是十分困难或不可能的。这样,传感器网络的软硬件必须具有很强的容错性,以保证系统具有高强壮性。

14.9.2　传感器网络的体系结构

1. 网络结构

传感器网络结构如图14－41所示,传感器网络系统通常包括传感器节点(Sensor Node)、网关节点(Sink Node)和管理节点。大量传感器节点随机部署在监测区域(Sensor Field)内部或附近,能够通过自组织方式构成网络。传感器节点监测的数据沿着其他传感器节点逐个跳动地进行传输,在传输过程中监测数据可能被多个节点处理,经过多跳路由后到网关节点,最后通过互联网或卫星到达管理节点。用户通过管理节点对传感器网络进行配置和管理,发布监测任务以及收集监测数据。

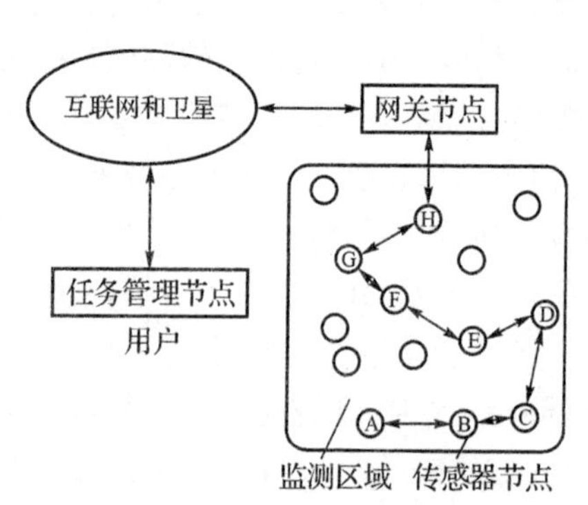

图14－41　传感器网络体系结构

传感器节点通常是一个微型的嵌入式系统,它的处理能力、存储能力和通信能力相对较弱,通过携带能量有限的电池供电。从网络功能上看,每个传感器节点兼顾传统网络节点的终端和路由器双重功能,除了进行本地信息收集和数据处理外,还要对其他节点转发来的数据进行存储、管理和融合等处理,同时与其他节点协作完成一些特定任务。

网关节点的处理能力、存储能力和通信能力相对比较强,它连接传感器网络与Internet等外部网络,实现两种协议栈之间的通信协议转换,同时发布管理节点的监测任务,并把收集的数据转发到外部网络上。网关节点既可以是一个具有增强功能的传感器节点,有足够的能力供给更多的内存与计算资源,也可以是没有监测功能仅带有无线通信接口的特殊网关设备。

2. 传感器节点结构

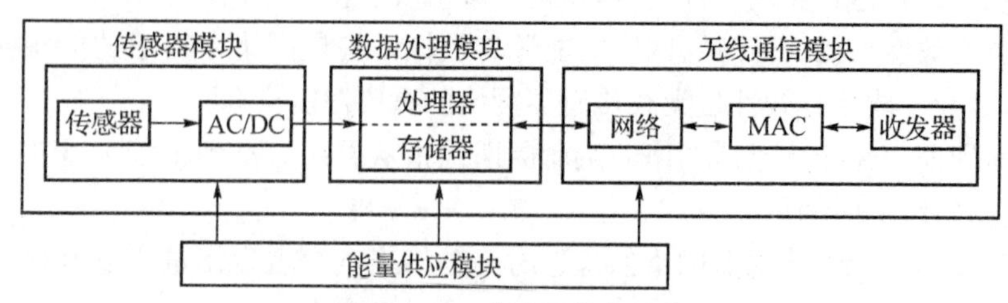

图14－42　传感器节点结构

传感器节点由传感器模块、数据处理模块、无线通信模块和能量供应模块四个部分组成,如图14－42所示。传感器模块负责监测区域内信息的采集和数据转换;数据处理模块负责控制整个传感器节点的操作，存储和处理本身采集的数据以及其他节点发来的数据；无线通信模块负责与其他传感器节点进行无线通信，交换控制消息和收发采集数据；能量供应模块为传感器节点提供运行必需的能量，通常采用微型电池。

14.9.3　典型传感器网络节点实例

目前，实用化的传感器网络节点并不多，其开发原型往往都是美国国家支持项目的附属产品，国内出现的传感器节点很多也是模仿国外的 Mote 节点开发的。下面简要介绍国外典型的部分传感器节点原型。

1. 节点硬件结构

Mica 系列节点是由美国加州大学伯克利分校研制的用于传感器网络研究的演示平台的试验节点。由于该平台的软硬件设计都是公开的，所以成为研究传感器网络最主要的试验平台。Mica 系列节点包括 WeC、Renee、Mica、Mica2、Mica2dot，和 Spec 等，其中 Mica2 和 Mica2dot 节点已经由 Crossbow 公司（1995 年成立，专业从事无线传感器产业的公司）包装生产。下面重点介绍具有代表性的 Mica2 节点（如图 14 - 43 所示）。

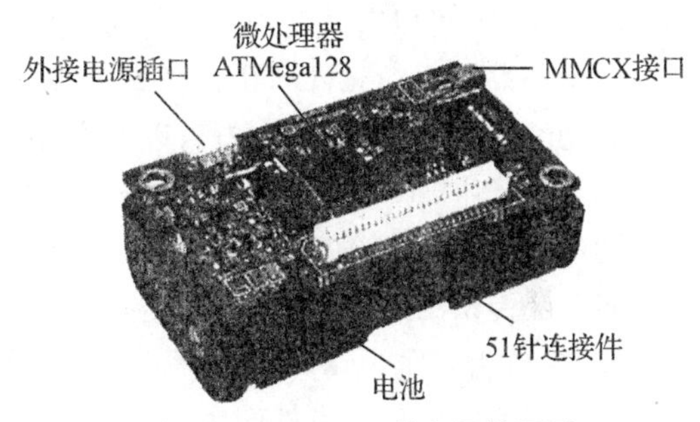

图 14 - 43　Mica2 节点硬件原型

Mica2 使用的微处理器是 Atmel 公司的 Atmega128L，该处理器具有非常丰富的内部资源和接口，其特点如下：

（1）片内含 128KB FLASH，能够编程 10000 次以上，特别适合反复烧写程序的应用环境。

（2）片内含 4KB 的 SRAM 和 4KB 的 EEPROM。

（3）处理器内部采用增强 RISC 核心，指令集丰富，运算快。采用哈佛结构单级流水线操作，取指令和执行指令在单周期内完成。

（4）片内提供两个 8 位定时器、两个 16 位的扩展定时器；提供两个 8 位的脉冲宽度调制器（PWM），6 个 2～16 位分辨率可编程的 PWM。

（5）片内提供两个通用同异步串行接口控制器（带 2 级缓冲）。

（6）片内提供一个串行外围接口（SPI）控制器。

（7）片内提供硬件 I^2C 串行总线通信方式。

（8）含 8 个通道 10 位采样精度的 ADC 控制器。

（9）提供各种在线编程方法。支持 JTAG 编程，支持 SPI 编程，支持自编程。

Crossbow 公司是目前传感器网络研究领域主要的平台提供商，有丰富的与 Mica 兼容的产品。这里我们介绍一款典型的传感器板 MTS310CA，如图 14 - 44 所示。

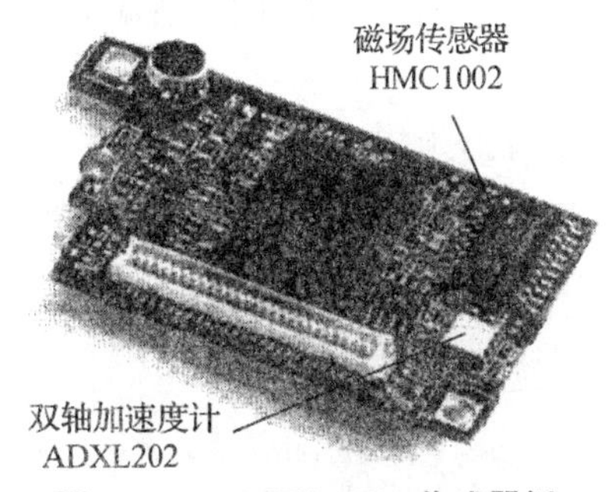

图 14 - 44　MTS310CA 传感器板

板内①的主要资源如下：

◆光敏电阻 Clairex CL9P4L；◆温敏电阻 ERT-J1VR103J(松下)；◆双轴加速度计 ADI ADXL 202；◆磁场传感器 Honeywell HMC1002；◆麦克风；◆音调探测器；◆4.5KHz 扬声器。

2. 操作系统

为了减轻传感器网络的应用开发的难度，提高使用人员的开发效率，传感器网络需要一个专门的操作系统的支持。加州大学伯克利分校的研究人员通过比较、分析与实践，针对传感器网络的特点，设计了 TinyOS 操作系统。

在任务调度管理方面，由于单个传感器节点硬件资源有限，无法采用传统的进程调度管理方式。TinyOS 采用比一般线程更为简单的轻量级线程技术和两层调度(Two-Level Scheduling)方式，可以有效使用传感器节点的有限资源。

在通信协议方面，TinyOS 采用关键协议是主动消息通信协议，主动消息通信是一种基于事件驱动的高性能并行通信方式，以前主要用于计算机并行计算领域。在一个基于事件驱动的操作系统中，单个的执行上下文可以被不同的执行逻辑共享。TinyOS 是一个基于事件驱动的深度嵌入式操作系统，所以 TinyOS 中的系统模块可以快速响应基于主动消息协议的通信层传来的通信事件，有效提高了 CPU 的使用率。

另外，在节能方面，TinyOS 的事件驱动机制作用相对出色。在 TinyOS 的调度下，所有与通信事件相关的任务在事件产生后可以迅速处理，处理完毕后立即进入睡眠状态，等待下一个事件激活 CPU。

14.9.4 传感器网络的应用

1. 军事应用

传感器网络具有可快速部署、可自组织、隐蔽性强和高容错性的特点，因此非常适合在军事上的应用。通过飞机或炮弹直接将传感器节点播撒到敌方阵地内部，就能够非常隐蔽而且近距离准确地收集战场信息，迅速获取有利于作战的信息。传感器网络是由大量的随机分布的节点组成，即使一部分节点被敌方破坏，剩下的节点依然能够自组织地形成网络。

传感器网络已经成为军事 C^4ISR(Command，Control，Communication，Computing，Intelligence，Surveillance and Reconnaissance)系统必不可少的一部分。美国国防部预先研究计划署很早就启动了 SensIT(Sensor Information Technology)计划。该计划的目的就是将多种类型的传感器、可重编程的通用处理器和无线通信技术组合起来，建立一个廉价的、无处不在的网络系统，用以监测光学、声学、震动、磁场、温度、污染、压力、湿度、加速度等物理量。

2. 环境观测和预报系统

随着人们对于环境的日益关注，环境科学所涉及的范围越来越广泛。传感器网络在环境研究方面可用于监视农作物灌溉情况、土壤空气情况、牲畜和家禽的环境状况和大面积的

---

① 该传感器板的原理图设计是公开的，有兴趣读者可直接从 http://www.tinyos.net/scoop/special/hardware/处获得。

地表监测等，可用于行星探测、气象和地理研究、洪水监测等，还可以通过跟踪鸟类、小型动物和昆虫进行种群复杂度的研究等。

传感器网络还有一个重要应用就是生态多样性的描述，能够进行动物栖息地生态监测。美国加州大学伯克利分校 Intel 实验室和大西洋学院联合在大鸭岛(Great Duck Island)上部署了一个多层次的传感器网络系统，用来监测岛上海燕的生活习性。

3. 医疗护理

传感器网络在医疗系统和健康护理方面的应用包括监测人体的各种生理数据，跟踪和监控医院内医生和患者的行动，医院的药物管理等。人工视网膜是一项生物医学的应用项目。在美国"智能感知与集成微系统 SSIM(Smart Sensors and Integrated Microsystems)"计划中，替代视网膜的芯片由 100 个微型的传感器组成，并置入人眼，目的是使失明者或者视力极差者能够恢复到一个可以接受的视力水平。

4. 建筑物状态监控

建筑物健康状态监控是利用传感器网络来监控建筑物的安全状态。由于建筑物不断修补，可能会存在一些安全隐患。美国加州大学伯克利分校的研究人员采用传感器网络，让大楼、桥梁和其他建筑物能够自身感觉并且意识到它们本身的状况。使得安装了传感器网络的智能建筑自动告诉管理部门它们的状态信息，并且能够自动按照优先级来进行一系列自我修复工作。

14.10 可穿戴技术与柔性传感器

14.10.1 概述

可穿戴技术(wearable technology)是近些年出现的一种创新技术，它将多媒体、传感器和无线通信等技术相结合，通过紧体的佩戴方式检测与生物物种或特定环境相关的多种信息，并提供更自然的人机交互方式，具有免提、随时开启、警示、环境识别和可拓展等多种特点。

在过去的几十年里，可穿戴的感测技术已经从科幻小说的视野迅速发展到既定的消费者和医疗产品，包括假肢、健康监测、智能机器人和人机交互设备。借助计算机软硬件和互联网技术的高速发展，可穿戴式智能设备的形态开始多样化，逐渐在工业、医疗健康、军事、教育、娱乐等领域表现出广阔的应用潜力。

近几年，随着人工智能、物联网等新应用的发展，可穿戴智能传感系统以其多功能、可集成等特点在人类日常生活的各个方面引起了广泛的关注。传感器作为其中的核心部件，将影响可穿戴设备的功能设计与未来发展，因此研究能够与各种可穿戴应用相匹配的柔性传感器件成为当下可穿戴技术的研究热点之一。

伴随着信息技术的不断进步，人们对发展高性能的柔性传感器的需求也不断增加。人们希望传感器件可以舒适地穿戴在身上，或者直接贴附在皮肤表面，从而能够获得血压、血糖、脉搏等一系列健康信息，并将这些信息收集到智能设备中，分析提取有效数据，帮助医生进行诊断，这使得未来的人类生活更具想象空间。

14.10.2　柔性传感器的特点和分类

柔性传感器是指采用柔性材料制成的传感器，具有良好的柔韧性、延展性、可自由弯曲甚至折叠，而且结构形式灵活多样，可根据测量条件的要求任意布置，能够非常方便地对复杂被测量进行检测，具有轻薄便携、电学性能优异和集成度高等特点，在电子皮肤 、医疗保健 、电子、电工 、运动器材 、纺织品 、航天航空 、环境监测等领域得到广泛应用。

柔性传感器种类较多，分类方式也多样化 。按照用途分类，柔性传感器包括柔性压力传感器、柔性气体传感器、柔性湿度传感器、柔性温度传感器、柔性应变传感器、柔性磁阻抗传感器和柔性热流量传感器等。

按照感知机理分类，柔性传感器的信号转换机制主要分为压阻、电容和压电三大部分，其各自结构及机制如图 14－45 所示。

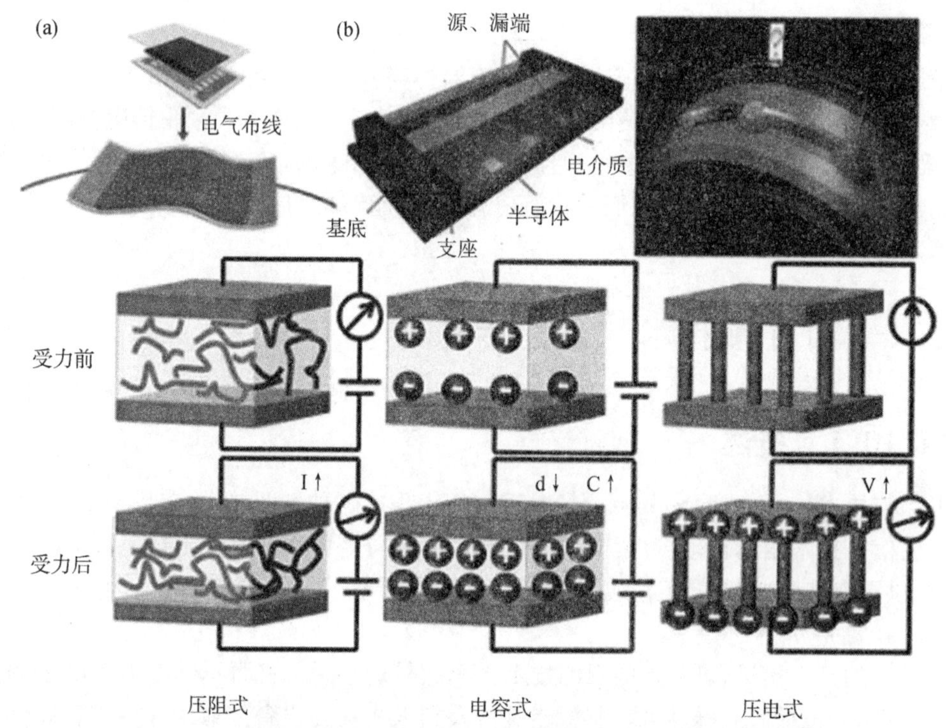

图 14－45　柔性可穿戴电子传感器三种信号传导机制和器件的示意图

(1)压阻式　压阻传感器可以将外力转换成电阻的变化(与施加压力的平方根成正比)，进而可以方便地用电学测试系统间接探测外力变化。而导电物质间导电路径的变化是获得压阻传感信号的常见机理。由于其简单的设备和信号读出机制，这类传感器得到广泛应用。

(2)电容式　电容是衡量平行板间容纳电荷能力的物理量。传统的电容传感器通过改变正对面积 s 和平行板间距 d 来探测不同的力，例如压力、剪切力等。电容式传感器的主要优势在于其对力的敏感性强，可以实现低能耗检测微小的静态力。

(3)压电式　压电材料是指在机械压力下可以产生电荷的特殊材料。这种压电特性是由存在的电偶极矩导致的。电偶极矩的获得是靠取向的非中心对称晶体结构变形，或者孔中持续存在电荷的多孔驻极体。压电系数是衡量压电材料能量转换效率的物理量，压电系数越高，能量转换的效率就越高。高灵敏、快速响应和高压电系数的压电材料被广泛应用于将压力转换为电信号的传感器。

14.10.3 柔性可穿戴电子的常用材料

柔性电子材料为可穿戴技术的发展，特别是高性能新型柔性传感器的研发提供了基础条件。多种柔性材料产品的出现为可穿戴电子设备带来了全新的体验。目前，应用较为广泛的柔性电子材料有柔性基底、金属材料、无机半导体材料、有机半导体材料和碳材料。

(1)柔性基底　为了满足柔性电子器件轻薄、透明、柔性和拉伸性好、绝缘耐腐蚀等性质的要求，方便易得、化学性质稳定、透明和热稳定性好聚二甲基硅氧烷(PDMS)成为人们的首选，尤其在紫外光下黏附区和非黏附区分明的特性使其表面可以很容易地黏附电子材料。目前，通常有两种策略来实现可穿戴传感器的拉伸性。第一种方法是在柔性基底上直接键合低杨氏模量的薄导电材料。第二种方法是使用本身可拉伸的导体组装器件。通常是由导电物质混合到弹性基体中制备。

(2)金属材料　金属材料一般为金银铜等导体材料，主要用于电极和导线。对于现代印刷工艺而言，导电材料多选用导电纳米油墨，包括纳米颗粒和纳米线等。金属的纳米粒子除了具有良好的导电性外，还可以烧结成薄膜或导线。

(3)无机半导体材料　以 ZnO 和 ZnS 为代表的无机半导体材料具有良好的压电特性，在可穿戴柔性电子传感器领域显示出了广阔的应用前景。利用该类材料研发的柔性压力传感器具有响应速度快，空间分辨率高等优点，是未来快速响应和高分辨压力传感器材料领域最有潜力的候选者之一。

(4)有机半导体材料　有机半导体材料的成膜技术比无机半导体更多，也更新。与无机半导体材料相比，有机半导体材料呈现出更好的柔韧性，而且质量更轻，另外，有机场效应器件的制作工艺也比无机的更为简单。目前，聚 3-己基噻吩(P_3HT)体系、萘四酰亚二胺(NDI)和苝四酰亚二胺(PDI)都是典型的有机半导体材料。

大规模压力传感器阵列对未来可穿戴传感器的发展非常重要。基于压阻和电容信号机制的压力传感器存在信号串扰，导致了测量的不准确，这个问题成为发展可穿戴传感器最大的挑战之一。由于晶体管完美的信号转换和放大性能，晶体管的使用为减少信号串扰提供了可能。因此，在可穿戴传感器和人工智能领域的很多研究都是围绕如何获得大规模柔性压敏晶体管展开的。

(5)碳材料　柔性可穿戴电子传感器常用的碳材料有碳纳米管和石墨烯等。碳纳米管具有结晶度高、导电性好、比表面积大、微孔大小可通过合成工艺加以控制，比表面利用率可达 100%的特点。石墨烯具有轻薄透明、导电导热性好等特点，在传感技术、移动通信、信息技术和电在碳纳米管的应用上都有很好的应用。

14.10.4 可穿戴传感器的应用

可穿戴传感器在人体健康监测方面发挥着至关重要的作用。近年来，人们已经在可穿戴可植入传感器领域取得了显著进步，例如利用电子皮肤向大脑传递皮肤触觉信息，利用三维微电极实现大脑皮层控制假肢，利用人工耳蜗恢复病人听力等，目前较为普遍的应用为体温、脉搏检测和运动监测。

(1)温度检测　人体皮肤对温度的感知帮助人们维持体内外的热量平衡。电子皮肤的概念最早由 Rogers 等提出,由多功能二极管、无线功率线圈和射频发生器等部件组成。这样的表皮电子对温度和热导率的变化非常敏感,可以评价人体生理特征的变化,比如皮肤含水量,组织热导率,血流量状态和伤口修复过程。为了提高空间分辨率、信噪比和响应速度,有源矩阵设计成为了当下最优选择之一。

(2)脉搏检测　可穿戴个人健康监护系统被广泛认为是下一代健康监护技术的核心解决方案。监护设备不断地感知、获取、分析和存储大量人体日常活动中的生理数据,为人体的健康状况提供必要的、准确的和长期的评估和反馈。

在脉搏监测领域,可穿戴传感器具有以下应用优势:在不影响人体运动状态的前提下长时间的采集人体日常心电数据,实时的传输至监护终端进行分析处理;数据通过无线电波进行传输,免除了复杂的连线。

可以黏附在皮肤表面的电学矩阵在非植入健康监测方面具有明显优势,而且超轻超薄,利于携带。如下图 14-46 所示为近几年研发的一款新型柔性可穿戴传感器,该款基于微毛结构的柔性压力传感器可以很好地对人体的脉搏进行实时检测。这款传感器对信号的放大作用很强,通过传感器与不规则表皮的有效接触最大化,观察到了大约 12 倍的信噪比增强。另外,这种微毛结构表面层还提供了生物兼容性,即非植入皮肤的共形附着。最后,这种便携式的传感器可以无线传输信号,即使微弱的深层颈内静脉搏动也可以被该传感器轻松捕获。

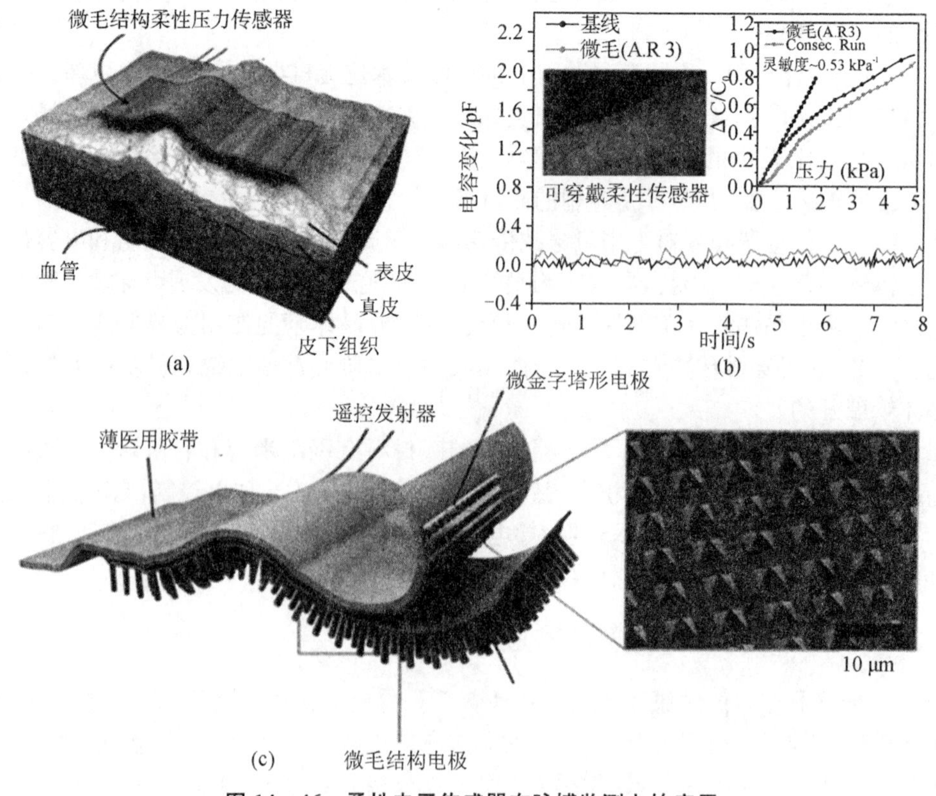

图 14-46　柔性电子传感器在脉搏监测上的应用

(3)运动监测　在能与人体交互的诊疗电学设备中,监控人体运动的应力传感器备受瞩目。监测人体运动的策略可以分为两种:一种是监测大范围运动,另一种是监测像呼吸、吞咽和说话过程中,胸部和颈部的细微运动。适用于这两种策略的传感器必须具备好的拉伸性和高灵敏度。而传统的基于金属和半导体的应力传感器不能胜任。所以,具备好的拉伸性和高灵敏度的柔性可穿戴电子传感器在运动监测领域至关重要。

通过干纺法在柔性基底上制备而成的高度取向性的碳纳米管纤维弹性应力传感器具有超过 900%的拉紧程度,另外它灵敏度高,响应速度快,持久性好。用该类传感器设计的高弹性应变仪在不同体系中具有巨大应用潜力,如人体运动和可穿戴传感器。

当定向排列的单壁碳纳米管薄膜被拉伸时,碳纳米管破裂成岛—桥—间隙结构,形变可以达到 280%,是传统金属拉力计的 50 倍。将这种传感器组装在长袜、绷带和手套上,可以监测不同类型的动作,比如移动、打字、呼吸和讲话等。

可穿戴传感器虽然在人体健康监测方面已取得了一定的成果和进展,然而,实现柔性可穿戴电子传感器的高分辨、高灵敏、快速响应、低成本制造和复杂信号检测目前仍然是一个很大的挑战。在实际应用方面,柔性可穿戴电子传感器在实现新型传感原理、多功能集成、复杂环境分析等科学问题上,以及制备工艺、材料合成与器件整合等技术上的突破,还有很大的前景和拓展空间。首先,亟须新材料和新信号转换机制来拓展压力扫描的范围,不断满足不同场合的需要;其次,发展低能耗和自驱动的可穿戴传感器,电池微型化技术也亟待升级,信息交互的过程是高耗能的,要延长设备一次充电的工作时间;再次,提高可穿戴传感器的性能,包括灵敏度、响应时间、检测范围、集成度和多分析等,提高便携性,降低可穿戴传感器的制造成本;接下来,发展无线传输技术与移动终端结合,建立统一的云服务,实现数据实时传输、分析与反馈。另外,应拓宽可穿戴传感器的功能,特别是在医疗领域,健康监测、药物释放、假体技术等。随着科学技术的发展,特别是纳米材料和纳米技术的研究不断深入,可穿戴传感器也必会展现出更为广阔的应用前景。

习题与思考题

14—1　传感器新技术的发展趋势。

14—2　举例说明什么是集成传感器?

14—3　举例说明什么是 MEMS 传感器?

14—4　简要说明什么是智能传感器?

14—5　传感器智能化设计一般包括哪些内容?

14—6　简要说明机器人六维力传感器的作用?

14—7　简要说明机器人阵列触觉传感器的作用?

14—8　什么是传感器信息融合技术?它包括哪三级信息融合?

14—9　什么是智能结构?

14—10　什么是量子传感器?

14—11　简要说明超导传感器的工作原理。

14—12　什么是无线传感器网络?

14—13　举例说明什么是可穿戴技术?

14—14　简要说明柔性传感器的信号转化机制和工作原理。

综合思考题及习题

Z—1　纵观全书各章，结合1.3节分析改善传感器性能的技术途径和措施。

Z—2　大规模集成电路用台阶仪传感器的灵敏度为100 μV/μm，其输出接增益为1000倍的放大器，然后输给图形记录仪。该记录仪的灵敏度设置为20 mm/mV。试画出系统方框图，并计算总灵敏度。当测量50 nm的台阶(位移量)时，记录笔在记录纸上偏移多少毫米？

Z—3　一种便携式电子秤采用悬臂应变梁上粘贴4片应变片作为传感器，供桥电源电压为3 V。设所用电池容量为300 mAh，其输出电压为3 V，除供给电桥电源外尚需供给耗电为1.5 mA的电路。设应变片阻值为1 kΩ，若要求电池使用寿命不少于100 h，问电桥构成方法及应变片在应变梁上的布置位置应如何考虑？说明理由并推导电桥电压输出特性$U_o=f(\frac{\Delta R}{R})$及电压灵敏度$K_u=U_o\Big/\frac{\Delta R}{R}$。[提示：允许电桥外接匹配电阻]

Z—4　现欲测试某冲压设备的动力性能，在其冲头上安装一只灵敏度(连同放大器)为1 V/kN的压电式力传感器，并接入XY记录仪的Y轴上，其灵敏度调到20 cm/V。冲头位移用可变电阻传感器测出，输出为25 V/m，并接入记录仪X轴，其灵敏度调到2 cm/V。若冲头一个冲程期间所给出的曲线面积(如图PZ-1)$A=213$ cm^2，曲线底长为22.5 cm时，试计算冲头所做的功及平均作用力。

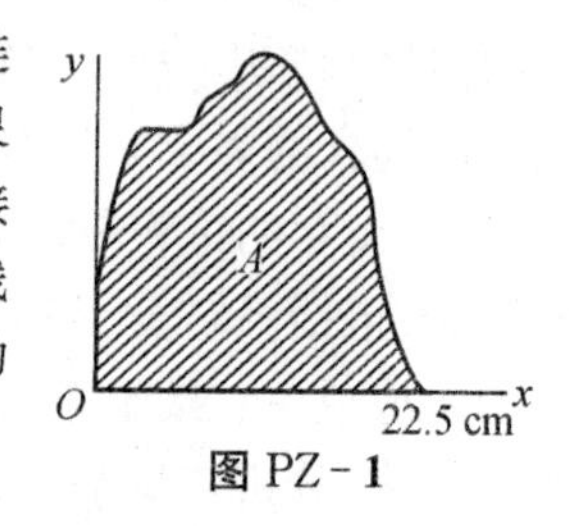

图 PZ-1

Z—5　在下列测试项目中，试选择哪种传感器最合适？为什么？

(1)测量大炮发射炮弹时的冲击加速度：①压电式加速度计；②差动变压器式加速度传感器；③应变式加速度计。

(2)测量人体血管中的血液压力：①应变式压力传感器；②扩散硅电容式压力传感器；③电感式压力传感器。

(3)测量磁感应强度；①霍尔传感器；②PVDF薄膜传感器；③声表面波传感器。

(4)监测高速旋转的发电机主轴的径向振动：①电涡流式位移传感器；②压电式加速度计；③磁电式测振传感器。

(5)传送带上塑料零件的计数：①电涡流式传感器；②霍尔式传感器；③光电式传感器。

Z—6　举出具有图PZ-2幅频特性的一种传感器实例，简要说明工作原理，指出限制其测量频率范围(上限和下限)的因素。

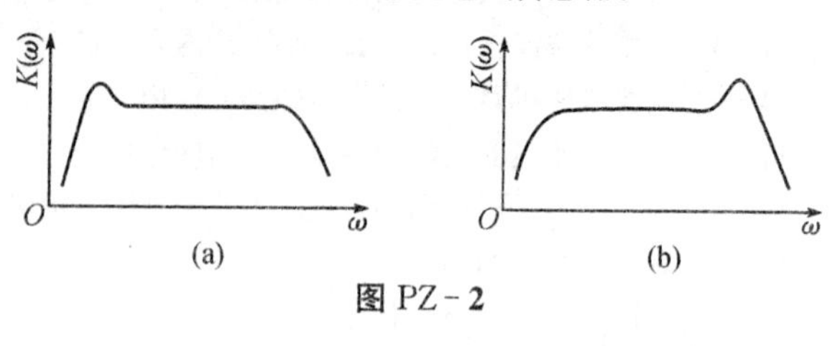

图 PZ-2

Z—7　试设计下列课题的现代化测试方案，画出系统框图及测量示意图，说明所选用传感器的理由、各组成环节的作用、测试系统的特点和关键所在：

(1)汽车车身的若干方向的刚度曲线(在一点加载，设置40余只传感器)。

(2)测量滚珠丝杠的导程，丝杠长2 m，精度微米级。

(3)测量悬臂梁式弹性杆的刚度。加载范围0～1 N、分辨力0.001 N；变形范围0～1000 μm，分辨力1 μm。

参考文献

[1] [日]森村正直,山崎弘郎. 传感器技术[M]. 黄香泉译. 北京:科学出版社,1988.

[2] 王厚枢,余瑞芬,陈行禄,等. 传感器原理[M]. 北京:航空工业出版社,1987.

[3] 袁希光. 传感器技术手册[M]. 北京:国防工业出版社,1986.

[4] 丁锋,俞朴. 四点测球法在球坑自动检测中的应用[J]. 计量学报,2001,22(3).

[5] 何铁春,周世勤. 惯性导航加速度计[M]. 北京:国防工业出版社,1983.

[6] 马文,倪德林,徐科军. 梳齿形电容式传感器最优化设计方法[J]. 仪器仪表学报,1987(5).

[7] 钱锋,张鄂,沈生培. 一种新型电容式直线位移测量系统[J]. 传感器应用技术,1987,5(4).

[8] 孙宝元,杨宝清. 传感器及其应用手册[M]. 北京:机械工业出版社,2004.

[9] 林士谔等. 动力调谐陀螺仪[M]. 北京:国防工业出版社,1983.

[10] 张沛霖,张仲渊. 压电测量[M]. 北京:国防工业出版社,1983.

[11] 张福学. 压电晶体力和加速度传感器[M]. 成都:四川科技出版社,1985.

[12] 吴永生,方可人. 热工测量及仪表[M]. 北京:电力工业出版社,1981.

[13] 张国顺,何家祥,肖桂香. 光纤传感技术[M]. 北京:水利电力出版社,1988.

[14] 鲍敏杭,吴宪平. 集成传感器[M]. 北京:国防工业出版社,1987.

[15] 王以铭. 电荷耦合器件原理与应用[M]. 北京:科学出版社,1987.

[16] [英]G. S. 霍布森. 电荷转移器件[M]. 吴瑞华,黄振岗译. 北京:人民邮电出版社,1983.

[17] 张彤. 光电成像器件及其应用[M]. 北京:高等教育出版社,1987.

[18] [日]井口征士著. 传感工程[M]. 蔡萍,刘志刚译. 北京:科学出版社,2001.

[19] 贾云得. 机器视觉[M]. 北京:科学出版社,2000.

[20] 蔡萍,赵辉. 现代检测技术及系统[M]. 北京:高等教育出版社,2002.

[21] 陆永平,岑文远,等. 感应同步器及其系统[M]. 北京:国防工业出版社,1985.

[22] 李殿奎. 光栅计量技术[M]. 北京:中国计量出版社,1987.

[23] 陈艾. 敏感材料与传感器[M]. 北京:化学工业出版社,2004.

[24] 周继明,江世明. 传感技术与应用[M]. 长沙:中南大学出版社,2005.

[25] 刘迎春,叶湘滨. 现代新型传感器原理与应用[M]. 北京:国防工业出版社,1998.

[26] 王常珍. 固体电解质和化学传感器[M]. 北京:冶金工业出版社,2000.

[27] 吴东鑫. 新型实用传感器应用指南[M]. 北京:电子工业出版社,1998.

[28] 李科杰. 新编传感器技术手册[M]. 北京:国防工业出版社,2002.

[29] 薛效贤,陈山林. 环保、医学中的离子选择电极[M]. 西宁:青海人民出版社,1990.

[30] [日]清山,哲郎. 化学传感器[M]. 董万堂译. 北京:化学工业出版社,1990.

[31] 司士辉. 生物传感器[M]. 北京:化学工业出版社,2003.

[32] 彭承琳. 生物医学传感器原理及应用[M]. 北京:高等教育出版社,2000.

[33] Hideaki Endo, Yuki Yonemori. A needle-type optical enzyme sensor system for determining glucose levels in fish blood[J]. Analytica Chimica Acta, May 2006.

[34] 钱军民,奚西峰,等. 我国酶传感器研究新进展[J]. 石化技术与应用,2002(5):333~337.

[35] Sang-Hun Lee. Vapor phase detection of plastic explosives using a SAW resonator immunosensor array[J]. Digital Object Identifier. 30 Oct. -3 Nov. 2005:468~452.

[36] 许改霞,吴一聪,王平. 细胞传感器的研究进展[J]. 科学通报,2002(47):1126~1132.

[37] Wu Yicong et al. A novel microphysiometer based on MLAPS for drugs screening[J]. Biosensors & Bioelectronics, 2001 (16):277~286.

[38] 吴一聪,王平,等. 一种新型细胞微生理计的初步研究[J]. 自然科学进展,2002(12):497~502.

[39] Ping Wang et al. Cell based biosensors and its application in biomedicine[J]. Sensors and Actuators B 108 (2005): 576~584.

[40] 陈继述,胡燮荣,徐平茂. 红外探测器[M]. 北京:国防工业出版社,1986.
[41] 叶声华. 激光在精密计量中的应用[M]. 北京:机械工业出版社,1980.
[42] 耿文学. 激光及其应用[M]. 石家庄:河北科学技术出版社,1986.
[43] 郑成法. 核辐射测量[M]. 北京:原子能出版社,1982.
[44] 水启刚. 微波技术[M]. 北京:国防工业出版社,1986.
[45] 超声波探伤编写组. 超声波探伤[M]. 北京:电力工业出版社,1980.
[46] 刘亮等. 先进传感器及其应用[M]. 北京:化学工业出版社,2005.
[47] 王大珩. 现代仪器仪表技术与设计(上卷)[M]. 北京:科学出版社,2002.
[48] 王雪文,张志勇. 传感器原理及应用[M]. 北京:北京航空航天大学出版社,2004.
[49] 樊尚春. 传感器技术及应用[M]. 北京:北京航空航天大学出版社,2004.
[50] 蒋蓁,罗均,谢少荣. 微型传感器及其应用[M]. 北京:化学工业出版社,2005.
[51] 彭承琳. 生物医学传感器原理及应用[M]. 北京:高等教育出版社,2000.
[52] 韩韬,施文康,吴嘉慧,等. 无线声表面波辨识标签的分析和设计[J]. 仪器仪表学报,2003,24(1):36～39.
[53] 李学东,余志伟,杨明忠. 基于 MEMS 技术的微型传感器[J]. 仪表技术与传感器,2005(19).
[54] 曲国福,刘宏昭. 基于 MEMS 技术的复合型智能传感器设计[J]. 传感器与微系统,2006,25(3).
[55] 张海涛,阎贵平. MEMS 加速度传感器的原理及分析[J]. 电子工艺技术,2003(11).
[56] 沙占友. 中外集成传感器使用手册[M]. 北京:电子工业出版社,2004.
[57] 杨宝清. 现代传感器技术基础[M]. 北京:中国铁道出版社,2001.
[58] T E Bullock, E J Boudreaux. Sensor fusion in a nonlinear dynamical system[J]. SPIE Vol. 1100,1989,p127.
[59] D J Kriegman. A mobile robot:sensing,planning and locomotion[J]. Proc. of IEEE Int. On Rob. and Auto. ,Raleigh,NC,1987,p402.
[60] Ian F. Akyildiz,Weilian Su, et al. A Survey on Sensor Networks[J]. IEEE Communications Magazine,2002,Vol. 40,No. 8:102-114.
[61] 任丰原,黄海宁,林闯. 无线传感器网络[J]. 软件学报,2003,Vol. 14,No. 7:1282-1291.
[62] J. L. Hill. System Architecture for Wireless Sensor Networks[D]. University Of California,Berkeley,2003.
[63] 于海斌,等. 分布式无线传感器网络通信协议研究[J] . 通信学报,2004,25(10):102～110.
[64] 马祖长,孙怡宁,梅涛. 无线传感器网络综述[J]. 通信学报,2004,25(4):114～124.
[65] 孙利民,李建中,陈渝,等. 无线传感器网络[M]. 北京:清华大学出版社,2005.
[66] 李凤保,李凌. 无线传感器网络技术综述[J]. 仪器仪表学报,2005. 8.
[67] 张令弥. 智能结构研究的进展与应用[J]. 振动、测试与诊断. 1998,18(2):79～84.
[68] 陶宝琪,石立华,熊克. 自诊断自适应智能复合材料结构系统的研究[J]. 应用科学学报,1999,17(1):1～7.
[69] 张福学. 机器人学:智能机器人传感技术[M]. 北京:电子工业出版社,1996.
[70] 贾伯年,俞朴,宋爱国. 传感器技术[M]. 3 版. 南京:东南大学出版社,2007.
[71] 郁有文,常健,程继红. 传感器原理及工程应用[M]. 西安:西安电子科技大学出版社,2007.
[72] 魏学业. 传感器技术与应用[M]. 武汉:华中科技大学出版社,2013.
[73] 张培仁. 传感器原理、检测及应用[M]. 北京:清华大学出版社,2012.
[74] 高晓蓉,李金龙,彭朝勇. 传感器技术[M]. 成都:西南交通大学出版社,2003.
[75] 何一鸣,桑楠,张刚兵,等. 传感器原理与应用[M]. 南京:东南大学出版社,2012.
[76] 刘爱华. 传感器原理与应用技术[M]. 北京:人民邮电出版社,2010.
[77] 孙柏林,刘哲鸣. 量子技术与仪器仪表[J]. 仪器仪表用户,2019,26(3):108～111.
[78] 段宏宇,李荷. 惯性技术之窗:科技智能可穿戴技术应用概述[J]. 海陆空天惯性世界,2019(7):151～152.
[79] 颜延,邹浩,周林,等. 可穿戴技术的发展[J]. 中国生物医学工程学报,2015,34(6):644～653.
[80] 段建瑞,李斌,李帅臻. 常用新型柔性传感器的研究进展[J]. 传感器与微系统,2015,34(11):1～4.
[81] 刘敏. 智能型柔性传感器的导电性与响应性能研究[D]. 上海:东华大学,2009.
[82] Tee,B. C, Chortos A, Berndt A, et al. A skin-inspired organic digital mechanoreceptor[J]. Science, 2015, 350(6258):313～316.
[83] 彭军,李津,李伟,等. 柔性可穿戴电子应变传感器的研究现状与应用[J]. 化工新型材料,2020,v. 48;No. 568(01):63～68.